内蒙古维管植物检索表

KEY TO THE VASCULAR PLANTS OF INNER MONGOLIA

赵一之　赵利清　著

内蒙古大学科技创新团队建设计划资助

科 学 出 版 社

北 京

内 容 简 介

本书共收载了内蒙古野生维管植物144科735属2604种11亚种182变种3变型。此外，本书还收载了内蒙古栽培维管植物1科62属176种20变种。为便于鉴定，检索表中每个种增加了生境和产地信息，同时，把一些常遇到的、变动了的学名作为异名加以收载，以方便对照查询。

本书可供农业、林业、牧业、医药业、轻工业、环境保护、植物学等生产、科研、教学等部门的科技工作者和师生参考使用。

图书在版编目（CIP）数据

内蒙古维管植物检索表 / 赵一之，赵利清著. —北京：科学出版社，2014.6
ISBN 978-7-03-040698-9

Ⅰ. ①内… Ⅱ. ①赵… ②赵… Ⅲ. ①维管植物-目录索引-内蒙古
Ⅳ. ①Q949.408

中国版本图书馆CIP数据核字（2014）第105380号

责任编辑：罗 静 付 聪
责任印制：赵德静 / 封面设计：北京铭轩堂广告设计有限公司

科学出版社出版
北京东黄城根北街16号
邮政编码：100717
http://www.sciencep.com

北京凌奇印刷有限责任公司印刷
科学出版社发行 各地新华书店经销
*
2015年6月第 一 版 开本：787×1092 1/16
2015年6月第一次印刷 印张：27 1/4
字数：900 000

定价：150.00元

（如有印装质量问题，我社负责调换）

前　　言

多年来，我们一直盼望着能有一本正式出版的《内蒙古维管植物检索表》，以方便野外植物考察或学生实习中使用，现在这本书终于与大家见面了。

本书共收载了内蒙古野生维管植物 144 科 735 属 2604 种 11 亚种 182 变种 3 变型，其中，如果一种植物在内蒙古没有正种而只有亚种或变种或变型分布的话，该种下单位按 1 种统计。此外，本书还收载了内蒙古栽培维管植物 1 科 62 属 176 种 20 变种。

本书是在《内蒙古维管植物分类及其区系生态地理分布》(赵一之，2012)一书的基础上编撰而成的。为便于鉴定，本检索表中每个种增加了生境和产地信息，产地基本上以“内蒙古植物分区图”(见下页)(《内蒙古植被》，中国科学院内蒙古宁夏综合考察队，1985)中的 18 个州(本文把呼锡高原州分为南北两部分：北为呼伦贝尔州，南为锡林郭勒州)和嫩江西部平原(简称嫩西)加以记载；一些常遇到的、变动了的学名作为异名加以收载，以方便对照查询。此外，我们还准备出一本《内蒙古维管植物图集》与之匹配使用。

我们深信本书会为农业、林业、牧业、医药业、轻工业、环境保护、植物学等生产、科研、教学等部门的工作带来方便，成为一本识别内蒙古植物的重要工具书。

虽然本书体现了目前国内外科研的新水平，但难免有疏漏或不足之处，恳请读者批评指正，以求不断改进。

赵一之　赵利清
内蒙古大学生命科学学院
2013 年 11 月

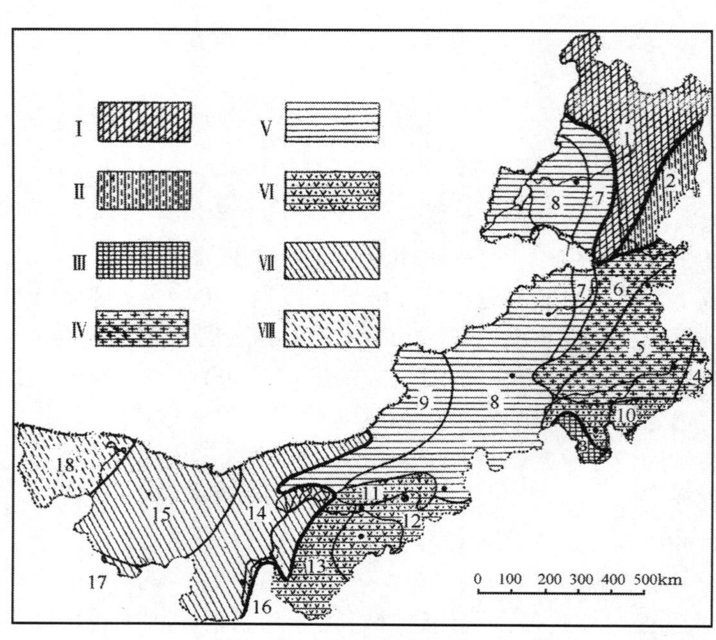

内蒙古植物分区图

Ⅰ. 兴安北部省
1. 兴安北部州——兴安北
Ⅱ. 岭东省
2. 岭东州——岭东
Ⅲ. 燕山北部省
3. 燕山北部州——燕北
Ⅳ. 科尔沁省
4. 辽河平原州——辽河
5. 科尔沁州——科尔沁
6. 兴安南部州——兴安南
Ⅴ. 蒙古高原东部省
7. 岭西州——岭西
8. a. 呼伦贝尔州——呼伦
b. 锡林郭勒州——锡林
9. 乌兰察布州——乌兰
Ⅵ. 黄土丘陵省
10. 赤峰丘陵州——赤峰
11. 阴山州——阴山
12. 阴南丘陵州——阴南
13. 鄂尔多斯州——鄂尔
Ⅶ. 阿拉善省
14. 东阿拉善州——东阿
15. 西阿拉善州——西阿
16. 贺兰山州——贺兰山
17. 龙首山州——龙首山
Ⅷ. 中央戈壁省
18. 额济纳州——额济纳

注："——"后为植物所在州的缩写

目　录

维管植物 TRACHEOPHYTA

1a. 植物无花，无种子，以孢子繁殖……………………………………………… Ⅰ. **蕨类植物门 Pteridophyta**

1b. 植物有花，以种子繁殖。

2a. 胚珠外露，不包于子房内 ………………………………………………… Ⅱ. **裸子植物门 Gymnospermae**

2b. 胚珠包于子房内 …………………………………………………………… Ⅲ. **被子植物门 Angiospermae**

Ⅰ. 蕨类植物门 PTERIDOPHYTA

1a. 叶退化或细小呈鳞片形、钻形或披针形，远不如茎那样发达；孢子囊不聚生，呈囊群，而单生于顶枝的孢子叶腋，孢子叶组成或不组成孢子叶球或孢子囊穗。

2a. 茎匍匐，多分枝，无明显的节，具叶；叶螺旋状排列或交互对生；孢子囊生于孢子叶的叶腋，孢子囊散生枝顶或生枝顶组成孢子囊穗。

3a. 茎通常为辐射对称，无支撑根；叶通常一型，螺旋状排列；孢子囊与孢子同型 ……………………………………………………………………………………… **1. 石松科 Lycopodiaceae**

3b. 茎有背腹之分，常有支撑根；叶二型，通常为鳞片形，扁平，背腹各 2 列或呈 4 行排列，或少叶一型，钻形，螺旋状着生，腹叶基部有 1 小舌状体(叶舌)；孢子囊与孢子异型 …………………………………………………………………………………… **2. 卷柏科 Selaginellaceae**

2b. 茎为细长圆筒形，直立，中空，有明显的节，单生或在节上有轮生枝，无真正的叶，叶退化成轮生管状而有锯齿的鞘，包围在茎的节上；孢子囊多数，生于盾状鳞片形的孢子叶下面，在枝顶形成单生的孢子叶球 ……………………………………………… **3. 木贼科 Equisetaceae**

1b. 叶远较茎发达，单叶或复叶；孢子囊通常生于正常叶或特化叶的边缘或下面，或形成孢子囊穗，或聚生成圆形、条形、矩圆形或钩形的孢子囊群，或满布于叶片下面。

4a. 根状茎具肉质粗根；叶二型，均出自总柄；孢子囊的壁由多层细胞组成，厚而不透明。

5a. 复叶，1—3 回羽状或掌状分裂；叶脉分离；孢子囊序为圆锥状，孢子囊圆球形，不陷入囊托内 ………………………………………………………………… **4. 阴地蕨科 Botrychiaceae**

5b. 单叶；叶脉网状；孢子囊序为穗状，孢子囊扁圆球形，陷入囊托两侧 …………………………………………………………………………………… **5. 瓶儿小草科 Ophioglossaceae**

4b. 根状茎的根不为肉质；叶一型或二型，均分别出自根状茎；孢子囊的壁由一层细胞组成，薄而透明。

6a. 孢子同型；陆生、附生，或少为湿生植物，一般为中型或大型。

7a. 孢子囊群靠近叶缘着生，被向下反折并多少变质的叶缘所覆盖。

8a. 叶柄通常禾秆色；孢子囊生于小脉顶端相连的 1 条边脉上，形成长条形孢子囊群 · ……………………………………………………………………………… **6. 蕨科 Pteridiaceae**

8b. 叶柄和叶轴通常为栗棕色或深褐色；孢子囊群生于小脉顶端，幼时圆形，分离，成熟时往往汇合成条形；囊群盖连续不断或为不同程度的断裂 ……………………………………………………………………………… **7. 中国蕨科 Sinopteridaceae**

7b. 孢子囊群生于叶背，远离叶边，如有囊群盖，则与上述形状不同。

9a. 叶为强度二型；不育叶 1 回羽状；能育叶的变质羽片向中肋反卷成筒状或狭缩成念珠状 ……………………………………………………………… **12. 球子蕨科 Onocleaceae**

9b. 叶为一型或二型；如为二型，则能育叶较不育叶仅为不同程度的变狭，从不反卷成筒状或念珠状。

10a. 孢子囊群圆形。

11a. 孢子囊群有盖。

12a. 叶柄质脆而易断，通常有关节；囊群盖下位，生于孢子囊群托基部，向上包被孢子囊群，球形，钵状、杯状或碟形，有时撕裂成睫毛状……………………………………………………**13. 岩蕨科 Woodsiaceae**

12b. 叶柄不为上述情况；囊群盖上位，生于孢子囊群托顶端，覆盖于孢子囊群上，盾形，圆肾形或卵圆形。

13a. 囊群盖圆肾形或圆形。

14a. 植物体被淡灰白色单细胞的针状毛；叶柄基部横断面有两条扁宽的维管束…………**10. 金星蕨科 Thelypteridaceae**

14b. 植物体至少在根状茎上被宽鳞片，无针状毛；叶柄基部横断面有多条小圆形的维管束‥**14. 鳞毛蕨科 Dryopteridaceae**

13b. 囊群盖卵形或近圆形，基部稍压在成熟的孢子囊群之下……………………………**9. 蹄盖蕨科 Athyriaceae(冷蕨属 Cystopteris)**

11b. 孢子囊群无盖。

15a. 叶二型，能育叶大，绿色，不育叶(又称腐殖叶)小，初时绿色，后变为枯黄色，坚硬，干膜质………………**16. 槲蕨科 Drynariaceae**

15b. 叶一型，如为二型，不育叶决不变为枯黄色和干膜质。

16a. 叶柄基部以关节着生于根状茎上；单叶，全缘或 1 回羽状……………………………………………**15. 水龙骨科 Polypodiaceae**

16b. 叶柄基部无关节；叶 3 回羽状细裂；羽片以关节着生于叶轴上…………**9. 蹄盖蕨科 Athyriaceae(羽节蕨属 Gymnocarpium)**

10b. 孢子囊群矩圆形或条形。

17a. 孢子囊群生于小脉顶端或背上，有盖；囊群盖矩圆形、马蹄形或上端为钩形。

18a. 鳞片为粗筛孔形，网眼大而透明；叶柄内的两条维管束在叶轴上部不汇合；囊群盖矩圆形或条形，常单生于小脉向轴的一侧……………………………………………………**11. 铁角蕨科 Aspleniaceae**

18b. 鳞片为细筛孔形，网眼狭小而不透明；叶柄内的两条维管束在叶轴上部汇合成 V 字形；囊群盖矩圆形、条形，或腊肠形，或上端弯钩成马蹄形，生于小脉的一侧或两侧………**9. 蹄盖蕨科 Athyriaceae**

17b. 孢子囊群沿小脉分布，无盖…………………**8. 裸子蕨科 Hemioniyidaceae**

6b. 孢子异型；水生植物(漂浮水面)，小型……………………………**17. 槐叶苹科 Salviniaceae**

1. 石松科 Lycopodiaceae

1a. 小枝扁平，有背腹之分；叶二型，交互对生……………………………**1. 扁枝石松属 Diphasiastrum**

1b. 小枝圆柱形，无背腹之分；叶一型，螺旋状着生……………………………………**2. 石松属 Lycopodium**

1. 扁枝石松属 Diphasiastrum Holub

扁枝石松 Diphasiastrum complanatum (L.) Holub——地刷子 *D. complanatum* (L.) Holub var. *anceps* (Wallr.) Ching

主茎匍匐，疏生叶；分枝直立或上升，不规则多次二歧式分枝成扇形，高 10—15cm；小枝扁平，有背腹之分。叶 4 列，交互对生，侧叶 2 列，近菱形，较大，背叶 1 列，夹于 2 侧叶间，条状披针形，腹叶很小，约为背叶的 1/2，条形。孢子囊穗圆柱形，孢子叶宽卵形，先端渐尖，孢子囊肾形，单生叶腋。生于林下或疏林下。产兴安北。

2. 石松属 **Lycopodium** L.

1a. 孢子囊穗单生枝顶，无梗；叶缘具疏锯齿，先端具刺尖。生于林下或林缘。产兴安北……………………………………………………………………………………………1. **杉蔓石松 L. annotinum** L.

1b. 孢子囊穗常 2—3 个生于总梗上，稀单一，但有长梗；叶全缘，先端具丝状长尾尖。生于林下或林缘。产兴安北………………………………2. **亚洲石松 L. clavatum** L. var. **robustius** (Hook. et Grev.) Nakai

2. 卷柏科 Selaginellaceae

1. 卷柏属 **Selaginella** Spring

1a. 主茎短，枝密生呈莲座状，干后内卷如拳。

  2a. 背、腹叶均斜展，叶尖外露，边缘具微齿。生于山坡岩缝、峭壁石缝。产兴安南、赤峰……………………………………………………………1a. **卷柏 S. tamariscina** (Beauv.) Spring var. **tamariscina**

  2b. 背、腹叶均指向上，叶尖不外露，边缘全缘或微齿不明显。

    3a. 腹叶狭卵状披针形，边缘微齿不明显。生于山坡岩缝。产兴安南、科尔沁、燕北……………………………1b. **尖叶卷柏 S. tamariscina** (Beauv.) Spring var. **ulanchotensis** Ching et Wang Wei

    3b. 腹叶卵状矩圆形，边缘全缘。生于山坡石缝。产阴山(乌拉山)…………………………………1c. **垫状卷柏 S. tamariscina** (Beauv.) Spring var. **pulvinata** (Hook. et Grev.) Alston.

1b. 主茎匍匐或斜升，分枝不呈莲座状，干后不内卷。

  4a. 分枝圆柱形；叶 4 列紧贴枝上，无背腹之分。

    5a. 茎下部褐黄色；叶条状披针形，背部具深沟，先端具白色长刚毛。生于山顶岩石阴面、山坡岩石上。产兴安北、岭东……………………………2. **西伯利亚卷柏 S. sibirica** (Milde) Hieron.

    5b. 茎下部鲜红色；叶卵形，背部具龙骨状突起，先端具短突尖。生于山坡岩石上。产兴安北、岭东、兴安南、赤峰、阴山、东阿(桌子山)、贺兰山……………………3. **圆枝卷柏 S. sanguinolenta** (L.) Spring

  4b. 分枝背腹扁平；叶背腹各 2 列，背叶向两侧斜展，腹叶指向上。

    6a. 茎细弱，具锐棱；孢子囊穗成对或单生于有叶的长梗上，不呈四棱形。生于阴湿山坡、林下湿地。产兴安北、岭东、兴安南、阴山(大青山)……………………………4. **小卷柏 S. helvetica** (L.) Link

    6b. 茎粗壮，无棱；孢子囊穗单生于枝顶，无梗，四棱形。

      7a. 背叶斜倒卵形，先端有短尖，内侧叶缘有纤毛状锯齿，外侧全缘。生于山坡岩石上。产兴安北、兴安南、赤峰、燕北……………………………5. **北方卷柏 S. borealis** (Kaulf.) Rupr.

      7b. 背叶椭圆状矩圆形，先端钝圆，叶缘具厚膜质白边及纤毛状锯齿。生于石质山坡。产兴安南、科尔沁、赤峰、辽河(大青沟)、燕北、阴山、阴南、贺兰山……6. **中华卷柏 S. sinensis** (Desv.) Spring

3. 木贼科 Equisetaceae

1a. 气孔不下陷于表皮细胞之下；孢子囊穗钝头；茎同型或异型，入冬即枯萎……**1. 问荆属 Equisetum**

1b. 气孔下陷于表皮细胞之下；孢子囊穗尖头；茎同型，入冬不枯萎…………**2. 木贼属 Hippochaete**

1. 问荆属 Equisetum L.

1a. 茎或分枝表面明显具硅质刺瘤；小枝常向下弧曲。

2a. 侧枝较少，不再分枝；主茎叶鞘通常具 10—16(20)鞘齿，鞘齿分离，具宽膜质白边。生于林下草地、林间灌丛。产兴安北、岭西、兴安南、赤峰、锡林、阴山、燕北……………………**1. 草问荆 E. pratense** Ehrh.

2b. 侧枝多而密集，再次分枝；主茎叶鞘鞘齿通常数枚合生，褐色。生于山地林下草地、灌丛、湿地。产兴安北……………………**2. 林问荆 E. sylvaticum** L.

1b. 茎或分枝表面光滑，有时粗糙，但不具硅质刺瘤；小枝通常不向下弧曲。

3a. 茎中心孔(髓腔)约占茎断面积的 4/5；主茎叶鞘具 18—20(30)鞘齿。

4a. 茎上部有轮生分枝。生于沼泽、踏头沼泽、湿草地浅水中。产兴安北、岭东、岭西、兴安南、科尔沁、辽河(大青沟)、锡林……………………**3a. 水问荆 E. fluviatile** L. f. **fluviatile**

4b. 茎不分枝或基本不分枝。生于浅水中。产兴安北、兴安南……………………**3b. 无枝水问荆 E. fluviatile** L. f. **linnaeanum** (Doll.) Broun.

3b. 茎中心孔(髓腔)约占茎断面积的 1/3；主茎叶鞘一般具 8—12 鞘齿。

5a. 侧枝的第一个节间长于该侧枝发生处茎生叶鞘长度；绿色的营养茎不育，即顶端不产生孢子囊穗，侧枝多从茎上部发出，多而长，不再分枝。生于草地、河边、沙地。产兴安北、岭西、兴安南、科尔沁、赤峰、辽河、燕北、锡林、阴山、阴南、鄂尔、贺兰山、西阿……………………**4. 问荆 E. arvense** L.

5b. 侧枝的第一个节间短于该侧枝发生处茎生叶鞘长度；主茎单一或自基部发出少数茎状枝，其上部轮生分枝，茎顶端产生孢子囊穗。生于林下湿地、水沟边。产兴安北、岭东、兴安南、科尔沁、阴山……………………**5. 犬问荆 E. palustre** L.

2. 木贼属 Hippochaete Milde

1a. 主茎具轮生分枝；叶鞘齿 6—16，易脱落。生于沙地、草地等处。产科尔沁、辽河、兴安南、赤峰、锡林、阴南、鄂尔、东阿、西阿……………………**1. 节节草 H. ramosissimum** (Desf.) Boern.——*Equisetum ramosissimum* Desf.

1b. 主茎不分枝，或分枝不轮生。

2a. 植株较高大；茎较粗，粗 4—8mm；叶鞘齿 16—20，常脱落。生于林下湿地、湿草地、水沟边。产兴安南、科尔沁、辽河(大青沟)、燕北、阴山、阴南、鄂尔、贺兰山……………………**2. 木贼 H. hyemale** (L.) Boern.——*Equisetum hyemale* L.

2b. 植株较小；茎较细，粗 0.5—2mm；叶鞘齿 3—6，宿存。

3a. 茎通常弯曲，无中央腔，节间基本实心，具 6—8 肋棱；叶鞘齿 3。生于林下潮湿处。产兴安北……………………**3. 小木贼 H. scirpoides** (Michx.) Farw.——*Equisetum scirpoides* Michx.

3b. 茎通常直立，具中央腔，节间中空，具 12—16 肋棱；叶鞘齿 4—6。生于苔藓针叶林下或泥炭地。产兴安北……………………**4. 兴安木贼 H. variegatum** (Schleich. ex Weber. et Mohr.) Boern.——*Equisetum variegatum* Schleich. ex Weber. et Mohr.

4. 阴地蕨科 Botrychiaceae

1a. 营养叶 1—2 回羽裂；植物体光滑无毛；叶鞘封闭；冬芽无毛，包于叶鞘内……………………**1. 小阴地蕨属 Botrychium**

1b. 营养叶 3—4 回羽裂；植物体多少被毛；叶鞘一边开口；冬芽被毛，部分外露……………………**2. 假阴地蕨属 Botrypus**

1. 小阴地蕨属 **Botrychium** Sw.

1a. 营养叶叶片心状卵形，2 回羽裂，羽片或裂片非扇形。生于针阔混交林下或桦木林下。产兴安北 ··1. 北方小阴地蕨 **B. boreale** (Fries) Milde——多枝阴地蕨 *B. manshuricum* Ching

1b. 营养叶叶片长圆形，1 回羽裂，羽片扇形。生于山地林下、林缘草甸及山沟阴湿处。产兴安北、兴安南、阴山、贺兰山、龙首山 ·· 2. 扇羽小阴地蕨 **B. lunaria** (L.) Sw.

2. 假阴地蕨属 **Botrypus** Michx.

劲直假阴地蕨 Botrypus strictus (Underw.) Holub.——劲直阴地蕨 *Botrychium strictus* Underw.

营养叶宽三角形，宽大于长，3 回羽状深裂，羽片 7—9 对。孢子囊穗复穗状，出自营养叶基部稍上处。生于林下或山谷阴湿处。产辽河(大青沟)。

5. 瓶儿小草科 Ophioglossaceae

1. 瓶儿小草属 **Ophioglossum** L.

狭叶瓶儿小草 Ophioglossum thermale Kom.

根状茎短而直立，具肉质粗根。叶二型，营养叶出自根状茎顶部，有柄，倒披针形或椭圆形，全缘，孢子叶出自营养叶的基部，具长柄。孢子囊穗条形，顶端具小尖头。生于草甸。产赤峰(元宝山)。

6. 蕨科 Pteridiaceae

1. 蕨属 **Petridium** Gled. ex Scop.

蕨 Petridium aquilinum (L.) Kuhn. var. **latiusculum** (Desv.) Underw. ex Heller

植株高达 1m。根状茎长而横走，密被锈黄色毛。叶片卵状三角形或宽卵形，有长柄，3 回羽状分裂，羽片 8 对。孢子囊群条形，沿叶缘边脉着生；囊群盖条形，薄纸质。生于山地林下、林缘草地、山坡草丛。产兴安北、岭东、兴安南、燕北、阴山。

7. 中国蕨科 Sinopteridaceae

1. 粉背蕨属 **Aleuritoptris** Fee

1a. 夏绿植物；根状茎上的鳞片大而薄，卵状披针形，边缘有睫毛齿；叶片轮廓矩圆状披针形。生于山沟石缝中。产兴安北、兴安南、燕北 ·· 1. 华北粉背蕨 **A. kuhnii** (Milde) Ching ——华北薄鳞蕨 *Leptolepidium kuhnii* (Milde) Hising et S. K. Wu

1b. 常绿植物；根状茎上的鳞片小而厚，披针形，全缘；叶片轮廓五角形。

  2a. 叶片下面有乳白色或淡黄色粉层。生于山地石灰岩石缝中。产兴安北、岭东、兴安南、科尔沁、辽河(大青沟)、燕北、锡林、阴山、阴南、东阿(桌子山)、贺兰山 ················ 2a. 银粉背蕨 **A. argentea** (Gmel.) Fee var. **argentea**

  2b. 叶片下面无乳白色或淡黄色粉层。生于山地石灰岩石缝中。产岭东、兴安南、科尔沁、辽河(大青沟)、燕北、阴山、阴南 ································· 2b. 无粉银粉背蕨 **A. argentea** (Gmel.) Fee var. **obscura** (Christ) Ching

8. 裸子蕨科 Hemioniyidaceae

1. 金毛裸蕨属 Paragymnopteris Shing

耳羽金毛裸蕨 Paragymnopteris bipinnata Christ. var. **auriculata** (Franch.) K. H. Shing——华北金毛羽蕨 *Gynopteris bipinnata* Christ. var. *auriculata* (Franch.) Ching

植株高 20—40cm。根状茎横走，密被锈棕色狭披针形鳞片。叶栗褐色，密被棕色长柔毛；叶片 1 回羽状，羽片 6—11 对，互生，有短柄，卵状三角形或卵形，两面密被棕黄色长柔毛。孢子囊群沿叶脉着生，被毛覆盖，无囊群盖。生于山地岩石山坡或林下石缝中。产岭东、兴安南、科尔沁、燕北。

9. 蹄盖蕨科 Athyriaceae

1a. 羽片基部以关节着生于叶轴；孢子囊群无盖……………………………… **1. 羽节蕨属 Gymnocarpium**

1b. 羽片基部无关节；孢子囊群有盖。

  2a. 孢子囊群圆形；囊群盖肾圆形或卵形，半下位生，即基部着生，被压在成熟的孢子囊群下面·……………………………………………………………………………………… **2. 冷蕨属 Cystopteris**

  2b. 孢子囊群长形；囊群盖条形、长圆形、钩形或马蹄形，上位生。

    3a. 叶柄基部不加厚，也不尖削；囊群盖条形或条状矩圆形，通直，从不弯曲，常成对地双生于脉上，或仅在裂片基部上侧 1 脉上为双生 ………………………… **3. 短肠蕨属 Allantidia**

    3b. 叶柄基部加厚，向下尖削；囊群盖弓弯或弧曲，有时钩形或马蹄形，从不成对地双生于一脉上 ……………………………………………………………………… **4. 蹄盖蕨属 Athyrium**

1. 羽节蕨属 Gymnocarpium Newman

1a. 叶轴和羽轴均被腺体，尤以基部一对羽片着生处最密；侧脉常分叉。生于山地林下阴湿处或山沟石缝中。产兴安北、岭东、兴安南、科尔沁、燕北、阴山 ………………………………**1. 羽节蕨 G. jessoense** (Koidz.) Koidz.
——*G. disjunctum* (Rupr.) Ching

1b. 叶轴和羽轴均无腺体；侧脉单一，很少分叉。生于山地林下阴湿处。产兴安北、兴安南、燕北 ……………………………………………………………………………… **2. 鳞毛羽节蕨 G. dryopteris** (L.) Newman

2. 冷蕨属 Cystopteris Bernh.

1a. 根状茎短粗；叶片轮廓披针形或矩圆状披针形。生于山地林下阴湿处、山沟或阴坡石缝中。产兴安北、岭东、兴安南、燕北、阴山、东阿(桌子山)、贺兰山、龙首山 ……………………………………… **1. 冷蕨 C. fragilis** (L.) Bernh.

1b. 根状茎细长；叶片轮廓三角形。

  2a. 叶片长三角形或卵状三角形，长明显大于宽。生于山沟阴湿石缝中。产贺兰山 ……………………………………………………………………… **2. 山冷蕨 C. sudetica** A. Br. et Milde

  2b. 叶片宽三角形，长宽近相等。生于海拔 2900m 的阴湿岩缝及高山灌丛中。产贺兰山 ………………………………………………………… **3. 高山冷蕨 C. montana** (Lam.) Bernh. ex Desv.

3. 短肠蕨属 Allantidia R. Br.

黑鳞短肠蕨 Allantidia crenata (Sommerf.) Ching

植株高 40—70cm。根状茎长而横走，先端被黑褐色卵形或卵状披针形鳞片。叶纸质，下面被白色节状长柔毛；叶柄禾秆色，被鳞片；叶片卵形或卵状三角形，3 回羽状，羽片 8—12 对，互生，有短柄。

孢子囊群矩圆形，每末回裂片上有 2—3 对，囊群盖膜质，边缘啮蚀，宿存。生于山地林下或山沟阴湿处。产兴安北、岭东、兴安南、燕北、阴山。

4. 蹄盖蕨属 Athyrium Roth

1a. 根状茎上的鳞片多为棕褐色；叶片轮廓矩圆状披针形；下部 2—3 对羽片明显缩短。生于山地林下。产兴安北、岭东、兴安南、燕北……………………………………………… **1. 中华蹄盖蕨 A. sinense** Rupr.

1b. 根状茎上的鳞片多为黑褐色；叶片轮廓卵形至宽卵形；下部羽片不缩短或基部 1 对少缩短。生于山地林下。产兴安北、岭东、兴安南、辽河(大青沟)、燕北、阴山(乌拉山)………………………………………………………… **2. 东北蹄盖蕨 A. multidentatum** (Doell) Ching——短叶蹄盖蕨 *A. brevifrons* Nakai

10. 金星蕨科 Thelypteridaceae

1. 沼泽蕨属 Thelypteris Schmidel

沼泽蕨 Thelypteris palustris (L.) Schott

植株高 40—70cm。根状茎细长横走。叶具禾秆色长柄，宽披针形，2 回羽状深裂，羽片 18—21 对，互生或对生。孢子囊群圆形，生于侧脉中部，囊群盖圆肾形，膜质，边缘啮蚀状。生于山地草甸、沼泽地。产岭东、辽河(大青沟)、燕北。

11. 铁角蕨科 Aspleniaceae

1a. 叶脉分离，从不联结成网眼；叶片边缘有缺刻或锯齿……………………… **1. 铁角蕨属 Asplenium**

1b. 叶脉网状，网眼外的小脉分离；叶片全缘……………………………………… **2. 过山蕨属 Camptosorus**

1. 铁角蕨属 Asplenium L.

1a. 羽片三出状分裂；裂片圆钝头，有不明显的微锯齿；囊群盖边缘啮蚀状且有睫毛。生于山地石缝或岩石上。产阴山、东阿(桌子山)、贺兰山………………………………… **1. 卵叶铁角蕨 A. rutamurarium** L.

1b. 羽片羽状或羽状分裂；末回裂片有明显的尖锯齿；囊群盖全缘。

  2a. 叶柄和叶轴为绿色。

    3a. 叶为坚草质；末回裂片宽条形，沿叶轴和羽轴至叶边无膜质透明边。生于山谷石缝中。产岭东、兴安南、燕北、阴山、贺兰山 ……………………………… **2. 北京铁角蕨 A. pekinense** Hance

    3b. 叶为草质；末回裂片倒卵形，边缘有淡绿色膜质边缘，沿叶轴和羽轴具淡绿色隆起狭边。生于山地林下、林缘草甸。产兴安北、兴安南…………… **3. 钝齿铁角蕨 A. subvarians** Ching ex C. Chr.

  2b. 叶柄上部绿色，中部以下或近基部为栗褐色或栗黑色。生于山地干旱石缝中。产阴山、贺兰山 ……………………………………………………………… **4. 西北铁角蕨 A. nesii** Christ.

2. 过山蕨属 Camptosorus Link

过山蕨 Camptosorus sibiricus Rupr.

植株高 5—15cm。根状茎短，直立。叶簇生，叶片披针形，基部楔形或圆形，全缘，两面无毛，先端尾尖成鞭状，着地生根长出新的植株。孢子囊群短条形，生于中脉两侧各成 1—2 行，囊群盖短条形或矩圆形，膜质，灰色，全缘，开向中脉。生于山地林下、林缘潮湿的石壁上。产兴安北、岭东、兴安南、辽河(大青沟)、赤峰、燕北、阴山(蛮汗山)。

12. 球子蕨科 Onocleaceae

1a. 根状茎短而直立；营养叶的叶脉分离；孢子叶的羽片反卷成荚果状……… **1. 荚果蕨属 Matteuccia**

1b. 根状茎长而横走；营养叶的叶脉连接成网状；孢子叶的羽片反卷成分离的小球形…………………………………………………………………………………………………… **2. 球子蕨属 Onoclea**

1. 荚果蕨属 Matteuccia Todaro

荚果蕨 Matteuccia struthiopteris (L.) Todaro

植株高 50—90cm。根状茎短而直立，被披针形的棕色膜质鳞片。叶簇生，二型，营养叶的叶片矩圆状披针形，2 回羽状深裂，羽片 40—60 对，叶脉羽状，分离；孢子叶狭倒披针形，1 回羽状，羽片条形，互生，两侧强度反卷成荚果状，包着孢子囊群。孢子囊群球形，着生于小脉背上的囊托上。生于山地林下、溪边疏林下。产兴安北、岭东、兴安南、辽河(大青沟)、燕北、阴山。

2. 球子蕨属 Onoclea L.

球子蕨 Onoclea sensibilis L. var. **interrupta** Maxim.

植株高 30—60cm。根状茎长而横走。叶疏生，二型，有柄，营养叶宽三角状卵形，1 回羽状深裂，羽片 6—9 对，边缘浅裂或波状；孢子叶 2 回羽状，羽片两侧紧缩成小球形，包着囊群。孢子囊群圆形，生于裂片小脉背部的囊托上；囊群盖膜质，下位生，向上包被囊群。生于林下阴湿草地、林缘草甸。产岭东、辽河(大青沟)、燕北。

13. 岩蕨科 Woodsiaceae

1a. 叶柄无关节；囊群盖膀胱状，由数片基部愈合的裂片组成，顶端有 1 孔形开口，光滑无毛………………………………………………………………………………………… **1. 膀胱蕨属 Protowoodsia**

1b. 叶柄通常有 1 关节；囊群盖碟形、杯状、球状，边缘有流苏状长睫毛…………**2. 岩蕨属 Woodsia**

1. 膀胱蕨属 Protowoodsia Ching

膀胱蕨 Protowoodsia manchuriensis (Hook.) Ching

植株高 13—20cm。根状茎短而直立，先端被披针形的棕色全缘裂片。叶簇生，有细柄，矩圆状披针形，2 回羽状深裂，羽片 13—18 对，互生；孢子囊群圆形，生于侧脉顶端，囊群盖下位，膀胱状，膜质，灰白色，顶端有 1 开口。生于林下石缝中或石质山坡。产岭东、兴安南。

2. 岩蕨属 Woodsia R. Br.

1a. 叶柄无关节；叶片两面及叶轴均密被锈色毛。生于石质山坡石缝中或林下。产燕北……………………………………………………………………………………… **1. 密毛岩蕨 W. rosthoniana** Diels

1b. 叶柄有关节。

2a. 叶柄上的关节位于中部以下，少近中部。

3a. 植物体纤细矮小，高约 10cm；叶柄禾秆色或淡绿色；叶片无毛或近光滑。

4a. 根状茎及叶柄基部鳞片卵状披针形，先端长尾状，边缘有不规则的齿状突起；囊群盖浅碟状，不规则的 5—6 裂，边缘有节状长柔毛；叶片矩圆状披针形。生于山地林下石缝中。产兴安南、燕北、阴山……………………………………………………… **2. 旱岩蕨 W. hankockii** Bak.

4b. 根状茎及叶柄基部鳞片宽披针形，先端渐尖头，边缘全缘；囊群盖细裂成毛状；叶片条状披针形。生于山地岩石缝中。产阴山……………… **3. 光岩蕨 W. glabella** R. Br. ex Richards

3b. 植物体较粗壮；叶柄栗褐色、褐色或淡褐色；全株被长毛及狭披针形鳞片，尤以叶轴及羽轴较密。

5a. 羽片矩圆状三角形或三角形，中部羽片长 6—9mm，边缘波状深裂或浅齿裂，基部上侧凸出成耳形。生于山地岩石缝中。产兴安南、燕北、阴山………… **4. 心岩蕨 W. subcordata** Turcz.

5b. 羽片三角状披针形或矩圆状披针形，中部羽片长 10—17mm，羽状深裂，基部对称，上侧不成耳状。生于山地岩石缝中。产兴安北、兴安南、燕北…………**5. 岩蕨 W. ilvensis** (L.) R. Br.

2b. 叶柄上的关节位于中部以上，靠近叶片基部羽片。

6a. 叶片狭披针形；羽片镰状矩圆形，基部上侧有小耳状凸起，边缘无毛；囊群盖碗状。生于山地沟谷阴湿岩石缝中。产岭东、兴安南、燕北、阴山 …………………**6. 耳羽岩蕨 W. polystichoides** Eaton

6b. 叶片卵状披针形；羽片三角形，基部上侧稍凸起，边缘被褐色节状长毛；囊群盖浅碟状。生于山地岩石缝中。产兴安北、岭东、兴安南、燕北、锡林、阴山 ………… **7. 中岩蕨 W. intermedia** Tagawa

14. 鳞毛蕨科 Dryopteridaceae

1a. 囊群盖圆形，盾状着生；羽片基部上缘具耳状突起，小羽片为上先出……… **1. 耳蕨属 Polystichum**

1b. 囊群盖圆肾形，以缺刻处着生；羽片基部对称，不具耳状突起，小羽片为下先出……………………………………………………………………………………………… **2. 鳞毛蕨属 Dryopteris**

1. 耳蕨属 Polystichum Roth

中华耳蕨 Polystichum sinense Christ

植株高 15—20cm。根状茎短而直立。叶簇生，具密被卵状披针形至条状披针形棕色鳞片的叶柄，先端长尾尖，边缘疏具齿及毛；叶片矩圆状披针形，2 回羽状，羽片 20—25 对，两面被淡褐色鳞片。孢子囊群圆形，布满叶的背面；囊群盖淡褐色，膜质，边缘啮蚀状且疏具睫毛。生于山地林下岩石上或山沟岩石缝中。产阴山、贺兰山。

2. 鳞毛蕨属 Dryopteris Adans

1a. 叶 2 回羽裂；叶片椭圆状披针形或倒披针形。

2a. 植株较小，高 20—30cm；叶柄淡绿色或禾秆色；叶片两面无毛，有金黄色腺体；叶轴和羽轴被鳞片；全叶片着生孢子囊群。生于山地碎石山坡或石砬子上。产兴安北、岭东、兴安南、岭西、燕北………………………………………………………………………… **1. 香鳞毛蕨 D. fangrans** (L.) Schott.

2b. 植株高大，高 50—65cm；叶柄淡褐色；叶片下面被淡褐色柔毛，羽轴及中脉较密，但无鳞片；孢子囊群仅生于叶片上半部。生于山地石质山坡石缝中。产兴安北 ····· **2. 远东鳞毛蕨 D. sochotensis** Kom.

1b. 叶 3 回羽裂；叶片矩圆状卵形、椭圆状卵形或卵形。

3a. 裂片具刺尖的重锯齿；小羽片较小，基部小羽片最长 3.5cm，宽 13mm；裂片较小，基部上侧长 6mm，宽 2mm。生于山地林下或草甸。产兴安北 ………………………………………………………………………………… **3. 广布鳞毛蕨 D. expansa** (Presl) Fraser-Jenkins et Jermy

3b. 裂片先端具 2—5 尖锯齿，两侧近全缘；小羽片较大，基部小羽片最长 5cm，宽 16mm；裂片较大，基部上侧 1 片长 10mm，宽 4mm。生于山地林下。产兴安北、兴安南、燕北 ………4. 华北鳞毛蕨 **D. goeringiana** (Kunze) Koidz.

15. 水龙骨科 Polypodiaceae

1a. 叶羽状深裂或羽状；孢子囊群靠近叶边生……………………………………1. 多足蕨属 **Polypodium**

1b. 叶为单叶，全缘；孢子囊群位于叶边和主脉之间或布满叶下面，幼时有盾状隔丝或星状毛覆盖。

2a. 叶片光滑；孢子囊群位于叶边和主脉之间，各有 1 行排列，幼时有圆盾形隔丝覆盖 ……………………………………………………………………………………………………2. 瓦韦属 **Lepisorus**

2b. 叶片下面密被星状毛，上面稀疏；孢子囊群生于内藏小脉顶端，成熟时布满于叶片下面，幼时有星状毛覆盖 ……………………………………………………………………………3. 石韦属 **Pyrrosia**

1. 多足蕨属 Polypodium L.

小多足蕨 Polypodium virginianum L.

植株高 12—18cm。根状茎长而横走，密被披针形的棕色鳞片。叶近生，具柄；叶片矩圆状披针形，1 回羽状深裂，羽片 13—24 对。孢子囊群圆形，在羽片背面上下两边各成 1 行排列，无盖。生于山地林下、林缘石缝中。产兴安北、岭东、兴安南。

2. 瓦韦属 Lepisorus Ching

1a. 叶革质，质厚，常绿；叶片先端渐尖，具尖头。生于沟谷岩石或树皮上。产燕北、科尔沁(科尔沁左翼后旗双福庙)…………………………………………………………1. 乌苏里瓦韦 **L. ussuriensis** (Regel et Maack) Ching

1b. 叶草质，质薄，夏绿；叶片先端具小圆头或钝圆。附生于山地岩石或树干上。产阴山、贺兰山 ……………………………………………………………………2. 小五台瓦韦 **L. hsiawutaiensis** Ching et S. K. Wu

3. 石韦属 Pyrrosia Mirbel

1a. 叶一型；叶片披针形，向两端变狭，长过于叶柄，下面星状毛的臂为针形。生于山地岩石缝中。产兴安南、科尔沁、燕北、锡林、阴山……………………………………………1. 华北石韦 **P. davidii** (Bak.) Ching

1b. 叶近二型；叶片椭圆形或长卵形，钝头，基部楔形，有长叶柄，下面星状毛的臂为披针形。生于山地岩石缝中。产岭东、兴安南、科尔沁、燕北 ………………………………2. 长柄石韦 **P. petiolosa** (Christ) Ching

16. 槲蕨科 Drynariaceae

1. 槲蕨属 Drynaria J. Sm.

中华槲蕨 Drynaria sinica Diels

植株高 13—20cm。根状茎粗壮而横走，肉质，密被披针形的红棕色鳞片，边缘有睫毛。叶二型，不育叶矮小，矩圆形，1 回羽状深裂，基部下延，无柄；能育叶高大，有长柄，叶片卵状披针形，1 回羽状深裂，羽片 13—15 对。孢子囊群圆形，通常着生于羽片上半部网脉交结点，沿主脉两侧各成 1 行。生于山地草甸或灌木林下。产贺兰山。

17. 槐叶苹科 Salviniaceae

1. 槐叶苹属 Salvinia Adans

槐叶苹 Salvinia natans (L.) All.

一年生小型漂浮水生草本。茎纤细，横走，密被淡褐色节状毛，无根。叶 3 片轮生，上面 2 片漂浮水面，矩圆形，在茎的两侧水平排列，下面 1 片细裂成丝状，悬垂于水中成假根。孢子囊果 4—8 个，簇生于水下叶的基部，外被疏散的成束短毛，有大小之分。生于池塘、水田、静水、溪河中。产嫩西(扎赉特旗)。

Ⅱ. 裸子植物门 GYMNOSPERMAE

1a. 乔木，稀为灌木；花无假花被；胚珠无珠被管。
  2a. 叶和种鳞螺旋状排列，或叶簇生；叶针形或条形 ……………………………… **18. 松科 Pinaceae**
  2b. 叶和种鳞对生或轮生；叶鳞片形或针形 ……………………………………… **19. 柏科 Cupressaceae**
1b. 灌木或草本状灌木；花具假花被；胚珠顶端具珠被管；叶退化成鳞片状，膜质，对生，稀轮生………………………………………………………………………………………… **20. 麻黄科 Ephedraceae**

18. 松科 Pinaceae

1a. 叶常绿，单生或束生。
  2a. 叶单生，四棱状锥形；小枝具叶枕 ……………………………………………… **1. 云杉属 Picea**
  2b. 叶束生，针形；小枝无叶枕 ………………………………………………………… **2. 松属 Pinus**
1b. 叶脱落，簇生；小枝无叶枕…………………………………………………………… **3. 落叶松属 Larix**

1. 云杉属 **Picea** Dietr.

1a. 叶横切面四方形、菱形或近扁平，四面有气孔线。
  2a. 小枝基部宿存芽鳞的先端紧贴小枝；一年生枝淡灰黄色，二年生枝淡褐色；叶黄绿色，先端尖。生于山地阴坡或半阴坡。产燕北、阴山、贺兰山 ……………………………… **1. 青扦 P. wilsonii** Mast.
  2b. 小枝基部宿存芽鳞的先端反曲或开展。
    3a. 叶先端尖，长 1—1.2cm，宽 1—1.5mm；二年生枝红褐色或淡褐色；球果成熟前种鳞背部绿色；叶蓝绿色。生于山地和谷低湿地、河流两旁、溪边。产兴安北…· **2. 红皮云杉 P. koraiensis** Nakai
    3b. 叶先端钝或微钝。
      4a. 二年生枝淡粉红色，被明显或微明显的白粉，有或多或少的短毛；叶较粗，宽 2—2.5mm，蓝绿色；球果成熟前种鳞上部边缘紫红色，背部绿色。生于海拔 1750—3100m 的山地阴坡或半阴坡。产阴山(大青山)、贺兰山、龙首山 ………………………… **3. 青海云杉 P. crassifolia** Kom.
      4b. 二年生枝黄褐色或淡褐色，无白粉，有毛或无毛；叶较细，宽 1.2—2mm。
        5a. 冬芽黄褐色或淡褐色；叶蓝绿色；球果成熟前种鳞背部绿色。生于海拔 1400—1700m 的山地阴坡或半阴坡。产兴安南、燕北、阴山 ……………… **4. 白扦 P. meyeri** Rehd. et E. H. Wilson
        5b. 冬芽淡红褐色；叶灰绿色；球果成熟前种鳞背部紫色。生于海拔 1000m 的沙地。产兴安南(克什克腾旗白音敖包和乌兰布统草原、锡林浩特市白音锡勒牧场东南部和正蓝旗的东北部)…………………………………………………… **5. 沙地云杉 P. mongolica** (H. Q. Wu) W. D. Xu
1b. 叶横切面扁平，下面无气孔线，上面有 2 条白粉气孔带。生于海拔 300—800m 的山地。产兴安北、岭东……………………… **6. 兴安鱼鳞云杉 P. jezoensis** Carr. var. **microsperma** (Lindl.) W. C. Cheng et L. K. Fu

2. 松属 **Pinus** L.

1a. 针叶 2 针一束；叶鞘宿存。
  2a. 针叶长 6.5—15cm，不扭曲；种鳞的鳞盾肥厚隆起或微隆起，横脊较钝，扁菱形或菱状多角形，鳞脐较大，有不脱落的短刺。生于海拔 800—2300m 山地的阴坡或半阴坡。产兴安南、赤峰、燕北、阴山、阴南、贺兰山 ……………………………………………………………………… **1. 油松 P. tabuliformis** Carr.
  2b. 针叶长 3—9cm，扭曲；种鳞的鳞盾显著隆起向后反曲或不反曲，横脊较锐，斜方形或多角形，鳞脐小，有易脱落的短刺。

3a. 冬芽红褐色；针叶较短粗，长(0.5)3—7cm，粗约 2mm。生于海拔 400—900m 山地的山脊、山顶和阳坡。产兴安北……………………………………………………2a. **欧洲赤松 P. sylvestris** L. var. **sylvestris**

3b. 冬芽褐色或淡黄褐色；针叶较细长，长 4—9cm，粗 0.5—2mm。生于较干旱的沙地及石砾沙土地区。产岭西、呼伦……………………………………2b. **樟子松 P. sylvestris** L. var. **mongolica** Litv.

1b. 针叶 3—5 针一束；叶鞘早落。

4a. 针叶 3 针一束；种鳞的鳞脐背生，有短刺。呼和浩特市、包头市有栽培………………………………………………………………………………3. **白皮松 P. bungeana** Zucc. ex Endl.

4b. 针叶 5 针一束；种鳞的鳞脐顶生，无刺。

5a. 小枝有密毛；球果较小，长 4—8cm，直径 2.5—4.5cm。

6a. 针叶长 6—10cm，直径 1—1.4mm；树脂道 3 或 2，中生；种鳞的鳞盾疏生短毛；乔木。生于海拔 900—1300m 山地冷湿的山顶及山坡坡麓地带。产兴安北…… 4. **西伯利亚红松 P. sibilica** Du Tour.

6b. 针叶长 4—6cm，稀 8.3cm，直径约 1mm；树脂道 2，边生；种鳞的鳞盾无毛；灌木。生于海拔 1200m 以上的山顶或山脊。产兴安北……………………………5. **偃松 P. pumila** (Pall.) Regel

5b. 小枝无毛；球果较大，长 10—15cm，直径 5—8cm。呼和浩特市和蛮汗山有栽培……………………………………………………………………………6. **华山松 P. armandii** Franch.

3. 落叶松属 Larix Mill.

1a. 球果中部种鳞长大于宽，呈五角状卵形；种鳞无毛，有光泽。

2a. 球果较小，长 1.2—3cm，直径 1—2cm，种鳞 14—20(30)枚；一年生长枝较细，直径约 1mm。生于海拔 300—1670m 的山地。产兴安北、岭东、岭西、兴安南 …… 1. **兴安落叶松 L. gmelinii** (Rupr.) Kuzenva

2b. 球果较大，长 2—4cm，直径 2—2.5cm，种鳞 26—45 枚；一年生长枝较粗，直径 1.5—2.5mm。生于海拔 1400—1800m 山地的阴坡、沟谷边。产兴安南、燕北 …… 2. **华北落叶松 L. princips-rupprechtii** Mayr.

1b. 球果中部种鳞长宽近相等，呈四方状宽卵形或近方圆形；种鳞背部及上部边缘有细小瘤状突起，间或中部有短毛。燕北、阴山等地有栽培……………………3. **日本落叶松 L. kaempferi** (Lamb.) Carr.

19. 柏科 Cupressaceae

1a. 球果木质，成熟时张开；叶全部为鳞叶……………………………………1. **侧柏属 Platycladus**

1b. 球果肉质，成熟时不张开或仅顶端微张开；叶为刺叶或鳞叶。

2a. 叶为刺叶或鳞叶，或同一树上二者兼有，刺叶基部无关节，下延生长；冬芽不明显；球花单生枝顶……………………………………………………………………2. **圆柏属 Sabina**

2b. 叶全为刺叶，基部有关节，不下延生长；冬芽显著；球花单生叶腋 ……3. **刺柏属 Juniperus**

1. 侧柏属 Platycladus Spach

侧柏 Platycladus orientalis (L.) Franco

常绿乔木，高达 10m。小枝直展，扁平，排成一平面。叶鳞形，两两交互对生。球果卵圆形，成熟前近肉质，被白粉，成熟后种鳞张开，木质，红褐色。生于海拔 1700m 以下向阳干燥瘠薄的山坡或石崖缝中或黄土覆盖的石质山坡。产阴山(大青山、乌拉山)、阴南(准格尔旗)。

2. 圆柏属 **Sabina** Mill.

1a. 乔木；球果卵圆状球形，顶端圆形。

2a. 刺叶长 6—12mm；球果较小，直径 6—8mm，内有种子 2—4 粒，稀 1 粒。生于山地丛林中或半阳坡。产阴山、贺兰山(峡子沟)……………………………………………………………**1. 圆柏 S. chinensis** (L.) Ant.
——贺兰山圆柏 *S. vulgaris* (L.) Ant. var. *alashanensis* Z. Y. Chu et C. Z. Liang

2b. 刺叶长 4—7mm；球果较大，直径 7—10mm，内有种子 1 粒。生于海拔 2800—3000m 山地的阳坡。产龙首山……………………………………………**2. 祁连圆柏 S. przewalskii** (Kom.) W. C. Cheng et L. K. Fu

1b. 匍匐灌木。

3a. 球果常呈不规则球形，顶端圆形；刺叶常出现在壮龄及老龄植株上，壮龄植株的刺叶多于鳞叶，刺叶较窄。生于海拔 400—1400m 的多石山地或山顶岩石缝中。产兴安北、岭东、兴安南……………………………………………………………………………………**3. 兴安圆柏 S. davurica** (Pall.) Ant.

3b. 球果倒三角状球形，顶端平截；刺叶仅出现在幼龄植株上，壮龄植株上几乎全为鳞叶，刺叶较宽。生于海拔 1100—2800m 的多石山坡上或沟谷中，或固定沙丘上。产浑善达克沙地、科尔沁沙地(翁牛特旗东部)、毛乌素沙地、乌兰(达尔罕茂明安联合旗西部)、阴山(乌拉山)、贺兰山、龙首山……………………**4. 叉子圆柏 S. vulgaris** Ant.

3. 刺柏属 **Juniperus** L.

1a. 乔木或灌木；叶质厚，条状针形，挺直，上面凹下成深槽，白粉带位于凹槽之中，较绿色边带为窄。生于海拔 1400—2200m 山地的阳坡或半阳坡，干燥岩石裸露山顶或山坡石缝中。产兴安南、燕北、乌兰、阴山、阴南、东阿(桌子山、狼山)、贺兰山……………………………………………………………**1. 杜松 J. rigida** Sieb. et Zucc.

1b. 匍匐灌木；叶质薄，披针形或椭圆状披针形，稍呈镰状弯曲，上面微凹，不成深槽，白粉带较绿色边带为宽。生于海拔 600—1700m 的干燥石砾质山地或疏林下。产兴安北、岭东……**2. 西伯利亚刺柏 J. sibirica** Burgsd.

20. 麻黄科 Ephedraceae

1. 麻黄属 **Ephedra** Tourn ex L.

1a. 雌球花成熟时苞片薄膜质，干燥半透明，淡褐色(**1. 膜果麻黄组** Sect. **Alaeae** Stapf)；种子常 3 粒，稀 2 粒；叶 3 裂和 2 裂混生，先端锐尖；植株高大，高 50—100cm。生于石质荒漠、石质残丘或砾石质戈壁滩上。产东阿、西阿、额济纳……………………………………………**1. 膜果麻黄 E. przewalskii** Stapf

1b. 雌球花成熟时苞片肥厚，肉质，红色，浆果状(**2. 麻黄组** Sect. **Ephedra**)。

2a. 种子表面具横列碎片状突起；叶 2 裂，先端钝或稍尖；种子 2 粒；小枝成假轮生状排列。生于山麓和山前坡地。产贺兰山……………………………………**2. 斑子麻黄 E. rhytidosperma** Pachom.

2b. 种子表面无碎片状突起。

3a. 植株矮小，高 3—10cm，铺散地面；叶 2 裂，先端钝尖或急尖；种子 1 粒。生于石质山坡或山顶石缝。产兴安北、兴安南、呼伦、阴山、龙首山………**3. 单子麻黄 E. monosperma** Gmel. ex C. A. Mey.

3b. 植株高大，高 20—100cm，直立草本状灌木。

4a. 雌花胚珠的珠被管较长而弯曲；叶 3 裂和 2 裂混生，裂片先端长渐尖；种子通常 3 粒，稀 2 粒。生于沙地、山坡及草地上。产呼伦、科尔沁、辽河、燕北、锡林、乌兰、阴山、阴南、鄂尔、西阿、额济纳……………**4. 中麻黄 E. intermedia** Schrenk. ex C. A. Mey.——灰绿麻黄 *E. glauca* Regel

4b. 雌花胚珠的珠被管较短而直或稍弯；叶 2 裂(蛇麻黄的叶混生 3 裂)。

5a. 种子 2 粒；植株高 10—40cm，小枝节间较粗长，长 2—5cm，直径 1—2mm。

6a. 小枝先端直，不弯曲；种子卵形，先端无尖头；叶裂片先端常渐尖或锐尖。生于丘陵坡地、平原、沙地。产岭西、兴安南、赤峰、燕北、辽河、科尔沁、呼伦、锡林、乌兰、阴山、阴南、鄂尔、贺兰山 ··· **5. 草麻黄 E. sinica** Stapf

6b. 小枝先端弯曲；种子披针形，先端有小尖头；叶裂片先端钝或锐尖。生于低山石质山坡。产贺兰山(三关口) ·· **6. 蛇麻黄 E. distachya** L.

5b. 种子1粒；叶裂片先端钝或稍尖；植株高30—100cm；小枝节间较细短，长1—2.5cm，直径约1mm。生于山顶、山谷及石砬子上。产燕北、锡林、乌兰、阴山、阴南(准格尔旗)、东阿(狼山、桌子山)、贺兰山、龙首山 ·· **7. 木贼麻黄 E. equisetina** Bunge

Ⅲ. 被子植物门 ANGIOSPERMAE

1a. 子叶 2；花通常 4—5 基数(**A. 双子叶植物纲 Dicotyledoncae**)。
  2a. 无花瓣；花萼有或无，或花萼呈花瓣状。
    3a. 花单性，雄花排列成葇荑花序，或雌雄花都成葇荑花序。
      4a. 叶为羽状复叶 ……………………………………………………………**23. 胡桃科 Juglandaceae**
      4b. 叶为单叶。
        5a. 果实下无壳斗；雌雄花都成葇荑花序或稀簇生。
          6a. 种子被毛；蒴果 ………………………………………………………**22. 杨柳科 Salicaceae**
          6b. 种子无毛；非蒴果。
            7a. 花萼常 4 裂；聚花果 ……………………………………………**27. 桑科 Moraceae**
            7b. 花萼退化或无；坚果或小坚果……………………………**24. 桦木科 Betulaceae**
        5b. 坚果包在壳斗内；雌花单生或簇生 ………………………………**25. 壳斗科 Fagaceae**
    3b. 花单性、两性或杂性，但不形成葇荑花序。
      8a. 子房每室含多数胚珠。
        9a. 离生心皮；蓇突果 ……………………………………………………**42. 毛茛科 Ranunculaceae**
        9b. 合生心皮；蒴果。
          10a. 直立草本；
            11a. 花被裂片 4…………**51. 虎耳草科 Saxifragaceae(金腰属 Chrysosplenium)**
            11b. 花被裂片 5 …………………………………………**36. 粟米草科 Molluginaceae**
          10b. 缠绕草本；花被管状，裂片 1 或 3 ………………**32. 马兜铃科 Aristolochiaceae**
      8b. 子房每室含 1 至数个胚珠。
        12a. 雄花成球状头状花序，雌花 2 朵同生于具钩刺的总苞中…………………………………
        ……………………………………………………**124. 菊科 Compositae(苍耳属 Xanthium)**
        12b. 雌雄花非上述情况。
          13a. 心皮 2 至多数，离生；聚合瘦果 ……………………**42. 毛茛科 Ranunculaceae**
          13b. 心皮单一或数个合生。
            14a. 子房下位或半下位。
              15a. 草本。
                16a. 叶轮生；水生或沼生 ……………**88. 杉叶藻科 Hippuridaceae**
                16b. 叶互生或对生；陆生。
                  17a. 叶互生。
                    18a. 多年生草本，野生；根非肉质…………………………
                    …………………………………**30. 檀香科 Santalaceae**
                    18b. 二年生草本，栽培；根肉质肥大 …………………
                    ……………**34. 藜科 Chenopodiaceae(甜菜属 Beta)**
                  17b. 叶对生，叶柄与基部相连 ‥ **21. 金粟兰科 Chloranthaceae**
              15b. 灌木或乔木。
                19a. 叶互生，被银色鳞片；非寄生植物‥ **83. 胡颓子科 Elaeagnaceae**
                19b. 叶对生，无银色鳞片；寄生植物…**31. 桑寄生科 Loranthaceae**
            14b. 子房上位。
              20a. 具膜质托叶鞘 ……………………………………**33. 蓼科 Polygonaceae**
              20b. 无托叶鞘。

21a. 草本。

22a. 寄生肉质草本；叶鳞片互生；花杂性 ……………………… **89. 锁阳科 Cynomoriaceae**

22b. 非寄生草本；花两性或单性。

23a. 无花萼。

24a. 植株具乳汁；杯状聚伞花序 ………………………… **63. 大戟科 Euphorbiaceae**

24b. 植株无乳汁；单花腋生 ……………………………… **64. 水马齿科 Callitrichaceae**

23b. 有花萼。

25a. 花萼呈花瓣状。

26a. 雄蕊与花萼裂片同数，二者不合生。

27a. 花排成头状或紧密穗状；羽状复叶 ………………………………… **52. 蔷薇科 Rosaceae(地榆属 Sanguisorba)**

27b. 花单生叶腋；单叶 ……………………… **95. 报春花科 Primulaceae**

26b. 雄蕊为花萼裂片的 2 倍或同数，但二者合生；花萼筒状 ……………………………………………………… **82. 瑞香科 Thymelaeaceae**

25b. 花萼不呈花瓣状。

28a. 花柱 2 或更多。

29a. 掌状复叶或单叶有掌状脉，有宿存的托叶 ………………………………………………… **28. 大麻科 Cannabaceae**

29b. 叶有羽状脉，无托叶。

30a. 花有干膜质苞片 …………………… **35. 苋科 Amaranthaceae**

30b. 花无干膜质苞片 …………………… **34. 藜科 Chenopodiaceae**

28b. 花柱单一。

31a. 叶细裂成丝状；水生植物 ……… **40. 金鱼藻科 Ceratophyllaceae**

31b. 叶不裂成丝状，常有刺毛；陆生植物 …… **29. 荨麻科 Urticaceae**

21b. 木本。

32a. 单性花。

33a. 聚花果；萼片 4 ……………………………………………… **27. 桑科 Moraceae**

33b. 蒴果或核果；萼片 5 或 3。

34a. 萼片 5；雄蕊 5；蒴果 …… **63. 大戟科 Euphorbiaceae(白饭树属 Flueggea)**

34b. 萼片 3；雄蕊 3；核果 ………………………… **65. 岩高兰科 Empetraceae**

32b. 两性花。

35a. 雄蕊 2；翅果；叶对生 ………………… **97. 木犀科 Oleaceae(白蜡树属 Fraxinus)**

35b. 雄蕊 4—8；翅果或核果；叶互生 ……………………………… **26. 榆科 Ulmaceae**

2b. 花有花萼和花瓣。

36a. 花瓣分离。

37a. 雄蕊多数，10 枚以上，超过花瓣的 2 倍。

38a. 子房下位或半下位。

39a. 水生植物；叶浮于水面 ………………………… **39. 睡莲科 Nymphaeaceae**

39b. 陆生植物。

40a. 肉质草本；花萼裂片 2；蒴果盖裂 …… **37. 马齿苋科 Portulacaceae**

40b. 木本。

41a. 叶互生，有托叶；梨果；无不育花 ……… **52. 蔷薇科 Rosaceae**

41b. 叶对生，无托叶；蒴果；花序边缘有不孕性花 ……………… **51. 虎耳草科 Saxifragaceae(八仙花属 Hydrangea)**

38b. 子房上位。

42a. 周位花；萼片 4—5；花瓣 4—5；雄蕊多数，三者均着生在花托的边缘…… **52. 蔷薇科 Rosaceae**

42b. 下位花。

43a. 花瓣多数，狭楔形；水生植物…………… **39. 睡莲科 Nymphaeaceae(萍蓬草属 Nuphar)**

43b. 非上述情况。

44a. 离生心皮。

45a. 茎缠绕或攀援。

46a. 叶对生；花两性…………**42. 毛茛科 Ranunculaceae(铁线莲属 Clematis)**

46b. 叶互生；花单性。

47a. 心皮 3—6；核果黑紫色…………………**44. 防己科 Menispermaceae**

47b. 心皮多数；浆果红色………………… **45. 五味子科 Schisandraceae**

45b. 茎直立。

48a. 无托叶；种子有胚乳；雄蕊螺旋状排列于花托上。

49a. 花大型；具花盘……………………………**41. 芍药科 Paeoniaceae**

49b. 花小型；无花盘…………………………**42. 毛茛科 Ranunculaceae**

48b. 常有托叶；种子无胚乳；雄蕊轮状排列于花托的边缘…**52. 蔷薇科 Rosaceae**

44b. 心皮合生。

50a. 单体雄蕊；花药 1 室…………………………………………**74. 锦葵科 Malvaceae**

50b. 非上述情况。

51a. 聚伞花序；花序轴下半部与苞片合生；木本；被星状毛……………………………………………………………………………………**73. 椴树科 Tiliaceae**

51b. 花序轴不与苞片合生。

52a. 单性花。

53a. 雌雄同株；子房 3 室；蒴果………**63. 大戟科 Euphorbiaceae**

53b. 雌雄异株；子房 5 室；浆果………**75. 猕猴桃科 Actinidiaceae**

52b. 两性花。

54a. 雄蕊花丝合生成 3—5 束……………………**76. 藤黄科 Clusiaceae**

54b. 雄蕊离生。

55a. 植株具乳汁；萼片 2；花瓣 4…**46. 罂粟科 Papaveraceae**

55b. 植株无乳汁；萼片 5，少 4；花瓣 5，少 4。

56a. 萼片 4—5，大小一样；子房 3—5 室；中轴胎座。

57a. 浆果状核果；单叶，不分裂，肉质；灌木………………………………**57. 白刺科 Nitrariaceae**

57b. 蒴果；叶 2—3 回羽状全裂，草质；草本…………………………………**58. 骆驼蓬科 Peganaceae**

56b. 萼片 5，3 大 2 小；子房 1 室；侧膜胎座……………………………………………**80. 半日花科 Cistaceae**

37b. 雄蕊 10 或更少，如多于 10 时则不超过花瓣的 2 倍。

58a. 成熟雄蕊与花瓣同数且对生。

59a. 心皮 5—10，分离；聚合瘦果；草本…. **52. 蔷薇科 Rosaceae(地蔷薇属 Chamaerhodos)**

59b. 合生心皮。

60a. 子房 1 室。

61a. 具刺灌木；萼片 6；花瓣 6；雄蕊 6；花药瓣裂；心皮单一…………………………………………………………………………**43. 小檗科 Berberidaceae**

61b. 草本；萼片 2；花瓣 4；雄蕊 4；花药纵裂；心皮 2，合生…………………………………………………**46. 罂粟科 Papaveraceae(角茴香属 Hypecoum)**

60b. 子房 2 至数室。

62a. 藤本，有卷须；单叶或复叶……………………………………… **72. 葡萄科 Vitaceae**

62b. 直立灌木或乔木，无卷须；单叶 ……………………………**71. 鼠李科 Rhamnaceae**

58b. 成熟雄蕊与花瓣不同数，或同数与花瓣互生。

63a. 子房下位。

64a. 伞形花序或复伞形花序。

65a. 草本；双悬果………………………………………………………**91. 伞形科 Umbelliferae**

65b. 木本；浆果或核果 …………………………………………………**90. 五加科 Araliaceae**

64b. 非伞形花序。

66a. 水生植物。

67a. 花两性；叶互生，浮于水面 ………………………………**85. 菱科 Trapaceae**

67b. 花单性或杂性；叶轮生，沉于水中………**87. 小二仙草科 Haloragaceae**

66b. 陆生植物。

68a. 草本；萼片 2 或 4；花瓣 2 或 4；雄蕊 2 或 8….**86. 柳叶菜科 Onagraceae**

68b. 木本植物。

69a. 子房 1 室，含多数胚珠；浆果 ………… **51. 虎耳草科 Saxifragaceae**

69b. 子房 2 室，含 1—2 胚珠；核果……………**92. 山茱萸科 Cornaceae**

63b. 子房上位。

70a. 叶片上具透明腺点 ……………………………………………………… **60. 芸香科 Rutaceae**

70b. 叶片上无透明腺点。

71a. 心皮离生。

72a. 肉质草本；心皮通常 5……………………………… **50. 景天科 Crassulaceae**

72b. 非肉质草本；心皮 2……**51. 虎耳草科 Saxifragaceae(红升麻属 Astilbe)**

71b. 心皮单一或数个合生。

73a. 心皮 2 或数个合生。

74a. 花冠十字形；雄蕊 6，四强雄蕊，稀 2—4；角果 ……………………
……………………………………………… **48. 十字花科 Cruciferae**

74b. 不为上述情况。

75a. 子房每室 1 胚珠；乔木；奇数羽状复叶…………………………
………………………………………… **66. 漆树科 Anacardiaceae**

75b. 子房每室 2 至多数胚珠；草本或灌木。

76a. 子房 1 室。

77a. 特立中央胎座或基生胎座 ……………………………
…………………………**38. 石竹科 Caryophyllaceae**

77b. 侧膜胎座。

78a. 花辐射对称。

79a. 水生食虫植物；叶折成囊状 ……………
……………… **49. 茅膏菜科 Droseraceae**

79b. 非上述情况。

80a. 花瓣内侧无鳞片状附属物；种子被毛
………… **79. 柽柳科 Tamaricaceae**

80b. 花瓣内侧有鳞片状附属物；种子无毛
……… **78. 瓣鳞花科 Frankeniaceae**

78b. 花两侧对称，有距；种子无毛。

81a. 花 2 基数；雌蕊 2 心皮合生 ……………………………………………47. 紫堇科 Fumariaceae
81b. 花 5 基数；雌蕊 3 心皮合生 ……………………………………………81. 堇菜科 Violaceae
76b. 子房 2 至多室。
82a. 花两侧对称。
83a. 萼片 3，其中 1 片有距；雌蕊 5 ……………………… 70. 凤仙花科 Balsaminaceae
83b. 萼片 5，无距；雄蕊 8 ………………………………………62. 远志科 Polygalaceae
82b. 花辐射对称。
84a. 雄蕊与花瓣不同数，亦非为其 2 倍，通常 8 枚雄蕊。
85a. 叶对生；双翅果 ………………………………………………68. 槭树科 Aceraceae
85b. 叶互生；蒴果……………………………………………… 69. 无患子科 Sapindaceae
84b. 雄蕊与花瓣同数，或为其 2 倍。
86a. 复叶。
87a. 羽状复叶。
88a. 双数羽状复叶；草本或灌木……… 59. 蒺藜科 Zygophyllaceae
88b. 单数羽状复叶；乔木………………… 61. 苦木科 Simarubaceae
87b. 掌状三出复叶 ……………………………………54. 酢浆草科 Oxalidaceae
86b. 单叶。
89a. 木本；种子有红色假种皮 ……………………67. 卫矛科 Celastraceae
89b. 草本；种子无红色假种皮。
90a. 花药顶孔开裂………………………… 93. 鹿蹄草科 Pyrolaceae
90b. 花药纵裂。
91a. 花瓣和雄蕊都着生在花萼管上‥84. 千屈菜科 Lythraceae
91b. 花瓣和雄蕊都着生在花托上，萼片离生。
92a. 有假雄蕊；花白色，单生；蒴果 ……………………
………………………… 51. 虎耳草科 Saxifragaceae
92b. 无假雄蕊。
93a. 陆生植物。
94a. 雄蕊花丝基部合生；花柱分离 …………
………………………56. 亚麻科 Linaceae
94b. 雄蕊分离；花柱合生 ……………………
………………55. 牻牛儿苗科 Geraniaceae
93b. 水生或沼生草本；叶对生或轮生；花极小，单生于叶腋…………… 77. 沟繁缕科 Elatinaceae
73b. 心皮 1；子房 1 室。
95a. 蝶形花冠，花瓣 4—5，花萼 4—5，雄蕊(9)+1 或 8—10 个分离；荚果 ………………
……………………………………………………………………… 53. 豆科 Leguminosae
95b. 辐射花冠，花瓣 3，花萼 3，雄蕊 3；瘦果 …… 52. 蔷薇科 Rosaceae(绵刺属 Potaninia)
36b. 花瓣合生或基部多少合生。
96a. 雄蕊与花冠裂片同数而对生。
97a. 花柱 1；果实含数个至多数种子……………………………… 95. 报春花科 Primulaceae
97b. 花柱 5；果实含 1 粒种子 ……………………………… 96. 白花丹科 Plumbaginaceae
96b. 雄蕊与花冠裂片同数而互生，或较花冠裂片少而互生。
98a. 子房下位。
99a. 草质藤本，有卷须；瓠果 ……………………………… 122. 葫芦科 Cucurbitaceae

99b. 茎直立或藤本，无卷须；非瓠果。

100a. 头状花序。

101a. 雄蕊花药合生，花丝分离，为聚药雄蕊 ··········**124. 菊科 Compositae**

101b. 雄蕊离生 ··**121. 川续断科 Dipsacaceae**

100b. 非头状花序。

102a. 雄蕊与花冠裂片同数或为其 2 倍。

103a. 具托叶，叶轮生或对生；草质藤本 ······ **117. 茜草科 Rubiaceae**

103b. 无托叶。

104a. 子房半下位；雄蕊为花瓣裂片的 2 倍；花药 1 室 ·········
···**119. 五福花科 Adoxaceae**

104b. 子房下位；雄蕊与花冠裂片同数；花药 2 室。

105a. 木本；无乳汁或液汁 ··· **118. 忍冬科 Caprifoliaceae**

105b. 草本；有乳汁或液汁·· **123. 桔梗科 Campanulaceae**

102b. 雄蕊较花冠裂片少。

106a. 子房 2—4 室，所有的子房室均可成熟；水生草本 ················
··························· **112. 胡麻科 Pedaliaceae(茶菱属 Trapella)**

106b. 子房 3 或 4 室，仅其中 1 或 2 时可成熟；陆生草本 ···············
··**120. 败酱科 Valerianaceae**

98b. 子房上位。

107a. 雌蕊有 2 个子房，2 条花柱在顶端合生，柱头 1。

108a. 雄蕊分离；花粉粒彼此分离 ·······················**101. 夹竹桃科 Apocynaceae**

108b. 雄蕊互相联合；花粉粒常联合成花粉块 ········ **102. 萝藦科 Asclepiadaceae**

107b. 非上述情况。

109a. 雄蕊着生在花盘上；花药常顶孔开裂；木本植物 ··**94. 杜鹃花科 Ericaceae**

109b. 雄蕊着生在花冠上。

110a. 子房 4 深裂；花柱着生在子房基部。

111a. 叶对生；花冠两侧对称，唇形 ············ **108. 唇形科 Labiatae**

111b. 叶互生；花冠辐射对称··············· **106. 紫草科 Boraginaceae**

110b. 子房不深裂；花柱自子房顶端伸出。

112a. 花冠辐射对称，不成唇形。

113a. 雄蕊 2。

114a. 木本·······························**97. 木犀科 Oleaceae**

114b. 草本 ················· **110. 玄参科 Scrophulariaceae**

113b. 雄蕊 4—5。

115a. 子房 1 室；侧膜胎座。

116a. 叶对生；花冠裂片旋转状或覆瓦状排列；陆生植物 ·············**99. 龙胆科 Gentianaceae**

116b. 叶互生；花冠裂片内向镊合状排列；水生或沼生植物 ······**100. 睡菜科 Menyanthaceae**

115b. 子房 2 至多室。

117a. 无叶寄生草质藤本······························
·······················**104. 菟丝子科 Cuscutaceae**

117b. 自生绿色植物。

118a. 雄蕊 4。

119a. 草本；叶基生 ……………………………………………… **116. 车前科 Plantaginaceae**

119b. 木本；叶茎生 ……………………………………………………… **98. 马钱科 Loganiaceae**

118b. 雄蕊 5。

120a. 花冠完整，几无裂片；萼片离生或仅基部合生 ……**103. 旋花科 Convolvulaceae**

120b. 花冠明显具裂片；萼片合生。

121a. 子房 3 室 ………………………………………………**105. 花荵科 Polemoniaceae**

121b. 子房 2 室。

122a. 子房每室 1—2 胚珠；核果状 ………………………………………………
……………………… **106. 紫草科 Boraginaceae(紫丹属 Tournefortia)**

122b. 子房每室多数胚珠；浆果或蒴果………………**109. 茄科 Solanaceae**

112b. 花冠两侧对称，常唇形。

123a. 自生绿色植物。

124a. 水生食虫植物，有捕虫囊 ……………………………… **114. 狸藻科 Lentibulariaceae**

124b. 陆生植物。

125a. 子房每室有 1—2 胚珠。

126a. 子房 2—4 室，共含 2 或更多的胚珠 … **107. 马鞭草科 Verbenaceae**

126b. 子房 1 室，仅含 1 胚珠……………… **115. 透骨草科 Phrymataceae**

125b. 子房每室有多数或几个胚珠。

127a. 种子有翅，无胚珠。

128a. 子房 1 室；侧膜胎座有时因侧膜胎座深入而为 2 室成中央胎座
…………………………………………**111. 紫葳科 Bignoniaceae**

128b. 子房 2 室，每室由假隔膜又分为 2 室；中轴胎座……………
……………………**112. 胡麻科 Pedaliaceae(胡麻属 Sesamum)**

127b. 种子无翅，有胚珠……………………… **110. 玄参科 Scrophulariaceae**

123b. 寄生草本；叶退化成鳞片状 ……………………………………**113. 列当科 Orobanchaceae**

1b. 子叶 1 片；叶通常有平行叶脉；花常 3 基数(**B. 单子叶植物纲 Monocotyledoneae**)。

129a. 无花被。

130a. 花包藏在颖片(壳状鳞片)中，由 1 至多数花形成小穗。

131a. 秆实心，多少呈三棱形；茎生叶成 3 行排列；叶鞘闭合；蒴果或囊果 …………
……………………………………………………………………**134. 莎草科 Cyperaceae**

131b. 秆中空，圆筒形；茎生叶成 2 行排列；叶鞘常在一侧开裂；颖果 ………………
……………………………………………………………………… **133. 禾本科 Gramineae**

130b. 花不包藏在颖片中。

132a. 植物体微小，无叶，仅有漂浮水面或沉于水中的叶状体 ‥ **137. 浮萍科 Lemnaceae**

132b. 植物体有茎和叶。

133a. 花腋生，不成稠密的花序。

134a. 叶缘无刺；柱头 1，斜盾状……… **128. 角果藻科 Zannichelliaceae**

134b. 叶缘常具刺；柱头 2—4 ……………**129. 水鳖科 Hydrocharitaceae**

133b. 花密集成稠密的花序。

135a. 花形成球形的头状花序。

136a. 头状花序单生于基部无叶的花葶顶端；叶狭窄，呈禾叶状…
………………………………………**138. 谷精草科 Eriocaulaceae**

136b. 头状花序散生于具叶的茎或枝条的上部，雄花序在上，雌花序在下 ………………………… **126. 黑三棱科 Sparganiaceae**

135b. 花形成紧密的穗状花序。

137a. 花序形如蜡烛状，具多数毛状小苞片，无佛焰苞……………………………………………………………**125. 香蒲科 Typhaceae**

137b. 花序不成蜡烛状，无毛状小苞片，具明显的佛焰苞…………………………………………………………**136. 天南星科 Araceae**

129b. 花有花被。

138a. 心皮离生。

139a. 花 3 基数。

140a. 伞形花序；蓇突果……………………………………**132. 花蔺科 Butomaceae**

140b. 花常轮生成总状或圆锥花序；聚合瘦果…………**131. 泽泻科 Alismataceae**

139a. 花 4 基数；花被片 4；雄蕊 4；心皮 4；水生植物………………………………………………………………………………………………**127. 眼子菜科 Potamogetonaceae**

138b. 心皮合生。

141a. 子房上位。

142a. 肉穗花序……………………………………………………**135. 菖蒲科 Acoraceae**

142b. 非肉穗花序。

143a. 花小，花被片绿色，风媒。

144a. 穗形总状花序；蒴果自宿存的中轴上裂为 3—6 瓣，每果瓣内仅有 1 粒种子…………………………**130. 水麦冬科 Juncaginaceae**

144b. 圆锥花序、伞形花序或头状花序；蒴果室背开裂，内有 3 至多数种子…………………………………**141. 灯心草科 Juncaceae**

143b. 花大，花被片有明显的色彩，虫媒。

145a. 花被分为花萼与花冠。

146a. 叶互生，基部具鞘；顶生或腋生的聚伞花序；雄蕊 6 或 3……………………………**139. 鸭跖草科 Commelinaceae**

146b. 叶生于茎顶成一轮；花单一顶生；雄蕊常 8…………………………………**142. 百合科 Liliaceae(重楼属 Paris)**

145b. 花被裂片彼此相同。

147a. 直立或漂浮的水生植物；雄蕊 6，大小不等…………………………………………**140. 雨久花科 Pontederiaceae**

147b. 陆生植物；雄蕊 6 或 4，彼此相同…………………………………………………………**142. 百合科 Liliaceae**

141b. 子房下位。

148a. 花辐射对称。

149a. 茎缠绕；叶具网状叶脉；花小，单性….**143. 薯蓣科 Dioscoreaceae**

149b. 茎直立；叶具平行叶脉；花大，两性……….**144. 鸢尾科 Iridaceae**

148b. 花两侧对称；雄蕊 1 或 2，常和花柱合生…………**145. 兰科 Orchidaceae**

A. 双子叶植物纲 Dicotyledoncae

a. 原始花被亚纲 Archichlamydeae

21. 金粟兰科 Chloranthaceae

1. 金粟兰属 **Chloranthus** Swartz.

银线草 Chloranthus japonicus Sieb.

植株高约 40cm。根状茎横走，分枝。茎直立，单生。叶对生，下部节上者退化为鳞片状，膜质；正常叶生于茎顶，4 片，对生成假轮生状，宽倒卵形或宽椭圆形，边缘有牙齿状锐锯齿，具叶柄。穗状花序单一，顶生；花无花被；雄蕊 3，白色，条形，基部合生。核果绿色。生于沟谷杂木林阴湿处。产辽河(大青沟)、燕北(宁城县黑里河林场)。

22. 杨柳科 Salicaceae

1a. 枝条先端具顶芽，芽鳞多数；葇荑花序均下垂；苞片先端有缺裂；花具杯状花盘；叶柄较长…………………………………………………………………………………………………… **1. 杨属 Populus**

1b. 枝条先端无顶芽，芽鳞 1 片；葇荑花序下垂或直立；苞片全缘；无杯状花盘；叶柄较短。

  2a. 雄花序下垂；花丝与苞片联合；花柱 2 裂；花无腺体…………………… **2. 钻天柳属 Chosenia**

  2b. 雄花序直立；花丝与苞片分离；花柱单一或不明显；花有腺体…………………… **3. 柳属 Salix**

1. 杨属 **Populus** L.

1a. 叶缘具裂片、缺刻、波状齿或全缘，若为锯齿(如响叶扬)则叶柄近顶端具 2 腺点。

  2a. 花盘膜质，早落；叶两面同色，均为灰蓝色(**1. 胡杨组** Sect. **Turanga** Bunge)；根际萌生叶和幼树叶全缘或具 1—2 裂齿，成年树短枝的叶通常为肾状扇形，上部有不规则裂齿。生于荒漠区的河流沿岸及盐碱湖，也稀少地生长于残丘间干谷或干河床边。产乌兰(四子王旗北部)、东阿、西阿、额济纳………………………………………………………………………………………… **1. 胡杨 P. euphratica** Oliv.

  2b. 花盘非膜质，宿存；苞片密被长柔毛，开花不脱落(**2. 白杨组** Sect. **Populus**)。

    3a. 叶缘具裂片或缺刻。

      4a. 长枝叶具 3—5 掌状浅裂或深裂；长、短枝叶及叶柄均具白色绒毛。栽培。

        5a. 叶基部宽楔形或圆形，稀微心形或截形；长枝叶浅裂，先端钝尖；树皮灰白色，树冠宽阔。内蒙古中西部有栽培……………………………… **2a. 银白杨 P. alba** L. var. **alba**

        5b. 叶基部截形；长枝叶深裂，先端尖；树皮灰绿色，树冠圆柱形。内蒙古西部有栽培……………………………………………… **2b. 新疆杨 P. alba** L. var. **pyramidalis** Bunge

      4b. 长枝叶叶缘具疏齿，幼叶披针形，无齿，老叶下面无毛。生于山沟及黄土丘坡。产阴南、鄂尔(乌审旗南部)……………………………………………… **3. 河北杨 P. × hopeiensis** Hu et Chow

    3b. 叶缘具波状齿或内曲圆锯齿。

      6a. 叶近圆形、菱状卵形或宽卵形，叶缘具波状齿。生于山地阴坡或半阴坡。产兴安北、兴安南、岭东、岭西、燕北、赤峰、乌兰(达尔罕茂明安联合旗吉穆斯泰山)、阴山、阴南、东阿(狼山)、贺兰山、龙首山……………………………………………………………… **4. 山杨 P. davidiana** Dode

6b. 叶宽卵形或卵形，叶缘具内曲圆锯齿。巴彦淖尔市有栽培 … **5. 响叶杨 P. adenopoda** Maxim.

1b. 叶缘具整齐锯齿。

7a. 叶两面同色；叶缘具半透明边缘(**3. 黑杨组** Sect. **Aigeiros** Duby)。

8a. 叶柄圆柱形或近圆柱形；叶缘半透明边缘极窄。

9a. 叶先端长渐尖或尾尖；芽先端长渐尖。

10a. 叶柄有毛；叶缘无毛。呼伦贝尔市、通辽市有栽培 …… **6. 中东杨 P. × berolinensis** Dipp.

10b. 叶柄无毛；叶缘具疏毛。广泛栽培于内蒙古 ·· **7. 小黑杨 P. × xiaohei** T. S. Hwang et Liang

9b. 叶先端渐尖；芽先端急尖；叶柄无毛；叶缘具疏毛或无毛。生于干燥平原。产赤峰 ………………………………………………………………………… **8. 热河杨 P. manshurica** Nakai

8b. 叶柄两侧扁；叶缘半透明边缘较宽，先端渐尖。栽培。

11a. 小枝粗壮，有棱角；叶常为三角形；叶柄先端常有腺点；树冠卵形。内蒙古有栽培 ……………………………………………………………… **9. 加拿大杨 P. × canadensis** Moench.

11b. 小枝较细，无棱角；叶常为菱状三角形或菱状卵形，或为扁三角形；树冠圆柱形。

12a. 长枝叶菱状三角形；侧枝基部向上弯曲，而形成柱状树冠；树皮光滑，壮幼龄时呈灰白色。呼和浩特市、包头市、巴彦淖尔市有栽培 ····· **10a. 箭杆杨 P. nigra** L. var. **thelestina**

12b. 长枝叶扁三角形；侧枝与主干所成夹角很小，不弯曲；树皮粗糙，暗灰褐色。包头市、鄂尔多斯市有栽培 ………… **10b. 钻天杨 P. nigra** L. var. **italica** (Moench.) Koehne

7b. 叶两面不同色；叶缘无半透明边缘；叶柄圆柱形(**4. 青杨组** Sect. **Tacamahaca** Spach)。

13a. 叶柄圆柱形，叶下面淡黄绿色或苍白色。

14a. 叶最宽处常在中部或中上部。

15a. 叶菱状卵形、菱状椭圆形或菱状倒卵形，基部楔形；蒴果 2 瓣裂。

16a. 叶柄、叶两面沿脉及蒴果无毛。通辽市和赤峰市有野生，呼和浩特市、包头市及其南部地区有广泛栽培 …………………………………………… **11. 小叶杨 P. simonii** Carr.

——扎鲁小叶杨 *P. simonii* Carr. f. *robusta* C. Wang et Tung

16b. 叶柄、叶两面沿脉、果序轴及蒴果均被毛。生于山麓溪岸、路边。产额济纳南部、西阿南部 ………………………………………… **12. 青甘杨 P. przewalskii** Maxim.

——灰白小叶杨 *P. simonii* Carr. var. *griseoalba* T. Y. Sun

——卵叶小叶杨 *P. simonii* Carr. var. *ovata* T. Y. Sun

15b. 叶近圆形或椭圆形，基部圆形或浅心形；蒴果 3—4 瓣裂。

17a. 小枝被毛，稀幼枝被毛；叶先端短尖常扭转。

18a. 小枝无棱；花序轴无毛。

19a. 叶仅下面脉上或近基部微被柔毛。生于山谷河岸。产兴安北 ……………………………………………………… **13. 甜杨 P. suaveolens** Fisch.

19b. 叶两面沿脉被柔毛。赤峰市有栽培 …………………………………… **14. 辽杨 P. maximowiczii** A. Henry

18b. 小枝有棱；花序轴被毛。生于河边、河谷坡地林中。产兴安北 ………………………………………………………… **15. 大青杨 P. ussuriensis** Kom.

17b. 小枝无毛；小叶两面无毛，上面具皱纹，下面带白色或稍粉红色，具浓胶质，树脂气味重。生于山地阴坡、河边。产兴安北、燕北 ··· **16. 香杨 P. koreana** Rehd.

14b. 叶最宽处在中下部。

20a. 小枝与果序轴无毛。

21a. 小枝无棱；叶缘锯齿不上下交错。

22a. 叶狭卵形或卵形，先端渐尖。生于山地阴坡、河谷沿岸。产兴安北、阴山 ……………………… **17a. 兴安杨 P. hsinganica** C. Wang et Skv. var. **hsinganica**

22b. 叶卵圆形，先端具短突尖。生于海拔1300—2000m的阴坡或沟谷中。产阴山、贺兰山 ·· ·· **18. 青杨 P. cathayana** Rehd.

21b. 小枝有棱；叶缘具上下起伏的波状齿；叶菱状卵形，先端渐尖。生于海拔2000m以下的山坡、山沟及河岸。产燕北、辽河(大青沟)、阴山 ······························ **19a. 小青杨 P. pseudosimonii** Kitag. var. **pseudosimonii**

20b. 小枝与果序轴被毛。

23a. 小枝具棱。

24a. 枝、叶有强烈苦味；叶卵形至卵状披针形，边缘具锯齿；雄蕊30—40。生于山谷。产阴山(蛮汗山) ······························ **20. 苦杨 P. laurifolia** Ledeb.

24b. 枝、叶无强烈苦味；叶卵形至卵状椭圆形。

25a. 苞片腹面无白色长柔毛。

26a. 叶缘仅上半部具稀疏钝齿；雄蕊(3)4—6(10)。生于沟谷潮湿沙土地。产辽河(大青沟) ·············· **21. 科尔沁杨 P. keerqinensis** T. Y. Sun

26b. 叶缘中部以下具锯齿；雄蕊10—17。生于河滩沙地。产阴山(武川县)· ···· **19b. 展枝小青杨 P. pseudosimonii** Kitag. var. **patula** Kitag.

25b. 苞片腹面着生或多或少的白色长柔毛。生于海拔1600m的黄土沟谷、河岸、村边渠道及田边。产阴山 ················ **22. 阔叶青杨 P. platyphylla** T. Y. Sun

——青皮杨 *P. platyphylla* T. Y. Sun var. *glauca* T. Y. Sun et Z. F. Chen

——黄花杨 *P. platyphylla* T. Y. Sun var. *flaviflora* T. Y. Sun

23b. 小枝无棱。

27a. 树皮浅灰白色或灰色，表面有白粉。

28a. 叶宽卵形或三角状卵形，基部心形；叶柄具疏毛。生于田边、路旁。产阴山(蛮汗山) ······································ **23. 白皮杨 P. cana** T. Y. Sun

28b. 叶卵形，基部楔形；叶柄无毛。生于渠边、湖旁。产东阿(巴彦浩特市)、西阿南部 ································· **24. 阿拉善杨 P. alaschanica** Kom.

27b. 树皮灰绿色，表面无白粉。

29a. 叶卵圆形，先端具短突尖，基部心形或圆形。生于山沟。产阴山(大青山井尔沟) ······························ **17b. 毛轴兴安杨 P. hsinganica** C. Wang et Skv. var. **trichorachis** Z. F. Chen

29b. 叶长椭圆形或卵状椭圆形，先端渐尖或长渐尖，基部楔形或宽楔形。生于山地沟谷。产阴山··· **25. 内蒙杨 P. intramongolica** T. Y. Sun et E. W. Ma

13b. 叶柄圆柱形，先端侧扁；叶下面淡绿色或淡绿白色。

30a. 幼枝有毛；叶菱状三角形、菱状椭圆形或菱状卵圆形，基部楔形或广楔形，仅上面沿脉有毛。赤峰市有栽培 ···························· **26. 小钻杨 P. × xiaozhuanica** W. Y. Hsu et Liang

30b. 幼枝无毛；叶宽卵形或菱状卵形，基部圆形或阔楔形，两面无毛。生于村庄道旁、渠边。阿拉善右旗有栽培 ······································· **27. 二白杨 P. gansuensis** C. Wang et H. L. Yang

2. 钻天柳属 Chosenia Nakai

钻天柳 Chosenia arbutifolia (Pall.) A. K. Skv.

植株高达30m。树皮灰色。叶矩圆状披针形或披针形，先端渐尖，基部楔形，边缘疏生细齿或近全缘，两面无毛。雄花序细圆柱形，下垂，苞片倒卵形或近圆形，淡紫色，边缘具疏毛；雄蕊5，无腺体；雌花序斜展，苞片矩圆形，绿色，果期脱落，子房有短柄。生于河流两岸及低湿地。产兴安北、岭东、岭西。

3. 柳属 Salix L.

以雄株为主的分组、分种检索表

1a. 雄花的雄蕊 3 或 4—9。

2a. 雄蕊 4—9，通常为 5；叶倒卵状矩圆形、矩圆形或长椭圆形，上面有光泽(**1. 五蕊柳组** Sect. **Pentandrae** (Hook.) Schneid.)。生于山地积水的草甸、沼泽地、林缘或较湿润的山坡。产兴安北、兴安南、岭西、岭东、燕北、阴山……**1. 五蕊柳 S. pentandra** L.——卵苞五蕊柳 *S. pentandra* L. var. *obovalis* C. Y. Yu

2b. 雄蕊 3；叶披针形或倒披针形，上面无明显光泽(**2. 三蕊柳组** Sect. **Amygdalinae** W. Koeb.)。生于河流两岸及沟塘边。产岭东、燕北……**2. 三蕊柳 S. niponica** Franch. et Sav.

1b. 雄花的雄蕊 2，分离，部分联合或完全合生。

3a. 雄蕊完全分离。

4a. 叶披针形、条状披针形、倒披针形或条形，长大于宽 5 倍以上。

5a. 叶两面无毛或仅幼时疏被毛，边缘多有细锯齿，少为波状缘。

6a. 乔木；叶多为披针形或狭卵状披针形。

7a. 叶缘有细密腺齿。

8a. 枝上无白粉，二、三年生枝多为黄色或黄褐色；雄花的腺体背、腹各 1；苞片黄绿色(**3. 柳组** Sect. **Salix**)。

9a. 幼叶两面被白色绢毛，后渐脱落。巴音浩特市等地有栽培…**3. 白柳 S. alba** L.

9b. 幼叶不被白色绢毛。

10a. 叶柄上有腺点；萌生枝叶长 15cm 以上。呼和浩特市有栽培……**4. 爆竹柳 S. fragilis** L.

10b. 叶柄上无腺点。

11a. 枝下垂；叶先端多为尾状尖或长渐尖。内蒙古一些城镇、公园有栽培……**5. 垂柳 S. babilonica** L.

11b. 枝直立或斜上；叶先端渐尖或长渐尖。

12a. 花药黄色；叶披针形，宽不到 1.2cm。

13a. 树冠球形；叶柄长 2—4mm。呼和浩特市、包头市(五当召)等地有栽培…**6. 圆头柳 S. capitata** Y. L. Chou et Skv.

13b. 树冠广圆形；叶柄通常长 4mm 以上。生于河流两岸、山谷、沟边。内蒙古各地普遍栽培……**7. 旱柳 S. matsudana** Koidz.

12b. 花药红色或紫红色；叶狭卵状披针形或披针形。生于山坡、山沟、河流两岸。产兴安北、岭东、辽河(大青沟)……**8. 朝鲜柳 S. koreensis** Anderss.

8b. 枝上常被白粉，紫红色或红褐色；雄花仅有 1 腹腺；苞片黑色或黑褐色(**9. 粉枝柳组** Sect. **Daphnella** Ser. ex Duby)。生于山地河流两岸、山沟、林地。产兴安北、岭西、岭东、兴安南、燕北……**9. 粉枝柳 S. rorida** Laksch.

7b. 叶全缘或呈波状，幼时被绢毛，后脱落(**10. 蒿柳组** Sect. **Vimen** Dum.)。生于山地河流两岸、沟塘。产兴安北、岭西、岭东……**10. 卷边柳 S. siuzevii** Seemen

6b. 灌木；叶条形，边缘有明显的腺齿；树皮及老枝黄白色，有光泽(**12. 黄柳组** Sect. **Flavida** Y. L. Chang et Skv.)。生于固定或半固定沙地。产兴安北、兴安南、呼伦、科尔沁、辽河、锡林……**11. 黄柳 S. gordejevii** Y. L. Chang et Skv.

5b. 叶下面密被白色绢毛，全缘或有不规则的皱褶(**10. 蒿柳组** Sect. **Vimen** Dum.)。

14a. 叶倒披针形或长圆状倒披针形，最宽处在中部以上。

15a. 小枝被毛；叶下面密被白色绢毛。生于山地水边湿地。产兴安北 ………………………………………………………………………… **12. 毛枝柳 S. dasyclados** Wimm.

15b. 小枝无毛；叶下面无毛或有白柔毛。生于山顶灌丛。产贺兰山、龙首山 ………………………………………………………………………… **13. 川滇柳 S. rehderiana** Schneid.

14b. 叶披针形、条形或条状披针形，最宽处在中部以下。

16a. 叶披针形，基部宽楔形或楔形，上面有短柔毛。鄂尔多斯市有栽培 ………………………………………………………………………… **14. 吐兰柳 S. turanica** Nas.

16b. 叶条形或条状披针形，基部狭楔形，上面初被短柔毛，后渐脱落。生于林缘湿地、河流两岸。产兴安北、岭东、兴安南、燕北 …………… **15. 蒿柳 S. schwerinii** E. L. Wolf

——伪蒿柳 *S. viminalis* L. var. *gmelinii* (Pall.) Anderss.

——细叶蒿柳 *S. viminalis* L. var. *angustifolia* Turcz.

4b. 叶有各种形状，但长不超过宽的 5 倍(个别萌生枝叶除外)。

17a. 叶长椭圆形、椭圆形、长椭圆状披针形或披针形，宽常不超过 1cm。

18a. 叶缘具细密腺齿，干后不变黑色；灌木，高常在 1m 以上(**4. 繁柳组** Sect. **Denticulatae** Schneid.)。生于山坡及沟边。产兴安南、燕北、阴山、贺兰山 ………………………………………………………………………… **16. 密齿柳 S. characta** C. K. Schneid.

18b. 叶全缘，干后常变黑色(沼柳除外)；小灌木，高不超过 1m。

19a. 幼枝无毛或疏生短柔毛；叶互生，两面无毛(**6. 越桔柳组** Sect. **Myrtilloides** Koeh.)。生于山地水甸子及较湿润的地方。产兴安北 …… **17. 越桔柳 S. myrtilloides** L.

19b. 幼枝及叶两面或下面被白色或黄色绒毛；叶互生或对生(**11. 沼柳组** Sect. **Incubaceae** A. Kern.)。

20a. 幼枝及叶下面被白色绒毛；叶长椭圆形、椭圆状披针形或披针形，干后变黑色。生于有积水的沟塘附近、较湿润的灌丛和草甸。产兴安北、兴安南、岭西、岭东、科尔沁、燕北 ……**18a. 细叶沼柳 S. rosmarinifolia** L. var. **rosmarinifolia**

20b. 幼枝及叶密被黄色绒毛；叶多为披针形，干后不变黑色。生于有积水的沟塘附近、较湿润的灌丛和草甸。产兴安北、兴安南、岭西、岭东、科尔沁、燕北、阴山 ……………………………………………………………… **18b. 沼柳 S. rosmarinifolia** L. var. **brachypoda** (Trautv. et C. A. Mey.) Y. L. Chou

17b. 叶卵形、倒卵形、卵状披针形或近圆形，宽超过 1cm。

21a. 雄花具背腺和腹腺，基部合生成花盘状(**5. 硬叶柳组** Sect. **Sclerophyllae** Schneid.)；幼枝无毛，子房和蒴果密被毛。生于海拔 2800—3200m 的高山地带。产贺兰山、龙首山 ………………………………………………………………………… **19. 山生柳 S. oritrepha** C. K. Schneid.

——毛蕊杯腺柳 *S. cupularis* Rehd. var. *lasiogyne* Rehd.

——尖叶杯腺柳 *S. cupularis* Rehd. var. *acutifolia* S. Q. Zhou

21b. 雄花仅具 1 腹腺。

22a. 托叶较大，半圆形或肾形，宽可达 1cm；叶卵圆形、卵状矩圆形或卵形，两面无毛，边缘有细密锯齿 (**7. 鹿蹄柳组** Sect. **Hastatae** A. Kern.)。生于海拔 1300—1700m 的林缘及山地河谷。产兴安北、兴安南 …**20. 鹿蹄柳 S. pyrolifolia** Ledeb.

22b. 托叶较小，常早落；叶下面有或多或少的柔毛或无毛，全缘或有疏齿(**8. 黄花柳组** Sect. **Vetrix** Dum.)。

23a. 雄花序粗壮，直径在 1cm 以上。

24a. 叶大型，倒卵形、卵形、近圆形或椭圆形，长 5—10cm，宽 3—

6cm，下面密被柔毛。生于山地疏林林缘。产兴安北、兴安南、燕北…………………………………………21. **大黄柳 S. raddeana** Laksch. ex Nas.

24b. 叶稍小，长3—7cm，宽1—3cm。

25a. 叶卵形，倒卵圆形、卵状披针形或椭圆形。生于山地林缘及沟边。产阴山、贺兰山……………………………22. **中国黄花柳 S. sinica** (K. S. Hao ex C. F. Fang et A. K. Skv.) G. Zhu

25b. 叶矩圆形或矩圆状披针形。生于山地河岸。产阴山(大青山)、贺兰山……………………………………23. **皂柳 S. wallichiana** Anderss.

23b. 雄花序较细，直径在1cm以内。

26a. 小灌木，高约1m；苞片黄绿色。生于沼泽或较湿润的山坡。产兴安北、兴安南、岭东、岭西、阴山……24. **兴安柳 S. hsinganica** Y. L. Chang et Skv.

26b. 大灌木或小乔木；苞片先端深褐色或黑色。

27a. 叶两面无毛。生于较湿润的山沟、草地及林缘。产兴安北、岭东、阴山(大青山)……… 25. **谷柳 S. taraikensis** Kimura——*S. livida* Whlb.

27b. 叶下面被白色绒毛。生于林缘。产兴安北、岭东……………………………………………………………26. **崖柳 S. floderusii** Nakai ——*S. xerophila* auct. non Flod.: Fl. Intramongol. ed. 2, 2: 61, 1990.

3b. 雄蕊部分或全部联合。

28a. 雄蕊中下部联合。

29a. 灌木；叶倒卵状椭圆形、倒披针状矩圆形、倒披针形或椭圆形，长比宽不超过5倍(**13. 杞柳组** Sect. **Caesiae** A. Kern.)。

30a. 叶对生或近于对生，倒披针状矩圆形或倒披针形，幼叶常带红色。生于河流两岸。产辽河(大青沟)……………………………………………………27. **杞柳 S. integra** Thunb.

30b. 叶互生，椭圆形或倒卵状椭圆形，幼叶绿色。生于沙丘间低地及灌丛沼泽。产兴安北、呼伦、兴安南、锡林(浑善达克沙地)…………………………………28. **砂杞柳 S. kochiana** Trautv.

29b. 乔木；叶狭卵状披针形或披针形，长比宽超过6倍(**3. 柳组** Sect. **Salix**)…………………………………………………………………………8. **朝鲜柳 S. koreensis** Anderss.

28b. 雄蕊全部联合。

31a. 叶长为宽的5倍以上；花序基部具小叶。

32a. 叶条形、条状披针形或条状倒披针形，长不超过5cm，下面被绢毛；苞片淡黄色或淡褐色(**14. 乌柳组** Sect. **Cheilophillae** Hao)。

33a. 叶长为宽的5—6倍，上部较宽；小枝通常较粗，初被绒毛；苞片倒卵圆形。生于河流和沟溪两岸、沙丘间低湿地。产兴安南、阴山、阴南、鄂尔、贺兰山、龙首山…………………………………………………………29. **乌柳 S. cheilophila** C. K. Schneid.

33b. 叶长为宽的6倍以上，中部较宽；小枝纤细，无毛或有疏毛。

34a. 苞片长圆形，先端截形。

35a. 小枝淡黄色或黄褐色；花药黄色。生于沙丘间低地、河流两岸。产呼伦、科尔沁…· 30a. **小穗柳 S. microstachya** Turcz. ex Trautv. var. **microstachya**

35b. 小枝红褐色；花药常为红色。生于沙丘间低地、河谷。产科尔沁、锡林、鄂尔、东阿(磴口县)、贺兰山…30b. **小红柳 S. microstachya** Turcz. ex Trautv. var. **bordensis** (Nakai) C. F. Fang

34b. 苞片卵圆形或长卵形，先端尖或钝；小枝紫色。生于河谷。产呼伦西部、鄂尔、东阿、贺兰山、西阿、额济纳……………31. **线叶柳 S. wilhemsiana** Bieb.

32b. 叶披针形、倒披针形或条状倒披针形，通常长超过5cm。

36a. 幼枝、叶被毛(**16. 郝柳组** Sect. **Haoanae** C. Wang et Ch. Y. Yang)。生于河岸。

产鄂尔(达拉特旗)…………………… **32. 黄龙柳 S. liouana** C. Wang et Ch. Y. Yang

36b. 幼枝、叶无毛(**15. 筐柳组** Sect. **Helix** Dum.)。

37a. 花序无梗或近无梗。

38a. 叶最宽处多在中上部，宽 5—10mm；托叶条形，长 5—10mm，萌生枝上的托叶长可达 2cm。生于山地、河边、沟塘边及丘间低地。产岭东、兴安南、燕北、科尔沁、锡林(多伦县)、阴南、鄂尔……………………………………………………………… **33. 筐柳 S. linearistipularis** K. S. Hao

38b. 叶最宽处在中下部，宽 2—4mm；托叶狭条形，长不超过 5mm，常早落。生于流动、半固定沙丘及沙丘间低地。产毛乌素沙地、库布齐沙漠、乌兰布和沙漠 …… **34. 北沙柳 S. psammophila** C. Wang et Ch. Y. Yang

37b. 花序梗长 5—10mm；叶条状披针形，最宽处在中上部。生于河边、沟边、沙区低湿地。产兴安北、呼伦、科尔沁、辽河 ….. **35. 细枝柳 S. gracilior** (Siuz.) Nakai

31b. 叶长为宽的 5 倍以下；花序基部无小叶(**17. 细柱柳组** Sect. **Subviminales** (Seemen) Schneid.)；叶椭圆状长圆形。生于山沟溪旁。产兴安北 …… **36. 细柱柳 S. gracilistyla** Miq.

以雌株为主的分组、分种检索表

1a. 子房无毛。

2a. 子房柄明显。

3a. 花柱短或近无花柱。

4a. 叶倒卵状矩圆形、矩圆形或长椭圆形，上面有光泽(**1. 五蕊柳组** Sect. **Pentandrae** (Hook.) Schneid.) ……………………………………………………………… **1. 五蕊柳 S. pentandra**

4b. 叶披针形或倒披针形，上面无明显光泽(**2. 三蕊柳组** Sect. **Amygdalinae** W. Koeb.) …… ……………………………………………………………………………**2. 三蕊柳 S. niponica**

3b. 花柱明显。

5a. 花序无总梗或仅在果期稍伸长，基部无叶或只有 1—3 个鳞片状小叶。

6a. 一或二年生枝上无白粉；叶卵圆形、卵形或卵状矩圆形(**7. 鹿蹄柳组** Sect. **Hastatae** A. Kern.)…………………………………………………………**20. 鹿蹄柳 S. pyrolifolia**

6b. 一或二年生枝上常有白粉；叶披针形(**9. 粉枝柳组** Sect. **Daphnella** Ser. ex Duby)…. ……………………………………………………………………………… **9. 粉枝柳 S. rorida**

5b. 花序有总梗，基部有 2—3 片正常叶或长度超过 1cm 的小叶。

7a. 叶椭圆状披针形或长椭圆形，边缘有细密锯齿(**4. 繁柳组** Sect. **Denticulatae** Schneid.) ……………………………………………………………………… **16. 密齿柳 S. characta**

7b. 叶椭圆形，全缘(**6. 越桔柳组** Sect. **Myrtilloides** Koeh.)…. **17. 越桔柳 S. myrtilloides**

2b. 子房无柄或近无柄。

8a. 叶披针形，边缘有细密腺齿，长一般在 4cm 以上(**3. 柳组** Sect. **Salix**)。

9a. 叶柄上有腺点；叶片两面无毛。栽培 ……………………………………… **4. 爆竹柳 S. flagilis**

9b. 叶柄上无腺点。

10a. 雌花只有 1 腹腺(白柳 *S. alba* 雌花有时有背腺)。

11a. 枝直立或斜上；叶先端渐尖或长渐尖。

12a. 幼叶两面被白色绢毛，后渐脱落……………………………… **3. 白柳 S. alba**

12b. 幼叶不被白色绢毛，而疏被白色柔毛 ……………… **6. 圆头柳 S. capitata**

11b. 枝下垂；叶先端多为尾状尖或长渐尖 ……………………… **5. 垂柳 S. babilonica**

10b. 雌花有 1 背腺及 1 腹腺 …………………………………………… **7. 旱柳 S. matsudana**

8b. 叶条形或条状披针形，近全缘或有疏齿，通常长不超过 5cm(**14. 乌柳组** Sect. **Cheilophillae** Hao)。

13a. 小枝淡黄色或黄褐色 …………………… **30a. 小穗柳 S. microstachya** var. **microstachya**

13b. 小枝红褐色 ……………………………… **30b. 小红柳 S. microstachya** var. **bordensis**

1b. 子房被毛。

14a. 子房有长柄或较明显的柄。

15a. 小乔木或灌木；叶互生，较大，宽常在 1cm 以上(**8. 黄花柳组** Sect. **Vetrix** Dum.).

16a. 花序无柄。

17a. 叶大型，倒卵圆形、卵形、近圆形或椭圆形，长 5—10cm，宽 3—6cm ……………………………………………………………… **21. 大黄柳 S. raddeana**

17b. 叶稍小，矩圆形或矩圆状披针形，长 3—6cm，宽 1—2cm……………………………………………………………………………… **23. 皂柳 S. wallichiana**

16b. 花序有柄。

18a. 小灌木，高约 1m；叶椭圆形、倒卵状椭圆形或卵形，下面网脉明显隆起 ……………………………………………………………… **24. 兴安柳 S. hsinganica**

18b. 小乔木或灌木，高在 1m 以上；叶下面网脉不明显隆起。

19a. 叶两面无毛或仅沿脉有疏毛。

20a. 子房有长柄，比子房稍短或几与子房等长 … **25. 谷柳 S. taraikensis**

20b. 子房柄较短，长约为子房的 1/3；叶椭圆形或倒卵形 ……………………………………………… **22. 中国黄花柳 S. sinica**

19b. 叶下面被白色绒毛 ………………………………… **26. 崖柳 S. floderusii**

15b. 小灌木；叶互生或近对生，较小，宽常在 1cm 以内(**11. 沼柳组** Sect. **Incubaceae** A. Kern.)。

21a. 幼枝及叶下面被白色绒毛；叶长椭圆形、椭圆状披针形或披针形，干后变黑色……………………………………… **18a. 细叶沼柳 S. rosmarinifolia** var. **rosmarinifolia**

21b. 幼枝及叶密被黄色绒毛；叶多为披针形，干后不变黑色 ………………………………………………………… **18b. 沼柳 S. rosmarinifolia** var. **brachypoda**

14b. 子房无长柄或几无柄。

22a. 叶较宽，长为宽的 5 倍以下。

23a. 雌花有 1 腹腺。

24a. 花序基部无小叶(**17. 细柱柳组** Sect. **Subviminales** (Seemen) Schneid.)；叶椭圆状长圆形…………………………………… **36. 细柱柳 S. gracilistyla**

24b. 花序基部有小叶(**13. 杞柳组** Sect. **Caesiae** A. Kern.)。

25a. 叶对生或近于对生，倒披针状矩圆形或倒披针形，幼叶常带红色 ……………………………………………………… **27. 杞柳 S. integra**

25b. 叶互生，椭圆形或倒卵状椭圆形，幼叶绿色…… **28. 砂杞柳 S. kochiana**

23b. 雌花背、腹腺各 1，基部合生成花盘状(**5. 硬叶柳组** Sect. **Sclerophyllae** Schneid.)；幼枝被毛；子房具长柔毛，无柄；苞片宽倒卵形，被毛 …· **19. 山生柳 S. oritrepha**

22b. 叶较狭，条形、条状披针形、披针形或狭卵状披针形，长为宽的 5 倍以上。

26a. 叶下面被绢毛。

27a. 花柱明显；叶下面密被银白色绢毛，全缘或有不规则的皱褶(**10. 蒿柳组** Sect. **Vimen** Dum.)。

28a. 叶倒披针形或长圆状倒披针形，最宽处在中部以上。

29a. 小枝被毛；叶下面密被白色绢毛 ………… **12. 毛枝柳 S. dasyclados**

29b. 小枝无毛；叶下面无毛或有白柔毛 ……… **13. 川滇柳 S. rehderiana**

28b. 叶披针形、条形或条状披针形，最宽处在中部以下。

30a. 叶披针形，基部宽楔形或楔形，上面有短柔毛 ……………………

…………………………………………………………**14. 吐兰柳 S. turanica**

30b. 叶条形或条状披针形，基部狭楔形，上面初被短柔毛，后渐脱落……………………………………………………………**15. 蒿柳 S. schwerinii**

27b. 花柱无或极短；叶条形、条状披针形或条状倒披针形，通常长不超过 5cm，下面被绢毛(**14. 乌柳组** Sect. **Cheilophillae** Hao)。

31a. 叶长为宽的 5—6 倍，上部较宽；小枝较粗，初被绒毛，灰黑色或黑红色…………………………………………………………**29. 乌柳 S. cheilophila**

31b. 叶长为宽的 6 倍以上，中部较宽；小枝纤细，无毛或有疏毛，紫红色……………………………………………………………**31. 线叶柳 S. wilhemsiana**

26b. 叶下面无毛。

32a. 叶缘无细腺齿，全缘或呈波状，幼时被绢毛，后脱落(**10. 蒿柳组** Sect. **Vimen** Dum.)……………………………………………………**10. 卷边柳 S. siuzevii**

32b. 叶缘有细腺齿。

33a. 乔木；叶狭卵状披针形或披针形，先端长渐尖，苞片淡黄绿色(**3. 柳组** Sect. **Salix**) ……………………………………………**8. 朝鲜柳 S. koreensis**

33b. 灌木；叶披针形、倒披针形或条形，先端渐尖；苞片黑褐色或深褐色。

34a. 树皮及老枝黄白色，有光泽；子房和蒴果疏被长柔毛(**12. 黄柳组** Sect. **Flavida** Y. L. Chang et Skv.)…………………… **11. 黄柳 S. gordejevii**

34b. 树皮灰褐色，老枝黄褐色或带紫色，无光泽；子房和蒴果密被长柔毛。

35a. 花序基部具鳞片；幼枝、叶被毛(**16. 郝柳组** Sect. **Haoanae** C. Wang et Ch. Y. Yang) ……………………**32. 黄龙柳 S. liouana**

35b. 花序基部具小叶；幼枝、叶无毛(**15. 筐柳组** Sect. **Helix** Dum.)。

36a. 花序无梗或近无梗。

37a. 叶最宽处多在中上部，宽 5—10mm；托叶条形，长 5—10mm，萌生枝上的托叶长可达 2cm ……………………………………**33. 筐柳 S. linearistipularis**

37b. 叶最宽处在中下部，宽 2—4mm；托叶狭条形，长不超过 5mm，常早落……**34. 北沙柳 S. psammophila**

36b. 花序梗长 5—10mm；叶条状披针形，最宽处在中上部……………………………………**35. 细枝柳 S. gracilior**

23. 胡桃科 Juglandaceae

1a. 冬芽无柄；羽状复叶的叶轴不具翅翼；核果肥大，无翅……………………………**1. 胡桃属 Juglans**

1b. 冬芽具柄；羽状复叶的叶轴具窄翅翼；小坚果带翅…………………………**2. 枫杨属 Pterocarya**

1. 胡桃属 Juglans L.

1a. 小叶全缘；叶、小枝无毛；外果皮光滑；果具 2 条棱。呼和浩特市、包头市、赤峰市有栽培……………………………………………………………………**1. 胡桃 J. regia** L.

1b. 小叶具细锯齿；叶、小枝被毛；外果皮被毛；果具 8 条棱。生于山坡或谷地。产兴安南、辽河(大青沟)、燕北……………………………………………………**2. 胡桃楸 J. mandshurica** Maxim.

2. 枫杨属 **Pterocarya** Kunth.

枫杨 Pterocarya stenoptera C. DC.

乔木，高达10m。单数羽状复叶，小叶11—15片，矩圆形，边缘具内弯细锯齿。雄葇荑花序单生于去年生枝的叶痕腋内，雄花具苞及小苞，萼片1—6，雄蕊5—12；雌葇荑花序单生枝顶，花生于苞腋，两侧各具1小苞片，萼片4，花柱2。坚果矩圆形，两侧各具1翅。呼和浩特市、包头市有栽培。

24. 桦木科 Betulaceae

1a. 果苞鳞片状，木质或革质，外面有时具短毛；每果苞有2—3个小坚果；果扁平，较小，有翅。

  2a. 果苞革质，顶端具3裂片，成熟时脱落；每果苞有3个小坚果；雄蕊2；冬芽无柄 ………………………………………… **1. 桦木属 Betula**

  2b. 果苞木质，顶端具5裂片，成熟时不落；每果苞有2个小坚果；雄蕊4；冬芽有柄 ………………………………………… **2. 桤木属 Alnus**

1b. 果苞钟状、管状或囊状，厚纸质，外面被刺毛状腺体或短毛；每果苞有1—2个坚果；果球形，较大，无翅。

  3a. 果苞钟状或管状；坚果大，大部或全部为果苞所包；叶大型 ……………………**3. 榛属 Corylus**

  3b. 果苞囊状；坚果小，全部为果苞所包；叶小型 …………………………… **4. 虎榛子属 Ostryopsis**

1. 桦木属 **Betula** L.

1a. 小坚果具明显的膜质翅，翅宽为果的1/3以上。

  2a. 叶脉8对以下。

    3a. 乔木。

      4a. 树皮白色，薄层状剥裂；叶下面和叶柄无毛；膜质翅与果等宽或稍宽。生于山地阴坡或半阳坡。产兴安北、兴安南、岭东、岭西、赤峰、燕北、阴山、贺兰山 ……………**1. 白桦 B. platyphylla** Suk.

      4b. 树皮灰褐色，龟裂或小块状剥裂；叶下面和叶柄被毛；膜质翅宽为小坚果的1/2或更小。生于山地阳坡或半阴坡。产兴安北、兴安南、岭东、岭西、赤峰、燕北 ………… **2. 黑桦 B. dahurica** Pall.

    3b. 灌木或小乔木。

      5a. 叶宽倒卵形，先端圆钝；侧脉3—5对；膜质翅较果稍宽。生于山地落叶松林下。产兴安北 ……………………………………………… **3. 扇叶桦 B. middendorffii** Trautv. et C. A. Mey.

      5b. 叶非倒卵形，先端尖；侧脉4—7对。

        6a. 小枝和叶无毛；膜质翅比小坚果宽。

          7a. 灌木或5m以下的小乔木；小坚果倒卵形、倒卵状椭圆形或椭圆形。生于沙地及沙丘间地。产岭西、科尔沁、辽河、锡林 ………… **4a. 砂生桦 B. gmelinii** Bunge var. **gmelinii**

          7b. 高可达10m的小乔木；小坚果卵形。生于沙地及沙丘间地。产科尔沁(翁牛特旗) ………………………………………… **4b. 枣叶桦 B. gmelinii** Bunge var. **zyzyphifolia** (C. Wang et Tung) G. H. Liu et E. W. Ma

        6b. 小枝和叶被毛；膜质翅比小坚果窄。

          8a. 叶下面无腺点或无明显的腺点，无毛或脉上微有毛；果苞之侧裂片微开展或横展。生于林缘的沼泽或水甸子旁。产兴安北、岭东 …………………**5. 柴桦 B. fruticosa** Pall.

          8b. 叶下面有密而明显的腺点，幼叶密被毛；果苞之侧裂片直立或微开展。生于林中沼泽或非常潮湿的落叶松白桦林中。产兴安北、岭东、兴安南 ………… **6. 油桦 B. ovalifolia** Rupr.
          ——*B. fruticosa* Pall. var. *ruprechtiana* Trautv.

2b. 叶脉 8 对以上。

9a. 果序单生兼有 2—4 枚聚生或排成总状。

10a. 小枝密生树脂状腺体及短柔毛；叶下面沿脉密被长柔毛，脉腋间密生黄色髯毛。生于山坡杂木林中。产燕北(宁城县) ………………………………………… **7. 糙皮桦 B. utilis** D. Don

10b. 小枝疏生树脂状腺体或腺体；叶下面沿脉无毛或疏被长柔毛，脉腋间有时微被毛，但不呈明显的髯毛。生于山坡杂木林中。产燕北(宁城县) …………… **8. 红桦 B. albo-sinensis** Burk.

9b. 果序全部单生。

11a. 芽鳞无毛；叶长卵形，侧脉 10—16 对，下面脉腋间簇生髯毛。生于半阴坡或散生于针阔混交林中。产兴安北、燕北、阴山(大青山的九峰山) ……………………………… **9. 硕桦 B. costata** Trautv.

11b. 芽鳞密被银白色绒毛；叶卵形或宽卵形，侧脉 8—12 对，下面脉腋间无髯毛。

12a. 果序长圆柱形或宽卵形，柄较短，长 3—6mm。生于半阴坡山脊。产兴安北、兴安南 ……………………………………………………… **10a. 岳桦 B. ermanii** Cham. var. **ermanii**

12b. 果序近圆形，柄较长，长 10mm 以上。生于山坡或山脊。产兴安北(大兴安岭英吉里山) ……………………… **10b. 英吉里桦 B. ermanii** Cham. var. **yingkiliensis** Liou et Z. Wang

1b. 小坚果具极狭的革质翅，翅宽为果的 1/5—1/4。

13a. 叶下面疏生腺点；小坚果翅的上部与果贴生。生于山坡、山脊。产燕北 ……………………………………………………………………… **11. 坚桦 B. chinensis** Maxim.

13b. 叶下面密生明显的腺点；小坚果翅的上部与果分离，伸出呈角状，先端被纤毛。生于石质山坡和山顶。产燕北(宁城县黑里河林场) ……………………………… **12. 角翅桦 B. ceratoptera** G. H. Liu et Y. C. Ma

2. 桤木属 Alnus Mill.

1a. 冬芽具柄；小枝密被锈黄色短柔毛，间有长柔毛；叶近圆形，稀卵形，边缘具浅波状裂片，每裂片具不规则粗锯齿，两面被短柔毛，下面脉腋无毛；果的膜质翅窄厚，宽为果的 1/4。生于山坡林中、水湿地或河流两岸。产兴安北、岭东、岭西 ………………………………… **1. 水冬瓜赤杨 A. hirsuta** Turcz. ex Rupr.
——*A. sibirica* Fisch. ex Turcz.

1b. 冬芽无柄；小枝通常无毛，有时被稀疏毛；叶宽卵形或椭圆形，边缘具不规则的密而的尖锯齿，上面无毛，下面有时被疏长柔毛；果的膜质翅与果等宽。生于山坡、林缘、泉源附近及溪流两岸。产兴安北、岭东、岭西 ……………………………… **2. 矮桤木 A. mandshurica** (Callier ex C. K. Schneid.) Hand.-Mazz.
——*A. fruticosa* auct. non Rupr.: Fl. Intramongol. ed. 2, 2: 96. 1990.

3. 榛属 Corylus L.

1a. 叶卵圆形或倒卵形，先端平截或凹缺，中央具三角状骤尖或短尾状小裂片；果苞钟状，部分包住坚果。生于向阳山地、多石的沟谷两岸、林缘或采伐迹地。产兴安北、岭东、辽河(大青沟)、燕北(喀喇沁旗) ………………………………………………………… **1. 榛 C. heterophylla** Fisch. ex Trautv.

1b. 叶宽卵形或矩圆状倒卵形，先端明显急尖，具 5—9(11)骤尖的小裂片；果苞管状，全部包住坚果。常生于白桦林、山杨林、蒙古栎林中及山坡上。产燕北 …………………………… **2. 毛榛 C. mandshurica** Maxim.

4. 虎榛子属 Ostryopsis Decne

虎榛子 Ostryopsis davidiana Decne.

灌木，高 1—2m。叶宽卵形或椭圆状卵形，先端锐尖，基部心形。雌雄同株，雄花序单生叶腋，下垂，苞鳞宽卵形，内有雄蕊 4—6；果序总状，下垂，有果 4—10 枚，果苞紧包坚果，上半部延伸呈管状，先端 4 浅裂，成熟后一侧开裂。生于山地阴坡和半阴坡及林缘。产兴安南、燕北、赤峰、锡林、乌兰、阴山、阴南、贺兰山。

25. 壳斗科 Fagaceae

1. 栎属 Quercus L.

蒙古栎 Quercus mongolica Fisch. ex Ledeb.——五台栎 *Q. wutaishanica* Mayr.——辽东栎 *Q. liaotungensis* Koidz.

乔木，高达 30m。叶革质，倒卵状椭圆形或倒卵形，边缘有 5—10 对波状裂片。雄花序下垂，雄蕊 8。果单生或 2—3 枚聚生，壳斗浅碗状，包围坚果 1/3—1/2，苞片小，背部具瘤状突起或扁平。生于山地。产兴安北、兴安南、岭西、岭东、辽河(大青沟)、赤峰、燕北、阴山、阴南(准格尔旗石窑沟)、贺兰山。

26. 榆科 Ulmaceae

1a. 果为翅果或小坚果；叶脉羽状。

2a. 翅果周围有宽翅；小枝无刺；叶基多偏斜；花两性，常先叶开放，多花簇生或组成段聚伞花序 ………………………………………… **1. 榆属 Ulmus**

2b. 小坚果偏斜，在上半部具鸡头状窄翅；小枝具棘刺；叶基对称，不偏斜；花杂性，与叶同时开放，花单生或 2—4 朵簇生 ………………………………… **2. 刺榆属 Hemiptelea**

1b. 果为核果，无翅；叶脉基部三出，叶基常偏斜 ………………………………… **3. 朴属 Celtis**

1. 榆属 Ulmus L.

1a. 果核位于翅果的中部或近中部或中下部，上端不接近缺口。

2a. 翅果两面被毛；小枝有时两侧具扁平的木栓翅。

3a. 花由花芽抽出；花或翅果多簇生于去年枝上；当年生枝被柔毛；树皮纵裂，粗糙，不脱落。生于山地、沟谷及固定沙地。产岭西、岭东、兴安南、辽河、科尔沁、呼伦、锡林、赤峰、燕北、乌兰、阴山、阴南 ……………………………………………… **1. 大果榆 U. macrocarpa** Hance

3b. 花几乎全部由混合芽抽出；花或翅果散生于当年生枝的基部或近基部；当年生枝被伸展的腺状毛；树皮裂成不规则的薄片，脱落。生于山沟。产阴山(大青山) ……………………………………………… **2. 脱皮榆 U. lamellosa** C. Wang et S. L. Chang

2b. 翅果除顶端凹缺处被毛外，其余光滑无毛；小枝无木栓翅。

4a. 叶先端不裂。

5a. 翅果近圆形；果核位于翅果的中部或微偏上；叶缘具不规则而较钝的重锯齿或单锯齿。常见于山地、沟谷及固定沙地。产内蒙古各地 ……………………………… **3. 榆树 U. pumila** L.

5b. 翅果宽椭圆形；果核位于翅果的中下部或近中部；叶缘具整齐而尖锐的重锯齿。呼和浩特市有栽培 ……………………………………………… **4. 欧洲白榆 U. laevis** Pall.

4b. 叶先端通常 3—7 裂；翅果椭圆形；果核位于翅果的中下部或近中部。生于山坡及沟谷杂木林中。产兴安南、燕北、阴山(大青山) ……………………………… **5. 裂叶榆 U. laciniata** (Trautv.) Mayr.

1b. 果核位于翅果的上部或中上部，上端接近缺口。

6a. 花多由混合芽抽出；翅果多散生于当年生枝的基部，近圆形或宽椭圆形，长 1.5—2.5cm，果翅较厚。

7a. 翅果除顶端缺口处被毛外，其余光滑无毛。生于阳坡、山麓及沟谷等地。产阴山、阴南、东阿(桌子山、狼山)、贺兰山、龙首山 ……………………………… **6a. 旱榆 U. glaucescens** Franch. var. **glaucescens**

7b. 翅果两面具柔毛。生境同原变种。产阴山、贺兰山 ……………………………………………… **6b. 毛果旱榆 U. glaucescens** Franch. var. **lasiocarpa** Rehd.

6b. 花多由花芽抽出；翅果簇生于去年生枝上，倒卵形或椭圆形，长不超出 1.5cm，果翅较薄。

8a. 小枝有时具全面膨大而不规则纵裂的木栓层；树冠卵圆形。生于河岸、沟谷及山麓。产兴安北、兴安南、岭东、赤峰、辽河(大青沟)、燕北、阴山 ……… **7. 春榆 U. davidiana** Planch. var. **japonica** (Rehd.) Nakai

8b. 小枝不具木栓翅；树冠呈较紧密的圆球形。呼和浩特市有栽培 ………… **8. 圆冠榆 U. densa** Litw.

2. 刺榆属 Hemiptelea Planch.

刺榆 Hemiptelea davidii (Hance) Planch.

小乔木，高可达 10m。小枝坚硬成刺状，长 2—6cm。叶椭圆形，边缘具单锯齿。花杂性，单生或 2—4 朵聚生；花萼 4—5 裂；雄蕊 4—5，与花萼裂片对生。坚果扁，先端具鸡头状的窄翅。生于固定沙丘。产辽河。

3. 朴属 Celtis L.

小叶朴(黑弹树) **Celtis bungeana** Blume

乔木，高可达 10m。单叶互生，卵形或卵状披针形，先端渐尖，基部偏斜，三出脉，边缘具疏齿。核果近球形，黑紫色。生于向阳山地。产辽河(大青沟)、赤峰、燕北、阴山。

27. 桑科 Moraceae

1. 桑属 Morus L.

1a. 叶缘锯齿齿端无刺尖；下面脉腋具簇生毛；花柱极短。科尔沁、辽河(大青沟)、阴南、鄂尔等地有栽培 ……………………………………………………………… **1. 桑 M. alba** L.

1b. 叶缘锯齿齿端具刺尖；下面脉腋无簇生毛；花柱明显。生于阳坡、山麓、丘陵、低地、沟谷或疏林中。产岭东、兴安南、燕北、科尔沁、辽河、乌兰、阴山、东阿(桌子山) ………………… **2. 蒙桑 M. mongolica** (Bur.) C. K. Schneid.
——山桑 *M. mongolica* (Bur.) C. K. Schneid. var. *diabolica* Koidz.

28. 大麻科 Cannabaceae

1a. 缠绕性草本；叶对生，掌状 5 裂 ……………………………… **1. 葎草属 Humulus**

1b. 直立草本；叶互生或下部叶对生，掌状复叶，小叶披针形 ……………… **2. 大麻属 Cannabis**

1. 葎草属 Humulus L.

1a. 多年生；叶不裂或 3 中裂，稀 5 裂。内蒙古南部广泛栽培 ……………… **1. 啤酒花 H. lupulus** L.

1b. 一年生；叶掌状分裂，裂片(3)5—7，卵形或卵状披针形。生于路边、路旁荒地。产兴安北、科尔沁、辽河(大青沟)、燕北、赤峰、阴山、阴南、鄂尔 ……………………… **2. 葎草 H. scandens** (Lour.) Merr.

2. 大麻属 Cannabis L.

大麻 Cannabis sativa L.

一年生草本。掌状复叶，小叶 3—7，披针形或条状披针形。雌雄异株，雄花为圆锥花序，花萼 5 裂，雄蕊 5；雌花短穗状，雌蕊 1。瘦果扁卵形，灰色，基部无关节。内蒙古各地有栽培。

本区另有 1 变型：野大麻 *Cannabis sativa* L. f. *ruderalis* (Janisch.) Chu，植株较矮小，叶及果实均较小，瘦果表面具棕色大理石状花纹。正种瘦果表面光滑而具细网纹。生于向阳干山坡、固定沙丘、丘间低地。产兴安北、岭东、岭西、呼伦、兴安南、科尔沁、燕北、锡林、阴山、鄂尔、东阿(磴口县)。

29. 荨麻科 Urticaceae

1a. 叶对生。
  2a. 植物体上有螫毛……………………………………………………………………**1. 荨麻属 Urtica**
  2b. 植物体上无螫毛…………………………………………………………………**2. 冷水花属 Pilea**
1b. 叶互生。
  3a. 植物体上有螫毛；叶缘有锯齿或牙齿………………………………………**3. 蝎子草属 Girardinia**
  3b. 植物体上无螫毛；叶全缘……………………………………………………**4. 墙草属 Parietaria**

1. 荨麻属 Urtica L.

1a. 叶掌状 3 深裂或 3 全裂，裂片再成缺刻状羽状分裂。生于人和畜经常活动的干燥山坡、丘陵坡地、沙丘坡地、山野路旁、居民点附近。产兴安北、岭东、岭西、呼伦、兴安南、科尔沁、辽河、燕北、锡林、乌兰、阴山、阴南、鄂尔、东阿、贺兰山 ·……………………………………………………………………**1. 麻叶荨麻 U. cannabina** L.
1b. 叶不分裂，边缘有锯齿或牙齿。
  2a. 叶片卵形、宽卵形或宽椭圆状卵形，稀卵状披针形；雌雄同株，稀异株。
    3a. 雄花序生于茎枝上部的叶腋，雌花序生于茎枝下部的叶腋；叶片上钟乳体短棒状；托叶条状披针形。生于山坡林下阴湿处、林缘路旁、山谷溪流附近、水边湿地、沟边。产岭东、燕北、兴安南、贺兰山、龙首山 ·……………………………………………………**2. 宽叶荨麻 U. laetevirens** Maxim.
    3b. 雄花序生于茎枝下部的叶腋，雌花序生于茎枝上部的叶腋；叶片上钟乳体点状；托叶三角状披针形或狭长椭圆形。生于阴坡山沟、林缘湿处、干河床边。产贺兰山、龙首山……………………………………………………**3. 贺兰山荨麻 U. helanshanica** W. Z. Di et W. B. Liao
  2b. 叶片披针形、矩圆状披针形或狭椭圆形，稀狭卵状披针形；雌雄异株。生于山地林缘、灌丛间、溪沟旁、湿地、水边沙丘灌丛间。产兴安北、岭东、岭西、呼伦、兴安南、燕北、科尔沁、辽河、阴山……………………………………………………**4. 狭叶荨麻 U. angustifolia** Fisch. ex Hornem.

2. 冷水花属 Pilea Lindl.

1a. 雌花被片 3；叶卵形，边缘具锐尖齿。
  2a. 雌花被片条状披针形或三角状锥形；叶先端渐尖或尾状尖。生于湿润的林内、林缘、山地岩石间、沟谷、溪边、河岸、草甸、河谷。产科尔沁、辽河、燕北…………**1a. 透茎冷水花 P. pumila** (L.) A. Gray var. **pumila**
  2b. 雌花被片卵形或卵状椭圆形；叶先端钝、锐尖或短渐尖。生于湿润而多荫的林下、山坡岩石间。产辽河……………………………**1b. 荫地冷水花 P. pumila** (L.) A. Gray var. **hamaoi** (Makino) C. J. Chen
1b. 雌花被片 2；叶菱状圆形，全缘或波状，先端钝。生于山坡石缝、长苔藓的岩石上。产燕北……………………………………………**2. 矮冷水花 P. peploides** (Gaudich.-Beaupre) W. J. Hook. et Arn.

3. 蝎子草属 Girardinia Gaudich.

蝎子草 **Girardinia diversifolia** (Link) Friis subsp. **suborbiculata** (C. J. Chen) C. J. Chen et Friis——*G. cuspidata* Wedd.

一年生中生草本，全株被螫毛和伏硬毛。叶互生，卵形、宽椭圆形或近圆形，边缘具缺刻状大牙齿。花单生，雌雄同株，花序腋生；雄花序总状或穗状，花被4—5裂，雄蕊4—5；雌花序穗状二歧聚伞状，生于上部，花被2裂。瘦果宽卵形。生于林下、林缘阴湿地、山坡岩石间、山沟边、宅旁。产岭东、科尔沁。

4. 墙草属 Parietaria L.

小花墙草 Parietaria micrantha Ledeb.

一年生中生草本，全株无螯毛。叶互生，卵形、菱状卵形，全缘。花杂性，两性花生于花序下部，其余为雌花；花被4裂，雄蕊4。瘦果宽卵形。生于山坡阴湿处、石缝间、湿地上。产兴安北、岭东、兴安南、呼伦、科尔沁、燕北、阴山、东阿(桌子山)、贺兰山。

30. 檀香科 Santalaceae

1. 百蕊草属 Thesium L.

1a. 果实表面具网脉棱；子房无子房柄。

2a. 果梗长不超过4mm。生于砾石质坡地、山地草原、林缘、灌丛间、沙地边缘、河谷干草地。产岭东、兴安南、科尔沁、辽河、燕北、锡林、乌兰、阴山 ……………… **1a. 百蕊草 T. chinense** Turcz. var. **chinense**

2b. 果梗长5—11mm。生于干燥坡地。产兴安南、科尔沁 ……………… **1b. 长梗百蕊草 T. chinense** Turcz. var. **longipedunculatum** Y. C. Chu

1b. 果实表面具纵脉棱，纵脉棱偶有分叉，但不形成网脉棱；子房有子房柄。

3a. 花长4—6mm；子房柄长0.2—0.5mm；宿存花被比果短。

4a. 果实成熟后果柄不反折；总花梗通常不呈“之”字形曲折；叶具3脉。生于沙地、沙质草原、山坡、山地草原、林缘、灌丛、草甸。产兴安北、呼伦、兴安南、科尔沁、赤峰、燕北、锡林、乌兰、阴山、阴南、鄂尔、龙首山 ……………… **2. 长叶百蕊草 T. longifolium** Turcz.

4b. 果实成熟后果柄反折；总花梗呈“之”字形曲折；叶通常具1脉，有时具3脉。生于山坡草地、砾石质坡地、沙地、林缘、草甸。产兴安北、兴安南、岭东、岭西、科尔沁、辽河、呼伦、锡林、燕北、阴山 ……………… **3. 急折百蕊草 T. refractum** C. A. Mey.

3b. 花长8mm；子房柄长0.8—1mm；宿存花被比果长。生于沙地、沙丘阳坡、山地阳坡、干旱草原。产兴安南、呼伦、锡林 ……………… **4. 短苞百蕊草 T. brevibracteatum** P. C. Tam

31. 桑寄生科 Loranthaceae

1a. 花序穗状或聚伞状；花被花瓣状；花药2室 ……………… **1. 桑寄生属 Loranthus**

1b. 花簇生；花被小而花萼状；花药4至多室 ……………… **2. 槲寄生属 Viscum**

1. 桑寄生属 Loranthus L.

北桑寄生 Loranthus tanakae Franch. et Sav.

半寄生小灌木，绿色或浅褐色。叶对生，倒卵形或倒卵状椭圆形，全缘，具羽状脉。穗状花序顶生，花两性，花萼筒状，很短；花瓣6，黄绿色；雄蕊6。浆果球形，黄色或橙黄色。常寄生于栎属、榆属、桦属植物的植物体上，也见于杏树上。产阴南。

2. 槲寄生属 Viscum L.

槲寄生 Viscum coloratum (Kom.) Nakai

半寄生小灌木，绿色或黄绿色。单叶对生于枝端，倒披针形或矩圆状披针形，全缘，具 3—5 直出主脉。花单性，黄绿色或淡黄色，雌雄异株；花被顶端 4 裂，雄蕊 4。浆果球形，淡黄色或橙黄色。常寄生于杨树、柳树、栎树、梨树、桦树、桑树上。产岭东、兴安南、燕北、阴山、东阿(狼山)。

32. 马兜铃科 Aristolochiaceae

1. 马兜铃属 Aristolochia L.

北马兜铃 Aristolochia contorta Bunge

多年生缠绕草本。单叶互生，宽卵状心形或三角状心形，全缘。花两性，3—10 朵簇生于叶腋。花被喇叭状，下部绿色，膨大成球形，中部管状，稍弯曲，上部暗紫色，向一面扩大成三角状披针形的侧片，先端长丝状；雄蕊 6；子房下位，柱头 6。蒴果宽倒卵形或近球形。生于林缘、灌丛、沟谷及山地较潮湿处。产兴安南、辽河、赤峰、燕北、阴山。

33. 蓼科 Polygonaceae

1a. 花被片 6。
  2a. 瘦果具翅；柱头头状；雄蕊通常 9；内花被片果时不增大 ……………………… **1. 大黄属 Rheum**
  2b. 瘦果不具翅；柱头画笔状；雄蕊通常 6；内花被片果时通常增大 ……………**2. 酸模属 Rumex**
1b. 花被片 4 或 5。
  3a. 灌木或半灌木。
    4a. 叶常退化为鳞片状；雄蕊 12—18；瘦果具 4 条肋状突起，有刺毛或翅；半灌木…………………………………………………………………………………**3. 沙拐枣属 Calligonum**
    4b. 叶不退化为鳞片状；雄蕊 6—8；瘦果不具肋状突起，亦无刺毛或翅；灌木……………………………………………………………………………………… **4. 木蓼属 Atraphaxis**
  3b. 草本，稀为灌木。
    5a. 果期花被片不增大；茎通常直立或平卧，少缠绕。
      6a. 瘦果与花被等长或微露出 …………………………………………………… **5. 蓼属 Polygonum**
      6b. 瘦果超出花被 1—2 倍…………………………………………………………**6. 荞麦属 Fagopyrum**
    5b. 果期外面的 3 个花被片增大变为翅或龙骨状突起；茎缠绕 ……………… **7. 首乌属 Fallopia**

1. 大黄属 Rheum L.

1a. 叶全缘而不分裂或为波状。
  2a. 具茎生叶及腋部有花枝的叶，叶不为革质，叶片心状卵形或三角状卵形。
    3a. 叶全部绿色；叶片三角状卵形或狭长三角形，边缘强皱波状；果实卵状椭圆形；植株高 60—150cm。散生于石质山坡、碎石坡麓及冲刷沟。产兴安北、呼伦、兴安南…… **1. 波叶大黄 R. rhabarbarum** L.
    ——长叶波叶大黄 *R. undulatum* L. var. *langifolia* C. Y. Chang et C. T. Kao
    ——*R. undulatum* L.
    3b. 叶柄和基出脉紫红色；叶片心状卵形，边缘稍皱波状；果实宽椭圆形；植株高 50—85cm。散生于石质山坡、砾石质坡地、沟谷。产兴安北、岭西、呼伦、兴安南、赤峰、燕北、锡林、乌兰、阴山、阴南、贺兰山··

…………………………………………………………………… **2. 华北大黄 R. franzenbachii** Munt.

2b. 通常无茎生叶或具1—2片腋部有花枝的叶，叶为革质或半革质，植株高10—50(70)cm。

4a. 茎具1—2片腋部有花枝的叶；花序多为一次分枝；叶宽卵形、心状宽卵形或近圆形；果椭圆形。散生于石质山坡、碎石质坡麓、岩石缝中。产东阿(桌子山、狼山)、贺兰山、龙首山……………………………………………………………………………… **3. 总序大黄 R. racemiferum** Maxim.

4b. 茎花葶状，不具叶；花序通常2次分枝。

5a. 叶革质，叶片肾圆形或近圆形，叶脉掌状，主脉3条；果肾圆形，长11—12mm，宽12—14mm。多散生于低地、石质残丘坡地或沟谷干河床中。产东阿、西阿、额济纳……………………………………………………………………………… **4. 矮大黄 R. nanum** Siewers ex Pall.

5b. 叶半革质，叶片卵形、长卵形、菱状卵形或倒卵形，叶脉羽状，主脉1条；果宽椭圆形，长15—17mm，宽13—15mm。散生于石质山坡、岩石缝隙和冲刷沟中。产东阿(桌子山、狼山)、西阿、贺兰山………………………………………………………………**5. 单脉大黄 R. uninerve** Maxim.

1b. 叶浅裂至半裂，裂片多呈较窄的三角形。内蒙古西部有栽培……………………**6. 掌叶大黄 R. palmatum** L.

2. 酸模属 Rumex L.

1a. 基生叶和茎下部叶的基部为戟形或箭形；花单性。

2a. 叶基部为戟形，两侧有耳状裂片，直伸或稍弯；内花被片果时不增大或稍增大。生于沙地、丘陵坡地、砾石地、路旁。产岭西、岭东、兴安南、呼伦、科尔沁、锡林…………………………… **1. 小酸模 R. acetosella** L.

2b. 叶基部为箭形；内花被片果时显著增大。

3a. 根为须根；叶片卵状长圆形。生于山地林缘、草甸、路旁。产兴安北、岭东、岭西、呼伦、兴安南、科尔沁、辽河、锡林、燕北、阴山…………………………………………………………………… **2. 酸模 R. acetosa** L.

3b. 根为直根；叶片卵状长圆形或长圆状披针形。生于山地、河边低湿地、较湿润的固定沙地。产岭东、岭西、呼伦、兴安南、科尔沁、锡林 ………………………………………………… **3. 直根酸模 R. thyrsiflorus** Finjerh.

——东北酸模 *R. thyrsiflorus* Finjerh. var. *mandshuricus* A. Bae. et B. Skv.

1b. 基生叶和茎下部叶的基部为楔形、圆形或心形；花两性。

4a. 内花被片背面无小瘤。

5a. 基生叶三角状卵形或三角状心形，基部深心形、宽楔形或近圆形，下面脉上被短糙毛。多散生于河岸、山地林缘、草甸。产兴安北、岭西、呼伦、兴安南、锡林、燕北、阴山 ……………………………………………………………………………**4. 毛脉酸模 R. gmelinii** Turcz. ex Ledeb.

5b. 基生叶长圆状卵形，基部楔形或宽楔形，下面脉上被乳头状突起毛。生于山地水边。产贺兰山…………………………………………………………………………… **5. 长叶酸模 R. longifolius** DC.

4b. 内花被片一部分或全部背面有小瘤。

6a. 内花被片全缘或有微波状齿。

7a. 内花被片全部有小瘤；基生叶和茎下部叶的基部为楔形。生于山地、沟谷、河边。产呼伦、兴安南、科尔沁、赤峰、辽河、燕北、锡林、乌兰、阴山、阴南、鄂尔、贺兰山、龙首山 …**6. 皱叶酸模 R. crispus** L.

7b. 内花被片仅1片或均有大小不等的小瘤；基生叶和茎下部叶的基部圆形或心形，稀楔形。生于河流两岸、低湿地、村边、路旁等处。产兴安北、岭西、呼伦、科尔沁、锡林、乌兰、阴山、阴南、鄂尔、东阿·……………………………………………………………………… **7. 巴天酸模 R. patientia** L.

6b. 内花被片边缘有锐尖齿或针状齿。

8a. 多年生草本；内花被片边缘有不规则锐尖齿。

9a. 内花被片宽心形，基部心形，长4—5mm，宽6—7mm。生于沟渠边、河滩、湿地、田边、路旁等处。产赤峰、科尔沁、阴南 ………………………………………… **8. 羊蹄 R. japonicus** Houtt.

——锐齿酸模 *R. hadroocarpus* Rech. f.

9b. 内花被片三角形，基部截形，长3—4mm，宽约4mm。生于低湿草甸。产呼伦…………

……………………………………………………9. 狭叶酸模 **R. stenophyllus** Ledeb.

8b. 一年生草本；内花被片边缘针状齿。

10a. 内花被片仅 1 片背面具小瘤；基生叶披针形或椭圆状披针形，基部楔形或圆形；茎由基部分枝。生于湖滨、河岸湿地、泥泞地。产呼伦、科尔沁、锡林、阴南……………………………………………………………………10. 盐生酸模 **R. marschallianus** Rchb.

10b. 内花被片各片背面均具小瘤。

11a. 茎由上部分枝；基生叶披针形或狭披针形，基部楔形。生于河流沿岸、湖滨盐化低地。产兴安北、岭西、呼伦、兴安南、科尔沁、乌兰、阴南………11. 长刺酸模 **R. maritimus** L.

11b. 茎由基部分枝；基生叶长圆形或披针状长圆形，基部圆形或心形。

12a. 花梗中部以下具关节；内花被片长 4—5mm，先端尖，边缘具长 2—3mm 的齿。生于河岸、湖滨低湿地。产乌兰……………… 12. 齿果酸模 **R. dentatus** L.

12b. 花梗基部具关节；内花被片长 2—3mm，先端狭尖，边缘具长 1—1.5mm 的齿。生于盐生荒漠和沙地。产额济纳………………………………………………………………………13. 蒙新酸模 **R. similans** K. H. Rechinger

3. 沙拐枣属 Calligonum L.

1a. 果实具薄膜，呈泡果状。生于砾石质荒漠。产额济纳…………………………1. 泡果沙拐枣 **C. calliphysa** Bunge

1b. 果实具刺毛。

2a. 果(带刺毛)近球形，直径 20—25mm；植株高大，通常高 1—3m。生于流动、半流动沙地和覆沙戈壁上。产东阿(库布齐沙漠、腾格里沙漠)………………………………2. 阿拉善沙拐枣 **C. alaschanicum** A. Los.

2b. 果(带刺毛)椭圆形或卵球形，直径 8—18mm；植株较低矮，通常高 0.3—1m。广泛生于流动或半流动沙地、覆沙戈壁、砂质或砂砾质坡地或干河床上。产乌兰、鄂尔(鄂托克旗)、东阿、西阿、额济纳………………………………………………………… 3. 沙拐枣 **C. mongolicum** Turcz.——中国沙拐枣 *C. chinense* A. Los.
——戈壁沙拐枣 *C. gobicum* (Bunge ex Meisner) A. Los.

4. 木蓼属 Atraphaxis L.

1a. 总状花序侧生；小枝顶端无叶而成刺状；叶倒卵形、椭圆形或条状披针形。生于石质丘陵坡地、河谷、阶地、戈壁、固定沙地。产乌兰、鄂尔、东阿、西阿…………………1. 锐枝木蓼 **A. pungens** (M. B.) Jaub. et Spach.

1b. 总状花序顶生；小枝顶端具叶而不成刺状。

2a. 外轮花被片果期水平开展或向上弯，不反折。

3a. 外轮花被片椭圆形，细小；叶倒披针形、披针状矩圆形或条形。生于沙地和碎石质坡地。产呼伦、兴安南、科尔沁、赤峰、锡林………………………………………2. 东北木蓼 **A. mandshurica** Kitag.

3b. 外轮花被片宽卵形或近圆形，较大。

4a. 叶两面密被蜂窝状腺点，沿中脉及边缘具乳头状突起，叶片近圆形，先端圆钝并具短尖；内花被片近扇形。生于石质低山丘陵。产乌兰(白云鄂博、达尔罕茂明安联合旗吉穆斯泰山)、阴山(乌拉山西段)、东阿(桌子山、狼山)、贺兰山(三关口)……………………………………3. 圆叶木蓼 **A. tortuosa** A. Los.
——圆叶萹蓄 *Polygonum intramongolicum* Borodina

4b. 叶无腺点，也无乳头状突起；叶片圆形、宽卵形、宽椭圆形、倒披针形、披针状矩圆形或条形，先端圆钝、锐尖或渐尖；内花被片圆形。生于流动或半流动沙丘中下部、石质残丘坡地、沟谷岩石缝处的沙土上。产锡林、乌兰、鄂尔、东阿、西阿………………… 4. 沙木蓼 **A. bracteata** A. Los.
——宽叶沙木蓼 *A. bracteata* A. Los. var. *latifolia* H. C. Fu et M. H. Zhao
——狭叶沙木蓼 *A. bracteata* A. Los. var. *angustifolia* A. Los.

2b. 外轮花被片反折贴梗。

5a. 小灌木，高 30—70cm；花梗关节在中部；花序单一，不分枝；叶披针形或宽披针形，先端通常渐尖。生于石质丘陵坡麓、干河床、覆沙戈壁滩上。产乌兰、西阿、额济纳……………………………………………………………………………………5. 木蓼 **A. frutescens** (L.) Eversm.

5b. 灌木，高 1—2m；花梗关节在中下部；花序分枝；叶长椭圆形或倒卵形，先端通常钝尖。生于低山石质残丘、岩石缝或干河床。产额济纳(黑鹰山、蒜井子) ………6. 长枝木蓼 **A. virgata** (Regel) Krassnov

5. 蓼属 Polygonum L.

1a. 叶基部具关节；托叶鞘通常分裂；花丝条形，基部扩大；花单生或数朵簇生叶腋，稀成总状花序(**1. 萹蓄组** Sect. **Polygonum**)。

2a. 一年生草本。

3a. 茎直立；花序穗状，顶生；叶披针形或条状披针形；瘦果光滑，有光泽。生于河边、沟谷湿地。产东阿(杭锦旗)、西阿………………………………………1. 帚蓼 **P. argyrocoleon** Steud. ex Kunze

3b. 茎平卧或上升；花 1—7 朵，束状腋生。

4a. 花梗中部具关节；瘦果光滑，有光泽；雄蕊 5；叶条状矩圆形或倒卵状披针形。生于路边、田边、河边湿地。产阴南、龙首山………………………………………2. 习见蓼 **P. plebeium** R. Br.

4b. 花梗顶部具关节；瘦果密被小点或点状条纹，无光泽或稍有光泽；雄蕊 8。

5a. 瘦果密被点状条纹，无光泽，顶端钝；叶狭椭圆形、矩圆状倒卵形或条状披针形。群生或散生于路边、田野、村舍附近、河边湿地等处。产内蒙古各地 …………3. 萹蓄 **P. aviculare** L.

5b. 瘦果被小点，稍有光泽，顶端长尖；叶椭圆形或长圆形。生于路边、田边。产呼伦(海拉尔区)……………………………………………………………4. 尖果萹蓄 **P. rigidum** Skvortsov

2b. 多年生草本；叶椭圆形或倒卵形。生于山地石质坡地。产锡林…………5. 岩萹蓄 **P. cognatum** Meisn.

1b. 叶基部不具关节；托叶鞘不分裂或 2 裂；花丝条形，狭窄；花序头状、穗状、总状或圆锥状。

6a. 花序头状；花被片 4 裂(**2. 头序蓼组** Sect. **Cephalophilon** Meisn.)。

7a. 托叶鞘 2 裂；叶三角状卵形，先端钝，上面无毛，下面疏被白色柔毛。生于山地岩石缝隙、林缘、阴湿坡地。产贺兰山 ………… 6. 柔毛蓼 **P. sparsipilosum** A. J. Li——*P. pilosum* (Maxim.) Hemsl.

7b. 托叶鞘圆筒形，先端截形；叶三角状卵形、卵形或卵状披针形，先端锐尖，基部下延呈翅状或耳垂状，两面疏生白色刺状毛。生于河谷、溪旁。产科尔沁、燕北、兴安南、阴山、贺兰山 …………………………………7. 头序蓼 **P. nepalense** Meisn.——*P. alatum* (Buch.-Ham. ex D. Don) Spreng.

6b. 花序穗状；花被片 5 裂(**3. 春蓼组** Sect. **Persicaria** (Mill.) Meisn.)。

8a. 托叶鞘圆筒形，先端截形。

9a. 多年生草本；根状茎横卧；叶柄由托叶鞘中部以上伸出；水生植物。生于河溪岸边、湖滨、低湿地、农田。产内蒙古各地 ……………………………………………8. 两栖蓼 **P. amphibium** L.

9b. 一年生草本；茎直立或基部伏卧；叶柄由托叶鞘中部以下或近基部伸出；陆生植物。

10a. 穗状花序紧密，粗壮，圆柱形。

11a. 托叶鞘上部边缘具草质环状翅，或干膜质裂片；花粉红色至白色；植株常高达 2m 左右。多栽培，也有逸生，生于田边、路旁、水沟边、庭园屋舍附近。产科尔沁、赤峰、阴南、鄂尔……………………………………………………………9. 荭草 **P. orientale** L.

11b. 托叶鞘上部边缘截形，无草质翅，亦无干膜质裂片；植株较低矮。

12a. 托叶鞘狭，紧贴茎上，尤以上部明显；叶披针形或条状披针形，上面无新月形斑痕。生于河岸和低湿地。产兴安北、兴安南、岭西、科尔沁、呼伦、燕北、锡林、乌兰……………………………………………………10. 桃叶蓼 **P. persicaria** L.

12b. 托叶鞘松弛，不紧贴茎上；叶披针形、矩圆形或矩圆状椭圆形，上面常有紫黑色新月形斑痕。

13a. 叶下面无白色绵毛。多散生于低湿草甸、河谷草甸和山地草甸。产内蒙古各地……………………… **11a. 酸模叶蓼 P. lapathifolium** L. var. **lapathifolium**

13b. 叶下面密生白色绵毛。生境、产地同原变种………………………………………… **11b. 绵毛酸模叶蓼 P. lapathifolium** L. var. **salicifolium** Sibth.

10b. 穗状花序稀疏，常间断不连接，近于条形。

14a. 果实压扁，两面或仅一面突起；花柱通常 2。

15a. 花被具明显的腺点；叶披针形，有辣味及腺点。多散生或群生于低湿地、水边或路旁。产岭西、呼伦、兴安南、科尔沁、燕北、锡林、乌兰、阴山、阴南、鄂尔、东阿……………………………………………………………… **12. 水蓼 P. hydropiper** L.

15b. 花被无腺点；叶条形或条状披针形，无辣味及腺点。生于河滩及湖边。产兴安北………………………………………………**13. 多叶蓼 P. foliosum** H. Lindb.

14b. 果实三棱形；花柱通常 3。

16a. 叶下面具腺点。

17a. 叶披针形，宽达 1.5cm；瘦果长约 2mm。散生于河边草甸。产科尔沁(翁牛特旗)‥ **14. 东北蓼 P. longisetum** Bruijin——*P. mandshuricola* Kitag.

17b. 叶条形，宽达 3mm；瘦果长约 1.5mm。生于河边草甸。产兴安北………………………… **15. 楔叶蓼 P. trigonocarpum** (Makino) Kudo et Masam.

16b. 叶下面无腺点；叶条状披针形或条形。生于河边。产兴安南、科尔沁……………………………………………………………**16. 朝鲜蓼 P. koreense** Nakai

8b. 托叶鞘斜形。

18a. 花序圆锥状(**4. 补血宁组** Sect. **Aconogonon** Meisn.)。

19a. 叶基部略呈戟形，具 2 个钝的或稍尖的小裂片；瘦果黑色。

20a. 叶矩圆形、长椭圆形或披针形；植株较高大。生于盐化草甸。产内蒙古各地………………………………………**17a. 西伯利亚蓼 P. sibiricum** Laxm. var. **sibiricum**

20b. 叶条形或狭条形；植株矮小。生于盐化草甸。产鄂尔、东阿、西阿…………………………………………**17b. 细叶西伯利亚蓼 P. sibiricum** Laxm. var. **thomsonii** Meissn.

19b. 叶基部楔形或圆形，无小裂片；瘦果褐色。

21a. 瘦果通常比花被短，或与之等长，通常包于花被内；植株较小。

22a. 叶极狭，狭条形，宽 0.5—3mm；茎单一，不由基部分枝。生于山地林缘、草甸草原。产兴安北、岭东、岭西、呼伦、兴安南、科尔沁、赤峰、锡林……………………………………………………………… **18. 细叶蓼 P. angustifolium** Pall.

22b. 叶较宽，矩圆形、披针形、卵状披针形或条形，宽 3—15mm；茎强烈由基部分枝。

23a. 叶矩圆形、长披针形或条形，宽 3—7mm；花序枝均由叶腋生出。生于山地杂类草草甸。产岭西、兴安南、锡林…… **19. 白山蓼 P. ocreatum** L.——*P. laxmanni* Lepch.

23b. 叶卵披针状形或披针形，宽 7—15mm；花序枝不全部由叶腋生出。散生或群生于山顶部岩石露头处和碎石坡地。产兴安北………………………………………… **20. 兴安蓼 P. ajanense** (Regel. et Tiling) Grig.

21b. 瘦果通常比花被长，显著超出花被；植株高大。

24a. 植株几乎由基部开展成叉状分枝，外观呈圆球形；叶披针形、椭圆形、矩圆形或矩圆状条形；瘦果较大，长 5—6mm。生于森林草原、山地草原、固定沙地。产兴安北、岭东、岭西、呼伦、兴安南、燕北、赤峰、锡林、乌兰、阴山、阴南、鄂尔…………………………………………………… **21. 叉分蓼 P. divaricatum** L.

24b. 植株不由基部分枝，仅上部分枝；叶卵状披针形；瘦果较小，长 3.5—4mm。生于林缘草甸和山地杂类草草甸。产兴安北、岭西、岭东、兴安南、科尔沁、呼伦、燕北、锡林、阴山……………………………………………**22. 高山蓼 P. alpinum** All.

18b. 花序不为圆锥状。

25a. 茎无刺；根状茎肥厚，肉质或木质；茎不分枝；叶主要为基生叶；花序不分枝，穗状(**5. 拳参组** Sect. **Bistorta** D. Don)。

26a. 花穗较细，中下部常具珠芽；叶柄上部不具下延的翅。生于山地顶部、林缘、灌丛。产兴安北、岭西、兴安南、燕北、阴山、贺兰山、龙首山……… **23. 珠芽蓼 P. viviparum** L.

26b. 花穗较宽，无珠芽。

27a. 叶柄不具下延的翅；基生叶和茎下部叶矩圆状卵形或矩圆形，先端钝尖，基部近心形；花穗矩圆形，短穗状。生于高山草甸。产贺兰山主峰……………………………………………………… **24. 圆穗蓼 P. macrophyllum** D. Don

27b. 叶柄上部具下延的翅。

28a. 叶近革质，基生叶和茎下部叶的基部圆形、截形或微心形。

29a. 基生叶和茎下部叶矩圆状卵形或宽椭圆状卵形，宽 3—8cm。生于河岸、低湿地。产科尔沁(翁牛特旗乌丹镇)……………………………………………………… **25. 太平洋蓼 P. pacificum** V. Petr. ex Kom.

29b. 基生叶和茎下部叶矩圆状披针形、披针形至狭卵形，宽 1—3cm。生于山地林缘和草甸。产岭西、岭东、兴安南、燕北、锡林、阴山、贺兰山…………………………………………**26. 拳参 P. bistorta** L.

28b. 叶草质，薄，基生叶和茎下部叶的基部楔形。

30a. 茎中上部叶抱茎，有明显的叶耳，上部叶一般不成条形或刺毛状。生于山地林缘草甸、灌丛及河谷草甸。产兴安北、岭西、科尔沁、燕北…………………… **27. 耳叶蓼 P. manshuriense** V. Petr. ex Kom.

30b. 茎生叶不抱茎，亦无叶耳，上部叶常成条形或刺毛状。生于山地河谷草甸。产兴安北、兴安南、岭西、岭东、呼伦、科尔沁、锡林、赤峰、燕北、阴山………… **28. 狐尾蓼 P. alopecuroides** Turcz. ex Besser

25b. 茎具倒生钩刺；植株无根状茎，或具有非肉质的根状茎；茎分枝；叶主要为茎生叶；花序分枝(**6. 刺蓼组** Sect. **Echinocaulon** Meisn.)。

31a. 茎攀援；叶正三角形；叶柄盾状着生。生于山地林缘草甸及沟谷低湿地。产岭东、兴安南、辽河(大青沟)、燕北……………………………………… **29. 穿叶蓼 P. perfoliatum** L.

31b. 茎直立或平卧；叶披针形、长卵状披针形或戟形；叶柄不为盾状着生。

32a. 叶基部楔形。生于沙质地、田边、路旁湿地。产岭西、岭东、兴安南、科尔沁、辽河、燕北、乌兰、阴山、阴南、东阿(杭锦后旗)………… **30. 柳叶刺蓼 P. bungeanum** Turcz.

32b. 叶基部箭形或戟形。

33a. 叶长卵状披针形，基部箭形。生于山间谷地、河边和低湿地。产兴安北、岭西、岭东、兴安南、科尔沁、辽河(大青沟)、燕北、贺兰山……………………………………………… **31. 箭叶蓼 P. sagittatum** L.——*P. sieboldii* Meisn.

33b. 叶戟形。

34a. 叶柄有狭翅；叶片无星状毛。生于河边低湿低地。产岭东、岭西、燕北、辽河(大青沟)…………… **32. 戟叶蓼 P. thunbergii** Sieb. et Zucc.

34b. 叶柄无翅；叶片两面密被星状毛和疏被短刺毛。生于低湿低地。产兴安南(扎赉特旗、科尔沁右翼前旗)、燕北……………………………………………………………… **33. 长戟叶蓼 P. maackianum** Regel

6. 荞麦属 **Fagopyrum** Gaertn.

1a. 瘦果卵状三棱形，表面平滑，角棱锐利；花梗无关节。内蒙古普遍栽培 ·· **1. 荞麦 F. sagittatum** Moench.
1b. 瘦果锥状三棱形，表面常有沟槽，角棱仅上部锐利，下部圆钝成波状；花梗中部具关节。生于田边、路旁、村舍附近，多呈半野生状态。除阿拉善盟外，产内蒙古各地 ························**2. 苦荞麦 F. tataricum** (L.) Gaertn.

7. 首乌属 **Fallopia** Adanson

1a. 一年生缠绕草本；花序总状。
2a. 外轮 3 花被片具龙状突起或狭翅，果期稍膨大。生于山地、草甸和农田。产兴安北、岭西、呼伦、兴安南、科尔沁、辽河、燕北、锡林、乌兰、阴山、贺兰山 ································**1. 蔓首乌 F. convolvula** (L.) A. Love
——卷茎蓼 *Polygonum convolvula* L.
2b. 外轮 3 花被片具翅，果期膨大。
3a. 翅具齿；内轮花被片果期卵形；瘦果具小颗粒状条纹，稍有光泽。生于山地草甸和河谷草甸。产燕北、兴安南···**2. 齿翅首乌 F. dentatoalata** (F. Schm.) Holub
——齿翅蓼 *Polygonum dentatoalata* F. Schm.
3b. 翅全缘；内轮花被片果期圆形；瘦果光滑，有光泽。生于山坡草地、沟谷灌丛。产兴安北、兴安南 ···· ······························ **3. 篱首乌 F. dumetora** (L.) Holub——篱蓼 *Polygonum dumetora* L.
1b. 多年生缠绕半灌木；花序圆锥状；叶常簇生。生于山地林缘和灌丛间。产阴南(准格尔旗)、贺兰山 ················ ························ **4. 木藤首乌 F. aubertii** (L. Henry) Holub——木藤蓼 *Polygonum aubertii* L. Henry

34. 藜科 Chenopodiaceae

1a. 叶圆柱形、半圆柱形或瘤状，肉质，极稀针刺状且非肉质，或退化为鳞片状，膜质或边缘膜质，稀肉质。
2a. 枝及叶都对生，枝有关节。
3a. 叶退化成鳞片状，膜质或边缘膜质，稀肉质。
4a. 花嵌入肉质的花序轴内；胞果直立。
5a. 灌木；退化鳞片状叶肉质；果时花被片背部横生翅 ········ **1. 盐穗木属 Halostachys**
5b. 一年生草本或半灌木；退化鳞片状叶边缘膜质；果时花被片背部无横生翅 ·········· ···**2. 盐角草属 Salicornia**
4b. 花不嵌入花序轴内。小半乔木；退化成鳞片状叶膜质；胞果横生 ···**3. 梭梭属 Haloxylon**
3b. 叶短圆柱形，肉质；半灌木或多年生草本；胞果直立 ···················· **4. 假木贼属 Anabasis**
2b. 枝及叶都互生，枝无关节。
6a. 叶针刺状，非肉质；花被具 1 个刺状附属物(花被与附属物的结合体)··························· ··· **5. 单刺蓬属 Cornulaca**
6b. 叶圆柱形或半圆柱形，稀瘤状，肉质；花被无刺状附属物。
7a. 花嵌入肉质的花序轴内；叶短圆柱状或瘤状，基部显著下延；胞果直立；半灌木 ······ ···**6. 盐爪爪属 Kalidium**
7b. 花不嵌入花序轴内；叶圆柱形或半圆柱形，基部不下延。
8a. 花通常 3 朵聚集成顶生或腋生的小头状花序；胞果直立；半灌木 ························ ···**7. 合头藜属 Sympegma**
8b. 花序穗状、圆锥状、团伞状或单花腋生。
9a. 果时花被片背面增厚或延伸成角状或翅状突起；胞果横生、斜生或直立 ·······

…………………………………………………………………… **8. 碱蓬属 Suaeda**

9b. 果时花被片背面具发达的翅状或刺状附属物。

10a. 果时花被片背面中部生附属物。

11a. 果时花被片背面中部生5个刺状或锥状附属物；胞果横生 ……………………………………………………………………………… **9. 雾冰藜属 Bassia**

11b. 果时花被片背面中部生翅状附属物或有时为鸡冠状突起。

12a. 花有小苞片；花被圆锥形；胞果直立 …… **10. 猪毛菜属 Salsola**

12b. 花无小苞片；花被近球形；胞果横生 ……… **18. 地肤属 Kochia**

10b. 果时花被片背面近顶部生膜质翅。

13a. 胞果直立；雄蕊2；团伞花序 ……………… **11. 盐生草属 Halogeton**

13b. 胞果横生；雄蕊5。

14a. 一年生草本；植株幼时被蛛丝状毛；花杂性，通常2—3朵簇生叶腋 …………………………………… **12. 蛛丝蓬属 Micropeplis**

14b. 半灌木；植株无蛛丝状毛；花两性，单生叶腋 …………………………………………………………………… **13. 戈壁藜属 Iljinia**

1b. 叶扁平，为平面叶。

15a. 植株被毛。

16a. 植株被分枝毛或星状毛；胞果直立。

17a. 花两性；胞果顶端具2喙。

18a. 叶和苞片先端针刺状；胞果顶端2喙与果核近等长；种子与果皮分离 ………………………………………………………………………… **14. 沙蓬属 Agriophyllum**

18b. 叶和苞片先端锐尖；胞果顶端2喙长为果核的1/8—1/5；种子与果皮贴生 …………………………………………………………………………… **15. 虫实属 Corispermum**

17b. 花单性，雌雄同株，雄花生于枝端集成短穗状花序，雌花生于叶腋。

19a. 胞果顶端具附属物，无毛；雌花有花被 ……………………… **16. 轴藜属 Axyris**

19b. 胞果顶端无附属物，被毛；雌花无花被，2小苞片两侧压扁，中下部边缘合生成筒，筒部表面具4束长柔毛 ………………… **17. 驼绒藜属 Krascheninnikovia**

16b. 植株被单毛；胞果横生，

20a. 花被附属物翅状，有脉纹 ………………………………… **18. 地肤属 Kochia**

20b. 花被附属物针刺状，无脉纹 ……………………………… **9. 雾冰藜属 Bassia**

15b. 植株无毛，被粉层或有糠秕状被覆物，极少有乳头状突起。

21a. 花单性，雌花无花被；子房着生于2特化的苞片内。

22a. 植株无粉层；雌雄异株。栽培 ………………………… **19. 菠菜属 Spinacia**

22b. 植株多少有粉层；雌雄同株 …………………………… **20. 滨藜属 Atriplex**

21b. 花两性，雌花有花被；子房无苞片。

23a. 花被的下部与子房合生，合生部分在果时硬化；花被裂片向内拱曲。栽培 ……………………………………………………………………………… **21. 甜菜属 Beta**

23b. 花被与子房离生，不硬化。

24a. 花多少集合成花簇，排成穗状或圆锥状花序 ………… **22. 藜属 Chenopodium**

24b. 花单生，排成复二歧式聚伞花序 ……………………… **23. 刺藜属 Dysphania**

1. 盐穗木属 **Halostachys** C. A. Mey. ex Schrenk

盐穗木 Halostachys caspica C. A. Mey. ex Schrenk

盐生灌木，高0.5—2m。小枝肉质，交互对生，蓝绿色，有关节。叶对生，肉质，鳞片状，先端钝尖。穗状花序圆柱状，着生枝端；花两性，花被合生，肉质，倒卵形，顶端3浅裂；雄蕊1；子房卵形，柱头2。胞果卵形，果皮膜质。生于荒漠区西部的河岸、湖滨潮湿盐碱土上。产额济纳。

2. 盐角草属 **Salicornia** L.

盐角草 Salicornia europaea L.

一年生盐生草本，高5—30cm。枝灰绿色或紫红色。叶鳞片状，先端锐尖，边缘膜质。穗状花序圆柱状；花两性，陷入肉质的花序轴内；花被合生，肉质，倒圆锥形，3—4齿裂；雄蕊1或2；子房卵形，柱头2。胞果卵形，果皮膜质，包于膨胀的花被内。生于盐湖或盐渍低地。产呼伦、锡林、乌兰、阴南、鄂尔、东阿、西阿、额济纳。

3. 梭梭属 **Haloxylon** Bunge

梭梭(琐琐) Haloxylon ammodendron (C. A. Mey.) Bunge

盐生小半乔木，高1—4m。叶对生，退化成小鳞片状，先端钝。单花生于叶腋；花被片5，果时自背部横生半圆形膜质翅。胞果半圆球形，肉质，黄褐色。生于荒漠区的湖盆低地外缘固定或半固定沙丘、砂砾质-碎石沙地、砾石戈壁、干河床。产东阿、西阿、额济纳。

4. 假木贼属 **Anabasis** L.

短叶假木贼 Anabasis brevifolia C. A. Mey.

小半灌木，高5—15cm。枝有节。叶对生，肉质，矩圆形。花两性，花被5，果时外轮3个自背侧横生翅，翅膜质，半圆形，内轮2个生较小的翅；雄蕊5。胞果宽椭圆形，密被乳头状突起。生于石质残丘、砾石质戈壁、黏质或黏壤质微碱化的丘间谷地和坡麓地带。产乌兰、鄂尔(杭锦旗)、东阿、西阿、额济纳。

5. 单刺蓬属 **Cornulaca** Del.

阿拉善单刺蓬 Cornulaca alaschanica C. P. Tsien et G. L. Chu

一年生草本，高10—20cm。叶针刺状。花2—3朵或单生；花被片5，顶端各具1个离生的膜质裂片，果期花被与刺状附属物的结合成一体；雄蕊5。胞果两性，果皮膜质。生于荒漠区的流动沙丘边缘及沙丘间低地。产腾格里沙漠、巴丹吉林沙漠。

6. 盐爪爪属 **Kalidium** Moq.

1a. 叶短圆柱状，长4—10mm；穗状花序较粗，直径3—4mm。广布于草原区和荒漠区的盐碱土上。产呼伦、锡林、乌兰、阴南、鄂尔、东阿、西阿、额济纳……………………………**1. 盐爪爪 K. foliatum** (Pall.) Moq.-Tandon

1b. 叶瘤状或卵状，长不足3mm或不发育；穗状花序较细，直径1.5—3mm。

 2a. 小枝细弱；叶瘤状，先端钝；穗状花序与枝条区别不明显；每1花生于1个鳞状苞片内。生于草原区和荒漠区的盐湖外围和盐碱土上。产呼伦、锡林、乌兰、阴南、鄂尔、东阿、西阿、额济纳……………………………………………………………**2. 细枝盐爪爪 K. gracile** Fenzl

 2b. 小枝粗壮或较细弱；叶卵状，先端锐尖；穗状花序与枝条有明显区别；每3花生于1个鳞状苞片内。

  3a. 植株高20—40cm，分枝较疏散；叶长1.5—3mm。生于草原区和荒漠区的盐土和盐碱土上。产呼伦、锡林、乌兰、阴南、鄂尔、东阿、西阿、额济纳……………………………………

……………………………… **3a. 尖叶盐爪爪 K. cuspidatum** (Ung.-Sternb.) Grub. var. **cuspidatum**

3b. 植株矮小，高 10—15cm，分枝密集；叶长 1—1.5mm。生于土质低山丘陵，也见于洪积扇边缘地带。产东阿、西阿、额济纳…………**3b. 黄毛头 K. cuspidatum** (Ung.-Sternb.) Grub. var. **sinicum** A. J. Li

——*K. sinicum* (A. J. Li) H. C. Fu et Z. Y. Chu

7. 合头藜属 Sympegma Benge

合头藜 Sympegma regelii Bunge

小半灌木，高 10—15cm。叶互生，肉质，圆柱形，灰绿色。花常 3—4 朵聚集成顶生或腋生的小头状花序；花被片 5，果时变坚硬且自近顶端横生近圆形的膜质翅；雄蕊 5。胞果扁圆形，果皮淡黄色。生于荒漠区的石质山坡或丘陵坡地。产鄂尔、东阿、西阿、龙首山、额济纳。

8. 碱蓬属 Suaeda Forsk.

1a. 团伞花序着生在叶片基部，其总花枝与叶柄合并成短枝，外观上好像着生在叶柄上；花被果时增厚呈五星状。

2a. 团伞花序含 2—5 花或单花。群集或零星生长于盐渍化和盐碱湿润的土壤上。产呼伦、科尔沁、锡林、乌兰、阴山、阴南、鄂尔、东阿、西阿、额济纳…………………………………… **1a. 碱蓬 S. glauca** (Bunge) Bunge var. **glauca**

2b. 团伞花序含多花(5 朵以上)。生于盐湿土壤上。产额济纳……………………………………………………………………… **1b. 密花碱蓬 S. glauca** (Bunge) Bunge var. **conferiflora** H. C. Fu et Z. Y. Chu

1b. 团伞花序着生于叶腋或叶腋的短枝上，短枝基部与叶基不合并。

3a. 叶肥大，先端圆钝，呈倒卵形；团伞花序大多数生于叶腋两侧的短枝上。

4a. 花被周围果期仅具狭窄的翅环；种子表面具清晰的蜂窝状点纹。生于盐碱湖滨、盐湖洼地或沙丘间低地。产鄂尔、东阿、西阿…………………………………………………… **2. 茄叶碱蓬 S. przewalskii** Bunge

4b. 花被周围果期具较宽的横翅；种子表面网纹不清晰。生于河流两岸潮湿和强盐渍化土壤上。产额济纳…………………………………………………………………………**3. 肥叶碱蓬 S. kossinskyi** Iljin

3b. 叶条形或半圆柱形，先端不明显膨大；团伞花序全部腋生。

5a. 果时花被无突起物和翅，亦不发育成角状突起，种子较大，直径 1.5—2mm。生于砂碱地。产科尔沁、锡林………………………………………………………**4. 辽宁碱蓬 S. liaotungensis** Kitag.

5b. 果时花被具突起物或翅，或发育成角状突起，种子较小，直径 0.7—1.5mm。

6a. 果时花被裂片呈不等长的角状突起。群集或零星生长于盐碱或盐湿土壤上。除大兴安岭外，产内蒙古各地……………………………………………… **5. 角果碱蓬 S. corniculata** (C. A. Mey.) Bunge

6b. 果时花被裂片不呈角状突起。

7a. 花被裂片的横翅发达，彼此并成扁平的圆盘状，总直径 2.5—3.5mm，花簇排列成有叶的细长穗状花序。生于盐湿洼地及河岸盐碱化土壤上。产额济纳……………………………………………………………… **6. 盘果碱蓬 S. heterophylla** (Kar. et Kir.) Bunge

7b. 花被裂片仅具短翅和突起。

8a. 叶先端通常具芒尖；花被裂片基部具相似的三角状突起，并彼此成五角星状。生于盐碱地、湖岸及河岸。产东阿、西阿 ……………… **7. 星花碱蓬 S. stellatiflora** G. L. Chu

8b. 叶先端钝或锐尖，无芒尖；花被裂片基部具不规则的翅状、舌状或三角状突起物，彼此不成五角星状。

9a. 植物体通常平卧；叶先端钝或锐尖；种子表面具清晰的蜂窝状点纹，稍有光泽。生于盐渍化土壤上。产阴南、鄂尔、东阿、西阿、额济纳…………………………………………………………………… **8. 平卧碱蓬 S. prostrata** Pall.

9b. 植物体通常直立；叶先端微钝或尖；种子表面具不清晰的网点纹，黑色，有光泽。生于盐碱或盐湿土壤上。除大兴安岭外，产内蒙古各地……………………………………………………………………………………………**9. 盐地碱蓬 S. salsa** (L.) Pall.

9. 雾冰藜属 Bassia All.

1a. 叶圆柱形或半圆柱状条形，肉质，先端钝；花序不为穗状；果期花被片附属物锥状或三角状。

2a. 果期花被片附属物锥状，呈五角形；植株被开展的长柔毛。生于沙质和沙砾质土壤上。产呼伦、兴安南、科尔沁、赤峰、锡林、乌兰、阴山、阴南、鄂尔、东阿、贺兰山、西阿、额济纳……………………………………………………………………………………………**1. 雾冰藜 B. dasyphylla** (Fisch. et C. A. Mey.) O. Kuntze

2b. 果期花被片附属物三角状，不呈五角星状；植株被卷曲柔毛。生于丘间干谷、干河床。产额济纳(黑鹰山西北清河沟)……………………………………………………**2. 肉叶雾冰藜 B. sedoides** (Schrad.) Asch.

1b. 叶扁平，披针形或条状披针形，草质，先端锐尖；花序穗状；果期花被片附属物为钩状刺。生于盐湿沙地上。产东阿(鄂托克旗)、额济纳………………………………**3. 钩刺雾冰藜 B. hyssopifolia** (Pall.) O. Kuntze

10. 猪毛菜属 Salsola L.

1a. 灌木或半灌木。

2a. 叶锥形或三角形；植株密被鳞片状丁字毛而呈灰白色或灰绿色，短枝缩短成球芽状；花药自基部分离至顶部；种子横生或直立；半灌木。生于砾石质、砂砾质戈壁、黏质土壤、盐碱湖盆地。产乌兰、东阿、西阿……………………………………………………………………………**1. 珍珠猪毛菜 S. passerina** Bunge

2b. 叶半圆柱形或棱条状条形；植株无毛，呈绿色，不具球芽；花药自基部分离至 2/3；种子横生。

3a. 花被片翅黄色或无色，翅膜质，向外反折成莲座状；叶狭条形，具条棱，横截面三角状，顶端扁平，具刺尖；灌木。生于覆沙戈壁、干河床、戈壁径流线上。分布于东阿、西阿、额济纳……………………………………………………………………………**2. 木本猪毛菜 S. arbuscula** Pall.

3b. 花被片翅粉色、黄褐色或紫褐色，翅稍革质，不向外反折，聚集成圆锥体或紧贴果实；叶条状半圆柱形或圆柱形，先端具短尖。

4a. 灌木；老枝皮深灰色或近黑色，顶端多硬化成刺状；果时花被片(包括翅)直径 8—14mm，翅聚集成圆锥体，翅与翅之间相互衔接；叶半圆柱形，上面具沟槽，横截面凹形。生于石质低山残丘。产乌兰、鄂尔、东阿、西阿、贺兰山、龙首山……………………………………………………………………**3. 松叶猪毛菜 S. laricifolia** Turcz. ex Litv.

4b. 半灌木；老枝皮淡灰色或灰褐色，枝不成刺状；果时花被片(包括翅)直径 5—7mm，翅紧贴果实，不成圆锥体，翅与翅之间有间隔，不衔接；叶圆柱形，横截面圆形。生于石质低山丘陵、干山坡、山麓、湖盆黏质碱化土壤上。产额济纳(马鬃山)…………………………………………………………**4. 蒿叶猪毛菜 S. abrotanoides** Bunge

1b. 一年生草本。

5a. 果时花被片背部不生翅或具不规则的革质突起。

6a. 果时花被片背部生出窄而肥厚的突起，使整个花被折成平面，中间稍成小锥体；叶丝状圆柱形；花序穗状生于枝条上部；苞片、小苞片紧贴花序轴；花药长 0.5mm；柱头长为花柱的 7 倍以上。生于砂质、砂砾质戈壁和盐碱洼地边缘。产东阿、西阿、额济纳(嘎顺苏木)……………………………………………………………**5. 柴达木猪毛菜 S. zaidamica** Iljin

6b. 果时花被片背部生出鸡冠状突起或二裂突起，使整个花被呈蝶形；叶狭披针形，近扁平；花单生，几遍布全株；苞片、小苞片开展；花药长 1—1.5mm；柱头长为花柱的 1—1.5 倍。喜生于松软的沙质土壤上。产内蒙古各地……………………………**6. 猪毛菜 S. collina** Pall.

5b. 果时花被片背部生翅。

7a. 果时只有 1 个花被片背部生翅；花药长约 0.3mm；植株矮小，分枝多平卧。生于干河床或河滩上。

产额济纳(马鬃山)……………………………………………………7. **单翅猪毛菜 S. monoptera** Bunge

7b. 果时全部花被片背部生翅；花药长 0.5—1.5mm；植株高大，分枝直立或斜生。

8a. 叶条形或条状披针形，稀植株中下部叶条状半圆柱形；果时花被片所生的翅无色或白色，全部干膜质。

9a. 苞片、小苞片果时向下强烈反折；叶具明显的白色中脉；植株呈灰蓝色，茎枝粗硬，通常无毛。生于柽柳沙包丛间砂地上，散见于荒漠草原群落中。产阴南、鄂尔、乌兰、东阿……………………………………………………………………8. **蒙古猪毛菜 S. ikonnikovii** Iljin ——*S. potaninii* auct. non Iljin: Fl. Intramongol. ed. 2, 2: 242. 1990.

9b. 苞片、小苞片果时开展；叶具 1 条稍隆起的主脉；植株呈绿色或紫色，茎枝密被乳头状短糙毛。生于砂地或覆砂戈壁上。产鄂尔、东阿、西阿、额济纳……………………………………………………………………9. **薄翅猪毛菜 S. pellicida** Litv.

8b. 叶条状半圆柱形；果时花被片所生的翅紫色、淡紫色、淡红色，后期退色或变成灰褐色，干膜质或有的翅为革质或半革质。

10a. 苞片、小苞片果时向下反折；花被片所生的翅紫色；3 个大翅与 2 个小翅间隔互不衔接，小翅条形；柱头与花柱近等长。生于砂质地和砂砾质地。产乌兰、东阿……………………………………………………………………10. **糖紫猪毛菜 S. beticolor** Iljin

10b. 苞片、小苞片果时不反折；花被片所生的翅红色、淡红色；柱头为花柱长的 3—4 倍。

11a. 果时花被片所生的翅全部革质，红色，3 个大翅为不规则的三角状倒卵形。生于砂地和盐化砂地。产乌兰……11. **红翅猪毛菜 S. intramongolica** H. C. Fu et Z. Y. Chu

11b. 果时花被片所生的翅全部干膜质或基部革质，淡红色或淡紫色，后期常变成灰褐色，3 个大翅为肾形、扇形或倒卵形。生于砂质和砂砾质土壤上，喜疏松土壤，也进入农田成为杂草。产内蒙古各地……12. **刺沙蓬 S. tragus** L.——*S. perstifer* A. Nalson

11. 盐生草属 Halogeton C. A. Mey.

盐生草 Halogeton glomeratus (Marschall von Beib.) C. A. Mey.

一年生草本，高 5—30cm，灰绿色。叶圆柱状，基部半抱茎。花腋生，通常 4—6 朵聚集成团伞花序，几乎遍布全植株；花被片披针形，膜质，果时自背部近顶部生半圆形的膜质翅。胞果球形。生于轻度盐渍化的黏壤质、沙砾质、砾质戈壁滩上。产西阿、额济纳。

12. 蛛丝蓬属 Micropeplis Bunge

蛛丝蓬(白茎盐生草) **Micropeplis arachnoidea** (Moq.-Tandon) Bunge

一年生草本，高 10—40cm。茎自基部分枝，枝灰白色，幼时被蛛丝状毛。叶互生，肉质，圆柱形，先端钝。花小，杂性，通常 2—3 朵簇生叶腋；花被片 5，宽披针形，膜质，果时自背侧的近顶部生半圆形的膜质透明的翅；雄蕊 5。胞果宽卵形，背腹压扁，果皮膜质，灰褐色。多生于碱化土壤、石质残丘覆沙坡地、沟谷干河床沙地或砾石戈壁滩上。产呼伦、锡林、乌兰、阴南、鄂尔、东阿、西阿、贺兰山、龙首山、额济纳。

13. 戈壁藜属 Iljinia Korov.

戈壁藜 Iljinia regelii (Bunge) Korov.

半灌木，高 20—50cm。叶互生，偶对生，棒状，光滑，向上镰状弯曲，先端头状变粗，暗绿色，多汁液；花两性，单生于叶腋；花被片 5，近圆形，果期变硬，背面近先端处生横翅；雄蕊 5；花盘杯状。胞果半球形，果皮稍肉质，黑褐色。生于山涧、丘间谷地、坡麓、低地边缘，耐盐碱，喜表土疏松的强石膏化的土壤。产额济纳。

14. 沙蓬属 **Agriophyllum** M. Bieb.

沙蓬 **Agriophyllum squarrosum** (L.) Moq.-Tandon——*A. pungens* (Vahl.) Link. ex A. Dietr.

一年生草本，高 15—50cm，幼时全株密被分枝状毛，后脱落。茎从基部多分枝，平卧。叶披针形或条形，先端渐尖且有小刺尖。花序穗状，紧密，宽卵形，着生叶腋。花被片 1—3，膜质；雄蕊 2—3。胞果圆形，扁平，顶端具 2 个条形小喙。生于流动或半流动砂地和沙丘。除农区和呼伦贝尔市林区外，几产内蒙古各地。

15. 虫实属 **Corispermum** L.

1a. 果实顶端锐尖或圆形，不成缺刻。

2a. 果实碟状或盆状，圆形或近圆形；果翅狭窄，边缘明显地向腹面反折；叶长椭圆形或倒披针形，较宽，宽 4—10mm，具 3 脉。生于流动、半流动沙丘上，也见于干河床沙地。产西鄂尔多斯、腾格里沙漠、乌兰布和沙漠、巴丹吉林沙漠……………………**1. 碟果虫实 C. patelliforme** Iljin

——盆果虫实 *C. patelliforme* Iljin var. *pelviforme* H. C. Fu et Z. Y. Chu

2b. 果实不为碟状或盆状；果翅宽或窄或近无翅，边缘不向腹面反折；叶条形或条状倒披针形，较窄，宽 0.3—6mm，具 1 脉。

3a. 穗状花序圆柱状，疏松，细长；苞片明显地由叶片过渡成狭卵形，有窄或较窄的膜质边缘，具 1 脉。

4a. 果实宽椭圆形、椭圆形至矩圆状椭圆形，长 1.5—3mm，宽 1—2mm。

5a. 果背部具瘤状突起；翅极窄，近无翅。生于砂质土壤、覆沙戈壁和沙丘上。产科尔沁、锡林、乌兰、鄂尔、东阿、西阿、额济纳……………………**2. 蒙古虫实 C. mongolicum** Iljin

5b. 果背部无瘤状突起；翅窄，为果核的 1/10—1/8。生于砾质戈壁、沙丘和湖滨沙地。产锡林、乌兰、额济纳……………………**3. 中亚虫实 C. heptapotamicum** Iljin

4b. 果实倒卵状矩圆形，长 3—4mm，宽 2mm。

6a. 果实无毛。生于砂质土壤和固定沙丘上。产科尔沁、锡林、乌兰、鄂尔……………………**4a. 绳虫实 C. declinatum** Steph. ex Ilijin var. **declinatum**

6b. 果实被星状毛。生于固定沙地、沙丘和沙质撂荒地上。产科尔沁、锡林、乌兰、阴山、阴南、鄂尔、东阿、额济纳……………………**4b. 毛果绳虫实 C. declinatum** Steph. ex Iljin var. **tylocarpum** (Hance) C. P. Tsien et C. G. Ma

3b. 穗状花序棍棒状或圆柱状，紧密，通常粗壮，或仅在花序基部具少数疏离的花；苞片除花序基部少数为叶状或披针形外，均为宽卵形或卵形，有较宽的膜质边缘，具 1—3 脉。

7a. 穗状花序通常圆柱形，稍细，直径 3—8mm，通常为 5mm；果实长 2—4mm，宽 1.5—2.5mm。

8a. 果实倒卵状椭圆形，长 3—4mm，宽 2—2.5mm。生于沙丘上。产岭西、呼伦、科尔沁……………………**5. 西伯利亚虫实 C. sibiricum** Iljin

8b. 果实宽椭圆形或矩圆状倒卵形，长 2—3.5(3.75)mm，宽 1.5—2mm。

9a. 果实无毛。生于沙质土壤上。产呼伦、科尔沁、赤峰、锡林、阴山、阴南、鄂尔……………………**6a. 兴安虫实 C. chinganicum** Iljin var. **chinganicum**

——小果兴安虫实 *C. chinganicum* Iljin var. *microcarpum* Iljin

9b. 果实被星状毛。生于沙质地。产赤峰、锡林、乌兰、阴山、鄂尔、额济纳……………………**6b. 毛果兴安虫实 C. chinganicum** Iljin var. **stellipile** C. P. Tsien et C. G. Ma

7b. 穗状花序通常棍棒状，较粗，直径 8—15mm，通常为 10mm；果实长 3—4mm，宽 2—3mm。

10a. 果实基部近圆形，被星状毛；翅窄，为果核宽的 1/10—1/8。生于半固定沙地和沙丘上。产科尔沁、赤峰、锡林、阴南、鄂尔 ………………………… **7. 烛台虫实 C. candelabrum** Iljin

10b. 果实基部通常心形，无毛；翅较宽，为果核宽的 1/3—1/2。生于沙地、沙质土壤及沙质撂荒地。产科尔沁、锡林、阴南………………………… **8. 华虫实 C. stauntonii** Moq.-Tandon

1b. 果实顶端下陷成不同程度的缺刻。

11a. 穗状花序棍棒状，粗壮，紧密或仅在花序基部具少数疏离的花；苞片由披针形逐渐过渡为卵形或宽椭圆形，有较宽的膜质边缘，具 1—3 脉。

12a. 果实椭圆形或倒卵状椭圆形，长 3—4.5mm，宽 2—3.5mm。

13a. 果实被星状毛。生于沙地、沙丘、沙质撂荒地。产科尔沁、阴山、阴南……………………………………………………………… **9a. 软毛虫实 C. puberulum** Iljin var. **puberulum**

13b. 果实无毛。生于沙地、固定沙丘上。产科尔沁、锡林 ……………………………………… **9b. 光果软毛虫实 C. puberulum** Iljin var. **ellipsocarpum** C. P. Tsien et C. G. Ma

12b. 果实宽倒卵形，长 3.5—4.5mm，宽 3—3.5mm。

14a. 果实无毛。生于沙地、沙丘。产科尔沁……………………………………………… **10a. 辽西虫实 C. dilutum** (Kitag.) C. P. Tsien et C. G. Ma var. **dilutum**

14b. 果实被星状毛。生境、产地同原变种……………………………………………… **10b. 毛果辽西虫实 C. dilutum** (Kitag.) C. P. Tsien et C. G. Ma var. **hebecarpum** Tsien et C. G. Ma

11b. 穗状花序圆柱状，纤细，疏松；苞片由叶片逐渐过渡成披针形或卵形，有窄的膜质边缘，具 1(3)脉。

15a. 果实矩圆状椭圆形，长 3—4mm，宽 2.5—3mm，顶端缺刻浅而宽，翅宽 0.4—0.7mm。

16a. 果实无毛。生于沙地、沙丘。产呼伦、科尔沁、乌兰……………………………………………… **11a. 长穗虫实 C. elongatum** Bunge var. **elongatum**

16b. 果实被星状毛。生境、产地同原变种……………………………………………… **11b. 毛果长穗虫实 C. elongatum** Bunge var. **stellipilosum** Wang Wei et Fuh

15b. 果实近圆形，长 4—5.5mm，宽 3.5—5mm，顶端缺刻深而狭，翅宽 1—1.5mm。

17a. 果长 4—4.5mm，宽 3.5—4.5mm，果核椭圆状倒卵形，翅宽约 1mm。生于沙地、沙丘上。产呼伦、科尔沁、赤峰………………………………… **12. 宽翅虫实 C. platypterum** Kitag.

17b. 果长 4.5—5.5mm，宽 4—5mm，果核长椭圆形，翅宽约 1.5mm 或稍宽。

18a. 果实被星状毛。生于河滩或固定沙丘上。产赤峰 ……………………………………… **13a. 细苞虫实 C. stenolepis** Kitag. var. **stenolepis**

18b. 果实无毛。生境、产地同原变种 ……………………………………… **13b. 光果细苞虫实 C. stenolepis** Kitag. var. **psilocarpum** Kitag

16. 轴藜属 Axyris L.

1a. 植株通常高大，茎直立，分枝斜升；叶较大，披针形至卵形，具短柄；雌花序穗状；果实顶端的附属物冠状或三角状。

2a. 叶片较大，长 3—7cm，披针形，下面星状毛较密；果实长椭圆状倒卵形，不具同心圆状皱纹，顶端附属物较大，1 个，冠状，中央微凹。散生于沙质撂荒地和居民点附近。产兴安北、岭东、呼伦、兴安南、科尔沁、辽河、赤峰、燕北、锡林、乌兰、阴山、阴南、鄂尔 ………………………… **1. 轴藜 A. amaranthoides** L.

2b. 叶片较小，长 0.5—3.5cm，椭圆形、卵形或矩圆状披针形，两面密被星状毛；果实宽椭圆状倒卵形，侧面具同心圆状皱纹，顶端附属物较小，2 个，三角状。生于沙质撂荒地、固定沙地、干河床。产兴安北、岭东、呼伦、兴安南、科尔沁、锡林、乌兰、阴山、鄂尔、贺兰山、龙首山…………**2. 杂配轴藜 A. hybrida** L.

1b. 植株矮小，茎枝平卧；叶较小，宽椭圆形、宽卵形或近圆形，长约 1cm，叶柄明显；雌花序头状；果实顶端的附属物 2，乳头状。生于山地或干河床内。产贺兰山、额济纳…………**3. 平卧轴藜 A. prostrata** L.

17. 驼绒藜属 Krascheninnikovia Gueld.

1a. 植株较矮；叶较小，条形或条状披针形，下面具 1 条中脉，非羽状脉；雌花管裂片为管长的 1/3—1/2。生于沙质、沙砾质土壤。产锡林、乌兰、鄂尔、东阿、西阿、额济纳…………**1. 驼绒藜 K. ceratoides** (L.) Gueld.

——*Ceratoides latens* (J. F. Gmel.) Reveal et Holmfren

——内蒙驼绒藜 *C. intramongolica* H. C. Fu, J. Y. Yang et S. Y. Zhao

1b. 植株较高；叶较大，披针形或矩圆状披针形，羽状脉；雌花管裂片为管长的 1/5—1/4。散生于干燥山坡、固定沙地、旱谷和干河床内。产兴安南、科尔沁、燕北、锡林、乌兰、阴山、阴南、鄂尔、龙首山……………………**2. 华北驼绒藜 K. arborescens** (Losina-Losinsk.) Czerepanov

——*Ceratoides arborescens* (Losina-Losinsk.) C. P. Tsien et C. G. Ma

18. 地肤属 Kochia Roth.

1a. 小半灌木；叶条形或狭条形。

2a. 叶密被贴伏绢毛。生于森林草原、典型草原、草原化荒漠群落中。产兴安北、岭东、岭西、呼伦、兴安南、锡林、乌兰、鄂尔、东阿、龙首山…………**1a. 木地肤 K. prostrata** (L.) Schrad. var. **prostrata**

2b. 叶密被开展绢毛。生于山坡和沙地。产锡林、乌兰……………………**1b. 灰毛木地肤 K. prostrata** (L.) Schrad. var. **canescens** Moq.-Tandon

1b. 一年生草本。

3a. 叶扁平，披针形或条状披针形。

4a. 花下无柔毛；叶无毛或疏被毛，边缘有白色长毛，逐渐脱落，淡绿色或黄绿色。生于撂荒地、路旁、村边。几产内蒙古各地…………**2. 地肤 K. scoparia** (L.) Schrad.

4b. 花下有束生长柔毛；叶两面及边缘密被白色长柔毛，灰绿色。生于盐碱化的低湿地和质地疏松的撂荒地上。几产内蒙古各地…………**3. 碱地肤 K. sieversiana** (Pall.) C. A. Mey.

——*K. scoparia* (L.) Schrad. var. *sieversiana* (Pall.) Ulbr. ex Aschers. et Graebn.

3b. 叶圆柱状、半圆柱状或近棍棒状。

5a. 花被的附属物均为翅状，等大，边缘啮蚀状。生于沙地、山坡、河流沿岸。产额济纳……………………**4. 毛花地肤 K. laniflora** (S. G. Gmel.) Borb.

5b. 花被的附属物翅状或角刺状，不等大，边缘全缘。

6a. 果时有 3 个花被片的附属物为翅状，披针形或矩圆形，先端尖，脉纹黑色或带红紫色，另 2 个花被片常形成垂直的角刺状突起。生于砾石质或黏壤质土壤上。产乌兰、鄂尔、东阿、西阿、额济纳…………**5. 黑翅地肤 K. melanoptera** Bunge

6b. 果时有 3 个花被片的附属物为翅状，宽卵形或矩圆状倒卵形，先端钝圆或稍尖，脉纹黄褐色，另 2 个花被片的附属物亦为翅状，卵形或披针形。生于盐化或碱化的黏壤质土壤上。产乌兰、东阿、西阿、额济纳…………**6. 宽翅地肤 K. macroptera** Iljin

19. 菠菜属 Spinacia L.

菠菜 Spinacia oleracea L.

一年生草本。叶互生，戟形至卵形，先端尖，基部戟形或箭形，全缘或有少数牙齿状裂片。花单性，雌雄异株；雄花序穗状圆锥状，花被片 4，黄绿色，雄蕊 4；雌花团集于叶腋，小苞片两侧稍扁，顶端具 2 小齿，背面各具 1 棘状附属物。胞果卵形，两侧扁，褐色。内蒙古农区多栽培。

20. 滨藜属 **Atriplex** L.

1a. 果苞卵形至圆形，全缘。
  2a. 果苞表面具清晰的网状脉纹，像榆树的翅果；茎圆柱形。
    3a. 果苞先端锐尖；植物体近无粉。内蒙古有少量栽培 ························ **1. 榆钱菠菜 A. hortensis** L.
    3b. 果苞先端圆形或微凹；植物体有粉。生于戈壁荒漠及干旱山沟。产额济纳 ··································· ·· **2. 野榆钱菠菜 A. aucheri** Moq.-Tandon
  2b. 果苞无网状脉纹，非榆钱状；茎四棱形；叶宽卵形或三角状卵形，基部浅心形或截形。生于路旁、田边。产东阿 ·· **3. 阿拉善滨藜 A. alaschanica** Y. Z. Zhao
1b. 果苞非上述形状，边缘多少有齿。
  4a. 果苞 2 型，一为球形，表面密被瘤状突起；另一为略扁平，不具瘤状突起。
    5a. 果苞长 4—8mm，宽 4—10mm。生于盐化或碱化土及盐碱土壤上。产锡林、乌兰、阴南、鄂尔、东阿(阿拉善左旗)、西阿 ·· **4a. 中亚滨藜 A. centralasiatica** Iljin var. **centralasiatica**
    5b. 果苞长 10—15mm，宽 10—17mm。生于芨芨草草滩。产乌兰、阴南 ·· ·········· **4b. 大苞中亚滨藜 A. centralasiatica** Iljin var. **megalothea** (Popov ex Ilijin) G. L. Chu
    ——*A. centralasiatica* Iljin var. *macrobracteata* H. C. Fu et Z. Y. Chu
  4b. 果苞均为同型。
    6a. 叶较宽，长度不超过宽度的 2 倍；果苞边缘全部合生或仅顶部分离。
      7a. 叶卵状披针形或矩圆状卵形，稍被白粉，呈绿色或灰绿色，全缘或微波状；果苞顶端有 3 齿，表面不密布棘状突起。
        8a. 果苞表面无棘状突起或具 1—3 个棘状突起。生于湖滨、河岸、盐碱化低湿地、居民点、路旁、沟渠边。产呼伦、科尔沁、锡林、乌兰、阴南、鄂尔 ········· **5a. 野滨藜 A. fera** (L.) Bunge var. **fera**
        8b. 果苞表面具多个三角形扁棘状突起。生于河岸低湿地的盐碱土上。产锡林、西阿、额济纳 ········ ················· **5b. 角果野滨藜 A. fera** (L.) Bunge var. **commixta** H. C. Fu et Z. Y. Chu
      7b. 叶菱状卵形、卵状三角形或宽三角形，下面密被粉粒，呈灰白色，边缘具不整齐的波状钝牙齿；果苞表面密布棘状突起。生于盐化土及盐碱土上、居民点附近、路旁。产呼伦、科尔沁、锡林、乌兰、阴山、阴南、鄂尔、东阿、西阿、额济纳 ························· **6. 西伯利亚滨藜 A. sibirica** L.
    6b. 中部茎生叶披针形至条形，长度为宽度的 3 倍以上；果苞中下部合生，上半部分离。
      9a. 果苞菱形或卵状菱形，有粉，边缘合生的部位几达中部。生于盐渍化土壤上。产兴安北、岭东、岭西、呼伦、科尔沁、锡林、乌兰、阴山、阴南、鄂尔、东阿 ···············**7. 滨藜 A. patens** (Litv.) Iljin
      9b. 果苞非上述情况，近无粉，边缘仅在最基部合生。
        10a. 果苞卵状三角形或近心形，较薄。生于盐湿土壤上。产岭东、阴南 ···························· ··· **8a. 北滨藜 A. laevis** C. A. Mey. var. **laevis**
        ——*A. gmelinii* auct. non C. A. Mey: Fl. Intramongol. ed. 2, 2: 268. 1990.
        10b. 果苞近菱形、扇形或肾形，较厚。生于盐碱地上。产阴南······································· · **8b. 囊苞北滨藜 A. laevis** C. A. Mey. var. **saccata** (H. C. Fu et Z. Y. Chu) Y. Z. Zhao
        ——*A. gmelinii* C. A. Mey. var. *saccata* H. C. Fu et Z. Y. Chu

21. 甜菜属 **Beta** L.

1a. 根倒圆锥形或纺锤形，紫红色；叶脉紫红色。内蒙古有栽培 ········· **1a. 甜菜 B. vulgaris** L. var. **vulgaris**
1b. 根肥大或肥厚，白色或淡橙黄色；叶脉非紫红色。
  2a. 根纺锤形，肥厚，白色。富含糖分。内蒙古有栽培 ··

………1b. 糖萝卜 **B. vulgaris** L. var. **saccharifera** Doll——*B. vulgaris* L. var. *sacchrifera* Alefeld.

2b. 根肥大，淡橙黄色。含糖分少。内蒙古有栽培……………1c. 饲用甜菜 **B. vulgaris** L. var. **lutea** DC.

22. 藜属 Chenopodium L.

1a. 叶全缘。

2a. 叶的先端具小尖头；花在茎和分枝上部排列成长于叶的花序。

3a. 叶较宽，卵形、宽卵形、三角状卵形、长卵形或菱状卵形，长宽近相等。生于盐碱地、河岸沙质地、居民点附近及草原群落中。产岭西、呼伦、兴安南、赤峰、辽河、锡林、乌兰、阴山、阴南、鄂尔、东阿…………………………………………………**1a. 尖头叶藜 C. acuminatum** Willd. subsp. **acuminatum**

3b. 叶较小，狭卵形、矩圆形或披针形，长显著大于宽。生于草原区的湖边荒地。产呼伦、锡林………………………………**1b. 狭叶尖头叶藜 C. acuminatum** Willd. subsp. **vigatum** (Thunb.) Kitam.

2b. 叶的先端无小尖头；花在腋生分枝上排列成短于叶的花序。

4a. 叶片狭长，条形或条状披针形，长 2—5cm，全缘。

5a. 植株矮小，高 5—20cm；叶近无柄，背面无白粉；雄蕊不超出花被。生于山沟、干河床、撂荒地、田边、路旁沙质地上。产呼伦、兴安南、赤峰、锡林、东阿(桌子山)、贺兰山……………………………………·**2. 矮藜 C. minimum** W. Wang et P. Y. Fu——无刺刺藜 *C. aristata* L. var. *inermis* W. Z. Di

5b. 植株高大，高 30—100cm；叶具长柄，背面被白粉；雄蕊超出花被。生于田间、路旁、荒地、居民点附近。产内蒙古各地……………………………………**3. 细叶藜 C. stenophyllum** Koidz.

4b. 叶片三角状卵形，下部边缘两侧各有 1 个钝状突起。

6a. 叶片短小，长 3—12mm；种子表面近光滑。生于碱土和盐碱土上。产乌兰、东阿、西阿、贺兰山…………………………………………………………………………**4. 小白藜 C. iljinii** Golosk.

6b. 叶片较大，长 15—30mm；种子表面具蜂窝状洼点。生于居民点附近。产锡林(锡林浩特市)、乌兰(武川县、四子王旗)、东阿…**5. 平卧藜 C. karoi** (Murr) Aellen——*C. prostratum* Bunge ex Herder

1b. 叶缘多少有裂齿，在中部以下具 1 个或数个侧裂片。

7a. 叶呈掌状浅裂状，基部心形或圆状截平；花在茎和分枝的上部排列成长于叶的花序。生于林缘、山地沟谷、河边及居民点附近。产兴安北、岭东、呼伦、兴安南、科尔沁、锡林、乌兰、阴山、阴南、鄂尔、东阿、贺兰山……………………………………………………………………………**6. 杂配藜 C. hibridum** L.

7b. 叶不呈掌状浅裂状，基部楔形。

8a. 植株高 1—3m；下部叶长达 20cm；花序下垂。逸生于居民点附近。产赤峰(喀喇沁旗)……………………………………………………………………………**7. 仗藜 C. giganteum** D. Don.

8b. 植株通常较矮；叶长不超过 8mm；花序直立，长不超过 8cm。

9a. 叶三角状戟形，呈 3 裂状。

10a. 叶片下部边缘两侧各有 1 个长裂片；花在花序上排列稠密，花序较粗壮，短于叶或与之近等长。生于潮湿和疏松的撂荒地、田间、路旁、垃圾堆。产阴南、鄂尔、东阿………………………………………………………………………………**8. 小藜 C. ficifolium** Smith——*C. serotinum* aunt. non L.: Fl. Intramongol. ed. 2, 2: 314. 1990.

10b. 叶片下部边缘两侧各有 1 个 2 浅裂的牙齿状裂片；花在花序上排列稀疏，花序细瘦，明显长于叶。生于湿润而肥沃的土壤上，偶见于河岸地湿地。产兴安北、岭东、阴南…………………………………………………………………**9. 菱叶藜 C. bryoniifolium** Bunge

9b. 叶椭圆形、披针形、三角状卵形、菱形或菱状卵形，不呈 3 裂状，边缘具波状齿或锯齿状浅裂。

11a. 花被片 3—4，种子横生，兼有直立及斜生的。

12a. 植物体有粉；叶椭圆形或披针形，边缘具波状齿，上面深绿色，下面灰绿色。生于居民点附近和轻度盐渍化农田。产岭西、呼伦、兴安南、燕北、赤峰、锡林、乌兰、阴山、阴南、鄂尔、东阿、西阿……………………………………………………… **10. 灰绿藜 C. glaucum** L.

12b. 植物体无粉；叶卵形、菱形或菱状卵形，两面同为绿色。

13a. 叶柄较短，长 1—2.5cm；叶片边缘锯齿状浅裂，先端渐尖。生于路旁、田边及轻度盐碱地。产锡林、乌兰、东阿、额济纳……………… **11. 红叶藜 C. rubrum** L.

13b. 叶柄较长，长 2—6cm；叶片边缘有不整齐的弯缺状大齿，先端锐尖，基部两侧各有 1 个尖裂片。生于盐化草甸、杂类草草甸、撂荒地、居民点附近。产呼伦、科尔沁、阴南、乌兰、鄂尔………………………………………………………………………………… **12. 东亚市藜 C. urbicum** L. subsp. **sinicum** H. W. Kung et G. L. Chu

11b. 花被片 5，种子全为横生；叶三角状卵形、菱状卵形，有时呈狭卵形或披针形；边缘具不整齐的波状牙齿，或成缺刻状，稀近全缘，上面深绿色，下面灰白色或淡紫色。生于田间、路旁、荒地、居民点附近和河岸地湿地。产内蒙古各地……… **13. 藜 C. album** L.

23. 刺藜属 Dysphania R. Brown

1a. 叶羽状浅裂至深裂；植物体具腺毛，有强烈香气；花序末端无针刺状的不育枝。生于撂荒地和居民点附近。产兴安南、科尔沁、燕北、锡林、阴山、阴南、鄂尔、贺兰山………………………………………………………………………………………………… **1. 菊叶香藜 D. schraderiana** (Romer et Schultes) Mosyakin et Clemants ——*Chenopodium foetidum* Scrand.

1b. 叶全缘，条形或条状披针形；植物体不具腺毛，无香气；花序末端的不育枝成针刺状。生于沙质地或固定沙地。产兴安北、岭东、岭西、呼伦、兴安南、科尔沁、锡林、乌兰、阴山、阴南、鄂尔、贺兰山………………………………………………………… **2. 刺藜 D. aristata** (L.) Mosyakin et Clemants——*Chenopodium aristatum* L.

35. 苋科 Amaranthaceae

1a. 花丝上部离生，基部联合成杯状；花柱伸长；胚珠或种子 2 至数粒。栽培……… **1. 青葙属 Celosia**

1b. 花丝离生；花柱极短或无；胚珠或种子 1 粒……………………………………… **2. 苋属 Amaranthus**

1. 青葙属 Celosia L.

鸡冠花 Celosia cristata L.

一年生草本，高 30—60cm。叶互生，卵形或卵状披针形，先端渐尖，基部渐狭，全缘。密集的穗状花序顶生或腋生，扁平，肉质，鸡冠状、卷冠状或羽毛状，下面有数个较小的花序分枝；花被片红色、紫色或黄色，宿存。胞果卵形，包于宿存的花被内。内蒙古各地庭园中有少量栽培。

2. 苋属 Amaranthus L.

1a. 花被片 5；雄蕊 5；植株较高大；花成顶生或腋生的穗状花序，再组成圆锥花序；果环状横裂(**1. 五被组** Sect. **Amaranthus**)。

2a. 植物体有毛。生于田间、路旁、住宅附近。产内蒙古各地……………………… **1. 反枝苋 A. retroflexus** L.

2b. 植物体无毛或近无毛。

3a. 圆锥花序下垂，中央花序尾状。内蒙古一些城市庭园中有少量栽培，有时为野生杂草………………………………………………………………………………… **2. 尾穗苋 A. caudatus** L.

3b. 圆锥花序直立，中央花序不呈尾状。

4a. 雌花苞片长为花被片的 2 倍；种子白色。内蒙古有少量栽培………………………

……………………………………………………………………**3. 千穗谷 A. hypochondriacus** L.

4b. 雌花苞片长为花被片的 1.5 倍；种子棕褐色。内蒙古有栽培 ………**4. 繁穗苋 A. cruentus** L.

——*A. paniculatus* L.

1b. 花被片 3—4(5)；雄蕊 3；植株较矮小；花成腋生的穗状花序，或成短的顶生穗状花序(**2. 三被组** Sect. **Blitopsis** Dumort.)。

5a. 果环状横裂。

6a. 花被片通常 4，有时 5。生于田边、路旁、居民地附近、山谷。产岭西、呼伦、科尔沁、赤峰、锡林、阴山、阴南、鄂尔 ……………………………………………………………**5. 北美苋 A. blitoides** S. Watson

6b. 花被片 3。生于田边、路旁、居民地附近的杂草地上。产呼伦、科尔沁、赤峰 ……………**6. 白苋 A. albus** L.

5b. 果不裂；花被片 3。生于田边、路旁、居民地附近的杂草地上。产岭东、赤峰、阴南(呼和浩特市) ……………………………………………………………………………**7. 凹头苋 A. blitum** L.

36. 粟米草科 Molluginaceae

1. 粟米草属 Mollugo L.

线叶粟米草 Mollugo cerviana (L.) Ser.

一年生小草本，高 5—8cm。根纤细，单一。茎多数，细挺，斜升。基生叶莲座状，匙形至条形；茎生叶条形，3—10 片假轮生，灰绿色，长 5—10mm，宽 0.3—0.5mm；顶端尖头，无柄。3 花成聚伞花序，伞状，顶生或腋生；花梗细挺，长 7—8mm；花被片 5，椭圆形，顶端钝，长 2—2.5mm，边缘白色，膜质，中间绿色；雄蕊 3—5；花柱 3；蒴果宽椭圆形。生于山前洼地。产东阿(狼山)。

37. 马齿苋科 Portulacaceae

1. 马齿苋属 Portulaca L.

1a. 叶倒卵状楔形或匙状楔形；花较小，直径 4—5mm，黄色；茎节无毛。生于田间、路旁、菜园。产内蒙古各地 …………………………………………………………………**1. 马齿苋 P. oleracea** L.

1b. 叶圆柱形；花较大，直径 25—40mm，有各种颜色；茎节上被丛毛。内蒙古各公园和庭院栽培 ……………………………………………………………**2. 大花马齿苋 P. grandiflora** Hook.

38. 石竹科 Caryophyllaceae

1a. 叶有膜质托叶。

2a. 一、二年生小草本；花瓣 5；蒴果 ……………………………**1. 牛膝姑草属 Spergularia**

2b. 灌木；无花瓣；瘦果……………………………………………**2. 裸果木属 Gymnocarpos**

1b. 叶无托叶。

3a. 萼片离生，稀基部合生；花瓣近无爪，稀无花瓣；雄蕊常周位生，稀下位生。

4a. 花二型，茎上部的花受精后不结实，茎下部的闭锁花无花瓣能结实；植株具块根…………………………………………………………………**3. 孩儿参属 Pseudostellaria**

4b. 花不为二型；植株无块根。

5a. 蒴果瓣先端 2 裂。

6a. 花瓣先端全缘或近于全缘。

7a. 种子周边有小瘤状突起，种脐旁无种阜 ……………………… **4. 蚤缀属 Arenaria**

7b. 种子平滑，有光泽，种脐旁有种阜 ……………………… **5. 种阜草属 Moehringia**

6b. 花瓣先端深 2 裂至浅 2 裂，稀多裂，有时无花瓣。

8a. 花柱 3，稀 2；蒴果 4—6 瓣裂 ……………………… **6. 繁缕属 Stellaria**

8b. 花柱 5，稀 3—4；蒴果 10 齿裂。

9a. 蒴果卵圆形，5 瓣裂至中部，裂瓣先端 2 齿状，向外弯曲；花瓣几乎裂至基部 ……………………… **7. 鹅肠菜属 Myosoton**

9b. 蒴果圆筒形或矩圆状圆筒形，10 齿裂大小相同；花瓣裂至 1/2 或凹缺 ……………………… **8. 卷耳属 Cerastium**

5b. 蒴果瓣先端不再 2 裂。

10a. 花柱 4—5；花瓣通常比萼片短或无花瓣 ……………………… **9. 漆姑草属 Sagina**

10b. 花柱 2—3；花瓣比萼片长。

11a. 蒴果有种子 1—2 粒；花柱通常 2，稀 3 ……………………… **10. 薄蒴草属 Lepyrodiclis**

11b. 蒴果有种子多数；花柱 3 ……………………… **11. 高山漆姑草属 Minuartia**

3b. 萼片合生；花瓣常有爪；雄蕊下位生。

12a. 蒴果浆果状，成熟后质脆，不规则开裂；花萼裂片果期增大，宿存，且完全反折 ……………………… **12. 狗筋蔓属 Cucubalus**

12b. 蒴果与花萼不为上述情况。

13a. 花柱 3—5。

14a. 花萼 5 深裂；萼裂片条形，叶状，比花瓣长；花瓣无附属物；萼和花瓣间无雌雄蕊柄 ……………………… **13. 麦毒草属 Agrostemma**

14b. 花萼 5 齿裂；花瓣具鳞片状附属物；萼和花瓣间具雌雄蕊柄。

15a. 蒴果 5 齿裂或 5 瓣裂，齿数与花柱同数 ……………………… **14. 剪秋罗属 Lychnis**

15b. 蒴果 6 齿裂或 10 瓣裂，齿数 2 倍于花柱。

16a. 子房或蒴果 1 室；雌雄蕊柄极短，长不过 1mm；花萼革质或草质 ……………………… **15. 女娄菜属 Melandrium**

16b. 子房或蒴果基部 3 室，上部 1 室；雌雄蕊柄较长，长 1mm 以上；花萼薄膜质或纸质 ……………………… **16. 麦瓶草属 Silene**

13b. 花柱 2。

17a. 花萼脉与脉间呈膜质，下面无苞片 ……………………… **17. 丝石竹属 Gypsophila**

17b. 花萼全部草质。

18a. 花萼管状或钟状，无棱角；花萼下有苞片 ……………………… **18. 石竹属 Dianthus**

18b. 花萼基部膨大，先端狭窄，具 5 条角棱；花萼下无苞片 ……………………… **19. 王不留行属 Vaccaria**

1. 牛膝姑草属 **Spergularia** (Pers.) J. et C. Presl

1a. 一年生草本；种子多数无翅，部分具翅；雄蕊 5。生于盐化草甸及沙质轻度盐碱地上。产呼伦、科尔沁、辽河、锡林、乌兰、阴山、阴南、鄂尔、东阿、西阿、贺兰山、额济纳 ……………………… **1. 牛膝姑草 S. marina** (L.) Griseb.
——*S. salina* J. Presl et C. Presl

1b. 多年生草本；种子全部具翅；雄蕊 10。生于荒漠河岸含有盐分的土壤中或河滩上。产额济纳 ……………………… **2. 缘翅牛膝姑草 S. media** (L.) C. Presl ex Griseb.

2. 裸果木属 **Gymnocarpos** Forsk.

裸果木 Gymnocarpos przewalskii Bunge ex Maxim.

灌木，高 50—80cm。单叶，对生，狭条状扁圆柱形，无柄，肉质；托叶膜质，鳞片状。聚伞花序腋生；苞片膜质，白色透明；萼片 5，倒披针形；无花瓣；雄蕊 2 轮，外轮 5，无花药，内轮 5，与萼片对生。蒴果包藏在宿萼内。稀疏生长于荒漠区的干河床、戈壁滩、丘间低地。产东阿、西阿、贺兰山、额济纳。

3. 孩儿参属 **Pseudostellaria** Pax

1a. 种子表面乳头状突起先端具细刚毛或被锚状刚毛。

2a. 种子表面乳头状突起先端具细刚毛.

3a. 叶片两面(除背面中脉外)通常无毛，叶缘及背面中脉被开展的长毛，中上部叶基部圆形，无柄或具极短柄；花基数通常 5，花柱通常 3。生于山地林下、林缘、灌从、山顶峭壁下。产兴安南、阴山…………………………………………………………………… **1. 毛孩儿参 P. japonica** (Korsh.) Pax

3b. 叶片两面被毛或近无毛，叶缘无毛，中上部叶基部楔形或宽楔形，具长柄，柄长 3—10mm；花基数通常 4，花柱通常 2。生于海拔 2800—3000m 的山地云杉林下湿地及山谷水沟旁潮湿处。产贺兰山………………………………………………………… **2. 贺兰山孩儿参 P. helanshanensis** W. Z. Di et Y. Ren

2b. 种子表面被锚状刚毛；中上部叶披针形、倒披针形或狭长圆形，叶片两面无毛，叶缘通常无毛。生于海拔 2700—3400m 的山地林下、林缘及高山草甸。产贺兰山………… **3. 石孩儿参 P. rupestris** (Turcz.) Pax

1b. 种子表面乳头状突起先端无刚毛；叶通常无毛，稀下部边缘少有毛，基部多少渐狭。

4a. 茎俯卧或上升，常叉状分枝，花后茎先端逐渐延伸为细长的鞭状匍枝；叶卵形、长卵形或卵状披针形。生于山地林下及沟谷。产兴安南、燕北、阴山…………………**4. 蔓孩儿参 P. davidii** (Franch.) Pax

4b. 茎直立或上升，先端不形成鞭状匍枝。

5a. 植株高 15—20cm；果期茎顶两对叶接近成轮生状，叶片增大，长 2—4cm，宽 1—1.5cm。生于海拔 1700—2500m 的山地草甸、林下阴湿处。产兴安南、燕北、阴山、贺兰山…………………………………………………………………………**5. 孩儿参 P. heterophylla** (Miquel) Pax

5b. 植株高 5—10cm；果期茎顶两对叶远离不成轮生状，叶片不增大，长 6—20mm，宽 4—7mm。生于山地林下。产兴安南、贺兰山………………………… **6. 异花孩儿参 P. heterantha** (Maxim.) Pax

——*P. maximowicziana* (Franch. et Sav.) Pax

4. 蚤缀属(无心菜属) **Arenaria** L.

1a. 一年生草本，不形成密丛；无基生叶丛，叶片卵形，长 3—4mm，两面疏生腺点；花瓣比萼片短。生于森林带的石质山坡、路旁荒地及田野中。产兴安北………………………………**1. 卵叶蚤缀 A. serpyllifolia** L.

1b. 多年生草本，形成密丛；具基生叶丛，叶片狭线形或狭线状锥形；花瓣比萼片长。

2a. 植株高 20—50cm，基部无木质枝；枝丛生，但不成垫状；基生叶较长，长 7—25cm。

3a. 植株茎上部、花梗、苞片、萼片背面被腺毛；花较大，花萼长 4—5mm，花瓣长 7—10mm。生于石质山坡、平坦草原。产兴安北、岭东、岭西、兴安南、科尔沁、燕北、锡林、乌兰、阴山、阴南…………………………………………………………**2a. 灯心草蚤缀 A. juncea** Marschall. von Bieb. var. **juncea**

3b. 植株无毛；花较小，花萼长 2.5—4mm，花瓣长 5—7mm。生于山顶石缝或沙坨地。产兴安南、辽河(大青沟)、赤峰…………………………**2b. 光轴蚤缀 A. juncea** Marschall. von Bieb. var. **glabra** Regel

2b. 植株高 4—20cm，基部具多数木质枝，成垫状或密丛生；基生叶较短，长 1—6cm。

4a. 植株垫状；茎生叶长 3—5mm，基生叶长 5—15mm；萼片长 3.5mm；茎纤细，发状，无毛。生于海拔 2700—3200m 的碎石山坡。产贺兰山…………………………**3. 点地梅蚤缀 A. androsacea** Grub.

4b. 植株密丛生；茎生叶长 5—20mm，萼片长 4—6mm；茎较粗。

5a. 茎高 10—20cm；基生叶丝状钻形，长 2—6cm。

6a. 植株无毛。生于石质干山坡、山顶石缝间。产兴安北、岭西、呼伦、兴安南、辽河(大青沟)、锡林、乌兰、阴山、鄂尔……………………………………………………**4. 毛叶蚤缀 A. capillaris** Poir.

6b. 植株茎上部、花梗、苞片、萼片背面被腺毛。生于石质山坡、山顶石缝。产兴安北、锡林、乌兰、阴山……………………………………………**5. 美丽蚤缀 A. formosa** Fisch. ex Ser.
——腺毛蚤缀 *A. capillaris* Poir. var. *glandulifera* (Ser.) Schinschk. et Knorr.

5b. 茎高 4—10cm；基生叶条状线形，长 1—3cm；植株被腺毛。生于海拔 2800—3400m 的高山草甸。产贺兰山……**6. 高山蚤缀 A. meyeri** Fenzl——华北蚤缀 *A. gruningiana* Pax et K. Hoffm.

5. 种阜草属 Moehringia L.

种阜草 Moehringia lateriflora (L.) Fenzl

多年生草本，高 5—20cm。根状茎细长。叶椭圆形或椭圆状披针形，全缘。聚伞花序具 1—3 花，顶生或腋生；萼片 5；花瓣 5，白色，全缘；雄蕊 10。蒴果长卵球形，6 瓣裂。种子平滑，种脐旁有种阜。生于山地林下、灌丛、沟谷溪边。产兴安北、岭西、岭东、呼伦、兴安南、辽河(大青沟)、锡林、燕北、阴山。

6. 繁缕属 Stellaria L.

1a. 花柱 2；植株被腺毛；茎圆柱形；叶矩圆状披针形。生于海拔 2000—2600m 的山地林下、山坡石缝处。产东阿(桌子山)、贺兰山、西阿(雅布赖山)、龙首山……………………………………**1. 二柱繁缕 S. bistyla** Y. Z. Zhao

1b. 花柱 3。

2a. 花瓣 5—7 中裂；全株伏生柔毛；叶宽披针形或矩圆状披针形。生于沼泽草甸、河边、沟谷草甸、林下。产兴安北、岭东、岭西、呼伦、兴安南……………………………………**2. 垂梗繁缕 S. radians** L.

2b. 花瓣 2 裂或无花瓣；植株被其他种类的毛或无毛。

3a. 茎下部叶具长柄，上部叶无柄或近无柄。

4a. 茎及花梗均被腺毛；花瓣比萼片长 1.5 倍；多年生草本。生于林下、林缘及灌丛间。产燕北……
…………………………**3. 林繁缕 S. bungeana** Fenzl var. **stubendorfii** (Regel) Y. C. Chu

4b. 茎及花梗侧生一列短柔毛，无腺毛；花瓣长不超过萼片或无花瓣；一、二年生草本。

5a. 花瓣存在而显著，比萼片短或近等长，种子直径约 1mm。

6a. 植株鲜绿色；雄蕊通常 3—5；种子边缘具半球形瘤状突起。生于村舍附近杂草地、农田中。产兴安北、岭东、燕北、阴南……………………………**4. 繁缕 S. media** (L.) Villars

6b. 植株淡绿色；雄蕊通常 8—10；种子边缘具圆锥状突起。生于森林带的林下。产兴安北·
……………………………………………………**5. 赛繁缕 S. neglecta** Weihe

5b. 花瓣无或很小，种子直径 0.7—0.8mm。生于村舍附近的草地、草坪。产阴南(呼和浩特市)……
……………………………………………………**6. 无瓣繁缕 S. apetala** Ucria ex Roem.

3b. 叶全部无柄或近无柄。

7a. 伞形花序；无花瓣。生于海拔 2900m 的山沟水边。产贺兰山……………………………………
……………………………………………**7. 小伞花繁缕 S. parviumbellata** Y. Z. Zhao

7b. 聚伞花序或单花腋生；具花瓣。

8a. 植株被星状毛；叶灰绿色，披针形，长 1.5—5cm，宽 3—9mm。生于海拔 800—2000m 的石质山坡及沟谷地埂石缝。产燕北……………………………**8. 内弯繁缕 S. infracta** Maxim.

8b. 植株无星状毛。

9a. 一、二年生草本；叶缘多少皱波状；花柱极短。生于森林草原带的河滩湿草地、农田湿地等处。产岭西、赤峰、兴安南、锡林……**9. 雀舌草 S. alsine** Grimm——*S. uliginosa* Murr.

9b. 多年生草本；叶缘平展，非皱波状；花柱较长。

10a. 直根，粗壮；蒴果长约为萼片的 1/2。

11a. 花瓣 2 裂片不再分裂，裂片全缘。

12a. 植株被腺毛或腺质柔毛；茎由基部二歧式分枝，全株成球形。

13a. 萼片矩圆形或卵形，先端钝圆；茎四棱形；叶条状披针形或条形。生于石质山坡、阴坡林下及沟谷。产阴山、东阿、西阿(雅布赖山)、龙首山、额济纳(马鬃山)……………………………………………………………… **10. 钝萼繁缕 S. amblyosepala** Schrank.

13b. 萼片披针形或矩圆状披针形，先端锐尖或稍钝；茎圆柱形；叶卵形或条形。

14a. 萼片矩圆状披针形，长约 3mm，先端稍钝；苞片短小，卵形，长 1—3mm；聚伞状圆锥花序大型，多花。生于流动或半流动沙丘、沙地及荒漠草原。产锡林、乌兰、阴南、鄂尔、东阿 ……………………… **11. 沙地繁缕 S. gypsophyloides** Fenzl

14b. 萼片披针形，长 4—5mm，先端锐尖；苞片较长，卵状披针形至条形，长 3—10mm；聚伞状圆锥花序较小型。

15a. 叶卵形或卵状披针形，长 5—16mm，宽 3—8mm；花瓣比萼片稍短。生于向阳石质山坡、山顶石缝间、固定沙丘。产兴安北、岭东、呼伦、兴安南、锡林、乌兰、阴山…………………………………… **12. 叉歧繁缕 S. dichotoma** L.

15b. 叶披针形至条形，长达 3cm，宽 1—4mm；花瓣比萼片稍长。生于固定或半固定沙丘、向阳石质山坡、山顶石缝间、沙质草原。产兴安北、岭东、呼伦、兴安南、赤峰、锡林、乌兰、阴山、阴南、鄂尔 ……………………………………………………………………… **13. 银柴胡 S. lanceolata** (Bunge) Y. S. Lian

——*S. dichotoma* L. var. *lanceolata* Bunge

——条叶叉歧繁缕 *S. dichotoma* L. var. *linealis* Fenzl

12b. 植株被卷曲短柔毛；茎不为二歧式分枝，从生或为垫状。

16a. 植株高 10—25cm，形成稀疏的植丛；叶长 10—25mm；聚伞花序多花。生于向阳石质山坡、山顶石缝间。产兴安北、岭西、呼伦、兴安南 …………………………………………………… **14. 兴安繁缕 S. cherleriae** (Fisch. ex Ser.) F. N. Williams

16b. 植株高 2—7cm，形成垫状植丛；叶长 4—10mm；花朵单生于茎顶，稍有聚伞花序 2—5 花。生于石质丘陵顶部或石质山坡。产兴安南、锡林、阴山 ……………………………………………………………… **15. 岩生繁缕 S. petraea** Bunge

11b. 花瓣 2 裂片再 2 浅裂，小裂片先端具小齿；萼片卵状披针形，先端锐尖；花瓣与萼片近等长或稍长；植株被短毛。生于石质山坡。产阴山(大青山)………………………………………………………… **16. 阴山繁缕 S. yinshanensis** L. Q. Zhao et Y. Z. Zhao

10b. 根状茎细长；蒴果比萼片长或近等长。

17a. 花瓣长为萼片的 1/2—2/3。

18a. 茎及叶缘光滑无毛；萼片长 5—8mm；茎直立；植株稀疏从生，高 10—30cm。生于海拔 1700—2900m 的山地。产贺兰山、龙首山 ………………**17. 短瓣繁缕 S. brachypetala** Bunge

18b. 茎及叶缘被倒生柔毛；萼片长约 3mm；茎弯曲；植株密集从生，高 5—15cm。生于海拔 2050—2800m 的云杉林下及林缘岩石缝处。产贺兰山……………………………………………………… **18. 贺兰山繁缕 S. alaschanica** Y. Z. Zhao

17b. 花瓣与萼片近等长或稍长，或长出 1/3。

19a. 植株被长柔毛，花萼长 6—7mm，蒴果黑褐色；花常单生，稀二歧聚伞花序。生于沙地白桦林下。产锡林(巴彦呼热牧场东南部)……………………………………………………… **19. 巴彦繁缕 S. bayanensis** L. Q. Zhao et Y. Z. Zhao

19b. 植株光滑或疏被短柔毛；花萼长 2.5—5mm。

20a. 苞片叶状；茎光滑；花常单生。

21a. 萼片卵状披针形，长 3—3.5mm，中脉不明显；叶披针状椭圆形至条状披针形，长 0.5—2.5cm，宽 1.5—6mm，先端急尖或锐尖；植株低矮，高 7—20cm。生于河岸沼泽、草甸、山地溪边、水渠旁。产兴安南、锡林、乌兰、阴山 ……………………………………………………………………… **20. 叶苞繁缕 S. crassifolia** Ehrh.——*S. crassifolia* Ehrh. var. *linealis* Fenzl

21b. 萼片披针形，长约 5mm，中脉明显；叶条形，长 2—4cm，宽 0.5—1.5mm，先端长渐尖；植株较高，高 15—30cm。生于森林带和草原带的河滩草甸。产兴安北、岭西、岭东、呼伦、兴安南、科尔沁、辽河(大青沟)、燕北、锡林 …………… **21. 细叶繁缕 S. filicaulis** Makino

20b. 苞片膜质；花通常为二歧聚伞花序。

22a. 萼片卵状披针形，长 2.5—3mm，先端钝尖或锐尖，脉不明显；茎棱粗糙。生于沼泽、河滩湿草甸、沟谷湿草甸及沙丘林缘等处。产兴安北、岭东、呼伦、兴安南、科尔沁、燕北、锡林 ………………………………………………………………… **22. 长叶繁缕 S. longifolia** Muehl. ex Willd. ——睫伞繁缕 *S. longifolia* Muehl. ex Willd. f. *ciliolata* (Kitag.) Y. C. Chu

22b. 萼片披针形或三角状披针形，长 3mm 以上，先端渐尖，脉较明显；茎光滑。

23a. 萼片披针形；种子表面具皱缩状突起。

24a. 苞片披针形，仅边缘膜质；叶条形或狭条形，宽 0.5—1.5mm。生于沼泽、草甸。产兴安北、兴安南、岭东、岭西、科尔沁、锡林、辽河、燕北 ……………………………………………………………… **23. 鸭绿繁缕 S. jaluana** Nakai

24b. 苞片卵状披针形，全部或除中脉外全部膜质；叶距圆状披针形、披针形或条状披针形，宽 1.5mm 以上。

25a. 叶矩圆状披针形或披针形，宽 4—10mm，基部近圆形或圆楔形。生于沟谷溪边、河岸林下。产兴安北、岭东、兴安南、科尔沁、辽河(大青沟)、燕北、锡林(多伦县)、阴山 ………………………… **24. 翻白繁缕 S. discolor** Turcz.

25b. 叶条状披针形或近条形，宽 1.5—3mm，基部稍狭。生于沟谷草甸、河滩草甸、白桦林下、固定沙丘阴坡。产呼伦、兴安南、燕北、锡林 ………………………………………………………………… **25. 沼繁缕 S. palustris** Retzius

23b. 萼片狭三角状披针形；种子表面具颗粒状突起；叶条形或披针状条形，宽 1—3mm，先端渐尖，基部渐狭。生于海拔 2400m 的山坡草地或林下。产贺兰山 ……………………………………………………………………… **26. 禾叶繁缕 S. graminea** L

7. 鹅肠菜属 Myosoton Moench

鹅肠菜 Myosoton aquaticum (L.) Moench

二年生或多年生草本。须根。叶卵形，全缘。二歧聚伞花序顶生；苞片叶状；萼片 5，卵状披针形；花瓣 5，2 深裂达基部；雄蕊 10；花柱 5。蒴果 5 瓣裂至中部，裂瓣顶端再 2 裂。生于潮湿灌丛中。产兴安南、阴南。

8. 卷耳属 Cerastium L.

1a. 花柱 3；蒴果顶端 6 齿裂。生于落叶松林中或林缘。产兴安北 ………… **1. 六齿卷耳 C. cerastoides** (L.) Britton

1b. 花柱 5；蒴果顶端 10 齿裂。

2a. 花瓣比萼片稍短；萼片长 5—7mm；茎上部至萼片被腺毛。生于林缘、草甸。产兴安北、岭东、兴安南、燕北、阴山、贺兰山 ……… **2. 簇生卷耳 C. fontanum** Baumg. subsp. **vulgale** (Hartman) Greuter et Burdet ——*C. caespitosum* Gilib. var. *glandulosum* auct. non Wirtgen: Fl. Intramongol. ed. 2, 2: 369. 1990.

2b. 花瓣比萼片稍长或长达 1 倍以上。

3a. 植株矮小，高 5—12cm，密丛生，具纤细须根，无根状茎。生于海拔 2800—3200m 的高山草甸或沟谷中。产贺兰山、龙首山……………………………………………………………… **3. 山卷耳 C. pusillum** Ser.

3b. 植株较高，高 10—40cm，疏丛生，具细长匍匐根状茎。

4a. 花瓣长圆形，先端 2 中裂，裂片条形；花梗长 2.5—3cm。生于山地林缘草甸。产阴山(大青山)………………………………………………………………… **4. 披针叶卷耳 C. falcatum** Bunge ex Fenzl

4b. 花瓣倒卵形，先端 2 浅裂，裂片长圆形或近圆形；花梗长 1—1.5cm。生于山地林缘、草甸、山沟溪边。产兴安北、岭东、呼伦、兴安南、赤峰、燕北、锡林、阴山、贺兰山………………………………………………………………………………………… **5. 卷耳 C. arvense** L. var. **strictum** Gaudin

——细叶卷耳 *C. arvense* L. var. *anstifolium* Fenzl

——无毛卷耳 *C. arvense* L. var. *flabellum* Fenzl

——*C. arvense* auct. non L.: Fl. Intramongol. ed. 2, 2: 369. 1990.

9. 漆姑草属 Sagina L.

1a. 多年生矮小草本；全株无毛；种子肾状三角形，背部具沟槽，表面有微小突起；花瓣比萼片短一半或更短。生于河岸黏泥质水湿地。产辽河(大青沟)…………………… **1. 无毛漆姑草 S. saginoides** (L.) H. Karsten

1b. 一年生草本；茎、花梗、花萼被短毛；种子圆肾形，背部无沟槽，表面被成排的明显高起的小突起；花瓣为萼片长的 2/3 左右。生于山地沟谷。产兴安北、燕北………………… **2. 漆姑草 S. japonica** (Sw.) Ohwi

10. 薄蒴草属 Lepyrodiclis Fenzl

薄蒴草 Lepyrodiclis holosteoides (C. A. Mey.) Fenzl ex Fisch. et C. A. Mey.

一年生草本，高 30—100cm，全株被腺毛。叶对生，条形至披针形，先端渐尖，基部稍抱茎。聚伞花序顶生或腋生；萼片 5，条状披针形，背部被长腺毛；花瓣 5，白色或粉红色；雄蕊 10；花柱 2；蒴果球形，薄膜质，2 瓣裂。生于海拔 2000m 左右的水沟边、荒地。产贺兰山、龙首山。

11. 高山漆姑草属(米努草属) Minuartia L.

高山漆姑草(石米努草) **Minuartia laricina** (L.) Mattf.

多年生草本，高 10—30cm。叶对生，线状锥形。花单生或成聚伞花序；萼片 5；花瓣 5，白色；雄蕊 10；花柱 3。蒴果矩圆状锥形，顶端 3 瓣裂，裂瓣全缘。生于山坡、林缘、林下。产兴安北、岭东。

12. 狗筋蔓属 Cucubalus L.

狗筋蔓 Cucubalus baccifer L.

多年生草本，高 50—80cm。根多条，呈纺锤形。叶卵状披针形，全缘，边缘具短睫毛。花单生于茎及分枝顶端；萼宽钟形，先端 5 中裂，开花后期膨大成半球形，果期宿存而完全反折；花瓣 5，白色，喉部有 2 枚鳞片；雄蕊 10，2 轮；花柱 3。浆果球形，稍肉质，成熟后紫黑色。生于沟谷溪边林下。产辽河(大青沟)。

13. 麦毒草属(麦仙翁属) Agrostemma L.

麦毒草(麦仙翁) **Agrostemma githago** L.

一年生杂草，高 30—90cm。叶条形或条状披针形，全缘。花单生于茎及分枝顶端；花萼 5 深裂，萼裂片条形，叶状；花瓣 5，紫红色；雄蕊 10，2 轮；花柱 5。蒴果卵形，5 齿裂。生于田间、路旁、沟谷草地。产兴安北、岭东、呼伦、燕北。

14. 剪秋罗属 Lychnis L.

1a. 花较小，直径 8—10mm；花萼被短腺毛；花瓣通常白色；茎丛生；直根。生于林下、丘顶、盐生草甸、山坡。产兴安北、岭西……………………………………………………………………… 1. 狭叶剪秋罗 **L. sibirica** L.

1b. 花较大，直径 2.5—4cm；花萼被绵毛或无毛；花瓣不为白色；茎不从生；须根，多少呈纺锤状。

2a. 花橙红色或淡红色，瓣片 2 叉状浅裂；花萼无毛或稍被毛。生于山地林下、林缘、灌丛中。产兴安南、燕北、阴山(蛮汗山)……………………………………………………………… 2. 浅裂剪秋罗 **L. cognata** Maxim.

2b. 花深红色，瓣片 2 叉状深裂；花萼密被绵毛。生于山地草甸、林下、林缘灌丛。产兴安北、岭东、燕北…………………………………………………………………… 3. 大花剪秋罗 **L. fulgens** Fisch. ex Sprengel

15. 女娄菜属 Melandrium Rochl.

1a. 花瓣 2 裂。

2a. 果与花萼近等长或稍短或稍长。

3a. 花瓣比花萼短，内藏；萼脉黑紫色；种子表面近平滑，脊具翅；植株被倒生短柔毛。

4a. 植株高 5—20cm，具基生叶，茎生叶 1—2 对；花萼囊状钟形，萼脉粗，具分枝，成网状；瓣爪和花丝的下部疏生缘毛或无；花瓣的耳卵形，向两侧突出；种翅平滑。生于海拔 2400—3400m 的高山草甸和灌丛、山脊石缝等处。产贺兰山……………………………………………………………… 1. 耳瓣女娄菜 **M. auritipetalum** Y. Z. Zhao et P. Ma

4b. 植株高 20—40cm，无基生叶，茎生叶 3—4 对；花萼钟形，萼脉细，非网状；瓣爪和花丝的基部密被柔毛；花瓣的耳椭圆形，向前方突出；种翅具瘤状突起。生于海拔 2600m 的山地云杉林林缘。产贺兰山……………… 2. 瘤翅女娄菜 **M. verrucoso-alatum** Y. Z. Zhao et P. Ma

3b. 花瓣与花萼近等长或长出花萼 1/3—1 倍；萼脉暗绿色；种子表面具瘤状突起，无翅。

5a. 花两性；花瓣与花萼近等长或长出花萼 1/3。

6a. 花序假轮伞状；茎生叶卵状披针形或椭圆状披针形，宽 8—30mm；植株单生，不分枝，稀分枝。

7a. 花萼无毛，茎、叶疏被柔毛或近无毛。生于林缘草甸、山地草甸及灌丛间。产兴安北、兴安南、岭东、辽河(大青沟)、燕北、阴山……………………………………………………………… 3a. 光萼女娄菜 **M. firmum** (Sieb. et Zucc.) Rohrb. var. **firmum**

7b. 花萼、茎、叶均被短曲柔毛。生于山地杂类草草甸。产兴安南、燕北、阴山(大青山)………… · 3b. 毛萼女娄菜 **M. firmum** (Sieb. et Zucc.) Rohrb. var. **pubescens** (Makino) Y. Z. Zhao

6b. 聚伞花序；茎生叶披针形或条状披针形，宽 4—8mm；植株分枝，稀不分枝。

8a. 花瓣片 2 中裂；植株密被倒向短柔毛。

9a. 花瓣与花萼近等长或稍长。

10a. 一、二年生草本；花萼长 6—8mm；茎生叶披针形，宽 4—6mm。生于石砾质坡地、固定沙地、疏林及草原中。产兴安北、兴安南、岭东、岭西、呼伦、赤峰、燕北、科尔沁、辽河、锡林、乌兰、阴山、鄂尔、贺兰山、龙首山……………………………… ·· 4a. 女娄菜 **M. apricum** (Turcz. ex Fisch. et Mey.) Rohrb. var. **apricum**

10b. 多年生草本；花萼长 11—13mm；茎生叶条形，宽 1—2mm。生于山坡。产龙首山……………………………………………………………… ········5. 龙首山女娄菜 **M. longshoushanicum** L. Q. Zhao et Y. Z. Zhao

9b. 花瓣比花萼长约 1/3；一、二年生草本。生于山地草甸、林下、林缘。产兴安南……………………………… 4b. 长冠女娄菜 **M. apricum** (Turcz. ex Fisch. et Mey.) Rohrb.

var. **oldhamianum** (Miq.) Y. C. Chu

8b. 花瓣片 2 浅裂；植株有腺质柔毛或腺毛。

11a. 一、二年生草本；花瓣比花萼长约 1/3；花瓣爪和花丝无毛；花萼长 6—8mm；茎和叶密被短柔毛，花梗和花萼被腺毛。茎生叶条状，宽 1.5—2mm。生于低湿草甸或撂荒地。产兴安北、呼伦、锡林……………………………………………………6. **内蒙古女娄菜 M. orientalimongolicum** (Kozhevn.) Y. Z. Zhao

11b. 多年生草本；花瓣与花萼近等长或稍长；花瓣爪和花丝下部有长柔毛；花萼长 13—15mm；茎和花萼密被腺质柔毛或腺毛，而叶被短柔毛；茎生叶披针形，宽 4—10mm。生于山地林缘、草甸。产兴安北、岭东、兴安南、燕北、锡林、阴山……………………………7. **兴安女娄菜 M. brachypetalum** (Horn.) Fenzl

5b. 花单性，雌雄异株；花瓣比花萼长出 1 倍；一、二年生草本；叶矩圆状披针形或披针形。生于湿草甸。产兴安北……………………………………8. **异株女娄菜 M. album** (Mill.) Garche

2b. 果比花萼长 1.5—2 倍；花瓣皱缩，内藏，无副花冠；萼齿长为萼筒的 2/3；叶线形。生于海拔 3000m 以上的高山草甸。产贺兰山………………………9. **长果女娄菜 M. longicarpum** Y. Z. Zhao et Z. Y. Chu

1b. 花瓣 4 裂，每裂片再 2 裂或不裂；花萼筒状，长约 10mm；植株密被腺毛。生于海拔 2000—2300m 的山脚石缝或沟边湿地。产贺兰山………………………10. **贺兰山女娄菜 M. alaschannicum** (Maxim.) Y. Z. Zhao

16. 麦瓶草属 Silene L.

1a. 萼筒膨大呈囊泡状，具 20 条纵脉，无毛；叶披针形或卵状披针形。生于沟谷草甸。产兴安北、岭东、岭西…………………………………1. **狗筋麦瓶草 S. vulgaris** (Moench) Garcke——*S. venosa* (Gilib.) Aschers.

1b. 萼筒不膨大，具 10 条纵脉。

2a. 花瓣片 2 裂，具副花冠。

3a. 花萼被毛。

4a. 须根多数，圆柱形，肉质；茎平卧或上升，分枝开展；叶具 3 条弧脉；花瓣瓣片 2 中裂，两侧各具 1 狭长齿。生于山地草原、林缘及沟谷草甸。产兴安南、辽河(大青沟)、燕北……………………………………………………………2. **石生麦瓶草 S. tatarinowii** Regel

4b. 根状茎细长，分枝；茎通常直立，不分枝；叶具 1 条明显的中脉；花瓣瓣片 2 叉状浅裂，两侧无裂片。生于山坡草地、固定沙丘、山沟溪边、林下、林缘草甸、沟谷草甸、河滩草甸灌丛、泉水边及撂荒地。产兴安北、岭东、呼伦、兴安南、科尔沁、燕北、锡林、乌兰、阴山、阴南、鄂尔、东阿(狼山、桌子山)、贺兰山、龙首山……………………………………………3a. **毛萼麦瓶草 S. repens** Patr. var. **repens**

——细叶麦瓶草 *S. repens* Patr. var. *angustifolia* Turcz. ex Regel

——宽叶麦瓶草 *S. repens* Patr. var. *latifolia* Turcz. ex Regel

3b. 花萼无毛。

5a. 花萼筒状棍棒形，长 10mm 以上；雌雄蕊柄长 4mm 以上。

6a. 根状茎细长；无从生基生叶，茎生叶腋生短小枝叶；萼筒长 11—12mm；花瓣瓣片 2 浅裂，爪上部加宽明显成耳状；雌雄蕊柄无毛。生于草原坡地顶部。产锡林……………………………………3b. **锡林麦瓶草 S. repens** Patr. var. **xilingensis** Y. Z. Zhao

6b. 直根，粗壮；基生叶从生，茎生叶腋无短小枝叶；萼筒长 13—16mm；花瓣瓣片 2 深裂，爪上部无耳；雌雄蕊柄被短毛。生于海拔 2200—3000m 的林缘、沟谷草甸、高山灌丛中。产东阿(桌子山)、贺兰山………………………………4. **宁夏麦瓶草 S. ningxiaensis** C. L. Tang

5b. 花萼钟形或短圆筒状，长 10mm 以下；雌雄蕊柄长不超过 3mm。

7a. 基生叶多数，从生，花期不枯萎；花瓣爪上部加宽。

8a. 聚伞状圆锥花序，花聚伞状或对生；花萼短筒状。

9a. 花瓣白色；雄蕊外露。

10a. 茎生叶狭倒披针状条形或条形，宽 0.5—3mm，基部通常无柄。生于砾石质山地、草原、固定沙地。产兴安北、岭东、呼伦、兴安南、科尔沁、燕北、赤峰、锡林、乌兰、阴山、阴南、鄂尔、东阿(桌子山)、贺兰山……………………………………………… **5a. 旱麦瓶草 S. jenisseensis** Willd. var. **jenisseensis**

——薄毛旱麦瓶草 *S. jenisseensis* Willd. f. *dasyphylla* (Turcz.) Schischk.

——小花旱麦瓶草 *S. jenisseensis* Willd. f. *parviflora* (Turcz.) Schischk.

——丝叶旱麦瓶草 *S. jenisseensis* Willd. f. *setifolia* (Turcz.) Schinschk.

10b. 茎生叶狭倒披针形，宽 4—11mm，基部渐狭成长柄。生于五花草甸、河岸草甸。产兴安北、岭东、兴安南……………………………………………………………… **5b. 宽叶旱麦瓶草 S. jenisseensis** Willd. var. **latifolia** (Turcz.) Y. Z. Zhao

9b. 花瓣紫红色；雄蕊内藏，长为花萼的 1/3。生于山地河岸陡壁石缝。产锡林(集宁区霸王河)…………………… **6. 紫红花麦瓶草 S. jiningensis** Y. Z. Zhao et Z. Y. Chu

8b. 总状花序，花对生。

11a. 花瓣爪边缘具纤毛；花萼短圆筒形。生于火山岩兴安桧灌丛间或阴坡。产兴安北、锡林………………………………………………**7. 禾叶麦瓶草 S. graminifolia** Otth

11b. 花瓣爪边缘无毛；花萼钟形或筒状钟形。生于高山草甸、林缘、灌丛、砾石质山坡。产龙首山……………………………………… **8. 细麦瓶草 S. gracilicaulis** C. L. Tang

——长梗细麦瓶草 *S. gracilicaulis* C. L. Tang var. *longipedicellata* C. L. Tang

7b. 基生叶花期枯萎；总状圆锥花序，花对生；花瓣爪狭细。生于黄土丘陵山坡草地。产阴南(准格尔旗神山林场)………………………………………………… **9. 叶麦瓶草 S. foliosa** Maxim.

2b. 花瓣片不裂，全缘，无副花冠；雌雄蕊柄被短毛；基生叶倒披针形，两面密被短毛。生于砾石质山坡。产东阿(狼山)………………… **10. 狼山麦瓶草 S. langshanensis** L. Q. Zhao, Y. Z. Zhao et Z. M. Xin

17. 丝石竹属(石头花属) Gypsophila L.

1a. 植株被腺毛；叶条状钻形。生于荒漠草原、砾质与沙质干草原。产乌兰…………………………………………………………………………………………… **1. 荒漠丝石竹 G. desertorum** (Bunge) Fenzl

1b. 植株光滑无毛；叶扁平或三棱形。

2a. 花密集，成紧密的头状聚伞花序；花梗长 1—3mm。

3a. 植株垫状，基部具致密的叶丛；叶近三棱状条形，宽 0.5—1mm。生于石质山坡、山顶石缝。产乌兰、阴山、东阿(狼山)、贺兰山、龙首山、额济纳(马鬃山)…………………**2. 头花丝石竹 G. capituliflora** Rupr.

3b. 植株非垫状，基部通常无叶丛；叶扁平，条状披针形，宽 1—3mm。生于石质山坡。产锡林(镶黄旗)、乌兰、阴山、阴南、鄂尔、东阿、贺兰山 ………………………… **3. 尖叶丝石竹 G. licentiana** Hand.-Mazz.

2b. 花不密集，成疏松的聚伞状圆锥花序；花梗长 4—10mm。生于典型草原、山地草原。产岭西、岭东、呼伦、兴安南、科尔沁、燕北、锡林 ……………………………… **4. 草原丝石竹 G. davurica** Turcz. ex Fenzl

——狭叶草原丝石竹 *G. davurica* Turcz. ex Fenzl var. *angustifolia* Fenzl

18. 石竹属 Dianthus L.

1a. 花瓣上缘细裂成流苏状。

2a. 萼下苞片 2—3 对；萼筒较粗短；苞片长为萼筒的 1/4，先端具长凸尖。生于林缘、疏林下、草甸、沟谷溪边。产岭东、呼伦、兴安南、科尔沁、辽河、燕北、锡林、阴山、贺兰山 ………………… **1. 瞿麦 D. superbus** L.

2b. 萼下苞片 3—4 对；萼筒较细长；苞片长为萼筒的 1/5，先端微缺或近全缘，具短凸尖。生于林缘草甸、杂木林下、固定沙丘上。产辽河(大青沟)、赤峰、燕北……………………**2. 长萼瞿麦 D. longicalyx** Miq.

1b. 花瓣上缘有不规则牙齿。

3a. 萼下苞片 1—2 对；苞片与萼近等长。

4a. 茎光滑无毛。生于山地草甸。产兴安北、兴安南 ············ **3a. 簇茎石竹 D. repens** Willd. var. **repens**

4b. 茎粗糙或被短糙毛。生于林缘草甸、山地草原、草甸草原。产兴安北、岭东、呼伦、岭西、兴安南、科尔沁、燕北 ···································· **3b. 毛簇茎石竹 D. repens** Willd. var. **scabripilosus** Y. Z. Zhao

3b. 萼下苞片 2—3 对；苞片长约为萼的 1/2。

5a. 茎光滑无毛。生于山地草甸、草甸草原。产兴安北、岭东、岭西、呼伦、兴安南、科尔沁、燕北、赤峰、阴山、阴南 ··· **4a. 石竹 D. chinensis** L. var. **chinensis**

5b. 茎粗糙或被短糙毛。生于山地草原、典型草原、草甸草原。产兴安北、岭东、岭西、呼伦、兴安南、科尔沁、燕北、赤峰、锡林、乌兰、阴山······ **4b. 兴安石竹 D. chinensis** L. var. **versicolor** (Fisch. ex Link) Y. C. Ma
——蒙古石竹 *D. chinensis* L. var. *subulifolius* (Kitag.) Y. C. Ma

19. 王不留行属 Vaccaria Medic.

王不留行(麦蓝菜) Vaccaria hispanica (Mill.) Rausch.——*V. segetalis* (Neck.) Garcke

一年生草本，高 25—50cm。茎直立，中空，上部 2 叉状分枝。叶卵状披针形，全缘。聚伞花序顶生；花萼卵状圆筒形，膜质，顶端 5 齿裂，外面有 5 棱，结果时变为翅状，花后萼筒中下部膨大而先端狭，呈卵球形；花淡红色；雄蕊 10；花柱 2。蒴果卵形，顶端 4 裂，包藏在宿存的花萼内。内蒙古有少量栽培，有时逸出，野生于田边或混生于麦田间。产岭东、兴安南、科尔沁、赤峰、阴南、鄂尔、东阿(杭锦旗)、西阿(雅布赖山)、贺兰山(黄土梁)。

39. 睡莲科 Nymphaeaceae

1a. 萼片 4，绿色，不成花瓣状。

2a. 子房下位；花瓣 3—5 轮；花丝条形；种子无假种皮；一年生草本；叶柄、叶脉和果实有刺；叶片基部多无弯缺···**1. 芡属 Euryale**

2b. 子房半下位；花瓣多轮，有时内轮渐变成雄蕊；花丝花瓣状；种子常有假种皮；多年生草本；叶柄、叶脉和果实无刺；叶片基部有弯缺·······································**2. 睡莲属 Nymphaea**

1b. 萼片常 5，黄色或橘黄色，花瓣状；花瓣多数；叶片基部有弯缺 ················**3. 萍蓬草属 Nuphar**

1. 芡属 Euryale Salisb.

芡实 Euryale ferox Salisb.

一年生草本，多刺。根状茎粗壮。茎不明显。叶二型，沉水叶箭形，浮水叶圆肾形或圆形，全缘；叶柄和花梗粗壮，皆有硬刺。萼片 4，宿存；花瓣紫红色；心皮 8，子房下位。浆果球形，革质，污紫红色，密生硬刺。生于池塘、湖沼中。产内蒙古东南部。

2. 睡莲属 Nymphaea L.

睡莲 Nymphaea tetragona Georgi

多年生草本。根状茎短，肥厚。叶浮于水面，叶片卵圆形或肾圆形，先端圆形，全缘，基部深弯缺；花梗基生，顶生 1 花，漂浮水面；萼片 4；花瓣 8—12，白色或淡黄色；雄蕊多数，花丝扁平；子房短圆锥形，柱头盘状。浆果球形，包藏于宿存花萼内。生于池沼、河湾内。产岭东、兴安南、辽河(大青沟)。

3. 萍蓬草属 **Nuphar** Smith

萍蓬草 Nuphar pumila (Timm) DC.

多年生草本。根状茎横生，肥厚肉质。叶基生，漂浮水面，叶片椭圆形或卵形，先端钝，基部深弯缺花单生于花梗顶端，漂浮水面；萼片5，黄色或橘黄色，花瓣状；花瓣多数，短小，成雄蕊状；雄蕊多数，花丝扁平；子房上位，宽卵形，柱头盘状。浆果卵形，包藏于宿存花萼内。生于池沼中。产兴安北、岭东(鄂伦春自治旗)。

40. 金鱼藻科 Ceratophyllaceae

1. 金鱼藻属 **Ceratophyllum** L.

1a. 叶1—2回二叉状分歧，裂片条形或丝状条形；果实边缘无翼，表面无小瘤状突起。生于湖沼、湖泡、池塘、河流中。产兴安北、岭东、兴安南、辽河(大青沟)、科尔沁、鄂尔 ························· **1. 金鱼藻 C. demersum** L.
——五针金鱼藻 *C. oryzetorum* Kom.

1b. 叶3—4回二叉状分歧，裂片细丝状；果实边缘稍具翼，表面有小瘤状突起。生于湖沼、池塘、水库中。产科尔沁 ························· **2. 粗糙金鱼藻 C. muricatum** Cham. subsp. **korssinskyi** (Kuz.-Proch.) Les
——东北金鱼草 *C. manschuricum* (Miki) Kitag.

41. 芍药科 Paeoniaceae

1. 芍药属 **Paeonia** L.

1a. 灌木；花盘发达，革质，杯状，完全包住心皮。呼和浩特市、包头市有栽培 ·····**1. 牡丹 P. suffruticosa** Andr.
1b. 多年生草本；花盘不发达，肉质，仅包住心皮下部。
  2a. 小叶椭圆形至披针形，边缘密生白色骨质小齿；每茎着生1至数朵花；种子紫黑色或暗褐色。生于山地和石质丘陵的灌丛、林缘、山地草甸、草甸草原群落中。产兴安北、岭东、呼伦、岭西、兴安南、科尔沁、辽河(大青沟)、赤峰、燕北、锡林、阴山 ····························**2. 芍药 P. lactiflora** Pall.
——毛果芍药 *P. lactiflora* Pall. var. *trichocarpa* (Bunge) Stern
  2b. 小叶倒卵形至宽卵形，边缘无骨质小齿；每茎单生1花；种子蓝紫色，干后变黑色，具红色假种皮。生于山地林缘草甸、林下。产兴安南、岭西、燕北、阴山 ··················· **3. 卵叶芍药 P. obovata** Maxim.

42. 毛茛科 Ranunculaceae

1a. 花辐射对称。
  2a. 叶互生或基生；直立草本，稀半灌木；果实为蓇突果、瘦果或浆果，瘦果成熟时除白头翁属外不具伸长的羽毛状花柱。
    3a. 子房具数颗或多数胚珠；果实为蓇突果或浆果。
      4a. 单叶。
        5a. 无花瓣；叶不分裂，基部心形；花黄色或白色 ····················· **1. 驴蹄草属 Caltha**
        5b. 有花瓣；叶掌状分裂；花金黄色或橙黄色 ····························**2. 金莲花属 Trollius**
      4b. 1—2回三出复叶或羽状复叶。
        6a. 花多数组成圆锥花序或总状花序。
          7a. 蓇突果；心皮2—7；无花瓣；基生叶正常发育··············**3. 升麻属 Cimicifuga**

7b. 瘦果；心皮 1；有花瓣；基生叶鳞片状 ……………………**4. 类叶升麻属 Actaea**

6b. 花单独顶生或少数组成单歧聚伞花序。

8a. 退化雄蕊存在，白色，膜质；花瓣基部有长距，一朵花有 5 个长距 …………………………………………………………………………**5. 耧斗菜属 Aquilegia**

8b. 退化雄蕊不存在；花瓣无距。

9a. 心皮 5；花瓣倒卵形，顶端 2 裂，基部囊状，无柄；花单生；基生叶干枯后的叶柄紧密排列成丛；多年生草本 ……………**6. 拟耧斗菜属 Paraquilegia**

9b. 心皮多数；花瓣漏斗状，二唇形，具短柄；花少数形成单岐聚伞花序；枯叶柄不排列成密丛；一年生草本 ……………………**7. 蓝堇草属 Leptopyrum**

3b. 子房具 1 颗胚珠；果实为瘦果。

10a. 无花瓣；萼片花瓣状，通常紫红色或白色。

11a. 花下无总苞；多数小花组成圆锥状或聚伞状花序，稀总状花序 ……………………………………………………………………**8. 唐松草属 Thalictrum**

11b. 花下有总苞。

12a. 果实成熟时花柱不伸长成羽毛状；花单生或为聚伞花序；总苞片基部离生 ……………………………………………………………**9. 银莲花属 Anemone**

12b. 果实成熟时花柱伸长成羽毛状；花单生；总苞片基部合生 …………………………………………………………………………**10. 白头翁属 Pulsatilla**

10b. 有花瓣；萼片绿色。

13a. 花瓣无蜜槽 ……………………………………………**11. 侧金盏花属 Adonis**

13b. 花瓣有蜜槽。

14a. 水生植物；叶沉水中，丝状细裂；花白色，少黄色；果有横皱褶 …………………………………………………………………**12. 水毛茛属 Batrachium**

14b. 陆生植物；叶不细裂；花黄色；果无横皱褶。

15a. 果有纵肋；植株具匍匐茎；单叶………… **13. 水葫芦苗属 Halerpestes**

15b. 果平滑或有瘤状突起；植株通常无匍匐茎；单叶或三出复叶 ……………………………………………………………**14. 毛茛属 Ranunculus**

2b. 叶对生；攀援藤本或草本，稀小灌木；果实为瘦果，成熟时具伸长的羽毛状花柱……………………………………………………………………………**15. 铁线莲属 Clematis**

1b. 花两侧对称。

16a. 花有距，上萼片基部伸长成距 …………………………**16. 翠雀花属 Delphinium**

16b. 花无距，上萼片盔形、圆筒形或船形 ………………………**17. 乌头属 Aconitum**

1. 驴蹄草属 Caltha L.

1a. 花白色，小型，直径约 6mm；茎匍匐，沉于水中；叶片浮于水面，边缘全缘或微波状；聚合果球形；蓇突果 20—30。生于沼泽草甸及沼泽中。产兴安北、岭东、岭西、兴安南、锡林 ……… **1. 白花驴蹄草 C. natans** Pall.

1b. 花黄色，大型，直径约 2cm；茎直立或上升，陆生；叶片边缘全部具齿或至少在下部有齿；聚合果非球形；蓇突果 5—15。

2a. 叶多为圆肾形或近圆形，边缘全部具齿。

3a. 叶质较厚，草质。生于沼泽草甸、河岸、溪边。产兴安南、科尔沁、阴山…………………………………………………**2a. 驴蹄草 C. palustris** L. var. **palustris**

3b. 叶质薄，近膜质。生于溪边、沼泽草甸或林中。产兴安北…………………………………**2b. 薄叶驴蹄草 C. palustris** L. var. **membranacea** Turcz.

2b. 叶多为宽三角状肾形，边缘只在下部具齿，其他部分微波状或近全缘。生于沼泽草甸、盐化草甸、河岸。产兴安北、呼伦、兴安南、科尔沁、辽河(大青沟)、燕北、锡林、东阿(磴口县)……………………………………………………2c. 三角叶驴蹄草 **C. palustris** L. var. **sibirica** Regel

2. 金莲花属 Trollius L.

1a. 花瓣比雄蕊长；花柱黄色。

2a. 花瓣与萼片近等长；果喙长约 1mm。生于山地林下、林缘草甸、沟谷及低湿地草甸。产兴安北、兴安南、赤峰、燕北、锡林、阴山……………………………………………1. 金莲花 **T. chinensis** Bunge

2b. 花瓣比萼片短；果喙长 1—1.5mm。生于林缘草甸、沟谷及河滩湿草甸。产兴安北、岭东、岭西……………………………………………2. 短瓣金莲花 **T. ledebouri** Reichb

1b. 花瓣与雄蕊近等长；花柱紫色。生于山地草甸、沟谷林下。产阴山(乌拉山)……………………………………………3. 阿尔泰金莲花 **T. altaicus** C. A. Mey.

3. 升麻属 Cimicifuga L.

1a. 复总状花序多分枝；花单性，雌雄异株，退化雄蕊先端 2 叉状中裂至深裂，有 2 枚乳白色的空花药。生于山地林下、灌丛或草甸中。产兴安北、岭东、岭西、兴安南、燕北、阴山……………………………………………1. 兴安升麻 **C. dahurica** (Turcz. ex Fisch. et C. A. Mey.) Maxim.

1b. 总状花序单一，或仅基部稍分枝；花两性，退化雄蕊先端近全缘或 2 浅裂，无空花药。生于山地灌丛、林缘草甸及林下。产兴安北、兴安南、燕北、阴山………………2. 单穗升麻 **C. simplex** (DC.) Wormsk. ex Turcz.

4. 类叶升麻属 Actaea L.

1a. 花梗在果期增粗，直径约 1mm；果黑色。生于山地阔叶林下。产燕北、阴山、贺兰山……………………………………………1. 类叶升麻 **A. asiatica** Hara

1b. 花梗在果期不增粗，直径约 0.6mm；果红色。生于山地阔叶林下。产兴安北、兴安南……………………………………………2. 红果类叶升麻 **A. erythrocarpa** Fisch.

5. 耧斗菜属 Aquilegia L.

1a. 花瓣的距与瓣片近等长，均长 3—5mm；退化雄蕊边缘皱波状；雄蕊和花柱比萼片短；具茎生叶。生于山地林下、林缘草甸。产兴安北、岭东、岭西……………………1. 小花耧斗菜 **A. parviflora** Ledeb.

1b. 花瓣的距比瓣片长。

2a. 距直伸或末端向内弯曲；雄蕊和花柱比萼片长，明显超出。

3a. 萼片较开展，比花瓣瓣片长；花梗近无毛；花淡紫蓝色。生于山地林下、林缘草甸。产兴安北……………………………………………2. 细距耧斗菜 **A. leptoceras** Fisch. et Mey.

3b. 萼片贴近花瓣，与花瓣瓣片近等长；花梗被腺毛。

4a. 花较大，黄绿色。生于石质山坡的灌丛间与基岩露头上及沟谷中。产兴安北、呼伦、兴安南、赤峰、锡林、乌兰、阴山、东阿、贺兰山、龙首山……………………3a. 耧斗菜 **A. viridiflora** Pall. var. **vidiflora**

4b. 花较小，萼片灰绿色带紫色，花瓣暗紫色。生于石质丘陵和山地岩石缝中。产岭东、锡林、贺兰山、龙首山………3b. 紫花耧斗菜 **A. viridiflora** Pall. var. **atropurpurea** (Willd.) Finet et Gagnep.
——*A. viridiflora* Pall. f. *atropurpurea* (Willd.) Kitag.

2b. 距末端向内弯曲呈钩状；雄蕊和花柱比萼片短，不超出。

5a. 茎生叶明显；萼片卵状披针形，先端渐尖；植株高达 50—90cm。

6a. 花瓣瓣片、萼片和距均为紫色；花药黄色；退化雄蕊边缘皱波状；叶下面被白色短柔毛，稀近无毛。生于山地灌丛、林缘、草甸。产兴安南、赤峰、燕北 …… **4. 华北耧斗菜 A. yabeana** Kitag.

6b. 花瓣瓣片黄白色，萼片和距紫色，或花瓣瓣片和萼片均为黄白色；花药黑色；退化雄蕊边缘非皱波状；叶下面无毛。生于山地林缘及湿草甸。产兴安北 ………………………………………………………………………… **5. 尖萼耧斗菜 A. oxysepala** Trautv. et C. A. Mey.

——黄花尖萼耧斗菜 *A. oxysepala* Trautv. et C. A. Mey. f. *pallidiflora* (Nakai ex Mori) Kitag.

5b. 茎生叶不存在或极为退化；萼片卵形，先端钝或钝尖，蓝紫色；花瓣上部黄白色，下部和距为蓝紫色；植株高约 40cm。生于海拔 1400m 的山顶石缝。产兴安北 ………………………………………………………………………… **6. 阿穆尔耧斗菜 A. amurensis** Kom.

6. 拟耧斗菜属 Paraquilegia Drumm. et Hutch.

乳突拟耧斗菜 Paraquilegia anemonoides (Willd.) Ulbr.

多年生草本，高 5—10cm。叶全部基生，为 2—3 回三出复叶，小叶楔状宽倒卵形，具长柄，枯叶柄残基密集成丛状。花单于花葶顶端，苞片对生；萼片 5，花瓣状，浅蓝色或浅堇色；花瓣 5，基部囊状；雄蕊多数；心皮通常 5；蓇葖果直立，顶端具细喙。生于海拔 2600—3400m 的山地岩石缝处。产贺兰山。

7. 蓝堇草属 Leptopyrum Reichb.

蓝堇草 Leptopyrum fumarioides (L.) Reichb.

一年生草本，高 5—30cm。叶 1—2 回三出复叶或羽状分裂。单歧聚伞花序顶生或腋生；萼片 5，花瓣状，淡黄色；花瓣 4—5，漏斗状，二唇形，下唇显著短；雄蕊 10—15；心皮 5—20。蓇葖果条状矩圆形，果喙直伸。生于田间、路边、阳坡。产兴安北、岭东、呼伦、兴安南、燕北、锡林、乌兰、阴山、阴南、鄂尔、贺兰山、龙首山。

8. 唐松草属 Thalictrum L.

1a. 总状花序；叶均基生，为 2 回羽状三出复叶；苞片小，卵形；花梗向下弯曲；心皮无柄。生于海拔 3000m 以上的高山草甸。产贺兰山 ………………………………………… **1. 高山唐松草 T. alpinum** L.

1b. 聚伞花序或圆锥花序。

2a. 瘦果具棱翼，倒卵形或倒卵状椭圆形，长 5—8mm，具长梗，下垂；花丝上部加粗；叶为 3—4 回三出复叶，大型，小叶倒卵形或近圆形，托叶明显。生于山地林下及林缘。产兴安北、岭东、岭西、兴安南、燕北、阴山 ………………………… **2. 翼果唐松草 T. aquilegifolium** L. var. **sibiricum** Regel et Tiling

2b. 瘦果无棱翼。

3a. 花丝上部逐渐加粗呈棒状，比花药粗；瘦果具心皮柄或无柄。

4a. 瘦果具心皮柄，卵球形或歪倒卵形；小叶较大。

5a. 瘦果膨大，卵球形，长约 3mm，果皮具突起的网状肋；心皮柄极短，长 0.5—1mm；小叶柄和叶片两面均无毛。生于山地林下及林缘。产兴安北、兴安南、岭东、岭西、燕北、阴山、贺兰山 ……………………………………………… **3. 球果唐松草 T. baicalense** Turcz.

5b. 瘦果不膨大，稍扁，歪倒卵形，长约 5mm，果皮具明显的弓形肋；心皮柄较长，长 1.5—3mm；小叶柄密被柔毛，小叶上面近无毛，下面疏被柔毛。生于山地林缘、灌丛及山地草原。产燕北、阴山(蛮汗山) ……………………… **4. 直梗唐松草 T. przewalskii** Maxim.

4b. 瘦果无柄，卵状椭圆形；小叶柄和叶片两面均无毛。

6a. 小叶近圆形、肾状圆形或倒卵形，先端 3 浅裂至深裂，边缘不反卷。生于草甸、草甸草原及山地沟谷中。分布于兴安北、岭东、岭西、兴安南、燕北、锡林、乌兰、阴山、贺兰山(三关口)…………
……………………………………**5a. 瓣蕊唐松草 T. petaloideum** L. var. **petaloideum**

6b. 小叶不裂或 2—3 全裂或深裂，不裂小叶和裂片卵状披针形、披针形至条状披针形，边缘全部反卷。生于干燥草原和沙丘上。产呼伦、兴安南、科尔沁、辽河、燕北、锡林、乌兰…………
…………**5b. 卷叶唐松草 T. petaloideum** L. var. **supradecompositum** (Nakai) Kitag.

3b. 花丝上部不加粗，比花药细；瘦果无柄。……………………………………

7a. 小叶不分裂，全缘，脉不明显。生于石质山地。产乌兰、阴山、东阿、贺兰山……………………
……………………………………………………………**6. 细唐松草 T. tenue** Franch.

7b. 小叶先端通常 2—3 浅裂，脉在下面隆起。

8a. 植株具短腺毛；小叶卵形、宽倒卵形或近圆形，长 2—10mm，背面密被短腺毛。生于山地草原及灌丛中。产兴安北、岭东、呼伦、兴安南、燕北、锡林、乌兰、阴山、阴南、鄂尔、东阿(狼山、桌子山)、贺兰山、龙首山……………………………………………**7. 香唐松草 T. foetidum** L.

8b. 植株平滑无毛。

9a. 圆锥花序稍呈伞房状，近二叉状分枝；花梗长 1.5—3cm；茎呈“之”字形曲折；瘦果新月形或纺锤形，长 5—8mm。生于典型草原、沙质草原群落中。产兴安北、岭西、呼伦、兴安南、赤峰、燕北、锡林、乌兰、阴山、阴南、鄂尔、东阿(桌子山)……………………………
……………………………………**8. 展枝唐松草 T. squarrosum** Steph. ex Willd.

9b. 圆锥花序塔形，不呈二叉状分枝；茎直立；瘦果长在 4mm 以下。

10a. 茎生叶向上直展，与茎紧贴；花序狭塔形，分枝向上直展；瘦果椭圆形或狭卵形，长约 2mm。

11a. 果梗比瘦果长 3 倍以上。

12a. 小叶倒卵形至楔形，其裂片的顶端钝或圆，基部圆形、宽楔形或楔形。生于河滩草甸、山地灌丛、林缘草甸。产兴安北、呼伦、兴安南、科尔沁、辽河(大青沟)、锡林、乌兰、阴山、鄂尔、贺兰山……………………………
………………………**9a. 箭头唐松草 T. simplex** L. var. **simplex**

12b. 小叶楔形或狭楔形，其裂片的顶端尖锐，基部狭楔形。生于河岸草甸、山地草甸。产兴安北、兴安南、锡林……………………………………
…… **9b. 锐裂箭头唐松草 T. simplex** L. var. **affine** (Ledeb.) Regel

11b. 果梗与瘦果近等长；小叶和其裂片的顶端尖锐。生于沟谷或丘间草甸、山地林缘及灌丛。产兴安北、岭东、岭西、呼伦、兴安南、燕北、锡林、阴山、鄂尔、东阿(桌子山)、贺兰山 …………**9c. 短梗箭头唐松草 T. simplex** L. var. **brevipes** H. Hara

10b. 茎生叶和花序分枝都斜展；花序塔形；瘦果狭椭圆状球形，长 2—3mm。

13a. 花梗短，长 3—8mm。

14a. 小叶较小，长 0.5—1.2cm，宽 0.3—1cm，背面无白粉，脉不明显隆起，脉网不明显。生于山地林下、林缘、灌丛、草甸。产兴安北、岭东、岭西、兴安南、科尔沁、燕北、锡林、阴山、阴南、贺兰山……………………
…………………………**10a. 欧亚唐松草 T. minus** L. var. **minus**

14b. 小叶较大，长宽 1.5—4cm，背面有白粉，脉隆起，脉网明显。生于山地林下、林缘、灌丛、沟谷草甸。产兴安北、呼伦、兴安南、燕北、锡林、阴山、贺兰山、龙首山……………………………**10b. 东亚唐松草 T. minus** L. var. **hypoleucum** (Sieb. et Zucc.) Miq.

13b. 花梗长，长 1—2cm。生于山地草甸、林下、沟谷草甸。产兴安北、兴安南、燕北、阴山(大青山)…… **10c. 长梗欧亚唐松草 T. minus** L. var. **kemese** (Fries) Trelease
——*T. minus* L. var. *stipellatum* (C. A. Mey.) Tamura

9. 银莲花属 Anemone L.

1a. 花序叉状分枝；基生叶早枯；总苞苞片 2，对生，无柄；花单生于花序分枝顶端；心皮无毛，成熟时扁平。生于林下、林缘草甸、沟谷、河岸草甸。产兴安北、岭东、岭西……………1. **二歧银莲花 A. dichotoma** L.

1b. 花序不叉状分枝；具基生叶；单一或多数，呈莲座状；总苞苞片 3。

2a. 苞片具柄；花丝丝形。

3a. 聚合果密集成棉团状，瘦果密被长绵毛，宿存花柱不弯曲；花单一，大型，直径 3.5—5cm；苞片的柄不为鞘状。生于山地林下、林缘、灌丛及沟谷草甸。产兴安北、岭西、兴安南、燕北、锡林、阴山……………2. **大花银莲花 A. sylvestris** L.

3b. 聚合果近球形，瘦果无毛，宿存花柱钩状弯曲；聚伞花序 1—3 回分枝，花小型，直径约 1.5cm；苞片的柄为鞘状。生于山地林缘及沟谷草甸。产兴安南、燕北、阴山……………3. **小花草玉梅 A. flore-minore** (Maxim.) Y. Z. Zhao

——*A. rivularis* Buch.-Ham. ex DC. var. *flore-minore* Maxim.

2b. 苞片无柄；花丝条形。

4a. 瘦果卵球形，密被白色柔毛；叶的侧全裂片比中全裂片小得多；花序只有 1 花。生于高山草甸及灌丛。产贺兰山……4. **疏齿银莲花 A. grum** H. Leveille subsp. **ovalifolia** (Bruhl) R. P. Chaudhary

——*A. obtusiloba* D. Don subsp. *ovalifolia* Bruhl

4b. 瘦果扁平，具宽棱边，无毛；伞形花序。

5a. 叶片轮廓卵形或宽卵形，中央全裂片明显具柄，末回裂片锐尖。生于海拔 3100—3400m 的高山石缝中。产贺兰山……………5. **展毛银莲花 A. demissa** J. D. Hook. et Thoms.

5b. 叶片轮廓圆形、圆肾形或宽卵形，中央全裂片无柄或近无柄。

6a. 叶片轮廓圆肾形，全裂片细裂，末回裂片披针形或条形，先端渐尖或锐尖；中央全裂片无柄。生于山地林下、林缘及草甸。产兴安北、岭东、兴安南、赤峰、燕北……………6. **长毛银莲花 A. crinita** Juz.

6b. 全裂片 3 浅裂至中裂。

7a. 叶片轮廓宽卵形，全裂片互不重叠，末回裂片矩圆状卵形，先端钝圆或锐尖；中央全裂片无柄。生于海拔 2200—3000m 的山地岩石缝中。产贺兰山……………7. **卵裂银莲花 A. sibirica** L.

7b. 叶片轮廓圆形，全裂片相互重叠，末回裂片卵圆形，先端圆钝；中央全裂片近无柄。生于山地石质山坡。产贺兰山……………8. **阿拉善银莲花 A. alaschanica** (Schipcz.) Borod.-Grabovsk.

10. 白头翁属 Pulsatilla Mill.

1a. 叶掌状 3 全裂，或近似羽状时有羽片 2 对。

2a. 叶掌状 3 全裂，中全裂片 3 深裂。

3a. 叶的全裂片分裂程度小，末回裂片卵形。生于山地林缘和草甸。产岭东、兴安南、燕北、阴山(卓资县)……………1. **白头翁 P. chinensis** (Bunge) Regel

3b. 叶的全裂片多少细裂，末回裂片条状披针形至狭条形。生于林间草甸和山地草甸。产兴安北、岭东、岭西……………2. **掌叶白头翁 P. patens** (L.) Mill. subsp. **multifida** (Pritz.) Zamels

——*P. patens* (L.) Mill. var. *multifida* (Pritz.) S. H. Li et Y. H. Huang

2b. 叶近羽状分裂，有时羽片 2 对，中全裂片 3 全裂。

4a. 叶的末回裂片狭披针形，宽 0.8—1.5mm；总苞筒长约 2mm；宿存花柱长 2.5—3cm，上部有贴伏短毛。生于山地草原或灌丛。产岭东、燕北…… 3. **蒙古白头翁 P. ambigua** (Turcz. ex Hayek.) Juz.

4b. 叶的末回裂片宽在 2mm 以上；总苞筒长 8—14mm；宿存花柱长 4—5.8cm，下部和上部均被开展的长柔毛。

5a. 叶裂片通常无齿，叶缘无毛；花蓝紫色。生于山地河岸草甸、林间空地、石砾地。产兴安北、岭东、兴安南……………………………………………4. 兴安白头翁 **P. dahurica** (Fisch. ex DC.) Spreng.

5b. 叶裂片具齿，叶缘有毛；花紫红色。生于山坡草地。产岭东、兴安南、赤峰、燕北、阴山(卓资县)…………………………………………………………5. 朝鲜白头翁 **P. cernua** (Thunb.) Bercht. et Presl

1b. 叶为 2 回羽状复叶，羽片 3—6 对，细裂。

6a. 叶片轮廓卵形，宽，下部羽片具柄；茎和叶柄被开展的长柔毛；总苞筒长 5—6mm；宿存花柱长 3—6cm，被开展的长柔毛。

7a. 花萼 6，蓝紫色，长椭圆形或椭圆状披针形；花梗与苞片近等长。生于典型草原与草甸草原群落中。产兴安北、岭东、岭西、呼伦、兴安南、燕北、锡林、阴山、阴南、贺兰山…………………………………………………………………………………………6. 细叶白头翁 **P. turczaninovii** Kryl. et Serg.

7b. 花萼多数，淡粉红色，条状披针形或条形；花梗长，远超出总苞片。生于山坡草地。产岭西(陈巴尔虎旗特尼河)…… 7. 呼伦白头翁 **P. hulunensis** (L. Q. Zhao) L. Q. Zhao et Y. Z. Zhao comb. nov.

——*P. turczaninovii* Kryl. et Serg.

var. *hulunensis* L. Q. Zhao in Act. Bot. Bor.-Occiden. Sin. 31(10): 2131. t. A-B.

6b. 叶片轮廓矩圆形，狭，全部羽片均无柄；茎和叶柄被贴伏或稍开展的长柔毛；总苞筒长 2—3mm；宿存花柱长 2—2.5cm，上部被贴伏的短柔毛。

8a. 萼片蓝紫色，长 2—3cm。生于石质坡地。产呼伦…………………………………………………………………………………………8. 细裂白头翁 **P. tenuiloba** (Turcz. ex Hayek) Juz.

8b. 萼片黄白色，长 1—2cm。生于石质山地及丘陵坡地和沟谷中。产呼伦、兴安南、锡林、阴山…………………………………………………………………………………9. 黄花白头翁 **P. sukaczevii** Juz.

11. 侧金盏花属 **Adonis** L.

1a. 茎、叶和萼片光滑无毛；茎单一，不分枝或极少分枝。生于山地林缘草甸。产兴安北、岭西……………………………………………………………………………1. 北侧金盏花 **A. sibirica** Patr. ex Ledeb.

1b. 茎、叶和萼片疏被短腺毛；茎多分枝。生于山地草甸。产鄂尔南部、龙首山…………………………………………………………………………………2. 甘青侧金盏花 **A. bobroviana** Sim.

12. 水毛茛属 **Batrachium** (DC.) J. F. Gray.

1a. 叶片二型，沉水叶裂片丝形，上部浮水叶裂片较宽，狭条形，宽 0.2—0.5mm。生于河水中。产阴南(大黑河)……………………………………………………………………………1. 北京水毛茛 **B. pekinense** L. Liou

1b. 叶片一型，全部为沉水叶，裂片丝形。

2a. 植株矮小，高不超过 10cm；花小，直径 6—8mm；叶裂片在水外叉开。生于池水边。产兴安北、呼伦、东阿(巴音浩特市)……………………………………2. 小水毛茛 **B. eradicatum** (Laest.) Freis

2b. 茎长 20cm 以上；花较大，直径在 1cm 以上。

3a. 叶片长 4—6cm；全株无毛，花托及瘦果均无毛。生于水中。产兴安北、辽河…………………………………………………………………3. 长叶水毛茛 **B. kauffmannii** (Clerc) V. Krecz.

3b. 叶片长 4cm 以下；叶鞘被毛，花托及瘦果多少被毛。

4a. 叶片轮廓圆形，开展，抱茎，直径 1—2cm，明显短于节间。生于浅水中。产岭东、科尔沁、锡林、鄂尔……………………………………4. 硬叶水毛茛 **B. foeniculaceum** (Gilib.) Krecz.

4b. 叶片轮廓半圆形或扇形，直径 1.5—4cm，等长或稍短于节间。

5a. 叶片长 2.5—4cm；叶柄长 0.7—2cm。生于湖泊、河流水中。产兴安北、锡林、乌兰、阴山(灰腾梁)

··5. **水毛茛 B. bungei** (Steud.) L. Liou

5b. 叶片长 1—2cm；叶柄短，鞘状，长约 2.5mm。生于浅水、湖沼及沼泽草甸中。产兴安北、呼伦、兴安南、科尔沁、辽河、锡林 ······ 6. **毛柄水毛茛 B. trichophyllum** (Chaix ex Vill.) Bossche

13. 水葫芦苗属(碱毛茛属) Halerpestes E. L. Greene

1a. 花小，直径约 7mm；花瓣 5；聚合果长约 6mm；叶片近圆形，长 0.4—1.5cm。生于低湿地草甸及轻度盐化草甸。产兴安北、呼伦、兴安南、科尔沁、辽河、赤峰、燕北、锡林、乌兰、阴山、阴南、鄂尔、东阿、西阿、贺兰山 ·················· 1. **碱毛茛 H. sarmentosa** (Adams) Kom. et Aliss.——*H. salsuginosa* (Pall. ex Georgi) E. L. Greene

1b. 花大，直径约 2cm；花瓣 6—9；聚合果长约 1cm；叶片卵状梯形，长 1.2—4cm。生于低湿地草甸及轻度盐化草甸。产呼伦、兴安南、科尔沁、辽河、赤峰、锡林、乌兰、阴山、阴南、鄂尔、东阿、西阿、贺兰山、额济纳 ································ 2. **长叶碱毛茛 H. ruthenica** (Jacq.) Ovcz.

14. 毛茛属 Ranunculus L.

1a. 瘦果卵球形，稍扁，宽为厚的 1—3 倍，背腹线有 1 纵棱；花瓣蜜槽呈点状或杯状袋穴。

2a. 陆生草本。

3a. 多年生草本；瘦果无皱纹，喙较长，长 0.5—1.5mm(**1. 美丽毛茛组** Sect. **Auricomum**)。

4a. 基生叶为单叶。

5a. 基生叶不裂，全缘或有齿，稀 3 浅裂或中裂。

6a. 基生叶数枚，条形至椭圆形或宽卵形，基部楔形至圆形；瘦果无毛。

7a. 植株除花梗被短柔毛外，通常无毛；茎生叶不分裂或 2—3 浅裂或中裂。

8a. 茎生叶 2—3 浅裂或中裂；花瓣大，比萼片长；基生叶椭圆形或卵形，先端具 3—5(7)齿牙或齿裂片。生于河岸沼泽草甸及亚高山沼泽草甸。产兴安北(五岔沟)、锡林、阴山(灰腾梁) ········· 1a. **美丽毛茛 R. pulchellus** C. A. Mey. var. **pulchellus**

8b. 茎生叶不分裂，全缘；花瓣小，与萼片近等长；基生叶披针形至椭圆形或卵形，通常全缘，或有时先端具 1—5 个小齿。生于河谷沼泽草甸及亚高山沼泽草甸。产兴安南、锡林、阴山 ··························· 1b. **长茎毛茛 R. pulchellus** C. A. Mey. var. **longicaulis** Trautv.

7b. 植株被绵状柔毛或白色细长柔毛；茎生叶 3—5 深裂或全裂。

9a. 基生叶狭椭圆形或披针形，不分裂，全缘；植株被绵状柔毛；花托无毛或顶生白毛。生于海拔 3000m 以上的高山草甸。产贺兰山 ·································· 2. **贺兰山毛茛 R. alaschanicus** Y. Z. Zhao

9b. 基生叶卵圆形或宽卵形，3—5 齿裂至中裂；植株被白色细长柔毛；花托被毛。生于海拔 2400—2900m 的沟谷草甸。产贺兰山 ·································· 3. **栉裂毛茛 R. pectinatilobus** W. T. Wang ——*R. popovii* auct. non Ovcz.: Fl. Intramongol. ed. 2, 2: 495. 1990.

6b. 基生叶单一，圆形或肾形，长与宽近相等，基部心形至圆形；瘦果密被细毛。

10a. 基生叶圆肾形，边缘具粗尖裂齿。生于河岸湿草甸及山地沟谷湿草甸。产兴安北、兴安南 ··························· 4. **单叶毛茛 R. monophyllus** Ovcz.

10b. 基生叶圆形，边缘具粗浅圆齿。生于海拔 2400m 的沟谷石缝中。产贺兰山 ··························· 5. **圆叶毛茛 R. indivisus** (Maxim.) Hand.-Mazz.

5b. 基生叶 3 深裂或掌状分裂。

11a. 花托无毛；瘦果无毛；基生叶圆肾形，基部截形或宽楔形，3 深裂或全裂，中裂片全缘或有 3 齿，侧裂片 2 中裂或深裂。生于海拔 2600—3400m 的高山草甸。产贺兰山 ……………………………………………………………… **6. 鸟足毛茛 R. brotherusii** Freyn

11b. 花托被毛。

12a. 瘦果无毛。

13a. 植株除花梗被毛外，近无毛或疏被短柔毛；基生叶宽卵形或肾圆形，基部微心形或宽楔形，3 中裂至深裂，裂片倒卵形，先端具 3—5 个圆齿状缺刻。生于山地。产阴山(大青山、蛮汗山) ………………………………………………… **7. 阴山毛茛 R. yinshanensis** (Y. Z. Zhao) Y. Z. Zhao

13b. 植株被毛。

14a. 基生叶基部宽楔形或楔形。

15a. 植株被长细柔毛；基生叶形多样，3—11 深裂、浅裂、全裂或齿裂。生境、产地同 9b 项 ……………………………………………………………… **3. 栉裂毛茛 R. pectinatilobus** W. T. Wang

15b. 植株被短柔毛；基生叶宽菱形，3 深裂或全裂，裂片矩圆状披针形。生于山地。产贺兰山 ………………………………………………………… **8. 叉裂毛茛 R. furcatifidus** W. T. Wang

14b. 基生叶基部心形或浅心形；基生叶圆状肾形或近圆形，7—13 深裂。生于沟谷草甸。产兴安北、岭东、岭西、兴安南、燕北、乌兰、阴山 …………………………………… **9. 掌裂毛茛 R. rigescens** Turcz. ex Ovcz.

12b. 瘦果被毛。

16a. 基生叶基部心形，7—15 掌状深裂。生于山地草甸。产贺兰山、龙首山 ……………………………………………… **10. 裂叶毛茛 R. pedatifidus** J. E. Smith.

16b. 基生叶基部宽楔形，3—9 浅裂或浅裂。生于山地草甸。产龙首山 ………………………………………………………………… **11. 天山毛茛 R. popovii** Ovcz.

4b. 基生叶为三出复叶，小叶片 2 回全裂或深裂，末回裂片披针形或条形，宽 1—3mm；茎生叶 3—5 全裂，裂片又深裂或不裂；花托被毛；瘦果无毛。生于海拔 2400m 的沟谷草甸或石缝处。产贺兰山 …………………………………………… **12. 高原毛茛 R. tanguticus** (Maxim.) Ovcz.

3b. 一年生草本；瘦果具细皱纹，喙极短，长约 0.1mm(**2. 石龙芮组** Sect. **Hecatnia**)。生于沼泽草甸及草甸。产兴安北、呼伦、兴安南、科尔沁、辽河、赤峰、锡林、乌兰、阴山 ……… **13. 石龙芮 R. sceleratus** L.

2b. 水生或沼生草本。

17a. 叶不分裂，条形至披针形；瘦果无毛(**3. 长叶毛茛组** Sect. **Flammula**)。

18a. 茎直立粗壮，下部节上生根成匍匐茎；叶条状披针形，宽约 5mm；花直径 1.5—2.5cm。生于沼泽草甸。产兴安北、岭东、嫩西 ………………………… **14. 披针毛茛 R. amurensis** Kom.

18b. 茎纤细平卧，全部节上生根和叶；叶条形，宽 1—2mm；花直径 6—8mm。生于河岸水中。产兴安北、岭西 …………………………………………………… **15. 松叶毛茛 R. reptans** L.

17b. 叶分裂(**4. 浮毛茛组** Sect. **Xanthobatrachium**)。

19a. 叶掌状细裂，末回裂片条形，顶端渐尖；聚合果直径 2—4mm。生于浅水或沼泽草甸。产兴安北、岭东、岭西、呼伦、兴安南、锡林 ……………………… **16. 小掌叶毛茛 R. gmelinii** DC.

19b. 叶 3 浅裂或深裂，裂片宽圆，顶端钝。

20a. 花托被毛；聚合果直径 5—8mm；植株较大型，无毛。

21a. 叶 3 浅裂，裂片全缘或有 2—3 圆齿，顶端钝圆，基部浅心形或截形。生于浅水或沼泽草甸。产兴安北、呼伦、兴安南 ………… **17. 浮毛茛 R. natans** C. A. Mey.

21b. 叶 3 深裂，裂片又 2—3 浅裂至中裂，顶端稍尖，基部心形。生于湖水中。产兴安北、呼伦、兴安南、乌兰(四子王旗南部) …… **18. 沼地毛茛 R. radicans** C. A. Mey.

20b. 花托无毛；聚合果直径 3—4mm；植株矮小，疏被伏毛或近无毛；叶 3 浅裂，裂片全缘或有 2—3 圆齿，基部截形或楔形。生于沼泽。产兴安北、岭西、兴安南、锡林…………………………………………**19. 内蒙古毛茛 R. intramongolicus** Y. Z. Zhao

1b. 瘦果扁平，宽为厚的5倍以上，边缘有棱边；花瓣蜜槽上有分离的小裂片(**5. 毛茛组** Sect. **Rnunculus**)。

22a. 基生叶为单叶，3 深裂或有时全裂；花托无毛。

23a. 根状茎细长横走；叶裂片楔形，上部有 1—3 齿。生于低湿草甸。产科尔沁、锡林、阴山(乌拉山)、鄂尔…………………………………………**20. 楔叶毛茛 R. cuneifolius** Maxim.

23b. 根状茎不伸长。

24a. 根状茎加粗；茎及叶柄被淡褐色长毛；基生叶大型，圆肾形，宽达 15cm。生于河岸湿草甸或阔叶林中。产兴安北、岭东、岭西…………………………**21. 兴安毛茛 R. sminovii** Ovcz.

24b. 根状茎不加粗；茎及叶柄被伸展和贴伏毛；基生叶较小，宽 4—10cm。

25a. 上部茎生叶背面密被银白色绢状伏毛。生于林中、林缘、湿草甸。产兴安北、兴安南…………**22b. 银叶毛茛 R. japonicus** Thunb. var. **hsinganensis** (Kitag.) W. T. Wang

25b. 上部茎生叶背面无银白色绢状伏毛。

26a. 茎下部和叶柄被伸展长毛。生于山地林缘草甸、沟谷草甸、沼泽草甸。产兴安北、岭东、岭西、呼伦、兴安南、科尔沁、辽河、赤峰、燕北、锡林、阴山、鄂尔…………………………………………………**22a. 毛茛 R. japonicus** Thunb. var. **japonicus**

26b. 茎下部和叶柄被糙伏毛。生于沟谷草甸。产兴安北、岭东、呼伦、兴安南、阴山、鄂尔·…………………………………………**22c. 伏毛毛茛 R. japonicus** Thunb. var. **propinquus** (C. A. Mey.) W. T. Wang

22b. 基生叶为三出复叶，小叶再 1—2 回 3 深裂；花托被毛。

27a. 茎匍匐，下部节上生根，近无毛；花较大，直径约 2cm。生于草甸及沼泽草甸。产兴安北、岭东、岭西、呼伦、兴安南、锡林…………………………………………**23. 匍枝毛茛 R. repens** L.

27b. 茎直立，节上不生根，被长硬毛；花较小，直径 1—1.2cm。

28a. 聚合果椭圆形，长约 1.1cm，宽约 7mm；果喙短，长约 0.2mm，微弯；植株密被开展的长硬毛。生于河滩草甸及沼泽草甸。产兴安北、岭东、岭西、兴安南、辽河、燕北、阴山、阴南、鄂尔、东阿…………………………………………**24. 回回蒜 R. chinensis** Bunge

28b. 聚合果球形，直径约 8mm；果喙长约 1.5mm，直伸；植株密被贴伏的长硬毛。生于草甸及沼泽草甸。产兴安北、岭东、岭西………………**25. 长喙毛茛 R. tachiroei** Franch. et Sav.

15. 铁线莲属 Clematis L.

1a. 直立小灌木。

2a. 萼片黄色，顶端尖，斜上展，呈钟状。

3a. 叶全缘或具锯齿，或基部具 1—2 裂片，或仅下半部羽状分裂，长 2—5cm。

4a. 叶菱状披针形或披针形，边缘疏生齿或基部具 1—2 裂片，或仅下半部羽状分裂。

5a. 叶绿色，两面近无毛或疏被毛。生于石质山坡。产锡林、乌兰、阴山、阴南、鄂尔、东阿、贺兰山…………………………………………**1a. 灌木铁线莲 C. fruticosa** Turcz. var. **fruticosa**

5b. 叶灰绿色，两面密被贴伏柔毛。生于湖边沙地。产锡林、乌兰、鄂尔…………………………………………**1b. 毛灌木铁线莲 C. fruticosa** Turcz. var. **canescens** Turcz.

4b. 叶条形或披针状条形，边缘通常全缘。生于石质残丘、沙地。产锡林(苏尼特左旗)、乌兰、鄂尔、东阿、西阿、龙首山、额济纳…………**2. 灰叶铁线莲 C. tomentella** (Maxim.) W. T. Wang et L. Q. Li

——*C. fruticosa* Turcz. var. *canescens* auct. non Turcz.

(=*C. canescens* (Turcz.) W. T. Wang et M. C. Chang in Fl. Intramongol. ed. 2, 2: 517. 1990.)

3b. 叶羽状全裂，叶片较小，长 0.5—1cm。生于山地干山坡上。产东阿南部、贺兰山(三关口)、龙首山………

………………………………………………………………3. 小叶铁线莲 **C. nanophylla** Maxim.

2b. 萼片白色，顶端钝而有凸尖，开展，不呈钟状；叶全缘或有不同程度的锯齿或牙齿。生于山麓前冲积扇、砾石堆或山坡上。产东阿(乌拉特后旗北部)、额济纳(蒜井子)…………4. 准噶尔铁线莲 **C. songarica** Bunge

1b. 直立草本或藤本。

6a. 直立草本。

7a. 叶 1—2 回羽状全裂，裂片全缘；萼片通常 6，稀 4—8，水平开展，白色；雄蕊无毛。生于草原及灌丛群落中，亦见于固定沙丘或山坡林缘、林下。产兴安北、岭东、岭西、呼伦、兴安南、赤峰、辽河(大青沟)、燕北、锡林、阴山、阴南………………………………………………5. 棉团铁线莲 **C. hexapetala** Pall.

7b. 叶为 1 回三出复叶，叶缘具锯齿；萼片 4，直立，蓝紫色；雄蕊花丝被毛。生于山地森林带的林下、林缘、山坡灌丛、沟谷、路旁。产燕北(敖汉旗大黑山、宁城县)………6. 大叶铁线莲 **C. heracleifolia** DC.

6b. 攀援藤本。

8a. 雄蕊无毛；萼片开展，不呈钟状；圆锥花序。

9a. 小叶全缘，先端常渐尖或锐尖。生于杂木林内、林缘、山地灌丛。产岭东…………………………………………………………7. 辣蓼铁线莲 **C. terniflora** DC. var. **mandshurica** (Rupr.) Ohwi

9b. 小叶边缘具缺刻状牙齿，先端长渐尖成尾状。生于山地林下、林缘及灌丛中。产兴安北、岭东、岭西、兴安南、科尔沁、辽河(大青沟)、燕北、锡林南部、乌兰南部、阴山、阴南、贺兰山、龙首山……………………………………………………………………8. 短尾铁线莲 **C. brevicaudata** DC.

8b. 雄蕊被毛；萼片直立或斜向上展，呈钟状；单花腋生或聚伞花序。

10a. 具退化雄蕊，花瓣状。

11a. 退化雄蕊匙状条形，长约为萼片的 1/2。

12a. 花淡黄色至白色。生于山地林下、林缘或沟谷灌丛。产兴安北、岭东、岭西、兴安南、贺兰山·……………………………9a. 西伯利亚铁线莲 **C. sibirica** (L.) Mill. var. **sibirica**

12b. 花淡蓝色至紫色。生于山地沟谷、林下、林缘或山坡草丛中。产兴安北、兴安南、燕北、阴山(乌拉山)、贺兰山……………………………………9b. 半钟铁线莲 **C. sibirica** (L.) Mill. var. **ochotensis** (Pall.) S. H. Li et Y. H. Huang

11b. 退化雄蕊花瓣状，条状披针形或披针形，长与萼片近等长或稍短。

13a. 花蓝色至蓝紫色或紫红色。

14a. 花蓝色至蓝紫色。生于山地林下、林缘草甸。产兴安北、岭东、兴安南、赤峰、燕北、阴山、贺兰山……10a. 长瓣铁线莲 **C. macropetala** Ledeb. var. **macropetala**

14b. 花紫红色。生于海拔 2300m 的山地青海云杉林下。产贺兰山(哈拉乌沟)………………………………………………10b. 紫红花长瓣铁线莲 **C. macropetala** Ledeb. var. **punicoflora** Y. Z. Zhao

13b. 花白色至淡黄色。生于海拔 2200m 的沟边灌丛及林下。产贺兰山……………………………………………………………10c. 白花长瓣铁线莲 **C. macropetala** Ledeb. var. **albifolora** (Maxim. ex Kuntz.) Hand.-Mazz.

10b. 无退化雄蕊。

15a. 雄蕊全部密被毛；萼片顶端常钝圆；1 回羽状复叶，小叶 5—7，稀 9，卵形至卵状披针形，全缘，但近基部常 2—3 裂，顶端小叶有时成卷须。

16a. 花梗和萼片外面被褐色柔毛；萼片呈褐色或暗褐色。生于林内、林缘、山地灌丛及河边草甸。产岭东………………………11a. 褐毛铁线莲 **C. fusca** Turcz. var. **fusca**

16b. 花梗和萼片外面无毛或近无毛；萼片呈暗红紫色。生于杂木林种、路旁灌丛。产岭东……………………………11b. 紫花铁线莲 **C. fusca** Turcz. var. **violacea** Maxim.

15b. 雄蕊仅花丝疏生柔毛；萼片顶端常渐尖。

17a. 叶 3—4 回羽状分裂。

18a. 叶羽状浅裂。生于林下或林缘。产岭东…………………………………………

……………………………… **12. 宽裂铁线莲 C. latisecta** (Maxim.) Prautl.

18b. 叶羽状深裂或细裂。

19a. 叶羽状细裂，最终小裂片披针状条形，宽 0.5—2mm。生于石质山坡、沙地柳灌丛中、河谷草甸。产兴安南、燕北、锡林、乌兰、阴山、阴南、鄂尔、东阿、贺兰山、龙首山……**13a. 芹叶铁线莲 C. aethusifolia** Turcz. var. **aethusifolia**

19b. 叶羽状深裂或中裂，最终小裂片椭圆形或椭圆状披针形，宽 2—4mm。生于丘陵坡地、石质山坡。产兴安南、锡林、阴山……………………… ·· **13b. 宽芹叶铁线莲 C. aethusifolia** Turcz. var. **pratensis** Y. Z. Zhao

——*C. aethusifolia* Turcz. var. *latisecta* auct. non Maxim.: Fl. Intramongol. ed. 2, 2: 528. 1990.

17b. 叶 1—2 回羽状复叶。

20a. 小叶片或裂片全缘，或有少数齿。

21a. 萼片内面有毛；小叶基部圆形或圆楔形。生于宅旁、公园。产额济纳……………………………………………… **14. 东方铁线莲 C. orientalis** L.

21b. 萼片内面无毛；小叶基部楔形。

22a. 花黄色；小叶条形、条状披针形或披针形，先端渐尖。生于山地、丘陵、低湿地、沙地、田边、路旁、房舍附近。产锡林西部、乌兰、阴山、阴南、鄂尔、东阿、西阿、贺兰山、额济纳…………………………………………… **15a. 黄花铁线莲 C. intricata** Bunge var. **intricata**

22b. 花紫色；中央小叶披针形或椭圆状披针形，先端渐尖，侧生小叶椭圆形或长椭圆形，先端圆钝，具小尖头。生于桦树林下。产兴安南(迪彦庙)、阴山(哈拉沁沟)……………………………………… ·· **15b. 紫萼铁线莲 C. intricata** Bunge var. **purpurea** Y. Z. Zhao

20b. 小叶片或裂片有锯齿。

23a. 叶灰绿色，两面被毛；小叶的中裂片卵状披针形或披针形，基部楔形，先端渐尖或锐尖；萼片顶端渐尖或急尖。生于山地灌丛中。产西阿(雅布赖山)、龙首山、额济纳(马鬃山)……………………………………………………………… **16. 甘青铁线莲 C. tangutica** (Maxim.) Korsh.

23b. 叶鲜绿色，两面无毛；小叶的中裂片椭圆形或矩圆形，基部圆楔形或圆形，先端钝或圆形，具小尖头；萼片顶端锐尖或成小尖头。生于高山草甸及灌丛。产贺兰山、龙首山……………………………………………………………… **17. 甘川铁线莲 C. akebioides** (Maxim.) Veitch.

16. 翠雀花属 Delphinium L.

1a. 退化雄蕊黑色或黑褐色，与萼片异色。

2a. 花序总状，花序轴无毛；蓇葖果无毛。

3a. 叶几乎全部基生；叶片轮廓圆状肾形，小裂片先端钝。生于山地林缘、草甸及灌丛间。产兴安北…………………………………………………………… **1. 基叶翠雀花 D. crassifolium** Schrad. ex Spreng.

3b. 叶基生和茎生，在茎上者等距排列；叶片轮廓圆状心形，小裂片先端锐尖。生于山地五花草甸及河滩草甸。产兴安北、岭东、岭西……………………… **2. 东北高翠雀花 D. korshinskyanum** Nevski

2b. 花序近伞房状，花序轴有毛；蓇葖果密被柔毛。

4a. 小苞片着生于花梗中部。生于林下、林缘、山地灌丛、草甸及河滩草甸。产燕北(苏木山)、阴山……………………………………………………………… **3. 细须翠雀花 D. siwanense** Franch.

——*D. siwanense* Franch. var. *leptopogon* (Hand.-Mazz.) W. T. Wang

4b. 小苞片与花邻接或近邻接。

5a. 茎和花序被反曲的白色短柔毛。生于云杉林缘草甸。产贺兰山……………………………………………………**4a. 白蓝翠雀花 D. albocoeruleum** Maxim. var. **albocoeruleum**

5b. 茎和花序被开展的白色柔毛或淡黄色腺毛和反曲的白色短柔毛。

6a. 茎生叶的深裂片1—2回深裂，小裂片披针形或条形，宽2—5mm，先端渐尖或长渐尖。生于海拔2500—2800m的云杉林下及林缘草甸。产贺兰山……………………**4b. 贺兰山翠雀花 D. albocoeruleum** Maxim. var. **przewalskii** (Huth) W. T. Wang

6b. 茎生叶的深裂片1回浅裂或不裂，小裂片椭圆形，宽5—10mm，先端钝尖。生于海拔2500—2800m的沟谷林下。产贺兰山……………………**4c. 宽裂白蓝翠雀花 D. albocoeruleum** Maxim. var. **latilobum** Y. Z. Zhao

1b. 退化雄蕊蓝紫色，与萼片同色。

7a. 叶掌状深裂，小裂片狭卵形、披针形或条状披针形，宽3mm以上。

8a. 萼片内面无毛；总状花序狭长，花稀疏。

9a. 花梗被反曲短柔毛。

10a. 花序轴和花梗被反曲短柔毛；叶的小裂片多为狭卵形或披针形。生于河岸林缘。产兴安北……………………**5. 兴安翠雀花 D. hsinganense** S. H. Li et Z. F. Fang

10b. 花序轴无毛，花梗只在顶部被反曲短柔毛；叶的小裂片多为条状披针形。生于林缘。产兴安北……………**6a. 唇花翠雀花 D. cheilanthum** Fisch. ex DC. var. **cheilanthum**

9b. 花梗被伸展的黄色短毛。生于林缘。产兴安北……………………………………**6b. 展毛唇花翠雀花 D. cheilanthum** Fisch. ex DC. var. **pubescens** Y. Z. Zhao

8b. 萼片内、外两面均被短毛；总状花序短，花较密集；花序轴无毛或近无毛，上部被反曲短柔毛，顶部毛较密；叶的小裂片多为狭卵形或披针形。生于河边草甸。产兴安南(白音敖包)……………………………………………………**7. 毓泉翠雀花 D. yuchuanii** Y. Z. Zhao

7b. 叶掌状细裂，小裂片条形，宽0.5—3mm。

11a. 花序总状；蓇突果密被短毛。

12a. 茎和花序轴及花梗密被反曲的白色短柔毛。生于草甸草原、沙质草原、灌丛中、山地草甸及河谷草甸中。产兴安北、岭东、岭西、呼伦、兴安南、科尔沁、辽河、赤峰、燕北、锡林、阴山、阴南、鄂尔……………………………………**8a. 翠雀花 D. grandiflorum** L. var. **grandiflorum**

12b. 茎和花序轴及花梗除了被反曲的白色短柔毛外，还被开展的长柔毛。生于海拔1480m的沙地上。产兴安南………………**8b. 疏毛翠雀花 D. grandiflorum** L. var. **pilosum** Y. Z. Zhao

11b. 花序近伞房状；蓇突果疏被短毛；茎疏被开展或向下斜展的白色长柔毛；花序轴和花梗被反曲的白色短柔毛和开展的白色柔毛或黄色腺毛。生于海拔2100—2400m的沟谷草丛或山坡草地。产贺兰山……………………………………**9. 软毛翠雀花 D. mollipilum** W. T. Wang

17. 乌头属 Aconitum L.

1a. 具根状茎，根为直根，粗壮，呈辫状扭曲；上萼片圆筒形(**1. 牛扁亚属** Subgen. **Lycoctonum**)。

2a. 萼片黄色。

3a. 叶掌状全裂；花序轴及花梗密被贴伏反曲的短柔毛。

4a. 叶的全裂片近细裂，较狭而端尖，末回裂片条形。生于林下、林缘草甸。产兴安北……………………………………**1a. 细叶黄乌头 A. barbatum** Patrin ex Pers. var. **barbatum**

4b. 叶的全裂片分裂程度小，较宽而端钝，末回裂片披针形或狭卵形。

5a. 茎下部的毛开展。生于山地林下、林缘及中生灌丛。产兴安南、燕北、阴山…………**1b. 西伯利亚乌头 A. barbatum** Patrin ex Pers. var. **hispidum** (DC.) Seringe

5b. 茎下部的毛贴伏。生于山地沟谷。产燕北(苏木山)…………………………………………………………………………… **1c. 牛扁 A. barbatum** Patrin ex Pers. var. **puberulum** Ledeb.

3b. 叶掌状深裂。

6a. 花序轴及花梗被贴伏反曲的短柔毛。

7a. 植株高大，高 120cm；茎生叶均匀排列；叶裂片先端无腺；盔瓣较大，高 13—20mm。生于林下、林缘及湿草甸。产兴安北…………………**2. 草地乌头 A. umbrosum** (Korsh.) Kom.

7b. 植株较矮，高达 70cm；茎生叶生于茎下部 1/3 处；叶裂片先端具腺；盔瓣较小，高 10—13mm。生于林缘草甸。产兴安北(满归镇)…………………………………………………………………… **3. 毛茛叶乌头 A. ranunculoides** Turcz. ex Ledeb.

6b. 花序轴及花梗密被开展的淡黄色短柔毛；茎生叶深裂片先端尾状渐尖。生于山地沟谷草甸。产燕北(旺业甸林场)………………………………**4. 旺业甸乌头 A. wangyedianense** Y. Z. Zhao

2b. 萼片蓝紫色。

8a. 茎疏被开展的长柔毛；叶背面的毛直而长，长 0.8—1.2mm。生于林下及林缘草甸。产兴安北、兴安南、燕北……………………………**5. 紫花高乌头 A. septentrionale** Koelle——*A. excelsum* Reichb.

8b. 茎被反曲的短柔毛或近无毛；叶背面的毛曲而短，长 0.2—0.5mm。生于山地林下、林缘及沟谷草甸。产兴安南、燕北……… **6. 河北白喉乌头 A. leucostomum** Voroschilov var. **hopeiense** W. T. Wang

1b. 无根状茎，根为块根，通常 2 或数个连生；上萼片船形、盔形或高盔形(**2. 乌头亚属** Subgen. **Aconitum**)

9a. 萼片黄色。

10a. 花序轴和花梗疏被反曲的短柔毛；叶的全裂片宽，末回裂片披针形或狭卵形；上萼片高盔形；心皮 5，无毛。生于林缘草甸。产兴安北(五岔沟)………**7. 五叉沟乌头 A. wuchagouense** Y. Z. Zhao

10b. 花序轴和花梗密被反曲的短柔毛；叶的全裂片细裂，末回裂片条形或狭条形；上萼片船状盔形；心皮 3，密被短柔毛。生于山地草甸或疏林中。产燕北………………………………………………………………………………………… **8. 黄花乌头 A. coreanum** (H. Levl.) Rapaics

9b. 萼片蓝紫色。

11a. 叶掌状深裂；总状花序少花，有花(1)4—6 朵；花序轴和花梗疏被反曲的短柔毛；上萼片高盔形。生于林下及沟谷草甸。产兴安北……………………………………**9. 薄叶乌头 A. fischeri** Reichb.

11b. 叶掌状全裂。

12a. 花序轴光滑无毛。

13a. 叶大型，裂片宽，末回裂片披针形或狭卵形；小苞片着生于花梗中下部。

14a. 茎直伸，不弯曲；总状花序顶生，长达 40cm，花多而密集；上萼片盔形。

15a. 花梗无毛。生于林下、林缘草甸及沟谷草甸。产兴安北、岭东、岭西、呼伦、兴安南、辽河、燕北、锡林、阴山……**10a. 草乌头 A. kusnezoffii** Reichb. var. **kusnezoffii**

15b. 花梗上部或顶端有反曲的短柔毛。生于山地林缘草甸及沟谷溪边。产兴安南、辽河(大青沟)……………………………………………………………………………… **10b. 伏毛草乌头 A. kusnezoffii** Reichb. var. **crispulum** W. T. Wang

14b. 茎于中上部呈“之”字形弯曲；短总状花序近伞房状，着生于茎顶及茎上部的叶腋，长约 6cm，花少数，通常 3—5 朵；上萼片圆锥状盔形；花梗上部疏被开展的短柔毛或近无毛。生于山地林下、灌从及草甸。产兴安南、燕北、阴山(灰腾梁)………………………………………**11. 雾灵乌头 A. wulingense** Nakai

13b. 叶小型，裂片细裂，末回裂片条形或狭条形；小苞片着生于花梗中上部。

16a. 总状花序稀疏，花梗长，长 1—8.5cm；上萼片盔形；茎生叶排列疏距，中部叶柄较长，与叶片近等长，上部叶柄短。生于山地林下、林缘草甸。产兴安北…………………………………………………**12. 兴安乌头 A. ambiguum** Reichb.

16b. 总状花序紧密，花梗短，长 4—15mm；上萼片船形；茎生叶排列紧密，有短柄或无柄。生于山地草甸。产兴安南、燕北………………………………………………
……………………… **13a. 热河乌头 A. jehoense** Nakai et Kitag. var. **jehoense**

12b. 花序轴有毛。

17a. 茎缠绕；全裂片羽裂，末回裂片狭披针形或披针形，宽 3—7mm。

18a. 花梗密被开展的短柔毛。生于沼泽草甸。产兴安北……………………………………
………………………… **14a. 蔓乌头 A. volubile** Pall. ex Koelle var. **volubile**

18b. 花梗密被贴伏的反曲短柔毛。生于沼泽草甸。产兴安北………………………………
………… **14b. 卷毛蔓乌头 A. volubile** Pall. ex Koelle var. **pubescens** Regel

17b. 茎直立。

19a. 花序轴和花梗被贴伏反曲的短柔毛。

20a. 花序轴被贴伏的短曲柔毛，而花梗被开展的短柔毛；茎被贴伏的短曲毛和开展的长柔毛；小苞片着生于花梗中下部；全裂片羽裂，末回裂片披针形或条形，宽 1—3mm；上萼片高盔形。生于落叶松林下及其林缘草甸。产兴安北………… **15. 大兴安岭乌头 A. daxinganlinense** Y. Z. Zhao

20b. 花序轴和花梗疏或密被贴伏反曲的短柔毛。

21a. 花序轴和花梗疏被贴伏反曲的短柔毛，有时近无毛。

22a. 单花，腋生；花梗长，长 3—11cm，向上弯曲；小苞片着生于花梗上部；叶的全裂片宽，末回裂片披针形或狭卵形。生于草甸。产兴安北(白狼镇)………………………………………
……………………**16. 白狼乌头 A. bailangense** Y. Z. Zhao

22b. 总状花序，顶生或腋生，多花，密集；花梗短，长 1—3cm，直伸；小苞片着生于花梗中上部。

23a. 叶的全裂片细裂，末回裂片条形或狭条形，两面无毛；上萼片盔形或船形。生于林下、林缘及山地草甸。产兴安北、岭西、兴安南、燕北………………………………………………
………… **13b. 华北乌头 A. jehoense** Nakai et Kitag. var. **angustium** (W. T. Wang) Y. Z. Zhao

23b. 叶的全裂片宽，末回裂片三角状卵形或狭卵形至披针形，上面被短曲柔毛，下面无毛或仅沿脉疏被短毛；上萼片高盔形。生于山地林缘草甸、沟谷草甸及溪边。产兴安北、兴安南、辽河(大青沟)………………………………………
……………… **10c. 疏毛草乌头 A. kusnezoffii** Reichb. var. **pilosum** Y. Z. Zhao

21b. 花序轴和花梗密被贴伏反曲的短柔毛；叶的全裂片细裂，末回裂片条形、狭条形或狭披针形。

24a. 叶在茎中上部多少密集，有短柄或无柄；上萼片盔形，先端的喙小而短；心皮无毛或疏被短柔毛。生于山地草甸、沟谷边缘。产阴山(大青山、蛮汗山)………………………………………
………………… **17. 阴山乌头 A. yinschanicum** Y. Z. Zhao

24b. 叶在茎上排列稀疏，中部叶具较长的叶柄，柄与叶片近等长，上部的柄渐短；上萼片高盔形，先端的喙大而长；心皮被长柔毛。

25a. 茎有开展和贴伏反曲的毛；叶的末回裂片条状披针形或狭披针形，宽 2—5mm。生于林缘沼泽。产兴安北………
……………………… **18. 白毛乌头 A. villosum** Reichb.

25b. 茎只有贴伏反曲的毛；叶的末回裂片条形或狭条形，宽 1—2mm。生于山地草甸或沼泽草甸。产兴安北、岭东………
…**19. 细叶乌头 A. macrorhynchum** Turcz. ex Ledeb.

19b. 花序轴和花梗密被伸展的短柔毛；全裂片羽裂，末回裂片条形，宽 1.5—3mm；上萼片船状盔形。生于海拔 2000m 的山地草甸。产阴山(九峰山)………………………………………………………**20. 山西乌头 A. smithii** Ulber. ex Hand.-Mazz.
——狭裂山西乌头 *A. smithii* Ulber. ex Hand.-Mazz. var. *tenuilobum* W. T. Wang

43. 小檗科 Berberidaceae

1a. 灌木；枝有针刺；花单生或排列成总状花序……………………………………………**1. 小檗属 Berberis**

1b. 多年生草本；茎无刺；花排列成聚伞状圆锥花序………………………… **2. 类叶牡丹属 Caulophyllum**

1. 小檗属 Berberis L.

1a. 花单生或为短总状花序。

2a. 花单生；叶边缘具刺状疏牙齿；叶刺 3—7 分叉。生于山地林下、碎石坡地和陡峭的山坡上。产兴安北、岭东、兴安南(黄岗梁)、锡林(正蓝旗)、阴南、鄂尔、贺兰山……………………………………**1. 刺叶小檗 B. sibirica** Pall.
——兴安小檗 *B. xinganensis* G. H. Liu et S. Q. Zhou

2b. 短总状花序；叶全缘。园林绿化栽培种 ………………**2. 红叶小檗 B. thunbergii** DC. cv. **atropurpurea**

1b. 花排列成总状花序；叶刺单一或 3—5 分叉。

3a. 叶倒披针形、狭倒披针形或披针状匙形，较狭，宽 3—10mm，通常全缘，稀边缘中上部具少数细锯齿。

4a. 叶刺粗长，长 1—3cm；叶片先端稍钝，稀锐尖。疏生于河滩沙质地或山坡灌丛中。产阴南(准格尔旗阿贵庙)、鄂尔(乌审旗、鄂托克旗)、龙首山 ……………………………………**3. 鄂尔多斯小檗 B. caroli** Schneid.
——匙叶小檗 *B. vernae* Schneid.

4b. 叶刺细短，长 4—9mm；叶片先端锐尖。生于山地灌丛、砾石质山麓、固定沙地、覆沙梁地、剥蚀残丘。产兴安南、燕北、锡林、阴山(乌拉山)、阴南(准格尔旗)、鄂尔、东阿(桌子山) ….**4. 细叶小檗 B. poiretii** C. K. Schneid.

3b. 叶倒卵形、倒卵状矩圆形、倒披针形或椭圆形，较宽，通常在 1cm 以上，通常边缘具锯齿，少全缘。

5a. 叶缘具多数刺毛状锯齿；叶片大，长 3—8cm，宽 2—4cm；总状花序长 4—10cm，花梗长 5—10mm；叶刺通常 3 分叉，稀单一。生于山地灌丛、林缘、沟谷。产兴安南、辽河(大青沟)、燕北、锡林、乌兰、阴山 ……………………………………………………………………**5. 黄芦木 B. amurensis** Rupr.

5b. 叶缘通常具少数刺状锯齿或全缘；叶片小，长 1—4cm，宽 6—15mm；总状花序长 1—4cm，花梗长 5—6mm；叶刺单一或 3 分叉。生于山地林缘、山坡。产阴山、阴南(准格尔旗)、东阿(桌子山、狼山)、贺兰山、龙首山 ……………………………………………………………**6. 置疑小檗 B. dubia** Schneid.

2. 类叶牡丹属 Caulophyllum Michaux

类叶牡丹(红毛七) **Caulophyllum robustum** Maxim.

多年生草本，高 50—80cm。根状茎粗壮。茎单一，直立。叶互生，2—3 回三出复叶。萼片 6，花瓣状；花瓣 6，蜜囊状，远较萼片小；雄蕊 6；心皮 1。浆果球形，成熟时黑蓝色，被白粉。生于山地林下、林缘草甸。产岭东(莫力达瓦达斡尔族自治旗)、兴安南(阿鲁科尔沁旗北部)、燕北(敖汉旗大黑山)。

44. 防己科 Menispermaceae

1. 蝙蝠葛属 Menispermum L.

蝙蝠葛 Menispermum dauricum DC.

缠绕性落叶灌木。根状茎细长。茎圆柱形。单叶，盾形，互生，叶片肾圆形或心形，边缘有 3—7 浅裂，有 5—7 条掌状脉，叶柄盾状着生。花白色或黄绿色，成腋生圆锥花序；萼片 6，花瓣 6，肾圆形，肉质，边缘内卷；雄花有雄蕊 10—16；雌花有退化雄蕊 6—12；心皮 3，子房上位。核果肾圆形，黑紫色。生于山地林缘、灌丛、沟谷。产兴安北、岭东、岭西、兴安南、科尔沁、辽河(大青沟)、燕北、阴山。

45. 五味子科 Schisandraceae

1. 五味子属 Schisandra Michaux

五味子(北五味子) Schisandra chinensis (Turcz.) Baill.

落叶木质藤本。叶倒卵形或宽椭圆形。花单性，雌雄异株，稀同株，单生或簇生叶腋，乳白色或带粉红色；花被片 6—9，两轮；雄花有雄蕊 5，花丝肉质，合生成短柱状；雌花心皮多数，螺旋状排列在花托上；子房受粉后花托延长。荚果球形，红色，多数，成下垂长穗状。生于阴湿的山沟、灌丛、林下。产岭东、兴安南、辽河(大青沟)、燕北、阴山。

46. 罂粟科 Papaveraceae

1a. 植物体含有乳汁；雄蕊多数；萼片大，花蕾期完全包被花冠。

2a. 蒴果长角果状，成熟时 2 瓣裂开；雌蕊由 2 心皮合生，柱头头状，不明显 2 裂…………………………………………………………………………………………………**1. 白屈菜属 Chelidonium**

2b. 蒴果矩圆形、宽卵形或球形，成熟时孔裂；雌蕊由 4 至多数心皮合生，几无花柱，柱头盘状…………………………………………………………………………………………………**2. 罂粟属 Papaver**

1b. 植物体不含有乳汁；雄蕊 4；萼片小，花蕾期不包被花冠 ……………………**3. 角茴香属 Hypecoum**

1. 白屈菜属 Chelidonium L.

白屈菜 Chelidonium majus L.

多年生草本，高 30—50cm，含黄红色乳汁。叶羽状全裂。伞形花序顶生或腋生；萼片 2，早落；花瓣 4，黄色；雄蕊多数；子房圆柱形。蒴果条状圆柱形，2 瓣裂。生于山地林缘、林下、沟谷溪边。产兴安北、兴安南、辽河(大青沟)、赤峰、燕北、阴山、贺兰山。

2. 罂粟属 Papaver L.

1a. 叶 2 回羽状深裂；瘦果被刚毛。生于山地林缘、草甸、草原、固定沙丘。产兴安北、岭东、岭西、呼伦、兴安南、科尔沁、燕北、锡林、乌兰、阴山……………………………………………………**1a. 野罂粟 P. nudicaule** L. var. **nudicaule**

——岩罂粟 *P. nudicaule* L. var. *saxatile* Kitag.

——毛果黑水罂粟 *P. nudicaule* L. subsp. *amurese* N. Busch. var. *seticarpum* P. Y. Fu

1b. 叶 1 回羽状深裂；瘦果光滑无毛。生于山地林缘、沟谷草甸、草原。产兴安北、岭东、岭西、兴安南、燕北、锡林、阴山……………………………………………………**1b. 光果野罂粟 P. nudicaule** L. var. **aquilegioides** Fedde

——*P. nudicaule* L. var. *glabricarpum* P. Y. Fu——黑水罂粟 *P. nudicaule* L. subsp. *amurense* N. Busch.

3. 角茴香属 Hypecoum L.

1a. 蒴果 2 瓣裂；种子近四棱形，具十字形突起；花淡黄色，内花瓣侧裂片具微缺刻。生于砾石质坡地、沙质地、盐化草甸等处。产岭东、呼伦、科尔沁、锡林、乌兰、阴山、阴南、鄂尔、东阿、西阿、贺兰山 ……… **1. 角茴香 H. erectum** L.

1b. 蒴果节裂；种子卵圆形，被小疣；花淡紫色或白色，内花瓣侧裂片全缘。生于山地沟谷、田边。产锡林、阴山 ……………………………………………………… **2. 节裂角茴香 H. leptocarpum** J. D. Hook. et Thoms.

47. 紫堇科 Fumariaceae

1. 紫堇属 Corydalis Vent.

1a. 具块茎；茎下部叶具鳞片叶；子叶 1 枚。

2a. 块茎球形；蒴果条状圆柱形，长 15—25mm；叶的小裂片条形或披针形；苞片齿裂。

3a. 茎粗壮，单一或由下部鳞片叶腋分出 2—3 枝；基生叶柄无鞘；外轮花瓣边缘具波状齿，顶端微凹，中具 1 明显小突尖。生于山地林缘、沟谷草甸、河滩及溪沟边。产兴安北、岭东、岭西、兴安南、阴山 ……………………………………………………… **1. 齿裂延胡索 C. turtschaninovii** Bess.

——狭裂延胡索 *C. remota* Fisch. ex Maxim. var. *linealoba* Maxim.

3b. 茎细弱，多分枝；基生叶柄下部具鞘；花瓣全缘且顶端无小突尖。生于山地灌丛。产燕北 ……………………………………………………… **2. 北京延胡索 C. gamosepala** Maxim.

2b. 块茎非球形，粗壮，常具分枝；蒴果扁圆柱形，长约 4mm；叶的小裂片长圆形或卵形；苞片全缘。生于山地沟谷石缝。产贺兰山 ………………… **3. 贺兰山延胡索 C. alaschanica** (Maxim.) Peschkova

——*C. pauciflora* (Steph.) Pers. var. *alaschanica* Maxim.

1b. 无块茎，具直根；茎下部叶无鳞片叶；子叶 2 枚。

4a. 花紫红色或紫色。

5a. 一、二年生草本；全株被白粉，呈灰绿色；直根细长，褐黄色；花淡紫红色或紫色，上花瓣有龙骨状突起；叶细小；蒴果狭椭圆形。生于山地疏林下、沟谷草甸、农田、渠道边。产赤峰、燕北、阴山、阴南 ……………………………………………………… **4. 紫堇 C. bungeana** Turcz.

5b. 多年生草本；全株无白粉，呈绿色；直根粗壮，黑色；花紫红色，上花瓣无龙骨状突起；叶较大；蒴果圆柱形。生于山地林下、沟边。产龙首山 ………………… **5. 红花紫堇 C. livida** Maxim.

——*C. punicea* C. Y. Wu ex Govaerts

4b. 花黄色。

6a. 直根粗壮，直径约 10mm 或更粗；全株被白粉，呈灰绿色；叶 2 回单数羽状全裂；花距短圆筒形；蒴果条形。生于山地石质山坡、岩石露头处。产阴山、东阿、贺兰山、龙首山 ……………………………………………………… **6. 灰绿紫堇 C. adunca** Maxim.

6b. 直根纤细，直径 3mm 以下；全株无白粉，呈绿色；叶 2—3 回羽状全裂。

7a. 蒴果矩圆形或倒披针形，稀条形，不成念珠状。

8a. 花较大，连距长 16—18mm；距细长，长 7—10mm；叶质较厚，草质，小裂片较宽，倒卵形。生于山地林缘、石崖下。产岭东、兴安南、阴山 ……………………………………………………… **7. 小黄紫堇 C. raddeana** Regel——*C. ochotensis* Turcz. var. *raddeana* (Regel) Nakai

8b. 花较小，连距长 6—8mm；距粗短，长约 3mm；叶质较薄，纸质，小裂片较狭，倒披针形。

9a. 苞片不裂；瘦果倒披针形或矩圆形；种子 2 行。生于山地林下、沟谷溪边。产兴安北、岭东、兴安南、岭西、阴山 ……………………………… **8. 北紫堇 C. sibirica** (L. f.) Pers.

9b. 苞片羽状分裂或花序上部的苞片不裂；瘦果条形；种子 1 行。生于山地疏林或草坡。产兴安北、岭东、兴安南 ……………………… **9. 赛北紫堇 C. impatiens** (Pall.) Fisch.

——*C. sibirica* (L. f.) Pers. var. *impatiens* (Pall.) Regel

7b. 蒴果条形，念珠状。

10a. 茎无紫色棱翅；柱头 2 裂，横直叉开，每裂具 4 个乳头状突起；种子黑色，直径约 2mm。

11a. 叶羽片卵圆形或长圆形；花序疏具多花；种子密被圆锥状突起。生于山地林缘、石质坡地、路边沙质湿地。产燕北 …………………… **10. 黄堇 C. pallida** (Thunb.) Pers.

11b. 叶小裂片条形或披针形；花序多花密集；种子边缘密被点状印痕。生于山地林缘。产兴安南(科尔沁右翼前旗)………………………… **11. 球果黄堇 C. speciosa** Maxim.

——狭裂球果黄堇 *C. pallida* (Thunb.) Pers. var. *speciosa* (Maxim.) Kom.

10b. 茎具紫色棱翅；柱头马鞍形，前端短柱状 4 裂；种子亮黑色，直径约 1mm。生于山地沟谷。产贺兰山 …………………… **12. 蛇果紫堇 C. ophiocarpa** J. D. Hook. et Thoms.

48. 十字花科 Cruciferae

分属检索表(一)

1a. 短角果(长为宽的 4 倍以下)。

2a. 短角果成熟时不开裂。

3a. 短角果具翅。

4a. 短角果周围具翅；花黄色；单叶，全缘，茎生叶无柄且基部抱茎。

5a. 短角果扁平，不成舟状；总状花序多数，集成圆锥状 …………… **1. 菘蓝属 Isatis**

5b. 短角果舟状，边缘内弯；总状花序少数，不集成圆锥状 … **2. 舟果荠属 Tauscheria**

4b. 短角果两侧具长翅；花淡紫红色或白色；叶羽状深裂或全裂，茎生叶具柄 ………………………………………… **3. 沙芥属 Pugionium**

3b. 短角果无翅。

6a. 花瓣 2 深裂；雄蕊花丝有齿或稍加宽；植株被星状毛或分枝毛。

7a. 一、二年生草本；植株被星状毛和分枝毛；内轮花被片不成囊状 ………………………………………… **4. 团扇荠属 Berteroa**

7b. 多年生草本；植株仅被星状毛；内轮花被片基部囊状 …… **5. 翅籽荠属 Galitzkya**

6b. 花瓣不裂。

8a. 短角果膨胀，果瓣稍膜质；单叶，边缘具齿，茎生叶无柄且基部抱茎 ………………………………………… **6. 群心菜属 Cardaria**

8b. 短角果不膨胀，果瓣质厚。

9a. 短角果两侧无棱、无毛、上举。

10a. 果球形，表面具网纹，纹间呈蜂窝状；单叶，全缘或具疏齿，茎生叶无柄且基部抱茎 ……………………………… **7. 球果芥属 Neslia**

10b. 果卵形，表面多皱缩或具瘤；叶大头羽裂、羽状浅裂或具波状齿，茎生叶半抱茎或不抱茎 ……………………………… **8. 匙荠属 Bunias**

9b. 短角果(去毛后)压扁，两侧各具 2 棱，密被具长柄的分枝毛，下垂 ………………………………………… **9. 小柱荠属 Microstigma**

2b. 短角果成熟时开裂。

11a. 短角果横裂，具 4 棱 ……………………………… **10. 四棱荠属 Goldbachia**

11b. 短角果纵裂，无棱。

12a. 植株被单毛或无毛。

13a. 花黄色；叶羽状分裂，茎生叶基部抱茎或稍抱茎 …………**11. 蔊菜属 Rorippa**

13b. 花白色。

14a. 叶全缘或具齿，稀羽状分裂；果近圆形、卵形、心形或倒卵状楔形，周围具翅或顶端稍具翅。

15a. 果周围具翅……………………………………………**12. 菥蓂属 Thlaspi**

15b. 果顶端稍具翅……………………………………**13. 独行菜属 Lepidium**

14b. 叶羽状全裂或深裂；果披针状椭圆形，无翅 ……**14. 阴山荠属 Yinshania**

12b. 植株被分枝毛或星状毛，有时混生单毛。

16a. 茎生叶基部箭形抱茎。

17a. 果倒三角状心形；花白色；叶大头羽状分裂……………**15. 荠属 Capsella**

17b. 果倒卵形；花黄色；叶全缘或具疏齿 ……………**16. 亚麻荠属 Camelina**

16b. 茎生叶基部不抱茎。

18a. 果近圆形、宽椭圆形或宽倒卵形，边缘具窄翅，顶端微凹；花丝具齿或翅；花黄色 ………………………………………………**17. 庭荠属 Alyssum**

18b. 果边缘无窄翅，顶端锐尖或钝尖；花丝无齿或翅。

19a. 半灌木，全株密被星状毛而呈灰白色；果近圆形或卵形，膨胀；种子每室 1—2 粒；花白色或玫红色 ……………**18. 燥原荠属 Ptilotricum**

19b. 一、二年生或多年生草本，全株被分枝毛或星状毛，混生单毛，通常绿色；果卵形、椭圆形或披针形，扁平；种子每室数粒至多数；花黄色或白色，少玫红色或紫色…………………………**19. 葶苈属 Draba**

1b. 长角果(长为宽的 4 倍以上)。

20a. 长雄蕊成对合生。

21a. 长角果成熟时不开裂或迟裂；植株密被星状毛且混生单毛或腺毛；长雄蕊花丝成对合生 1/2—2/3；叶羽状分裂或具疏齿；花黄色或淡紫色 ………………**20. 爪花芥属 Oreoloma**

21b. 长角果成熟时开裂；植株被单毛或无毛；花淡紫色或白色。

22a. 基生叶或下部茎生叶羽状分裂；长雄蕊花丝成对仅基部或下部 1/3—2/5 合生；花瓣爪部和花丝基部具纤毛或无毛；种子遇水形成胶膜 ……**21. 连蕊芥属 Synstemon**

22b. 叶全缘或具齿；长雄蕊花丝成对全部合生；花瓣爪部和花丝基部无毛；种子遇水不形成胶膜 ………………………………………………**22. 花旗杆属 Dontostemon**

20b. 花丝完全分离。

23a. 长角果二型，上部的扁条形，开裂，下部的近圆柱形，具 4 棱，不开裂 ………………………………………………………………………**23. 异果芥属 Diptychocarpus**

23b. 长角果一型，成熟时开裂，稀不开裂。

24a. 长角果顶端具长喙；叶羽状分裂或具浅齿；植株被单毛或无毛。

25a. 长角果念珠状，常横裂。

26a. 果开裂；根细直，非肉质；叶非大头羽状分裂或具浅齿 ……………………………………………………………**24. 离子芥属 Chorispora**

26b. 果不开裂；根粗壮，常肉质；叶大头羽状分裂或具浅齿。栽培 …………………………………………………………………**25. 萝卜属 Raphanus**

25b. 长角果非念珠状，纵裂。

27a. 花瓣黄色。

28a. 花瓣具紫色脉纹；种子每室 2 行 ………………**26. 芝麻菜属 Eruca**

28b. 花瓣无紫色脉纹；种子每室 1 行。

29a. 果瓣脉不明显或仅具 1 突出的中脉。栽培 ·· **27. 芸苔属 Brassica**

29b. 果瓣具 3—7 条突出的脉 ························ **28. 白芥属 Sinapis**

27b. 花瓣淡紫色，无紫色脉纹；叶基部耳状抱茎 ··························· ··**29. 诸葛菜属 Orychophragmus**

24b. 长角果顶端无喙或有短喙。

30a. 植株无毛或被单毛，有时混生腺毛。

31a. 花黄色。

32a. 长角果圆柱状四棱形；叶大头羽状分裂，茎生叶基部抱茎 ·········· ··**30. 山芥属 Barbaraea**

32b. 长角果细长圆柱形；叶羽状分裂，茎生叶基部不抱茎 ················ ··**31. 大蒜芥属 Sisymbrium**

31b. 花紫色、淡红色或白色。

33a. 叶为大头羽裂或羽状复叶，稀单叶 ·········**32. 碎米荠属 Cardamine**

33b. 单叶。

34a. 叶羽状分裂；长雄蕊花丝加宽，具齿或无；植株被腺毛或单毛 ··**33. 异蕊芥属 Dimorphostemon**

34b. 叶全缘或具齿；花丝不加宽，无齿。

35a. 叶于基部密集成莲座状，全缘或具疏齿，边缘具睫毛；植株近无毛 ···································**34. 针喙芥属 Acirostrum**

35b. 无基生莲座叶丛。

36a. 植株无毛；叶全缘或微波状，基部抱茎··············· ··································· **35. 盐芥属 Thellungiella**

36b. 植株被单毛或腺毛；叶基部不抱茎。

37a. 柱头 2 深裂，裂片接近；子叶背倚 ············· ······························ **36. 香花芥属 Hesperis**

37b. 柱头 2 浅裂，裂片分离；子叶缘倚················ ································**37. 香芥属 Clausia**

30b. 植株被分枝毛或星状毛，有时混生单毛和腺毛。

38a. 叶羽状分裂。

39a. 花白色或淡红色； 叶 1—2 回羽状分裂；多年生草本 ················· ···**38. 芹叶芥属 Smelowskia**

39b. 花黄色；叶 2—3 回羽状分裂；一、二年生草本 ······················· ···**39. 播娘蒿属 Descurainia**

38b. 叶不分裂，全缘或具齿，稀羽状分裂。

40a. 花黄色或橙色 ···**40. 糖芥属 Erysimum**

40b. 花白色、淡紫色或淡红色。

41a. 长角果念珠状 ··························**41. 念珠芥属 Neotorularia**

41b. 长角果不为念珠状。

42a. 果梗短而加粗；果瓣明显具中脉 ······ **42. 涩芥属 Malcolmia**

42b. 果梗细长而不加粗。

43a. 茎生叶基部通常不抱茎；植株密被毛而呈灰白色；果瓣无明显中脉··············· **43. 曙南芥属 Stevenia**

43b. 茎生叶基部通常抱茎；植株疏被毛而呈淡绿色；果

瓣具明显中脉……………………44. 南芥属 **Arabis**

分属检索表(二)

1a. 植株被单毛或无毛，或有时混生腺毛(单毛或无毛类)。
  2a. 短角果。
    3a. 短角果具翅。
      4a. 短角果周围具翅；单叶，全缘或具齿，茎生叶无柄且基部抱茎。
        5a. 花黄色。
          6a. 短角果扁平，矩圆形或倒披针形；总状花序多数，集成圆锥状……………………………………1. 菘蓝属 **Isatis**
          6b. 短角果舟状，边缘内弯；总状花序少数，不集成圆锥状·2. 舟果荠属 **Tauscheria**
        5b. 花白色；短角果圆形或倒卵形，顶端凹陷…………………12. 菥蓂属 **Thlaspi**
      4b. 短角果两侧具长翅或顶端具短翅。
        7a. 短角果两侧具长翅；花淡紫红色或白色；叶羽状深裂或全裂，茎生叶具柄……………………3. 沙芥属 **Pugionium**
        7b. 短角果顶端具短翅；花白色；多为单叶全缘或具齿，稀羽状浅裂或深裂，茎生叶无柄……………………13. 独行菜属 **Lepidium**
    3b. 短角果无翅。
      8a. 短角果横裂，短柱状，具 4 棱……………………10. 四棱荠属 **Goldbachia**
      8b. 短角果纵裂或不裂，无棱。
        9a. 短角果纵裂。
          10a. 花黄色；叶羽状分裂，茎生叶基部抱茎或稍抱茎…………11. 蔊菜属 **Rorippa**
          10b. 花白色；叶羽状全裂或深裂，具短柄，基部不抱茎……14. 阴山荠属 **Yinshania**
        9b. 短角果不裂。
          11a. 短角果球形，膨胀，果瓣稍膜质…………………6. 群心菜属 **Cardaria**
          11b. 短角果卵形，不膨胀，表面多皱缩或具瘤…………………8. 匙荠属 **Bunias**
  2b. 长角果。
    12a. 长雄蕊成对合生。
      13a. 基生叶或下部茎生叶羽状分裂；长雄蕊花丝成对仅基部或下部 1/3—2/5 合生；花瓣爪部和花丝基部具纤毛或无毛；种子遇水形成胶膜…………21. 连蕊芥属 **Synstemon**
      13b. 叶全缘或具齿；长雄蕊花丝成对全部合生；花瓣爪部和花丝基部无毛；种子遇水不形成胶膜……………………22. 花旗杆属 **Dontostemon**
    12b. 花丝完全分离。
      14a. 长角果二型，上部的扁条形，开裂，下部的近圆柱形，具 4 棱，不开裂……………………23. 异果芥属 **Diptychocarpus**
      14b. 长角果一型，成熟时开裂，稀不开裂。
        15a. 长角果顶端具长喙；叶羽状分裂或具浅齿。
          16a. 长角果念珠状，常横裂。
            17a. 果开裂；根细直，非肉质；叶非大头羽状分裂或具浅齿……………………24. 离子芥属 **Chorispora**
            17b. 果不开裂；根粗壮，常肉质；叶大头羽状分裂或具浅齿……………………25. 萝卜属 **Raphanus**
          16b. 长角果非念珠状，纵裂。
            18a. 花瓣黄色。

19a. 花瓣具紫色脉纹；种子每室 2 行…………**26. 芝麻菜属 Eruca**

19b. 花瓣无紫色脉纹；种子每室 1 行。

20a. 果瓣脉不明显或仅具 1 突出的中脉。栽培……………………………………………………………**27. 芸苔属 Brassica**

20b. 果瓣具 3—7 条突出的脉………………**28. 白芥属 Sinapis**

18b. 花瓣淡紫色，无紫色脉纹；叶基部耳状抱茎……………………………………………………**29. 诸葛菜属 Orychophragmus**

15b. 长角果顶端无喙或有短喙。

21a. 花黄色。

22a. 长角果圆柱状四棱形；叶大头羽状分裂，茎生叶基部抱茎……………………………………………………**30. 山芥属 Barbaraea**

22b. 长角果细长圆柱形；叶羽状分裂，茎生叶基部不抱茎……………………………………………………**31. 大蒜芥属 Sisymbrium**

21b. 花紫色、淡红色或白色。

23a. 叶为大头羽裂或羽状复叶，稀单叶…………**32. 碎米荠属 Cardamine**

23b. 单叶。

24a. 叶羽状分裂；长雄蕊花丝加宽，具齿或无；植株被腺毛或单毛……………………………………**33. 异蕊芥属 Dimorphostemon**

24b. 叶全缘或具齿；花丝不加宽，无齿。

25a. 叶于基部密集成莲座状，全缘或具疏齿，边缘具睫毛；植株近无毛…………………………**34. 针喙芥属 Acirostrum**

25b. 无基生莲座叶丛。

26a. 植株无毛；叶全缘或微波状，基部抱茎……………………………………………**35. 盐芥属 Thellungiella**

26b. 植株被单毛或腺毛；叶基部不抱茎。

27a. 柱头 2 深裂，裂片接近；子叶背倚……………………………………………**36. 香花芥属 Hesperis**

27b. 柱头 2 浅裂，裂片分离；子叶缘倚……………………………………………**37. 香芥属 Clausia**

1b. 植株被分枝毛或星状毛，有时混生单毛或腺毛(分枝毛类)。

28a. 短角果。

29a. 花瓣 2 深裂；雄蕊花丝有齿或稍加宽。

30a. 一、二年生草本；植株被星状毛和分枝毛；内轮花被片不成囊状……………………………………………………**4. 团扇荠属 Berteroa**

30b. 多年生草本；植株仅被星状毛；内轮花被片基部囊状………**5. 翅籽荠属 Galitzkya**

29b. 花瓣不裂，顶端圆形或凹缺。

31a. 短角果两侧无棱，上举。

32a. 短角果倒三角状心形；花白色；茎生叶全缘或具齿，基部箭形且抱茎……………………………………………………**15. 荠属 Capsella**

32b. 短角果为其他形状。

33a. 茎生叶基部箭形抱茎。

34a. 果球形，表面具网纹，纹间呈蜂窝状……………**7. 球果芥属 Neslia**

34b. 果倒卵形，果瓣有明显凸起的中脉或几无脉··**16. 亚麻荠属 Camelina**

33b. 茎生叶基部不抱茎。

35a. 果近圆形、宽椭圆形或宽倒卵形，边缘具窄翅，顶端微凹；花丝具齿或翅；花黄色 ……………………………… **17. 庭荠属 Alyssum**

35b. 果边缘无窄翅，顶端锐尖或钝尖；花丝无齿或翅。

36a. 半灌木，全株密被星状毛而呈灰白色；果近圆形或卵形，膨胀；种子每室 1—2 粒；花白色或玫红色 ‥ **18. 燥原荠属 Ptilotricum**

36b. 一、二年生或多年生草本，全株被分枝毛或星状毛，混生单毛，通常绿色；果卵形、椭圆形或披针形，扁平；种子每室数粒至多数；花黄色或白色，少玫红色或紫色 ‥‥ **19. 葶苈属 Draba**

31b. 短角果(去毛后)压扁，每侧各具 2 棱，下垂 ……………… **9. 小柱荠属 Microstigma**

28b. 长角果。

37a. 长雄蕊花丝成对合生 1/2—2/3；叶羽状分裂或具疏齿；花黄色或淡紫色 ……………………………………………………………………………………………… **20. 爪花芥属 Oreoloma**

37a. 长雄蕊花丝完全分离。

38a. 叶羽状分裂。

39a. 花白色或淡红色；叶 1—2 回羽状分裂；多年生草本 ‥ **38. 芹叶芥属 Smelowskia**

39b. 花黄色；叶 2—3 回羽状分裂；一、二年生草本 ‥‥ **39. 播娘蒿属 Descurainia**

38b. 叶不分裂，全缘或具齿，稀羽状分裂。

40a. 花黄色或橙色 ……………………………………………… **40. 糖芥属 Erysimum**

40b. 花白色、淡紫色或淡红色。

41a. 长角果念珠状 ……………………………………… **41. 念珠芥属 Neotorularia**

41b. 长角果不为念珠状。

42a. 果梗短而加粗；果瓣明显具中脉 …………… **42. 涩芥属 Malcolmia**

42b. 果梗细长而不加粗。

43a. 茎生叶基部通常不抱茎；植株密被毛而呈灰白色；果瓣无明显中脉 ………………………………………… **43. 曙南芥属 Stevenia**

43b. 茎生叶基部通常抱茎；植株疏被毛而呈淡绿色；果瓣具明显中脉 ……………………………………………… **44. 南芥属 Arabis**

1. 菘蓝属 **Isatis** L.

1a. 果瓣具 3 肋脉；短角果倒卵状矩圆形或矩圆状椭圆形，两端圆形；叶耳箭形。生于干河床、芨芨草草滩、山坡或沟谷。产呼伦、锡林(苏尼特左旗) ……………………………… **1. 三肋菘蓝 I. costata** C. A. Mey.

——毛三肋菘蓝 *I. costata* C. A. Mey. var. *lasiocarpa* (Ledeb.) Busch.

1b. 果瓣具 1 肋脉。

2a. 短角果矩圆形，两端圆形；叶耳不明显或为圆形。呼和浩特市和准格尔旗有栽培 …………………………………………………………………………………………… **2. 菘蓝 I. indigotica** Fort.

2b. 短角果楔状倒披针形，先端钝圆或平截，基部楔形；叶耳箭形。呼和浩特市和准格尔旗有少量栽培 ……………………………………………………………………………………… **3. 欧洲菘蓝 I. tinctoria** L.

2. 舟果荠属 **Tauscheria** Fisch. ex DC.

舟果荠 Tauscheria lasiocarpa Fisch. ex DC.

一年生草本，高 15—30cm，除角果外全株无毛。茎光滑，带蓝紫色。叶片条状倒卵形、披针形，顶端钝圆，基部具耳，箭形，全缘；花黄色。果瓣具窄翅，翅向上反折，使果上凹下凸，连同顶端三角形，成一舟状，果瓣密被毛。生于路边、河岸。产额济纳。

3. 沙芥属 Pugionium Gaertn.

1a. 短角果的翅剑形，2 翅成钝角上举，先端长渐尖；叶裂片较宽；二年生草本。生于半固定或流动沙地上。产科尔沁沙地、浑善达克沙地、鄂尔多斯沙地 ………………………………………………1. 沙芥 **P. cornutum** (L.) Gaertn.

1b. 短角果的翅矩圆形、矩圆状披针形，或有时一侧无翅，2 翅向两侧平展，先端截形、斜截形、近圆形或锐尖；叶裂片狭窄；一年生草本。生于流动或半流动沙丘上。产西鄂尔多斯沙地、乌兰布和沙漠、腾格里沙漠、巴丹吉林沙漠边缘………………………2. 宽翅沙芥 **P. dolabratum** Maxim.——距果沙芥 *P. calcaratum* Kom.

4. 团扇荠属 Berteroa DC.

团扇荠 Berteroa incana (L.) DC.

一、二年生草本，高 20—60cm，全株被分枝毛，叶与果瓣上的毛略成贴伏状，且杂有单毛。下部叶长圆形，先端钝圆，基部渐狭成柄，边缘具不明显的波状齿。花瓣白色，顶端 2 深裂；长雄蕊花丝扁，短雄蕊单侧具齿。短角果椭圆形，花柱宿存。生于山坡、河岸、田边。产内蒙古西部。

5. 翅籽荠属 Galitzkya V. V. Botsch.

大果翅籽荠 Galitzkya potaninii (Maxim.) V. V. Botsch.

多年生草本，高 10—20cm，全株被星状毛。叶窄长圆形、条形。花瓣黄色，顶端 2 深裂。短角果圆形，花柱宿存。生于砾石质山坡。产额济纳。

6. 群心菜属 Cardaria Desv.

毛果群心菜 Cardaria pubescens (C. A. Mey.) Jarm.

多年生草本，高 10—30cm，全株被单毛。叶矩圆状披针形，先端钝尖，基部箭形，半抱茎，边缘具疏齿。花瓣白色。短角果卵球状，膨胀，不开裂，被短柔毛。生于盐化低地与疏松盐土上。产乌兰(苏尼特右旗)、鄂尔(鄂托克旗)、东阿、西阿、龙首山。

7. 球果荠属 Neslia Desv.

球果荠 Neslia paniculata (L.) Desv.

一年生草本，高 40—70cm，全株被分枝毛。叶披针形或矩圆状披针形，先端锐尖，基部箭形，抱茎。花黄色。短角果扁球形，坚硬，不开裂，无毛，表面有网纹，先端具短喙。生于居民点附近的路旁或田边。产兴安北、岭西、岭东。

8. 匙荠属 Bunias L.

匙荠 Bunias cochlearioides Murr.

二年生草本，高 10—25cm，全株无毛或疏被单毛。基生叶羽状深裂，茎叶矩圆形或倒披针形，基部有耳，半抱茎，边缘具波状或深波状疏齿。花白色；花丝下部加宽。短角果卵形，不开裂，先端具短喙，表面多皱褶。生于湖边草甸。产呼伦(达赉湖岸边)。

9. 小柱荠属 **Microstigma** Trautv.

1a. 短角果卵形弯曲，顶端具 3—4mm 的长喙；叶披针形或倒披针形。生于山地干山坡。产西阿(合黎山)、龙首山……………………………………………………………**1. 短果小柱荠 M. brachycarpum** Botsch.
1b. 短角果椭圆形，顶端具约 1.5mm 的短喙；叶倒卵形或椭圆状倒卵形。生于砾石质丘坡。西阿(阿拉善左旗苏红图)……………………………………………………………**2. 尤纳托夫小柱荠 M. junatovii** Grub.

10. 四棱荠属 **Goldbachia** DC.

四棱荠 Goldbachia laevigata (M. Bieb.) DC.——垂果四棱荠 *G. pendula* Botsch.——短梗四棱荠 *G. ikonnikovii* Vass.

一年生草本，高 20—40cm，全株无毛。基生叶矩圆形，先端钝，基部渐狭成短柄，茎生叶披针形，先端锐尖，基部箭形，稍抱茎，全缘或具疏微齿。花白色。短角果 4 棱短柱状，先端的喙长三角形。生于平原、沙地、丘陵与沟谷。产锡林(苏尼特左旗)、鄂尔(乌审旗、鄂托克旗)、东阿、西阿(雅布赖镇)。

11. 蔊菜属 **Rorippa** Scop.

1a. 茎基部密被长柔毛，且混生短柔毛；下部叶具三角形尖裂片；果成熟时 4 瓣裂。生于林缘草甸、河边草甸。产兴安北、岭东、岭西……………………………………**1. 山芥叶蔊菜 R. barbareifolia** (DC.) Kitag.
1b. 茎基部无毛或仅被短柔毛；下部叶具圆形钝裂片；果成熟时 2 瓣裂。
  2a. 果球形；种子长 0.3—0.5mm，常具狭翅。生于湿地、河边。产兴安南、科尔沁……………………………………………………**2. 球果蔊菜 R. globosa** (Turcz. ex Fisch. et C. A. Mey.) Hayek
  2b. 果圆柱状长椭圆形；种子长 0.5—1mm，无翅。生于水边、沟谷。产内蒙古各地……………………………………………………………………**3. 风花菜 R. palustris** (L.) Bess.
——*R. islandica* auct. non (Oed. ex Murray) Borbas: Fl. Intramongol. ed. 2, 2: 624. 1990.

12. 菥蓂属(遏蓝菜属) **Thlaspi** L.

1a. 一年生草本；花较小，长约 3mm；果近圆形，具宽翅，较大，长 13—16mm。生于山地草甸、沟边、村庄附近。产兴安北、呼伦、兴安南、阴山、贺兰山……………………………………**1. 菥蓂(遏蓝菜) T. arvense** L.
1b. 多年生草本；花较大，长约 6mm；果倒卵状楔形，具狭翅，较小，长 5—8mm。生于山地石质山坡或石缝间。产兴安北、岭东、岭西、呼伦、兴安南、科尔沁、燕北、锡林、阴山………**2. 山菥蓂(山遏蓝菜) T. cochleariforme** DC.
——*T. thlaspidioides* auct. non (Pall.) Kitag.: Fl. Intramongol. ed. 2, 2: 628. 1990.

13. 独行菜属 **Lepidium** L.

1a. 茎生叶基部抱茎。
  2a. 一年生草本；中部和上部茎生叶卵圆形或近圆形，基生叶 2 回羽状分裂，裂片条形。生于盐碱地、黏土地、荒地。产额济纳……………………………………………**1. 抱茎独行菜 L. perfoliatum** L.
  2b. 多年生草本；茎生叶矩圆状披针形或狭椭圆形，基生叶全缘，稀分裂。
    3a. 植株基部包被残叶柄纤维；基生叶发达，茎生叶少数；短角果长 3—4mm，顶部有狭翅，表面有明显网纹。生于盐化低地、盐土上。产呼伦、锡林、鄂尔、东阿……………………………………………………**2. 碱独行菜 L. cartilagineum** (J. May.) Thell.
    3b. 植株基部无纤维；基生叶花期枯萎，茎生叶多数；短角果长 2—2.3mm，顶部无狭翅，表面无明显网纹。生于盐化草甸、盐化低地。产乌兰、东阿、西阿、额济纳……………………………

……………………………………………………3. 北方独行菜 **L. cordatum** Willd. ex Stev.

1b. 茎生叶基部不抱茎。

4a. 多年生草本，被柔毛或无毛；茎生叶卵状披针形或披针形。

5a. 叶先端锐尖；花梗无毛；总状花序在果期不成头状。生于村舍旁、田边、路旁、渠道边、盐化草甸等处。产内蒙古各地……………………………………………………4. 宽叶独行菜 **L. latifolium** L.

5b. 叶先端钝；花梗被短柔毛；总状花序在果期成头状。生于盐化沙地、碱土上。产东阿、额济纳………
……………………………………………………5. 钝叶独行菜 **L. obtusum** Basin.

4b. 一年生或二年生草本，被微头状或棒状毛；茎生叶狭披针形或条形。

6a. 有花瓣或花瓣退化成丝状；雄蕊 2—4；基生叶 1 回羽裂。生于村边、路旁、田间、撂荒地、山地、沟谷。产内蒙古各地……………………………………………………6. 独行菜 **L. apetalum** Willd.

6b. 无花瓣；雄蕊 6；基生叶全缘。生于低山干旱丘陵山坡。产东阿、西阿、额济纳、贺兰山……………
……………………………………………………7. 阿拉善独行菜 **L. alashanicum** H. L. Yang

14. 阴山荠属 **Yinshania** Y. C. Ma et Y. Z. Zhao

阴山荠 **Yinshania acutangula** (O. E. Schulz) Y. H. Zhang

一年生草本，高 30—50cm，全株被单毛或近无毛。叶单数羽状全裂或深裂，裂片 1—4 对。花白色。短角果披针状椭圆形，顶端宿存花柱。生于山地草甸、沟谷溪旁、山麓村舍附近。产阴山、东阿(桌子山)、贺兰山。

15. 荠属 **Capsella** Medik.

荠 **Capsella bursa-pastoris** (L.) Medik.

一、二年生杂草，高 10—50cm，被星状毛且混生单毛。基生叶不整齐羽裂或不裂，茎生叶披针形，先端锐尖，基部箭形，抱茎，全缘或具疏齿。花白色。短角果倒三角状心形，先端凹，有极短的宿存花柱。生于田边、村舍附近、路旁。产兴安北、岭东、岭西、呼伦、兴安南、科尔沁、辽河(大青沟)、燕北、阴山(蛮汗山)、阴南、东阿(巴彦浩特市)。

16. 亚麻荠属 **Camelina** Crantz.

1a. 短角果较大，长 7—10mm，宽 4—5mm；果瓣的中脉自基部直达顶部。生于撂荒地、农田边。产兴安北、岭东、岭西、呼伦……………………………………………………1. 亚麻荠 **C. sativa** (L.) Crantz

1b. 短角果较小，长 4—6mm，宽 2.5—3mm；果瓣的中脉自基部达中部以下。生于撂荒地、农田边。产兴安北、岭西、呼伦……………………………………………………2. 小果亚麻荠 **C. microcarpa** Andrz.

17. 庭荠属 **Alyssum** L.

1a. 花瓣长 4.5—8mm，中部两侧常具尖裂片；叶条形或倒披针状条形。生于石质丘顶、丘陵坡地、沙地。产兴安北、岭西、呼伦、兴安南、锡林、乌兰……………………………………………………1. 北方庭荠 **A. lenense** Adam.

——星毛庭荠 *A. lenense* Adam. var. *dasycarpum* (C. A. Mey.) Busch

1b. 花瓣长 2.5—4mm，中部两侧无裂片；叶匙形或倒卵状披针形。生于山地草原、石质山坡。产兴安北、岭西、呼伦、兴安南、锡林……………………………………………………2. 倒卵叶庭荠 **A. obovatum** (C. A. Mey.) Turcz.

18. 燥原荠属 **Ptilotricum** C. A. Mey.

1a. 叶狭倒卵状矩圆形；花序果期稍延长；花瓣匙形，长 2—3mm；植株较矮小，高 3—8cm。生于砾石质山坡、干河床。产东阿、西阿、额济纳……………………………………………………1. 燥原荠 **P. canescens** (DC.) C. A. Mey.

1b. 叶条形；花序果期极延长；花瓣瓣片近圆形，基部具爪，长 3.5—4.5mm；植株较高大，高(5)10—30cm。生于砾石质山坡、草地、河谷。产兴安北、呼伦、兴安南、科尔沁、锡林、乌兰、阴山、鄂尔、贺兰山、龙首山……………………………………………………………… **2. 细叶燥原荠 P. tenuifolium** (Steph. ex Willd.) C. A. Mey.

19. 葶苈属 Draba L.

1a. 一、二年生草本；花黄色。生于山坡草甸、林缘、沟谷溪边。产兴安北、岭东、岭西、呼伦、兴安南、锡林、乌兰、燕北、阴山、贺兰山、龙首山……………**1. 葶苈 D. nemorosa** L.——光果葶苈 *D. nemorosa* L. var. *leiocarpa* Lindbl.

1b. 多年生草本。

2a. 花葶无叶；花黄色。生于海拔 3000—3500m 的高山草甸或灌丛中。产贺兰山 ‥**2. 喜山葶苈 D. oreades** Schrenk

2b. 花葶具正常发育的叶；花白色。

3a. 花序下具苞片；果无毛，条形。生于山地路边湿地。产燕北、贺兰山 … **3. 苞序葶苈 D. ladyginii** Pohle

3b. 花序下无苞片。

4a. 基生叶窄条形，全缘；果条形，被星状毛。生于山地。产赤峰(翁牛特旗)……………………………………………………………………………………**4. 山葶苈 D. multiceps** Kitag.

4b. 基生叶矩圆状披针形或倒披针形，边缘具疏齿。

5a. 果被星状毛，狭披针形，直立，常不扭转；果序伸长成鞭状。生于石质山坡。产兴安北(阿尔山市)、兴安南(巴林左旗)、龙首山……………………………… **5. 锥果葶苈 D. lanceolata** Royle

5b. 果无毛，狭矩圆形，常扭转；果序不伸长成鞭状。生于山地岩石处及高山草甸或山脊石缝。产兴安北(阿尔山市)、兴安南、贺兰山、龙首山…………………… **6. 蒙古葶苈 D. mongolica** Turcz.

20. 爪花芥属 Oreoloma Botsch.

1a. 植株密被星状毛且混生腺毛；茎生叶多于 10 枚；柱头稍 2 裂。生于低山冲沟沙砾地。产乌兰、东阿、西阿、龙首山、贺兰山……………………………………………………… **1. 紫爪花芥 O. matthioloides** (Franch.) Botsch.
——紫花棒果芥 *Sterigmostemum matthioloides* (Franch.) Botsch.

1b. 植株密被分枝毛；茎无叶或 1—6 枚；柱头 2 深裂。生于干河床。产西阿、龙首山………………………………………………………………… **2. 爪花芥 O. violaceum** Botsch.——黄花棒果芥 *O. sulfureum* Botsch.
——青新棒果芥 *Sterigmostemum violaceum* (Botsch.) H. L. Yang
——*S. sulfureum* (Botsch. et Soland.) auct. non Bornon.: Fl. Desert. Reipubl. Popularis Sin. 2: 66, 1987; Fl. Xinjiang. 2(2): 187, 1995.

21. 连蕊芥属 Synstemon Botsch.

1a. 无基生莲座叶；茎生叶羽状深裂，最上部叶条形，具 1—2 对裂片；长雄蕊花丝成对下部 1/5—2/5 合生；花白色。生于石质低山。产西鄂尔多斯、贺兰山……………………………… **1. 连蕊芥 S. petrovii** Botsch.

1b. 具基生莲座叶，叶片羽状深裂；茎生叶条形，全缘，稀有齿；长雄蕊花丝成对仅基部合生；花淡紫色。生于石质低山丘陵。产龙首山 ……………………………………**2. 荒漠连蕊芥 S. deserticolus** Y. Z. Zhao
——陆氏连蕊荠 *S. lulianlianus* Al-Shehbaz et al.

22. 花旗杆属 Dontostemon Andrz. ex C. A. Mey.

1a. 叶肉质；多年生草本。

2a. 植株矮小，高 5—10cm；长角果圆柱形，弧曲，具长 1.5—2mm 的宿存花柱；花瓣倒披针形，长 6—8mm，顶端圆形。生于沙质、石砾质地或山坡。产乌兰、东阿………………………………………

……………………………………………………… **1. 厚叶花旗杆 D. crassifolius** (Bunge) Maxim.

2b. 植株较大，高 10—30cm；长角果狭条形，扁平，常扭曲，无宿存花柱；花瓣宽倒卵形，长 11—13mm，顶端圆钝。生于山前、低山、沙地、干河床。产龙首山、额济纳 ……**2. 扭果花旗杆 D. elegans** Maxim.

1b. 叶草质；长角果具极短的宿存花柱。

3a. 叶全缘，条形或狭条形，

4a. 花瓣较小，长 3—4mm，条状倒披针形，顶端圆形；花白色或白粉色；一、二年生草本；植株密被短曲柔毛和单硬毛。生于山地林缘草甸、沟谷、河滩、固定沙地。产兴安北、岭西、呼伦、兴安南、科尔沁、辽河(大青沟)、燕北、锡林、阴山、阴南 ……………………… **3. 小花花旗杆 D. micranthus** C. A. Mey.

4b. 花瓣较大，长 5mm 以上；花常淡紫色，稀白色。

5a. 多年生草本；花瓣倒披针形，长约 10mm，顶端圆钝微凹；植株被长硬毛。生于石质残丘坡地、干河床、戈壁覆沙地。产乌兰、东阿、西阿(雅布赖山)……………… **4. 白毛花旗杆 D. senilis** Maxim.

5b. 一、二年生草本；花瓣宽倒卵形，长 5—7mm；顶端平截微凹；植株被短曲柔毛和长柔毛，或有腺毛。生于沙质草原、石质坡地。产岭西、呼伦、兴安南、科尔沁、赤峰、辽河(大青沟)、锡林、乌兰、阴山、阴南、鄂尔、贺兰山 ……………………… **5. 全缘叶花旗杆 D. integrifolius** (L.) C. A. Mey.
——无腺花旗杆 *D. eglandulosus* (DC.) Ledeb.

3b. 叶边缘具齿，条形或矩圆状披针形；花瓣倒卵形，长 6—10mm，顶端圆钝；一、二年生草本；植株被柔毛。生于山地林下、林缘草甸。产兴安北、岭东、岭西、兴安南、科尔沁、辽河(大青沟)、燕北…………………………………………………………………………**6. 花旗杆 D. dentatus** (Bunge) Ledeb.

23. 异果芥属 **Diptychocarpus** Trautv.

异果芥 Diptychocarpus strictus (Fisch. ex M. Bieb.) Trautv.

一年生草本，高 15—30cm，全株被单毛或近无毛。基生叶倒披针形或近匙形，羽状浅裂；茎生叶条形，边缘具波状锯齿。花红紫色。长角果二型，上部的呈扁条形，熟时开裂，下部的近圆柱形，具棱，熟时不开裂。生于荒地、黏土地、碎石山坡。产额济纳。

24. 离子芥属 **Chorispora** R. Br. ex DC.

离子芥 Chorispora tenella (Pall.) DC.

一年生杂草，高 5—30cm，全株疏被单毛和腺毛。基生叶宽披针形，羽状分裂或具疏齿，茎生叶，边缘具波状浅齿或近全缘。花淡紫色或淡蓝色。长角果圆柱形，向上弯曲，具横节，喙长 1—1.5cm，先端长渐尖。生于荒滩、路边、农田。产内蒙古南部。

25. 萝卜属 **Raphanus** L.

萝卜 Raphanus sativus L.

一、二年生草本，全株无毛或疏生单毛。根肉质，形状、大小、颜色变化大，一般为圆锥形、球形、圆柱形等，白色、绿色、红色等。基生叶大头羽状分裂，茎上部叶矩圆形或披针形，边缘具锯齿或缺刻，稀近全缘。花粉红色或白色。长角果圆柱形，肉质，在种子间缢缩，先端有长尾状的喙。内蒙古各地广泛栽培。本种品种多，变化大，内蒙古习见的栽培品种有：心里美、大青萝卜、水萝卜等。

26. 芝麻菜属 **Eruca** Adans.

芝麻菜 Eruca vesicaria (L.) Cavan. subsp. **sativa** (Mill.) Thellung——*E. sativa* Mill.

一年生草本，高 10—40cm，全株疏被单毛。叶大头羽状分裂。花黄色，带紫褐色脉纹。长角果圆柱形，先端有扁平剑形的长喙。内蒙古有少量栽培，常混生于亚麻地中，亦有逸生。野生逸生种产赤峰、锡林、乌兰、阴山、阴南、鄂尔、东阿、西阿、额济纳。

27. 芸苔属 Brassica L.

全部为栽培植物。在栽培生产中，本属植物通常分为 3 类：甘蓝类、白菜类和芥菜类。

1a. 叶片厚，粉蓝色或蓝绿色；花较大，白色或浅黄色，花瓣具长爪(**甘蓝类**)。
  2a. 总状花序轴长，非伞房状；花瓣黄色或白色；叶无毛。
    3a. 叶大，肉质；茎生叶无柄，抱茎；茎基部不成块茎。
      4a. 叶包成球状体；花序轴长 ………………………… **1a. 甘蓝 B. oleracea** L. var. **capitata** L.
      4b. 叶不包成球状体；花序轴较短，未发育的花芽密集成乳白色肉质头状体 ………………………………………………………………………… **1b. 花椰菜 B. oleracea** L. var. **botrytis** L.
    3b. 叶小，质薄；茎生叶有细柄，不抱茎；茎基部膨大成球茎 ………………………………………………………………………… **1c. 擘蓝 B. oleracea** L. var. **gongylodes** L.
  2b. 总状花序伞房状；花瓣浅黄色或白色；幼叶散生刚毛………………………………………………………… **2. 芜菁甘蓝 B. napus** L. var. **napobrassica** (L.) Reich.——*B. napobrassica* Mill.
1b. 叶片薄，绿色或有粉霜；花较小，鲜黄色或浅黄色，花瓣具短爪。
  5a. 叶缘波状或全缘，茎生叶常全缘，基部耳状抱茎；种子窠穴不明显；植株无辛辣味(**白菜类**)。
    6a. 具肉质膨大的块根；基生叶大头羽裂或成复叶，叶柄长，有小裂片………………………………………………………………………… **3a. 芜菁 B. rapa** L. var. **rapa**
    6b. 无块根。
      7a. 植株被粉霜；基生叶大头羽裂，具不整齐缺齿，叶柄宽，抱茎 ………………………………………………………………………… **3b. 芸苔 B. rapa** L. var. **oleifera** DC.
      7b. 植株无粉霜。
        8a. 基生叶倒卵状长圆形，边缘皱缩，波状，叶柄扁平，两侧下延成宽翅 ………………………………… **3c. 白菜 B. rapa** L. var. **glabra** Regel——*B. pekinensis* (Lour.) Rupr.
        8b. 基生叶常成莲座状，全缘或稍有波状齿，基部渐狭成柄，无翅 ………………………………… **3d. 青菜 B. rapa** L. var. **chinensis** (L.) Kitam.——*B. chinensis* L.
  5b. 叶缘多为锯齿状，茎生叶具柄，基部不抱茎；种子具明显窠穴；植株有辛辣味(**芥菜类**)。
    9a. 根非肉质，也不膨大。
      10a. 基生叶大头羽裂或不分裂。
        11a. 基生叶宽卵形至倒卵形、边缘有缺刻或裂齿………………………………………………………… **4a. 芥菜 B. juncea** (L.) Czern. var. **juncea**
        11b. 基生叶长圆状或倒卵形，边缘有重锯齿或缺刻 ………………………………………………… **4b. 油芥菜 B. juncea** (L.) Czern. var. **gracilis** Tsen et Lee
      10b. 基生叶不分裂，倒披针形或长圆状披针形，边缘有不整齐锯齿或成重锯齿………………………………… **4c. 雪里蕻 B. juncea** (L.) Czern. var. **multiceps** Tsen et Lee
    9b. 块根肉质，膨大，圆锥形或长圆球形；基生叶长圆状卵形 ………………………………… **4d. 根用芥 B. juncea** (L.) Czern. var. **napiformis** (Pailleux et Buis) Kitam. ——*B. juncea* (L.) Czern. var. *megarrhiza* Tsen et Lee

28. 白芥属 **Sinapis** L.

新疆白芥 Sinapis arvensis L.

一年生草本，高 20—150cm。植株被稀疏倒生的单毛或近无毛。基生叶和下部茎生叶提琴状，大头羽裂。花瓣黄色，雄蕊 6，长角果念珠状；喙粗壮，长 10—16mm。生于农田、路边。产呼伦(满洲里市)。

29. 诸葛菜属 **Orychophragmus** Bunge

诸葛菜 Orychophragmus violaceus (L.) O. E. Schulz

一、二年生杂草，高 10—50cm，全株无毛或疏生单毛。基生叶和下部茎生叶大头羽状深裂，上部叶长圆形或狭卵形，顶端锐尖，基部耳状，抱茎，边缘有不整齐牙齿。花紫色或淡红色。长角果细条形，具 4 棱，先端喙长 1.5—2.5cm。生于庭院、路旁。产赤峰、阴南(呼和浩特市)。

30. 山芥属 **Barbaraea** R. Br.

1a. 花瓣长倒卵形，长 3—4.5mm；长角果紧贴果轴，密集着生；宿存花柱长 0.5—1mm。生于山地草甸、低湿地。产兴安北、岭西、呼伦、兴安南……………………1. **山芥 B. orthoceras** Ledeb.

1b. 花瓣倒卵形或宽楔形，长 4.5—6.5mm；长角果幼时常弧曲，成熟后在果轴上开展或直立；宿存花柱长 1.5—3mm。生于沟边、河滩、草地、路边湿地。产呼伦……………………2. **欧洲山芥 B. vulgaris** R. Br.

31. 大蒜芥属 **Sisymbrium** L.

1a. 一、二年生草本。
  2a. 长角果狭条形或圆筒形，长 2.5—8cm。
    3a. 长角果狭条形，下垂，长 6—8cm。生于山地林缘、草甸、沟谷溪边。产兴安南、科尔沁、燕北、锡林、乌兰、阴山(大青山)、阴南、鄂尔、东阿(桌子山)、贺兰山、龙首山 …… 1. **垂果大蒜芥 S. heteromallum** C. A. Mey.
    3b. 长角果圆筒形，不下垂，长 2.5—3cm。生于石质山坡、路边、田野、荒地。产内蒙古西部……………………2. **水蒜芥 S. irio** L.
  2b. 长角果钻形，长 1—1.5cm，向上紧贴主轴。生于杂草地、路边、居民点附近。产岭东、兴安南(扎赉特旗)……………………3. **钻果大蒜芥 S. officinale** (L.) Scop.

1b. 多年生草本；长角果狭条形，斜展，长 3—4cm。生于山坡或草地。产呼伦、岭东、锡林……………………4. **多型大蒜芥 S. polymorphum** (Murr.) Roth

32. 碎米荠属 **Cardamine** L.

1a. 单叶，叶片圆形或圆肾形，基部心形，边缘全缘或波状。生于林下潮湿处。产燕北……………………1. **裸茎碎米荠 C. scaposa** Franch.

1b. 羽状复叶，或单叶和复叶同存；具茎生叶。
  2a. 一年生草本；花瓣长 1.4—1.6mm。生于低湿草甸。产兴安北、兴安南 …… 2. **小花碎米荠 C. parviflora** L.
  2b. 多年生草本；花瓣长 4—15mm。
    3a. 植株具地下小块茎；花紫红色。生于林下、踏头草甸。产兴安北、兴安南……………………3. **细叶碎米荠 C. trifida** (Lam. ex. Poir.) B. M. G. Jones——*C. schulziana* Baehni
    3b. 植株无地下小块茎；花白色或紫色。
      4a. 植株具地上匍匐茎；花白色。
        5a. 叶二型；花瓣长 5—8mm。生于沟谷、湿地、溪边。产岭西、呼伦、岭东、兴安南、燕北…………

…………………………………………………………………**4. 水田碎米荠 C. lyrata** Bunge

5b. 叶同型；花瓣长 8—15mm。生于河边浅水中、林下湿地。产兴安北、岭东、岭西、兴安南…………………………………………………………………………**5. 浮水碎米荠 C. prorepens** Fisch.

4b. 植株无地上匍匐茎；花紫色、淡紫色或白色。

6a. 羽状复叶；植株高 50—100cm。

7a. 花白色；羽状复叶常具 2 对小叶。生于林下、林缘、湿草地。产兴安北、岭东、燕北…………………………………………**6. 白花碎米荠 C. leucantha** (Tausch) O. E. Schulz

7b. 花紫色；羽状复叶常具 2—4 对小叶。生于林下、林缘、草甸。产兴安南、燕北…………………………………………………………**7. 大叶碎米荠 C. macrophylla** Willd.

6b. 叶羽状全裂；植株高 15—30cm；花淡紫色，稀白色。生于湿草地、踏头草甸。产岭东、岭西…………………………………………………………………**8. 草甸碎米荠 C. pratensis** L.

33. 异蕊芥属 Dimorphostemon Kitag.

1a. 植株高 10—40cm，茎直立；种子顶端具膜质边缘；花瓣长 6—8mm。生于向阳山坡或石缝中。产岭东、岭西、兴安南、燕北、阴山、贺兰山……………………………………**1. 异蕊芥 D. pinnatifidus** (Willd.) H. L. Yang ——*Cheiranthus pinnatifidus* Willd.——*D. pinnatus* (Pers.) Kitag.——*Hesperis pinnatus* Pers.

1b. 植株高 3—15cm，茎长呈铺散状分支；种子顶端无膜质边缘；花瓣长 3—4mm。生于海拔 3000m 的高山草甸岩石边。产贺兰山………………………………………**2. 腺异蕊芥 D. glandulosus** (Kar. et Kir.) Golubk.

34. 针喙芥属 Acirostrum Y. Z. Zhao

Acirostrum Y. Z. Zhao in Classif. Floris. Ecolog. Geogr. Distrib. Vasc. Pl. Inner Mongol. 216. Aug. 2012. ——*Borodiniopsis* D. A. German, M. Kock, Karl et Al-Shehbaz in Taxon 61(5): 966. Oct. 2012. syn. nov.

针喙芥(贺兰山南芥) **Acirostrum alaschanicum** (Maxim.) Y. Z. Zhao in Classif. Floris. Ecolog. Geogr. Distrib. Vasc. Pl. Inner Mongol. 216. Aug. 2012.——*Arabis alashanica* Maxim. in Bull. Acad. Imp. Sci. St.-Petersb. ser. 3, 26: 421. 1880.——*Borodiniopsis alashanica* (Maxim.) D. A. German et al. in Taxon 61(5): 966. Oct. 2012. syn. nov.

多年生草本，高5—15cm，全株被单毛或无毛。茎花葶状。叶基生，莲座状，肉质，倒披针形或倒卵形，顶端钝，基部渐狭，边缘有疏齿，仅叶缘被睫毛。花白色或淡紫色。长角果狭条形，宿存花柱针状。生于海拔 1900—3000m 的山地石缝、山地草甸。产兴安南(巴林右旗、巴林左旗)、阴山(大青山、蛮汗山、灰腾梁)、贺兰山。

35. 盐芥属 Thellungiella O. E. Schulz

盐芥 Thellungiella salsuginea (Pall.) O. E. Schulz

一年生草本，高 10—40cm，全株无毛。叶矩圆形，先端钝，基部耳垂状，抱茎，全缘或微波状。花白色。长角果，条形，顶端宿存花柱极短。生于盐化草甸、盐化低地及碱土上。产锡林。

36. 香花芥属(香花草属) Hesperis L.

北香花芥 Hesperis sibirica L.——雾灵香花芥 *H. oreophila* Kitag.

多年生或二年生草本，全株被单硬毛，或有时混生腺毛。茎生叶披针形，先端锐尖，基部楔形，边缘有锯齿。花紫红色。长角果圆柱形，细长，种子间稍缢缩。生于山沟。产兴安南、燕北。

37. 香芥属 **Clausia** Korn.-Tr.

毛萼香芥 Clausia trichosepala (Turcz.) Dvorak

二年生草本，高 20—50cm，全株被单硬毛。叶披针形，先端锐尖，基部楔形，边缘有锯齿。花紫色或红紫色。长角果四棱状圆柱形，细长，先端宿存花柱极短。生于山地林缘、沟谷、溪旁。产岭东、兴安南、科尔沁、燕北、锡林、阴山。

38. 芹叶芥属(裂叶芥属) **Smelowskia** C. A. Mey.

灰白芹叶芥(裂叶芥) Smelowskia alba (Pall.) Regel

多年生草本，高 10—30cm，全株密被分枝毛和单毛。叶羽状全裂。花白色。长角果椭圆状条形，无毛，果瓣隆起，有明显中脉及网状脉，顶端无花柱。生于石质山坡。产兴安北、兴安南。

39. 播娘蒿属 **Descurainia** Webb et Berth.

播娘蒿 Descurainia sophia (L.) Webb ex Prantl

一、二年生杂草，高 20—80cm，全株密被分枝状短柔毛。叶 2—3 回羽状全裂或深裂。花黄色。长角果狭条形，无毛，顶端无花柱，柱头压扁。生于山地草甸、沟谷、村旁、田边。产兴安北、岭东、岭西、呼伦、兴安南、科尔沁、燕北、赤峰、锡林、阴山。

40. 糖芥属 **Erysimum** L.

1a. 一、二年生草本；植株密被 2—5 叉分枝毛；花瓣长 3—12mm。

  2a. 果瓣内密被星状毛；花瓣长 3—5mm；果圆柱形。

    3a. 花瓣匙形，基部具爪；果梗长 5—13mm。生于草原、山地林缘、草甸、沟谷。产兴安北、岭东、岭西、兴安南、科尔沁、燕北、锡林、贺兰山 ·· **1. 小花糖芥 E. cheiranthoides** L.

    3b. 花瓣条形或条状倒披针形，基部无爪或爪不明显；果梗长 3—7mm。生于山地林缘。产兴安南(巴林右旗) ·· **2. 波齿糖芥 E. macilentum** Bunge

  2b. 果瓣内无毛或有时疏被柔毛；花瓣倒卵形，长 8—12mm；果梗长约 10mm，果四棱形。生于河岸、草地、路旁。产呼伦、兴安南 ·· **3. 山柳菊叶糖芥 E. hieraciifolium** L.

1b. 多年生草本；植株密被 2 叉状丁字毛；花瓣长 12—26mm。

  4a. 茎基部通常包被残叶；根茎顶部多头；叶狭条形，常内卷或对折；花瓣淡黄色或黄色。生于山坡、河滩及典型草原、草甸草原。产兴安北、岭东、岭西、呼伦、兴安南、锡林 **4. 蒙古糖芥 E. flavum** (Georgi) Bobrov

——兴安糖芥 *E. flavum* (Georgi) Bobrov var. *shinganicum* (Y. L. Chang) K. C. Kuan

  4b. 茎基部通常无残叶；无多头根茎；叶条状狭披针形或条形，平展；花瓣通常橙黄色，稀黄色。生于山地林缘、草甸、沟谷。产兴安南、赤峰、燕北、锡林、阴山、阴南 ···················**5. 糖芥 E. amurense** Kitag.

——*E. bungei* (Kitag.) Kitag.

41. 念珠芥属 **Neotorularia** Hedge et J. Leonard

1a. 多年生草本；总状花序在最下部具苞片；基生叶倒卵形或倒披针形，全缘或稍具疏齿。生于向阳石质山坡、石缝中、山地沟谷。产阴山、阴南、东阿、贺兰山、龙首山 ·· **1. 蚓果芥 N. humilis** (C. A. Mey.) Hedge et J. Leonord

——大花蚓果芥 *N. humilis* (C. A. Mey.) Hedge et J. Leonard f. *grandiflora* (O. E. Schulz) Ma

——窄叶蚓果芥 *N. humilis* (C. A. Mey.) Hedge et J. Leonard f. *angustifolia* (Z. X. An) Ma

——无毛蚓果芥 *N. humilis* (C. A. Mey.) Hedge et J. Leonard f. *glabrata* (Z. X. An) Ma

1b. 一年生草本；总状花序无苞片；基生叶倒披针形，边缘全缘或具齿、浅裂或大头羽状深裂。生于石质丘陵。产阴南(清水河县)···· **2. 清水河念珠芥 N. qingshuiheense** (Y. C. Ma et Zong Y. Zhu) Al-Shehbaz et al.

——清水河小蒜芥 *Microsisymbrium qingshuiheense* Y. C. Ma et Zong Y. Zhu

42. 涩芥属(离蕊芥属) Malcolmia R. Br.

1a. 果四棱状，非念珠状，劲直。生于田野或麦田中。产额济纳··········**1. 涩芥(离蕊芥) M. afiricana** (L.) R. Br.

1b. 果近圆筒状，念珠状，顶端弯曲或卷曲。生于荒地。产额济纳 ·············**2. 短梗涩芥 M. karelinii** Lipsky

43. 曙南芥属 Stevenia Adams et Fisch.

曙南芥 Stevenia cheiranthoides DC.

多年生草本，高 10—30cm，全株密被星状毛。叶条形。花紫色或淡红色，后变白色。长角果长椭圆形或条形，密被星状毛。生于山地石质坡地、岩石处。产兴安北、兴安南、岭西、岭东、锡林、阴山、东阿(桌子山)。

44. 南芥属 Arabis L.

1a. 长角果向下弯垂；叶披针形，先端长渐尖，边缘具疏锯齿。生于山地林缘、灌丛、沟谷、河边。产兴安北、岭东、岭西、呼伦、兴安南、科尔沁、辽河(大青沟)、赤峰、燕北、锡林、阴山、贺兰山 ··············· **1. 垂果南芥 A. pendula** L.

——粉绿垂果南芥 *A. pendula* L. var. *hypoglauca* Franch.

1b. 长角果向上直立；叶倒披针形，先端圆钝，全缘或边缘具不明显的疏齿。生于山地林下、林缘、湿草甸、沟谷溪边。产兴安北、岭东、岭西、呼伦、兴安南、燕北、阴山、贺兰山 ················· **2. 硬毛南芥 A. hirsuta** (L.) Scop.

49. 茅膏菜科 Droseraceae

1. 貉藻属 Aldrovanda L.

貉藻 Aldrovanda vesiculosa L.

多年生水生食虫草本。叶轮生，每轮 6—9 枚；叶片肾圆形，自中肋内折而成囊状，被感应性刚毛。花单生叶腋，淡绿色或白色，伸出水面；花萼 5；花瓣 5；雄蕊 5；子房上位，花柱 5。瘦果近球形，室背 5 瓣裂。生于水沟中。产辽河。

50. 景天科 Crassulaceae

1a. 花常为 3—5 基数；花瓣分离；雄蕊 1 轮，与花瓣同数；叶对生 ···················**1. 东爪草属 Tillaea**

1b. 花常为 5—6(12)基数；花瓣分离或多少合生；雄蕊常 2 轮，为花瓣数的 2 倍；叶互生、对生或莲座状。

  2a. 心皮有柄或基部渐狭，全部分离。

    3a. 植株具莲座状叶，花序为密集的塔形总状或圆锥状························ **2. 瓦松属 Orostachys**

    3b. 植株不具莲座状叶，花序为伞房状 ···**3. 八宝属 Hylotelephium**

  2b. 心皮无柄，或基部不为渐狭或渐狭，常为基部合生。

    4a. 基生叶鳞片状；花 4—5 基数 ··· **4. 红景天属 Rhodiola**

    4b. 基生叶常不存在；花常为不等 5 基数。

5a. 叶全缘；种皮网状或乳突状网状 ……………………………………… 5. 景天属 **Sedum**
5b. 叶边缘具齿或锯齿；种皮具纵肋或近光滑 ………………………… 6. 费菜属 **Phedimus**

1. 东爪草属 **Tillaea** L.

东爪草 **Tillaea aquatica** L.

一年生草本，高 2—6cm。叶条形，基部合生。花单生叶腋或顶生；萼片 4；花瓣 4，白色；雄蕊 4；鳞片 4；心皮 4。蓇葖果。生于河滩或路边草地。产兴安北、岭东。

2. 瓦松属 **Orostachys** Fisch.

1a. 叶全部不具尖头，莲座叶椭圆形、倒卵形、矩圆形、矩圆状披针形或卵形，钝头或短渐尖；花白色或淡绿色。多生于山地、丘陵的砾石质坡地及平原的沙质地。产兴安北、岭东、岭西、呼伦、兴安南、赤峰、锡林、阴山 ……………………………………… 1. 钝叶瓦松 **O. malacophylla** (Pall.) Fisch.
1b. 茎生叶有尖头，莲座叶先端有软骨质的、白色的附属物及尖头。
  2a. 莲座叶先端的软骨质附属物有流苏状牙齿；花红色。生于石质山坡、石质丘陵及沙质地。产内蒙古各地 ……………………………………… 2. 瓦松 **O. fimbriata** (Turcz.) A. Berger
  2b. 莲座叶先端的软骨质附属物全缘；花黄绿色或白色。
    3a. 花黄绿色；花梗长约 1mm 或无梗。生于山坡石缝中及林下岩石上。产兴安北、岭东、呼伦、岭西 ……………………………………… 3. 黄花瓦松 **O. spinosa** (L.) Sweet
    3b. 花白色；花梗长约 3mm 或稍长。生于石质山坡。产兴安北、兴安南、科尔沁、锡林 ……………………………………… 4. 狼爪瓦松 **O. cartilaginea** A. Bor.

3. 八宝属 **Hylotelephium** H. Ohba

1a. 茎多数，丛生，倾斜，高不及 25cm。
  2a. 叶互生，条形或倒披针形，宽 1.2—7mm；根状茎块状，常具有胡萝卜状的根。生于海拔 1000—3000m 处山顶石缝中及河滩湿地。产兴安北(阿尔山市)、兴安南、燕北、锡林(太仆寺旗)、阴山 ……………………………………… 1. 华北八宝 **H. tatarinowii** (Maxim.) H. Ohba
——库布齐八宝 *H. almae* (Frod.) K. T. Fu et G. Y. Rao
——全缘华北八宝 *H. tatarinowii* (Maxim.) H. Ohba var. *integrifolium* (Palibin) S. H. Fu
  2b. 叶对生，宽卵形或近圆形，长宽近相等，长 1.5—2cm；根状茎木质，具绳索状细根。生于山地沟谷。产额济纳(北山) ……………………………………… 2. 圆叶八宝 **H. ewersii** (Ledeb.) H. Ohba
1b. 茎单一或数个，直立，高 30cm 以上。
  3a. 叶对生，或 3 叶轮生，宽卵形至长圆状卵形，叶长 4—10cm，宽 2—5cm；花药紫色。
    4a. 雄蕊与花冠近等长；叶多对生，少 3 叶轮生。生于山地林缘及沟谷。产兴安南、燕北 ……………………………………… 3. 八宝 **H. erythrostictum** (Miq.) H. Ohba
    4b. 雄蕊明显超出花冠；叶多 3 叶轮生，少对生。生于山地山坡及路边。产燕北 ……………………………………… 4. 长药八宝 **H. spectabile** (Bor.) H. Ohba
  3b. 叶互生，少对生，椭圆状卵形、椭圆状披针形至长圆状卵形，宽 0.7—3cm；花药黄色。
    5a. 花白色；须根纤细，非肉质。生于山地林缘草甸、河谷湿草甸、沟谷、河边砾石滩。产兴安北、岭东、岭西、科尔沁、兴安南、燕北、阴山 ……………………………………… 5. 白八宝 **H. pallescens** (Freyn) H. Ohba
    5b. 花紫色；须根纺锤状，肉质。生于山地林缘草甸、山坡草甸、岩石缝、路边。产兴安北、岭东、岭西、呼伦、兴安南、锡林 ……………… 6. 紫八宝 **H. triphyllum** (Haworth) Holub——*H. purpureum* (L.) Holub.

4. 红景天属 Rhodiola L.

1a. 根颈的地上部分伸长，常有宿存的老枝；叶条形，宽 1—2mm，全缘；花两性，白色或红色。生于山地阳坡及山脊岩石缝中。产兴安南、阴山(大青山、蛮汗山)、东阿(桌子山)、贺兰山、龙首山…………………………………………………………………………………………………… **1. 小丛红景天 R. dumulosa** (Franch.) S. H. Fu

1b. 根颈少有伸长到地面的，不具宿存的老枝；叶非条形，宽 4—15mm，全缘或上部有齿；花单性，淡黄色、黄白色或黄绿色，雌雄异株。

2a. 心皮矩圆形，基部粗。

3a. 植株高 20—30cm；叶矩圆形、椭圆状倒披针形或矩圆状宽卵形。生于山地林下或草坡上。产兴安南…………………………………………………………………………………… **2. 红景天 R. rosea** L.

3b. 植株高 10—15cm；叶矩圆状匙形、矩圆状菱形或矩圆状披针形。生于山地林下及碎石山坡上。产岭东…………………………………………………………… **3. 库页红景天 R. sachalinensis** A. Bor.

2b. 心皮披针形，基部狭细；叶披针形或条状披针形。生于山地。产兴安北……………………………………………………………………………… **4. 兴安红景天 R. stephanii** (Cham.) Trautv. et C. A. Mey.

5. 景天属 Sedum L.

1a. 叶长圆形，宽 2—5mm，先端钝；一、二年生草本。生于海拔 2010m 的山坡林下阴湿处。产贺兰山…………………………………………………………………………………… **1. 阔叶景天 S. roborowskii** Maxim.

1b. 叶条形至条状披针形，宽 1—2mm，先端锐尖；多年生草本。生于山坡岩石阴湿处、水甸子。产兴安北…………………………………………………………………………………… **2. 藓状景天 S. polytrichoides** Hemsl.

6. 费菜属 Phedimus Rafin.

1a. 心皮 5。

2a. 植株光滑无毛。

3a. 叶条形至狭矩圆状楔形，宽不及 5mm。生于山地石质山坡、沙丘、沟谷、林缘草甸。产兴安北、岭西、呼伦、燕北、锡林、阴山 ……… **1b. 狭叶费菜 P. aizoon** (L.) 't Hart. var. **yamatutae** (Kitag.) H. Ohba et al.
——*Sedum aizoon* L. var. *yamatutae* Kitag.——*S. aizoon* L. f. *angustifolium* Franch.

3b. 叶较宽，宽 5mm 以上。

4a. 叶椭圆状披针形至倒披针形，宽 5—20mm，先端锐尖或稍钝。生于山地林下、林缘草甸、沟谷草甸、山坡灌丛。产兴安北、岭东、岭西、呼伦、兴安南、科尔沁、燕北、锡林、乌兰、阴山…………………………………………………… **1a. 费菜 P. aizoon** (L.) 't Hart. var. **aizoon**——*Sedum aizoon* L.

4b. 叶宽倒卵形、卵形、椭圆形，宽 20—30mm，先端钝圆。生于山地林下。产岭东、燕北……………………………… **1c. 宽叶费菜 P. aizoon** (L.) 't Hart. var. **latifolius** (Maxim.) H. Ohba et al.
——*Sedum aizoon* L. var. *latifolius* Maxim.

2b. 植株被乳头状微毛。生于山地林下、林缘、石质山坡、山坡草地、山顶砾石地、沟谷草甸。产呼伦、辽河(大青沟)、兴安南、赤峰、锡林、阴山、阴南、东阿(狼山、桌子山)、西阿、贺兰山、龙首山…………………………………………… **1d. 乳毛费菜 P. aizoon** (L.) 't Hart. var. **scabrus** (Maxim.) H. Ohba et al.
——*Sedum aizoon* L. var. *scabrus* Maxim.

1b. 心皮 8，少 12—20；叶倒卵状矩圆形或矩圆形，宽 15—30mm，先端钝圆。生于海拔 700—800m 的多石山坡。产兴安北(额尔古纳市)……………………………………………………………………… **1e. 兴安费菜 P. aizoon** (L.) 't Hart. var. **hsinganicus** (Y. C. Chu ex S. H. Fu et Y. H. Huang) Y. Z. Zhao
——*Sedum hsinganicum* Y. C. Chu ex S. H. Fu et Y. H. Huang
——*P. hsinganicum* (Y. C. Chu ex S. H. Fu et Y. H. Huang) H. Ohba et al.

51. 虎耳草科 Saxifragaceae

1a. 草本。
　2a. 2—3 回三出羽状复叶……………………………………………………………**1. 红升麻属 Astilbe**
　2b. 单叶。
　　3a. 心皮 5—6；蒴果自顶端离生部分横裂……………………………………**2. 扯根菜属 Penthorum**
　　3b. 心皮 2 或 3—4；蒴果纵裂。
　　　4a. 花单生于茎顶，有退化雄蕊；心皮 3—4……………………………**3. 梅花草属 Parnasia**
　　　4b. 多花组成花序，无退化雄蕊；心皮 2。
　　　　5a. 花瓣羽状分裂；子房 1 室 ……………………………………………**4. 唢呐草属 Mitella**
　　　　5b. 花瓣不分裂或无花瓣。
　　　　　6a. 花瓣 5；子房 2 室，中轴胎座 ……………………………………**5. 虎耳草属 Saxifraga**
　　　　　6b. 无花瓣；子房 1 室，侧膜胎座 ……………………………**6. 金腰属 Chrysosplenium**
1b. 灌木。
　7a. 叶互生；浆果…………………………………………………………………………**7. 茶藨属 Ribes**
　7b. 叶对生；蒴果。
　　8a. 植株无星状毛。
　　　9a. 花有 2 型，花序边缘的花为大型不育花，中央的花为小型两性花 ……………………
　　　　………………………………………………………………………………**8. 八仙花属 Hydrangea**
　　　9b. 花全为两性花 …………………………………………………………**9. 山梅花属 Philadelphus**
　　8b. 植株有星状毛 ………………………………………………………………**10. 溲疏属 Deutzia**

1. 红升麻属(落新妇属) Astilbe Buch.-Ham.

红升麻(落新妇) Astilbe chinensis (Maxim.) Franch. et Savat.

多年生草本，高 40—100cm。根状茎肥厚。叶 2—3 回三出复叶，小叶卵状椭圆形。圆锥花序狭长，密生褐色卷曲柔毛；花小，密集；萼片 5；花瓣 5，紫色；雄蕊 10；心皮 2，子房上位。蓇葖果 2，椭圆状卵形。生于山地林缘草甸、山谷溪边。产兴安北、辽河(大青沟)、燕北、阴山(大青山)。

2. 扯根菜属 Penthorum L.

扯根菜 Penthorum chinense Pursh

多年生草本，高 20—60cm。根状茎横走。叶条状披针形或披针形，先端长渐尖，边缘具细锯齿。花序顶生，蝎尾状；花萼 5 深裂；无花瓣；雄蕊 10；心皮 5，下部合生。蒴果红紫色。生于溪边湿地、沟渠旁。产兴安南(乌兰浩特市)、嫩西(扎赉特旗保安沼)。

3. 梅花草属 Parnasia L.

1a. 子房上位；退化雄蕊条裂状。生于山地沼泽化草甸。产兴安北、岭东、岭西、兴安南、科尔沁、赤峰、辽河(大青沟)、燕北、锡林、阴山、鄂尔、东阿(桌子山)……………………………………………**1. 梅花草 P. palustris** L.
1b. 子房半上位；退化雄蕊 3 裂。生于山地林下、林缘、山地草甸、沟谷。产燕北、阴山……………………………
　……………………………………………………………………………**2. 细叉梅花草 P. oreophila** Hance

4. 唢呐草属 Mitella L.

唢呐草 Mitella nuda L.

多年生草本，高 10—20cm。根状茎细长。叶圆状心形或卵状心形，先端圆形，基部心形，边缘具圆齿。花萼 5 深裂；花瓣 5，羽状细裂，裂片丝形；雄蕊 10。蒴果顶部 2 瓣裂。生于林下。产兴安北。

5. 虎耳草属 Saxifraga L.

1a. 叶全缘。

2a. 叶缘有倒向的短刺毛，叶先端有长尖刺。生于山坡峭壁、林下岩石缝。产兴安北……………………………………1. **刺虎耳草 S. bronchialis** L.

2b. 叶缘有腺毛，叶先端无长尖刺。生于海拔 2800—3400m 的高山灌丛和草甸碎石缝。产贺兰山……………………………………2. **爪虎耳草 S. unguiculata** Engl.

1b. 叶掌状分裂或叶缘具粗牙齿。

3a. 叶腋有珠芽；花单生于茎顶。生于山地岩石缝间。产兴安北、燕北、锡林、阴山、贺兰山……………………………………3. **点头虎耳草 S. cernua** L.

3b. 叶腋无珠芽；花 2 朵以上，聚伞花序。

4a. 植株基部有小球茎；叶掌状浅裂。生于山地林下、灌丛下、石缝间。产兴安北、岭东、兴安南、燕北……………………………………4. **球茎虎耳草 S. sibirica** L.

4b. 植株基部无小球茎；叶非掌状浅裂，叶缘有粗牙齿。生于山地林下、林缘、溪边。产兴安北……………………………………5. **斑点虎耳草 S. nelsoniana** D. Don
——*S. punctata* auct. non L.: Fl. Intramongol. ed. 2, 3: 31. 1989.

6. 金腰属 Chrysosplenium L.

1a. 叶互生。生于山地林下阴湿地、石崖阴处、山谷溪边。产兴安北、燕北、阴山…1. **五台金腰 C. serreanum** Hand.-Mazz.
——*C. alternifolium* auct. non L.: Fl. Intramongol. ed. 2, 3: 31. 1989.

1b. 叶对生。生于山地林下阴湿处、林缘溪边。产兴安北……………………………………2. **毛金腰 C. pilosum** Maxim.

7. 茶藨属 Ribes L.

1a. 枝有刺。

2a. 浆果有刺。生于山地杂木林中、溪边。产燕北……………………………………1. **刺梨 R. burejense** Fr. Schmidt

2b. 浆果无刺。

3a. 枝有稀疏的不分枝的刺；花单性，雌雄异株。

4a. 植株光滑无毛；叶倒卵形，3 浅裂，基部楔形；花淡黄绿色。生于沙丘、沙地、河岸、石质山地。产兴安北、岭东、呼伦、兴安南、锡林……………………………………2. **楔叶茶藨 R. diacanthum** Pall.

4b. 植株被短柔毛；叶宽卵形，3—5 中裂，基部浅心形、近截形或宽楔形；花淡红色。

5a. 花梗、叶片被短柔毛；叶片基部浅心形或近截形。生于石质山坡和沟谷。产兴安南、辽河(大青沟)、锡林、乌兰、阴山、阴南、东阿(桌子山)、贺兰山……………………………………3a. **小叶茶藨 R. pulchellum** Turcz. var. **pulchellum**

5b. 花梗、叶片毛较少或近无毛；叶片基部宽楔形；小枝刺较多。生于山坡。产呼伦(满洲里市)……………………………………3b. **东北小叶茶藨 R. pulchellum** Turcz. var. **manshuriense** Wang et Li

3b. 枝有稠密的刺，刺有 3 叉分枝或单刺两种；花两性；叶卵圆形，基部心形。内蒙古有少量栽培……………………………………4. **欧洲醋栗 R. reclinatum** L.——鹅莓 *R. grossularia* L.

1b. 枝无刺。

6a. 叶下面有亮黄色腺点。

7a. 蔓性小灌木，高 20—40cm；叶肾形，基部浅心形；花序轴和花枝无毛；果紫褐色。生于林下、踏头草甸。产兴安北 ……………………………………………… **5. 水葡萄茶藨 R. procumbens** Pall.

7b. 直立灌木，高 1—2m；叶宽卵形，基部深心形；花序轴和花枝被短柔毛；果紫黑色。原产欧洲。逸生于落叶松林下、林缘。产兴安北、岭东、岭西 ……………………………… **6. 黑茶藨 R. nigrum** L.

——兴安茶藨 *R. pauciflorum* Turcz. ex Pojark.

6b. 叶下面无腺点。

8a. 萼片反折；叶裂片先端尖或短渐尖；花序较长，长 4—20cm；果红色。

9a. 花萼、子房和幼果无毛。生于山地林下、河岸。产兴安北、兴安南、阴山 ……………………………………………… **7a. 东北茶藨 R. mandshuricum** (Maxim.) Kom. var. **mandshuricum**

9b. 花萼、子房和幼果被长柔毛。生于山坡。产锡林 ……………………………………………… **7b. 内蒙茶藨 R. mandshuricum** (Maxim.) Kom. var. **villosum** Kom.

8b. 萼片直立；叶裂片先端钝尖或锐尖；花序较短，长 1.5—4cm。

10a. 萼片边缘具睫毛。

11a. 萼筒钟形；叶基部心形；花淡紫红色；叶两面无毛，下面具瘤状突起或混生少量腺毛。生于山地林缘、沟谷。产兴安南、赤峰、燕北、阴山、东阿(桌子山)、贺兰山、龙首山 ……………… **8. 瘤糖茶藨 R. himalense** Royle. ex Decne var. **verruculosum** (Rehd.) L. T. Lu

——糖茶藨 *R. emodense* auct. non Rehd.: Fl. Intramongol. ed. 2, 3: 42. 1989.

11b. 萼筒浅杯形或浅盆形；叶基部浅心形或平截；花绿色，有褐红色斑纹；叶两面被柔毛，无突起或腺毛。生于山坡灌丛、岩石裸露的山顶。产兴安北、兴安南 ……………………………………………… **9. 毛茶藨 R. pubescens** (Swartz. ex Hartm.) Hedl.

10b. 萼片边缘无睫毛；萼筒浅杯形或盆形。

12a. 直立灌木，高 1m 以上；花淡黄色；叶上面无毛，下面疏生柔毛。生于山地林下、河边灌丛。产兴安北、岭东 ……………………… **10. 英吉利茶藨 R. palczewskii** (Jancz.) Pojark.

12b. 矮小灌木，高 20—40cm；花紫红色；叶两面无毛或下面沿脉被柔毛。生于山地林下、林缘、石质山坡。产兴安北 ……………………………………… **11. 矮茶藨 R. triste** Pall.

8. 八仙花属(绣球属) Hydrangea L.

东陵八仙花(东陵绣球) **Hydrangea bretschneideri** Dipp.

灌木，高 1—3m。单叶，对生，长卵形，先端渐尖或尾尖，边缘有锯齿。伞房花序顶生，花序边缘常有大型不育花；花白色；两性花的萼片和花瓣均 4—5，雄蕊 10，两轮；子房下位，花柱 3。蒴果近卵形，顶端开裂。零星生长于山地林缘、灌丛。产兴安南、燕北、阴山。

9. 山梅花属 Philadelphus L.

堇叶山梅花(薄叶山梅花、太平花) **Philadelphus tenuifolius** Rupr. ex Maxim.

灌木，高 1.5—2m。单叶，对生，卵形或披针状卵形，基出 3—5 脉，先端渐尖，边缘疏生小齿。总状花序；花两性，白色；萼片与花瓣各 4；雄蕊多数；子房下位。蒴果倒圆锥形，4 瓣裂。生于山坡林缘、灌丛。产燕北、赤峰、阴山。

10. 溲疏属 Deutzia Thunb.

1a. 多数花组成伞房状花序。生于山坡林缘。产燕北 ……………………………… **1. 小花溲疏 D. parviflora** Bunge

1b. 1—3 花组成聚伞花序或单花。生于山坡灌丛、山谷中、石崖上。产燕北……**2. 大花溲疏 D. grandiflora** Bunge

52. 蔷薇科 Rosaceae

1a. 果实为开裂的蓇葖果，心皮 3—5，离生；托叶有或无(**1. 绣线菊亚科 Spiraoideae**)。
  2a. 多年生草本；2—3 回羽状复叶；花单性，雌雄异株……………………………**1. 假升麻属 Aruncus**
  2b. 灌木；花两性。
    3a. 单叶。
      4a. 花序为伞形、伞房或圆锥花序；心皮离生 ……………………………**2. 绣线菊属 Spiraea**
      4b. 花序为穗状圆锥花序；心皮基部合生 ……………………………**3. 鲜卑花属 Sibiraea**
    3b. 1 回羽状复叶 ……………………………**4. 珍珠梅属 Sorbaria**
1b. 果实不开裂；全有托叶。
  5a. 子房下位，稀半下位；心皮 2—5，多数与杯状花托内壁联合；梨果(**2. 苹果亚科 Maloideae**)。
    6a. 心皮在成熟时变为坚硬骨质；果实内含 1—5 小核。
      7a. 叶片全缘；枝条无刺 ……………………………**5. 栒子属 Cotoneaster**
      7b. 叶缘有锯齿或裂片；枝条常有刺 ……………………………**6. 山楂属 Crataegus**
    6b. 心皮在成熟时变为革质或纸质；梨果 1—5 室，每室有 1 或几粒种子。
      8a. 羽状复叶；顶生复伞房花序 ……………………………**7. 花楸属 Sorbus**
      8b. 单叶；伞形或伞房花序。
        9a. 花柱离生；果肉内含有多数石细胞；花药深红色或紫色 ………………**8. 梨属 Pyrus**
        9b. 花柱基部合生；果肉内无石细胞；花药黄色 ……………………………**9. 苹果属 Malus**
  5b. 子房上位。
    10a. 心皮多数，稀 1—2；瘦果或小核果；复叶，稀单叶(**3. 蔷薇亚科 Rosoideae**)。
      11a. 常绿半灌木；萼片和花瓣不定数，各为 8—9；单叶互生，近革质，边缘反卷；瘦果顶端有白色羽毛状宿存花柱 ……………………………**10. 仙女木属 Dryas**
      11b. 非常绿植物；萼片和花瓣定数，通常 5，稀 4 或 3。
        12a. 花托壶状，在果成熟时变为肉质而有光泽；单数羽状复叶；灌木；枝有皮刺 ……………………………**11. 蔷薇属 Rosa**
        12b. 花托不为壶状。
          13a. 无花瓣。
            14a. 花萼 4，花瓣状，紫色、红色或白色，无副萼；花序成紧密的穗状或头状；羽状复叶……………………………**12. 地榆属 Sanguisorba**
            14b. 花萼 4—5，黄绿色，有副萼；花序成散房状聚伞花序；单叶 ……………………………**13. 羽衣草属 Alchemilla**
          13b. 有花瓣；花萼绿色。
            15a. 小核果，相互愈合成聚合果；心皮各有胚珠 2；茎常有刺，稀无刺 ……………………………**14. 悬钩子属 Rubus**
            15b. 瘦果，相互分离；心皮各有胚珠 1。
              16a. 花柱顶生。
                17a. 花有副萼；花单生或伞房花序；瘦果顶端宿存花柱成弯钩状喙 ……………………………**15. 水杨梅属 Geum**
                17b. 花无副萼。
                  18a. 穗状总状花序；萼筒顶端有数层钩刺 ……………………………**16. 龙牙草属 Agrimonia**

18b. 花多数组成圆锥花序；萼筒顶端无钩刺 ………………………………………………… **17. 蚊子草属 Filipendula**

16b. 花柱基侧生。

19a. 花托在成熟时变为肉质；草本；叶基生，三出复叶 ………………………………………………… **18. 草莓属 Fragaria**

19b. 花托在成熟时干燥。

20a. 灌木；复叶柄顶端具关节；小叶全缘；具副萼。

21a. 花 3 基数：副萼片 3，萼片 3，花瓣 3，雄蕊 3；心皮 1；花托杯状；宿存叶柄成刺 ………………………………………………… **19. 绵刺属 Potaninia**

21b. 花 5 基数：副萼片 5，萼片 5，花瓣 5；雄蕊多数；心皮多数；花托突起成球状；无叶柄刺 ………………………… **20. 金露梅属 Pentaphylloides**

20b. 草本；复叶柄顶端无关节。

22a. 有副萼。

23a. 雄蕊、雌蕊均多数。

24a. 花瓣黄色或白色，先端圆钝或微缺，比萼片长或近等长……………………………… **21. 委陵菜属 Potentilla**

24b. 花瓣紫色或白色，先端渐尖或圆形，比萼片短 …· **22. 沼委陵菜属 Comarum**

23b. 雄蕊、雌蕊 4、5 或 10；小叶 3—5……………………………… **23. 山莓草属 Sibbaldia**

22b. 无副萼；小叶通常 3，羽状或掌状深裂，裂片常条形 ……………… **24. 地蔷薇属 Chamaerhodos**

10b. 心皮 1；核果；单叶(**4. 李亚科 Prunoideae**)。

25a. 灌木，常有刺；枝条的髓部呈薄片状；花柱侧生；胚珠直生 ·· **25. 扁核木属 Prinsepia**

25b. 乔木或灌木，无刺；枝条的髓部坚实；花柱顶生；胚珠下垂。

26a. 果具沟，被毛或蜡粉。

27a. 侧芽 3，两侧为花芽，具顶芽；花 1—2 朵，常无梗；子房和果常被柔毛，极稀无毛；果核常有孔穴，稀光滑；幼叶对折；先叶开花 ………………………………………………… **26. 桃属 Amygdalus**

27b. 侧芽单生，无顶芽；果核光滑、粗糙或具不明显孔穴。

28a. 子房和果常被柔毛；花常无梗或有短梗；先叶开花；幼叶席卷……………………………………………………… **27. 杏属 Armeniaca**

28b. 子房和果均无毛，常被蜡粉；花常具梗；花叶同放；幼叶多席卷，稀对折。栽培 ………………………………………… **28. 李属 Prunus**

26b. 果无沟，无蜡粉；幼叶对折；枝具顶芽；核表面平滑或有皱纹或沟槽。

29a. 花较大，数朵形成伞形、伞房状或短总状花序，稀单生；子房有毛或无毛 ………………………………………………… **29. 樱属 Cerasus**

29b. 花较小，多朵形成总状花序；子房无毛 ………………… **30. 稠李属 Padus**

1. 假升麻属 Aruncus Adans.

假升麻 Aruncus sylvester Kostel. ex Maxim.

多年生草本，高 1—2m。根状茎粗大。叶 2 回羽状复叶，小叶菱状卵形或长椭圆形，先端渐尖或尾尖，边缘有不规则的小锯齿。圆锥花序大型，花单性，雌雄异株；花托碟状；萼片 5；花瓣 5，白色；雄蕊 20；心皮 3。蓇葖果下垂，无毛。生于山地针叶林林下、林缘、林间草甸。产兴安北、岭东、岭西。

2. 绣线菊属 Spiraea L.

1a. 圆锥花序或复伞房花序。

2a. 圆锥花序；花序着生于当年生直立的长枝上；花粉红色；冬芽具数枚外露鳞片(**1. 圆锥花序组** Sect. **Spiraea**，**1. 柳叶系** Ser. **Spiraea**)；叶披针形。生于河流沿岸、湿草甸、山坡林缘及沟谷。产兴安北、岭东、岭西、兴安南、燕北……**1. 柳叶绣线菊 S. salicifolia** L.

——贫齿柳叶绣线菊 *S. salicifolia* L. var. *oligodonta* T. T. Yü

2b. 复伞房花序(**2. 复伞房花序组** Sect. **Calospira** K. Koch)。

3a. 花序着生于当年生的直立新枝顶端；冬芽具数枚外露鳞片；花序无毛；雄蕊长于花瓣；叶卵形或长圆状卵形，长 2.5—8cm，边缘具锯齿，基部圆形(**2. 粉花系** Ser. **Japonicae** T. T. Yü)。生于山地杂木林中或灌木丛中。产燕北……**2. 大叶华北绣线菊 S. fritschiana** Schneid. var. **angulata** (Fritsch ex C. K. Schneid.) Rehd.

3b. 花序着生于去年生枝上的侧生短枝上；冬芽具 2 枚外露鳞片；叶长圆形，长 1—3cm，全缘，基部楔形(**3. 楔叶系** Ser. **Canenscentes** T. T. Yü)。

4a. 花序被短柔毛；果直立合生成圆筒状，密被短柔毛；雄蕊与花瓣等长。生于沟边潮湿地、溪边杂木林中、路边。产呼伦(满洲里市)……**3. 毛果绣线菊 S. trichocarpa** Nakai

4b. 花序无毛；果开张，微被短柔毛；雄蕊长于花瓣。生于山沟、山坡、山地灌丛中。产阴山(乌拉山)……**4. 乌拉特绣线菊 S. uratensis** Franch.

1b. 伞房花序或伞形花序。

5a. 冬芽具数枚外露鳞片(**3. 短伞花序组** Sect. **Glomerati** Nakai)。

6a. 伞房花序(**4. 欧亚系** Ser. **Mediae** Pojark.)。

7a. 伞房花序具总梗。

8a. 叶片边缘中部以上具锯齿，近无毛；萼片直立；果直立；雄蕊与花瓣等长。生于林下、林缘、向阳石质山坡。产兴安北、岭东……**5. 美丽绣线菊 S. elegans** Pojark.

8b. 叶全缘或仅先端有少数锯齿；果开张；萼片反折。

9a. 叶条状披针形，无毛；果无毛或仅腹缝有毛；雄蕊长于花瓣。生于山坡或石质山坡。产兴安北……**6. 窄叶绣线菊 S. dahurica** (Rupr.) Maxim.

9b. 叶片下面被毛；果被毛。

10a. 小枝近无毛；叶背面疏被柔毛；雄蕊长于花瓣。生于林下、林缘、山地灌丛、石质山坡。产兴安北、岭东、岭西、兴安南……**7. 欧亚绣线菊 S. madia** Schmidt

10b. 小枝密被柔毛；叶背面密被长绢毛；雄蕊与花瓣等长。生于山地灌丛、林缘、杂木林中。产兴安北、兴安南……**8. 绢毛绣线菊 S. sericea** Turcz.

7b. 伞房花序无总梗；萼片反折；果被短柔毛；叶倒卵形或矩圆形，先端 3—7 齿或全缘，上面疏被毛，下面密被柔毛；小枝无毛；雄蕊长于花瓣。生于固定沙丘。产呼伦(海拉尔区)……**9. 沙地绣线菊 S. arenaria** Y. Z. Zhao et T. J. Wang

6b. 伞形花序(**5. 三裂系** Ser. **Triilobatae** Pojak.)。

11a. 伞形花序具总梗。

12a. 叶近圆形，先端圆钝，长 3 裂，两面无毛，稀被毛，有显著三至五出脉；雄蕊短于花瓣；萼片直立。

13a. 叶两面无毛；花梗无毛。生于石质山坡、山沟。产兴安南、燕北、锡林、乌兰、阴山、东阿(狼山、桌子山)、贺兰山……………………**10a. 三裂绣线菊 S. trilobata** L. var. **trilobata**

13b. 叶下面被毛；花梗被毛。生于石质山坡。产阴山(卓资县)……………………………………………………**10b. 毛叶三裂绣线菊 S. trilobata** L. var. **pubescens** T. T. Yü

12b. 叶菱状卵形、倒卵形、椭圆形，稀卵形，两面疏被毛，稀无毛，有羽状叶脉。

14a. 花序无毛；蓇葖果被毛或沿腹缝线微被毛；叶菱状卵形，先端急尖；雄蕊与花瓣等长；萼片常反卷；花梗长7—12mm。生于山地灌丛、林缘、杂木林中。产兴安北、岭东、岭西、辽河(大青沟)、燕北、锡林、阴山、阴南、东阿(桌子山)………………………………………………………………………**11. 土庄绣线菊 S. pubescens** Turcz.

14b. 花序和蓇葖果均被毛；叶倒卵形或椭圆形，先端圆钝；雄蕊短于花瓣；萼片直立；花梗长12—22mm。生于山地灌丛中。产阴山(蛮汗山)……………………………………………………**12. 疏毛绣线菊 S. hirsuta** (Hemsl.) C. K. Schneid.

11b. 伞形花序无总梗或具极短总梗。

15a. 叶全缘或先端有少数圆钝锯齿；雄蕊与花瓣等长。

16a. 叶片一型，不具扇形叶。

17a. 叶狭倒卵形，先端圆钝或尖，有时不育枝上的叶片先端有2—3个钝齿，基部狭楔形；幼枝、叶、果无毛，稀具短毛；花序无总梗。生于山地沟谷灌丛、石质阳坡、林缘。产岭西、兴安南、阴山、贺兰山……………………………………………………**13. 金丝桃叶绣线菊 S. hypericifolia** L.

17b. 叶矩圆状披针形，先端急尖或钝，基部楔形；幼枝、叶、果被短柔毛；花序具极短总梗。生于固定沙丘上。产呼伦(海拉尔区)……………………………………………………**14. 海拉尔绣线菊 S. hailarensis** Liou

16b. 叶片二型，具扇形和倒卵形两种叶片，先端圆钝，基部狭楔形，两面被短柔毛。生于低山丘陵阴坡。产岭西、呼伦、兴安南、科尔沁、锡林、乌兰、阴山、阴南、鄂尔、贺兰山、龙首山…………………………………………**15. 耧斗叶绣线菊 S. aquilegifolia** Pall.

15b. 叶条状披针形，中部以上有锯齿，两面无毛；雄蕊短于花瓣。呼和浩特市有栽培……………………………………………………**16. 珍珠绣线菊 S. thunbergii** Sieb. ex Blume

5b. 冬芽具2枚外露鳞片(**4. 长伞花序组** Sect. **Chamaedryon** Ser.)。

18a. 叶缘有锯齿(**6. 石蚕叶系** Ser. **Chamaedryfoliae** Pojark.)

19a. 萼片反折；雄蕊长于花瓣；子房和果被短柔毛。生于山地林下、林缘、岩石坡地、河岸及沙丘。产兴安北、呼伦(海拉尔区)、兴安南、燕北、阴山(大青山)、贺兰山……………………………………··**17. 石蚕叶绣线菊 S. chamaedryfolia** L.——曲萼绣线菊 *S. flaxuosa* Fisch. ex Cambess.

19b. 萼片直立；雄蕊短于花瓣；子房和果无毛。生于山地林下、林缘。产贺兰山……………………………………………………**18. 阿拉善绣线菊 S. alaschanica** Y. Z. Zhao et T. J. Wang

18b. 叶全缘或在不育枝上的叶先端具3—5齿；萼片直立或反卷(**7. 尖芽系** Ser. **Gemmatae** T. T. Yü)。

20a. 枝条直伸；幼枝无毛，稀具毛；雄蕊与花瓣等长；子房和果被短柔毛。生于山地石质山坡灌丛、草地、疏林下及山谷。产阴山、贺兰山、龙首山………**19. 蒙古绣线菊 S. mongolica** Maxim.

20b. 枝条呈强烈“之”字形曲折；幼枝被短柔毛；雄蕊短于花瓣；子房和果无毛。生于海拔1500—2100m的山地灌丛、林缘、石质山坡及山沟。产贺兰山……………………………………………………**20. 回折绣线菊 S. tomentulosa** (T. T. Yü) Y. Z. Zhao

——毛枝蒙古绣线菊 *S. mongolica* Maxim. var. *tomentulosa* T. T. Yü

——宁夏绣线菊 *S. ningshiaensis* T. T. Yü et L. T. Lu

3. 鲜卑花属 **Sibiraea** Maxim.

鲜卑花 **Sibiraea laevigata** (L.) Maxim.

灌木，高 60—150cm。单叶，互生，狭披针形，先端锐尖，全缘。圆锥花序顶生，花杂性，雌雄异株；萼片 5；花瓣 5，白色；雄蕊 20—25；心皮 5。蓇葖果长椭圆形，直立。生于山坡、山地草甸灌丛、山沟溪边草甸。产龙首山。

4. 珍珠梅属 **Sorbaria** (Ser.) A. Br. ex Asch.

1a. 雄蕊 30—40，均长于花瓣；子房密被毛；花柱顶生。散生于山地林缘、林下、路边、沟边。产兴安北、岭东、岭西、兴安南、科尔沁 …………………………………………………………… **1. 珍珠梅 S. sorbifolia** (L.) A. Br.

1b. 雄蕊 20—25，长短不一，与花瓣等长或稍短，亦有长于者；子房无毛；花柱稍侧生。生于山坡、杂木林中。产燕北 …………………………………………… **2. 华北珍珠梅 S. kirilowii** (Regel et Tiling) Maxim.

5. 栒子属 **Cotoneaster** Medikus

1a. 花瓣白色，在开花时平铺开展；果红色。

2a. 叶片下面无毛或疏被柔毛。

3a. 花梗和萼筒均无毛；叶片下面无毛；花瓣基部有 1 簇柔毛。生于山地灌丛、林缘、沟谷。产兴安南、锡林、乌兰、阴山、贺兰山 ………………………………………… **1. 水栒子 C. multiflorus** Bunge

3b. 花梗和萼筒疏被柔毛；叶片下面被短柔毛；花瓣基部无毛。生于山地林缘、灌丛、沟谷。产阴山(大青山)、贺兰山 …………………………………………… **2. 毛叶水栒子 C. submultiflorus** Popov

2b. 叶片下面密被绒毛。

4a. 萼筒无毛；果倒卵形，无毛，稍被蜡粉。生于山地与丘陵的石质坡地、沙地。产锡林、阴山(大青山)、东阿(桌子山)、贺兰山、西阿、龙首山、额济纳(马鬃山) ……………………… **3. 蒙古栒子 C. mongolicus** Pojark.

4b. 萼筒被绒毛；果卵形或椭圆形，疏被柔毛。生于石质山坡。产阴山(乌拉山)、阴南、贺兰山、龙首山 …… ……………………………………… **4. 准噶尔栒子 C. soongoricus** (Regel et Herd.) Popov

1b. 花瓣粉红色，在开花时直立。

5a. 叶片下面密被绒毛；叶先端钝圆；果红色或蓝黑色，无毛。

6a. 花萼被毛。

7a. 花序与叶片近等长，有花 3—13 朵；花萼密被开展柔毛；果红色。生于山地阴坡、沟谷、灌丛。产燕北(苏木山)、东阿(狼山)、贺兰山 ……………………… **5. 西北栒子 C. zabelii** C. K. Schneid.

7b. 花序比叶片短约一半，有花 2—4 朵。

8a. 果红色；花萼疏被平伏柔毛。生于山地。产龙首山 …… **6. 少花栒子 C. oliganthus** Pojark.

8b. 果黑色；花萼密被平伏柔毛。生于山地灌丛。产贺兰山 ……………………………… …………………………………………… **7. 细枝栒子 C. tenuipes** Rehd. et Wils.

6b. 花萼无毛。

9a. 果成熟时红色；花序比叶片短约一半，有花 2—5 朵。生于山地林下、灌丛、石质山坡。产岭西、兴安南、锡林、阴山 …………………………………………… **8. 全缘栒子 C. integrrimus** Medikus

9b. 果成熟时蓝黑色，有蜡粉；花序与叶片近等长，有花 3—15 朵。生于山地和丘陵坡地、灌丛、林缘、疏林中。产兴安北、兴安南、燕北、锡林、阴山、阴南、东阿(桌子山)、贺兰山、龙首山 ………………… …………………………………………… **9. 黑果栒子 C. melanocarpus** Lodd.

5b. 叶两面无毛或疏被长柔毛；叶先端锐尖或渐尖；果紫黑色，被疏柔毛。生于山地石质坡地及沟谷、杂木林中。产兴安南、赤峰、燕北、锡林、阴山、阴南、东阿(桌子山)、贺兰山…………**10. 灰枸子 C. acutifolius** Turcz.

6. 山楂属 Crataegus L.

1a. 花梗和总花梗密被柔毛；未成熟果被毛。生于山地林缘及沟谷灌丛。产岭东、兴安南……………………………………………………………**1. 毛山楂 C. maximowiczii** C. K. Schneid.

1b. 花梗和总花梗无毛；果无毛。

2a. 叶片羽状深裂，裂片 3—4 对；侧脉伸到裂片顶端及裂片分裂处。

3a. 果较小，直径 1—1.5cm；叶片小，羽状分裂较深。生于山地沟谷。产兴安北、岭西、兴安南、辽河(大青沟)、燕北、锡林(多伦县)、阴山…………………………**2a. 山楂 C. pinnatifida** Bunge var. **pinnatifida**

3b. 果较大，直径 2cm 以上；叶片大，羽状分裂较浅。呼和浩特市、乌兰察布市(凉城县)有栽培…………………………………………………**2b. 山里红 C. pinnatifida** Bunge var. **major** N. E. Br.

2b. 叶片浅裂或不分裂；侧脉伸到裂片顶端，但裂片分裂处无侧脉。

4a. 叶片上面散生短柔毛，下面沿叶脉生柔毛；果血红色，直径 1—1.5cm；子房顶端有毛。生于山地阴坡、半阴坡或河谷。产兴安北、岭东、岭西、兴安南、锡林、阴山………**3. 辽宁山楂 C. sanguinea** Pall.

4b. 叶片上面无柔毛，下面近无毛；果红色或橘红色，直径 6—8mm；子房顶端无毛。生于河岸林间草甸、灌丛、沙丘坡上。产兴安北、岭西…………**4. 光叶山楂 C. dahurica** Koehne ex C. K. Schneid.

7. 花楸属 Sorbus L.

1a. 单叶，边缘具锐重锯齿，不分裂；果长圆形、椭圆形或卵形，萼片完全脱落。生于沙丘林间。产呼伦(海拉尔区)……………………………………………………**1. 水榆花楸 S. alnifolia** (Seib. et Zucc.) K. Koch

1b. 奇数羽状复叶；果球形，萼片宿存。

2a. 果红色；芽密被白色绒毛。生于山地阴坡、溪涧或疏林中。产兴安北、兴安南、燕北、阴山……………………………………………………………**2. 花楸树 S. pohuashanensis** (Hance) Hedl.

2b. 果白色或黄色；芽无毛或顶端微具柔毛。生于山地林缘或疏林中。产燕北……………………………………………………………**3. 北京花楸 S. discolor** (Maxim.) Maxim.

8. 梨属 Pyrus L.

1a. 果实上萼片宿存；经后熟变软可食用。

2a. 叶边缘有刺芒的尖锐锯齿；果梗短，长 1—2cm；果球形，黄色或绿黄色，有褐色斑点。生于山地及溪谷杂木林中。产岭东、兴安南、辽河(大青沟)、燕北、阴山…………………**1. 秋子梨 P. ussuriensis** Maxim.

2b. 叶边缘有浅细圆锯齿，无刺芒；果梗较长，长 2.5—4.5cm；果长倒卵形或近球形，绿色或黄色。内蒙古有栽培……………………………………………**2. 西洋梨 P. communis** L. var. **sativa** (DC.) DC.

1b. 果实上萼片多数脱落，稀宿存；不经后熟变软即可食用。

3a. 叶边缘有刺芒的尖锐锯齿；花柱 5，稀 4；果较大，直径 2—3cm；无枝刺。

4a. 果黄色或棕黄色，有细密斑点；叶片基部宽楔形。内蒙古有少量栽培……………………………………………………………**3. 白梨 P. bretschneideri** Rehd.

4b. 果褐色，有浅色斑点；叶片基部圆形或近心形。内蒙古有少量栽培……………………………………………………………**4. 沙梨 P. pyrifolia** (N. L. Burm.) Nakai

3b. 叶边缘有锯齿，无刺芒；花柱 2—3；果较小，直径 0.5—1cm；幼枝、花序和叶片下面均被绒毛；常具枝刺。内蒙古有少量栽培……………………………**5. 杜梨 P. betulifolia** Bunge

9. 苹果属 **Malus** Mill.

1a. 叶片不分裂。

2a. 果较小，直径在 2cm 以下；萼片通常脱落。

3a. 萼筒、花梗、嫩枝无毛或被短柔毛；叶两面无毛；花白色；果径在 1cm 以下。

4a. 叶柄、叶脉、花梗均无毛；果球形。生于河流两岸谷地、山地林缘及森林草原带的沙地。产兴安北、岭东、呼伦、兴安南、辽河(大青沟)、燕北、锡林、阴山、鄂尔 ……………… **1. 山荆子 M. baccata** (L.) Borkh.

4b. 叶柄、叶脉、花梗被疏柔毛；果椭圆形或倒卵形。生于山坡杂木林中、山顶及山沟。产兴安北、科尔沁、燕北、阴山(大青山) …………………… **2. 毛山荆子 M. mandshurica** (Maxim.) Kom. ex Juz.

3b. 萼筒、花梗、嫩枝无毛、叶片下面被卷曲柔毛或柔毛；花粉红色或花蕾时粉红色；果径 1.5—2cm；萼片脱落，少数宿存。内蒙古有栽培 ………… **3. 西府海棠 M.×micromalus** Makino

2b. 果较大，直径在 2cm 以上；萼片宿存。

5a. 果梗细长；果较小，近球形，直径 2—2.5cm，红色，梗洼较浅；萼洼微凸，有几个不规则凸起；叶下面沿脉有短柔毛或近于无毛；叶缘锯齿锐尖。内蒙古有栽培 …………………………………………………………………………………………… **4. 楸子 M. prunifolia** (Willd.) Borkh.

5b. 果梗较短；果较大，直径在 2.5cm 以上，梗洼较深；萼洼下陷或微凸；叶下面被柔毛或绒毛。

6a. 果通常扁圆形、圆形、宽卵形或圆锥形；萼洼下陷，通常没有不规则凸起；叶缘锯齿圆钝；叶下面毛较稠密。内蒙古有栽培 ……………………………………… **5. 苹果 M. pumila** Mill.

6b. 果通常扁卵形或近球形；萼洼微凸，通常有几个不规则凸起；叶缘锯齿锐尖；叶下面毛较稀疏。内蒙古有栽培 …………………………………………………… **6. 花红 M. asiatica** Nakai

1b. 叶片羽状深裂，裂片 3—5。生于山沟丛林中或黄土丘陵。产阴南、贺兰山 ……………………………………………………………………………………………… **7. 花叶海棠 M. transitoria** (Batal.) C. K. Schneid.

10. 仙女木属 **Dryas** L.

东亚仙女木 Dryas octopetara L. var. **asiatica** (Nakai) Nakai

常绿矮小半灌木，高 3—6cm。叶椭圆形，边缘外卷，有钝圆锯齿。萼片 6—10，宿存；花瓣 6—10，白色；雄蕊多数；花盘与萼筒合生；心皮多数，离生，花柱顶生。瘦果多数，顶端有羽毛状宿存花柱。生于山地草甸。产兴安南(乌兰浩特市)。

11. 蔷薇属 **Rosa** L.

1a. 小枝被绒毛；皮刺被长柔毛；果无毛；萼片羽状分裂，有腺毛，果成熟时宿存。内蒙古的果园、公园、庭院常作观赏植物栽培 ……………………………………………… **1. 玫瑰 R. rugosa** Thunb.

1b. 小枝和皮刺均无毛。

2a. 花黄色；蔷薇果和萼片均无毛；萼片果成熟时宿存，反折。生于山地灌丛、石质山坡。产燕北、乌兰、阴山、阴南、鄂尔、东阿(狼山、桌子山)、贺兰山 ……………………………… **2. 黄刺玫 R. xanthina** Lindl.

2b. 花玫瑰色或淡红色。

3a. 蔷薇果和萼片均有腺状刚毛；果椭圆形，顶部具短颈；萼片宿存；小叶下面被短柔毛；皮刺稀疏，直立。生于山地林缘、沟谷及黄土丘陵。产燕北(苏木山)、阴山(蛮汗山)、贺兰山 ………………………………………………………………………… **3. 美蔷薇 R. bella** Rehd. et E. H. Wils.

3b. 蔷薇果无毛。

4b. 常绿或半常绿灌木，羽状复叶通常有小叶 3—5；萼片羽状分裂，无腺毛，果成熟时脱落。内蒙古有少量栽培……………………………………………………4. 月季花 **R. chinensis** Jacq.

4b. 落叶灌木；羽状复叶通常有小叶 5—7；萼片全缘，具腺毛。

5a. 皮刺细弱，伸直或稍弯。

6a. 蔷薇果成熟时萼片宿存；小叶片较大，长 1.5—5cm。

7a. 蔷薇果近球形，顶部无颈；皮刺稀疏，稍弯。生于山地林下、林缘、石质山坡、河岸沙质地。产兴安北、岭西、兴安南、辽河(大青沟)、燕北、锡林、阴山、东阿(桌子山)、贺兰山…………………………………………………………5. 山刺玫 **R. davurica** Pall.

7b. 蔷薇果长椭圆形，顶部具明显颈；皮刺稠密，直伸。生于山地林下、林缘、山地灌丛。兴安北、岭西、兴安南、阴山、贺兰山、龙首山………6. 刺蔷薇 **R. acicularis** Lindl.

6b. 蔷薇果成熟时萼片脱落；果长矩圆形或长椭圆形，顶部无颈；小叶片较小，长 6—13mm。生于山地灌丛。产龙首山……………………………………………………7. 龙首山蔷薇 **R. longshoushanica** L. Q. Zhao et Y. Z. Zhao

5b. 皮刺粗壮宽扁，下弯；蔷薇果卵球形或矩圆形，顶部具短颈；果成熟时萼片脱落。生于山坡、山谷。产额济纳(马鬃山)……………………………………8. 疏花蔷薇 **R. laxa** Retzeius

——毛叶弯刺蔷薇 *R. beggeriana* Schrenk var. *lioui* auct. non (T. T. Yü et H. T. Tsai) T. T. Yü et T. C. Ku: Fl. Intramongol. ed. 2, 3:103. 1989.

12. 地榆属 Sanguisorba L.

1a. 穗状花序自基部向上逐渐开放，花序通常粗大而下垂，白色或微带粉红色；苞片在花蕾时显著比花萼筒长。生于山坡、沟谷水边、沼地及林缘。产贺兰山……………………1. 高山地榆 **S. alpina** Bunge

1b. 穗状花序自顶端向下逐渐开放。

2a. 花丝丝状，与萼片近等长，稀稍长。

3a. 花丝与萼片近等长。

4a. 基生叶小叶片卵形或长圆状卵形，基部心形或微心形。

5a. 花紫红色、红色或紫色；

6a. 全株光滑无毛。生于林缘草甸、林下、河滩草甸、草甸草原中。产兴安北、岭东、岭西、兴安南、燕北、辽河、科尔沁、呼伦、锡林、赤峰、乌兰、阴山、阴南……………………………………………………2a. 地榆 **S. officinalis** L. var. **officinalis**

6b. 植株或多或少有腺毛和柔毛。生于山谷阴湿林缘处。产兴安北、兴安南、燕北………………………2b. 腺地榆 **S. officinalis** L. var. **glandulosa** (Kom.) Vorosch.

5b. 花粉色或白色；植株光滑无毛。生于山地阴坡。产赤峰……………2c. 粉花地榆 **S. officinalis** L. var. **carnea** (Fisch. ex Link) Regel ex Maxim.

4b. 基生叶小叶片条状矩圆形或条状披针形，基部微心形、圆形或宽楔形。生于山坡草地、溪边、灌丛、湿草甸及疏林中。产岭西、呼伦、锡林、鄂尔、东阿(桌子山)…………………2d. 长叶地榆 **S. officinalis** L. var. **longifolia** (Bertol.) T. T. Yü et C. L. Li

3b. 花丝比萼片长 0.5—1 倍；基生叶小叶片条状矩圆形或条状披针形。生于沟边、草甸。产兴安北…………………………2e. 长蕊地榆 **S. officinalis** L. var. **longifila** (Kitag.) T. T. Yü et C. L. Li

2b. 花丝显著扁平扩大，比萼片长 0.5—2 倍；基生叶小叶片披针形或矩圆状披针形，基部微心形、圆形或斜宽楔形。

7a. 花粉红色；花丝比萼片长 0.5—1 倍。生于山坡草地、草甸及林缘。产兴安北、岭东、岭西、兴安南………………………………………………3a. 细叶地榆 **S. tenuifolia** Fisch. ex Link var. **tenuifolia**

7b. 花白色；花丝比萼片长 1—2 倍。生于湿地、草甸、林缘及林下。产兴安北、岭东、岭西、呼伦、辽河(大青沟)…………………………3b. 小白花地榆 **S. tenuifolia** Fisch. ex Link var. **alba** Traut. et C. A. Mey.

13. 羽衣草属 Alchemilla L.

羽衣草 Alchemilla japonica Nakai et H. Hara

多年生草本。根状茎肥厚，木质。茎单生或丛生，密被白色长柔毛。叶具长柄，叶片心状圆形，基部深心形，具 7—9 浅裂，边缘有细锯齿，两面疏被柔毛。伞房状聚伞花序；萼片 4，副萼片 4，黄绿色；雄蕊 4。瘦果卵形，包在膜质花托内。生于海拔 2500—3500m 的高山草甸。产龙首山。

14. 悬钩子属 Rubus L.

1a. 草本。

2a. 单叶，3—5 裂。生于落叶松林下。产兴安北……………………**1. 葎草叶悬钩子 R. humilifolius** C. A. Mey.

2b. 复叶。

3a. 茎、叶柄和花梗仅被柔毛，无刺；花紫红色，常 1—2 朵；雌蕊约 20。生于林下、灌丛、草甸。产兴安北……………………………………**2. 北悬钩子 R. arcticus** L.

3b. 茎、叶柄和花梗被柔毛和针刺；花白色，数朵成束或成伞房花序；雌蕊 5—6。生于山地林下、林缘、灌丛、石质山坡、沼泽灌丛。产兴安北、岭西、兴安南、燕北、阴山………**3. 石生悬钩子 R. saxatilis** L.

1b. 灌木。

4a. 单叶。

5a. 叶片 3—5 掌状分裂；基部通常具掌状五出脉；花数朵簇生或成短总状花序；叶片两面无毛。生于山坡灌丛或林缘。产岭东、燕北……………………………**4. 牛叠肚 R. crataegifolius** Bunge

5b. 叶片不分裂或 3 浅裂；基部通常具掌状三出脉；花常单生；叶片两面被细柔毛。生于向阳山坡、灌丛、溪边、山谷。产燕北……………………………**5. 山莓 R. corchorifolius** L. f.

4b. 复叶。

6a. 果密被毛；花白色。

7a. 枝、叶柄、总花梗和花梗上均有稀疏针刺或近无刺，枝和叶柄上无腺毛，仅在花梗和花萼外有腺毛。生于山地林缘、灌丛或草甸。产阴山……………………………………**6. 华北覆盆子 R. idaeus** L. var. **bolealinensis** T. T. Yü et L. T. Lu

7b. 枝、叶柄、总花梗和花梗上密被针刺和腺毛。生于山地林下、林缘灌丛、林间草甸或山谷。产兴安北、岭东、岭西、兴安南、燕北、阴山、贺兰山………………**7. 库页悬钩子 R. sachalinensis** H. Leveille

6b. 果无毛；花紫红色。生于海拔 2600—2900m 的山地云杉林下、林缘。产贺兰山……………………………………**8. 多腺悬钩子 R. phoenicolasius** Maxim.

15. 水杨梅属 Geum L.

水杨梅(路边青) Geum aleppicum Jacq.

多年生草本，高 20—70cm。叶为单数不规则的羽状复叶，顶生小叶大，小叶间夹生小裂片。花常 3 朵成伞房状排列；萼片 5；副萼片 5；花瓣 5，黄色；雄蕊多数；雌蕊多数，着生在凸起的花托上；花柱顶生，纤细，弯曲。瘦果顶端有钩状喙。生于林缘草甸、河滩沼泽草甸、河边。产兴安北、岭东、岭西、兴安南、燕北、阴山。

16. 龙牙草属 Agrimonia L.

龙牙草(仙鹤草) Agrimonia pilosa Ledeb.

多年生草本，高 30—60cm。叶为单数不规则的羽状复叶，顶生小叶大，小叶间夹生小裂片。花多数，形成穗状的总状花序；萼筒上部有1圈钩状刺毛；萼片5；花瓣5，黄色；雄蕊10；雌蕊1。瘦果包藏在萼筒内，萼筒顶端有1圈钩状刺。生于山地林缘草甸、河边、低湿地草甸、路旁。产兴安北、岭东、岭西、兴安南、锡林、辽河(大青沟)、燕北、阴山。

17. 蚊子草属 **Filipendula** Mill.

1a. 顶生小叶裂片较宽，披针形至菱状披针形。

  2a. 叶片下面密被白色绒毛。生于山地河滩沼泽草甸、河岸杨柳林及杂木灌丛，林缘草甸、林下。产兴安北、岭东、岭西、兴安南、辽河(大青沟)、赤峰、燕北、阴山 ……………………………………**1. 蚊子草 F. palmata** (Pall.) Maxim.

  2b. 叶片下面绿色，无毛或被短柔毛。生于山谷溪边、灌丛下。产兴安北、兴安南、燕北、阴山 ……………………… **2. 绿叶蚊子草 F. glabra** (Ledeb. ex Kom. et Alissova-Klobulova) Y. Z. Zhao——*F. nuda* Grub.

1b. 顶生小叶裂片较窄，条形至条状披针形。

  3a. 叶片下面密被白色绒毛。生于山地草甸、河岸边。产兴安北、岭东、岭西、辽河 ……………………………………………………………………………………………**3. 翻白蚊子草 F. intermedia** (Glehn) Juz.

  3b. 叶片下面近无毛或无短柔毛。生于山地林缘、草甸、河边。产兴安北、岭东、岭西、兴安南、辽河(大青沟) ………………………………………………………………………**4. 细叶蚊子草 F. angustiloba** (Turcz.) Maxim.

18. 草莓属 **Fragaria** L.

1a. 叶质薄；果较小，直径1—2cm。生于山地林下、林缘灌丛、林间草甸及河滩草甸。产兴安北、岭东、岭西、兴安南 ……………………………………………………………………………………… **1. 东方草莓 F. orientalis** Losinsk.

1b. 叶质厚，近革质；果较大，直径2—3cm。内蒙古有栽培 ………… **2. 草莓 F.×ananassa** (Weston) Duch.

19. 绵刺属 **Potaninia** Maxim.

绵刺 Potaninia mongolica Maxim.

小灌木，高20—40cm。树皮纵向剥裂，密生宿存的老叶柄和长柔毛。叶为羽状三出复叶，顶生小叶3全裂，小叶条状披针形，全缘；叶柄宿存，顶端具关节。副萼3，萼片3；花瓣3，白色或淡红色；雄蕊3；心皮1，花柱基侧生，子房上位。瘦果，宿存萼筒。生于戈壁和覆沙碎石质平原、山前洪积扇。产东阿、西阿(阿拉善右旗)、贺兰山南部。

20. 金露梅属 **Pentaphylloides** Ducham.

1a. 花黄色。

  2a. 复叶有小叶5，稀3，明显羽状排列，通常矩圆形，长5—20mm。生于山地沟谷、灌丛、林下、林缘。产兴安北、岭西、兴安南、赤峰、燕北、阴山、东阿(桌子山)、贺兰山 ……… **1. 金露梅 P. fruticosa** (L.) O. Schwarz ——*Potentilla fruticosa* L.

  2b. 复叶有小叶5—7，稀3，下面2对通常靠拢似掌状排列，通常披针形，长5—10mm。生于山地与丘陵砾石质坡地。产兴安南、锡林、乌兰、阴山、东阿、贺兰山、龙首山 …………………………………………………………………**2. 小叶金露梅 P. parvifolia** (Fisch. ex Lehm.) Sojak. ——*Potentilla parvifolia* Fisch. ex Lehm.

1b. 花白色。

  3a. 小叶两面无毛，或下面疏生柔毛。生于山地灌丛中。产兴安北、兴安南、燕北、阴山、贺兰山 ………………………………… **3a. 银露梅 P. glabra** (Lodd.) Y. Z. Zhao var. **glabra**——*Potentilla glabra* Lodd. ——*P. davurica* Nstel.

3b. 小叶上面疏生绢毛，下面密生绢毛或毡毛。生于山地灌丛或荒漠带的高山灌丛。产燕北、阴山、贺兰山…………………………**3b. 华西银露梅 P. glabra** (Lodd.) Y. Z. Zhao var. **mandshurica** (Maxim.) Y. Z. Zhao
——*Potentilla glabra* Lodd. var. *mandshurica* (Maxim.) Hand.-Mazz.
——*P. davurica* Nstel. var. *mandshurica* Wolf.

21. 委陵菜属 Potentilla L.

1a. 小叶全缘，稀顶端 2 浅裂。

2a. 小叶椭圆形、倒卵状椭圆形、长椭圆形或条形，先端通常 2 浅裂，羽状排列；全株被稀疏或稠密的伏柔毛。

3a. 小叶椭圆形或倒卵状椭圆形；植株较矮小。生于典型草原、草甸草原、荒漠草原带的小型凹地、草原化草甸、轻度盐化草甸、山地灌丛、林缘、农田、路边。产内蒙古各地……**1a. 二裂委陵菜 P. bifurca** L. var. **bifurca**

3b. 小叶长椭圆形或条形；植株较高大。生于农田、路旁、河滩沙地、山地草甸。产兴安北、岭西、呼伦、兴安南、燕北、锡林、乌兰、阴山、贺兰山、龙首山…………**1b. 高二裂委陵菜 P. bifurca** L. var. **major** Ledeb.

2b. 小叶狭条形或条形，先端不裂，假轮状排列；全株除小叶上面和花瓣外几乎全部覆盖一层白色毡毛。生长于典型草原群落、荒漠草原群落及山地草原和灌丛中。产岭西、呼伦、兴安南、燕北、科尔沁、锡林、乌兰、阴山、阴南……………………………………………………**2. 轮叶委陵菜 P. verticillaris** Steph. ex Willd.

1b. 小叶边缘具齿或分裂。

4a. 掌状复叶或三出复叶。

5a. 花单生；花梗细长；有长匍匐茎。

6a. 掌状五出复叶，有时 2 侧生小叶基部稍联合；小叶较狭，菱状披针形。生于山地林间草甸、河滩草甸、林下。产兴安北、岭东、岭西、兴安南、燕北、辽河(大青沟)…………………………………………………………………………………**3. 匍枝委陵菜 P. flagellaris** Willd. ex Schlecht.

6b. 掌状三出复叶；小叶较宽，倒卵形或椭圆形。

7a. 侧生小叶常 2 深裂；花萼花后增大。生于山地草甸及沟谷、草甸草原。产兴安北、兴安南、燕北、阴山…………………………**4. 绢毛细蔓委陵菜 P. reptans** L. var. **sericophylla** Franch.

7b. 侧生小叶不深裂；花萼花后不增大。

8a. 花柱基部膨大，向上逐渐变细，呈锥状花柱；小叶具短柄。生于林下、林缘、河岸阶地。产阴山……………………………………………………**5. 蛇莓委陵菜 P. centigrana** Maxim.

8b. 花柱基部细，向上逐渐变粗，柱头扩大，呈铁钉状花柱；小叶几无柄。生于山地林下及沟谷草甸。产兴安南、燕北、锡林、阴山…………**6. 等齿委陵菜 P. simulatrix** Th. Wolf

5b. 花 2 至多朵常成聚伞花序；花梗较短；无匍匐茎。

9a. 小叶两面有星状毛。生于山坡、沙质草原、砾石质草原及放牧退化草原。产岭西、呼伦、兴安南、科尔沁、锡林、乌兰、阴山、阴南、东阿、贺兰山、龙首山……………………………**7. 星毛委陵菜 P. acaulis** L.

9b. 小叶两面无星状毛。

10a. 复叶有 3 小叶。

11a. 小叶下面密被白色绒毛。

12a. 小叶草质，椭圆形或卵形，上面绿色，无光泽。生于山地草甸、灌丛或林缘。产兴安北、兴安南、阴山、贺兰山…………………………**8. 雪白委陵菜 P. nivea** L.

12b. 小叶革质，矩圆状披针形、披针形或条状披针形，上面暗绿色，有光泽。生于向阳石质山坡、石质丘顶及粗骨质土壤上。产兴安北、岭东、呼伦、兴安南、燕北、科尔沁、锡林、乌兰、阴山、阴南……………………**9. 三出委陵菜 P. betonicifolia** Poir.

11b. 小叶下面有疏绢毛，无绒毛。生于溪边、疏林下阴湿处。产辽河(大青沟)………………………………………………………………………**10. 三叶委陵菜 P. freyniana** Bornm.

10b. 复叶有 5 小叶，或混生有 3 小叶。

13a. 复叶如有 3 小叶，其两侧小叶分裂为两部分；小叶矩圆状披针形，长 1.5—5cm，边缘具缺刻状锯齿。生于山地草甸。产额济纳(马鬃山) ……………………………………………………………………………… **11. 密枝委陵菜 P. virgata** Lehm.

13b. 复叶如有 3 小叶，其两侧小叶不分裂为两部分；小叶宽倒卵形，长 0.5—2cm，边缘羽状中裂至浅裂。生于海拔 2700m 的高山草甸或灌丛。产贺兰山 …………………… **12. 丛生钉柱委陵菜 P. saundersiana** Royle var. **caespitosa** (Lehm.) Th.Wolf

4b. 羽状复叶。

14a. 植株具长匍匐茎；花单生叶腋；叶下面常密被绢毛。生于河滩、低湿地草甸，盐化草甸、沼泽化草甸、农田。产内蒙古各地 ……………………………………………………… **13. 鹅绒委陵菜 P. anserina** L.

14b. 植株无长匍匐茎。

15a. 小叶两面均为绿色或淡绿色。

16a. 花单生叶腋；花瓣与萼片等长或稍短；一年生或二年生草本。生于低湿地、农田、路旁。产内蒙古各地 ……………………………………………… **14. 朝天委陵菜 P. supina** L.

16b. 聚伞花序顶生；花瓣比萼片长；多年生草本。

17a. 花白色。生于砾石山坡。产兴安北 ………………… **15. 石生委陵菜 P. rupestris** L.

17b. 花黄色。

18a. 羽状复叶有小叶 5—9，顶生 3 小叶特别大。生于山地林下、林缘、林间草甸、灌丛。产兴安北、岭东、岭西、兴安南、燕北、阴山 ……………………………………………………………………… **16. 莓叶委陵菜 P. fragarioides** L.

18b. 羽状复叶有小叶 11—17，顶生 3 小叶与侧生小叶近等大。

19a. 花序紧凑；花萼和花梗密被腺毛。生于典型草原、草甸草原。产兴安北、岭东、岭西、兴安南、辽河(大青沟)、燕北、锡林、阴山、阴南 ………………………………………… **17. 腺毛委陵菜 P. longifolia** Willd. ex Schlecht.

19b. 花序较疏松；花萼和花梗被柔毛。生于典型草原、草甸草原。产兴安北、岭东、岭西、呼伦、兴安南、燕北、辽河(大青沟)、锡林、乌兰、阴山、阴南、鄂尔 · ……………… **18. 菊叶委陵菜 P. tanacetifolia** Willd. ex Schlecht.

15b. 小叶上面绿色或淡绿色，下面密被灰白色毡毛。

20a. 小叶边缘具锯齿；基生叶有小叶 2—3(4)对。

21a. 小叶矩圆形，先端锐尖。生于山地草甸、疏林下。产岭东、兴安南、燕北、辽河(大青沟)·· ……………………………………………………… **19. 翻白草 P. discolor** Bunge

21b. 小叶倒卵形或倒卵状椭圆形，先端圆钝，稀锐尖。生于山地林缘、山坡草地。产贺兰山、龙首山 ……………………………… **20. 华西委陵菜 P. potaninii** Th. Wolf

20b. 小叶边缘分裂成小裂片；基生叶有小叶 3—11 对。

22a. 花茎和叶柄被绢毛、长柔毛、曲柔毛或短柔毛。

23a. 小叶下面毡毛中密生白色绢毛所覆盖。生于典型草原群落、荒漠草原群落中。产呼伦、辽河(大青沟)、科尔沁、锡林、乌兰、阴山、鄂尔、东阿(狼山)、贺兰山、龙首山 ···· ……………………………………………………… **21. 绢毛委陵菜 P. sericea** L.

23b. 小叶下面毡毛中无白色绢毛。

24a. 花较大，直径 12—15mm；萼片花后增大且直立，副萼片长于萼片或与之近等长。

25a. 小叶片分裂较深，几达中脉，裂片条形或条状披针形；花茎被短柔毛或绢状疏柔毛，稀无毛。

26a. 花茎上升，高 12—40cm。

27a. 单数羽状复叶有小叶 7，排列较稀疏。生于山地草甸、林缘。产兴安北、岭东、岭西、呼伦、兴安南、燕北、锡林、乌兰、阴山、鄂尔、贺兰山 ……………………………………

· **22a. 多裂委陵菜 P. multifida** L. var. **multifida**

27b. 单数羽状复叶有小叶 5，排列紧密，似掌状复叶。生于典型草原、荒漠草原、草甸草原群落中。产呼伦、兴安南、燕北、科尔沁、锡林、阴山、鄂尔、东阿(狼山)、贺兰山 ……………………… **22b. 掌叶多裂委陵菜 P. multifida** L. var. **ornithopoda** (Tausch) Th. Wolf

26b. 花茎接近地面，高 3—8cm。生于山地草甸或高山草甸。产锡林、贺兰山 …………… **22c. 矮生多裂委陵菜 P. multifida** L. var. **nubigena** Th. Wolf

25b. 小叶片分裂较浅，裂片三角状披针形或条状矩圆形；花茎密被开展长柔毛和短柔毛。生于典型草原和草甸草原。产兴安北、岭东、岭西、呼伦、兴安南、燕北、锡林、乌兰、阴山、阴南、贺兰山、龙首山 ……………………………**23. 大萼委陵菜 P. conferta** Bunge

24b. 花较小，直径 8—12mm；萼片花后不增大，副萼片细小，短于萼片。

28a. 基生叶有小叶 7—15 对，小叶裂片矩圆状条形；花茎被白色长柔毛或短柔毛。生于草甸草原、干草原、田边、向阳砾石质山坡、滩地。燕北、锡林、乌兰、阴山、阴南、鄂尔、东阿(狼山)、贺兰山、龙首山 · ………………………… **24. 多茎委陵菜 P. multicaulis** Bunge

28b. 基生叶有小叶 11—25 对，小叶裂片三角状卵形或三角状披针形；花茎被白色绢状长柔毛和短柔毛。生于典型草原、草甸草原、山地林缘、灌丛。产兴安北、岭东、岭西、兴安南、辽河(大青沟)、燕北、赤峰、锡林、乌兰、阴山、阴南、鄂尔 ……**25. 委陵菜 P. chinensis** Ser.

22b. 花茎和叶柄被相互交织的白色毡毛，稀脱落。

29a. 小叶近革质，上面绿色，疏生长柔毛或疏曲柔毛。

30a. 小叶羽状深裂，裂片矩圆形或披针形。生于山地阳坡或石质丘陵。锡林、阴山、阴南、东阿(桌子山)、贺兰山 …………………………………………

· **26a. 西山委陵菜 P. sischanensis** Bunge ex Lehm. var. **sishanensis**

30b. 小叶锯齿状羽状浅裂，裂片三角形或三角状卵形。生于海拔 1700—2500m 的山坡草地。产贺兰山 ………………………………………… …………… **26b. 齿裂西山委陵菜 P. sischanensis** Bunge ex Lehm. var. **peterae** (Hand.-Mazz.) T. T. Yu et C. L. Li

29b. 小叶非革质，上面淡灰绿色，被茸毛。生于典型草原、草甸草原、山地草原和草甸、沙丘。产兴安北、岭西、呼伦、兴安南、锡林 …………………………………… **27. 茸毛委陵菜 P. strigosa** Pall. ex Pursh.

22. 沼委陵菜属 Comarum L.

1a. 多年生草本；小叶片 5—7；花瓣紫色，卵状披针形，比萼片短，先端尾尖；瘦果无毛。生于沼泽、沼泽草甸。产兴安北、岭东、岭西、兴安南 ………………………………………… **1. 沼委陵菜 C. palustre** L.

1b. 半灌木；小叶片 7—11；花瓣白色或淡红色，卵形，与萼片近等长，先端圆形；瘦果被长柔毛。生于海拔 2100m 左右的山地沟谷、溪岸。产贺兰山 ………… **2. 西北沼委陵菜 C. salesovianum** (Steph.) Asch. et Gr.

23. 山莓草属 **Sibbaldia** L.

1a. 仅顶端小叶片先端常有 3 牙齿，其他小叶片全缘，小叶上面疏被绢毛，稀近无毛，下面疏被绢毛；花瓣 5 或 4，白色或黄色，与萼片近等长或较短。生于沙质及砾石质干草原或山地草原群落中。产呼伦、兴安南、锡林、乌兰、阴山、东阿(狼山)、贺兰山……………………………………………**1. 伏毛山莓草 S. adpressa** Bunge

1b. 全部小叶片全缘，小叶两面密被绢毛；花瓣 4 或 5，白色，比萼片长。生于低山丘陵。产呼伦、锡林……………………………………………………………………**2. 绢毛山莓草 S. sericea** (Grub.) Sojak

24. 地蔷薇属 **Chamaerhodos** Bunge

1a. 二年生或一年生草本；茎通常单一，高 20—50cm，基部草质；基生叶在结果时枯萎。生于砾石质丘坡、山坡、沙砾质草原。产兴安北、岭东、岭西、呼伦、兴安南、燕北、赤峰、锡林、乌兰、阴山、阴南、鄂尔、东阿、贺兰山…………………………………………………………………………**1. 地蔷薇 C. erecta** (L.) Bunge

1b. 多年生草本或半灌木；茎多数，丛生，高 5—30cm，基部木质；基生叶在结果时不枯萎。

  2a. 基生叶 1 回羽状 3 裂。

    3a. 垫状半灌木，高 5—6cm；基生叶 3 深裂，小裂片条形或矩圆状条形，先端钝或钝尖；聚伞花序 3—5 花或单一。生于山地、丘陵砾石质坡地与丘顶。产乌兰、阴山(大青山)……………………………………………………**2. 阿尔泰地蔷薇 C. altaica** (Laxm.) Bunge

    3b. 多年生草本，非垫状，高 5—18cm；叶的小裂片狭条形，先端细尖；聚伞花序多花。生于山地、丘陵砾石质坡地及沙质土壤上。产呼伦、锡林……………………**3. 三裂地蔷薇 C. trifida** Ledeb.

  2b. 基生叶 2—3 回羽状 3 裂。

    4a. 叶的小裂片条状倒披针形或条形，先端钝或钝尖；聚伞花序疏松，花梗较长，长 3—8mm；萼筒倒圆锥形；花瓣与花萼近等长，倒披针状匙形，先端圆形。生于沙质及沙砾质土壤上。产乌兰、贺兰山…………………………………………………………**4. 砂生地蔷薇 C. sabulosa** Bunge

    4b. 叶的小裂片狭条形，先端细尖；聚伞花序紧密，花梗较短，长 1—2mm；萼筒钟形；花瓣明显比花萼长，宽倒卵形，先端微凹。生于砾石质、沙砾质草原及沙地。产岭东、呼伦、兴安南、赤峰、燕北、锡林、乌兰……………………………………………………**5. 毛地蔷薇 C. canescens** J. Krause

25. 扁核木属 **Prinsepia** Royle

1a. 花白色；叶条状矩圆形或条状倒披针形。生于低山丘陵阳坡、固定沙地。产阴南、鄂尔…………………………………………………………………………………………**1. 蕤核 P. uniflora** Batal.

1b. 花黄色；叶披针形或卵状披针形。生于山地杂木林中、林缘或山坡灌丛。产燕北……………………………………………………………………**2. 东北扁核木 P. sinensis** (Oliv.) Oliv. ex Bean

26. 桃属 **Amygdalus** L.

1a. 乔木；果成熟时肉质多汁或薄而干燥，不开裂(**1. 桃亚属** Subgen. **Persica** L.)；叶披针形。

  2a. 萼片外面被柔毛；果径 5—7cm；果肉肥厚多汁；果核顶端有尖头。内蒙古中南部地区有栽培……………………………………………………**1. 桃 A. persica** L.——*Prunus persica* (L.) Batsch

  2b. 萼片外面无毛；果径小于 3cm；果肉薄而干燥；果核顶端圆形。生于向阳山坡。产阴山(乌拉山)、阴南(准格尔旗)、鄂尔(伊金霍洛旗)……………………………**2. 山桃 A. davidiana** (Carr.) de Vos ex L. Henry ——*Prunus davidiana* (Carr.) Franch.

1b. 灌木；果成熟时干燥无汁，开裂(**2. 扁桃亚属** Subgen. **Amygdalis**)；叶椭圆形、倒卵形或近圆形。

  3a. 枝条分枝成直角方向开展，小枝顶端成长刺；叶较小，长 0.5—1.5cm，两面无毛，边缘有短钝锯齿。生于低山丘陵坡麓、石质坡地及干河床。产乌兰(达尔罕茂明安联合旗)、阴山(大青山)、鄂尔(毛乌素沙地)、东阿、西阿、贺兰山、龙首山 ……………**3. 蒙古扁桃 A. mongolica** (Maxim.) Ricker——*Prunus mongolica* Maxim.

3b. 枝条分枝成锐角方向开展，小枝顶端无枝刺；叶较大，长1—3cm，两面被短柔毛，边缘有锐锯齿。生于山地及丘陵向阳石质斜坡及坡麓。产锡林、乌兰、阴山、鄂尔、东阿(狼山、桌子山)……………………………………………………**4. 柄扁桃 A. pedunculata** Pall.——*Prunus peduculata* (Pall.) Maxim.

27. 杏属 Armeniaca Mill.

1a. 乔木，高5—8(12)m；叶片宽卵形或圆卵形，先端急尖或短渐尖；果实多汁，成熟时不开裂。

2a. 花单生，白色或带红色；果白色、黄色至黄红色；果核表面稍粗糙或平滑，腹棱常稍钝。内蒙古有栽培……………………………………………………**1. 杏 A. vulgaris** Lam.——*Prunus armeniaca* L.

2b. 花常双生，淡红色；果红色；果核表面粗糙而有网纹，腹棱常锐利。生于向阳石质山坡。产锡林南部、乌兰南部、阴山、阴南、贺兰山 ………**2. 山杏 A. ansu** (Maxim.) Kostina——*Prunus ansu* (Maxim.) Kom.

1b. 灌木，高2—5(12)m；叶片卵形或近圆形，先端尾尖至长渐尖；果实干燥，成熟时开裂。花单生；果核表面平滑，腹棱锐利。生于石质向阳山坡、沙地。产兴安北、岭东、岭西、兴安南、燕北、阴山、阴南……………………………………………………**3. 西伯利亚杏 A. sibirica** (L.) Lam.——*Prunus sibirica* L.

28. 李属 Prunus L.

李 Prunus salicina Lindl.

乔木，高达10m。单叶互生，椭圆状倒卵形，边缘有细钝锯齿。萼片5；花瓣5，白色；雄蕊多数；雌蕊1，子房上位，花柱顶生。核果近球形，被蜡粉；果核卵球形，表面稍有皱纹。内蒙古有栽培。

29. 樱属 Cerasus Mill.

1a. 子房和果实被短柔毛；叶片两面被短柔毛；萼片直立。

2a. 叶先端常3浅裂；果肉薄而少汁，成熟时开裂。内蒙古各地公园、庭院均有栽培……………………………………………**1. 榆叶梅 C. triloba** (Lindl.) Bar. et Liou——*Prunus triloba* Lindl.

2b. 叶先端不浅裂；果肉厚而多汁，成熟时不开裂。生于山地灌丛间。产赤峰、燕北、锡林(正镶白旗)、贺兰山………………………………**2. 毛樱桃 C. tomentosa** (Thunb.) Wall.——*Prunus tomentosa* Thunb.

1b. 子房和果实无毛；叶片两面无毛或稍有毛；萼片反折。

3a. 叶片卵形或长圆状卵形，先端渐尖或尾状渐尖，基部圆形；花瓣先端凹或浅裂。内蒙古有栽培……………………………**3. 樱桃 C. pseudocerasus** (Lindl.) Loudon——*Prunus pseudocerasus* Lindl.

3b. 叶片倒卵状披针形或倒卵状长圆形，先端锐尖，基部楔形；花瓣先端圆形。生于山地灌丛或林缘坡地、固定沙丘。产兴安南、辽河(大青沟)、燕北、阴山…**4. 欧李 C. humilis** (Bunge) Sok.——*Prunus humilis* Bunge

30. 稠李属 Padus Mill.

稠李 Padus avium Mill.——*Prunus padus* L.

小乔木，高5—8m。单叶互生，椭圆形或倒卵形，边缘有尖锐细锯齿；总状花序疏松而下垂；萼片5；花瓣5，白色；雄蕊多数；雌蕊1，子房上位，花柱顶生。核果近球形，黑色，无毛；果核宽卵形，表面有弯曲沟槽。生于河溪两岸、山麓洪积扇及沙地、山坡杂木林中。产兴安北、岭东、呼伦、岭西、兴安南、辽河(大青沟)、燕北、锡林、阴山。

53. 豆科 Leguminosae

1a. 花冠假蝶形，花瓣上升覆瓦状排列，旗瓣排列在最里面。栽培 ………1. **云实亚科 Caesalpinioideae**
1b. 花冠蝶形，花瓣下降覆瓦状排列，旗瓣排列在最外面……………………2. **蝶形花亚科 Papilionoideae**

1. 云实亚科 Caesalpinioideae

1. 皂荚属 Gleditsia L.

山皂荚 Gleditsia japonica Miq.

小乔木，高达10m。枝上有粗壮略扁且分枝的红褐色棘刺，无，有光泽。叶为偶数羽状复叶，有小叶 6—8 对；小叶片歪卵状长圆形。花为雌雄异株，花序总状；花萼 4 深裂；雄蕊 8；雌蕊 1。荚果扁平，长 20—30cm，宽达 3cm，暗赤褐色，平滑，有光泽，成不规则旋扭状。内蒙古南部和西部地区有栽培。

2. 蝶形花亚科 Papilionoideae

1a. 雄蕊 10，分离。
2a. 叶为单数羽状复叶；花萼通常具 5 齿；荚果念珠状(**1. 槐族 Sophoreae**)………**1. 槐属 Sophora**
2b. 叶为三出掌状复叶；花萼通常具 5 裂片；荚果扁平(**2. 野决明族 Thermopsideae**)。
3a. 常绿灌木；托叶贴生于叶柄上……………………………………**2. 沙冬青属 Ammopiptanthus**
3b. 多年生草本；托叶与叶柄分离 ……………………………………………**3. 黄华属 Thermopsis**
1b. 雄蕊 10，联合成两体。
4a. 荚果如含种子 2 粒以上时，不在种子间裂为荚节，通常 2 瓣裂或不开裂。
5a. 叶为羽状复叶。
6a. 叶为单数羽状复叶。
7a. 复叶有 5 小叶，顶生 3 小叶掌状三出，另外 2 小叶生于叶柄基部类似托叶状；花序常成伞形或头状，其下苞片 1 至数片，叶状(**3. 百脉根族 Loteae**) ……………………………………………………………………………………………**4. 百脉根属 Lotus**
7b. 叶为正常的单数羽状复叶，稀为单叶或具 3—5 小叶的掌状复叶。
8a. 药隔顶端通常具腺体或延伸而成小毫毛；植株被贴生的丁字毛(**4. 木蓝族 Indigofereae**)…………………………………………………… **5. 木蓝属 Indigofera**
8b. 药隔顶端不具任何附属体。
9a. 花仅有 1 旗瓣，无翼瓣和龙骨瓣；荚果通常含 1 粒种子而不裂开；叶常具腺点(**5. 紫穗槐族 Amorpheae**)。栽培 …………………… **6. 紫穗槐属 Amorpha**
9b. 花为具 5 个花瓣的蝶形花冠；荚果大都含种子 2 至多粒，2 瓣裂，或不裂或延缓裂开。
10a. 乔木；荚果薄而扁平(**6. 刺槐族 Robineae**)。栽培 ·····**7. 刺槐属 Robinia**
10b. 灌木或草本；荚果圆筒形、膨胀或扁平(**7. 山羊豆族 Galegeae**)。
11a. 花柱的后方具纵裂的须毛；旗瓣较宽而开展，常向后翻；花红色 ……………………………………………**8. 苦马豆属 Sphaerophysa**
11b. 花柱通常光滑无毛；旗瓣较狭窄，或近圆形或倒卵形，直立或开展。
12a. 灌木；总状花序 4 至多花；荚果圆筒形或条形 ……………… ……………………………………………**9. 丽豆属 Calophaca**

12b. 草本或半灌木。

13a. 小叶全缘。

14a. 植株有腺毛或腺点；花药不等大，通常 5 个较小；荚果具刺或瘤状突起或光滑 ……………………………………………… **10. 甘草属 Glycyrrhiza**

14b. 植株无腺毛或腺点；花药等大；荚果通常无刺或瘤状突起。

15a. 花单生或 2—8 朵排成伞形或总状花序。

16a. 花 2—8 朵排成伞形，总花梗自叶丛间抽出；龙骨瓣约为翼瓣之半 …………………………… **11. 米口袋属 Gueldenstaedtia**

16b. 花单生或 2—3 朵排成总状或伞形，总花梗自叶腋间抽出；龙骨瓣与翼瓣等长或稍短。

17a. 草本；叶轴脱落；果皮非海棉质 …………………………………………………………… **12. 旱雀儿豆属 Chesniella**

17b. 垫状半灌木；叶轴宿存；果皮海棉质 ……………………………………………………………… **13. 雀儿豆属 Chesneya**

15b. 花多数，常呈总状、穗状或头状花序，稀为腋生 1 至数朵花，极稀成伞形花序。

18a. 龙骨瓣先端具喙 ………………………… **14. 棘豆属 Oxytropis**

18b. 龙骨瓣先端无喙 ………………………… **15. 黄耆属 Astragalus**

13b. 小叶边缘具锯齿；单花腋生；荚果膨胀(**8. 鹰嘴豆族 Cicereae**)。栽培 …………………………………………………………………… **16. 鹰嘴豆属 Cicer**

6b. 叶为偶数羽状复叶。

19a. 灌木；叶轴顶端硬化成刺；花柱光滑无毛(**9. 锦鸡儿族 Caraganeae**)。

20a. 总状花序具 2—4 花，淡紫色；荚果倒卵形，膨胀 ……………………………………………………………… **17. 盐豆木属 Halimodendron**

20b. 花单生或簇生，黄色，稀红色；荚果圆筒形或稍扁，小叶有时密集成假掌状复叶 …………………………………………………… **18. 锦鸡儿属 Caragana**

19a. 草本；叶轴顶端具卷须或少数成刚毛状；花柱有毛(**10. 野豌豆族 Vicieae**)。

21a. 花柱圆柱形，在其上部四周被长柔毛或在顶端外面有 1 丛髯毛 ……………………………………………………………………… **19. 野豌豆属 Vicia**

21b. 花柱扁，在其上部里面只有柔毛，如刷状。

22a. 托叶大于小叶；雄蕊管口截形。栽培 …………………… **20. 豌豆属 Pisum**

22b. 托叶小于小叶；雄蕊管口斜形。

23a. 种子双凸镜状；花萼较花瓣稍长。栽培 …………… **21. 兵豆属 Lens**

23b. 种子不为双凸镜状；花萼较花瓣短……… **22. 山黧豆属 Lathyrus**

5b. 叶为三出复叶，稀为小叶仅 1 片或多至 9 片。

24a. 小叶边缘通常有锯齿；托叶常与叶柄联合；子房基部无鞘状花盘(**11. 车轴草族 Trifolieae**)。

25a. 叶为掌状三出复叶，通常具 3 小叶，稀具 5—7 小叶；花瓣的爪与雄蕊筒相连，花枯后不脱落；荚果小，几乎完全包于萼内 ……………**23. 车轴草属 Trifolium**

25b. 叶为羽状三出复叶；花瓣的爪不与雄蕊筒相连，花脱落；荚果超出萼外，比萼长 1 至数倍。

26a. 荚果卷曲成马蹄铁形、环形或螺旋形，少为镰形或肾形，含种子 1 至数粒，不裂开；花序总状或近于头状 …………………………**24. 苜蓿属 Medicago**

26b. 荚果直，有时稍弯，但不如上述情况。

27a. 总状花序细长而花稍稀疏；荚果小而膨胀，先端的喙短或不明显……
……………………………………………………**25. 草木樨属 Melilotus**

27b. 总状花序短而花较密，或密集成近头状，或1至数花簇生；荚果扁平，或膨胀而较狭长，或短小膨胀而先端具显著的长喙。

28a. 荚果扁平，椭圆形至狭矩圆形，具细短喙或喙不明显；花序通常短总状……………………………………**26. 扁蓿豆属 Melilotoides**

28b. 荚果膨胀或稍扁，不为扁平，圆筒状，具显著的长喙。栽培……
……………………………………………………**27. 胡卢巴属 Trigonella**

24b. 小叶全缘或具裂片；托叶不与叶柄联合；子房基部常有鞘状花盘包围之(**12. 菜豆族 Phaseoleae**)。

29a. 花常成总状花序，总花梗于花的着生处常突出为节或隆起如瘤，花柱的上部后方有须毛或在柱头周围有毛。栽培。

30a. 龙骨瓣先端螺旋卷曲 ……………………………………**28. 菜豆属 Phaseolus**

30b. 龙骨瓣先端不螺旋卷曲，仅弯曲。

31a. 柱头侧生；荚果条状圆柱形，细长……………………**29. 豇豆属 Vigna**

31b. 柱头顶生；荚果扁，镰刀形、半圆形或多少带形…· **30. 扁豆属 Lablab**

29b. 花常成短总状花序，有时单生或簇生，总花梗延续一致，无节与瘤；花柱光滑无毛。

32a. 花分有花瓣与无花瓣两种类型，其无花瓣的闭锁花常深入地下结实，另形成小球状荚果；子房基部有明显的由鞘状腺体构成的花盘 ……………………
……………………………………………………**31. 两型豆属 Amphicarpaea**

32b. 花和荚果均为一种类型，地上结实；花盘存在，但不发达，环形 …………
……………………………………………………………**32. 大豆属 Glycine**

4b. 荚果含种子2粒以上时，则与种子间横裂或紧缩成节，每荚节含1粒种子而不开裂，或有时退化而仅具1节1粒种子。

33a. 花后子房以雌蕊柄延长而深入地中结实(**13. 合萌族 Aeschynomeneae**)。栽培………………
……………………………………………………………………**33. 落花生属 Arachis**

33b. 花后子房不深入地中结实。

34a. 单数羽状复叶或单叶；荚果含种子2粒以上时，种子间横裂或紧缩成节，每荚节含1粒种子而不开裂(**14. 岩黄耆族 Hedysareae**)。

35a. 叶退化为单叶；带刺的半灌木 ……………………………**34. 骆驼刺属 Alhagi**

35b. 叶为单数羽状复叶；无刺的半灌木或多年生草本。

36a. 荚果2至数节；荚节近圆形或方形。

37a. 多年生草本；龙骨瓣背脊呈钝角状；荚果扁平………………………
……………………………………………………**35. 岩黄耆属 Hedysarum**

37b. 半灌木；龙骨瓣背脊呈弧形弯曲；荚果球形或明显鼓凸……………
……………………………………………**36. 山竹子属 Corethrodendron**

36b. 荚果仅1节；荚节半圆形或肾形。栽培 …………… **37. 驴豆属 Onobrychis**

34b. 叶为三出复叶；荚果具1粒种子(**15. 山蚂蝗族 Desmodieae**)。

38a. 灌木或半灌木；托叶细小，呈锥形。

39a. 苞片宿存，其腋间常具2花；花梗不具关节……**38. 胡枝子属 Lespedeza**

39b. 苞片常脱落，其腋间常具1花；花梗具关节… **39. 杭子稍属 Campylotropis**

38b. 一年生草本；托叶大型，膜质 ………………………**40. 鸡眼草属 Kummerowia**

(1) 槐族 Sophoreae

1. 槐属 Sophora L.

1a. 乔木；圆锥花序。内蒙古普遍栽培……………………………………………………………… 1. 槐 **S. japonica** L.

1b. 多年生草本；总状花序。

2a. 枝与小叶密被灰白色平伏绢毛；小叶 11—25，矩圆状披针形、矩圆状卵形、矩圆形或卵形；翼瓣有耳。生于河滩覆沙地、平坦沙地、固定和半固定沙地。产乌兰西部、阴南、鄂尔、东阿、西阿、额济纳、贺兰山……………………………………………………………………………………………2. 苦豆子 **S. alopecuroides** L.

2b. 枝与小叶无毛或疏生毛；小叶 11—19，卵状矩圆形、披针形或狭卵形；翼瓣无耳。生于沙地、田埂、山坡。产兴安北、岭东、岭西、兴安南、科尔沁、辽河、燕北、锡林、阴山、鄂尔………… 3. 苦参 **S. flavescens** Aiton

(2) 野决明族 Thermopsideae

2. 沙冬青属 Ammopiptanthus S. H. Cheng

沙冬青 Ammopiptanthus mongolicus (Maxim. ex Kom.) S. H. Cheng

常绿灌木，高 1.5—2m，全株密被银白色绢毛。上部叶常为单叶互生，其他叶为掌状三出复叶；小叶菱状椭圆形，全缘。总状花序顶生；萼齿 5；花冠黄色；雄蕊 10，分离。荚果扁平，矩圆形，无毛，具柄。生于沙质及沙砾质地，亦见于低山砾石质坡地。产鄂尔、东阿、西阿、贺兰山。

3. 黄华属 Thermopsis R. Br.

1a. 小叶、苞片及萼片密被贴伏柔毛；小叶倒披针形，边缘常内卷；翼瓣比龙骨瓣窄。

2a. 荚果在种子间不缢缩；小叶长达 7.5cm。生于盐化草甸、沙质地或石质山坡。产内蒙古各地……………………………………………………………………………………………… 1. 披针叶黄华 **T. lanceolata** R. Br.

2b. 荚果在种子间缢缩；小叶长不超过 4cm。生于河滩、湖岸、盐渍地。产东阿…………………………………………………………………………………………………… 2. 青海黄华 **T. przewalskii** Czefr.

1b. 小叶、苞片及萼片密被伸展的长柔毛；小叶平展。

3a. 叶长椭圆形或椭圆状倒卵形；翼瓣与龙骨瓣等宽；荚果长圆形。生于高山草甸。产贺兰山……………………………………………………………………………………………… 3. 高山黄华 **T. alpina** (Pall.) Ledeb.

3b. 叶条状披针形至条形；翼瓣比龙骨瓣窄；荚果条形。生于砾石质荒漠和盐渍沙滩上。产东阿、额济纳……………………………………………………………………………………………4. 蒙古黄华 **T. mongolica** Czefr.

(3) 百脉根族 Loteae

4. 百脉根属 Lotus L.

细叶百脉根 Lotus krylovii Schisach. et Serg.

多年生草本，高 10—30cm。单数羽状复叶，具 5 小叶，其中 3 小叶生于叶柄顶端，其余的 2 小叶生于叶柄基部；小叶卵状披针形。花 1—2 朵，生于总花梗上；花淡黄色，干后红色；萼齿 5。荚果圆筒形。生于荒漠草原和草原群落中或水边。产阴山(蛮汗山)、阴南、鄂尔、东阿、贺兰山。

(4) 木蓝族 Indigofereae

5. 木蓝属 **Indigofera** L.

1a. 花序与叶近等长；花冠长约 1.5cm；小叶宽卵形、菱状卵形或椭圆形，长 1.5—3.5cm。生于固定沙地。产燕北、科尔沁 ……………………………………………………… 1. 花木蓝 **I. kirilowii** Maxim. ex Palib.
1b. 花序比叶长；花冠长约 5mm；小叶矩圆形或倒卵状矩圆形，长 3—6mm。生于山坡灌丛间。产赤峰、燕北 ……………………………………………………… 2. 铁扫帚 **I. bungeana** Walp.

(5) 紫穗槐族 Amorpheae

6. 紫穗槐属 **Amorpha** L.

紫穗槐 Amorpha fruticosa L.

灌木，高 1—2m。单数羽状复叶，小叶矩圆形。花小，蓝紫色，密集成顶生圆锥状总状花序；萼齿 5。荚果短小，具 1 粒种子，不开裂。内蒙古有栽培。

(6) 刺槐族 Robineae

7. 刺槐属 **Robinia** L.

1a. 花冠白色；荚果无毛；具托叶刺。内蒙古有栽培 ……………………… 1. 刺槐 **R. pseudoacasia** L.
1b. 花冠红色；荚果密被粗硬腺毛；无托叶刺。内蒙古有栽培 ……………………… 2. 毛刺槐 **R. hispida** L.

(7) 山羊豆族 Galegeae

8. 苦马豆属 **Sphaerophysa** DC.

苦马豆 Sphaerophysa salsula (Pall.) DC.

多年生草本，高 20—60cm。单数羽状复叶；总状花序腋生；萼齿 5；花冠红色。荚果宽卵形，膜质，膀胱状，有柄。生于盐碱性荒地、河岸低湿地、沙质地上。产兴安南、科尔沁、辽河、赤峰、锡林、阴山、阴南、鄂尔、东阿、西阿、额济纳。

9. 丽豆属 **Calophaca** Fisch. ex DC.

丽豆 Calophaca sinica Rehd.

灌木，高 2—2.5m。单数羽状复叶，小叶宽椭圆形。短总状花序腋生；萼齿 5；花冠黄色。荚果长圆形，密被有柄腺毛和白色长柔毛，先端细长喙状。生于黄土沙地、山地沟谷、灌丛间。产阴南。

10. 甘草属 **Glycyrrhiza** L.

1a. 荚果条形或条状矩圆形，弯曲成镰刀状或环状，或为矩圆形且直伸或稍弯；小叶卵形、倒卵形或近圆形，基部圆形或宽楔形。

2a. 荚果条形或条状矩圆形，弯曲成镰刀状或环状。

3a. 荚果不为念珠状，具刺毛状腺体和瘤状突起；植株较高大，高 30—70cm。生于碱化沙地、沙质草原、沙土质的田边、路旁、低地边缘及河岸轻度碱化的草甸。产内蒙古各地 ·· **1. 甘草 G. uralensis** Fisch. ex DC.

3b. 荚果念珠状，无毛；植株较矮小，高 10—30cm。生于田边、沟边和荒地。产东阿 ························ **2. 粗毛甘草 G. aspera** Pall.

2b. 荚果矩圆形，直伸或稍弯。生于河岸。产额济纳 ··························· **3. 胀果甘草 G. inflata** Batalin

1b. 荚果近圆形、圆肾形或卵圆形，具瘤状突起、鳞片状腺体或硬刺；小叶长圆形或披针形。

4a. 荚果近圆形或圆肾形，具瘤状突起和密生鳞片状腺点；小叶长圆形，先端钝或微凹；总状花序圆柱形。生于田野、路旁、撂荒地、轻度盐碱地和河岸阶地。产乌兰、阴山、阴南、鄂尔 ································ **4. 圆果甘草 G. squamulosa** Franch.

4b. 荚果卵圆形，有硬刺；小叶披针形，先端渐尖；总状花序长圆形。生于田野、路旁和河边草地。产兴安南、科尔沁 ······························ **5. 刺果甘草 G. pallidiflora** Maxim.

11. 米口袋属 Gueldenstaedtia Fisch.

1a. 小叶椭圆形或卵形；伞形花序通常有 6—8 花。生于田野、路旁和山坡。产燕北、阴山、贺兰山 ····················· **1. 米口袋 G. multflora** Bunge

1b. 小叶披针形、条形或矩圆形披针形；伞形花序通常有 2—4 花。

2a. 花萼长 6—8mm；旗瓣长 12—14mm；小叶果期长卵形至披针形。生于沙质草原或石质草原。产兴安北、岭西、岭东、呼伦、兴安南、科尔沁、赤峰、燕北、锡林、阴山、阴南 ··· **2. 少花米口袋 G. verna** (Georgi) Boriss.

2b. 花萼长 4—5mm；旗瓣长 6—9mm；小叶果期条形。生于草地、沙地。产呼伦、赤峰、燕北、锡林、乌兰、阴南、鄂尔、东阿 ········ **3. 狭叶米口袋 G. stanophylla** Bunge——甘肃米口袋 *G. gansuensis* H. P. Tsui

12. 旱雀儿豆属 Chesniella Boriss.

1a. 萼齿 1.5 倍地短于萼筒；小叶 3—7；茎与叶密被贴伏绢毛。生于沙砾质地、盐渍荒漠中。产东阿 ···························· **1. 蒙古旱雀豆 C. mongolica** (Maxim.) Boriss.——*Chesneya mongolica* Maxim.

1b. 萼齿 1.5—2 倍地长于萼筒；小叶 9；茎与叶密长柔毛。生于石质山坡、戈壁。产西阿、额济纳 ······························**2. 戈壁旱雀豆 C. ferganensis** (Korsh.) Boriss.——*Chesneya grubovii* Yakovl.

13. 雀儿豆属 Chesneya Lindl ex Endl.——*Spongiocarpella* Yakovl. et Ulzij.

大花雀儿豆 Chesneya macrantha S. H. Cheng ex H. C. Fu——红花海绵豆 *Spongiocarpella grubovii* (Ulzij.) Yakovl.——*Oxytropis grubovii* Ulzij.

半灌木，高 10—15cm。单数羽状复叶，叶轴宿存；花单生于叶腋；萼齿 5；花紫红色。荚果矩圆状椭圆形，密被长柔毛，顶端具短喙。生于山地石缝中、低山丘陵砾石地、剥蚀残丘或沙地。产乌兰、东阿、西阿、贺兰山。

14. 棘豆属 Oxytropis DC.

1a. 荚果单室，无假隔膜(**1. 单室棘豆亚属** Subgen. **Phacoxytropis** Bunge)。

2a. 托叶与叶柄分离；具发达的地上茎或有时茎缩短。

3a. 花小，长 6—8mm；茎发达；花萼被白色或混生黑毛；总状花序。

4a. 茎斜升，少分枝；小叶 25—39，密集；荚果矩圆形，被黑色开展的长柔毛。生于山地沟谷与草甸。产阴山、贺兰山、龙首山 ································ **1. 急弯棘豆 O. deflexa** (Pall.) DC.

4b. 茎匍匐，多分枝；小叶 11—19，疏离；荚果长椭圆形，被白色或黑色贴伏的短柔毛。

5a. 植株较大，分枝粗壮；小叶较大，长 10—30mm，宽 3—10mm；荚果长椭圆形，长 10—17mm；密被白色平伏短柔毛。生于低湿地上、湖盆边缘。产阴南、乌兰、鄂尔、东阿、西阿、额济纳……………………………………………**2a. 小花棘豆 O. glabra** DC. var. **glabra**

5b. 植株较小，分枝细弱；小叶小，长 5—12mm，宽 2—3mm；荚果椭圆形，长 6—8mm；密被黑色平伏短柔毛。生于草原带的盐渍化低湿草甸。产呼伦、科尔沁、锡林、阴南、鄂尔…………………………………………………**2b. 小叶小花棘豆 O. glabra** DC. var. **tannis** Palib.

3b. 花较大，长 10—13mm；茎有时缩短；花萼被黑毛；小叶 9—35；近头状花序。生于海拔 3000m 的高山草甸。产贺兰山……………………………………………**3. 黑萼棘豆 O. melanocalyx** Bunge

2b. 托叶与叶柄联合；茎缩短或近无茎。

6a. 花黄色；小叶 7—19，卵形或椭圆状卵形。生于山坡和山麓。产贺兰山……………………………………………………………………**4. 贺兰山棘豆 O. holanshanensis** H. C. Fu

6b. 花蓝紫色、紫红色或白色。

7a. 荚果向上直立，小叶 21—31(41)。

8a. 小叶片长约 5mm，宽 1—2mm，干后反卷；花长 6—7mm；荚果长 5—10mm。生于山地或丘陵砾石质坡地。产呼伦、兴安南、锡林、乌兰、阴山…………**5. 线棘豆 O. filiformis** DC.

8b. 小叶片长 5—15mm，宽 2—5mm，干后不反卷；花长约 10mm；荚果长 12—18mm。生于林间草甸、河谷草甸、草原化草甸。产兴安南、燕北、锡林、阴山……………………………**6. 蓝花棘豆 O. caerulea** (Pall.) DC.——东北棘豆 *O. mandshurica* Bunge
——白花东北棘豆 *O. mandshurica* Bunge f. *albiflora* H. C. Fu

7b. 荚果下垂，小叶 11—25。生于山地阳坡。产贺兰山、龙首山……………………………………………………………**7. 米尔克棘豆 O. merkensis** Bunge

1b. 荚果不完全 2 室，具假隔膜(**2. 棘豆亚属** Subgen. **Oxytropis**)。

9a. 多年生草本。

10a. 叶轴不为针刺状，脱落。

11a. 羽状复叶，小叶对生。

12a. 具地上茎；花黄色。生于高山草甸。产龙首山……**8. 黄花棘豆 O. ochrocephala** Bunge

12b. 茎短缩或近于无茎。

13a. 荚果革质或薄革质，非泡状；总状花序有花多数，常 4 至多朵。

14a. 小叶两面密被柔毛；花较大，长 20—30mm。

15a. 荚果薄革质；植株被黄色或白色平伏绢毛；旗瓣倒卵状矩圆形；苞片宽椭圆形。生于高山草甸。产贺兰山、龙首山…………………………………………………**9. 宽苞棘豆 O. latibracteata** Jurtz.

15b. 荚果革质；植株被白色平伏柔毛；旗瓣倒卵形；苞片披针形。生于山地杂类草草甸草原。产兴安北、呼伦、兴安南、科尔沁、锡林……………………………………**10. 大花棘豆 O. grandiflora** (Pall.) DC.

14b. 小叶两面或一面疏生长硬毛；花较小，长 15—20mm。

16a. 总状花序近头状，有花 3—10 朵而较疏松；植株被平伏长硬毛；小叶条状披针形或披针形。

17a. 花萼管状钟形，膨大，花后壶状或近球状；苞片卵形，长 4—5mm；小叶两面疏生长硬毛。生于丘陵坡地。产乌兰……………………………**11. 囊萼棘豆 O. sacciformis** H. C. Fu

17b. 花萼管状，不膨大；苞片条形，长约 6mm；小叶上面无毛或疏生平伏长硬毛，下面密生长硬毛。生于沙质地。产乌兰……**12. 四子王棘豆 O. siziwangensis** Y. Z. Zhao et Zong Y. Zhu

16b. 总状花序呈长穗状，有花多数而密集；植株被开展的长硬毛；花萼不膨大；小叶卵状披针形或长椭圆形，上面无毛，下面和边缘疏生长硬毛；苞片条状披针形，长 15—20mm。生于山地杂类草草原和草甸草原群落中。产兴安北、岭东、岭西、兴安南、赤峰、燕北、锡林、乌兰、阴山、阴南(准格尔旗)…………………… **13. 硬毛棘豆 O. hirta** Bunge

13b. 荚果膜质，泡状。

18a. 小叶 5 至多数。

19a. 花黄色或白色，小叶平展。

20a. 总状花序有花 3—7 朵，近头状。

21a. 小叶片两面无毛，仅边缘疏生长柔毛；荚果无毛。生于山坡、丘陵碎石坡地。产锡林、阴山 ………………… **14. 缘毛棘豆 O. ciliata** Turcz.

21b. 小叶上面无毛，下面被毛；荚果密被长柔毛。生于石质坡地。产呼伦(额尔古纳市黑山头)………………**15. 丛棘豆 O. caespitosa** (Pall.) Pers.

20b. 总状花序有花多数，卵状；小叶片两面被长柔毛；荚果密被长柔毛。生于山坡。产阴山(大青山) ……………………………………………………………………**16. 大青山棘豆 O. daqingshanica** Y. Z. Zhao et Zong Y. Zhu

19b. 花紫色、蓝紫色或紫红色，小叶内卷而成条形。

22a. 小叶 5—9，两面无毛，但疏生缘毛；苞片卵状椭圆形，长约 10mm；荚果密被长柔毛。生于山顶岩石缝间或山坡。产阴山 ……………………………………………………**17. 阴山棘豆 O. inshanica** H. C. Fu et S. H. Cheng

22b. 小叶 7—13，上面无毛，下面密被平伏长柔毛；苞片椭圆形状披针形，长 3—5mm；荚果密被短柔毛。生于砾石质和沙砾质草原群落中。产岭西、呼伦、兴安南、赤峰、锡林、乌兰、阴山、阴南……………………………………………………………………………… **18. 薄叶棘豆 O. leptophylla** (Pall.) DC.

——陀螺棘豆 *O. leptophylla* (Pall.) DC. var. *turbinate* H. C. Fu

18b. 小叶 1 或 3。

23a. 小叶 1，椭圆形或椭圆状披针形；花白色或淡紫色。生于砾石质山坡或坡地。产乌兰、东阿(桌子山)、贺兰山 ……………………………………………………………**19. 内蒙古棘豆 O. neimonggolica** C. W. Zhang et Y. Z. Zhao

23a. 小叶 3 或 1，初生小叶 3，后生小叶 1，条形；花黄色。生于沙砾质草原低丘和干河床中。产乌兰、东阿(狼山)…………………**20. 异叶棘豆 O. diversifolia** E. Peter

11b. 复叶具轮生小叶。

24a. 具发达的地上茎，多分枝；花 1—3 朵，生于叶腋。生于固定沙丘或沙质坡地。产鄂尔、东阿……………………………………………………………**21. 多枝棘豆 O. ramosissima** Kom.

24b. 茎极缩短或近于无茎；花多数，稀少数，生于总花梗顶端。

25a. 萼筒和荚果具瘤状腺质突起。生于山地石质丘陵坡地。产锡林、乌兰、阴南 ……………………………………………………………… **22. 瘤果棘豆 O. microphylla** (Pall.) DC.

25b. 植株无腺体。

26a. 荚果革质，非泡状。

27a. 每叶具小叶 25—32 轮；总状花序有花多数。生于丘陵顶部、山地砾石质地、沙质土壤上。产兴安北、岭东、岭西、呼伦、兴安南、科尔沁、赤峰、辽河、锡林、阴山 ……………………………………**23. 多叶棘豆 O. myriophylla** (Pall.) DC.

27b. 每叶具小叶 18 轮以下。

28a. 每叶具小叶 2—5 轮；总状花序有花 1—3 朵；总花梗比叶短。生于沙质地。产乌兰 …………… **24. 狼山棘豆 O. langshanica** H. C. Fu

28b. 每叶具小叶 8—18 轮；总状花序有花多数。

29a. 托叶密被白色长柔毛。

30a. 总花梗比叶长；小叶非肉质，条形或条状披针形，两面密被白色长柔毛；子房和荚果被毛。生于沙质地、干山坡、撂荒地。产锡林、阴山、阴南、鄂尔……………………………………………**25. 二色棘豆 O. bicolor** Bunge

30b. 总花梗比叶短；小叶肉质，长圆形或披针形，上面无毛，下面疏被柔毛；子房和荚果无毛。生于湖边砾石质滩地。产呼伦……………………………………………………**26. 平卧棘豆 O. prostrate** (Pall.) DC.

29b. 托叶、小叶密被白色绵毛；总花梗比叶短；子房和荚果被毛；小叶长圆形或披针形。生于沙地、河岸和湖边的沙地。产锡林……………………………………………………**27. 绵毛棘豆 O. lanata** (Pall.) DC.

26b. 荚果膜质，泡状。

31a. 苞片披针状条形，与花近等长；花黄色或白色；植株被黄色长柔毛。生于干山坡、干河谷沙地、芨芨草草滩。产兴安南、燕北、锡林、乌兰、阴山……………………………………………………**28. 黄毛棘豆 O. ochrantha** Turcz.

——长苞黄毛棘豆 *O. ochrantha* Turcz. var. *longibractaata* Tang et Wang

——异色黄毛棘豆 *O. ochrantha* Turcz. f. *diversicolor* H. C. Fu et Y. C. Ma

31b. 苞片条形，比萼短或与花萼近等长。

32a. 旗瓣和翼瓣黄色，带绿色彩调，龙骨瓣顶端紫色；每叶具小叶 5—6 轮。生于山地草原。产锡林(阿巴嘎旗宝格达山)…………**29. 黄绿花棘豆 O. viridiflava** Kom.

32b. 花红紫色或粉红色，稀为白色。

33a. 每叶具小叶 6—12 轮，每轮有 4—6 小叶；花冠长 8—10mm；荚果长约 10mm。

34a. 子房和荚果密被短柔毛。生于沙丘、河岸沙地、沙质坡地。产岭西、呼伦、兴安南、科尔沁、辽河、锡林、乌兰、阴山、阴南、鄂尔、东阿……………………………………**30a. 砂珍棘豆 O. racemosa** Turcz. var. **racemosa**

——*O. gracillima* Bunge

34b. 子房和荚果光滑无毛。生于林缘草甸。产兴安南……………………………………………**30b. 光果砂珍棘豆 O. racemosa** Turcz. var. **glabricarpa** Y. Z. Zhao

33b. 每叶具小叶 3—9 轮；每轮有 2(3)—4(6)小叶；花冠长 14—18mm；荚果长 10—18mm。生于沙质草原中、石质丘陵坡地。产呼伦、兴安南、锡林、乌兰……………………………………………**31. 尖叶棘豆 O. oxyphylla** (Pall.) DC.

——海拉尔棘豆 *O. hailarensis* Kitag.

——光果海拉尔棘豆 *O. hailarensis* Kitag. f. *leiocarpa* H. C. Fu

10b. 叶轴宿存，近针刺状；萼筒上密生鳞片状腺体；花葶极短，2—3 倍地短于叶。生于砾石质山坡与丘陵、沙砾质河谷阶地。产呼伦、锡林、乌兰、鄂尔………………**32. 鳞萼棘豆 O. squammulosa** DC.

9b. 小半灌木；叶轴宿存，常为针刺状；茎多分枝，全体呈半球状植丛。

35a. 荚果泡状，膜质；单数羽状复叶，小叶 7—13，卵形至矩圆形，先端无刺尖。生于山地草原、石质和砾质阳坡。产东阿(狼山)、贺兰山、龙首山……………………………………………**33. 胶黄耆状棘豆 O. tragacanthoides** Fisch. ex DC.

35b. 荚果矩圆形，革质；双数羽状复叶，小叶 4—6，条形，先端具刺尖。生于砾石质平原、薄层覆沙地、丘陵坡地。产锡林、乌兰、阴南、鄂尔、东阿、西阿、贺兰山……………………………………………**34. 刺叶柄棘豆 O. aciphylla** Ledeb.

15. 黄耆属 Astragalus L.

1a. 植株被单毛。

2a. 多年生草本。

3a. 荚果坚果状，果皮较厚，革质，密布横皱纹；小叶 13—17，椭圆形至矩圆形；花黄色。生于轻度盐碱地、沙砾地。产呼伦、兴安南、科尔沁、辽河、锡林、阴山(乌拉山)、阴南、鄂尔…………………………………………………………………………………………………… **1. 华黄耆 A. chinensis** L.

3b. 荚果不为坚果状，果皮较薄，膜质或近革质，无横皱纹，而为明显或不明显的脉纹。

4a. 叶基生；无总花梗；花白色，密集于叶丛基部。生于草原群落中。产兴安北、呼伦………………………………………………………………………………… **2. 草原黄耆 A. dalaiensis** Kitag.

4b. 叶茎生；具总花梗；花排列成疏或密的花序。

5a. 花近无梗，密集成头状或穗状花序；荚果卵形，膨胀，长 7—8mm，被白色长柔毛；花红紫色。生于草甸。产兴安北…………………………………… **3. 丹黄耆 A. danicus** Retz.

5b. 花通常有梗，排列成疏松的总状花序，稀稍紧密。

6a. 荚果半椭圆形，长 20—30mm，一侧直伸，另一侧弓形弯曲，膨胀，薄膜质；植株较高大，高 50—100cm；花黄色，较大，长 12—18mm。

7a. 子房和荚果被短毛；小叶 13—27，通常椭圆状卵形，较大，长达 15mm，排列疏松。生于山地林缘、灌丛及疏林下。产兴安北、岭东、兴安南、阴山………………………………………………………………………… **4. 膜荚黄耆 A. membranaceus** Bunge

7b. 子房和荚果光滑无毛；小叶较小，通常长不超过 10mm。

8a. 小叶 25—37，通常椭圆形，先端圆钝，排列紧密。生于山地草原、灌丛、林缘、沟边。产兴安南、乌兰、阴山………………… **5. 蒙古黄耆 A. mongholicus** Bunge

——*A. membranaceus* Bunge var. *mongholicus* (Bunge) P. K. Hsiao

8b. 小叶 19—31，倒卵形或椭圆状倒卵形，先端微凹或平截，排列较疏松。生于沙地、沙质草原、山地灌丛及林缘。产呼伦(满洲里市)………………………………………………………………… **6. 北蒙古黄耆 A. borealimongolicus** Y. Z. Zhao

6b. 荚果为其他形状，非半椭圆形，长 4—6mm；植株较低矮，高 3—30cm。

9a. 荚果小，近球形、卵状球形、卵形、倒卵形或椭圆形，长 2.5—6mm；花小，长 5—8mm。

10a. 翼瓣顶端 2 裂。

11a. 小叶 3—7；总状花序细长，花排列疏散；花白色或淡红色。

12a. 小叶 5—7，椭圆形或矩圆状倒卵形，宽 3—10mm，上面无毛，下面被短毛；荚果长 4—6mm。生于山地草原、山地草甸、河滩沙质地。产燕北、阴山、阴南、东阿(磴口县)………………………………………………… **7. 草珠黄耆 A. capillipes** Fisch. ex Bunge

12a. 小叶 3—7，条状矩圆形或狭条形，宽 0.5—3mm，两面被短毛；荚果长 2.5—3.5mm。

13a. 小叶条状矩圆形，宽 1.5—3mm。生于典型草原及森林草原。产兴安北、岭东、岭西、呼伦、兴安南、辽河、燕北、赤峰、锡林、乌兰、阴山、阴南、鄂尔、东阿、贺兰山…………………………………………………………… **8. 草木樨状黄耆 A. melilotoides** Pall.

13b. 小叶狭条形，宽 0.5mm。生于典型草原。产兴安北、岭东、岭西、呼伦、兴安南、辽河、燕北、赤峰、锡林、乌兰、阴山、阴南、鄂尔、东阿………………………………… **9. 细叶黄耆 A. tenuis** Turcz.

——*A. melilotoides* Pall. var. *tenuis* (Turcz.) Ledeb.

11b. 小叶 7—15 或 11—17。

14a. 总状花序花排列稀疏，非头状；小叶 7—15。

15a. 花橙黄色；小叶卵形或倒卵形，先端钝圆，两面被长柔毛。生于砾石质地。产额济纳 ……………………………… **10. 橙黄花黄耆 A. aurantiacus** Hand.-Mazz.

15b. 花白色或淡红色；小叶条状倒披针形、条形或矩圆形，先端圆形或近截形，上面无毛，下面被平伏短柔毛。生于山地草甸草原、灌丛。产兴安北、呼伦、燕北、阴山、阴南 ……………………………………………………… **11. 小米黄耆 A. satoi** Kitag.

14a. 总状花序花排列密集成头状，花淡黄色；小叶 11—17，椭圆形或倒卵形，先端圆形，上面无毛，下面密被贴伏短柔毛。生于沟谷、山脚、山沟溪水边灌丛中及山脚林下。产东阿(桌子山)、贺兰山 ………………………… **12. 鄂尔多斯黄耆 A. chingianus** Pet.-Stib.

10b. 翼瓣顶端全缘；总状花序较短，花密集。

16a. 花白色；荚果扁球形；小叶宽椭圆形，先端钝。生于高山草甸。产贺兰山 ……………………………………………………… **13. 马衔山黄耆 A. mahoschanicus** Hand.-Mazz.

16b. 花蓝紫色或天蓝色；荚果近椭圆形。

17a. 荚果柄稍长于萼筒；萼齿长为萼筒的 1/2 或稍长；荚果直伸，卵状椭圆形，稍膨胀。生于草甸草原群落中、小溪旁、干河床砾石地、草原化草甸及山地草原。产岭西、呼伦、兴安南、赤峰、锡林、乌兰、阴山、阴南、贺兰山 ………………… **14. 察哈尔黄耆 A. zacharensis** Bunge ——皱黄耆 *A. tataricus* Franch.

17b. 荚果柄短于萼筒；萼齿长为萼筒的 1/4；荚果稍弯，镰状，不膨胀。生于山沟滩地。产贺兰山 ……………………………………………… **15. 阿拉善黄耆 A. alaschanus** Bunge

9b. 荚果大，矩圆形或半椭圆形，长 9mm 以上；花较大，长 8—30mm。

18a. 柱头被簇毛；植株高大，高可达 1m。

19a. 子房和荚果密被毛；荚果长 2.5—3.5cm，具短于萼筒的柄；花冠白色或带紫色，长 9—12mm；小叶椭圆形。生于微碱化草甸、山地阳坡或灌丛。产科尔沁、赤峰、燕北、阴山、阴南、鄂尔 ……………………………………………… **16. 扁茎黄耆 A. complanatus** R. Br. ex Bunge

19b. 子房和荚果无毛；荚果长 5—6cm，具明显长于萼筒的柄；花冠紫红色，长 25—28mm；小叶宽卵形或近圆形。生于石质山坡或沟谷、山地灌丛。产阴山、东阿(狼山、桌子山)、贺兰山 ………………………………………………………… **17. 粗壮黄耆 A. hoantchy** Franch.

18b. 柱头无毛；植株矮小，高 10—30cm；花冠小，长约 8mm。

20a. 子房和荚果无毛；花冠紫红色；小叶条形或条状披针形。生于山地。产阴山(大青山、灰腾梁) ……………………………… **18. 大青山黄耆 A. daqingshanicus** Z. G. Jiang et Z. T. Yin

20b. 子房和荚果密被毛；花冠蓝紫色或天蓝色；小叶矩圆状卵形或椭圆形。生于砾石质山坡、山麓及河滩灌丛。产兴安北 ……………………………………… **19. 高山黄耆 A. alpinus** L.

2b. 一年生草本。

21a. 总状花序不呈头状，有花 10—25 朵；花紫色或紫红色；荚果直或稍弯曲成镰状。

22a. 植株高 10—25cm；小叶 5—7；花紫色，长 8—9mm；荚果矩圆形，长 7—15mm，直或微弯，无毛。生于干河床、浅洼地及沙砾质地。产东阿、西阿、额济纳 ……………………………… **20. 了墩黄耆 A. pavlovii** B. Fedtsch. et Bosil.——*A. lioui* H. T. Tsai et T. T. Yu

22b. 植株高 30—60cm；小叶 11—21；花紫红色，长 10—15mm；荚果圆筒形，长 2—2.5cm，通常呈镰刀状弯曲，被毛。生于草原化草甸、草甸草原、农田、撂荒地及沟渠边。除阿拉善和额济纳外，几产内蒙古各地 ………………………………… **21. 达乌里黄耆 A. dahuricus** (Pall.) DC.

21b. 总状花序呈头状，有花 5—10 朵；花黄色；荚果螺旋状弯曲或环状。生于河滩低湿地。产额济纳 ……………………………………………… **22. 环果黄耆 A. contortuplicatus** L.

1b. 植株被丁字毛。

23a. 单叶，条形，长 2—12cm，宽 1—2mm；花淡紫色或紫红色。生于荒漠草原群落、沙地、河漫滩等地。产锡林、乌兰、鄂尔、东阿 …………………………………… **23. 单叶黄耆 A. efoliolatus** Hand.-Mazz.

23b. 单数羽状复叶。

24a. 萼筒在花后不膨胀，亦不包被荚果。

25a. 小叶 1 或 3。

26a. 小叶 1，倒披针形或披针状椭圆形，花白色至紫色；荚果无毛。生于砂砾质坡地。产东阿(阿拉善左旗北部) ………………………… **24. 单小叶黄耆 A. vallestris** Kamelin

26a. 小叶 1 或 3，宽卵形、宽椭圆形或近圆形；花淡黄色；荚果密被白色长毛。生于砾石质山坡、戈壁。产乌兰、东阿、西阿、额济纳 ………………………………………………………………………… **25. 长毛荚黄耆 A. monophyllus** Maxim.

25b. 小叶 3 至多数。

27a. 地上茎发达。

28a. 荚果条形、圆筒形或棍棒状。

29a. 小叶丝状、狭条形、条形或条状披针形。

30a. 植株高 7—15cm；枝细弱；花粉红色，长 7—8mm。生于砾石质坡地及盐化低地。产呼伦、锡林、乌兰 … **26. 细弱黄耆 A. miniatus** Bunge

30b. 植株高 15—30cm；枝较粗壮；花紫红色，长 17—20mm。生于砾石质坡地。产西阿 ………… **27. 玉门黄耆 A. yumenensis** S. B. Ho

29b. 小叶矩圆形、椭圆形、卵形或披针形。

31a. 小叶(3)7—9；花黄色。生于盐渍低地。产额济纳 ……………………… …… **28. 中戈壁黄耆 A. centrali-gobicus** Z. Y. Chu et Y. Z. Zhao

——*A. hamiensis* auct. non S. B. Ho: Fl. Intramogol. ed. 2, 3: 274. 1989.

31b. 小叶 9—25；花红色、紫色或蓝紫色。

32a. 荚果具明显的果柄；花较小，长 10—17mm。

33a. 萼筒钟形，长 4—5mm；萼齿三角形，长为萼筒的 1/8—1/7；果柄较萼长。生于砾质或沙质地。产阴山、乌兰、阴南、鄂尔、东阿、贺兰山 ………………………………………………………… **29. 灰叶黄耆 A. discolor** Bunge

33b. 萼筒管状，长 6—8mm；萼齿条形，长为萼筒的 1/3；荚果无明显的果柄。生于低山或山前砾石质滩地或河床。产东阿、贺兰山 ………… **30. 莲山黄耆 A. leansanicus** Ulbr.

32b. 荚果无明显的果柄；花较大，长 20—24mm；萼筒管状。生于砾石质山坡。产贺兰山、龙首山 ……………………………………………………………… **31. 长齿狭荚黄耆 A. stenoceras** C. A. Mey. var. **longidentatus** S. B. Ho

28b. 荚果矩圆形或卵形。

34a. 花淡黄色。

35a. 茎通常直立；花萼筒状，长 7—11mm；荚果矩圆形，长 9—13mm，无毛。生于林下草甸、沼泽化草甸、山地河岸边、柳灌丛。产兴安北、岭西、兴安南 ……………………………………… **32. 湿地黄耆 A. uliginosus** L.

35b. 茎上升或直立；花萼钟状，长 7—8mm；荚果卵形或矩圆形，长约 9mm，被平伏的黑毛。生于林缘草甸。产兴安北 …………………………………………………… **33. 北黄耆 A. inopinatus** Boriss.

34b. 花蓝紫色、紫红色或近蓝色，稀近白色。

36a. 茎较粗壮，斜升，高 20—60cm；小叶 7—23，卵状椭圆形、椭圆形或矩圆形；花较大，长 11—15mm，密集成较长的总状花序。生于森林草原、典型草原、河滩草甸、灌丛和林缘。产兴安北、岭东、岭西、呼伦、兴安南、科尔沁、辽河、燕北、赤峰、锡林、乌兰、阴山、阴南、鄂尔、东阿、西阿…… **34. 斜茎黄耆 A. laxmannii** Jacq.——*A. adsurgens* Pall.

36b. 茎较细，直立或稍斜升，高 10—30cm；花较小，长 8—11mm，密集成短总状花序。

37a. 萼齿长为萼筒的 1/4；小叶卵状矩圆形、倒卵状矩圆形或条状矩圆形，先端钝、圆形或微凹。生于覆沙戈壁、干河床、浅洼地、浅沟底部。乌兰、东阿、西阿、贺兰山、龙首山、额济纳…………………………………………………… **35. 变异黄耆 A. variabilis** Bunge

37b. 萼齿与萼筒近等长；小叶披针形或条状披针形，先端渐尖或锐尖。生于山地沟口砾石质坡地和山前冲积扇。产贺兰山 …………………… ……**36. 哈拉乌黄耆 A. halawuensis** Y. Z. Zhao et L. Q. Zhao

27b. 无地上茎或茎缩短。花白色(干后淡黄色)或黄色，有时粉红色或紫红色。

38a. 花明显具总花梗，长 1—3.5cm。

39a. 花萼长 7—9mm；小叶两面密被平伏的丁字毛；荚果矩圆形，喙不明显。

40a. 旗瓣卵形或倒卵形，长 18—24mm，宽 8—9mm，中部不收缢；总状花序具花 3—5 朵；植株高 8—15cm。生于山坡、草地和沙质地、草甸草原、林缘。产兴安北、岭西、呼伦、兴安南、科尔沁、辽河、赤峰、燕北、锡林、乌兰、阴山、阴南、鄂尔 ….. **37. 糙叶黄耆 A. scaberrimus** Bunge

40b. 旗瓣矩圆形，长 20—30mm，宽 6—7mm，中部稍收缢；总状花序具花 1—2 朵；植株高 3—6cm。生于砾石质地。产东阿(阿拉善左旗长流水)………………………… **38. 短叶黄耆 A. brevifolius** Ledeb.

39b. 花萼长 10—15mm；小叶两面密被开展的丁字毛；总状花序具花 7—10 朵；荚果矩圆状卵形，具与荚果近等长的喙。生于沙质地、覆沙戈壁、石质残丘浅洼沙质地。产东阿、西阿………… **39. 粗毛黄耆 A. scabrisetus** Bong.
——格尔乌苏黄耆 *A. geerwusuensis* H. C. Fu

38b. 花有极短的总花梗或无总花梗，花密集生于叶丛基部类似根生。

41a. 小叶 3—7。

42a. 小叶 3—5；旗瓣狭长圆形；萼齿与萼筒近等长或稍短；翼瓣瓣片与瓣柄近等长。生于山坡。产额济纳……………………………………………………………**40. 西域黄耆 A. pseudoborodinii** S. B. Ho

42b. 小叶 5—7。

43a. 龙骨瓣长为翼瓣的 1/3；旗瓣倒披针形，翼瓣瓣片长为瓣柄的 2 倍。生于沙砾质土壤上。产东阿、西阿、贺兰山南部……………………………………… **41. 短龙骨黄耆 A. parvicarinatus** S. B. Ho

43b. 龙骨瓣长为翼瓣的 3/4；旗瓣长圆状倒卵形，翼瓣瓣片较瓣柄短。生于覆沙戈壁。产东阿(阿拉善左旗北部)、额济纳 ………………………………………**42. 酒泉黄耆 A. jiuquanensis** S. B. Ho

41b. 小叶(5)9—25。

44a. 荚果近球形或卵球形；小叶 9—11，两面密被平伏丁字毛。生于砾质沙地。产东阿、西阿 ………… **43. 圆果黄耆 A. junatovii** Sancz.

44b. 荚果卵形或矩圆状卵形。

45a. 旗瓣匙形；花萼密被半开展的长柔毛；小叶椭圆形或长圆状椭圆形，密被半开展的丁字毛。生于砾质或沙质地。产东阿、西阿……………………………………………………………………………… **44. 拟糙叶黄耆 A. pseudoscaberrimus** (F. T. Wang et J. Tang) S. B. Ho

45b. 旗瓣长圆形。

46a. 花萼密被开展或半开展的长柔毛。

47a. 小叶矩圆形、披针形或条状披针形，上面无毛或疏被丁字毛或仅靠近边缘被丁字毛，下面密被平伏丁字毛。生于典型草原、荒漠草原群落中。产呼伦、兴安南、科尔沁、辽河、赤峰、锡林、乌兰、阴山、阴南、鄂尔、东阿东部……………………………………………………………………… **45. 乳白花黄耆 A. galactites** Pall.

——河套盐生黄耆 *A. salsugineus* Kar. et Kir. var. *hetaoensis* H. C. Fu

——科布尔黄耆 *A. koburensis* Bunge

——宁夏黄耆 *A. ningxiaensis* Podlech et L. R. Xu

47b. 小叶两面被毛。

48a. 小叶椭圆形或倒卵形，先端锐尖，两面密被开展的丁字毛；萼齿长2.5—5mm。生于沙质草原。产呼伦、锡林……………………………………………… **46. 新巴黄耆 A. hsinbaticus** P. Y. Fu et Y. A. Chen

48b. 小叶宽椭圆形、宽倒卵形或近圆形，先端钝圆或钝尖，两面被平伏或半开展的丁字毛；萼齿长 5—7mm。生于砾质或沙砾质地、干河谷、山麓或湖盆边缘。产锡林西部、乌兰、鄂尔、东阿、西阿……………………………………………………………………… **47. 卵果黄耆 A. grubovii** Sancz.

——荒漠黄耆 *A. denkouensis* H. C. Fu——*A. alschanensis* H. C. Fu

46b. 花萼密被半开展的丁字毛；小叶倒卵形或宽椭圆形，长 3—12mm，宽 2—6mm，两面被半开展的丁字毛。生于砾质或沙砾质戈壁、农田盐化土壤上。乌兰、东阿、西阿………………………………………………………… **48. 鄂托克黄耆 A. ordosicus** H. C. Fu

——盐生黄耆 *A. lang-ranii* Podl.

——*A. salsugineus* Kar. et Kir. var. *multijugus* S. B. Ho

24b. 萼筒在花后膨胀，包被荚果。

49a. 花蓝紫色；花萼被开展的长柔毛。

50a. 总花梗较叶长 1.5—2 倍；小叶 9—19；苞片长 2—3mm。生于山地砾石质山坡或沙地。产阴山(乌拉山)、东阿(桌子山)、贺兰山…………………… **49. 乌拉山黄耆 A. ochrias** Bunge

50b. 总花梗较叶短或与之近等长；小叶 5—13；苞片长约 5mm。生于沙质地。产东阿(乌拉特后旗)…………………………………… **50. 戈壁阿尔泰黄耆 A. gobi-altaicus** Ulzij.

——小花兔黄耆 *A. laguroides* Pall. var. *micranthus* S. B. Ho

——*A. novissimus* Podl. et L. R. Xu

49b. 花白色，干后变淡黄色。

51a. 总花梗较叶短或与之近等长。

52a. 花萼被开展的长柔毛。

53a. 小叶 5—11，较大，长 10—35mm，宽 3—12mm；萼齿长 5—6mm；苞片披针形，长 6—9mm。生于石质山坡。产乌兰…………………………………………………………… **51. 包头黄耆 A. baotouensis** H. C. Fu

53b. 小叶 9—17，较小，长 5—15mm，宽 3—5mm；萼齿长 4—5mm；苞片条形，长 2—3mm。生于砾石质山坡、山前沙砾质地、石质残丘坡地浅洼径流线处。产东阿、贺兰山、龙首山………… **52. 胀萼黄耆 A. ellipsoideus** Ledeb.

52b. 花萼被贴伏的丁字毛；小叶 9—25，小，长 3—5mm，宽 2—3mm；萼齿长

3—4mm；苞片披针形，长 3—5mm。生于砾石质山坡、山前沙砾质地。产东阿东部、贺兰山 ……………………………… **53. 库尔楚黄耆 A. kurtschumensis** Bunge

51b. 总花梗较叶长 1.5—2 倍；花萼被开展的长柔毛；萼齿长 2—3mm；苞片条形，长 4—5mm。生于砾石质山坡。产东阿(乌拉特后旗)、贺兰山 …………………………………………………………………………………… **54. 阿卡尔黄耆 A. arkalycensis** Bunge

(8) 鹰嘴豆族 Cicereae

16. 鹰嘴豆属 Cicer L.

鹰嘴豆 Cicer arietinum L.

一年生草本，高 20—50cm，全株密被白色腺毛。单数羽状复叶；小椭圆形，边缘中上部有锐锯齿。花单生于叶腋，白色或淡紫色；萼齿 5；荚果卵形，膨胀，淡黄色，下垂，顶端具短喙，密被白色腺毛。内蒙古西部有栽培。

(9) 锦鸡儿族 Caraganeae

17. 盐豆木属 Halimodendron Fisch. ex DC.

盐豆木(铃铛刺) Halimodendron halodendron (Pall.) Drucei

灌木，高 1—3m。双数羽状复叶；小叶倒披针形。总状花序具 2—4 花；萼齿 5；花冠淡紫色。荚果矩圆状倒卵形，革质，膨胀，果柄长为萼筒的 2 倍。生于荒漠盐化沙地或河流沿岸。产腾格里沙漠、巴丹吉林沙漠。

18. 锦鸡儿属 Caragana Fabr.

1a. 叶轴全部脱落(**1. 落轴亚属** Subgen. **Caragana**)；小叶多对，羽状排列(**1. 锦鸡儿组** Sect. **Caragana**)。

2a. 子房和荚果基部无柄。

3a. 翼耳短条形，长为爪的 1/3；花萼钟状，长宽近相等，萼齿短钝；托叶刺细弱，脱落；小叶较大，通常在 10mm 以上。生于林下、林缘。产岭东、燕北 …………… **1. 树锦鸡儿 C. sibirica** Fabr.

3b. 翼耳短小，齿状，长为爪的 1/5；花萼管状钟形，长显著大于宽，萼齿尖锐；托叶刺宿存；小叶较小，通常在 10mm 以下。

4a. 旗瓣近圆形；小叶倒卵形或矩圆状倒卵形，先端钝、平截、微凹或稍尖；树皮灰黄色、灰褐色或黄色，无光泽；一般灌木，枝条扩展，植株高达 1.5m；荚果细长，长为宽的 4—10 倍。生于高平原、平原及沙地、山地阳坡、黄土丘陵。产呼伦、兴安南、科尔沁、辽河、赤峰、锡林、乌兰、阴山、阴南、鄂尔、东阿、贺兰山南部 ……………………… **2. 小叶锦鸡儿 C. microphylla** Lam.

——中间锦鸡儿 *C. intermedia* Kuang et H. C. Fu

——*C. potaninii* auct. non Kom.: Fl. Intramongol. ed. 2, 3: 232. 1989.

——灰色小叶锦鸡儿 *C. microphylla* Lam. var. *cinerea* Kom.

4b. 旗瓣较宽，扁圆形；小叶条状披针形或倒披针形，先端锐尖；树皮金黄色，有光泽；高大灌木，枝条向上伸展，植株高达 5(8)m；荚果粗短，长为宽的 1.5—4 倍。生于流动沙丘及半固定沙地。产东阿、西阿北部 ……………………………… **3. 柠条锦鸡儿 C. korshinskii** Kom.

2b. 子房和荚果基部显著具柄；翼耳短条形，长为爪的 1/3；小叶近圆形、倒卵形或椭圆形，先端圆形。生于疏林下或灌丛中。产阴南(准格尔旗) ……………………………… **4. 秦晋锦鸡儿 C. purdomii** Rehd.

1b. 叶轴全部宿存，或仅长枝叶轴宿存而短枝叶轴脱落。

5a. 叶轴全部宿存(**2. 宿轴亚属** Subgen. **Jubatae** Y. Z. Zhao)；小叶 3—7 对，羽状排列(**2. 鬼箭组** Sect. **Jubatae** (Kom.) Y. Z. Zhao)。

6a. 荚果里面无毛；翼耳与爪近等长。

7a. 花黄色；花冠外面被长柔毛；宿存叶轴较细短，长 1.5—2cm；小叶倒卵形或矩圆形。生于干燥剥蚀山坡、山间谷地及干河床。产东阿(西鄂尔多斯)、贺兰山、龙首山……………………………………………………………………………………… **5. 荒漠锦鸡儿 C. roborovskyi** Kom.

7b. 花玫红色、粉红色或粉白色；花冠无毛；宿存叶轴较粗长，长 5—7cm；小叶长椭圆形或条状长椭圆形。生于高山灌丛或草甸。产贺兰山………… **6. 鬼箭锦鸡儿 C. jubata** (Pall.) Poir.

6b. 荚果里面密被柔毛；翼耳短小，齿状；小叶狭条形，两边向内卷曲成管状。生于沙砾质高平原、低山沟坡、山前平原。产乌兰、鄂尔、东阿、贺兰山……………………………………………………………………………………… **7. 卷叶锦鸡儿 C. ordosica** Y. Z. Zhao, Zong Y. Zhu et L. Q. Zhao

——藏锦鸡儿 *C. tibetica* auct. non Kom.: Fl. Intramongol. ed. 2, 3: 277. 1989.

5b. 仅长枝叶轴宿存而短枝叶轴脱落(**3. 宿落轴亚属** Subgen. **Frutescentes** Y. Z. Zhao)。

8a. 小叶在长枝叶轴上羽状着生，在短枝叶轴上密接成假掌状，2—3 对(**3. 针刺组** Sect. **Spinosae** (Kom.) Y. Z. Zhao)；翼耳短，长约 1mm；花萼长 10—13mm；小叶倒卵状披针形。生于海拔 2900m 的石质山坡。产龙首山………………………………………………… **8. 粉刺锦鸡儿 C. pruinosa** Kom.

8b. 小叶全部假掌状着生，全部 2 对，极少 3 对(**4. 掌叶组** Sect. **Frutescentes** (Kom.) Sancz.)。

9a. 小叶宽，矩圆状倒卵形或披针状倒卵形，先端圆钝或微凹，极少急尖。

10a. 旗瓣较狭，矩圆状倒卵形；花冠黄色，带紫红色或粉红色，后期变为红色。生于山地灌丛及山地沟谷灌丛中。产燕北、赤峰…………… **9. 红花锦鸡儿 C. rosea** Turcz. ex Maxim.

10b. 旗瓣较宽，宽倒卵形；花冠黄色，不变色。

11a. 花梗长 6—25mm；花冠长 20—25mm；小叶倒卵状披针形；小叶、花萼、子房和荚果无毛、疏被毛或密被毛。生于山地、丘陵、沟谷及山地灌丛。产燕北、锡林、乌兰、阴山、阴南、鄂尔、东阿、贺兰山、龙首山…………… **10. 甘蒙锦鸡儿 C. opulens** Kom.

——白毛锦鸡儿 *C. licentiana* Hand.-Mazz.

11b. 花梗长 2—6mm；花冠长约 20mm；小叶倒卵形；小叶和花萼密被毛，子房和荚果无毛。生于干旱山坡。产龙首山 ……… **11. 昆仑锦鸡儿 C. polourensis** Franch.

9b. 小叶狭条形、条状披针形、条状倒披针形、倒披针形或倒卵状披针形，先端锐尖或渐尖。

12a. 花萼长 9—11mm；花冠长 20—25mm；翼耳短小，长为爪的 1/5；小叶倒披针形；老枝树皮红褐色。生于覆沙戈壁、低山坡、山前平原、固定沙地。产乌兰、东阿、西阿……………………………………………………………………… **12. 短脚锦鸡儿 C. brachypoda** Pojark.

12b. 花萼长 4—9mm；花冠长 10—20mm。

13a. 翼耳短条形，长为爪的 1/4—1/3；花萼长 7—9mm，萼筒明显长大于宽；小叶狭条形，叶片多少对折；花梗中部以上具关节。生于沙质高平原、石质残丘。产锡林西北部、乌兰、鄂尔北部 …· **13. 窄叶锦鸡儿 C. angustissima** (C. K. Schneid.) Y. Z. Zhao

——*C. pygmaea* (L.) DC. var. *angustissima* C. K. Schneid.

——矮锦鸡儿 *C. pygmaea* auct. non (L.) DC.: Fl. Intramongol. ed. 2, 3: 220.1989.

13b. 翼耳条形，长 2—3mm，长为爪的 2/5—2/3；花萼长 4—6mm，萼筒长与宽近相等；花梗中部以下具关节。

14a. 翼耳长为爪的 1/2—2/3；仅长枝叶轴小叶有时近羽状着生，狭倒卵形或倒卵状披针形，叶片平展，先端钝或锐尖，背面常带紫色。生于山坡、山前平原、山谷、戈壁滩。产阴南、东阿(狼山)、西阿北部、额济纳……………………………………………………………… **14. 白皮锦鸡儿 C. leucophloea** Pojark.

14b. 翼耳长为爪的 2/5—1/2；小叶全部假掌状着生，狭条形或狭倒披针形，叶片多少对折，先端渐尖。生于高平原、黄土丘陵、低山阳坡、干谷、沙地、沙砾质地、砾石质坡地。产呼伦、科尔沁、锡林、乌兰、阴山、阴南、鄂尔、东阿、贺兰山 ……………………………………………………**15. 狭叶锦鸡儿 C. stenophylla** Pojark.

——小花矮锦鸡儿 *C. pygmaea* (L.) DC. var. *parviflora* H. C. Fu

(10) 野豌豆族 Vicieae

19. 野豌豆属 Vicia L.

1a. 叶轴末端卷须发达，单一或分枝(**1. 卷须亚属** Subgen. **Vicia**)。

2a. 总状花序梗长，超出叶或等长于或稍短于叶。

3a. 总状花序多花，通常 5 朵以上(**1. 广布野豌豆组** Sect. **Cracca** S. F. Gray)。

4a. 龙骨瓣明显比旗瓣短，长为旗瓣的 1/2—2/3。

5a. 小叶侧脉不直达边缘；植株被短柔毛；多年生草本。

6a. 小叶侧脉斜展，不明显，最下一对侧脉向上斜展至小叶的中部以上；小叶条形、矩圆状条形或披针状条形。

7a. 小叶上面无毛或近无毛，下面疏生短柔毛，呈绿色，常宽而质薄。生于山地林缘、灌丛、林间草甸、河滩草甸。产兴安北、岭东、岭西、呼伦、兴安南、燕北、锡林 ……………………………………………………**1a. 广布野豌豆 V. cracca** L. var. **cracca**

7b. 小叶两面密被长柔毛，呈灰色，常狭而质厚。生于林间草甸、林缘草甸 、灌丛、沟边。产兴安北、岭西、兴安南 ……………………………………………………**1b. 灰野豌豆 V. cracca** L. var. **canescens** (Maxim.) Franch. et Sav.

6b. 小叶侧脉横展，极密而明显，与主脉呈直角，在末端联合；小叶卵状矩圆形或卵状椭圆形；植株无毛或稍有毛。生于林间草甸、林缘草甸 、灌丛、河滩。产兴安北、岭东、岭西、兴安南 ……………………………………**2. 黑龙江野豌豆 V. amurensis** Oett.

——三河野豌豆 *V. amurensis* Oett. f. *sanheensis* Y. Q. Jiang

5b. 小叶侧脉直达边缘而不明显，末端互不联合；小叶矩圆状条形或披针状条形；植株被长柔毛；一年生草本。赤峰市、巴彦淖尔市、鄂尔多斯市(准格尔旗)有栽培或逸生 ……………………………………………………**3. 长柔毛野豌豆 V. villosa** Roth

4b. 龙骨瓣与旗瓣近等长，长为旗瓣的 4/5 以上。

8a. 小叶侧脉不直达边缘，在边缘联合。

9a. 小叶椭圆形、卵形或长卵形，近膜质；托叶小，长 3—7mm，2 深裂至基部，裂片条形或披针状条形。生于河岸湿地、沙质地、山坡、路旁。产兴安北、岭东、岭西、兴安南 ……………………………………………………**4. 东方野豌豆 V. japonica** A. Gray

9b. 小叶卵形或椭圆状卵形，质较厚；托叶半箭头形，非 2 深裂，长 8mm 以上，边缘无齿或具 1 至或数个锯齿。

10a. 植株被白色长柔毛；小叶卵形或椭圆形，下面密生柔毛，有时有霜粉；总状花序稀疏，具花 5—10 朵，长 6—8mm；托叶半箭头形，边缘无齿。生于山地草甸、林缘草甸、灌丛及石质山坡。产锡林(正镶白旗)、阴山 ……………**5. 大野豌豆 V. sinogigantea** B. J. Bao et Turland——*V. gigantea* Bunge

10b. 植株稍有毛或无毛；小叶卵形，下面疏生柔毛或近无毛；总状花序密集，具花 20—25 朵，长 10—14mm；托叶半箭头形，边缘具 1 至数个锯齿。生于林下、林缘草甸、山地灌丛及丘陵阴坡。产兴安北、岭东、岭西、兴安南、科尔沁、燕北、锡林‥

…………………………**6. 大叶野豌豆 V. peseudo-orobus** Fisch. et C. A. Mey.

8b. 小叶侧脉直达边缘，末端互不联合。

11a. 花淡黄色；小叶矩圆形、椭圆形或近于披针形，长 7—17(25)mm，宽 2—5mm。生于古河床、干谷地的砾石质及砾质基质上、山地丘陵的石砾质坡地。产锡林、乌兰、东阿、贺兰山…………………………………………………………**7. 肋脉野豌豆 V. costata** Ledeb.

11b. 花紫色、蓝紫色或淡紫色，稀白色；多年生草本。

12a. 花紫色或蓝紫色，干后不变为褐色；小叶叶形多变，矩圆状卵形、矩圆形、椭圆形、卵状披针形或条形。

13a. 小叶侧脉两面明显突出；托叶小，长 6—8mm，茎上部托叶 2 裂，裂片条形或披针状条形，下部托叶为半截形或半箭头形。生于山地、丘陵坡地、林缘、灌丛、河岸沙地、草甸草原。产兴安北、岭东、岭西、兴安南、赤峰、燕北、锡林、阴山…………………………**8. 多茎野豌豆 V. multicaulis** Ledeb.

13b. 小叶侧脉仅下面明显，但不突出；托叶大，长 8—16mm，全部为半截形或半箭头形，具数个大锯齿。生于山地林缘、灌丛、草甸草原、沙地、溪边、丘陵低湿地。产兴安北、岭东、岭西、呼伦、兴安南、赤峰、燕北、科尔沁、辽河(大青沟)、锡林、乌兰、阴山、阴南、鄂尔……**9. 山野豌豆 V. amoena** Fisch. ex Seringe

——狭叶山野豌豆 *V. amoena* Fisch. var. *oblongifolia* Regel

——绢毛山野豌豆 *V. amoena* Fisch. var. *serisea* Kitag

12b. 花紫色，干后变为褐色；小叶条形或披针状条形。生于阳坡灌丛、疏林下、山地草甸、草甸草原。产岭西………………**10. 大龙骨野豌豆 V. megalotropis** Ledeb.

3b. 总状花序少花，通常 5 朵以下(**2. 四籽野豌豆组** Sect. **Ervum** (L.) S. F. Gray)。

14a. 小叶狭条形，先端钝，长 20—30mm，宽 1.5—3mm。生于河岸柳灌丛间草甸。产呼伦、兴安南……………………………………………………………**11. 索伦野豌豆 V. geminiflora** Trautv.

14b. 小叶矩圆形、倒卵形或倒卵状矩圆形，先端截形、微凹或为不整齐的牙齿状；长 10—25mm，宽 2.5—6mm。生于校园。产呼和浩特市…………………………**12. 大花野豌豆 V. bungei** Ohwi

2b. 总状花序梗短或近无梗，有花 1—2 朵，腋生状(**3. 野豌豆组** Sect. **Vicia**)；小叶条形、矩圆状条形或倒卵状矩圆形；一年生草本。常自生于平原乃至山脚草地、路旁、灌木林下及麦田中。燕北、赤峰、阴山(蛮汗山)、东阿地区有栽培和逸生……………………………………………………………**13. 救荒野豌豆 V. sativa** L.

1b. 叶轴末端为刺状，卷须不发达(**2. 针须亚属** Subgen. **Faba** (Adans) Gray)。

15a. 总状花序梗长，超出叶或等长于或稍短于叶，花多数；多年生草本(**4. 歪头菜组** Sect. **Oroboidea** Stankev)。

16a. 小叶 2—4 对，卵形、卵状披针形、条状披针形或条形，先端渐尖。生于林下、林间和林缘草甸、山地草甸。产兴安北、岭西、兴安南……………**14. 柳叶野豌豆 V. venosa** (Willd. ex Link) Maxim.

——北野豌豆 *V. ramutiflora* (Maxim.) Ohwi

16b. 小叶 1 对，卵状披针形，先端尾尖。生于山地林下、林缘草甸、山地灌丛及草甸草原。产兴安北、岭东、岭西、呼伦、兴安南、科尔沁、赤峰、燕北、锡林、阴山………………………**16. 歪头菜 V. unijuga** A. Br.

——白花歪头菜 *V. unijuga* R. Br. f. *albiflora* Kitag.

15b. 总状花序梗短或近无梗，花 1—4 朵，腋生状；荚果肥厚，种子间有横隔膜；一年生草本(**5. 蚕豆组** Sect. **Faba** L.)。内蒙古各农业区及山区多栽培………………………………**17. 蚕豆 V. faba** L.

20. 豌豆属 Pisum L.

豌豆 Pisum sativum L.

一年生攀援草本，高 30—50cm。双数羽状复叶，叶轴末端有羽状分枝的卷须；小叶卵形，全缘，先端有小刺尖。花单生或2—3朵生于腋出的总花梗上；花白色或带紫红色；萼齿5。荚果长圆筒状，稍压扁。内蒙古有栽培。

21. 兵豆属 **Lens** Mill.

兵豆 **Lens culinaris** Medikus

一年生草本，高10—25cm。双数羽状复叶，叶轴末端有单一卷须或刺毛状；倒卵状狭矩圆形。总状花序腋生；花白色或淡红色；萼齿5。荚果矩圆形，呈牛耳刀状，膨胀，无毛。内蒙古西部地区有少量栽培。

22. 山黧豆属 **Lathyrus** L.

1a. 叶轴末端为卷须。

2a. 小叶1对；花柱扭转。内蒙古西部有少量栽培……………………………………1. 家山黧豆 **L. sativus** L.

2b. 小叶1—5对；花柱不扭转。

3a. 花黄色；托叶大，长2—7cm。生于山地林下、林缘、灌丛及草甸。产燕北……………………………………………………………………………………2. 大山黧豆 **L. davidii** Hance

3b. 花红紫色、蓝紫色或紫色；托叶较小，长在2cm以下。

4a. 小叶卵形或椭圆形，具羽状网脉。生于林下。产兴安北、岭东、兴安南、阴山……………………………………………………………………3. 矮山黧豆 **L. humilis** (Ser.) Spreng.

4b. 小叶矩圆状披针形、披针形、条状披针形或条形。

5a. 托叶细长，长5—15mm，宽0.5—1.5mm；小叶具5条明显突出的纵脉；卷须单一不分枝。生于山地草甸、河谷草甸、草甸草原。产兴安北、岭东、岭西、兴安南、科尔沁、燕北、锡林、阴山、鄂尔……………………………………4. 山黧豆 **L. quinquenervius** (Miq.) Litv.

5b. 托叶较宽，长6—15mm，宽1.5—4mm；小叶的叶脉不明显；卷须通常分枝。生于沼泽化草甸、山地林缘草甸、沟谷草甸。产兴安北、岭东、岭西、呼伦、兴安南、科尔沁、辽河、燕北、锡林、阴山……………………………5. 毛山黧豆 **L. palustris** L. var. **pilosus** (Cham.) Ledeb.

1b. 叶轴末端为刺状；小叶矩圆形、椭圆形或披针形，具3(5)条中脉。生于山地林缘、林下、林间草甸、草甸。产兴安北…………………………………………………………6. 三脉山黧豆 **L. komalovii** Ohwi

(11) 车轴草族 Trifolieae

23. 车轴草属 **Trifolium** L.

1a. 叶通常5枚，稀3—7枚小叶。生于林缘草甸、草甸草原、山地灌丛、沼泽化草甸。产兴安北、岭东、岭西、呼伦、兴安南、赤峰、燕北、科尔沁、锡林、阴山……………………………………1. 野火球 **T. lupinaster** L.

——白花野火球 *T. lupinaster* L. f. *albiflorum* (Ser.) P. Y. Fu et Y. A. Chen

1b. 叶具3枚小叶。

2a. 茎匍匐；花通常白色。本种曾从俄罗斯引种栽培，现已成为逸生种。生于林间草甸及林缘草甸和路边。仅见于兴安北(牙克石市)…………………………………………2. 白车轴草 **T. repens** L.

2b. 茎直立；花紫红色。本种曾从俄罗斯引种栽培，现已成为逸生种。生于林间草甸及林缘草甸和路边。仅见于兴安北(牙克石市)…………………………………………3. 红车轴草 **T. pratense** L.

24. 苜蓿属 **Medicago** L.

1a. 荚果螺旋形，常卷曲1—3圈；花紫色或蓝紫色。内蒙古主要在阴山以南地区有栽培或逸生……………

………………………………………………………………………………………1. 紫花苜蓿 **M. sativa** L.

1b. 荚果弯曲呈肾形、镰刀形、马蹄形或为卷曲 1 圈的环形；花黄色、淡黄色或黄白色。

2a. 荚果弯曲呈肾形，长 2—3mm，含种子 1 粒；小叶宽倒卵形或倒卵形。生于微碱性草甸、沙质草原、田边、路旁等处。产兴安北、岭西、呼伦、兴安南、赤峰、燕北、科尔沁、锡林、乌兰、阴山、阴南、鄂尔、贺兰山…………………………………………………………………………………2. 天蓝苜蓿 **M. lupulina** L.

2b. 荚果弯曲呈镰刀形、马蹄形或为卷曲 1 圈的环形，含种子 2—4 粒。

3a. 荚果弯曲呈镰刀形，长 7—12mm；花梗短，长约 2mm；花黄色；小叶倒披针形、条状倒披针形，稀倒卵形或矩圆状倒卵形。生于河滩、沟谷等低湿生境中。产兴安北、岭东、岭西、呼伦、兴安南、锡林…………………………………………………………………………3. 黄花苜蓿 **M. falcata** L.

3b. 荚果弯曲呈马蹄形或为卷曲 1 圈的环形，直径约 4mm；花梗长，长 2—5mm；花白色、淡黄色，稀黄色；小叶矩圆状倒卵形、楔形或倒披针形。生于绿洲。产东阿(巴音浩特市)……………………………………………………………………………4. 阿拉善苜蓿 **M. alaschanica** Vass.

25. 草木樨属 Melilotus (L.) Mill.

1a. 花黄色。

2a. 小叶边缘具疏锯齿；托叶基部两侧无齿裂，稀具 1 或 2 个齿裂。多逸生于河滩、沟谷、湖盆洼地等低湿地生境中。产兴安北、岭东、岭西、兴安南、赤峰、燕北、科尔沁、辽河、锡林、乌兰、阴山、阴南、鄂尔、东阿、西阿、额济纳……………………………………1. 草木樨 **M. officinalis** (L.) Lam.——*M. suaveolens* Ledeb.

2b. 小叶边缘具密的细锯齿；托叶基部两侧有齿裂。生于低湿草甸、路旁、滩地。产兴安北、呼伦、兴安南、赤峰、燕北、阴山、阴南、鄂尔、贺兰山………………………2. 细齿草木樨 **M. dentatus** (Wald. et Kit.) Pers.

1b. 花白色；小叶边缘具疏锯齿；托叶基部两侧无齿裂。生于路边、沟旁、盐碱地及草甸。产兴安北、岭东、兴安南、科尔沁、赤峰、燕北、锡林、乌兰、阴山、鄂尔、东阿、西阿、额济纳………………3. 白花草木樨 **M. albus** Medik.

26. 扁蓿豆属 Melilotoides Heist. ex Fabr.

扁蓿豆(花苜蓿) Melilotoides ruthenica (L.) Sojak

多年生草本，高 20—60cm。羽状三出复叶；小叶倒卵形至条形，边缘上半部有锯齿，下半部全缘。总状花序腋生；花黄色，带深紫褐色；萼齿 5。荚果扁平，矩圆形，网纹明显，先端有短喙。生于丘陵坡地、山坡、林缘、路旁、沙质地、固定或半固定沙地。产兴安北、呼伦、兴安南、科尔沁、辽河、燕北、锡林、阴山、阴南、鄂尔、东阿、贺兰山。

27. 胡卢巴属 Trigonella L.

胡卢巴 Trigonella foenum-graecum L.

一年生草本，高 20—45cm。羽状三出复叶；小叶矩圆状倒披针形，边缘上半部具疏锯齿，下半部全缘。短总状花序有花 1—2 朵，生于叶腋；花白色或淡黄色；荚果细圆筒形，长 5—10cm，先端渐尖，有长喙。内蒙古有少量栽培。

(12) 菜豆族 Phaseoleae

28. 菜豆属 Phaseolus L.

1a. 花白色、淡红色或淡紫色；托叶基部着生；花序较叶为短。内蒙古农区有栽培……1. 菜豆 **P. vulgaris** L.

1b. 花鲜红色；托叶在基部以上着生；花序较叶为长。内蒙古农区及一些城镇有少量栽培……**2. 红花菜豆 P. coccineus** L.

29. 豇豆属 Vigna Savi

1a. 荚果被毛；茎直立；龙骨瓣先端弯曲多半圈；种子绿色。内蒙古农区有栽培…………………………………………………………………**1. 绿豆 V. radiata** (L.) R. Wilczek——*Phaseolus radiate* L.

1b. 荚果无毛；种子通常暗红色。

2a. 茎直立；托叶箭头形，长 1—1.7cm；荚果长 5—8cm；龙骨瓣先端镰状弯曲。内蒙古农区有栽培…………………………**2. 赤豆 V. angularis** (Willd.) Ohwi et H. Ohashi——*Phaseolus angularis* Willd.

2b. 茎缠绕；托叶披针形，长约 1cm；荚果长 20—30cm；龙骨瓣先端稍弯曲。内蒙古农区有少量栽培…………………………………**3. 豇豆 V. unguiculata** (L.) Walp.——*V. sinensis* (L.) Endl. ex Hassk.

30 扁豆属 Lablab Adans.

扁豆 Lablab purpureus (L.) Sweet——*Dolichos lablab* L.

一年生缠绕草本。羽状三出复叶；小叶近圆形，先端渐尖，全缘。总状花序腋生；花白色或淡紫红色；萼齿二唇形，上唇 2 齿，下唇 3 齿。荚果扁，镰刀形或半椭圆形，弯曲，边缘有不整齐细小锯齿，顶端有长而弯曲的喙。内蒙古农区有少量栽培。

31. 两型豆属 Amphicarpaea Ell. ex Nutt.

两型豆 Amphicarpaea edgeworthii Benth.——*A. trisperma* (Miq.) Baker ex Jackson

一年生缠绕草本。羽状三出复叶；小叶宽卵形，全缘。总状花序腋生；萼齿 5；花淡紫色。荚果近矩圆形，扁平，两侧缝线有长柔毛。生于林缘、林下、灌丛、湿草甸。产兴安南、燕北。

32. 大豆属 Glycine Willd.

1a. 茎直立；荚果肥大，长 3—5cm，宽 8—12mm；种子大。内蒙古农区栽培……**1. 大豆 G. max** (L.) Merr.

1b. 茎缠绕；荚果瘦小，长 1.5—2.3cm，宽 4—5mm；种子小。生于湿草甸、山地灌丛、草甸、田野。产兴安北、兴安南、科尔沁、燕北、阴山、阴南、鄂尔………………………………………………**2. 野大豆 G. soja** Sieb. et Zucc.

(13) 合萌族 Aeschynomeneae

33. 落花生属 Arachis L.

落花生 Arachis hypogaea L.

一年生草本，高 20—30cm。双数羽状复叶，先端无卷须，具小叶 2 对；小叶倒卵状矩圆形，全缘，先端圆形，具小刺尖。萼齿 5，上方 4 枚愈合到先端，下方 1 枚细长；花后子房柄向下延长而伸入地中结实。荚果矩圆形，膨胀，果皮厚，具明显的网纹，种子间缢缩。科尔沁、阴南有栽培。

(14) 岩黄耆族 Hedysareae

34. 骆驼刺属 **Alhagi** Gagneb.

骆驼刺 **Alhagi sparsifolia** Shap. ex Keller et Shap.——*A. maurorum* Medic. var. *sparsifolium* (Shap.) Yakovl.

半灌木，高 40—60cm。茎具针刺，坚硬，宿存。单叶，矩圆形，全缘。总状花序腋生，先端针刺状；萼齿 5；花冠红色。荚果念珠状，稍弯。生于沙质荒漠中，在轻度盐化的低地也有稀疏生长。产西阿、额济纳。

35. 岩黄耆属 **Hedysarum** L.

1a. 有明显的地上茎；叶茎生；总状花序腋生或顶生。

2a. 荚节无针刺(**1. 无刺岩黄耆组** Sect. **Obscura** B. Fedtsch.)；子房和荚节无毛或被贴伏短柔毛；萼齿短于萼管；翼瓣与旗瓣近等长；翼耳细长，与爪近等长。

3a. 花淡黄色或乳白色。

4a. 子房和荚节无毛；小叶较窄，矩圆形或卵状矩圆形，宽 3—10mm，下面中脉上被长柔毛；花冠长 10—12mm，乳白色。生于山地林下、林缘、灌丛、沟谷草甸。产阴山……………………………………………………………………**1. 阴山岩黄耆 H. yinshanicum** Y. Z. Zhao

4b. 子房和荚节被贴伏短柔毛；小叶较宽，卵形或矩圆状卵形，宽 8—15mm，下面被贴伏短柔毛；花冠长 14—16mm，淡黄色。生于山地林缘。产贺兰山……………………………………………………………………**2. 宽叶岩黄耆 H. przewalskii** Yakovl.

——*H. polybotrys* Hand.-Mazz. var. *alaschanicum* (B. Fedtsch.) H. C. Fu et Z. Y. Chu

3b. 花紫红色；子房和荚节无毛。生于山地林间草甸、林缘草甸、山地灌丛、河谷草甸。产兴安北、岭东、岭西、兴安南、燕北、阴山……………………………………**3. 山岩黄耆 H. alpinum** L.

2b. 荚节具针刺(**2. 丛枝岩黄耆组** Sect. **Muliticaulia** Boiss)；子房和荚节被贴伏短柔毛；萼齿长于萼管；翼瓣短于旗瓣；翼耳短小，明显短于爪。

5a. 花黄色；萼齿比萼管长 1.5—2 倍；翼瓣长为旗瓣的 2/3—3/4。生于山坡、砾石质地。产呼伦(满洲里市)……………………………………**4. 达乌里岩黄耆 H. dahuricum** Turcz. ex B. Fedtsch.

5b. 花紫红色。

6a. 翼瓣长为旗瓣的 1/2；萼齿与萼管近等长。生于山地、平原。产锡林、乌兰、阴山、阴南、鄂尔……………………………………………………………………**5. 短翼岩黄耆 H. brachypterum** Bunge

6b. 翼瓣长为旗瓣的 2/3；萼齿比萼管长 1.5—2 倍。生于山地、石质或砾石质坡地。产兴安南、锡林、乌兰、阴山、阴南、鄂尔……………………………………**6. 华北岩黄耆 H. gmelinii** Ledeb.

——窄叶华北岩黄耆 *H. gmelinii* Ledeb. var. *lineiforme* H. C. Fu

1b. 茎缩短或不发育(**3. 无茎岩黄耆组** Sect. **Subacaulia** Boiss)；叶基生；总状花序基生。

7a. 萼齿长为萼管的 3—5 倍；翼瓣长为旗瓣的 1/3。生于低山丘陵砾石质坡地。产东阿(桌子山)、贺兰山……………………………………………………………………**7. 贺兰山岩黄耆 H. petrovii** Yakovl.

7b. 萼齿长为萼管的 1.5—2 倍；翼瓣长为旗瓣的 1/2。生于石质坡地或岩石处。产呼伦(满洲里市)……………………………………**8. 短茎岩黄耆 H. setigerum** Turcz. ex Fisch. et C. A. Mey.

36. 山竹子属 **Corethrodendron** Fisch. et Basin.

1a. 萼管上方 2 深裂；荚节密被针刺和短柔毛；小叶椭圆形、倒卵形或近圆形。生于山地沙砾质地。产龙首山……………………………………**1. 红花山竹子 C. multijugum** (Maxim.) B. H. Choi et H. Ohashi

——红花岩黄耆 *Hedysarum multijugum* Maxim.

1b. 萼管上方不2深裂；荚节无针刺，被毛或无毛，有时具小瘤状突起甚至针刺；小叶条形、条状矩圆形或矩圆形。

2a. 荚节密被开展的长柔毛；翼瓣长为旗瓣的1/2；上部叶轴常无小叶；老茎树皮紫红色。生于流动、半流动和固定沙丘。产东阿、西阿、额济纳…………………………………………………………………………2. **细枝山竹子 C. scoparium** (Fisch. et C. A. Mey.) Fisch. et Basiner

——花棒(细枝岩黄耆) *Hedysarum scoparium* Fisch. et C. A. Mey.

——木本岩黄耆 *H. scoparium* Fisch. et Mey. var. *arbuscula* (Maxim.) Yakovl.

2b. 荚节密被贴伏短柔毛或无毛，有瘤状突起(有时针刺状)或无；翼瓣长为旗瓣的1/3；上部叶轴具小叶；老茎树皮黄褐色。

3a. 子房和荚节密被贴伏短柔毛，荚节有时具瘤状突起甚至针刺。生于沙丘和沙地及戈壁红土断层冲刷沟沿砾石质地。产岭西、呼伦、兴安南、科尔沁、锡林、乌兰、阴南、鄂尔、东阿(磴口县)…………………………3a. **山竹子 C. fruticosum** (Pall.) B. H. Choi et H. Ohashi var. **fruticosum**

——山竹岩黄耆 *Hedysarum fruticosum* Pall.——蒙古岩黄耆 *H. mongolicum* Turcz.

3b. 子房和荚节光滑无毛。生境同原变种。产呼伦、科尔沁、兴安南、辽河、锡林、乌兰、阴南、鄂尔、东阿……………3b. **羊柴 C. fruticosum** (Pall.) B. H. Choi et H. Ohashi var. **lignosum** (Trautv.) Y. Z. Zhao

——木岩黄耆 *Hedysarum fruticosum* Pall. var. *lignosum* (Trautv.) Kitag

——塔落岩黄耆 *H. leave* Maxim.

37. 驴豆属 Onobrychis Mill.

红豆草(驴豆) Onobrychis viciifolia Scop.

多年生草本，高40—80cm。奇数羽状复叶；小叶长圆状披针形。总状花序腋生；萼齿5；花冠红紫色。荚果具1个半圆形的节荚，上部边缘具或尖或钝的刺。呼伦贝尔市、呼和浩特市有栽培。

(15) 山蚂蝗族 Desmodieae

38. 胡枝子属 Lespedeza Michx.

1a. 花紫红色。

2a. 灌木，高1—3m；小叶大，长1.5—6cm，宽1—2cm，基部圆形，上面无毛，下面疏被伏毛。生于山地阴坡林下、林缘。产兴安北、岭东、兴安南、辽河(大青沟)、赤峰、燕北、锡林、阴山、阴南、鄂尔…………………………………………………………1. **胡枝子 L. bicolor** Turcz.

2b. 半灌木，高0.3—1m；小叶小，长1—1.5cm，宽4—10mm，基部楔形，两面被伏毛。生于山地石质山坡、林缘及灌丛中。产兴安南、赤峰、燕北、阴山、阴南………………2. **多花胡枝子 L. floribunda** Bunge

1b. 花黄白色或白色；半灌木。

3a. 萼裂片狭披针形或披针状钻形，先端刺芒状，1/2以上包被花冠，与花冠近等长。

4a. 植株被白色短柔毛；小叶上面无毛，下面被伏毛。

5a. 茎直立或稍斜倾；小叶椭圆形或椭圆状卵形，长15—30mm，宽5—15mm；总状花序短于叶或与叶近等长。生于干山坡、丘陵坡地、沙地、草原。产岭西、呼伦、岭东、兴安南、科尔沁、赤峰、燕北、辽河、锡林、阴山、阴南…………………3. **达乌里胡枝子 L. davurica** (Laxm.) Schindl.

——无梗达乌里胡枝子 *L. davurica* (Laxm.) Schindl. var. *sessilis* V. N. Vassil

5b. 茎平卧；小叶矩圆形或倒卵状矩圆形，8—15(22)mm，宽3—5(7)mm；总状花序较叶长。生长砾石质丘陵坡地、干燥沙质地。产锡林、乌兰、阴南、鄂尔、东阿、西阿、贺兰山……………

……………………………………………………… **4. 牛枝子 L. potaninii** V. N. Vassil.
——*L. davurica* (Laxm.) Schindl. var. *potaninii* (V. N. Vassil.) Y. X. Liou

4b. 植株被黄色绒毛；总状花序显著长于叶；小叶长 3—6cm，宽 15—30mm，上面被伏毛，下面被黄色绒毛。生于山地林缘、灌丛或草甸。产兴安南、燕北 …… **5. 绒毛胡枝子 L. tomentosa** (Thunb.) Sieb. ex Maxim.

3b. 萼裂片披针形，先端渐尖，长不及花冠一半；总状花序短于叶或近等长。

6a. 小叶条状矩圆形，长为宽的 10 倍；荚果宽卵形。生于山坡。产赤峰、阴山(蛮汗山) ……………………………………………………………………………… **6. 长叶铁扫帚 L. caraganae** Bunge

6b. 小叶较宽，长为宽的 5 倍或不及；荚果椭圆形或倒卵形。

7a. 小苞片卵形，比萼筒短；小叶先端圆形、截形或微凹；旗瓣反卷。生于山坡。产锡林、阴山(大青山) …………………………………………… **7. 阴山胡枝子 L. inschanica** (Maxim.) Schidl.

7b. 小苞片条状披针形，与萼筒近等长；小叶先端锐尖或圆钝；旗瓣不反卷。生于丘陵坡地、干山坡。产兴安北、岭东、岭西、兴安南、科尔沁、辽河、燕北、锡林、阴山、阴南 ……………………………………………… **8. 尖叶胡枝子 L. juncea** (L. f.) Pers.——*L. hedysaroides* (Pall.) Kitag.

39. 杭子稍属 **Campylotropis** Bunge

杭子稍 Campylotropis macrocarpa (Bunge) Rehd.

灌木，高 1—2m。羽状三出复叶；小叶椭圆形。总状花序腋生；萼齿 4；花冠紫色。荚果斜椭圆形，背缝线被短毛，网脉明显，先端具短尖。生于山坡、灌丛、林下。产科尔沁。

40. 鸡眼草属 **Kummerowia** Schindl.

1a. 小叶矩圆形或倒卵形，先端通常圆形；荚果成熟时与萼筒近等长或长 1 倍；枝上的毛向下。生于林缘、林下、田边、路旁。产辽河(大青沟)、燕北 ……………………………… **1. 鸡眼草 K. striata** (Thunb.) Schindl.

1b. 小叶通常倒卵形，先端微凹；荚果成熟时长于萼筒 3—4 倍；枝上的毛向上。生于山地、丘陵、田边、路旁。产兴安北、岭东、兴安南、科尔沁、赤峰、燕北、阴山、阴南、鄂尔 …… **2. 长萼鸡眼草 K. stipulacea** (Maxim.) Makino

54. 酢浆草科 Oxalidaceae

1. 酢浆草属 **Oxalis** L.

酢浆草 Oxalis corniculata L.

多年生草本。掌状三出复叶；小叶倒心形，先端 2 浅裂，基部宽楔形。花 1 朵或 2—5 朵形成腋生的伞形花序；萼片 5；花瓣 5，黄色；雄蕊 10，5 长 5 短。蒴果近圆筒形，略具 5 棱，被柔毛。生于山地林下、山坡、河岸、耕地、荒地。产阴山、阴南。

55. 牻牛儿苗科 Geraniaceae

1a. 雄蕊 10，外轮 5 枚无花药；果实成熟时 5 果瓣由下而上呈螺旋状卷曲 …… **1. 牻牛儿苗属 Erodium**

1b. 雄蕊 10，全部有花药；果实成熟时 5 果瓣由下而上反卷 …………………… **2. 老鹳草属 Geranium**

1. 牻牛儿苗属 **Erodium** L'Herit.

1a. 植株具直立、斜升或平铺的地上茎；叶茎生；萼片先端有芒或锐尖头；叶长 5cm 以上；蒴果长 3—5cm。

2a. 萼片先端具长芒；叶 1 回羽状裂片基部下延。生于山坡、干草地、沙质草原、河岸、沙丘、田间、路旁。产内蒙古各地……………………………………………………………1. **牻牛儿苗 E. stephanianum** Willd.

2b. 萼片先端具锐尖头；叶 1 回羽状裂片基部不下延。生于田边、路旁、山坡、山麓、草地、沟谷。产兴安南、燕北、阴山(卓资县)……………………………2. **芹叶牻牛儿苗 E. cicutarium** (L.) L' Herit. ex Ait.

1b. 植株无地上茎；叶基生；萼片先端无芒，也无锐尖头；叶长 1.5cm 以下；蒴果长约 2cm。生于砾石质戈壁、石质残丘间沙地、干河床沙地。产东阿、西阿、贺兰山、龙首山、额济纳……………………………………………………………………………………3. **短喙牻牛儿苗 E. tibetanum** Edgew.

2. 老鹳草属 **Geranium** L.

1a. 花较大，直径 2cm 以上。

2a. 茎上部、花梗、萼片、蒴果被腺毛或混生腺毛；花柱合生部分较长，明显长于其上部分枝部分。

3a. 叶片掌状 5 中裂，裂片宽，不分裂，边缘缺刻状或具粗牙齿；花梗果期直立。生于山地林下、林间、林缘草甸、灌丛。产兴安北、岭东、岭西、兴安南、辽河(大青沟)、锡林、燕北、阴山…………………………1. **毛蕊老鹳草 G. platyanthum** Duthie——*G. eriostemon* Fisch. ex DC.

3b. 叶片掌状 7—9 深裂，裂片又羽状分裂或具羽状缺刻；花梗果期弯曲。生于山地林下、林缘草甸、灌丛、草甸、河边湿地。产兴安北、岭西、兴安南、辽河(大青沟)、锡林、阴山 ····2. **草地老鹳草 G. pratense** L.
——大花老鹳草 *G. transbaicalicum* Serg.

2b. 茎上部、花梗、萼片、蒴果被单毛，无腺毛；花柱合生部分甚短，明显短于其上部分枝部分。

4a. 叶片分裂较深，几达基部，裂片又 2—3 深裂，小裂片具缺刻及粗牙齿。生于山地林缘草甸、灌丛、草甸、路边湿地。产兴安北、岭东、岭西、兴安南……………3. **突节老鹳草 G. krameri** Franch. et Savat.
——*G. japonicum* auct. non Franch. et Savat.: Fl. Intramongol. ed. 2, 3: 404. 1989.

4b. 叶片分裂较浅，不达基部，分裂达全长的 2/3，裂片具牙齿状缺刻或不整齐牙齿。

5a. 花瓣比萼片长 1 倍以上；全株被短伏柔毛；花丝基部扩大部分的边缘和背面均有长白毛；叶片背面灰白色。生于山地林下、沼泽草甸、河边湿地。产兴安北、岭东、岭西、呼伦、兴安南、辽河(大青沟)、燕北、锡林、阴山…………………………………4. **灰背老鹳草 G. wlassovianum** Fisch. ex Link

5b. 花瓣比萼片稍长；全株被开展的长柔毛；花丝基部扩大部分的边缘仅具缘毛，背面无毛；叶片背面绿色。生于山地林下、林缘草甸、灌丛、河岸草甸、湿草地。产兴安北、岭西、兴安南……………………………………………………5. **兴安老鹳草 G. maximowiczii** Regel et Maack

1b. 花较小，直径 2cm 以下。

6a. 花梗通常具 1 花；根单一或 2—3 个，圆锥状圆柱形。生于居民点附近、河滩湿地、沟谷、林缘、山坡草地。产兴安北、岭西、岭东、兴安南、科尔沁、辽河、燕北、锡林、乌兰、阴山、阴南、鄂尔、东阿、西阿、贺兰山……………………………………………………………………………6. **鼠掌老鹳草 G. sibiricum** L.

6b. 花梗通常具 2 花；根多数，纺锤状或长绳状。

7a. 茎直立；根多数，纺锤状；叶片掌状 5—7 深裂。生于山地林下、林缘草甸、灌丛、湿草甸。产兴安北、岭东、岭西、呼伦、兴安南、科尔沁、辽河(大青沟)、燕北、锡林、阴山 ······ 7. **粗根老鹳草 G. dahuricum** DC.

7b. 茎下部俯卧，上部斜向上；根多数，长绳状；叶片 3—5 深裂或中裂。

8a. 叶片肾状三角形，多为 3 裂，裂片卵状菱形，边缘具缺刻或粗锯齿，齿先端尖；茎节不明显。生于沟谷林内、林缘、灌丛、河岸沙地。产辽河(大青沟)、兴安南 ······8. **老鹳草 G. wilfordii** Maxim.

8b. 叶片肾状五角形，3—5 裂，多为 5 裂，裂片宽卵形，边缘具齿状缺刻，小裂片先端钝圆；茎节明显，稍膨大。生于潮湿山坡、路旁、田野、荒坡、杂草丛中。产锡林(集宁区)、阴山(大青山)····

……………………………………………………………………9. 尼泊尔老鹳草 **G. nepalens** Sweet

56. 亚麻科 Linaceae

1. 亚麻属 Linum L.

1a. 花瓣边缘具黑色腺点；一、二年生草本；花粉红色。生于干燥山坡、路旁。产岭西、呼伦、兴安南、科尔沁、辽河、燕北、阴山、阴南、鄂尔……………………………………………………… 1. 野亚麻 **L. stelleroides** Planch.

1b. 花瓣边缘无腺点；花蓝色。

2a. 一年生草本；果实假隔膜边缘具缘毛。内蒙古各地有栽培 ……………… 2. 亚麻 **L. usitatissimum** L.

2b. 多年生草本；果实假隔膜边缘无缘毛。

3a. 花柱异长。生于沙砾质地、山坡。产兴安北、岭西、呼伦、兴安南、科尔沁、锡林、乌兰、阴山、阴南、鄂尔、贺兰山、龙首山 ……………………………………………………………3. 宿根亚麻 **L. perenne** L.

3b. 花柱与雄蕊同长。

4a. 茎上部叶较密集，叶片边缘平展；植株具长不育枝；花梗外倾。生于草地、沙地、山坡。产内蒙古东部……………………………………………… 4. 黑水亚麻 **L. amrense** F. G. C. Alefeld

4b. 茎上部叶较疏散，叶片边缘外卷；植株通常无不育枝；花梗俯垂。生于沙质草原、干山坡。产鄂尔(鄂托克旗)…………………………………………………… 5. 垂果亚麻 **L. nutans** Maxim.

57. 白刺科 Nitrariaceae

1. 白刺属 Nitraria L.

1a. 核果浆果状，肉质多汁；叶倒披针形、宽倒披针形、长椭圆状匙形。

2a. 果小，长6—8mm；嫩枝上的叶多为4—6枚簇生；叶倒披针形，长6—15mm，宽2—5mm。生于轻度盐渍化低地、湖盆边缘、干河床边。产呼伦、科尔沁、锡林、乌兰、阴南、鄂尔、东阿、西阿、贺兰山、龙首山………………………………………………………………………… 1. 小果白刺 **N. sibirica** Pall.

2b. 果较大，长8mm以上；嫩枝上的叶多为2—3枚簇生；叶宽倒披针形、长椭圆状匙形，长18—35mm，宽3—15mm，少数叶先端有时2—3齿裂。生于古河床阶地、沙质地、内陆湖盆边缘、盐化低湿地、绿洲和低地的边缘。产锡林、鄂尔、东阿、西阿、贺兰山、龙首山、额济纳……… 2. 白刺 **N. roborowskii** Kom.
——唐古特白刺 *N. tangutorum* Bobr.

1b. 核果成熟时膨胀呈球形，果皮干膜质，密被黄褐色柔毛；叶条形或倒披针状条形，长5—25mm，宽2—4mm。生于沙砾质戈壁、石质残丘坡地、干河床边缘。产东阿、西阿、额济纳 ………………………………………………………………………… 3. 泡泡刺 **N. sphaerocarpa** Maxim.

58. 骆驼蓬科 Peganaceae

1. 骆驼蓬属 Peganum L.

1a. 植株较大，直立、开展或平卧，高30—80cm；无毛或仅嫩时被毛。

2a. 植株无毛；叶全裂为3—5条形或披针状条形小裂片，小裂片宽1.5—3mm。生于干旱草地、绿洲边缘轻度盐渍化荒地、土质低山坡。产东阿、贺兰山 ……………………………………… 1. 骆驼蓬 **P. harmala** L.

2b. 植株仅嫩茎、叶被毛；叶2—3回全裂，小裂片宽1—1.5mm。生于畜群饮水点附近和休息地、路旁、过度放牧地。产鄂尔、东阿、西阿 ······························ **2. 多裂骆驼蓬 P. multisectum** (Maxim.) Bobr.
——*P. harmala* L. var. *multisectum* Maxim.

1b. 植株较小，直立或开展，高 10—25cm；被短而密的硬毛；叶 2—3 回全裂，小裂片宽不及 1mm。生于居民点附近、水井旁、路边、白刺堆间、芨芨草草丛中。产锡林、乌兰、阴南、鄂尔、东阿、西阿 ······························ **3. 匍根骆驼蓬 P. nigellastrum** Bunge

59. 蒺藜科 Zygophyllaceae

1a. 灌木；花 4 基数；双数羽状复叶具 1 对小叶，通常棒状或柱状，肉质。

2a. 蒴果，具 3—5 宽棱翅；小枝先端刺状 ······························ **1. 霸王属 Sarcozygium**

2b. 分果，具上部分离、基部合生的 4 个分果瓣；小枝先端不为刺状 ·········· **2. 四合木属 Tetraena**

1b. 草本；花 5 基数；双数羽状复叶具 1 至多对小叶。

3a. 分果，5 分果瓣不分裂，具针刺；小叶多对，非肉质 ······························ **3. 蒺藜属 Tribulus**

3b. 蒴果，具 3—5 棱或窄翅；小叶 1—5 对，肉质 ······························ **4. 驼蹄瓣属 Zygophyllum**

1. 霸王属 Sarcozygium Bunge

霸王 Sarcozygium xanthoxylon Bunge——*Zygophyllum xanthoxylon* (Bunge) Maxim.

灌木，高达 150cm。叶肉质，在老枝上簇生，在嫩枝上对生；小叶椭圆状条形或长匙形。萼片 4；花瓣 4，黄白色；雄蕊 8，花丝基部具鳞片状附属物。蒴果具 3 宽翅，不开裂。生于戈壁覆沙地、石质残丘坡地、固定与半固定沙地、干河床边、沙砾质丘间平地。产乌兰、东阿、西阿、贺兰山、龙首山、额济纳。

2. 四合木属 Tetraena Maxim.

四合木(油柴) Tetraena mongolica Maxim.

灌木，高达 90cm，密被白色不规则的丁字毛。双数羽状复叶，对生或簇生于短枝上；小叶肉质，倒披针状棍棒形。花 1—2 朵着生于短枝上；萼片 4；花瓣 4，白色；雄蕊 8，排成 2 轮，外轮 4 个较短，内轮 4 枚较长，花丝基部有白色薄膜状附属物，具花盘；子房上位，4 深裂，4 室，花柱单一，着生于子房近基部。分果，具 4 个不开裂的分果瓣。生于草原化荒漠带地区。产东阿(西鄂尔多斯)、贺兰山北部。

3. 蒺藜属 Tribulus L.

蒺藜 Tribulus terrestris L.

一年生杂草。茎由基部分枝，平铺地面，长可达 1m 左右。双数羽状复叶；小叶对生，矩圆形。萼片 5；花瓣 5，黄色，花盘盘状；雄蕊 10，其中与花瓣对生的 5 个稍长，另 5 个短的基部有腺体。分果，由 5 个不开裂的分果瓣组成，每个分果瓣具长短棘刺各 1 对，背面有短硬毛及瘤状突起。生于荒地、山坡、路旁、田间、居民点附近，在荒漠区亦见于石质残丘坡地、白刺堆间沙地及干河床边。产内蒙古各地。

4. 驼蹄瓣属 Zygophyllum L.

1a. 浆果状蒴果，椭圆形，无翅；小叶 1 对，歪倒卵形。生于砾石质戈壁。产额济纳 ······························ **1. 戈壁驼蹄瓣 Z. gobicum** Maxim.

1b. 蒴果有翅或无翅。

2a. 蒴果无翅或具棱，条状圆柱形、矩圆形或圆柱形。

3a. 小叶 1 对。

4a. 嫩茎和叶柄被乳头状突起，粗糙；雄蕊短于花瓣。生于沙质荒漠。产西阿(阿拉善右旗南部)··2. 甘肃驼蹄瓣 **Z. kasuense** Y. X. Liou

4b. 茎和叶柄光滑；雄蕊长于花瓣。

5a. 低矮草本，高15—20cm；小叶近圆形或矩圆形，先端钝；蒴果条状圆柱形，先端渐尖，常成镰刀状弯曲。生于砾石质山坡、峭壁、碎石质地及沙质地上。产乌兰、东阿、西阿、贺兰山、龙首山、额济纳·································3. 石生驼蹄瓣 **Z. rosovii** Bunge

5b. 较高草本，高30—80cm；小叶倒卵形或矩圆状倒卵形，先端圆形；蒴果矩圆形或圆柱形，先端圆钝，不弯曲。生于冲积平原、绿洲、河谷、沙地、荒地。产西阿、龙首山··4. 驼蹄瓣 **Z. fabago** L.

3b. 小叶1—3对。

6a. 平铺或仰卧；小叶2—3对，条形或条状矩圆形，先端具短渐尖。生于干河床、砾石质坡地及沙质地上。产东阿、西阿、贺兰山·······························5. 蝎虎驼蹄瓣 **Z. mucronatum** Maxim.

6b. 直立或开展；小叶在茎上部常为1对，下部为2(3)对，椭圆形或歪倒卵形，先端圆钝。生于低山、砾石质戈壁、盐化沙地。产东阿、西阿、额济纳················6. 粗茎驼蹄瓣 **Z. loczyi** Kanitz

2b. 蒴果具翅，球形、圆卵形或矩圆状卵形。

7a. 花瓣明显短于萼片；小叶1—2对；蒴果宽椭圆状球形或球形，翅宽5mm以上。生于砾石质戈壁、石质残丘、碎石坡地。产东阿、西阿、额济纳·························7. 大花驼蹄瓣 **Z. potaninii** Maxim.

7b. 花瓣稍长于萼片；小叶2—3对；蒴果矩圆状卵形或圆卵形，翅宽3mm以下。

8a. 雄蕊稍短于花瓣；叶条形、条状矩圆形或披针形。生于石质残丘坡地、砾石质戈壁、干河床。产东阿、西阿···8. 翼果驼蹄瓣 **Z. pterocarpum** Bunge

8b. 雄蕊长于花瓣2倍；叶卵形或圆形。生于干山坡。产额济纳····9. 伊犁驼蹄瓣 **Z. iliense** Popov

60. 芸香科 Rutaceae

1a. 乔木；叶对生；浆果状核果··1. 黄檗属 **Phellodendron**

1b. 多年生草本；叶互生；蒴果。

2a. 单叶；花较小，辐射对称，黄色··2. 拟芸香属 **Haplophyllum**

2b. 羽状复叶；花较大，略呈左右对称，白色、红色或紫色························3. 白鲜属 **Dictamnus**

1. 黄檗属 Phellodendron Rupr.

黄檗 Phellodendron amurense Rupr.

乔木，高10—15m。叶对生，单数羽状复叶；小叶对生，卵状披针形或卵形，先端长渐尖，边缘具细锯齿。花黄绿色，单性，雌雄异株，排成对生聚伞圆锥花序；萼片5；花瓣5；雄花雄蕊5；雌花里雄蕊退化为鳞片状。果为浆果状核果，紫黑色。生于杂木林中。产岭东、兴安南(巴林左旗)、燕北、辽河(大青沟)。

2. 拟芸香属 Haplophyllum Juss.

1a. 伞房状聚伞花序多花；植丛基部无宿存的针刺状老枝；心皮3，少2—4。生于森林草原、典型草原、荒漠草原及荒漠带的山地。产岭西、呼伦、兴安南、科尔沁、赤峰、锡林、乌兰、阴山、鄂尔、东阿(狼山)、西阿(雅布赖山)···1. 北芸香(草芸香) **H. dauricum** (L.) G. Don

1b. 单花顶生；植丛基部具多数宿存的针刺状老枝；心皮5，少4。生于石质山坡。产东阿(狼山、桌子山)、贺兰山··2. 针枝芸香 **H. tragacanthoides** Diels

3. 白鲜属 **Dictamnus** L.

白鲜 Dictamnus dasycarpus Turcz.——*D. albus* L. subsp. *dasycarpus* (Turcz.) L. Winterin

多年生草本，高达 1m。根肉质，粗长。单数羽状复叶，互生；小叶卵状披针形，先端渐尖，边缘有锯齿。总状花序顶生；花萼 5 深裂；花瓣 5，白色或淡红色；雄蕊 10。蒴果 5 裂，背面被棕色腺点及白色柔毛。生于山地林缘、灌丛、草甸。产兴安北、岭东、岭西、呼伦、兴安南、辽河(大青沟)、赤峰、燕北。

61. 苦木科 Simarubaceae

1. 臭椿属 **Ailanthus** Desf.

臭椿 Ailanthus altissima (Mill.) Swingle

乔木，高达 20m。单数羽状复叶；小叶对生，卵状披针形，先端长渐尖，全缘。圆柱花序生于枝顶叶腋；萼片 5；花瓣 5，淡绿色；雄蕊 10。翅果长椭圆形。生于黄土丘陵坡地、村舍附近。产阴山(大青山南麓)、阴南(准格尔旗)、鄂尔(东胜区、乌审旗)。

62. 远志科 Polygalaceae

1. 远志属 **Polygala** L.

1a. 叶条形或狭条形，宽 0.5—1mm；蒴果无缘毛。多生于石质草原、山坡、草地、灌丛。产内蒙古各地(额济纳除外)……………………………………………………………………………………**1. 细叶远志 P. tenuifolia** Willd.

1b. 茎下部叶卵形，上部叶披针形或卵状披针形，宽 3—6mm；蒴果具缘毛。生于山坡、草地、林缘、灌丛。产兴安北、岭西、岭东、兴安南、科尔沁、燕北、锡林、阴山、阴南、贺兰山、龙首山 ……………**2. 卵叶远志 P. sibirica** L.

63. 大戟科 Euphorbiaceae

1a. 植物体内无乳汁；花不组成杯状聚伞花序。

  2a. 木本；雌雄异株或同株；花单一或数朵簇生叶腋……………………………… **1. 白饭树属 Flueggea**

  2b. 草本；雌雄同株；多花组成圆锥或总状花序。

    3a. 叶非掌状分裂，亦非盾状着生；花丝不分枝。

      4a. 具叶柄，叶缘锯齿整齐；穗状花序腋生；无花瓣 …………………**2. 铁苋菜属 Acalypha**

      4b. 无叶柄，叶缘锯齿不整齐；总状花序顶生；有膜质花瓣 ……… **3. 地构叶属 Speranskia**

    3b. 叶 5—11 掌状分裂，盾状着生；花丝常多分枝。栽培 ……………………… **4. 蓖麻属 Ricinus**

1b. 植物体内有乳汁；花组成杯状聚伞花序……………………………………………… **5. 大戟属 Euphorbia**

1. 白饭树属 **Flueggea** Willd.

一叶萩(叶底珠) **Flueggea suffruticosa** (Pall.) Baill.——*Securinega suffruticosa* (Pall.) Rehd.

灌木，高 1—2m。单叶，互生，椭圆形，先端钝或短尖，边缘全缘或具细齿。花单性，雌雄异株；萼片 5；无花瓣；雄蕊 5；雌花单一或数花簇生叶腋。蒴果扁圆形，表面有细网纹，3 裂。生于山地灌丛、石质山坡、沟谷。产兴安北、岭东、岭西、兴安南、燕北、科尔沁、辽河(大青沟)、锡林、乌兰、阴山、阴南。

2. 铁苋菜属 Acalypha L.

铁苋菜 Acalypha australis L.

一年生杂草，高20—50cm。叶互生，矩圆状卵形。花序腋生或顶生，雄花多数，在花序上部排成穗状，雌花生于花序下部，通常3花着生于对合的叶状苞内；萼片4或3；雄蕊8；蒴果近球形，3瓣裂，每瓣再2裂。生于田间、路旁、山坡。产岭东、呼伦、赤峰、燕北、阴南。

3. 地构叶属 Speranskia Baill.

地构叶 Speranskia tuberculata (Bunge) Bail.

多年生草本，高20—50cm。叶互生，披针形，边缘疏生不整齐的牙齿。花单性，雌雄同株，总状花序顶生；花小型，淡绿色；萼片5；花瓣5。蒴果扁球状三角形，具3条纵沟，表面具瘤状突起。生于石质山坡。产兴安南、科尔沁、辽河(大青沟)、赤峰、燕北、阴山、阴南、鄂尔、东阿。

4. 蓖麻属 Ricinus L.

蓖麻 Ricinus communis L.

一年生草本，高1—2m。叶盾状圆形，掌状半裂，裂片5—11，裂片边缘具齿，主脉掌状，侧脉羽状。花单性，雌雄同株，多花组成圆锥花序；萼3—5裂；无花瓣；雄花生于花序下部，雄蕊多数，花丝多分枝；雌花生于花序上部，花柱3，先端2裂。蒴果，具刺。内蒙古有栽培。

5. 大戟属 Euphorbia L.

1a. 一、二年生草本；直根细长。

2a. 茎平卧地面；叶全部对生，基部偏斜，具托叶；腺体横矩圆形。

3a. 叶矩圆形或倒卵状矩圆形，两面疏被柔毛，无斑；子房和蒴果无毛。生于田野、路旁、河滩、固定沙地。产内蒙古各地……**1. 地锦 E. humifuga** Willd.

3b. 叶长椭圆形至肾状长圆形，上面无毛，具长圆形紫斑，下面疏被毛；子房和蒴果疏被柔毛。生于校园草坪、路旁。产赤峰、阴南(呼和浩特市)……**2. 斑地锦 E. maculata** L.

2b. 茎直立；茎生叶互生，花枝上的叶对生；叶基部不偏斜，无托叶。

4a. 茎高达1m，全株光滑无毛；茎下部叶条状披针形，上部叶卵状披针形或卵状三角形，先端长渐尖，全缘；腺体新月形，两端有角状突起。内蒙古一些地区栽培……**3. 续随子 E. lathyris** L.

4b. 茎高10—30cm，全株疏被长柔毛；叶倒卵形，先端钝圆或微凹，边缘中部以上具细锯齿；腺体横矩圆形。生于田边、路旁、潮湿沙地。产科尔沁……**4. 泽漆 E. helioscopia** L.

1b. 多年生草本。

5a. 茎生叶互生。

6a. 茎光滑无毛或疏具柔毛；子房和蒴果无瘤状突起。

7a. 腺体边缘齿状分裂；叶条形至倒卵状披针形；根纤细。生于山前平原、石质低山丘陵。产东阿(桌子山、巴音浩特市)……**5. 刘氏大戟 E. lioui** C. Y. Wu et J. S. Ma
——红腺大戟 *E. ordosiensis* Z. Y. Chu et W. Wang

7b. 腺体边缘全缘。

8a. 腺体新月形，两端有角状突起；根细长。

9a. 叶条形或条状披针形。生于草原、山坡、干燥沙质地、石质坡地、路旁。产内蒙古各地……**6. 乳浆大戟 E. esula** L.——松叶乳浆大戟 *E. esula* L. var. *cyparissoides* Boiss.

9b. 叶卵形、倒卵形或倒卵状矩圆形。生于山地林下及杂灌木丛中。兴安北、兴安南、燕北 ……
……**7. 钩腺大戟 E. sieboldiana** C. Morr. et Decne——锥腺大戟 *E. savaryi* Kiss.

8b. 腺体肾形或半圆形或横矩圆形，两端无角状突起。

10a. 根细长，不肥大，直径 3—5mm；植株高 10—20cm；

11a. 叶全缘，卵形或狭卵形，不育枝叶常为条形或条状披针形，上部叶长不超过 2cm；腺体肾形或半圆形。生于沙地。产鄂尔、东阿 ……………………………………………………………**8. 沙生大戟 E. kozlovii** Prokh.
——狭叶沙生大戟 *E. kozlovii* Prokh. var. *angustifolia* S. Q. Zhou

11b. 叶缘具齿或浅波状，长方形或矩圆状长方形，上部叶长 2—3cm；腺体横矩圆形。生于干河床。产额济纳南部 ……… **9. 青藏大戟 E. altotibetica** O. Pauls.

10b. 根肉质，肥大，直径可达 4cm；植株高 40—80cm；叶条状矩圆形或倒披针状矩圆形，上部叶长 8cm 以上；腺体肾形。生于山地林缘、杂木林下。产阴山(大青山)……
…………………………………………………… **10. 甘肃大戟 E. kansuensis** Prokh.
——阴山大戟 *E. yinshanica* S. Q. Zhao et G. H. Liu

6b. 茎上部被较密的白色柔毛；子房和蒴果具瘤状突起；根肉质肥大。

12a. 子房和蒴果密被瘤状突起；叶椭圆形或矩圆形，先端钝；腺体肾形。生于山沟、田边。产阴山 ……………………………………………………………… **11. 大戟 E. pekinensis** Rupr.

12b. 子房和蒴果疏被瘤状突起；叶矩圆状条形或矩圆状披针形，先端渐尖或锐尖；腺体狭椭圆形。生于林缘。产兴安北 ……………………………………… **12. 林大戟 E. lucorum** Rup.

5b. 茎中上部的叶 3—5 轮生，卵状矩圆形；腺体肾形；根肉质肥大。生于石质山地向阳山坡。产兴安北、岭东、岭西、兴安南、赤峰、锡林、阴山 ……………………………… **13. 狼毒大戟 E. fischeriana** Steud.

64. 水马齿科 Callitrichaceae

1. 水马齿属 Callitriche L.

1a. 植株完全沉于水中；叶一型，透明，深绿色，条形，具 1 条中脉；花无苞片。生于湖泊或溪流缓水中。产兴安北(阿尔山市) ……………………………………… **1. 线叶水马齿 C. hermaphroditica** L.

1b. 植株浮于水面，或沼生或湿生；叶二型，不透明，鲜绿色，茎顶具莲座叶，倒卵形或倒卵状匙形，茎生叶匙形或披针形，具 3 脉；花具 2 枚苞片。

2a. 果仅顶部具膜质狭翅。生于溪流或沼泽。产兴安北、岭东、岭西、兴安南、科尔沁、锡林 ……………………………………………… **2a. 沼生水马齿 C. palustris** L. var. **palustris**

2b. 果周围具膜质翅。生于沟谷水溪。产兴安南(乌兰浩特市、西乌珠穆沁旗迪彦庙)……………………………………… **2b. 东北水马齿 C. palustris** L. var. **elegans** (Petr.) Y. L. Chang

65. 岩高兰科 Empetraceae

1. 岩高兰属 Empetrum L.

东北岩高兰 Empetrum nigrum L. var. **japonicum** K. Koch

常绿匍匐状小灌木，高 20—50cm。叶轮生或交互对生，条形。花单性，雌雄异株；萼片 6，暗红色，花瓣状；无花瓣；雄蕊 3。浆果近球形，肉质多浆，紫红色至黑色。生于高山岩石露头、林下或冻土上。产兴安北。

66. 漆树科 Anacardiaceae

1. 盐肤木属 **Rhus** L.

火炬树 Rhus typhina L.

乔木，高 3—8m。单数羽状复叶；小叶 9—13，披针状长圆形，先端渐尖，边缘具细锯齿。圆锥花序顶生；萼片 5；花瓣 5；雄蕊 5。果序形如火炬状；核果球形，深红色，有密毛。内蒙古西部有较多栽培。

67. 卫矛科 Celastraceae

1a. 灌木或小乔木；叶对生，稀对生、互生及轮生均有；花 4 基数…………………**1. 卫矛属 Euonymus**
1b. 藤本状灌木；叶互生；花 5 基数……………………………………………………**2. 南蛇藤属 Celastrus**

1. 卫矛属 **Euonymus** L.

1a. 叶卵形、菱状倒卵形或卵状披针形，宽 8mm 以上，对生。
  2a. 小枝无木栓质翅；叶两面光滑无毛；明显具叶柄；蒴果 4 浅裂。生于山地、沟坡、沙丘。产岭西、兴安南、辽河(大青沟)、科尔沁、赤峰、燕北、锡林、阴山、阴南、鄂尔……………………………**1. 白杜 E. maackii** Rupr.
  ——桃叶卫矛 *E. bungeanus* Maxim.
  2b. 小枝具 2—4 纵列宽木栓质翅；叶下面脉上密被短毛；叶柄不明显或近无柄；蒴果 4 深裂。生于山地林缘、疏林中。产辽河(大青沟)、兴安南、燕北、锡林南部、阴山………**2. 毛脉卫矛 E. alatus** (Thunb.) Sieb.
  ——*E. alatus* (Thunb.) Sieb. var. *pubescens* Maxim.
1b. 叶条形或矩圆状条形，宽 2—7mm；蒴果 4 浅裂。
  3a. 枝具多数纵棱，无木栓质翅；叶对生或 3 叶轮生，无柄；花梗长 8—16mm。生于丘陵坡地、林缘。产阴南、鄂尔、贺兰山…………………………………………………………**3. 矮卫矛 E. nanus** M. Bieb.
  3b. 枝具 4 纵列木栓质翅；叶对生，具短柄；花梗长 2—3mm。生于丘陵坡地。产阴南…………………
  ……………………………………………………………………**4. 小卫矛 E. nanoides** Loes. et Rehd.

2. 南蛇藤属 **Celastrus** L.

南蛇藤 Celastrus orbiculatus Thunb.

藤状灌木。单叶互生，近圆形至宽卵形，先端骤尖或钝，边缘具钝齿。花杂性，腋生聚伞花序具 3—7 花；花黄绿色，5 基数。蒴果球形，黄色。生于杂木林下或沟坡灌丛中。产辽河(大青沟)。

68. 槭树科 Aceraceae

1. 槭树属 **Acer** L.

1a. 单叶。
  2a. 叶 5 裂，裂片全缘；果翅开展成钝角。
    3a. 果翅与小坚果近等长，果基截形；叶有时中央裂片又分为 3 小裂片，基部截形。生于阴坡、半阴坡及沟谷底部。产兴安南、燕北………………………………………………**1. 元宝槭 A. trucatum** Bunge
    3b. 果翅长为小坚果 1.5—2 倍，果基心形或浅心形；叶裂片不再分裂，基部心形或浅心形。生于林下、林缘、杂木林中、河谷、岸旁。产兴安南、辽河(大青沟)、赤峰、燕北、锡林……………………………………………2. 色木槭 **A. mono** Maxim.——*A. trucatum* Bunge subsp. *mono* (Maxim.) H. Ohashi

2b. 叶 3 裂或不分裂，或 3 深裂，裂片边缘具锯齿。

4a. 叶 3 裂或不裂，中央裂片大，边缘有粗锯齿；果翅几平行。生于山地半阳坡、半阴坡及杂木林中。产兴安南、燕北、阴山、阴南……………………………………………3. 茶条槭 **A. ginnala** Maxim.

4b. 叶 3 深裂，具粗锯齿或全缘；果翅开展成锐角或近直角。生于山谷灌丛、阴湿沟谷。产贺兰山……………………………………………4. 细裂槭 **A. stennolobum** Rehd.

——大叶细裂槭 *A. stennolobum* Rehd. var. *megalophyllum* W. P. Fang et Y. T. Wu

1b. 羽状复叶，有 3—7 小叶；果翅与小坚果近等长，果翅开展成锐角或近直角。内蒙古有栽培……………………………………………5. 梣叶槭 **A. negundo** L.

69. 无患子科 Sapindaceae

1a. 果膨大，呈囊状，果皮膜质；花瓣 4，黄色；圆锥花序。栽培……………… 1. 栾树属 **Koelreuteria**

1b. 果不膨大，果皮厚，木栓质；花瓣 5，白色；总状花序……………………2. 文冠果属 **Xanthoceras**

1. 栾树属 Koelreuteria Laxim.

栾树 Koelreuteria paniculata Laxim.

乔木，高达 10m。单数羽状复叶，有时 2 回或不完全的 2 回羽状复叶；小叶卵形，先端锐尖或渐尖，边缘有不整齐粗锯齿或羽状分裂。圆锥花序顶生，花黄色；萼裂片 5；花瓣 4；雄蕊 8。蒴果长卵形，膜质，囊状，3 瓣裂。呼和浩特市、赤峰市南部等地有栽培。

2. 文冠果属 Xanthoceras Bunge

文冠果 Xanthoceras sorbifolia Bunge

小乔木，高达 8m。单数羽状复叶，互生；小叶披针形，边缘具锐锯齿。总状花序；萼片 5；花瓣 5，白色；花盘 5 裂；雄蕊 8。蒴果球形，黄绿色，果皮厚木栓质，3 瓣室背开裂。生于山坡。产辽河(大青沟)、兴安南、赤峰、燕北、乌兰(巴音哈太山)、阴山、阴南、鄂尔、东阿(桌子山)、贺兰山。

70. 凤仙花科 Balsaminaceae

1. 凤仙花属 Impatiens L.

1a. 蒴果椭圆形或扁球形，密被柔毛。内蒙古有栽培……………………………… 1. 凤仙花 **I. baslsamina** L.

1b. 蒴果细纺锤形，无毛。

2a. 花黄色；总花梗无腺毛。生于林下、林缘湿地。产兴安北、兴安南、辽河(大青沟)、燕北、阴山(大青山)……………………………………………2. 水金凤 **I. noli-tangere** L.

2b. 花紫色或淡紫色；总花梗被腺毛。生于林缘湿地及山沟溪边。产辽河(大青沟)……………………………………………3. 东北凤仙花 **I. furcillata** Hemsl.

71. 鼠李科 Rhamnaceae

1a. 托叶变为针刺；叶为基部三出脉；果为肉质核果，具 1 核……………………………1. 枣属 **Ziziphus**

1b. 托叶不为针刺；枝端为针刺；叶为羽状脉；果为浆质核果，具 2—4 核 ……… **2. 鼠李属 Rhamnus**

1. 枣属 **Ziziphus** Mill.

1a. 枝有针刺；核果不超过 1.5cm，核顶端钝。生于向阳干燥平原、丘陵、山麓、山沟。产科尔沁、赤峰、燕北、阴山、阴南、鄂尔、东阿(桌子山)、贺兰山 ……………… **1. 酸枣 Z. jujuba** Mill. var. **spinosa** (Bunge) Hu ex H. F. Chow

1b. 枝无针刺；核果较大，超过 1.5cm，核顶端尖。内蒙古南部有栽培 …………………………………………………………………………………………………… **2. 枣 Z. jujuba** Mill. var. **inermis** (Bunge) Rehd.

2. 鼠李属 **Rhamnus** L.

1a. 叶和枝互生，少兼近对生。

2a. 叶条形或条状披针形，宽 3—10mm，两面无毛。生于丘陵山坡、沙丘间地、灌丛。产呼伦、赤峰、锡林、乌兰、阴山、阴南、鄂尔、东阿、贺兰山 ………………………………………… **1. 柳叶鼠李 R. erythroxylon** Pall.

2b. 叶椭圆形、倒卵形或卵圆形，宽 2—4cm，两面被短柔毛。生于杂木林或灌丛中。产燕北 ……………………………………………………………………………… **2. 朝鲜鼠李 R. koraiensis** C. K. Schneid.

1b. 叶和枝对生或近对生，少兼互生。

3a. 种子背沟无开口；叶大型，长 3—11cm。生于山地沟谷、林缘、杂木林间、低山山坡、沙丘间地。产兴安北、岭东、岭西、兴安南、辽河(大青沟)、赤峰、燕北、锡林、阴山(大青山) ………………………… **3. 鼠李 R. davurica** Pall.
——乌苏里鼠李 *R. ussuriensis* J. J. Vass.

3b. 种子背沟具开口；叶小型，长 0.5—6cm。

4a. 叶缘具锐锯齿，齿尖呈刺芒状，基部心形或圆形。生于林缘或杂木林中。产兴安南、燕北、辽河(大青沟) ……………………………………………………………… **4. 锐齿鼠李 R. arguta** Maxim.

4b. 叶缘具钝锯齿或全缘，齿尖不呈刺芒状，基部楔形或近圆形。

5a. 无花瓣；叶全缘或具不明显锯齿，先端钝圆。生于沙砾质山坡、林缘或灌丛中。产乌兰(巴音哈太山)、阴山、阴南、东阿(狼山)、贺兰山 ………… **5. 钝叶鼠李**(毛脉鼠李) **R. maximowicziana** J. J. Vass.

5b. 具花瓣；叶缘具钝锯齿。

6a. 叶较小，倒卵圆形，先端钝圆，长不超过 1cm；植株矮小，分枝密集。生于山地沟谷。产锡林(太仆寺旗)、阴山 …………………………………… **6. 土默特鼠李 R. tumetica** Grub.
——*R. parvifolia* Bunge var. *tumetica* (Grub.) E. W. Ma

6b. 叶较大，先端锐尖、突尖或圆钝，长通常 1cm 以上；植株较高，分枝较松散。

7a. 叶倒披针形或倒卵状披针形，两面无毛；叶柄密被短柔毛。生于山地沟谷。产兴安南、锡林、阴山 ……………………… **7. 蒙古鼠李 R. mongolica** Y. Z. Zhao et L. Q. Zhao

7b. 叶近圆形、倒卵状圆形或椭圆形。

8a. 叶两面无毛；叶柄较长，长 1—3cm，无毛；侧脉 4—5 对。生于林缘或杂木林中。产燕北、辽河(大青沟) ……………………………… **8. 金刚鼠李 R. diamamtiaca** Nakai

8b. 叶两面被毛；叶柄较短，长 6—8mm，密被短柔毛；侧脉 3—4 对。生于向阳石质山坡、沟谷、沙丘间地、灌丛中。产兴安南、辽河、赤峰、燕北、锡林、乌兰、阴山、阴南、贺兰山 …………… **9. 小叶鼠李 R. parvifolia** Bunge——圆叶鼠李 *R. globosa* Bunge
——金县鼠李 *R. viridifolia* Liou

72. 葡萄科 Vitaceae

1a. 花瓣上半部结合成帽状，早落；聚伞状圆锥花序 ……………………………… **1. 葡萄属 Vitis**

1b. 花瓣分离。

2a. 卷须 4—7 总状分枝，顶端附属物扩大成吸盘；花盘发育不明显；花序顶生或假顶生；果柄顶端增粗，多少有瘤状突起；种子腹面两侧洼穴达种子顶端。栽培 ………**2. 地锦属 Parthenocissus**

2b. 卷须 2—3 叉状分枝，通常顶端不扩大成吸盘；花盘发达，边缘波状浅裂；花序与叶对生；果柄顶端不增粗，无瘤状突起；种子腹面两侧洼穴不达种子顶端………**3. 蛇葡萄属 Ampelopsis**

1. 葡萄属 Vitis L.

1a. 果蓝黑色，较小，直径小于 1cm；合点位于种子的中央。生于山地林缘和湿润的山坡。产兴安南、辽河(大青沟)、燕北、锡林(多伦县)、阴山、贺兰山……………………………………………………… **1. 山葡萄 V. amurensis** Rupr.

1b. 果有各种颜色(紫色、红色、黄色、白色、绿色等)，较大，直径大于 1cm；合点位于种子的上半部。

2a. 叶下面稍被绵毛或无毛，卷须断续性；果肉无狐臭味，与种子易分离。内蒙古各地普遍栽培 ………………………………………………………………………………………**2. 葡萄 V. vinifera** L.

2b. 叶下面密被茸毛，卷须连续性；果肉有狐臭味，与种子不易分离。内蒙古有少量栽培 ………………………………………………………………………………………**3. 美洲葡萄 V. labrusca** L.

2. 地锦属 Parthenocissus Planchon

五叶地锦 Parthenocissus quinquefolia (L.) Planchon

木质藤本。幼枝带红色；卷须与叶对生，5—8 分歧，顶端具吸盘。叶互生，掌状复叶具 5 小叶；小叶长圆状披针形，先端锐尖，边缘具粗大牙齿。二歧聚伞花序圆锥状，与叶对生；萼齿 5；花瓣 5，黄绿色；雄蕊 5；雌蕊 1；浆果球形，蓝黑色。内蒙古南部地区有栽培。

3. 蛇葡萄属 Ampelopsis Michaux

1a. 单叶，3—5 浅裂或中裂。生于山沟、山地林缘。产兴安南、燕北、阴山…· **1. 葎叶蛇葡萄 A. humilifolia** Bunge

1b. 掌状复叶具 3—5 小叶。

2a. 小枝、叶柄和叶下面被短柔毛；掌状复叶具 5 小叶。

3a. 小叶 3—5 羽状深裂。生于石质山地和丘陵沟谷灌丛中。产兴安南、燕北、乌兰(巴音哈太山)、阴山、阴南、鄂尔、贺兰山………………………………**2a. 乌头叶蛇葡萄 A. aconitifolia** Bunge var. **aconitifolia**

3b. 小叶不分裂，边缘浅齿裂。生于沟谷灌丛中。产阴山、阴南、鄂尔……………………………………………………………………**2b. 掌裂草葡萄 A. aconitifolia** Bunge var. **palmiloba** (Carr.) Rehd.

2b. 小枝、叶柄和叶下面无毛；掌状复叶具 3 小叶；小叶不分裂，边缘具粗锯齿。生于沟谷灌丛中。产兴安南、辽河(大青沟)、燕北、阴山、阴南、鄂尔…………………………………………………………**3. 掌裂蛇葡萄 A. delavayana** Planch. var. **glabra** (Diels et Gilg) C. L. Li

——*A. aconitifolia* Bunge var. *glabra* Diels et Gilg

73. 椴树科 Tiliaceae

1. 椴树属 Tilia L.

1a. 幼枝、叶柄及叶下面被星状毛；叶较大，长 6—11cm；果球形。生于山地杂木林中。产兴安南、燕北 ………………………………………………………………………**1. 糠椴 T. mandshurica** Rupr. et Maxim.

1b. 幼枝、叶柄及叶下面无毛，或幼时有毛后脱落；叶较小，长 4—6cm；果倒卵球形或卵球形。

2a. 叶缘有不整齐的粗大锯齿；花有退化雄蕊。生于山地杂木林中或山坡。产兴安南、赤峰、燕北、阴山………

……………………………………………………………………………2. 蒙椴 **T. mongolica** Maxim.

2b. 叶缘有较整齐的细锯齿；花无退化雄蕊。生于山地杂木林中及山坡。产兴安南、辽河(大青沟)、燕北…………………………………………………………………………………3. 紫椴 **T. amurensis** Rupr.

74. 锦葵科 Malvaceae

1a. 蒴果，室背开裂；子房每室含 3 至多数胚珠……………………………………………1. 木槿属 **Hibiscus**

1b. 分果，分裂成分果瓣，与中轴或花托分离。

2a. 子房每室仅含 1 胚珠；具小苞片………………………………………………………2. 锦葵属 **Malva**

2b. 子房每室含 2 或多数胚珠；无小苞片……………………………………………… 3. 苘麻属 **Abutilon**

1. 木槿属 Hibiscus L.

1a. 灌木；花淡紫色；叶菱形或三角状卵形，3 浅裂或不裂。内蒙古南部地区有栽培… 1. 木槿 **H. syriacus** L.

1b. 一年生草本；花淡黄色，内面基部紫红色；叶掌状 3—5 全裂或深裂，裂片倒卵形或长圆形，边缘具不规则的羽状缺刻。生于田野、路旁、村边、山谷等处。产内蒙古各地……………2. 野西瓜苗 **H. trionum** L.

2. 锦葵属 Malva L.

1a. 花大，直径 3.5—4cm；小苞片(副萼片)近卵形；花梗长 1—3cm。内蒙古有栽培，少有逸生……………………………………………………1. 锦葵 **M. cathayensis** M. G. Gilbert., Y. Tang et Dorr——*M. sinensis* Cavan.

1b. 花小，直径约 1cm；小苞片(副萼片)条状披针形；花梗极短或近无梗。生于田野、路旁、村边、山坡。产内蒙古各地………………………………………………………………………… 2. 野葵 **M. verticillata** L.

3. 苘麻属 Abutilon Mill.

苘麻 **Abutilon theophrasti** Medik.

一年生半灌木状草本，高 1—2m，密被星状柔毛。叶圆心形，先端长渐尖，基部心形，边缘具细圆锯齿。花单生于茎上部叶腋；萼裂片 5；花瓣 5，黄色；雄蕊多数。分果，分果瓣 15—20，黑褐色，有粗毛，顶端有 2 长芒。生于田野、路边、荒地、河岸。内蒙古各地有栽培或逸生。

75. 猕猴桃科 Actinidiaceae

1. 猕猴桃属 Actinidia Lindl.

葛枣猕猴桃 **Actinidia polygama** (Sieb. et Zucc.) Maxim.

落叶藤本，长达 4—6m。叶卵形，先端锐尖，边缘有锯齿。花单性，雌雄异株，花序具 1—3 花；萼片 5；花瓣 5，白色；雄蕊多数。浆果卵圆形，淡橘色。生于山地杂木林中。仅产于燕北(宁城县黑里河林场)。

76. 藤黄科 Clusiaceae

1. 金丝桃属 **Hypericum** L.

1a. 柱头、心皮及雄蕊束均为 5 数；植株无黑色腺点。

  2a. 花较大，直径 4—6cm；花柱从中部 5 裂；种子一侧具狭翼；萼片宽卵形，宽 7—8mm。生于林缘、山地草甸和灌丛中。产兴安北、岭东、岭西、兴安南、辽河、燕北、阴山 ……**1. 黄海棠**(长柱金丝桃) ***H. ascyron*** L.

  2b. 花较小，直径 2.5—4cm；花柱从基部 5 裂；种子一侧具较宽的翼；萼片卵状披针形，宽 3—4mm。生于林缘、灌丛、河边草甸。产兴安北……………………… **2. 短柱黄海棠**(短柱金丝桃) ***H. gebleri*** Ledeb.

1b. 柱头、心皮及雄蕊束均为 3 数；植株散生的黑色腺点。生于山地林缘、草甸、灌丛、草甸草原。产兴安北、岭东、岭西、兴安南、赤峰、燕北、阴山 ……………………………… **3. 乌腺金丝桃** ***H. attenuatum*** Fisch. ex Choisy

77. 沟繁缕科 Elatinaceae

1. 沟繁缕属 **Elatine** L.

沟繁缕 *Elatine triandra* Schkuhr

一年生水生草本。茎匍匐，软弱。叶对生，水生者薄，近膜质，陆生者稍肉质，矩圆形，全缘。花小，单生于叶腋；萼片 3；花瓣 3，白色或粉红色；雄蕊 3。蒴果扁球形，膜质。生于沼泽草甸、河岸黏泥地、泛滥地、水田中。产嫩西(扎赉特旗保安沼)。

78. 瓣鳞花科 Frankeniaceae

1. 瓣鳞花属 **Frankenia** L.

瓣鳞花 *Frankenia pulverulenta* L.

一年生草本，高 8—20cm。叶 4 叶轮生，狭倒卵形，先端钝圆或微凹，全缘。花小，单生于叶腋；萼裂片 5；花瓣 5，粉红色；雄蕊 6。蒴果矩圆状卵形，3 瓣裂。生于盐碱下湿地、河床。产额济纳。

79. 柽柳科 Tamaricaceae

1a. 花单生；花瓣内有鳞片状附属物；种子外部全体被毛………………………… **1. 红砂属 *Reaumuria***

1b. 总状花序或再组成圆锥花序；花瓣内无鳞片状附属物；种子仅顶端被毛。

  2a. 雄蕊离生，雌蕊具花柱；种子顶端有无柄的毛簇……………………………**2. 柽柳属 *Tamarix***

  2b. 雄蕊部分联合，雌蕊无花柱；种子顶端有具柄的毛簇……………………**3. 水柏枝属 *Myricaria***

1. 红砂属 **Reaumuria** L.

1a. 花萼合生；花无梗；花瓣粉红色；叶较短，长 1—5mm。生于砾质戈壁、盐渍低地、干湖盆、干河床。产呼伦、锡林西北部、乌兰北部、鄂尔西部、东阿、西阿、额济纳………………………… **1. 红砂 *R. soongorica*** (Pall.) Maxim.

1b. 花萼分离；花有梗，长 8—10mm；花瓣污白色；叶较长，长 5—15mm。生于石质低山丘陵砾石质坡地、山前洪积或冲积平原。产东阿(桌子山)、贺兰山 ……………………………………**2. 长叶红砂 *R. trigyna*** Maxim.

2. 柽柳属 **Tamarix** L.

1a. 花 4 基数。

2a. 春季花 4 基数，夏、秋季花 5 基数，花开展，直径达 5mm。生于河湖岸边、阶地、盐渍化泛滥滩地、沙地、沙丘。产东阿、西阿 ……………………………………………………………1. **翠枝柽柳 T. gracilis** Willd.

2b. 花全部 4 基数。

3a. 总状花序长 5—14(25)cm；花序柄长 1—4cm；苞片条形，长 3—6mm，明显长于花梗。生于盐湿低地、流沙边缘的盐化沙地。产东阿、西阿、额济纳 …………………… 2. **长穗柽柳 T. elongata** Ledeb.

3b. 总状花序长不及 5cm；花序梗长不及 1cm；苞片卵形或长圆状卵形，长约 1mm。

4a. 苞片短于花梗的 1/2；花粉红色或淡紫色。生于盐湿低地、沙漠边缘、河漫滩盐化低地。产乌兰、东阿、西阿、额济纳 ……………………………………………………………………3. **短穗柽柳 T. laxa** Willd.

4b. 苞片与花梗近等长；花白色。生于河谷沙地、流动沙丘边缘。产东阿、西阿、额济纳 …………………………………………………………………… 4. **白花柽柳(紫杆柽柳) T. androssowii** Litv.

1b. 花 5 基数。

5a. 同一总状花序上既有 5 基数花，又兼有 4 基数花，春季开花。生于河岸、湖边滩地、沙丘边缘。产东阿、西阿、额济纳……………………… 5. **甘肃柽柳 T. gansuensis** H. Z. Zhang ex P. Y. Zhang et M. T. Liu

5b. 花全部 5 基数。

6a. 幼枝叶被直毛和柔毛。生于河滩、盐化低地、固定沙地。产西阿、额济纳 …6. **刚毛柽柳 T. hispida** Willd.

6b. 幼枝叶无毛。

7a. 春季开花后，夏、秋季又开花 2—3 次。

8a. 花瓣不充分开展，果时宿存，包于蒴果基部。

9a. 花序簇生；花瓣靠合，花冠呈鼓形或球形。生于河岸林中、河湖沿岸沙地、轻度盐渍化冲积或淤积平原。产东阿、西阿、额济纳……………………7. **多花柽柳 T. hohenackeri** Bunge

9b. 花序单生；花瓣直伸，先端外弯。

10a. 小枝下垂，幼枝叶深绿色；花序外弯；花梗长 3—4mm；叶先端内弯。生于湿润碱地、河岸冲积地、丘陵沟谷湿地、沙地。产辽河、科尔沁、阴南、鄂尔 ……………………………………………………………………… 8. **柽柳 T. chinensis** Lour.

10b. 小枝直立或斜展，幼枝叶灰蓝绿色；花序直伸；花梗极短；叶先端外倾。生于河流沿岸。产乌兰、鄂尔、东阿 ………… 9. **甘蒙柽柳 T. austromongolica** Nakai
——*T. chinensis* Lour. subsp. *austromongolica* (Nakai) S. Q. Zhou

8b. 花瓣充分开展，花后脱落。生于戈壁荒漠湖边。产额济纳(达来呼布镇) …………………………………………………………………… 10. **密花柽柳 T. arceuthoides** Bunge

7b. 春季不开花，夏、秋季开花。

11a. 花序长 1—5cm；花瓣宿存；花丝细。多生于盐渍低地、古河道、湖盆边缘。产阴南、鄂尔、东阿、西阿、额济纳………………………………………………11. **多枝柽柳 T. ramosissima** Ledeb.

11b. 花序长 4—15cm；花瓣脱落或部分脱落；花丝基部宽。

12a. 幼枝叶光滑；花后花瓣全部脱落。生于轻度盐渍化的渠畔、道旁。产东阿、西阿、额济纳 ………………………………………………… 12. **细穗柽柳 T. leptostachys** Bunge

12b. 幼枝叶具不明显的乳头状毛；花后花瓣部分脱落。生于盐渍化低地、河湖沿岸、沙丘边缘。产东阿、西阿、额济纳 ………………………………… 13. **盐地柽柳 T. karelinii** Bunge

3. 水柏枝属 **Myricaria** Desv.

1a. 叶条形，长 1—4mm，在枝上密生；总状花序常顶生，长 5—20cm。生于山沟及河漫滩。产阴山、阴南、鄂尔、东阿(河套地区)、西阿(雅布赖山) ……………………1. **河柏 M. bracteata** Royle——*M. alopecuroides* Schrenk

1b. 叶卵形、心形或宽披针形，长 5—12mm，在枝上疏生；总状花序常侧生，长 3—6cm。生于低山丘间低地及河漫滩。产鄂尔、东阿(河套地区)、贺兰山 ……………………………… **2. 宽叶水柏枝 M. platyphylla** Maxim.

80. 半日花科 Cistaceae

1. 半日花属 **Helianthemum** Mill.

鄂尔多斯半日花 Helianthemum ordosicum Y. Z. Zhao, Zong Y. Zhu et R. Cao——*H. songaricum* auct. non Schrenk: Fl. Intramongol. ed. 2, 3: 531. 1989.

小灌木，高 5—12cm，全株密被星状柔毛。小枝对生，常成刺状。单叶，对生，矩圆形或披针形，稍肉质。花单生枝顶，蕾期下垂；萼片 5，外面的 2 个小，条形，内面的 3 个大，卵形，具 5 条纵肋；花瓣 5，鲜黄色；雄蕊多数。蒴果卵球形，密被星状柔毛。生于草原化荒漠带的砾石质低山坡地。产东阿(鄂托克旗西部、乌海市)、贺兰山北端。

81. 堇菜科 Violaceae

1. 堇菜属 **Viola** L.

1a. 有地上茎。

2a. 花黄色；叶通常肾形，稀近圆形。生于山地疏林下及湿草地。产兴安北、岭东、兴安南、燕北、阴山、贺兰山 ………………………………………………………… **1. 双花堇菜 V. biflora** L.

2b. 花堇色、紫堇色、淡紫色、白色。

3a. 叶长三角形。生于山地湿草甸、河滩低湿草甸。产岭东 …………………… **2. 立堇菜 V. raddeana** Regel

3b. 叶肾形、圆形、肾状宽椭圆形、卵状心形、宽卵形、卵形。

4a. 根状茎较长，密被暗褐色鳞片。

5a. 托叶全缘；叶片肾状宽椭圆形、肾形、圆状心形。生于林下、林缘、山地灌丛。产兴安北、岭东、岭西、兴安南 ……………………………………………… **3. 奇异堇菜 V. mirabilis** L.

5b. 托叶边缘有不整齐的细尖牙齿；叶片宽卵形、卵形或卵圆形。生于林下、林缘。产兴安北、岭西、兴安南 ………………………………… **4. 库页堇菜 V. sacchalinensis** H. Boiss.

4b. 根状茎通常不被鳞片。

6a. 托叶全缘；花白色。生于山地草甸、灌丛、溪旁林下。产兴安北、兴安南 ………………………………………… **5. 堇菜 V. arcuata** Blume——*V. verecunda* A. Gray

6b. 托叶羽状深裂；花白色或淡紫色。生于山地林缘、疏林下、灌丛间、山坡草甸、河谷湿地。产兴安北、岭东、兴安南、科尔沁、辽河、赤峰、燕北、阴山 ……………… **6. 鸡腿堇菜 V. acuminate** Ledeb.

1b. 无地上茎。

7a. 叶深裂或全裂，或不整齐的缺刻状浅裂至中裂。

8a. 叶掌状 3—5 全裂或深裂，或再裂，或近于羽状深裂。

9a. 叶掌状 5 深裂。生于林下、林缘草甸、灌丛、悬崖庇荫处。产兴安北、岭东、岭西、兴安南、赤峰、燕北、阴山 ……………………………………………… **7. 掌叶堇菜 V. dactyloides** Roem. et Schult.

9b. 叶掌状 3—5 全裂或深裂并再裂，或近羽状深裂。

10a. 叶裂片条形；花淡紫堇色。生于山地林下、林缘草甸、河滩地。产兴安北、岭东、岭西、兴安南、燕北、科尔沁、阴山、阴南、鄂尔、贺兰山 ……………………… **8. 裂叶堇菜 V. dissecta** Ledeb.
——短毛裂叶堇菜 *V. dissecta* Ledeb. f. *pubescens* (Regel) Kitag.

10b. 叶裂片卵状披针形、披针形或条状披针形；花白色。生于山地林下、沿河及溪谷的阴湿处、灌丛间。产赤峰…………………………**9. 南山堇菜 V. chaerophylloides** (Regel) W. Beck.

8b. 叶有不整齐的缺刻状浅裂至中裂；花紫堇色。生于山地林缘、灌丛、草甸。产岭东、辽河(大青沟)、阴南·………**10. 总裂叶堇菜 V. incisa** Turcz.——*V. dissecta* Ledeb. var. *incisa* (Turcz.) Y. S. Chen ——*V. fissifolia* Kitag.

7b. 叶不分裂。

11a. 根状茎细长，匍匐，于节处生叶或残存褐色托叶，节间长。生于林下、林缘、湿草甸、溪流附近的岩缝中。产兴安北……………………………………**11. 溪堇菜 V. epipsiloides** A. Löve et D. Löve

11b. 根状茎非上述情况。

12a. 蒴果球形，果梗下弯，常使果实与地面接近。

13a. 叶柄、叶片、萼片和蒴果密被毛。生于山地林下、林缘草甸、灌丛、溪旁。产岭东、岭西、兴安南、赤峰、燕北、阴山 ………………………**12a. 球果堇菜 V. collina** Bess. var. **collina**

13b. 叶柄、叶片和萼片光滑无毛；蒴果微被毛。生于林下。产兴安北………………………………………**12b. 光叶球果堇菜 V. collina** Bess. var. **intramongolica** C. J. Wang

12b. 蒴果不为球形。

14a. 花堇色、紫色、淡紫色、蓝紫色。

15a. 托叶不与叶柄合生；叶近圆形、宽卵形或近肾形，基部深心形，先端渐尖。生于林下或林缘、灌丛、草甸。产兴安北、岭东………… **13. 辽宁堇菜 V. rossii** Hemsl.

15b. 托叶大部分或一部分与叶柄合生。

16a. 叶狭长，匙形、矩圆形、披针形、卵状披针形。

17a. 花小，下瓣连距长 10—14mm。生于山地疏林下、林缘草甸、灌丛。产兴安北、岭东、岭西、兴安南··**14. 兴安堇菜 V. gmeliniana** Rcem. et Schult.

17b. 花大，下瓣连距长 14mm 以上。

18a. 根赤褐色；侧瓣有明显的须毛。生于山地湿草甸、林缘草甸、疏林下、灌丛。产兴安北、岭东、岭西、兴安南、辽河(大青沟)、燕北 ……………………………………**15. 东北堇菜 V. mandshurica** W. Beck.

18b. 根白色或黄褐色；侧瓣无须毛或稍有须毛。生于田野、荒地、庭院、路旁、灌丛、林缘。产岭东、兴安南、科尔沁、燕北、阴山、阴南、鄂尔·· **16. 紫花地丁 V. philippica** Cav.——*V. yedoensis* Makino

16b. 叶较宽，卵形、宽卵形、心形、圆形、矩圆状卵形。

19a. 叶上面绿色，沿脉处具白斑，花期尤显著；下面紫红色。生于山地荒地、草坡、山坡砾石地、疏林地、林下岩石缝、灌丛。产兴安北、岭东、岭西、兴安南、赤峰、燕北、阴山、阴南……**17. 斑叶堇菜 V. variegata** Fisch. ex Link. ——绿斑叶堇菜 *V. variegata* Fisch. ex Link. f. *viridis* (Kitag.) P. Y. Fu et Y. C. Teng

19b. 叶上面沿脉处无白斑，两面绿色。

20a. 叶基部深心形。

21a. 叶近圆形或宽卵形，先端锐尖或稍尖。生于山地林下、采伐迹地上。产兴安北、兴安南 ……………………………………………………**18. 深山堇菜 V. selkirkii** Pursh ex Goldie

21b. 叶心状圆形、先端圆形或钝或渐尖。生于林下及河岸砾石地。产兴安北、岭西 ……………………………………………………………**19. 兴安圆叶堇菜 V. brachyceras** Turcz.

20b. 叶基部心形、微心形、截形。

22a. 子房和瘦果被毛；叶基部微心形。生于山地林缘、灌丛、草甸。产辽河、燕北…**20. 茜堇菜 V. phalacrocarpa** Maxim.

22b. 子房和瘦果无毛。

23a. 叶柄至少上部具明显的翅。

24a. 叶心形或卵状心形，叶基部心形。生于山地林缘、河边。产燕北、辽河(大青沟)、阴山……………·**21. 北京堇菜 V. pekinensis** (Regel) W. Beck.

24b. 叶矩圆状卵形或卵形，叶基部钝圆、截形或微心形。生于丘陵谷地、山坡、草地、荒地、路旁、沟边、庭院、林缘。产兴安北、岭东、兴安南、科尔沁、赤峰、燕北、阴山、阴南、贺兰山…………………………**22. 早开堇菜 V. prionantha** Bunge

23b. 叶柄近无翅或上部有狭翅；叶卵形、宽卵形或卵圆形。生于林缘、杂木林间、湿润草甸。产兴安北、岭东、兴安南、燕北、辽河(大青沟)……………………………………**23. 细距堇菜 V. tenuicornis** W. Beck.

14b. 花白色或近白色。

25a. 根赤褐色；花距短，长 1.5—3mm；叶椭圆形至矩圆形或卵状椭圆形至卵状矩圆形。生于、沼泽化草甸、灌丛、林缘。产兴安北、岭东、岭西、兴安南、燕北……………………………………………**24. 白花堇菜 V. patrinii** DC. ex Ging.

25b. 根不为赤褐色；花距长，长 5—7mm；叶卵形、宽卵形、长卵形、卵状心形、心形、椭圆状心形。

26a. 全株被短毛；萼基部附属物发达，长 3—4mm；植株高 9—18cm。生于山地阔叶林下、林缘草甸。产兴安北、岭东、兴安南、阴山、贺兰山……………………………………………**25. 阴地堇菜 V. yezoensis** Maxim.

26b. 全株近无毛，叶稍被毛至无毛；萼基部附属物长 2—2.5mm；植株高 5—9cm。生于山地林下、林缘草甸、砾石质地、岩缝。产岭东、兴安南、赤峰、燕北、阴山……………………………………**26. 蒙古堇菜 V. mongolica** Franch.

82. 瑞香科 Thymelaeaceae

1a. 一年生草本；茎有分枝；叶条形；总状花序；花小，黄绿色；柱头棒状……**1. 草瑞香属 Diarthron**

1b. 多年生草本、半灌木或灌木；茎丛生，无分枝；叶椭圆状披针形；头状花序；花较大，紫红色；柱头头状………………………………………………………………**2. 狼毒属 Stellera**

1. 草瑞香属 Diarthron Turcz.

草瑞香 Diarthron linifolium Turcz.

一年生草本，高 20—35cm。叶互生，条形。花两性，总状花序顶生；花萼下部膨大呈壶状，顶部 4 裂，裂片紫红色；无花瓣；雄蕊 4，着生于花萼筒上部，花丝极短。小坚果长梨形，黑色。生于山坡草地、林缘、灌丛间。产兴安南、辽河、赤峰、燕北、锡林、阴山、阴南、鄂尔、贺兰山。

2. 狼毒属 Stellera L.

狼毒 Stellera chamaejasme L.

多年生草本，高20—50cm。直根粗大。茎丛生，直立，不分枝。叶互生，椭圆状披针形，全缘。顶生头状花序；花萼圆筒状，淡紫色或紫红色，顶部5裂。雄蕊10，2轮，着生于萼的喉部和萼筒的中部，花丝极短。小坚果卵形，棕色。广泛生于草原区。产内蒙古各地(除荒漠区外)。

83. 胡颓子科 Elaeagnaceae

1a. 花单性，多雌雄异株，短总状花序；萼2裂……………………………………………**1. 沙棘属 Hippophae**
1b. 花两性或杂性，单生或2—4朵簇生；萼常4裂………………………………………**2. 胡颓子属 Elaeagnus**

1. 沙棘属 Hippophae L.

中国沙棘(酸刺) Hippophae rhamnoides L. subsp. **sinensis** Rousi

灌木或乔木，通常高1m，全株密被淡白色鳞片。枝有棘刺。叶近对生，条形。雌雄异株，花先叶开放，淡黄色；花萼2裂；雄蕊4；雌花比雄花后开放。坚果包藏于肉质花萼筒内，近球形，橙黄色或橘红色。生于山地沟谷、山坡、沙丘间低湿地。产兴安南、燕北、锡林(正蓝旗)、赤峰、阴山、阴南、鄂尔。

2. 胡颓子属 Elaeagnus L.

1a. 叶片狭，宽0.4—1.5cm；果小，长约1cm。生于河岸。产东阿、西阿、额济纳……………………………………………………………………………………**1a. 沙枣 E. angustifolia** L. var. **angustifolia**
1b. 叶片较宽，宽1.8—3.2cm；果大，长1.5—2.5cm。生于河岸。产东阿、西阿、额济纳…………………………………………………………………**1b. 东方沙枣 E. angustifolia** L. var. **orientalis** (L.) Kuntze

84. 千屈菜科 Lythraceae

1. 千屈菜属 Lythrum L.

千屈菜 Lythrum salicaria L.

多年生草本，高40—100cm。叶对生，椭圆状披针形。全缘。总状花序顶生；花萼筒紫色，有12条凸起纵脉，顶端6齿裂；花瓣6，雄蕊12，6长6短。蒴果椭圆形，包于萼筒内。生于河边、下湿地、沼泽。产兴安北、岭东、呼伦、兴安南、科尔沁、辽河(大青沟)、燕北、锡林、阴南、鄂尔。

85. 菱科 Trapaceae

1. 菱属 Trapa L.

欧菱 Trapa natans L.——丘角菱 *T. japonica* Fler.——格菱 *T. pseudoincisa* Nakai——冠菱 *T. litwinowii* V. Vassil.——东北菱 *T. manshurica* Fler.——耳菱 *T. potaninii* V. Vassil.

一年生浮水草本。叶2型：一种为沉水叶，对生于茎节上，羽状分裂，裂片丝状；另一种为浮水叶，聚生于主茎及分枝顶部呈莲座状，叶片菱形，中上部边缘具牙齿，基部全缘。花小，单生于叶腋；

萼片4，其中2片或4片演化成刺；花瓣4，白色；雄蕊4。果实呈坚果状，有2个或4个刺状角。生于湖泊、池塘、水泡子、旧河湾中。产兴安北、兴安南、科尔沁、辽河、阴南、鄂尔。

86. 柳叶菜科 Onagraceae

1a. 花萼裂片、花瓣、雄蕊各2，子房2室，每室1胚珠；小坚果有钩状毛 ········**1. 露珠草属 Circaea**
1b. 花萼裂片、花瓣各为4—6，雄蕊4以上；子房4—5室，每室有多数胚珠；蒴果。
  2a. 种子有种缨；蒴果4瓣开裂···**2. 柳叶菜属 Epilobium**
  2b. 种子无种缨；蒴果顶孔开裂或不规则四周开裂·····································**3. 丁香蓼属 Ludwigia**

1. 露珠草属 Circaea L.

1a. 果实长圆状倒卵形成棒状，无沟，1室，有1粒种子；萼片与花瓣近等长；植株纤细，高5—30cm。
  2a. 花瓣白色；茎无毛；叶无毛或疏被毛。生于山地林下、林缘草甸、山沟溪边、山坡潮湿石缝中。产兴安北、兴安南、燕北、阴山 ··**1a. 高山露珠草 C. alpina** L. var. **alpina**
  2b. 花瓣红色或粉红色；茎有弯曲短毛；叶被短毛。生于山地林下、山沟阴湿处。产兴安北、岭东、兴安南、燕北 ··**1b. 深山露珠草 C. alpina** L. var. **caulescens** Kom.
1b. 果实倒卵形或倒卵状球形，有沟，2室，有2粒种子；萼片比花瓣长；植株高大，高40—60cm。
  3a. 果实倒卵状球形，常比果柄长；叶卵形，基部心形或浅心形；茎密被短柔毛。生于山地林缘、疏林中、沟谷草甸。产燕北 ··**2. 露珠草 C. cordata** Royle
  3b. 果实倒卵形，常比果柄短；叶狭卵形或长圆状卵形，基部近圆形；茎无毛。生于山地林下、沟谷溪边湿草甸。产兴安南、辽河(大青沟)、燕北 ················**3. 水珠草 C. quadrisulcata** (Maxim.) Franch. et Sav.

2. 柳叶菜属 Epilobium L.

1a. 柱头4裂。
  2a. 花较大，下垂，稍两侧对称；雄蕊1轮。生于山地林缘、森林采伐迹地、丘陵阴坡、路旁。产兴安北、岭东、岭西、呼伦、兴安南、赤峰、燕北、锡林、阴山、贺兰山 ··**1. 柳兰 E. angustifolium** L.
——毛脉柳兰 *E. angustifolium* L. subsp. *circumvagum* Mosquin
  2b. 花较小，直立，辐射对称；雄蕊2轮。
    3a. 花瓣大，长约1.3cm，紫红色。生于沟边、丘间低湿地。产辽河(大青沟)、鄂尔 ··**2. 柳叶菜 E. hirsutum** L.
    3b. 花瓣小，长约6mm，淡红色。生于沼泽地、山沟溪边。产兴安南、鄂尔 ··**3. 小花柳叶菜 E. parviflorum** Schreb.
1b. 柱头不裂，全缘，呈棍棒状或头状。
  4a. 叶全缘；茎通常无棱线。
    5a. 种子倒披针形，顶端有附属物；植株基部有匍匐枝。生于山沟溪边、河边、沼泽草甸。产内蒙古各地(除荒漠区外) ···**4. 沼生柳叶菜 E. palustre** L.
    5b. 种子近矩圆形，顶端无附属物；植株基部无匍匐枝。生于水边草甸、沼泽草甸。产兴安北、呼伦、兴安南、辽河(大青沟)、燕北、锡林南部、阴山 ························**5. 多枝柳叶菜 E. fastigiatoramosum** Nakai
  4b. 叶缘明显有锯齿或牙齿；茎通常有棱线。
    6a. 柱头头状；叶卵形或卵状披针形，长为宽的一倍，近无柄；萼筒上部裂片间有1簇皱曲毛。生于山沟溪边。产兴安南、燕北、阴山(乌拉山)·························**6. 毛脉柳叶菜 E. amurense** Hausskn.
    6b. 柱头棍棒状；叶披针形，长为宽的3—4倍，有短柄；萼筒上部裂片间无皱曲毛。生于山谷溪边、山沟低湿草甸。产岭西、兴安南、辽河、锡林、阴山、阴南、鄂尔、西阿、贺兰山 ··························

……………………………………………………7. 细籽柳叶菜 **E. minutiflorum** Hausskn.

3. 丁香蓼属 Ludwigia L.

柳叶菜状丁香蓼(假柳叶菜) Ludwigia epilobioides Maxim.

一年生草本，高 30—50cm。叶互生，披针形，先端渐尖，全缘。花单生叶腋，黄色；萼片 4—5；花瓣 4—5 或缺；雄蕊 4—5；子房下位。蒴果圆柱形，不规则破裂。生于河边、田埂、水稻田中。产嫩西(扎赉特旗保安沼)。

87. 小二仙草科 Haloragaceae

1. 狐尾藻属 Myriophyllum L.

1a. 花生于茎顶，呈穗状花序。生于池塘、河边浅水中。产内蒙古各地(除荒漠区外)………1. 狐尾藻 **M. spicatum** L.
1b. 花单生叶腋，不呈穗状花序。生于池塘、河边浅水中。产内蒙古各地(除荒漠区外)……………………………………………………………………………………………2. 轮叶狐尾藻 **M. verticillatum** L.

88. 杉叶藻科 Hippuridaceae

1. 杉叶藻属 Hippuris L.

1a. 叶每轮(4)8—12 枚，披针形或线形，长 1.5—6cm，宽 0.1—0.2cm，沉水叶比挺水叶长。生于池塘浅水中、河岸湿地。产内蒙古各地(除荒漠区外)……………1. 杉叶藻 **H. vulgaris** L.——螺旋杉叶藻 *H. spiralis* D. Yu
——分枝杉叶藻 *H. vulgaris* L. var. *ramificans* D. Yu
1b. 叶每轮(2)4(6)枚，卵形、椭圆形或披针形，长 0.4—1.2cm，宽 0.5—0.7cm，沉水叶比挺水叶短。生于沼泽湿地。产兴安北(满归镇)……………………………………………2. 四叶杉叶藻 **H. tetraphylla** L. f.

89. 锁阳科 Cynomoriaceae

1. 锁阳属 Cynomorium L.

锁阳 Cynomorium songaricum Rupr.

多年生肉质寄生草本。叶鳞片状，卵状三角形。花杂性，极小，多数雄花、雌花与两性花密生成顶生的棒状肉穗状花序；花被片雄花通常 4，雌花 5—6；子房下位。小坚果近球形，果皮白色。寄生在白刺属 *Nitraria* 植物的根上。产锡林、乌兰、阴南、鄂尔、东阿、西阿、额济纳。

90. 五加科 Araliaceae

1a. 叶为羽状复叶；花瓣在花芽中覆瓦状排列……………………………………………1. 楤木属 **Aralia**
1b. 叶为掌状复叶；花瓣在花芽中镊合状排列……………………………………2. 五加属 **Eleutherococcus**

1. 楤木属 **Aralia** L.

东北土当归 Aralia continentalis Kitag.

多年生草本，高达 1.5m。2—3 回羽状复叶；小叶椭圆状倒卵形或卵形，边缘有不整齐的锯齿。大型圆锥伞形；萼齿 5；花瓣 5；雄蕊 5；浆果状核果球形，紫黑色。花序顶生。生于林下、杂木林、灌丛。产燕北(宁城县黑里河林场莲花山)。

2. 五加属 **Eleutherococcus** Maxim.

1a. 子房 2 室；花梗长约 2.5mm；头状花序，紧密；枝疏生短刺，不为细长针状。生于山地阔叶林下、沟谷两旁、湿润肥沃土坡。产燕北、阴山(大青山)……………… **1. 短梗五加 E. sessiliflorus** (Rupr. et Maxim.) S. Y. Hu

1b. 子房 5 室；花梗长 1—1.5cm；伞形花序；枝生细长的针状刺，稀近无刺。生于针阔混交林或杂木林内。产兴安南、辽河(大青沟)、燕北 ……………………………… **2. 刺五加 E. senticosus** (Rupr. et Maxim.) Maxim.

91. 伞形科 Umbelliferae

1a. 单叶，全缘，具平行或弧形叶脉；花黄色；果实无毛………………………… **1. 柴胡属 Bupleurum**

1b. 复叶或分裂叶，具网状脉。

  2a. 成熟的果实无毛。

    3a. 胚乳在合生面平坦或稍凹，横切面成圆形、五角形或半圆形。

      4a. 果多少两侧压扁，分生果横切面多少成圆形；花白色、稀淡红色或淡紫色。

        5a. 果近球形。

          6a. 一、二年生草本。栽培 ……………………………………………… **2. 芹属 Apium**

          6b. 多年生草本。生于河边、沼泽或湿地。

            7a. 1 回单数羽状复叶；叶柄具关节；无绿色具横隔的根状茎 ·· **3. 泽芹属 Sium**

            7b. 叶 2—3 回羽状全裂；叶柄无关节；有绿色具横隔的根状茎……………………………………………………………………………… **4. 毒芹属 Cicuta**

        5b. 果卵形、椭圆形或矩圆形。

          8a. 1 回单数羽状复叶；果卵形，每棱槽中具油管 2—4 条····· **5. 茴芹属 Pimpinella**

          8b. 叶 2—3 回羽状全裂；果椭圆形或矩圆形，每棱槽中具油管 1 条或不明显。

            9a. 植株具细长的地下根状茎。

              10a. 萼齿不明显；果棱等宽，油管不明显……… **6. 羊角芹属 Aegopodium**

              10b. 萼齿明显，披针形或卵形；果侧棱较背棱宽，油管明显……………………………………………………………………… **7. 水芹属 Oenanthe**

            9b. 植株具直根。

              11a. 萼齿不明显；叶的最终裂片较窄，常条形…………**8. 葛缕子属 Carum**

              11b. 萼齿明显；叶的最终裂片较宽，倒卵形，基部楔形。栽培 ………………………………………………………………………**9. 欧芹属 Petroselinum**

      4b. 果多少背腹压扁，分生果横切面半圆形至横条形。

        12a. 花黄色或淡黄绿色。

          13a. 叶的最终裂片丝状；一年生草本。栽培。

            14a. 果矩圆形；果棱隆起近相等，侧棱不成狭翅状…………………………………………………………………………… **10. 茴香属 Foeniculum**

            14b. 果椭圆形；果背棱与中棱隆起，侧棱成狭翅状 ···· **11. 莳萝属 Anethum**

          13b. 叶的最终裂片非丝状，较宽；多年生草本。

15a. 花杂性，黄色；果较大，长 10—13mm；叶 3—4 回羽状全裂…………………………………………………………………………**12. 阿魏属 Ferula**

15b. 花两性，淡绿黄色；果较小，长 6—7mm；叶 3 回羽状复叶。栽培………………………………………………………………………**13. 欧当归属 Levisticum**

12b. 花白色。

16a. 子房具小瘤状突起，果期逐渐消失；每棱中具油管 1 条 ………………………………………………………………………………**14. 防风属 Saposhnikovia**

16b. 子房平滑；每棱中无油管。

17a. 果稍背腹压扁，背棱、中棱和侧棱均发达并具翅。

18a. 果棱的翅为木栓质；花柱较花柱基长 2—3 倍 ··**15. 蛇床属 Cnidium**

18b. 果棱的翅非木栓质；花柱较花柱基稍长……**16. 藁本属 Ligusticum**

17b. 果背腹压扁，侧棱比背棱和中棱发达，且常成宽翅状。

19a. 小伞形花序的外缘花具辐射瓣。

20a. 油管长达分生果的中部或中下部，外观显著；每棱中具油管 1 条，合生面具 2—4 条 ………………**17. 独活属 Heracleum**

20b. 油管长达分生果的基部，外观不显；每棱中具油管 3—5 条，合生面具 8—14 条……………………**18. 柳叶芹属 Czernaevia**

19b. 小伞形花序的外缘花无辐射瓣。

21a. 果棱厚，木栓化…………………**19. 胀果芹属 Phlojodicarpus**

21b. 果棱非木栓化。

22a. 果成熟后 2 个相邻的分生果在合生面靠合较紧密 ……………………………………………………**20. 前胡属 Peucedanum**

22b. 果成熟后 2 个相邻的分生果在合生面易于分离。

23a. 果皮薄，果成熟时果皮与种子分离；萼齿明显 ……………………………………**21. 山芹属 Ostericum**

23b. 果皮厚，果成熟时果皮与种子不分离；萼齿不明显。

24a. 每棱中具油管 1(3)条，合生面具 2—4 条；果棱较薄 ……………………**22. 当归属 Angelica**

24b. 油管多数且围绕胚乳而成环状，或每棱中具油管 3—4 条，合生面具 6—7 条；果棱较厚 ……………………………**23. 古当归属 Archangelica**

3b. 胚乳在合生面具深沟槽，横切面成新月形或马蹄形。

25a. 花杂性；花序外缘花的外侧花瓣增大成辐射瓣。

26a. 果球形，成熟时 2 分生果不易分开。栽培…………………**24. 芫荽属 Coriandrum**

26b. 果椭圆形至条状矩圆形，成熟时 2 分生果容易分开。

27a. 果矩圆状椭圆形；果梗顶部无 1 圈刺毛；茎下部于节部被开展的长柔毛 …………………………………………………………**25. 迷果芹属 Sphallerocarpus**

27b. 果条状矩圆状；果梗顶部有 1 圈刺毛；茎无毛或被疏短柔毛 ………………………………………………………………………**26. 峨参属 Anthriscus**

25b. 花两性；花瓣大小一样，无辐射瓣。

28a. 总苞片叶状，大型，羽状分裂；花瓣先端无小舌片；果棱横切面呈三角形，中空，每棱槽常有油管 1 条 ……………………………**27. 棱子芹属 Pleurospermum**

28b. 总苞片通常不存在，稀 1—3，条状披针形，全缘；花瓣先端具内卷小舌片；果棱

宽翅状，不中空，每棱槽常有油管 3 条 ………………**28. 羌活属 Notopterygium**

2b. 成熟的果实被各种毛。

29a. 总苞片非叶状，小型，不分裂，或无总苞片。

30a. 果实狭长，条状矩圆形，常被刚毛；花杂性；花序外缘花具辐射瓣 ……………………………………………………………………………**26. 峨参属 Anthriscus**

30b. 果实较宽，卵形、椭圆形或矩圆形；花两性；花序外缘花无辐射瓣。

31a. 果实被钩状刚毛或钩刺。

32a. 叶掌状分裂……………………………………………**29. 变豆菜属 Sanicula**

32b. 叶 2—3 回羽裂……………………………………………**30. 窃衣属 Torilis**

31b. 果实被柔毛、硬毛或细乳头状毛。

33a. 小总苞片基部合生……………………………………**31. 西风芹属 Seseli**

33b. 小总苞片基部离生。

34a. 果侧棱与背棱等宽。

35a. 果棱不明显。

36a. 每棱槽中具油管 1 条，合生面具 2 条；叶 1—2 回羽状全裂，最终裂片椭圆状楔形或倒卵状楔形；果实密被长柔毛 ……………………………………**32. 绒果芹属 Eriocycla**

36b. 每棱槽中具油管 3 条，合生面具 4 条；叶 3 回羽状全裂，最终裂片狭条形；果实被粗毛 ……**33. 山茴香属 Carlesia**

35b. 果棱明显隆起，每棱槽中具油管 3 条，合生面具 6 条；果实被短硬毛或长柔毛……………………………**34. 岩风属 Libanotis**

34b. 果侧棱较背棱宽 1 倍以上。

37a. 果棱肥厚木栓化；叶的最终裂片狭条形 ……………………………………………………**19. 胀果芹属 Phlojodicarpus**

37b. 果棱不为木栓化；叶的最终裂片近菱形或菱状披针形…………………………………………………………**20. 前胡属 Peucedanum**

29b. 总苞片叶状，大型，羽状分裂；果实被刺毛与刚毛。栽培 …………**35. 胡萝卜属 Daucus**

1. 柴胡属 Bupleurum L.

1a. 小总苞片宽大，似花瓣，黄绿色或黄色，长超过小伞形花序。

2a. 小总苞片卵形或卵圆形；茎基部无纤维状叶鞘残余。

3a. 叶窄长圆形或倒卵状披针形，宽 10—20mm，先端钝圆。生于山坡草地、沟谷、山顶阴处。产兴安北、燕北、阴山……………………………………**1a. 黑柴胡 B. smithii** H. Wolff var. **smithii**

3b. 叶窄披针形，宽 3—7mm，先端渐尖。生于高山灌丛和草甸。产贺兰山 ……………………………**1b. 小叶黑柴胡 B. smithii** H. Wolff var. **parvifolium** R. H. Shan et Y. Li

2b. 小总苞片椭圆状披针形；茎基部具纤维状叶鞘残余；叶条状倒披针形，宽 7—16mm。生于森林草原、山地草原、山地灌丛、林缘草甸。产兴安北、岭东、兴安南、阴山 ……………………………………………………**2. 兴安柴胡 B. sibiricum** Vest ex Sprengel

1b. 小总苞片小而狭，绿色，较小伞形花序短或近等长。

4a. 叶大型，卵形或狭卵形，基部扩大，心形，抱茎。生于山地林缘草甸、灌丛。产兴安北、岭东 ……………………………………………………**3. 大叶柴胡 B. longiradiatum** Turcz.

4b. 叶较小，条形至披针形，基部不扩大。

5a. 植株矮小，丛生，高 2—20cm。

6a. 茎基部具毛刷状叶鞘残留纤维。生于山地石质坡地。产岭西、呼伦、兴安南、锡林、乌兰南部、阴山 ····

··4. 锥叶柴胡 **B. bicaule** Helm

6b. 茎基部无毛刷状叶鞘残留纤维。生于干旱山坡、砾石坡地。产阴山、贺兰山··5. 短茎柴胡 **B. pusillum** Krylov

5b. 植株高大，单生或丛生，高通常在 20cm 以上。

7a. 茎基部具毛刷状叶鞘残留纤维；主根表面红棕色。

8a. 叶较宽，宽 3—5mm。生于草甸草原、典型草原、固定沙丘、山地灌丛。产兴安北、岭东、岭西、呼伦、兴安南、科尔沁、辽河(大青沟)、赤峰、锡林、乌兰、阴山、阴南、鄂尔、贺兰山······························6a. 红柴胡 **B. scorzonerifolium** Willd. var. **scorzonerifolium**

8b. 叶较窄，宽 0.5—1.5mm。生于干燥山坡、石质丘陵顶部。产兴安南、赤峰、锡林、乌兰、阴山 ·······6b. 线叶柴胡 **B. scorzonerifolium** Willd. var. **angustissimum** (Franch.) Y. H. Huang

7b. 茎基部无毛刷状叶鞘残留纤维。

9a. 主根表面红棕色；小总苞片狭条形，宽约 0.2mm。生于干燥山坡、沙地。产阴南 ···7. 银州柴胡 **B. yinchowense** R. H. Shan et Y. Li

9b. 主根表面黑褐色，小总苞片线形或披针形，宽 0.5—10mm。

10a. 主根明显、粗大，分枝少；基生叶和茎下部的叶宽 0.3—1cm。生于山地草原、灌丛。产兴安南、赤峰、燕北、阴山、阴南 ································8. 北柴胡 **B. chinense** DC.

10b. 主根短，具多数须根；基生叶和茎下部的叶宽 1—2.5cm。生于林缘、灌丛。产兴安北、岭东、兴安南···9. 柞柴胡 **B. komarovianum** Lincz.
——*B. chinense* DC. var. *komarovianum* (Lincz.) S. L. Liou et Y. Huei Huang

2. 芹属 **Apium** L.

芹菜 Apium graveolens L.

一、二年生草本，高 40—60cm。叶 1 回羽状全裂；裂片边缘具粗牙齿。复伞形花序；花瓣白色。果近球形，果棱丝状，尖锐。内蒙古各地均有栽培。

3. 泽芹属 **Sium** L.

泽芹 Sium suave Walt.

多年生草本，高 40—100cm。叶 1 回羽状复叶；小叶条状披针形或条形，先端渐尖，边缘具尖锯齿。复伞形花序；花瓣白色。果近球形，具锐角状宽棱，木栓质。生于沼泽、池沼边、沼泽草甸。产兴安北、呼伦、兴安南、科尔沁、辽河(大青沟)、燕北、锡林、阴山、鄂尔。

4. 毒芹属 **Cicuta** L.

毒芹 Cicuta virosa L.

多年生草本，高 50—140cm。叶 2—3 回羽状全裂；小叶片披针形至条形，先端锐尖，边缘具不整齐的尖锯齿。复伞形花序；花瓣白色。果近球形，果棱肥厚，钝圆，带木栓质。生于生于沼泽、河边、沼泽草甸及林缘草甸。产兴安北、呼伦、兴安南、科尔沁、辽河(大青沟)、燕北、锡林、阴南、鄂尔。

5. 茴芹属 **Pimpinella** L.

1a. 基生叶和茎下部叶 1—3 回羽裂。

2a. 基生叶和茎下部叶 1 回羽裂，小裂片矩圆形或卵圆状披针形。生于林缘草甸、沟谷、河边草甸。产兴安北、岭东、岭西、呼伦、兴安南、锡林 ··1. 羊红膻 **P. thellugiana** H. Wolff

2b. 基生叶和茎下部叶 2—3 回羽裂，小裂片条形。生于山地草坡。产科尔沁……………………………………………………………………………… **2. 蛇床茴芹 P. cnidioides** H. Pearson ex H. Wolff

1b. 基生叶和茎下部叶 2 回 3 裂，或三出 2 回羽裂，小裂片卵圆形或宽卵圆形。生于山地林缘、谷地。产阴山(大青山)…………………………………………………………………… **3. 短柱茴芹 P. brachystyla** Hand.-Mazz.

6. 羊角芹属 Aegopodium L.

东北羊角芹 Aegopodium alpestre Ledeb.

多年生草本，高 25—60cm。根状茎细长。基生叶 2—3 回羽状全裂，末回裂片卵形至披针形，先端锐尖，边缘具羽状缺刻或尖齿。复伞形花序顶生或腋生；花瓣白色。果矩圆状卵形，宿存花柱细长。生于山地林下、林缘草甸、沟谷。产兴安北、岭东、岭西、兴安南、燕北、阴山(大青山)。

7. 水芹属 Oenanthe L.

水芹 Oenanthe javanica (Blume) DC.

多年生草本，高 30—70cm。根状茎匍匐，中空，节部有横隔。叶 1—2 回羽状全裂，末回裂片卵形或披针形，先端渐尖，边缘有疏齿状锯齿。复伞形花序顶生或腋生；花瓣白色。果矩圆形，果棱钝，隆起，果皮厚，木栓质。生于池沼边、水沟旁。科尔沁、辽河(大青沟)。

8. 葛缕子属 Carum L.

1a. 无小总苞片，稀具 1 或 2 片而早落；花白色或淡红色；茎生叶的叶鞘具白色或淡红色宽膜质边缘。生于山地林缘草甸、盐化草甸、田边路旁。产兴安北、岭东、呼伦、兴安南、燕北、锡林、阴山、贺兰山……………………………………………………………………………………………… **1. 葛缕子 C. carvi** L.

1b. 小总苞片 8—12；花白色；茎生叶的叶鞘具白色狭膜质边缘。生于田边路旁、撂荒地、山地、沟谷。产呼伦、兴安南、燕北、锡林、乌兰、阴山、阴南、鄂尔…………………………………… **2. 田葛缕子 C. buriaticum** Turcz.

9. 欧芹属 Petroselinum A. W. Hill

欧芹 Petroselinum crispum (Mill.) Nyman ex A. W. Hill

二年生草本，高 30—100cm。叶 2—3 回羽状分裂，末回裂片倒卵形，全缘或 3 裂。伞形花序；花黄绿色或白色。果卵形，灰棕色。内蒙古有栽培。

10. 茴香属 Foeniculum Mill.

茴香 Foeniculum vulgale Mill.

一年生草本，高 40—100cm。叶 3—4 回羽状全裂，末回裂片丝状。复伞形花序；花瓣黄色。果矩圆形，果棱凸起。内蒙古各地有栽培。

11. 莳萝属 Anethum L.

莳萝 Anethum graveolens L.

一年生草本，高40—90cm。叶 3—4 回羽状全裂，末回裂片丝状。复伞形花序；花瓣黄色。果椭圆形，压扁，侧棱具狭翅。内蒙古有少量栽培。

12. 阿魏属 **Ferula** L.

沙茴香 **Ferula bungeana** Kitag.

多年生草本，高 30—50cm。叶片质厚，坚硬，3—4 回羽状全裂，末回裂片倒卵状楔形。复伞形花序；花瓣黄色。果矩圆形，背腹压扁，背棱和中棱丝状，侧棱宽翅状，较肥厚。生于沙地。产辽河、科尔沁、锡林、乌兰、阴山、阴南、鄂尔、东阿、西阿。

13. 欧当归属 **Levisticum** Hill

欧当归 **Levisticum officinale** W. D. J. Koch

多年生草本，高 1.5—2m。3 回羽状复叶；小叶卵状菱形，2—3 裂或具不整齐粗齿。花瓣淡黄绿色。果矩圆形，背腹稍压扁，背棱和中棱具狭翅，侧棱翅较宽。内蒙古有栽培。

14. 防风属 **Saposhnikovia** Schischk.

防风 **Saposhnikovia divaricata** (Turcz.) Schischk.

多年生草本，高 30—70cm。叶 2—3 回羽状深裂；末回裂片狭楔形，顶部常具 2—3 缺刻状齿。复伞形花序；花瓣白色；子房密被白色瘤状突起。果椭圆形，背腹稍压扁，背棱和中棱稍隆起，侧棱较宽。生于高平原、丘陵坡地、固定沙丘。产兴安北、岭东、岭西、呼伦、兴安南、辽河(大青沟)、燕北、锡林、阴山、阴南、鄂尔。

15. 蛇床属 **Cnidium** Cuss.

1a. 二年生或多年生草本；茎平滑无毛；果椭圆形或近矩圆形，较大，长 2.5—4.5mm。

  2a. 总苞片 6—9，条形，边缘宽膜质；小总苞片 8—12，倒披针形或倒卵形，边缘宽膜质；叶最终裂片卵形或披针形。生于山地林缘、河边草地。产岭东、岭西、呼伦、兴安南、锡林、阴山……………………1. 兴安蛇床 **C. dahuricum** (Jacq.) Fesch. ex C. A. Mey.

  2b. 总苞片通常不存在，稀 1—2，长条状锥形；小总苞片 7—9，狭条形，边缘狭膜质；叶最终裂片条形。生于河边草甸、湖边草甸、盐湿草甸。产兴安北、岭西、兴安南、锡林、燕北、鄂尔、贺兰山……………2. 碱蛇床 **C. salinum** Turcz.——根茎碱蛇床 *C. salinum* Turcz. var. *rhizomaticum* Y. C. Ma

1b. 一年生草本；茎下部被微短硬毛；果宽椭圆形，较小，长约 2mm。生于河边或湖边草甸、田边。产兴安北、呼伦、兴安南、燕北……………3. 蛇床 **C. monnieri** (L.) Cuss.

16. 藁本属 **Ligusticum** L.

1a. 叶的最终裂片丝状条形或条形；萼齿三角状披针形。生于山地河边草甸、阴湿石缝处。产兴安南、燕北、阴山、阴南……………1. 岩茴香 **L. tachiroei** (Franch. et Sav.) M. Hiroe et Constance

1b. 叶的最终裂片卵形、披针形或条状披针形；萼齿不明显。

  2a. 根茎节膨大，呈结节状拳形团块；花柱与果近等长。内蒙古有栽培……………2. 川芎 **L. sinense** Oliver cv. **chuanxiong**

  2b. 根茎节不膨大，无结节状拳形团块；花柱长不及果的 1/2。生于山地林下。产兴安南、燕北……………3. 辽藁本 **L. jeholense** (Nakai et Kitag.) Nakai et Kitag.

17. 独活属 **Heracleum** L.

1a. 伞梗 20—40；无总苞片；叶背面密被短绒毛，灰白色，侧生小叶多少呈羽状深裂或缺刻，裂片多少为羽状缺刻。生于林下、林缘、河岸湿草甸。产兴安北……………………… **1. 兴安独活 H. dissectum** Ledeb.

1b. 伞梗 11—20；具总苞片；叶背面脉上或全面疏生短毛，不为灰白色，

2a. 叶 1 回羽状分裂，侧生小叶多为 3—5 浅裂，稀中裂或深裂，裂片通常不再分裂。生于林下、林缘、溪边。产兴安北、岭东、岭西、兴安南、燕北、阴山………………………………………………………………………………………… **2a. 短毛独活 H. moellendorffii** Hance var. **moellendorffii**——*H. lanatum* Michx.

2b. 叶 2 回羽状全裂，2 回裂片卵状披针形。生于林下、林缘。产内蒙古东部………………………………………………………… **2b. 狭叶短毛独活 H. moellendorffii** Hance var. **subbipinnatum** (Franch.) Kitag.

18. 柳叶芹属 Czernaevia Turcz.

1a. 果背棱狭翅状，侧棱宽翅状；叶的小裂片披针形或卵状披针形。生于河边沼泽草甸、山地灌丛、林下、林缘草甸。产兴安北、岭东、岭西、兴安南、燕北、锡林…………………… **1a. 柳叶芹 C. laevigata** Turcz. var. **laevigata**

1b. 果背棱肋状，侧棱近无翅；叶的小裂片较窄，条状披针形。生于河边沼泽草甸。产岭西………………………………………………………………………… **1b. 无翼柳叶芹 C. laevigata** Turcz. var. **exalatocarpa** Y. C. Chu

19. 胀果芹属 Phlojodicarpus Turcz.

1a. 花序、花及果实无毛或仅具疏短毛。生于石质山坡、向阳山坡。产岭西、呼伦、锡林、乌兰………………………………………………………………………………… **1. 胀果芹 P. sibiricus** (Fisch. ex Spreng.) K.-Pol.

1b. 花序、花及果实被柔毛或较密的绵毛。生于石质山坡。产呼伦、兴安南……………………………………………………………… **2. 毛序胀果芹 P. villosus** (Turcz. ex Fisch. et C. A. Mey.) Turcz. ex Ledeb.
——*P. sibiricus* (Steph. ex Spreng.) K.-Pol. var. *villosus* (Turcz. ex Fisch. et C. A. Mey.) Y. C. Chu

20. 前胡属 Peucedanum L.

1a. 叶 2—3 回羽状深裂或全裂。

2a. 叶的最终裂片细条形，宽约 1mm。

3a. 植株高大，高 30—100cm；茎单一，分枝，无毛，具数个伞形花序。生于樟子松林下沙质土壤上。产岭西、科尔沁………………… **1. 兴安前胡 P. baicalense** (I. Redowsky ex Wiid.) W. D. J. Koch
——草原前胡 *P. stepposum* Y. Huei Huang

3a. 植株矮小，高 10—30cm；茎多数，不分枝，下部被糙毛，每茎只具 1 个伞形花序。生于砾石质坡地。产锡林(东乌珠穆沁旗乌里雅斯太山)………………………………… **2. 刺前胡 P. hystrix** Bunge

2b. 叶的最终裂片披针形或卵状披针形，宽 2mm 以上。

4a. 茎、叶、果无毛；果实每棱槽油管 1 条，合生面 2 条。生于山地林缘、山坡草地。产兴安北、岭东、岭西、兴安南、燕北、锡林……………………… **3. 石防风 P. terebinthaceum** (Fisch. ex Trev.) Ledeb.

4b. 茎、叶、果被细短硬毛；果实每棱槽油管 3—4 条，合生面 6—8 条。生于山地林缘、山沟溪边。产阴山、阴南、贺兰山……………………………… **4. 华北前胡 P. harry-smithi** Fedde ex H. Wolff
——毛白花前胡 *P. praeruptorum* Dunn subsp. *hirsutiusculum* Y. C. Ma

1b. 叶 1 回羽状全裂，裂片条形或披针状条形，略呈镰刀状弯曲。生于涝坝边盐积地。产东阿(巴音浩特市)………………………………………………………………………… **5. 镰叶前胡 P. falcaria** Turcz.

21. 山芹属 Ostericum Hoffm.

1a. 叶的最终裂片狭细，边缘全缘；植株具细长根状茎。

2a. 最终裂片条状披针形、矩圆状条形或条形，宽 1.5—5mm。生于山地沟谷草甸、林缘或林下草甸。产兴安北、呼伦、锡林……… **1a. 全叶山芹 O. maximowiczii** (F. Schmidt ex Maxim.) Kitag. var. **maximowiczii**

2b. 最终裂片丝形或条状丝形，宽 0.4—1mm。生于山地河边草甸、林下草甸。产兴安北…………………………………………………………………… **1b. 丝叶山芹 O. maximowiczii** (F. Schmidt ex Maxim.) Kitag. var. **filisectum** (Y. C. Chu) C. Q. Yuan et R. H. Shan——*O. filisectum* Y. C. Chu

1b. 叶的最终裂片较宽，边缘具锯齿或牙齿；植株具直根。

3a. 花瓣淡绿色或白色，基部具长爪，爪长于瓣片；分生果的棱槽各有 1 条油管，合生面有 2 条。生于河边湿草甸、沼泽草甸。产兴安北、呼伦、兴安南…………… **2. 绿花山芹 O. viridiflorum** (Turcz.) Kitag.

3b. 花瓣白色，基部具短爪；分生果的棱槽各有 1—3 条油管，合生面有 4—8 条。

4a. 小叶具短柄，卵形，宽 3—6cm，基部心形或圆形。生于山地林缘、林下、溪边草甸。产兴安北、岭西、辽河(大青沟)、兴安南、燕北、锡林…………………… **3a. 山芹 O. sieboldii** (Miq.) Nakai var. **sieboldii**

4b. 小叶无柄，椭圆形或菱状卵形，宽 1—3cm，基部楔形。生于山地林缘、溪边草甸。产燕北、阴山………………… **3b. 狭叶山芹 O. sieboldii** (Miq.) Nakai var. **praeteritum** (Kitag.) Y. Huei Huang

22. 当归属 Angelica L.

1a. 叶 3 裂或 1—2 回羽状分裂；萼齿三角状锥形；花白色。生于林下、溪边、林缘湿草甸。产辽河(大青沟)…………………………………… **1. 白花下延当归 A. decursiva** (Miq.) Fanch et Sav. f. **albiflora** (Maxim.) Nakai

1b. 叶 2—3 回羽状分裂或全裂。

2a. 萼齿卵形；小总苞片 2—4。阴山(蛮汗山)有栽培……………………… **2. 当归 A. sinensis** (Oliv.) Dies

2b. 萼齿无或不明显。

3a. 叶鞘囊状，紫色；分生果背棱钝圆而肥厚，合生面有油管 2 条；小总苞片 10 余片。生于山沟溪旁灌丛下、林缘草甸。产兴安北、岭西、兴安南、辽河(大青沟)、燕北…………………………………… **3. 兴安白芷 A. dahurica** (Fisch. ex Hoffm.) Benth. et Hook. f. ex Franch. et Sav.

3b. 叶鞘宽兜状；分生果背棱狭而尖锐。

4a. 茎和叶鞘无毛；合生面有油管 4 条。生于山低湿草甸、林缘草甸。产兴安北、岭东………………………………………… **4. 黑水当归 A. amurensis** Schischk.

4b. 茎和叶鞘密被短柔毛；合生面有油管 2 条。生于河边草甸、林缘溪水湿草甸。产兴安北、岭东、兴安南、燕北…………………………………… **5. 狭叶当归 A. anomala** Ave'-Lall.

23. 古当归属 Archangelica Wolf

下延叶古当归 Archangelica decurrens Ledeb.

多年生草本，高 1—2m。叶 2—3 回羽状全裂，末回裂片椭圆形或长圆状卵形，边缘有锯齿。复伞形花序顶生；花白色或淡绿色。果椭圆形，背棱和中棱有窄翅，侧棱有宽翅。生于山谷、林下、沟边灌丛或草丛中。产贺兰山。

24. 芫荽属 Coriandrum L.

芫荽 Coriandrum sativum L.

一年生草本，高 20—60cm。下部叶 1—2 回羽状全裂，裂片卵形，边缘羽状分裂或具缺刻状牙齿，上部叶 2—3 回羽状全裂，花白色或粉红色，末回裂片狭条形。果球形，坚硬，不易裂开。内蒙古各地普遍栽培。

25. 迷果芹属 **Sphallerocarpus** Bess. ex DC.

迷果芹 Sphallerocarpus gracilis (Bess. ex Trev.) K.-Pol.

一年生或二年生草本，高 30—120cm。叶 3—4 回羽状全裂，末回裂片条形。复伞形花序顶生或腋生；花瓣白色。果矩圆状椭圆形，黑色，两侧压扁，果棱隆起，狭窄。生于田野村旁、撂荒地、山地林缘草甸。产兴安北、岭东、岭西、呼伦、兴安南、赤峰、燕北、锡林、乌兰、阴山、东阿(桌子山)、贺兰山、龙首山。

26. 峨参属 **Anthriscus** (Pres.) Hoffm.

1a. 果实平滑或稍具小突起，无刺毛。生于山地林缘草甸、山谷灌木林下。产兴安南、燕北、阴山 ………………………………………… **1. 峨参 A. sylvestris** (L.) Hoffm.

1b. 果实被刺毛。生于山地林下。产兴安南、辽河、燕北 ·· **2. 刺果峨参 A. nemorosa** (Marschall von Bieb.) Spreng.

27. 棱子芹属 **Pleurospermum** Hoffm.

棱子芹 Pleurospermum uralense Hoffm.——*P. camtschaticum* Hoffm.

多年生草本，高 70—150cm。叶 2—3 回羽状全裂，末回裂片卵形。复伞形花序顶生和腋生；花瓣白色。果狭椭圆形，被小瘤状突起。生于山地林下、林缘草甸、溪边。产兴安南、阴山。

28. 羌活属 **Notopterygium** H. de Boiss.

宽叶羌活 Notopterygium franchetii H. de Boiss.——*N. forbesii* H. de Boiss.

多年生草本，高 1—2m。叶为三出式 3 回羽状复叶，小叶椭圆形，先端锐尖，边缘有粗锯齿。花瓣淡黄色。果矩圆状椭圆形，果棱具宽翅。生于山地林缘、灌丛、山沟溪边。产兴安南、阴山。

29. 变豆菜属 **Sanicula** L.

1a. 花瓣淡红色或紫红色；茎和花序不分枝；伞形花序雄花 15—20 朵。生于林下、林缘、灌丛、阴湿肥沃土壤上。产辽河、燕北 ………………………… **1. 红花变豆菜 S. rubriflora** F. Schmidt. et Maxim.

1b. 花瓣白色或绿白色；茎和花序分枝；伞形花序雄花 3—7 朵。生于林下阴湿处。产辽河(大青沟) ………………………………………… **2. 变豆菜 S. chinensis** Bunge

30. 窃衣属 **Torilis** Adans.

小窃衣 Torilis japonica (Houtt.) DC.

一年生草本，高 20—80cm。叶 1—2 或羽状全裂，末回裂片披针形，先端锐尖，边缘有条裂齿或分裂。复伞形花序顶生和腋生；花瓣白色。果卵形，密被钩状皮刺。生于沟底杂木林下。产辽河(大青沟)、燕北。

31. 西风芹属 **Seseli** L.

1a. 茎二叉状多次分枝；基生叶 2 回羽状全裂；总苞片无；植株光滑无毛。生于干燥石质山坡。产乌兰、东阿(狼山、桌子山)、贺兰山 ………………………… **1. 内蒙古西风芹 S. intramongolicum** Y. C. Ma

1b. 茎数条，稍分枝，稀单一；基生叶 2—3 回羽状深裂；总苞片 6—9；植株被短硬毛。生于沟谷或石质山坡。产东阿(狼山) ………………………… **2. 狼山西凤芹 S. langshanense** Y. Z. Zhao et Y. C. Ma

32. 绒果芹属 **Eriocycla** Lindl.

绒果芹 Eriocycla albescens (Franch.) H. Wolff

多年生草本，高 20—60cm。叶 1—2 回羽状全裂；末回裂片卵状楔形，先端锐尖。复伞形花序顶生或腋生；花瓣白色。果矩圆状椭圆形，稍背腹压扁，密被短硬毛且混生柔毛。生于向阳石质山坡。产阴山(大青山)、贺兰山、额济纳(马鬃山)。

33. 山茴香属 **Carlesia** Dunn

山茴香 Carlesia sinensis Dunn

多年生草本，高达 30cm。3 回羽状全裂，末回裂片条形。复伞形花序顶生和腋生；花瓣白色。果长倒卵形，被短糙毛。生于山地山顶石缝。产燕北(宁城县)。

34. 岩风属 **Libanotis** Hill. ex Zinn

1a. 茎实心；子房与果实被微短硬毛；果棱同形，稍隆起；花柱在果期比果实短得多；花柱基黄色。生于山地草甸、林缘。产兴安北、岭东、岭西、兴安南 ·· **1. 香芹 L. seselioides** (Fisch. et C. A. Mey. ex Turcz.) Turcz.

1b. 茎中空；子房与果实被长柔毛；果棱不同形，侧棱成翅状；花柱在果期延伸，与果实近等长；花柱基紫色。生于山地灌丛、林缘及河边草甸。产兴安北、兴安南 ················ **2. 密花岩风 L. condensata** (L.) Crantz

35. 胡萝卜属 **Daucus** L.

胡萝卜 Daucus carota L. var. **sativa** Hoffm.

二年生草本，高达 1m。主根粗大，长倒圆锥形，肉质，橙黄色或橙红色。叶 2—3 回羽状全裂，末回裂片条状披针形，先端尖锐。复伞形花序顶生和腋生；总苞多数，呈叶状，羽状分裂；花白色或淡红色。果椭圆形，主棱 5 条线状，常被 2 行稍弯曲的刚毛，次棱 4 条翅状，翅割裂成 1 行刺。内蒙古各地均有栽培。

92. 山茱萸科 Cornaceae

1. 山茱萸属 **Cornus** L.——梾木属 *Swida* Opiz

1a. 叶卵状椭圆形或宽卵形，先端尖或短突尖，下面粉白色，疏生长柔毛，脉上几无毛；果乳白色，矩圆形，先端不对称。生于山地杂木林中、溪流旁。产兴安北、岭东、岭西、兴安南、燕北、阴山(乌拉山) ·· **1. 红瑞木 C. alba** L.——*Swida alba* (L.) Opiz

1b. 叶椭圆形或卵形，先端渐尖或短尖，下面灰白色，密生短毛，脉上有毛；果蓝黑色，近球形。

  2a. 叶下面及花序上无卷曲毛。生于杂木林中或灌丛中。产燕北(苏木山)、阴山 ·· **2a. 沙梾 C. bretschneideri** L. Henry var. **bretschneideri**——*Swida bretschneideri* (L. Henry) Sojak

  2b. 叶下面及花序上具有较密的卷曲毛。生于山坡林中、林缘。产燕北、阴山 ·· **2b. 卷毛沙梾 C. bretschneideri** L. Henry var. **crispa** W. P. Fang et W. K. Hu——*Swida bretschneideri* (L. Henry) Sojak var. *crispa* (W. P. Fang et W. K. Hu) W. P. Fang et W. K. Hu

b. 合瓣花亚纲 Sympetalae

93. 鹿蹄草科 Pyrolaceae

1a. 绿色有叶植物；花药顶孔开裂(**1. 鹿蹄草亚科 Pyroloideae**)。
  2a. 总状花序；花瓣非水平开展，成钟状；蒴果裂缝边缘内有密蛛网状毛。
    3a. 花序光滑无毛；花药顶部裂孔有 2 短管；子房基部不具花盘；花粉为四分体型……………………………………………**1. 鹿蹄草属 Pyrola**
    3b. 花序有细的乳头状突起；花药顶部裂孔不成管状；子房基部具花盘，10 浅裂；花粉为单一型……………………………………………**2. 单侧花属 Orthilia**
  2b. 花单生于花葶顶端；花瓣水平开展；蒴果裂缝边缘内无蛛网状毛…………**3. 独丽花属 Moneses**
1b. 腐生植物，具无色鳞片状退化叶；花药纵缝开裂(**2. 水晶兰亚科 Monotropoideae**)……………………………………………**4. 水晶兰属 Monotropa**

1. 鹿蹄草属 Pyrola L.

1a. 叶肾形，基部心形；萼裂片半圆形或三角状半圆形；苞片狭披针形。生于林下。产兴安北……………………………………………**1. 肾叶鹿蹄草 P. renifolia** Maxim.
1b. 叶为其他形状，基部不为心形。
  2a. 花粉红色至紫红色；花药赤紫色。
    3a. 叶圆形或近圆形，先端圆形。生于针阔混交林、阔叶林及灌丛下。产兴安北、岭东、岭西、兴安南、燕北、阴山……………………………………………**2a. 红花鹿蹄草 P. incarnata** Fisch. ex DC. var. **incarnata**
    3b. 叶卵形，先端锐尖。生于林下。产兴安北……………………………………………**2b. 卵叶红花鹿蹄草 P. incarnata** Fisch. ex DC. var. **ovatifolia** Y. Z. Zhao
  2b. 花白色、绿色或黄绿色；花药黄色。
    4a. 萼裂片正三角形，长约 1.5mm；叶较小，直径 0.5—1.5cm；花绿色。生于林下。产兴安南(索伦镇)……………………………………………**3. 绿花鹿蹄草 P. chlorantha** Sw.
    4b. 萼裂片披针形、三角状披针形、舌形或卵状披针形，长 2.5—4mm。
      5a. 萼裂片披针形或三角状披针形；花柱顶端有环状突起。生于针阔混交林、阔叶林及灌丛下。产兴安北、岭东、兴安南、燕北、阴山、贺兰山……………………………………………**4. 鹿蹄草 P. rotundifolia** L.
      5b. 萼裂片舌形或卵状披针形；花柱顶端无环状突起。生于山地林下。产兴安北、兴安南、燕北、贺兰山……………………………………………**5. 兴安鹿蹄草 P. dahurica** (Andr.) Kom.

2. 单侧花属 Orthilia Rafin.

1a. 叶卵形或椭圆形，先端锐尖，基部楔形；总状花序有花 8—15 朵。生于林下。产兴安北……………………………………………**1. 单侧花 O. secunda** (L.) House
1b. 叶宽卵形或近圆形，先端钝或圆形，基部近圆形；总状花序花较少。生于林下。产兴安北、岭东、兴安南、贺兰山…**2. 钝叶单侧花 O. obtusata** (Turcz.) H. Hara——*O. secunda* (L.) House var. *obtusata* (Turcz.) House

3. 独丽花属 Moneses Salisb.

独丽花 Moneses uniflora (L.) A. Gray

多年生常绿小草本，高约 8cm。根状茎细长横走。叶于基部对生，卵圆形，先端圆钝，边缘具细锯齿。花单一，着生于花亭顶部；萼裂片 5；花瓣 5，白色；雄蕊 10。蒴果近圆球形，花柱宿存。生于云杉林内潮湿地。产贺兰山。

4. 水晶兰属 **Monotropa** L.

1a. 花 3—10 朵，在茎顶集成总状花序。生于山地落叶松林下。产兴安北、燕北、岭东……**1. 松下兰 M. hypopitys** L.
——*Hypopitys monoyropa* Crantz
1b. 花单朵顶生。生于山地落叶松林下。产兴安北……………………………………………**2. 水晶兰 M. uniflora** L.

94. 杜鹃花科 Ericaceae

1a. 子房上位；果实多为蒴果，少浆果。
  2a. 蒴果。
    3a. 花瓣离生，多花组成伞房花序；叶披针形至狭条形，下面密被红棕色柔毛……………………………………………………………………………………………………**1. 杜香属 Ledum**
    3b. 花瓣合生，2 至多花簇生或组成伞形、伞房花序，或为单生；叶下面常无毛。
      4a. 蒴果室间开裂；花不组成偏侧性的总状花序。
        5a. 叶较宽，非条形；雄蕊常露出……………………………**2. 杜鹃花属 Rhododendron**
        5b. 叶狭窄，条形；雄蕊内藏……………………………………………**3. 松毛翠属 Phyllodoce**
      4b. 蒴果室背开裂；花顶生枝端，组成偏侧性的总状花序………**4. 甸杜属 Chamaedaphne**
  2b. 浆果；茎平卧地面的小灌木；叶集生于茎顶……………………………………………**5. 天栌属 Arctous**
1b. 子房下位；浆果。
  6a. 细弱蔓生半灌木；花冠 4 深裂，裂片极度反折；雄蕊外露………………**6. 毛蒿豆属 Oxycoccus**
  6b. 直立灌木，少为乔木；花冠 4—5 浅裂，裂片直立或微外卷；雄蕊内藏…**7. 越橘属 Vaccinium**

1. 杜香属 **Ledum** L.

1a. 叶披针形或条状披针形，宽 5—10mm，叶缘稍外卷；蒴果长 4—5mm。
  2a. 直立小灌木；叶片下面密被褐色柔毛，无白色短毛。生于山地针叶林下及水藓沼泽中。产兴安北……………………………………………………………………………**1a. 杜香 L. palustre** L. var. **palustre**
  2b. 匍匐小灌木；叶片下面密被褐色绵毛和白色短毛。生于山地林下、沼泽中。产兴安北、岭东……………………………………………………………**1c. 宽叶杜香 L. palustre** L. var. **dilatatum** Wahlenberg
1b. 叶狭条形或条形，宽 1.5—4mm，叶缘明显向下反卷；蒴果长 3—4mm。生于山地林下、沼泽中。产兴安北…………**1b. 狭叶杜香 L. palustre** L. var. **decumbens** Aiton——*L. palustre* L. var. *angustium* N. Busch

2. 杜鹃花属 **Rhododendron** L.

1a. 花乳白色；花冠小，6—8mm；总状花序多花，顶生枝端；叶长 2—4cm。生于山地林缘及林间。产兴安南、辽河(大青沟)、燕北、赤峰……………………………………………………**1. 照山白 R. micranthum** Turcz.
1b. 花粉红色、淡紫红色、紫红色或蔷薇色；花冠大，长 10mm 以上。
  2a. 叶较小，长 1—1.5cm，宽 3—6mm；花 2—4 朵组成顶生伞形花序；花冠长 1—1.3cm。生于山地或亚高山灌丛、矮桦林及石质坡地。产兴安北、岭东………………… 2. **小叶杜鹃 R. lapponicum** (L.) Wahlenberg
——*R. parvifolium* Adams
  2b. 叶较大，长 1.5cm 以上，宽 10mm 以上；花大，花冠长超过 1.5cm。

3a. 花 1—2 朵侧生枝端，花冠长 1.5—1.8cm；花梗长 2—3mm；叶两端钝圆，有时基部宽楔形，长 1.5—3.5cm。生于山地林下及林缘。产兴安北、岭东、岭西、兴安南……… **3. 兴安杜鹃 R. dauricum** L.

3b. 花 1—5 朵簇生枝端，花冠长 3—4cm；花梗长约 10mm；叶基部楔形，先端锐尖，长 3—6cm。生于山地灌丛。产岭西、兴安南、燕北……………………………… **4. 迎红杜鹃 R. mucronulatum** Turcz.

3. 松毛翠属 Phyllodoce Salisb.

松毛翠 Phyllodoce caerulea (L.) Babington

常绿小灌木，高达 30cm。叶互生，条形，革质，边缘具尖细锯齿。伞形花序顶生，萼裂片 5；花冠卵状壶形，口部缩小，檐部 5 裂，红色或紫堇色。蒴果近球形，带红色，密被长腺毛。生于亚高山灌丛、草甸。产兴安北、岭东。

4. 甸杜属 Chamaedaphne Moench

甸杜 Chamaedaphne calyculata Moench

常绿小灌木，高 30—100cm，密生鳞斑及短腺毛。叶互生，矩圆状倒披针形，近全缘。总状花序顶生；花萼 5 裂；花冠钟状，白色，先端具 5 齿；雄蕊 10，花药顶孔开裂。蒴果扁球形，室背开裂。生于林下及水藓沼泽中。产兴安北(满归镇)。

5. 天栌属(北极果属) Arctous (A. Gray) Neid.

1a. 叶薄纸质；果红色。生于高山灌丛中。产贺兰山……………………… **1. 天栌 A. ruber** (Rehd. et Wils.) Nakai

1b. 叶厚纸质；果暗紫色。生于高山冻原或高山灌丛中。产兴安北(大兴安岭白蛤蜊山)…………………………………………… **2. 黑果天栌 A. alpinus** (L.) Niedenzu——*A. alpinus* (L.) Niedenzu var. *japonicus* (Nakai) Ohwi

6. 毛蒿豆属 Oxycoccus Adans.

毛蒿豆 Oxycoccus microcarpus Turcz. ex Rupr.

常绿匍匐半灌木，高 5—10cm。叶互生，卵状椭圆形，先端锐尖，全缘。花单生于枝顶；萼裂片 4；花冠淡红色，4 深裂；雄蕊 8，花药顶孔开裂。浆果球形，红色。生于藓类沼泽及松林内。产兴安北(满归镇)。

7. 越橘属 Vaccinium L.

1a. 常绿灌木；叶革质，下面有腺点；浆果红色。生于林下。产兴安北、岭东、岭西、贺兰山…………………………… **1. 越橘 V. vitis-idaea** L.——贺兰山越橘 *V. vitis-idaea* L. var. *alashanicum* Z. Y. Chu et C. Z. Liang

1b. 落叶灌木；叶纸质，下面无腺点；浆果蓝紫色。生于山地林下、林缘、沼泽湿地。产兴安北、岭东、岭西 …………………………………………………………… **2. 笃斯越橘 V. uliginosum** L.

95. 报春花科 Primulaceae

1a. 叶通常全部基生，莲座状；花在花葶顶端组成伞形花序或单生；花冠裂片在花蕾中覆瓦状排列或镊合状排列。

  2a. 雄蕊生于花冠筒周围，花药钝形、圆形或心形。

    3a. 花冠筒长于花冠裂片和花萼；花冠喉部不紧缩……………………… **1. 报春花属 Primula**

    3b. 花冠筒短于花冠裂片和花萼；花冠喉部紧缩 ……………………… **2. 点地梅属 Androsace**

2b. 雄蕊生于花冠筒基部，花药渐尖…………………………………………………… **3. 假报春属 Cortusa**

1b. 叶全部茎生；花组成总状花序、圆锥花序或单生叶腋；花冠裂片在花蕾中旋转状排列，或无花冠。

4a. 花单生叶腋；花冠无；花萼花冠状，粉白色或蔷薇色；叶肉质………………**4. 海乳草属 Glaux**

4b. 花组成总状花序、圆锥花序或花少数；花冠存在；花萼绿色；叶非肉质。

5a. 花 5—6 基数；叶互生、对生或轮生；种子多数，表皮坚硬………**5. 珍珠菜属 Lysimachia**

5b. 花 7 基数；叶在茎顶近轮生；种子数粒，具疏松的白色网络状表皮层 …………………………………………………………………………………………………… **6. 七瓣莲属 Trientalis**

1. 报春花属 Primula L.

1a. 伞形花序；花冠裂片通常倒心形，顶端 2 裂，平展；植株通常被毛或被粉状物。

2a. 苞片基部稍膨胀而成浅囊状或下延成耳状附属物；叶近全缘或具牙齿。

3a. 叶倒卵状矩圆形、近匙形或矩圆状披针形，无柄或基部渐狭下延成翅状柄；苞片基部无耳状附属物，有时成浅囊状。

4a. 花葶纤细，直径 1.5—2mm；花序较疏松，不呈球状，有花 3—10 朵；叶下面有或无粉状物，花萼里面常有粉状物。

5a. 叶全缘或具稀疏锯齿；花萼裂片通常绿色；苞片果期不反折。生于低湿地草甸、沼泽化草甸、高山草甸、沟谷灌丛，疏林下。产兴安北、岭东、岭西、兴安南、辽河、赤峰、锡林、阴山、鄂尔、贺兰山 ……………………………………………………………………**1. 粉报春 P. farinosa** L.

5b. 叶缘具不整齐尖细齿；花萼裂片暗紫色；苞片果期反折。生于山地沟谷草甸与灌丛。产贺兰山 ……………………………………………………………**2. 冷地报春 P. algida** Adam.

4b. 花葶粗壮，直径可达 4mm，筒状中空；花序紧密，呈球状伞形；花多达 20 朵以上；叶及花萼里面不具粉状物，或叶微被细粉状物。生于低湿地草甸、草甸。产兴安北、岭东、兴安南…………………………………………………………………………**3. 箭报春 P. fistulosa** Turkev.

3b. 叶通常近圆形、圆状卵形至椭圆形，具明显叶柄；苞片基部有耳状附属物。生于山地草甸、河谷草甸、碱化草甸。产兴安北、呼伦、兴安南、科尔沁、锡林、阴山………………**4. 天山报春 P. nutans** Georgi

2b. 苞片基部无浅囊或耳状附属物；叶片卵形、卵状矩圆形或矩圆形，边缘浅裂，基部心形或圆形。生于山地林下、林缘、草甸化沼泽。产兴安北、岭东、兴安南、辽河(大青沟)、贺兰山 …………………………………………………………………………………**5. 翠南报春 P. sieboldii** E. Morren

1b. 1—3 轮层叠式伞形花序；花冠裂片矩圆形，全缘，通常反折；全株无毛。生于山地林下、林缘、山地草甸。产兴安北、岭东、兴安南、燕北、锡林…………………………………**6. 段报春 P. maximowiczii** Regel

2. 点地梅属 Androsace L.

1a. 一年生或二年生草本，具纤细直根或须根；植株一般单生；叶缘具齿。

2a. 叶圆形或肾形，有明显叶柄。

3a. 叶缘有多数三角状钝牙齿；花萼深裂几达基部，果期萼裂片呈星状水平开展；花冠较大，显著超出花萼。生于山地林下、林缘、灌丛、草甸。产岭东、兴安南、辽河 ……………………………………………………………………**1. 点地梅 A. umbellata** (Lour.) Merr.

3b. 叶缘有 7—11 个圆齿；花萼浅裂或中裂，果期萼裂片略开展或稍反折；花冠较小，与花萼近等长或稍超出花萼。生于山地沟谷、林缘草甸、河岸草甸。产呼伦、兴安南、阴山 ……………………………………………………………**2. 小点地梅 A. gmelinii** (L.) Roem. et Schult.

2b. 叶卵形、矩圆形或披针形，无叶柄，或基部下延渐狭成柄状。

4a. 苞片小，披针形或条状披针形；花梗长于苞片 5 倍以上；植株不被糙伏毛。

5a. 须根；叶基部下延成柄状；花萼杯状，中脉不隆起；植株无毛或花葶上部被短腺毛。生于山地林缘、低湿草甸、沼泽草甸、沟谷。产兴安北、岭西、兴安南、燕北、锡林……………………………………………………………………………………………………3. 东北点地梅 **A. filiformis** Retz.

5b. 直根；叶无柄；花萼钟状，中脉隆起；植株被分叉毛。生于山地草甸、林缘、沟谷、草甸草原、砾石质草原。产兴安北、岭东、岭西、兴安南、科尔沁、燕北、锡林、阴山、阴南、鄂尔、贺兰山、龙首山……………………………………………………………………………………4. 北点地梅 **A. septentrionalis** L.

4b. 苞片大，椭圆形或矩圆状卵形；花梗长于苞片 1—3 倍；植株被糙伏毛及腺毛。生于山地砾石质坡地、固定沙地、丘间低地、撂荒地。产呼伦、锡林、阴山、阴南、鄂尔、贺兰山、龙首山……………………………………………………………………………………5. 大苞点地梅 **A. maxima** L.

1b. 多年生草本，具根状茎、匍匐茎或分枝，由少数或多数莲座从形成疏丛、密丛或垫状；叶全缘。

6a. 叶片被绢毛；叶缘非软骨质。生于山地草原、石质丘陵顶部及石质山坡。产岭西、兴安南、赤峰、锡林、乌兰、阴山……………………………………………………………………6. 白花点地梅 **A. incana** Lam.

6b. 叶片通常光滑或稀有短柔毛；叶缘或仅上部边缘为软骨质。

7a. 植株为疏丛或密丛，地上分枝草质；伞形花序通常有花 4 朵以上。

8a. 花葶明显；花淡紫红色。生于山地草甸、高山草甸。产锡林、乌兰、阴山、贺兰山、龙首山……………………………………………………………………7. 西藏点地梅 **A. mariae** Kanitz

——*A. mariae* Kanitz var. *tibetica* (Maxim.) Hand.-Mazz.

8b. 花葶不明显，藏于叶丛中；花白色或带粉红色。生于砾石质草原、山地砾石质坡地、石质丘陵岗顶。产兴安南、锡林……………………………………………8. 长叶点地梅 **A. longifolia** Turcz.

7b. 垫状植物，主根及地上分枝的下部木质化；伞形花序有花 1—2 朵，花葶极短或无花葶。生于山地草原、石质坡地。产东阿(桌子山)、贺兰山…………………… 9. 阿拉善点地梅 **A. alashanica** Maxim.

3. 假报春属 Cortusa L.

1a. 叶两面疏被短毛，有时背面被白色绵毛；叶柄两侧具膜质狭翅，被长柔毛。

2a. 叶片裂达叶长的 1/5—1/4，裂片具钝圆的牙齿；植株被白色绵毛。生于山地林下。产兴安北、兴安南、贺兰山……………………………………………………………1a. 假报春 **C. matthioli** L. subsp. **matthioli**

2b. 叶片裂达叶长的 1/3—1/2，裂片具锐尖的牙齿；植株被淡棕色绵毛。生于山地林下。产兴安北、燕北、阴山……………………………1b. 河北假报春 **C. matthioli** L. subsp. **pekinensis** (V. Richt.) Kitag.

1b. 叶两面无毛；叶柄两侧无膜质狭翅，无毛。生于山地林下。产阴山(乌拉山)……………………………………………………………………2. 阿尔泰假报春 **C. altaica** A. Los.

4. 海乳草属 Glaux L.

海乳草 Glaux maritima L.

多年生草本，高 4—20cm。叶密集，交互对生，矩圆状披针形，肉质，全缘。单花腋生；花萼钟形，粉白色或蔷薇色，5 中裂；雄蕊 5。蒴果近球形，顶端 5 瓣裂。生于低湿地矮草草甸、轻度盐化草甸。产内蒙古各地。

5. 珍珠菜属 Lysimachia L.

1a. 花序顶生；花冠裂片宽 1mm 以上；雄蕊不伸出花冠之外。

2a. 叶对生或 3—4 叶轮生；顶生圆锥花序或复伞房状圆锥花序；花黄色。生于山地林缘、灌丛、草甸。产兴安北、岭东、岭西、兴安南、科尔沁、辽河(大青沟)、燕北、锡林、鄂尔……………1. 黄莲花 **L. davurica** Ledeb.

2b. 叶互生；顶生总状花序，常弯向一侧；花白色。生于山地灌丛、草甸、沙地。产兴安北、岭东、岭西、兴安南、科尔沁、辽河(大青沟)、燕北、阴山……………………………………2. 狼尾花 **L. barystachys** Bunge

1b. 总状花序于茎中部腋生，花密集；花冠裂片狭长，宽约 0.6mm；雄蕊伸出花冠之外。生于沼泽、沼泽化草甸。产兴安北、岭东、岭西、兴安南、辽河、锡林……………………………………………3. 球尾花 **L. thyrsiflora** L.

6. 七瓣莲属 **Trientalis** L.

七瓣莲 Trientalis europaea L.

多年生小草本。根状茎细长，横走。下部茎生叶 1—4，较小，顶生叶 5—7 片呈轮生状；叶片狭倒卵形，先端锐尖，全缘。花 1—2 朵生于茎顶叶腋；花萼 7 深裂；花冠白色，7 深裂；蒴果近球形，5 瓣裂。生于山地阴湿林下、灌丛中。产兴安北、岭东、岭西、兴安南、燕北、阴山。

96. 白花丹科 Plumbaginaceae

1a. 花柱 5 条；萼裂片无具柄的腺体。
  2a. 柱头扁头状；外苞片长于第一内苞片，顶端有草质硬尖…………………1. 驼舌草属 **Goniolimon**
  2b. 柱头圆柱形至丝状圆柱形；外苞片短于第一内苞片，顶端无硬尖……… 2. 补血草属 **Limonium**
1b. 花柱 1 条；萼裂片有具柄的腺体……………………………………………………3. 鸡娃草属 **Plumbagella**

1. 驼舌草属 **Goniolimon** Boiss.

驼舌草 Goniolimon speciosum (L.) Boiss.

多年生草本，高 10—30cm。叶基生，莲座状；叶片倒卵形，先端急尖，全缘。花 2—5 朵组成小穗，5—9 个小穗紧密排列成 2 行而组成穗状花序，多数穗状花序再组成圆锥状复花序；花萼漏斗状，萼檐具 5 裂片；花冠淡紫红色；雄蕊 5。蒴果矩圆状卵形。生于石质丘陵山坡或平原。产呼伦、锡林。

2. 补血草属 **Limonium** Mill.

1a. 花萼与花冠均为黄色。
  2a. 茎多数，大部分平卧，从基部叉状分枝，呈“之”字形曲折；花序轴和嫩枝密被疣状突起。生于盐化低地上。产岭西、呼伦、科尔沁、锡林、乌兰、阴山、阴南、鄂尔、东阿、西阿、额济纳……………………………………………………………………………………1. 黄花补血草 **L. aureum** (L.) Hill.
  2b. 茎少数，单一或 2—3，直立，不曲折，上半部叉状分枝。生于盐碱地。产东阿(巴彦浩特市)……………………………………………………………………………………2. 格氏补血草 **L. grubovii** Lincz.
1b. 花萼紫红色、粉红色、淡紫色或白色。
  3a. 茎基部具白色膜质鳞片；叶狭小；萼淡紫色；根皮破裂成棕色纤维。生于干燥石质坡地、石质残丘。产乌兰、东阿、西阿、额济纳……………………………………3. 细枝补血草 **L. tenellum** (Turcz.) Kuntze
  3b. 茎基部无白色膜质鳞片；叶较宽大；萼紫红色、粉红色或白色；根皮不破裂成棕色纤维。
    4a. 花冠淡紫红色；穗状花序在每一枝端集成一紧密近球形的复花序；花序轴 1—5 节上有叶。生于草原。产呼伦、科尔沁 ……………………………………4. 曲枝补血草 **L. flexuosum** (L.) Kuntze
    4b. 花冠黄色；穗状花序排列在小枝上部至顶端，彼此多少离开或靠近，不在每一枝端集成近球形的复花序；花序轴通常无叶。
      5a. 根皮暗褐色；基生叶大，长 3—15cm，宽 0.5—3cm；花萼淡紫色、粉红色或白色。生于典型草原、草甸草原、山地。产呼伦、兴安南、科尔沁、辽河、赤峰、锡林、乌兰、阴山、阴南、鄂尔、东阿、贺兰山、额济纳……………………………………………5. 二色补血草 **L. bicolor** (Bunge) Kuntze
      5b. 根皮暗红色；基生叶小，长 1—2cm，宽 4—7mm；花萼白色。生于疏松盐土、盐化河岸沙地。产东阿(乌拉特中旗甘其毛都)、额济纳(赛汉陶来苏木)……………………………………………………

……………………………………………… 6. 红根补血草 **L. erythrorhizum** Ik.-Gal. ex Lincz.

3. 鸡娃草属 **Plumbagella** Spach

鸡娃草 Plumbagella micrantha (Ledeb.) Spach

一年生草本，高 10—30cm。叶披针形或卵状披针形，先端锐尖至渐尖，基部有耳抱茎，边缘有细小皮刺；茎下部叶基部无耳而渐狭下延呈叶柄状。穗状花序顶生或腋生，穗轴密被腺毛；花萼先端有 5 裂片，边缘被腺毛；花冠淡蓝紫色，狭钟形，先端 5 裂；雄蕊 5。蒴果尖卵形，有 5 条纵纹。生于山谷河沟。产贺兰山。

97. 木犀科 Oleaceae

1a. 果实为翅果或蒴果。

2a. 翅果。

3a. 翅果周围具翅，倒卵形或宽椭圆形；花两性；单叶……………………… **1. 雪柳属 Fontanesia**

3b. 翅果先端具翅，矩圆形、匙形或倒披针形；花两性或单性；单数羽状复叶 …………………………………………………………………………………………… **2. 白蜡树属 Fraxinus**

2b. 蒴果。

4a. 枝条空心或有片状髓；叶缘具齿；花黄色，1—3(6)朵腋生，花冠裂片覆瓦状排列 ……………………………………………………………………………………… **3. 连翘属 Forsythia**

4b. 枝条实心；叶全缘；花紫色或红色，少白色，多花组成顶生或腋生的圆锥花序，花冠裂片镊合状排列 ……………………………………………………………… **4. 丁香属 Syringa**

1b. 果实为浆果；单叶全缘；花白色，多花组成顶生或腋生的圆锥花序，花冠裂片镊合状排列……………………………………………………………………………………… **5. 女贞属 Ligustrum**

1. 雪柳属 **Fontanesia** Labill.

雪柳 Fontanesia fortunei Carr.

落叶灌木，高可达 5m。单叶对生，披针形，先端渐尖，全缘。总状花序顶生或腋生；萼 4 裂；花瓣 4，绿白色或粉红色；雄蕊 2。翅果倒卵形，扁平，周围具翅。呼和浩特市、包头市有栽培。

2. 白蜡树属 **Fraxinus** L.

1a. 圆锥花序出自当年生枝上，花与叶同时开放或后叶开放。

2a. 无花冠；叶长 10cm 以上；乔木。

3a. 小叶 5—9，多为 7，披针形或卵状披针形，先端渐尖；翅果菱状倒披针形或披针形。呼和浩特市和乌兰察布市的一些城镇有栽培……………………………………… **1. 中国白蜡 F. chinensis** Roxb.

3b. 小叶通常为 5，宽卵形、卵形或倒卵状，先端锐尖；翅果倒披针形或倒披针状条形。山地阔叶林的混生树种。产兴安南(巴林左旗)、科尔沁(扎赉特旗)、辽河(大青沟)、燕北 ………………………………………………………………………… **2. 花曲柳 F. rhynchophylla** Hance

2b. 具花冠；叶长 4—10cm；小乔木或灌木。生于山地阳坡。产燕北(敖汉旗大黑山) ……………………………………………………………………………… **3. 小叶白蜡 F. bungeana** A. DC.

1b. 圆锥花序出自去年生枝上，花先叶开放。

4a. 小叶 5—9，通常为 7；小叶柄基部不密生黄褐色绒毛；果体近圆柱形，翅果不扭曲。呼和浩特市、包头市等地有栽培 ……………………………………………… **4. 洋白蜡 F. pennsylvanica** Marsh.

4b. 小叶 7—11，近无柄；小叶柄基部围绕叶轴密生黄褐色绒毛；果体扁平，翅果常扭曲。生于沟谷和坡地。产辽河(大青沟)……………………………………………5. 水曲柳 **F. mandschurica** Rupr.

3. 连翘属 **Forsythia** Vahl

连翘 **Forsythia suspensa** (Thunb.) Vahl.

灌木，高1—2m。单叶或三出复叶，对生，卵形或卵状椭圆形，中上部边缘有粗锯齿，中下部常全缘。萼裂片 4；花冠黄色，花冠筒先端 4 深裂。蒴果卵圆形，先端尖，2 瓣开裂。呼和浩特市、包头市有栽培。

4. 丁香属 **Syringa** L.

1a. 单叶。

2a. 花冠筒明显长于花萼；雄蕊不伸出花冠外。

3a. 叶脉在上面凹入和下面突出明显，表面呈皱缩状；叶宽椭圆形或椭圆状倒卵形，基部宽楔形或近圆形；花药黄色，位于花冠管喉部 0—1mm 处；灌木。呼和浩特市、包头市有栽培………………………………………………………………………………1. 红丁香 **S. vilosa** Vahl.

3b. 叶脉上面凹入和下面突出不明显，表面平滑。

4a. 花直径约 6mm；果较狭，长椭圆形至披针形，宽 3—5mm；叶较小，卵形或椭圆状卵形，长大于宽，长 1.5—8cm，宽 1—5cm，基部楔形或宽楔形；花药紫色。

5a. 花梗、花萼无毛且为绿色；小枝和花序轴近四棱形；花冠长 1—1.5cm；花药位于花冠筒中部略上；小乔木。生于山地灌丛。产燕北(旺业甸林场)，呼和浩特市有栽培……………………………………………………………………2. 巧玲花 **S. pubescens** Turcz.

5b. 花梗、花萼被毛且为紫色；小枝和花序轴近圆柱形；花冠长约 1cm；花药位于花冠筒喉部 0—3mm 处；灌木。呼和浩特市有栽培…………3. 小叶丁香 **S. microphylla** Diels

4b. 花直径 10—15mm；果较宽，倒卵状椭圆形或卵形，宽 4—8mm；叶较大，宽卵形或肾形，宽通常超过长，长 4—14cm，宽 5—15cm，基部心形或截形；花药黄色；灌木。生于山地阴坡山麓。产燕北(敖汉旗大黑山)、贺兰山………………………………4. 紫丁香 **S. oblata** Lindl.

——白花丁香 *S. oblata* Lindl. var. *affinis* (Henry) Lingelsh.

2b. 花冠筒与花萼几等长；雄蕊伸出花冠外，花白色；叶卵形或卵圆形，两面光滑无毛；小乔木。生于山地河岸及河谷灌丛。产燕北、阴南(准格尔旗)……………………………………………………5. 暴马丁香 **S. reticulata** (Blume) Hara subsp. **amurensis** (Rupr.) P. S. Green et M. C. Chang

——*S. reticulata* (Blume) Hara var. *mandshurica* (Maxim.) Hara

1b. 单数羽状复叶，小叶 5—7，矩圆形或矩圆状卵形，先端多数钝圆，少数锐尖或突尖；灌木或小乔木。生于山地杂木林及灌丛。产贺兰山……………………………………………………6. 贺兰山丁香 **S. pinnatifolia** Hemsl. var. **alashanensis** Y. C. Ma et S. Q. Zhou

5. 女贞属 **Ligustrum** L.

小叶女贞 **Ligustrum quihoui** Carr.

落叶或半常绿小灌木，高 2—3m。单叶对生，全缘。圆锥花序分枝顶端；花萼先端 4 裂；花冠高脚蝶状，先端有 4 开展的裂片，白色；雄蕊 2。浆果状核果，黑色，有白粉。呼和浩特市、包头市、赤峰市等地有栽培。

98. 马钱科 Loganiaceae

1. 醉鱼草属 **Buddleja** L.

互叶醉鱼草 Buddleja alternifolia Maxim.

小灌木，高可达 3m。单叶互生，条状披针形，全缘。圆锥花序；花萼 4 裂；花冠筒状，紫堇色，先端 4 裂；雄蕊 4，无花丝。蒴果矩圆状卵形，2 瓣开裂。生于山地干山坡、固定沙地。产鄂尔、东阿、贺兰山。

99. 龙胆科 Gentianaceae

1a. 茎缠绕；花 4 基数；花冠裂片间无褶……………………………………………**1. 翼萼蔓属 Pterygocalyx**

1b. 茎直立或斜升。

  2a. 花药开裂后卷旋；花冠管细长；一年生草本……………………………**2. 百金花属 Centaurium**

  2b. 花药开裂后不卷旋。

    3a. 花冠裂片间有褶；蜜腺着生在子房基部………………………………**3. 龙胆属 Gentiana**

    3b. 花冠裂片间无褶；蜜腺着生在花冠基部。

      4a. 花冠基部有小腺体，无腺洼和花距。

        5a. 花 4 基数；萼裂片有薄膜质边缘，1 对较宽而短与 1 对较狭而长的裂片相间………………………………………………………………………**4. 扁蕾属 Gentianopsis**

        5b. 花 4—5 基数；萼裂片无膜质边缘。

          6a. 花冠喉部无流苏状鳞片…………………………………**5. 假龙胆属 Gentianella**

          6b. 花冠喉部具流苏状鳞片…………………………………**6. 喉毛花属 Comastoma**

      4b. 花冠基部有明显的腺洼和花距。

        7a. 花冠辐状，无花距。

          8a. 无花柱，柱头沿子房缝线下延……………………………**7. 肋柱花属 Lomatogonium**

          8b. 柱头位于花柱顶端，不沿子房缝线下延。

            9a. 花萼裂片在基部两侧凹缺；腺窝外侧边缘具鳞片；雄蕊花丝基部背面具流苏状毛……………………………………………………**8. 腺鳞草属 Anagallidium**

            9b. 花萼裂片在基部两侧无凹缺；腺窝边缘具流苏状毛或无毛；雄蕊花丝基部无毛………………………………………………………………**9. 獐牙菜属 Swertia**

        7b. 花冠钟状，基部有 4 个锚状花距…………………………………**10. 花锚属 Halenia**

1. 翼萼蔓属 **Pterygocalyx** Maxim.

翼萼蔓 Pterygocalyx volubilis Maxim.

一年生缠绕草本。叶膜质，披针形或条状披针形，全缘，具三出脉。花单生或数朵簇生；花萼钟状管形，顶端 4 裂，蓝色；雄蕊 4，着生在花冠筒中部；蒴果椭圆形，压扁。生于山地林下。产燕北、阴山、贺兰山。

2. 百金花属 **Centaurium** Hill.

百金花 Centaurium pulchellum (Swartz) Druce var. **altaicum** (Griseb.) Kitag. et H. Hara——*C. meyeri* (Bunge) Druce

一年生草本，高 6—25cm。叶椭圆形或披针形，先端锐尖，全缘，具三出脉。二歧聚伞花序顶生或腋生；花萼管状，先端5裂；花冠近高脚碟状，白色，顶端5裂；雄蕊5，着生于花冠喉部。蒴果狭矩圆形。生于低湿草甸、水边。产呼伦、科尔沁、燕北、阴南、鄂尔、阴山、贺兰山。

3. 龙胆属 Gentiana L.

1a. 一、二年生矮小草本。

2a. 茎生叶披针状条形或条形；花白色或稍带紫色。生于山地草甸或岩石处。产兴安北、阴山(灰腾梁)……………………………………………………1. 白花龙胆 **G. thunbergii** (G. Don) Griseb. var. **minor** Maxim.

2b. 茎生叶心形、卵形、倒卵形或倒披针形；花篮色。

3a. 茎从基部多分枝，似丛生状，主茎不明显；茎生叶卵形、倒卵形或倒披针形；叶及萼裂片边缘无乳突。

4a. 萼裂片卵形，顶端反折。生于山地草甸、旱化草甸、草甸草原。产内蒙古各地……………………………………………………2. 鳞叶龙胆 **G. squarrosa** Ledeb.

4b. 萼裂片披针形，顶端直立。

5a. 花萼筒状漏斗形，长为花冠之半，萼筒绿色，无膜质纵纹。生于山地灌丛、草甸、沟谷。产岭东、兴安南、辽河、锡林、阴山、阴南、鄂尔、贺兰山……………………………………………………3. 假水生龙胆 **G. pseudoaquatica** Kusnez.

5b. 花萼筒形，稍短于花冠，具5条宽的白色膜质纵纹。生于高山草甸。产贺兰山……………………………………………………4. 白条纹龙胆 **G. burkillii** H. Smith.

3b. 茎直立，上部多分枝，主茎明显；茎生叶心形；萼裂片卵形，顶端开展；叶及萼裂片边缘具乳突。生于山丘、沟谷。产内蒙古南部……………………………………………………5. 心叶灰绿龙胆 **G. yokusai** Burkill var. **cordifolia** T. N. Ho

1b. 多年生草本。

6a. 茎基部包被发状残叶纤维；基生叶呈莲座状。

7a. 聚伞花序具少数花，疏松，不成头状；花具梗，不等长。

8a. 花萼不开裂或一侧稍开裂，萼齿条形；叶条状披针形，先端锐尖，三至五出脉。生于典型草原、草甸、山地草原。产内蒙古各地……………………………6. 达乌里龙胆 **G. dahurica** Fisch.

8b. 花萼一侧开裂，萼齿钻形；叶条形或披针状条形，先端渐尖，一至三出脉。生于山地林间草地。产兴安北……………………………………………………7. 斜升龙胆 **G. decumbens** L. f.

7b. 聚伞花序具多数花，簇生成头状；花无梗；花萼一侧开裂，萼齿三角状卵形；叶披针形或倒披针形，先端钝尖，五至七出脉。生于山地草甸、林缘、灌丛、沟谷。产兴安北、岭东、岭西、兴安南、科尔沁、燕北、锡林、阴山、贺兰山……………………………………………………8. 秦艽 **G. macrophylla** Pall.

6b. 茎基部无残叶纤维；无莲座状基生叶。

9a. 叶对生。

10a. 叶卵形或卵状披针形，叶缘及下面主脉粗糙。生于山地林缘、灌丛、草甸。产兴安北、岭东……………………………………………………9. 龙胆 **G. scabra** Bunge

10b. 叶条形或披针形，叶缘及下面主脉不粗糙。

11a. 花冠裂片先端钝或圆；叶披针形。生于山地林缘、灌丛、草甸。产兴安北、兴安南、燕北……………………………………………………10. 三花龙胆 **G. triflora** Pall.

11b. 花冠裂片先端尖或骤尖；叶条形。生于山地林缘、灌丛、草甸。产兴安北、岭东、岭西、兴安南、科尔沁……………………………………………………11. 条叶龙胆 **G. manshurica** Kitag.

9b. 叶3叶轮生，条形。生于山地林下、林缘。产兴安北……………12. 兴安龙胆 **G. hsinganica** J. H. Yu

4. 扁蕾属 **Gentianopsis** Y. C. Ma

1a. 花萼明显短于花冠筒，2 对裂片近等长，内对稍短。

2a. 花萼内对裂片先端钝尖；茎生叶矩圆形或矩圆状披针形，先端钝尖。生于高山草甸或灌丛。产贺兰山 ·……………………………………………… **1. 湿生扁蕾 G. paludosa** (Munro ex J. D. Hook.) Y. C. Ma

2b. 花萼内对裂片先端渐尖；茎生叶卵状三角形或三角状披针形，先端锐尖。生于山地林缘、沟谷、山坡。产燕北、阴山……………………………………………… **2. 宽叶扁蕾 G. ovato-deltoidea** (Burk.) Y. Z. Zhao

——*G. barbata* (Froel.) Y. C. Ma var. *ovatodeltoidea* (Burk.) Y. C. Ma

1b. 花萼长于或近等长于花冠筒，2 对裂片极不等长，内对裂片先端长渐尖，明显短于外对；茎生叶条形或狭披针形，先端长渐尖。生于山地林缘、灌丛、低湿草甸、沟谷、河滩砾石处。产兴安北、岭东、岭西、兴安南、燕北、锡林、阴山、贺兰山 ……………………………………………………… **3. 扁蕾 G. barbata** (Froel.) Y. C. Ma

——中国扁蕾 *G. barbata* (Froel.) Y. C. Ma var. *sinensis* Y. C. Ma

5. 假龙胆属 **Gentianella** Moench

黑边假龙胆 Gentianella azurea (Bunge) Holub

一年生草本，高 5—25cm。单叶对生，矩圆形，先端钝，边缘微粗糙。单花顶生；花萼 5 深裂；花冠蓝色或淡蓝色，5 中裂；雄蕊 5，着生于花冠筒中部。蒴果。生于海拔 3500m 的高山草甸。产贺兰山。

6. 喉毛花属 **Comastoma** (Wettstein) Toyokuni

1a. 茎由基部或茎上多长分枝。

2a. 花冠中裂。

3a. 花冠较大，长 14—27mm；萼片边缘平展；茎由基部多分枝；叶多数为基生，茎生叶很少。生于高山草甸。产贺兰山………………… **1. 镰萼喉毛花 C. falcatum** (Turcz. ex Kar. et Kir.) Toyokuni

3b. 花冠较小，长 7—14mm；萼片边缘全部或部分皱缩；茎上多长分枝；叶多数为茎生，基生叶早落。生于海拔 2400m 左右的山坡。产贺兰山 ……………………………………………………………………………………………………… **2. 皱萼喉毛花 C. polycladum** (Diels et Gilg) T. N. Ho

2b. 花冠浅裂；茎上多长分枝；叶多数为茎生，基生叶早落。生于高山草甸。产贺兰山(哈拉乌沟)……………………………………………………………………… **3. 柔弱喉毛花 C. tenellum** (Rottb.) Toyokuni

1b. 茎不由基部分枝，茎上具短分枝；花冠长 10—12mm，浅裂；基生叶早落。

4a. 花蓝色；花冠裂片矩圆形，先端圆形；花萼裂片长为花冠的 1/2—2/3。生于山地林下、灌丛、低湿草甸。产兴安北、兴安南、阴山、贺兰山 ……………… **4. 尖叶喉毛花 C. acutum** (Michx.) Y. Z. Zhao et X. Zhang

——尖叶假龙胆 *Gentianella acuta* (Michx.) Hulten

4b. 花黄色；花冠裂片三角形，先端锐尖；花萼裂片与花冠近等长。生于云杉林下。产贺兰山……………………………………………………………………………… **5. 阿拉善喉毛花 C. alashanicum** Z. Y. Zhao et Z. Y. Chu

7. 肋柱花属 **Lomatogonium** A. Br.

1a. 花萼裂片狭卵形或披针形，长为花冠的 2/3；叶卵状披针形或椭圆形。生于亚高山低湿草甸。产兴安南、阴山(灰腾梁)……………………………………………………………… **1. 肋柱花 L. carinthiacum** (Wulf.) Reich.

1b. 花萼裂片狭条形；叶条形、条状披针形或披针形。

2a. 花萼裂片与花冠近等长或明显长；花冠裂片椭圆状披针形或椭圆形；叶通常条形或条状披针形。

3a. 花冠淡蓝色；花萼裂片与花冠近等长。生于低湿草甸、沟谷溪边、林缘草甸。产兴安北、兴安南、锡林、阴山(灰腾梁)……………………………… **2a. 辐状肋柱花 L. rotatum** (L.) Fries ex Nyman var. **rotatum**

3b. 花冠橙黄色；花萼裂片明显比花冠长。生于低湿草甸。产科尔沁(突泉县)……………………………………………………2b. **橙黄肋柱花 L. rotatum** (L.) Fries ex Nyman var. **aurantiacum** Y. Z. Zhao

2b. 花萼裂片长为花冠的 1/2—2/3；花冠裂片宽卵状披针形；叶通常披针形或狭披针形。生于低湿草甸及亚高山低湿草甸。产兴安南、锡林、阴山、鄂尔………3. **短萼肋柱花 L. floribundum** (Franch.) Y. Z. Zhao

——*Pleurogyne rotata* (L.) Fries ex Nyman var. *floribunda* Franch.

——密序肋柱花 *L. rotatum* (L.) Fries ex Nyman var. *floribundum* (Franch.) T. N. Ho

8. 腺鳞草属 Anagallidium Griseb.

1a. 花白色或淡绿色；叶全缘，具 5 脉。生于河谷草甸。产呼伦、兴安南、锡林、阴山、贺兰山……………………………………………………1. **腺鳞草 A. dochotomum** (L.) Griseb.——歧伞獐芽菜 *Swertia dichotoma* L.

1b. 花橙黄色，具红色脉纹；叶缘皱波状，具 3 脉。生于山地溪边草甸。产阴山(蛮汗山)……………………………………………………2. **红纹腺鳞草 A. rubrostriatum** Y. Z. Zhao, Zong Y. Zhu et L. Q. Zhao

9. 獐牙菜属 Swertia L.

1a. 多年生草本；花 5 基数。

2a. 花冠黄绿色，具红褐色斑点，裂片基部有 1 个褐色腺洼。生于山地草甸、溪边。产兴安南、阴山……………………………………………………1. **红直獐牙菜 S. erythrosticta** Maxim.

2b. 花冠白色或绿白色，具暗紫色斑点，裂片基部有 2 个腺洼。生于林缘草甸、湿草甸。产兴安北、岭东……………………………………………………2. **藜芦獐牙菜 S. veratroides** Maxim. ex Kom.

1b. 一年生草本。

3a. 花 4 基数。

4a. 叶披针形或卵状披针形；花冠黄绿色，有时带紫色，无斑点，裂片下部具 2 个长圆形腺洼，内侧边缘具短裂片状流苏。生于沟谷湿草甸。产贺兰山 ……… 3. **四数獐牙菜 S. tetraptera** Maxim.

——*S. pusilla* Diels

4b. 叶三角状卵形；花冠蓝紫色，具暗紫色斑点，裂片中部具 2 排短鸡冠状突起。生于林下、林缘草甸。产兴安北……………………………………………………4. **卵叶獐牙菜 S. tetrapetala** Pall.

3b. 花 5 基数。

5a. 叶条形、条状披针形或披针形，宽 2—6mm，具 1 脉；花冠裂片基部具腺洼，上部无斑点。

6a. 花较小，直径 10—15mm；腺洼边缘流苏状毛表面光滑。生于山地沟谷草甸、低湿草甸。产岭西、兴安南、辽河(大青沟)、赤峰、燕北、锡林南部、阴山、阴南、鄂尔……………………………………………………5. **北方獐牙菜 S. diluta** (Turcz.) Benth. et J. D. Hook.

6b. 花较大，直径 20—25mm；腺洼边缘流苏状毛表面具小瘤状突起。生于林缘草甸、草甸。产兴安北、岭东、岭西、兴安南、燕北、锡林南部、鄂尔 ………6. **瘤毛獐牙菜 S. pseudochinensis** H. Hara

5b. 叶椭圆状披针形，宽 10—30mm，具 3 脉；花冠裂片基部无腺洼，中部具 2 个黏性的大斑点；上部有紫色斑点。生于山地林下、林缘。产阴南……………………………………………………7. **獐牙菜 S. bimaculata** (Sieb. et Zucc.) J. D. Hook. et Thoms ex C. B. Clarke

10. 花锚属 Halenia Borkh.

1a. 花冠黄白色或淡绿色，长 8—10mm；萼裂片条形或条状披针形。生于林缘草甸及低湿草甸。产兴安北、岭东、岭西、兴安南、辽河(大青沟)、燕北、锡林、阴山……………………………………………………1. **花锚 H. corniculata** (L.) Cornaz

1b. 花冠蓝色或蓝紫色，长 4—5mm；萼裂片卵形或椭圆形。生于山地林下及灌丛。产阴山、阴南(和林格尔县)……………………………………………………2. **椭圆叶花锚 H. elliptica** D. Don

100. 睡菜科 Menyanthaceae

1a. 三出复叶；花白色或粉红色……………………………………………………………**1. 睡菜属 Menyanthes**
1b. 单叶；花黄色………………………………………………………………………………**2. 荇菜属 Nymphoides**

1. 睡菜属 Menyanthes L.

睡菜 Menyanthes trifoliata L.

多年生草本，高 15—35cm。根状茎粗而长，匍匐状。三出复叶，基生；小叶 3 片，椭圆形，边缘微波状。总状花序多花；花萼钟状，5 深裂；花冠白色或淡红紫色，5 中裂，里面被白色流苏状毛；雌雄蕊异长。蒴果近球形。生于河滩草甸、湖泊边缘、山地藓类沼泽中。产兴安北、岭西、辽河(大青沟)、兴安南。

2. 荇菜属(莕菜属) Nymphoides Seguier

荇菜(莕菜) **Nymphoides peltata** (S. G. Gmel.) Kuntze

多年生水生草本。叶漂浮水面，对生或互生，近革质，叶片圆形，基部深心形，全缘或微波状。伞形状花序簇生叶腋；花萼 5 深裂；花冠白色或黄色，5 深裂，裂片边缘具毛；假雄蕊 5，密生白色长毛，位于花冠中部。蒴果卵形。生于池塘或湖泊中。产内蒙古各地。

101. 夹竹桃科 Apocynaceae

1. 罗布麻属 Apocynum L.

1a. 枝、叶通常对生；花冠筒状钟形。生于沙漠边缘、河漫滩、湖泊周围、盐碱地、沟谷、河岸沙地。产科尔沁、辽河、鄂尔、东阿、西阿、龙首山、额济纳 ……………………………………………………………… **1. 罗布麻 A. vernetum** L.
1b. 枝、叶通常互生；花冠宽钟形。生于盐碱地、河漫滩、沙漠边缘、沟谷。产东阿、西阿、龙首山、额济纳 …………………………………………………… **2. 白麻 A. pictum** Schrenk——*Poacynum pictum* (Schrenk) Baill.

102. 萝藦科 Asclepiadaceae

1a. 四合花粉，承载在匙形的、基部有 1 黏盘的载粉器上；花丝离生………………**1. 杠柳属 Periploca**
1b. 花粉粒联合成花粉块，通过花粉块柄系结于着粉腺上；花丝合生成筒状。
  2a. 副花冠杯状；花较小，直径在 1cm 以下；柱头不延长 …………………… **2. 鹅绒藤属 Cynanchum**
  2b. 副花冠环状；花较大，直径在 1cm 以上；柱头延长成一长喙……………**3. 萝藦属 Metaplexis**

1. 杠柳属 Periploca L.

杠柳 Periploca sepium Bunge

蔓性灌木，高达 1m。叶对生，披针形，先端长渐尖，全缘。2 歧聚伞花序大都是或腋生；花萼 5 深裂；花冠紫红色，5 裂；副花冠环状，10 裂，其中 5 裂丝状，顶端弯钩状；花药粘连，包围柱头。蓇葖果狭矩圆形，顶端具种缨。生于黄土丘陵、固定或不固定沙丘及其他沙质地。产辽河(大青沟)、科尔沁、阴南、鄂尔、东阿(阿拉善左旗南部)。

2. 鹅绒藤属 Cynanchum L.

1a. 须根。

2a. 叶基部半抱茎；花淡黄绿色或紫色。生于山坡草甸、沟谷低湿草甸、沙质地、沙滩草丛。产岭东、兴安南、科尔沁、赤峰、鄂尔……**1. 合掌消 C. amplexicaule** (Sieb. et Zucc.) Hemsl.

——紫花合掌消 *C. amplexicaule* (Sieb. et Zucc.) Hemsl. var. *castaneum* Makino

2b. 叶基部不抱茎。

3a. 花黑紫色或红紫色。

4a. 叶基部圆形、截形或近心形；两面均有白色绒毛。生于山坡草甸、林缘、河边。产岭东、兴安南……**2. 白薇 C. atratum** Bunge

4b. 叶基部楔形；无毛或有短柔毛。

5a. 叶卵状披针形或披针形，薄纸质；幼茎与叶常被短柔毛。生于山地草甸、沟谷草甸。产燕北、阴山(大青山)……**3. 华北白前 C. hancockianum** (Maxim.) Iljinski

5b. 叶狭尖椭圆形或狭披针形，革质；茎与叶通常无毛。生于半固定沙丘、沙质草原、干河床。产阴南、鄂尔、东阿……**4. 牛心朴子 C. mongolicum** (Maxim.) Hemsl.

——*C. komarovii* Iljinski

3b. 花淡绿黄色或黄色。

6a. 叶条形或披针状条形，基部渐狭。生于草甸草原、灌丛、石质山坡、丘陵阳坡。产兴安北、岭东、岭西、兴安南、科尔沁、辽河、燕北、锡林……**5. 徐长卿 C. paniculatum** (Bunge) Kitag.

6b. 叶卵形或矩圆状卵形，基部圆形。生于山地疏林林下、沟谷草甸。产燕北……**6. 竹灵消 C. inamoenum** (Maxim.) Loes.

1b. 根非须根。

7a. 花紫色或淡红色。

8a. 茎直立；叶条形；花较大，直径约 15mm。生于石质山地、丘陵阳坡、山地灌丛、林缘草甸、草甸草原。产兴安北、呼伦、兴安南、燕北、锡林、阴山……**7. 紫花杯冠藤 C. purpureum** (Pall.) K. Schum.

8b. 茎缠绕；叶戟形；花较小，直径约 4mm。生于绿洲芦苇草甸中、干湖盆、沙丘、低湿沙地。产东阿、龙首山……**8. 羊角子草 C. cathayense** Tsiang et Zhang

7b. 花白色或绿白色。

9a. 叶条形；副花冠单轮。

10a. 茎直立。生于干草原、丘陵坡地、沙丘、撂荒地、田埂。产内蒙古各地……**9a. 地稍瓜 C. thesioides** (Freyn) K. Schum. var. **thesioides**

10b. 茎缠绕。生境、分布同原变种……**9b. 雀瓢 C. thesioides** (Freyn) K. Schum. var. **australe** (Maxim.) Tsiang et P. T. Li

9b. 叶心形或戟形；副花冠双轮。

11a. 副花冠 5 浅裂，上端裂成 10 条丝状体；无块根，主根圆柱形。

12a. 副花冠筒包被合蕊冠；叶戟形或戟状心形，基部两耳近圆形。生于干旱荒漠。产东阿……**10. 戟叶鹅绒藤 C. sibiricum** Willd.

——*C. acutum* L. subsp. *sibiricum* (Willd.) K. H. Rechinger

12b. 副花冠高不及合蕊冠；叶宽三角状心形，基部不成耳。生于草原带的沙地、河滩地、田埂。产科尔沁、乌兰、阴山、阴南、鄂尔、东阿……**11. 鹅绒藤 C. chinense** R. Br.

11b. 副花冠 5 深裂，裂片披针形，里面中间有舌状片；叶戟形；具块根。生于山地灌丛、林缘草甸、沟谷、田间、撂荒地。产兴安南、燕北、阴山、贺兰山……**12. 白首乌 C. bungei** Decne

3. 萝藦属 **Metaplexis** R. Br.

萝藦 Metaplexis japonica (Thunb.) Makino

多年生缠绕草本，具乳汁。叶对生，卵状心形，先端渐尖或骤尖，全缘。聚伞花序呈总状排列，腋生；花萼5深裂；花冠白色，裂片5，副花冠环状，着生于合蕊冠上，5短裂；雄蕊着生在花冠基部，花丝合生成端管。蓇葖果叉生，纺锤形。生于河边沙质坡地。产兴安南、辽河(大青沟)、赤峰。

103. 旋花科 Convolvulaceae

1a. 花萼为2个大的叶状苞片所包围；子房1室或不完全的2室；柱头矩圆形或椭圆形，扁平……………………………………………………………………………………**1. 打碗花属 Calystegia**

1b. 花萼不为苞片所包，苞片小，条形。

2a. 柱头2裂片条形或近棒状………………………………**2. 旋花属 Convolvulus**

2b. 柱头头状，或成2瘤状突起，或成2球状。

3a. 花冠瓣中带通常有5条明显的脉；花粉粒无刺…………………**3. 鱼黄草属 Merremia**

3b. 花冠瓣中带有2脉；花粉粒有刺 ……………………………………**4. 番薯属 Ipomoea**

1. 打碗花属 **Calystegia** R. Br.

1a. 植株通常不被毛。

2a. 苞片较小，长0.6—1.6cm；宿萼及苞片与果近等长或稍短。生于耕地、撂荒地、路旁、溪边。产内蒙古各地……………………………………………………**1. 打碗花 C. hederacea** Wall. ex Roxb.

2b. 苞片较大，长1.7—2.7cm；宿萼及苞片增大包藏果实。生于撂荒地、农田、路旁、溪边草丛、山地林缘草甸。产兴安北、岭东、岭西、呼伦、兴安南、燕北……………………………………………………**2. 宽叶打碗花 C. silvatica** (Kitaib.) Griseb. subsp. **orientalis** Brummit.
——*C. sepium* auct. non (L.) R. Br.: Fl. Intramongol. ed. 2, 4: 133. 1993.

1b. 植株被毛。

3a. 叶卵状矩圆形或卵状三角形，基部心形或戟形；叶柄长 1—2cm。生于撂荒地、农田、路旁。产兴安北、岭东、岭西、呼伦、兴安南……………**3. 毛打碗花 C. sepium** (L.) R. Brown subsp. **spectabilis** Brumm.
——*C. dahurica* (Herb.) G. Don

3b. 叶矩圆形或条状矩圆形，基部平截或微呈戟形；叶柄长2—5mm。生于耕地、撂荒地、路旁、山地草甸。产兴安北、岭东、岭西、呼伦、兴安南、科尔沁、辽河(大青沟)、赤峰、燕北、阴南……………………………………………………**4. 藤长苗 C. pellita** (Ledeb.) G. Don

2. 旋花属 **Convolvulus** L.

1b. 植株为草本；茎缠绕、平卧或直立；小枝末端无刺。

2a. 缠绕草本；茎、叶无毛或疏被柔毛；叶卵状矩圆形或椭圆形，基部心形或箭形，具柄；花冠长15—20mm。生于田间、撂荒地、村舍、路旁、轻度盐化的草甸中。产内蒙古各地………**1. 田旋花 C. arvensis** L.

2b. 直立矮小草本；茎、叶、萼片均密被贴生银色绢毛；叶条形或狭披针形，基部渐狭，无柄；花冠长9—15mm。生于荒漠草原、典型草原，草原上的畜群点、饮水点附近，山地阳坡、石质丘陵。产内蒙古各地…………………………………………………**2. 银灰旋花 C. ammannii** Desr.

1a. 植株为坚硬多分枝的灌木或半灌木，小枝末端具刺。

3a. 分枝不成直角开展；花2—5朵密集生于枝端，花枝伸长而无刺；内、外萼片近等大。生于干沟、干河床、砾石质丘陵坡地、山坡石隙间。产乌兰、阴山(乌拉山)、东阿、贺兰山……………………………

……………………………………………………………… 3. 刺旋花 **C. tragacanthoides** Turcz.

3b. 分枝多少成直角开展；花单生于短的侧枝上，侧枝末端常具 2 个小刺；萼片不等大，2 个外萼片宽卵圆形，显著宽于 3 个内萼片。生于砾石质山坡、沙砾质戈壁。产东阿、西阿、贺兰山、龙首山…………………………………………………………………………… 4. 鹰爪柴 **C. gortschakovii** Schrenk

3. 鱼黄草属 Merremia Dennst.

北鱼黄草 Merremia sibirica (L.) H. Hall.——*M. sibirica* (L.) H. Hall. var. *vesiculosa* C. Y. Wu

一年生缠绕草本。单叶互生，狭卵状心形，先端尾状长渐尖，基部心形，边缘稍波状。1—2 朵或数朵组成聚伞花序；萼片 5；花冠漏斗状，白色或淡红色；雄蕊 5。蒴果圆锥状卵形，4 瓣裂。生于田边、路边、山地草丛或山地灌丛。产兴安北(阿尔山市)、兴安南、科尔沁、赤峰、阴南、鄂尔、东阿(五原县)。

4. 番薯属 Ipomoea L.

番薯(红薯) **Ipomoea batatas** (L.) Lam.

一年生平卧或缠绕草本。地下具近圆形、椭圆形或纺锤形的块根。叶广卵形至三角状卵形，全缘或 3—7 裂，基部心形。聚伞花序有花 1—7 朵，腋生；萼片 5。花冠漏斗状或钟状，白色、粉红色或紫红色；雄蕊 5。蒴果卵球形，4 瓣裂。内蒙古南部有少量栽培。

104. 菟丝子科 Cuscutaceae

1. 菟丝子属 Cuscuta L.

1a. 花柱单一；穗状或穗状总状花序；植株较粗；花柱显然远长于柱头。

2a. 花柱远长于柱头。

3a. 柱头明显有 2 裂片。寄生于草原植物和草甸植物。产兴安北、岭东、岭西、呼伦、兴安南、科尔沁、赤峰、燕北、阴山、阴南…………………………………… 1. 日本菟丝子 **C. japonica** Choisy

3b. 柱头头状，微 2 裂。寄生于草原植物。产呼伦(满洲里市) …2. 啤酒花菟丝子 **C. lupuliformis** Krocher

2b. 花柱短，几与柱头等长。寄生于多年生草本植物上。产兴安南(扎赉特旗)、燕北(大黑山) ……………………………………………………………… 3. 单柱菟丝子 **C. monogyna** Vahl.

1a. 花柱 2，离生；花通常簇生成团伞花序；茎纤细。

4a. 柱头头状，不伸长。

5a. 蒴果被凋谢的花冠完全围着，环裂；花冠裂片具龙骨状突起。寄生在豆科植物上，对胡麻、马铃薯等农作物也有危害。产内蒙古各地(除荒漠区外)…………………… 4. 菟丝子 **C. chinensis** Lam.

5b. 蒴果下半部被凋谢的花冠包住，不规则开裂；花冠裂片平坦。

6a. 花冠裂片卵形或长圆形，顶端圆形，直立。寄生在豆科、蒿属、牡荆属植物上。产内蒙古各地……………………………………………………… 5. 南方菟丝子 **C. australis** R. Br.

6b. 花冠裂片三角形，顶端锐尖，反折。生于农田水渠边，寄生在西伯利亚滨藜上。产额济纳(达来呼布镇)·……………………………………………………… 6. 原野菟丝子 **C. campestris** Yuncker

4b. 柱头伸长，条形棒状。寄生于多种草本植物上，但多以豆科、菊科、藜科植物为甚。产兴安北、兴安南、燕北、阴山、鄂尔、贺兰山……………………………………… 7. 大菟丝子 **C. europaea** L.

105. 花荵科 Polemoniaceae

1. 花荵属 Polemonium L.

1a. 茎上部、总花梗、花梗、花萼均被多细胞长腺毛。生于林缘湿草甸。产兴安北(根河市)…………………………………………………………………………………………… 1. **柔毛花荵 P. villosum** Rud. ex Georgi

1b. 茎上部、总花梗、花梗、花萼均被短腺毛和柔毛。生于山地林下、林缘草甸、低湿地。产兴安北、岭东、岭西、兴安南、辽河(大青沟)、赤峰、燕北、阴山 ………2. **花荵 P. caeruleum** L.——中华花荵 *P. chinense* (Brand) Brand
——苏木山花荵 *P. sumushanense* G. H. Liu et Y. C. Ma
——毛茎花荵 *P. chinense* (Brand.) Brand var. *hirticaulum* G. H. Liu et Y. C. Ma

106. 紫草科 Boraginaceae

1a. 子房不分裂，花柱自子房顶端生出；果实成熟时有明显的中果皮，中果皮多泡，围绕内果皮形成木栓组织…………………………………………………………………………… **1. 紫丹属 Tournefortia**

1b. 子房 4 裂，花柱生于子房裂片间的基部，成熟时子房 4 裂片发育成 4 个小坚果，有时 1—3 个不发育。

2a. 花冠辐射状，筒非常短或几乎不存在………………………………………… **2. 琉璃苣属 Borago**

2a. 花冠筒状或钟状。

3a. 花冠喉部或筒部无附属物。

4a. 雄蕊伸出花冠筒之外；小坚果背面有碗状突起，着生面位于果的腹面中部以下；雌蕊基圆锥状柱形；花柱破裂 ……………………………………**3. 颅果草属 Craniospermum**

4b. 雄蕊内藏；小坚果着生面位于果的基部；雌蕊基平。

5a. 雄蕊螺旋状排列；花柱 2 裂 ……………………………… **4. 紫筒草属 Stenosolenium**

5b. 雄蕊轮生，生于一平面上；小坚果无柄。

6a. 花柱不分裂；小坚果光滑，着生面内凹，周围环状凸起 ……………………………………………………………………………………… **5. 肺草属 Pulmonaria**

6b. 花柱 2 或 4 裂；小坚果有环状凸起，着生面平 ………… **6. 软紫草属 Arnebia**

3b. 花冠喉部或筒部有 5 个内向突出且与花冠裂片对生的附属物。

7a. 花萼裂片不等大，结果时强烈增大，扁，呈蚌壳状，边缘有不整齐的齿，网脉隆起 ……………………………………………………………………………… **7. 糙草属 Asperugo**

7b. 花萼裂片近等大，结果时稍增大，不呈蚌壳状，边缘无齿，脉不隆起。

8a. 小坚果着生面内凹，周围有环状突起；雌蕊基平；花冠筒弯曲，具 5 个明显的位于喉部的附属物；花萼 5 裂至近基部 ……………………………**8. 牛舌草属 Anchusa**

8b. 小坚果着生面不内凹，周围无环状突起；花冠筒直。

9a. 花药先端有小尖头；小坚果桃形，乳白色，平滑 ……**9. 紫草属 Lithospermum**

9b. 花药先端无小尖头；小坚果非桃形。

10a. 小坚果有锚状刺。

11a. 小坚果着生面位于果的近顶部；雌蕊基金字塔形；叶宽，椭圆形、卵形或披针形 ………………………………………**10. 琉璃草属 Cynoglossum**

11b. 小坚果着生面位于果腹面中部或中部之下。

12a. 雌蕊基锥状，与小坚果近等长或比小坚果长；叶条形或披针状条形 ………………………………………… **11. 鹤虱属 Lappula**

12b. 雌蕊基金字塔状或半球形，比小坚果短；叶条形或卵形 ………

……………………………………………12. 齿缘草属 **Eritrichium**

10b. 小坚果无锚状刺。

13a. 雄蕊伸出花冠之外；花冠筒比花萼长 3 倍以上 ……………………… ……………………………………………………13. **滨紫草属 Mertensia**

13b. 雄蕊内藏。

14a. 小坚果肾形，密生小瘤状突起，腹面中部有凹陷，着生面位于基部 ………………………………14. **斑种草属 Bothrispermum**

14b. 小坚果无小瘤状突起，腹面无凹陷。

15a. 小坚果四面体形或透镜状，多少背腹扁。

16a. 小坚果四面体形，着生面位于果的腹面基部之上；花冠裂片覆瓦状排列…………15. **附地菜属 Trigonotis**

16b. 小坚果透镜状，多少背腹扁，着生面与雌蕊基相连；花冠裂片螺旋状排列…………16. **勿忘草属 Myosotis**

15b. 小坚果卵形，非背腹扁，光滑 …17. **钝背草属 Amblynotus**

1. 紫丹属 Tournefortia L.——砂引草属 *Messerschmidia* L. ex Hebenstreit

1a. 叶椭圆形或披针形。生于沙地、山坡。产赤峰、东阿(巴音浩特市) ……… **1a. 砂引草 T. sibirica** L. var. **sibirica**

1b. 叶条形或条状披针形。生于沙地、沙漠边缘、盐生草甸、干河沟边。产呼伦、兴安南、科尔沁、辽河、赤峰、锡林、乌兰、阴山、阴南、鄂尔、东阿、西阿 … **1b. 细叶砂引草 T. sibirica** L. var. **angustior** (DC.) G. L. Chu et M. G. Gilbert ——*Messerschmidia sibirica* L. var. *angustior* (DC.) W. T. Wang

2. 琉璃苣属 Borago L.

琉璃苣 Borago officinalis L.

一年生草本，植株具糙硬毛，高 15—70cm。茎直立、粗壮，常分枝。基生叶卵形或披针形，长 5—20cm，具柄；茎生叶无柄，抱茎。花梗长 5—30cm；花萼花期长 8—15mm，果期可达 20mm；花冠淡蓝色，稀白色，花冠筒非常短或几乎不存在，瓣片边缘具微齿。花盘短，光滑无毛，顶端微凹。花药靠合，先端尖，花丝顶端有 1 个狭长的淡紫色附属物。小坚果 7—10mm，椭圆状倒卵球形，基部具 1 厚的衣领状的环。生于路边、洪水冲沟。产东阿(阿拉善左旗)、西阿(阿拉善右旗)。

3. 颅果草属 Craniospermum Lehmann

颅果草 Craniospermum mongolicum I. M. Johnston

多年生草本，高约 20cm。叶匙状条形或狭披针形，全缘。镰状聚伞花序顶生或腋生；花萼 5 深裂；花长筒形，蓝色，5 裂；雄蕊 5。小坚果背面有边缘狭翅状的碗状突起，边缘有齿。生于干旱山沟。产内蒙古西部。

4. 紫筒草属 Stenosolenium Turcz.

紫筒草 Stenosolenium saxatile (Pall.) Turcz.

多年生草本，高 6—20cm。叶倒披针状条形或条形，全缘。总状花序顶生；花萼 5 深裂；花冠筒细长，高脚碟状，紫色、青紫色或白色，裂片 5；雄蕊 5，着生于花冠筒中上部。小坚果 4，三角状卵形，具不规则小瘤状突起。生于干草原、沙地、低山石质丘陵坡地、路旁。产兴安南、科尔沁、辽河、赤峰、锡林、乌兰、阴山、阴南、鄂尔、东阿(桌子山)。

5. 肺草属 **Pulmonaria** L.

肺草 **Pulmonaria mollissima** A. Kern.

多年生草本。基生叶大型，倒披针形，先端尖，基部渐狭，下延成具狭翅的柄，全缘，茎生叶矩圆状披针形。花萼5裂，花冠漏斗状，蓝色，5裂，喉部具5束画笔状毛；雄蕊5，着生于花冠喉部之下。小坚果4，卵形，密被短柔毛。生于山地杂木林下、林缘草甸、沟谷溪水边。产阴山。

6. 软紫草属 **Arnebia** Forsk.

1a. 花冠黄色；小坚果卵形，长2.5mm。

2a. 花密集；上部叶与苞片条状披针形。生于砂砾质及砾石质荒漠化小针茅草原及猪毛菜类荒漠中。产东阿、西阿、贺兰山、额济纳……………………………………………………………… 1. 黄花软紫草 **A. guttata** Bunge

2b. 花疏生；上部叶与苞片窄椭圆形。生于石质山坡、沟谷坡地。产东阿、贺兰山、西阿(雅布赖山)………………………………………………………………………… 2. 疏花软紫草 **A. szechenyi** Kanitz

1b. 花蓝紫色、红色或粉红色、白色，2—5朵疏生一侧；小坚果卵状三角形，长2.2mm；上部叶矩圆状披针形或狭披针形；苞片条形。生于沙地、砾石质山坡、干河谷。产东阿、西阿、贺兰山、额济纳………………………………………………………………………… 3. 灰毛软紫草 **A. fimbriata** Maxim.

7. 糙草属 **Asperugo** L.

糙草 **Asperugo procumbens** L.

一年生蔓性草本，高达80cm。叶矩圆形或狭矩圆形，先端钝，基部渐狭，下延成柄状。花单生叶腋；花萼深5裂，果期2裂片增大，掌状分裂。花冠近漏斗状，紫色，5深裂，喉部具5个半圆形的附属物。小坚果4，具小瘤状凸起。生于荒漠带的山地林缘、草甸、沟谷，也见于田边、路旁。产东阿(狼山)、贺兰山。

8. 牛舌草属 **Anchusa** L.——狼紫草属 *Lycopsis* L.

狼紫草 **Anchusa ovata** Lehm.——*Lycopsis orientalis* L.

一年生中生杂草，高13—45cm。基生叶倒披针形，先端钝，基部渐狭下延，边缘微波状。单歧聚伞花序总状排列；花萼5深裂；花冠蓝紫色，稀白色；花冠筒中部弯曲，喉部有隆起的附属物，花冠裂片5；雄蕊5，着生于花冠筒中下部。小坚果4，具网状皱纹，密被小瘤状凸起。生于砾石质坡地、沟谷、田间、村旁。产乌兰、阴山、阴南、贺兰山、西阿、龙首山。

9. 紫草属 **Lithospermum** L.

1a. 根具紫色物质；茎被开展的刚毛；叶披针形或矩圆状披针形；花冠裂片宽椭圆形，长3.8mm，宽2.5mm；花萼裂片条形；坚果白色带褐色。生于山地林缘、灌丛、路边。产兴安北、岭东、兴安南、燕北、阴山……………………………………………………………………… 1. 紫草 **L. erythrorhizon** Sieb. et Zucc.

1b. 根不含紫色物质；茎密被伏刚毛；叶卵状披针形或矩圆状披针形；花冠裂片矩圆形，长2mm，宽1.5mm；花萼裂片披针形；坚果常为白色，有时稍带褐色。生于山地草甸、林缘、路边。产兴安南、阴山(大青山)……………………………………………………………………… 2. 小花紫草 **L. officinale** L.

10. 琉璃草属 **Cynoglossum** L.

1a. 小坚果长5—6mm，背盘不明显；果柄长5—10mm。生于沙地、干河谷、田边、路边、村旁。产岭西、兴安南、赤峰、科尔沁、辽河、锡林、乌兰、阴山、阴南、鄂尔、东阿(狼山)…………………………………………………………1. 大果琉璃草 **C. divaricatum** Steph. ex Lehm.

1b. 小坚果长 3—4mm，背盘明显；果柄长 2—3mm。生于公园水边湿草地。产锡林(集宁区)…………………………………………………………2. 倒提壶 **C. amabile** Stapf et J. D. Drumm.

11. 鹤虱属 Lappula Moench

1a. 植株矮小，呈密丛状；茎高 3—7cm；小坚果三角状卵形，长 2.5—3mm，背面棱缘每侧具 4—5 个刺，下面 1 对刺较长，长 1.5—2mm。生于砾质戈壁或沙地上。产东阿、额济纳…………………………………………………………1. 沙生鹤虱 **L. deserticola** C. J. Wang

1b. 植株高大，不呈密丛状；茎高 9cm 以上。

2a. 花序上、下部果实全为同形小坚果。

3a. 小坚果背面棱缘具 1 行锚状刺。

4a. 小坚果长 2—2.5mm，背面棱缘每侧 10—12 个刺，基部 3—4 对，刺长 1—1.5mm。生于山麓砾石质坡地、河岸、湖边沙地、村旁路边。产兴安北、岭东、岭西、兴安南、辽河、赤峰、锡林、阴山、阴南、西阿、龙首山……………………………………2. 蒙古鹤虱 **L. intermedia** (Ledeb.) Popov

——*L. redowskii* auct. non (Horn.) Greene:Fl. Intramongol. ed. 2, 4:165.1993.

4b. 小坚果长 3mm，背面棱缘每侧 4—7 个刺，基部 3—4 对，刺长 2mm。生于山地草甸、沟谷。产锡林、阴山、东阿、西阿……………………………………3. 劲直鹤虱 **L. stricta** (Ledeb.) Gurke

3b. 小坚果背面棱缘具 2—3 行锚状刺。

5a. 小坚果背面棱缘具 2 行锚状刺。

6a. 2 行锚状刺长短几相等，内行刺长 1.5—2mm，外行刺稍短。生于河谷草甸、山地草甸、路边。产兴安北、岭东、岭西、兴安南、科尔沁、锡林、乌兰、阴山、阴南、鄂尔、东阿、贺兰山…………………………………………………………4. 鹤虱 **L. myosotis** Moench

6b. 2 行锚状刺长短不等，内行刺长，外行刺极短。

7a. 小坚果背面棱缘具翅；内行刺间无小刺。

8a. 小坚果背面棱缘的内行刺扁而宽，基部联合成宽翅；外行刺长 0.2—0.5mm，仅生于小坚果基部。生于田间、地边。产内蒙古中部和东部……………………………………5. 宽刺鹤虱 **L. granulata** (Krylov) Popov

8b. 小坚果背面棱缘的内行刺细而窄，基部联合成狭翅；外行刺长 0.5—1mm。生于山地草甸、河谷草甸、田野、村旁、路边。产辽河、赤峰、锡林、乌兰、阴南、鄂尔、西阿……………………………………6. 异刺鹤虱 **L. heteracantha** (Ledeb.) Gurke

7b. 小坚果背面棱缘无翅；内行刺间常生细而短的小刺。生于山坡草地、田间、村边。产内蒙古南部……………………………………7. 山西鹤虱 **L. shanxiensis** Kitag.

5b. 小坚果背面棱缘具 3 行锚状刺，最外方的 1 行(第 3 行)锚状刺仅生于小坚果下部最宽处。生于山地灌丛、草原、田野。产兴安北、燕北、阴山(乌拉山)……………………………………8. 蓝刺鹤虱 **L. consanguinea** (Fisch. et C. A. Mey.) Gurke

2b. 花序上、下部果实为异形小坚果。

9a. 花序上部具异形小坚果，2 个小坚果具翅，另外 2 个小坚果无翅；花序下部小坚果无翅，背部边缘具 2 行近等长刺，内行刺长 1—2.5mm，每侧 9—11 个，外行刺稍短，长 1—1.2mm。生于干沙地。产乌兰、阴南、鄂尔……………………………………9. 异形鹤虱 **L. heteromorpha** C. J. Wang

9b. 花序上部具畸形小坚果，其中 2 个小坚果具宽翅；花序下部小坚果无翅，背部边缘具 2 行不等长刺，内行刺长 1.5—2mm，外行刺极短，长约 0.5mm。生于干沙地。产东阿、额济纳…………………………………………………………10. 畸形果鹤虱 **L. anocarpa** C. J. Wang

12. 齿缘草属 **Eritrichium** Schrad.

1a. 多年生草本。

2a. 小坚果棱缘具三角形齿或锚状齿，背面平或微凸，具小瘤状突起和短硬毛。

3a. 基生叶匙形或狭匙状倒披针形，长 1.5—3cm，宽 1—3mm；茎生叶狭倒披针形至条形，长 1—1.5cm，宽 2—4mm；小坚果腹面两侧光滑，棱缘具三角形小齿，齿端无锚状刺。生于山地草原、砾石质草原、砾石质山坡。产兴安南、锡林、乌兰、阴山、阴南、东阿(桌子山)、贺兰山、龙首山…………………………………………………………**1. 少花齿缘草 E. pauciflorum** (Ledeb.) DC.

——石生齿缘草 *E. rupestre* (Pall. ex Georgi) Bunge

3b. 基生叶倒披针状或倒披针状条形，长 3—6cm，宽 4—8mm；茎生叶狭倒披针形至矩圆状披针形，长 1.5—3cm，宽 4—8mm；小坚果腹面两侧具皱棱及短硬毛，中部具龙骨状突起，棱缘具三角状锚状刺，刺上具微毛。生于山地林缘、山地草原、路边。产兴安北、岭东…………………………………………………………**2. 北齿缘草 E. borealisinense** Kitag.

2b. 小坚果棱缘通常平滑无刺，稀有小齿状微凸起，背面具小瘤状突起。

4a. 基生叶和茎生叶均为细条形，长 3—7cm，宽 1mm；小坚果背面长卵形，光滑无毛，中肋明显，具皱棱或小瘤状突起，果边缘无锚状刺，稀有少数小齿状微凸起。生于山地草原、村旁路边。产兴安北、岭东、兴安南、锡林(集宁区)……………………… **3. 东北齿缘草 E. mandshuricum** Popov

4b. 基生叶披针形或倒卵状披针形，长 1.5—3.5cm，宽 2—7mm；茎生叶倒披针形或倒披针状条形，长 0.7—3cm，宽 1—2.5mm；小坚果背面卵形，稍平，具小瘤状凸起，被短毛，果边缘平滑，腹面两侧光滑，具光泽。生于山地草原、林缘灌丛。产兴安北、科尔沁…………………………………………………………**4. 灰白齿缘草 E. incanum** (Turcz.) DC.

1b. 一年生草本。

5a. 花冠钟状筒形，长 2mm；小坚果长约 1.5mm，宽约 1mm，锚状刺长 0.5mm，基部分离或联合成翅。生于山地石质、砾石质坡地、岩石露头及石隙间。产呼伦、科尔沁、锡林、阴山…………………………………………**5. 百里香叶齿缘草 E. thymifolium** (DC.) Y. S. Lian et J. Q. Wang

5b. 花冠钟状辐形，长 3—4mm；小坚果长约 2mm，宽约 1.2mm，锚状刺长 0.9mm，基部分生。生于山地林缘、沙丘阴坡、沙地。产兴安北、岭东、岭西、锡林、阴山、龙首山…………………………………………**6. 反折齿缘草 E. deflexum** (Wahlenb) Y. S. Lian et J. Q. Wang

13. 滨紫草属 **Mertensia** Roth

长筒滨紫草 Mertensia davurica (Sims) G. Don

多年生草本，高 20—50cm。茎下部叶匙形或条状披针形，基部渐狭下延成柄，上部叶条形。花序顶生；花萼 5 裂；花冠圆筒状，蓝紫色，先端 5 裂；雄蕊 5，着生在花冠喉部。小坚果 4，三角形。生于山地草甸、林缘。产兴安北、兴安南。

14. 斑种草属 **Bothrispermum** Bunge

1a. 苞片条形或条状披针形；小坚果腹面的环状凹陷圆形；茎被开展的硬毛。生于山地草原、河谷、草甸、路边。产科尔沁、乌兰、阴山、阴南、鄂尔、贺兰山…………………………… **1. 狭苞斑种草 B. kusnezowii** Bunge

1b. 苞片椭圆形或卵形；小坚果腹面的环状凹陷椭圆形；茎被向上贴伏的伏毛。生于山地路边、田间草丛、溪边。产内蒙古东部…………………………………………… **2. 柔弱斑种草 B. zeylanicum** (J. Jacq.) Druce

15. 附地菜属 **Trigonotis** Stev.

1a. 花萼裂片倒卵状矩圆形，先端钝圆；叶匙形、椭圆形、卵形、椭圆状倒卵形或宽矩圆形。生于山地灌丛、草甸、林缘。产燕北(苏木山)……………………………**1. 钝萼附地菜 T. amblyosepala** Nakai et Kitag.

1b. 花萼裂片先端尖。

2a. 多年生草本；叶卵形或椭圆状卵形，基部圆形或宽楔形，不下延。生于山地林缘、灌丛、沟谷、溪边湿润处。产岭东(扎赉特旗)…………**2. 北附地菜 T. radicans** (Turcz.) Steven subsp. **sericea** (Maxim.) Riedl.
——朝鲜附地菜 *T. coreana* Nakai

2b. 一年生草本；叶椭圆状披针形或披针形，基部楔形，渐狭下延。

3a. 茎生叶椭圆状披针形，长 0.5—1.2cm，宽 3—6mm。生于山地林缘、草甸、沙地。产兴安北、岭东、岭西、兴安南、辽河、燕北、锡林、阴山、鄂尔、贺兰山……………………………………**3. 附地菜 T. penduncularis** (Trev.) Beth. ex S. Baker et Moore

3b. 茎生叶披针形，长 2.5—6cm，宽 5—15mm。生于山地林下、林缘、山地草甸。产兴安北……………………………………**4. 勿忘草状附地菜 T. myosotidea** (Maxim.) Maxim.

16. 勿忘草属 **Myosotis** L.

1a. 花萼裂至中部。裂片三角形；全株被糙伏毛。生于河滩沼泽草甸、低湿沙地。产兴安北、岭东、岭西、兴安南、燕北、锡林、鄂尔……………………………………**1. 湿地勿忘草 M. caespitosa** C. F. Schultz

1b. 花萼裂至中下部，裂片披针形；全株被开展毛及弯曲毛。生于山地林下、山地灌丛、山地草甸。产兴安北、岭东、岭西、呼伦、兴安南、燕北、阴山……………………………………**2. 勿忘草 M. alpestris** F. W. Schmidt
——草原勿忘草 *M. suaveolens* Wald. et Kit.

17. 钝背草属 **Amblynotus** Johnst.

钝背草 Amblynotus rupestris (Pall. et Georgi) Popov ex L. Sergiev.——*A. obovatus* (Ledeb.) I. M. Johnst.

多年生小草本，高 2—8cm。基生叶窄匙形，基部渐狭成柄，上部叶狭倒披针形。花萼 5 裂；花冠高脚碟状，蓝色，裂片 5，喉部具 5 个小片状附属物；雄蕊 5，着生在花冠筒上。小坚果卵形，具光泽。生于典型草原、砾石质草原、沙质草原。产兴安北、岭东、岭西、呼伦、兴安南、锡林、阴山。

107. 马鞭草科 Verbenaceae

1a. 单叶；果为蒴果状，熟时裂为 4 个小坚果……………………………………**1. 莸属 Caryopteris**

1b. 掌状复叶；果为核果……………………………………**2. 牡荆属 Vitex**

1. 莸属 **Caryopteris** Bunge

蒙古莸 Caryopteris mongholica Bunge

小灌木，高 15—40cm。单叶对生，披针形至条形，全缘，具短柄。聚伞花序顶生或腋生；花萼 5 裂；花冠蓝紫色，两侧对称，先端 5 裂，其中 1 片较大，先端撕裂；雄蕊 4，二强，长约为花的 2 倍。果实球形，成熟时裂为 4 个带翅的小坚果。生于石质山坡、沙地、干河床、沟谷。产呼伦、锡林、乌兰、阴山、阴南、鄂尔、东阿、西阿、贺兰山、龙首山、额济纳。

2. 牡荆属 Vitex L.

荆条 Vitex nefundo L. var. **heterophylla** (Franch.) Rehd.

灌木，高 1—2m。掌状复叶，具 5 小叶；小叶矩圆状卵形或披针形，先端渐尖，边缘有缺刻状锯齿、浅裂或羽状分裂。圆锥花序顶生；花萼 5 裂；花冠漏斗形，蓝紫色，具 5 个不等形的裂片，常呈二唇形；下唇中裂片较大；雄蕊 4，二强，伸出花冠。核果倒卵球形。生于山地阳坡、林缘。产科尔沁(库伦旗)、燕北、阴南、鄂尔。

108. 唇形科 Labiatae

1a. 子房浅 4 裂或深 4 裂；花冠单唇或假单唇，如为二唇时则上唇非外凸。
 2a. 花冠单唇或假单唇；雄蕊 4，二强，均能育；单叶，不分裂。
  3a. 花冠单唇，上唇缺如，下唇 5 裂……………………………………………**1. 香科科属 Teucrium**
  3b. 花冠二唇，上唇极短，下唇 3 裂 ……………………………………………**2. 筋骨草属 Ajuga**
 2b. 花冠假单唇；雄蕊 4，前对能育，后对退化；叶掌状 3 全裂 …………**3. 水棘针属 Amethystea**
1b. 子房全 4 裂；花冠二唇形。
 4a. 花萼 2 裂，上裂片背部具盾片；子房有柄……………………………………**4. 黄芩属 Scutellaria**
 4b. 花萼上裂片背部无盾片；子房通常无柄。
  5a. 雄蕊上升或平展而直伸向前。
   6a. 雄蕊藏于花冠筒内；叶掌状 3 浅裂至深裂 …………………………**5. 夏至草属 Lagopsis**
   6b. 雄蕊不藏于花冠筒内。
    7a. 花药非球形，药室顶端贯通。
     8a. 药隔与花丝无关节相连；雄蕊 4 或 2；萼齿 5。
      9a. 花冠明显二唇形，具不相似的唇片，上唇外凸呈弧状、镰状或盔状。
       10a. 雄蕊 4。
        11a. 后对雄蕊长于前对雄蕊。
         12a. 花冠筒倒扭(即上下唇交换位置)；萼筒内中部或中部以上有毛环(即果盖) ………………………**6. 扭藿香属 Lophanthus**
         12b. 花冠筒不倒扭；萼筒内中部无毛环。
          13a. 两对雄蕊不互相平行；多轮的轮伞花序密集成顶生的穗状花序。
           14a. 后对雄蕊前倾，前对雄蕊上升；花盘裂片相等；花冠下唇中裂片无爪状狭柄；叶不分裂。栽培 ……………………………………………**7. 藿香属 Agastache**
           14b. 后对雄蕊上升，前对雄蕊多少向前直伸；花盘前裂片发育较好；花冠下唇中裂片从基部爪状狭柄；叶常分裂……………**8. 裂叶荆芥属 Schizonepeta**
          13b. 两对雄蕊互相平行，皆向花冠上唇下面弧状上升；轮伞花序腋生，排列稀疏。
           15a. 萼齿间具小瘤状胼胝体；雄蕊与花冠等长或稍伸出 ……………………………**9. 青兰属 Dracocephalum**
           15b. 萼齿间不具小瘤状胼胝体；雄蕊伸出花冠………

……………………………… **10. 荆芥属 Nepeta**

11b. 后对雄蕊短于前对雄蕊。

16a. 花柱裂片不等长；后对花丝基部常具附属物；轮伞花序腋生且密集多花……………………………… **11. 糙苏属 Phlomis**

16b. 花柱裂片近等长或等长。

17a. 药室在花时横裂为两瓣，内瓣较小而有纤毛，外瓣较大而无毛；花冠下唇侧裂片与中裂片相交处有向上的齿状凸起(盾片)……………………………… **12. 鼬瓣花属 Galeopsis**

17b. 药室平行或展开；花冠下唇侧裂片与中裂片相交处无齿状凸起。

18a. 小坚果多少呈尖三棱形，顶端平截。

19a. 花冠喉部膨大；萼齿非针刺状… **13. 野芝麻属 Lamium**

19b. 花冠喉部不甚膨大；萼齿多少呈针状或刺状。

20a. 萼齿顶端刺状；叶缘无刺。

21a. 花冠紫红色，筒内被柔毛或具毛环；植株绿色……………………… **14. 益母草属 Leonurus**

21b. 花冠白色，筒内无毛环；植株密被白色绒毛而呈灰绿色………… **15. 脓疮草属 Panzerina**

20b. 萼齿顶端针状；从轮伞花序基部及叶腋生出针刺；叶缘亦多有刺…………… **16. 兔唇花属 Lagochilus**

18b. 小坚果卵形；无 3 棱，顶端圆钝 ……… **17. 水苏属 Stachys**

10b. 雄蕊 2，后雄蕊退化或无 ……………………………… **18. 石荠苎属 Mosla**

9b. 花冠近于辐射对称，有近于相似或略为分化的裂片，上唇如分化，则扁平或外凸。

22a. 小半灌木；叶全缘；植丛铺地呈垫状……………………… **19. 百里香属 Thymus**

22b. 草本植物；叶缘具齿或羽状分裂；植株不呈垫状。

23a. 花萼里面有毛环或毛茸；雄蕊内藏。

24a. 花萼喉部里面疏生毛茸，但不成毛环 ……… **20. 风轮菜属 Clinopodium**

24b. 花萼喉部里面有疏柔毛环。栽培……………………… **21. 紫苏属 Perilla**

23b. 花萼里面无毛；雄蕊伸出花冠。

25a. 雄蕊 4，均能育；小坚果顶端圆钝……………………… **22. 薄荷属 Mentha**

25b. 雄蕊 4，前对能育，后对退化；小坚果顶端平截… **23. 地笋属 Lycopus**

8b. 药隔与花丝有关节相连；雄蕊 2；花萼二唇形，萼齿 3—5 …………… **24. 鼠尾草属 Salvia**

7b. 花药球形，药室顶端贯通……………………………… **25. 香薷属 Elsholtzia**

5b. 雄蕊下倾，平卧于花冠下唇之上或包于其内。

26a. 花萼 5 齿近等大或呈二唇形，上唇之中齿边缘无翅状下延；花冠筒伸出于花萼；花盘环状，近全缘或具齿，前方 1 齿有时呈指状膨大，但不超过子房……………………… **26. 香茶菜属 Isodon**

26b. 花萼上唇之中齿边缘呈翅状下延至筒部；花冠筒稍短于花萼；花盘具齿，齿不超过子房或前方 1 齿呈指状膨大而超过子房。栽培……………………………… **27. 罗勒属 Ocimum**

1. 香科科属 Teucrium L.

黑龙江香科科 Teucrium ussuriense Kom.

多年生草本，高 25—50cm。叶卵状矩圆形，先端锐尖，边缘具不规则的细锯齿。轮伞花序具 2—4 花，生于叶腋；萼齿 5，近二唇形；花冠紫红色，单唇形，具 5 裂片，前方中裂片较大，两侧的 2 对裂片较小；雄蕊 4，二强。小坚果近球形。生于山间谷地及河滩草甸。产锡林(多伦县)。

2. 筋骨草属 Ajuga L.

多花筋骨草 Ajuga multiflora Bunge

多年生草本，高 6—20cm。叶椭圆状卵形，边缘具不明显的波状圆齿。轮伞花序，密集成穗状；花萼 5 裂；花冠假单唇，上唇直立，极短，下唇较大，伸长，3 裂；雄蕊 4，二强。小坚果倒卵状三角形。生于山地草甸、河谷草甸、林缘及灌丛中。产兴安北、岭西、兴安南、燕北。

3. 水棘针属 Amethystea L.

水棘针 Amethystea caerulea L.

一年生草本，高 15—40cm。叶 3 全裂，中裂片较大，裂片披针形，边缘具粗锯齿。花序为由松散具长梗的聚伞花序所组成的圆锥花序；萼齿 5；花冠二唇形，蓝色或蓝紫色；雄蕊 4，二强。小坚果倒卵状三棱形。生于河滩沙地、田边路旁、溪旁、居民点附近。产兴安北、岭东、岭西、呼伦、兴安南、科尔沁、辽河、赤峰、燕北、锡林、阴山、阴南、鄂尔。

4. 黄芩属 Scutellaria L.

1a. 主根粗壮；花组成顶生间有腋生背腹向的总状花序。

2a. 花蓝色或蓝紫色。

3a. 植株被短柔毛；叶披针形或条状披针形，全缘，下面有凹腺点；叶柄长约 1mm。生于山地和丘陵的砾石质坡地及沙质地上。产兴安北、岭东、岭西、呼伦、兴安南、科尔沁、赤峰、燕北、锡林、阴山、阴南、鄂尔、贺兰山……………………………………………………**1. 黄芩 S. baicalensis** Georgi

3b. 植株被腺毛；叶卵形、卵状披针形或披针形，中部以下每侧有 2—5 个不规则的浅裂齿，下面无凹腺点；叶柄长 1—4mm。生于石质山坡或沟谷。产乌兰(巴音哈太山)、东阿(狼山、桌子山)、贺兰山…………………………………**2. 甘肃黄芩 S. rehderiana** Diels——阿拉善黄芩 *S. alaschanica* Tschern.

2b. 花黄色或乳白色；叶全缘；叶柄极短；花序轴被腺毛。生于沙质干草原、农田、撂荒地、路旁。产兴安南、科尔沁、赤峰、锡林、乌兰、阴山、阴南、鄂尔……………………………………**3. 粘毛黄芩 S. viscidula** Bunge

1b. 根状茎细长。

4a. 一年生草本；叶卵形，具细长柄，长 1—2cm；花组成顶生间有腋生背腹向的总状花序。生于林下、林缘、林间草甸、低湿地。产兴安北、辽河(大青沟)……………………………………………**4. 黑龙江黄芩 S. pekinensis** Maxim. var. **ussuriensis** (Regel) Hand.-Mazz.

4b. 多年生草本；叶三角状卵形、矩圆状披针形、披针形、披针状条形或条形，具短柄或几无柄，长不超过 5mm；花腋生。

5a. 叶全缘。

6a. 叶三角状卵形，边缘不向下反卷；花较小，长 3—6mm，白色或淡蓝紫色。生于山地林下、林间草甸、沟谷沼泽草甸。产兴安北、岭东、岭西、兴安南、辽河、锡林(多伦县)……………………………………………………**5. 纤弱黄芩 S. dependens** Maxim.

6b. 叶披针形、披针状条形或条形，边缘向下反卷；花较大，长 15—20mm，蓝紫色。生于林缘草甸、沟谷沼泽草甸、河滩草甸。产兴安北、岭东、岭西、兴安南、燕北、锡林、阴山……………………………………………………**6. 狭叶黄芩 S. regeliana** Nakai

——踏头黄芩 *S. regeliana* Nakai var. *ikonnikovii* (Juz.) C. Y. Wu et H. W. Li

5b. 叶缘具疏锯齿。

7a. 叶上面无毛，下面近无毛或沿脉疏被柔毛且具凹腺点；花较大，长 18—24mm。生于山地林下、林缘、河滩草甸、山地草甸、撂荒地、路旁、村边。产兴安北、岭东、岭西、呼伦、兴安南、辽河、赤峰、燕北、锡林、乌兰、阴山、阴南、鄂尔……………………**7. 并头黄芩 S. scordifolia** Fisch. ex Schrank

7b. 叶两面被短柔毛，下面无凹腺点；花较小，长 14—18mm。生于河滩草甸沟谷湿地。产兴安北、岭西、兴安南、锡林……………………………………………**8. 盔状黄芩 S. galericulata** L.

5. 夏至草属 **Lagopsis** (Bunge ex Benth) Bunge

夏至草 **Lagopsis supina** (Steph. ex Willd.) Ik.-Gal. ex Knorr.

多年生杂草，高 15—30cm。叶宽卵形，3 浅裂至 3 深裂，裂片有圆齿。轮伞花序具疏花；萼齿 5；花冠二唇形，白色；雄蕊 4，二强。小坚果卵状三棱形。生于田野、路旁、撂荒地。兴安南、科尔沁、赤峰、燕北、锡林、乌兰、阴山、阴南、鄂尔、东阿(狼山)、贺兰山。

6. 扭藿香属 **Lophanthus** Adans.

扭藿香 **Lophanthus chinensis** Benth.

多年生草本，高 35—55cm。叶卵形，边缘具圆齿。聚伞花序腋生；萼齿 5，呈二唇形；花冠二唇形，蓝色；雄蕊 4，二强。小坚果矩圆状卵形。生于山地阴坡石崖下。产兴安南、阴山。

7. 藿香属 **Agastache** Clayt.

藿香 **Agastache rugosa** (Fisch. et C. A. Mey.) O. Ktze.

多年生草本，高约 1m。叶卵形，先端尾状长渐尖，边缘具粗牙齿。轮伞花序聚集成穗状，顶生；萼齿 5；花冠二唇形，浅紫蓝色；雄蕊 4，二强。小坚果卵状矩圆形。生于山地林缘草甸。产兴安南、燕北；内蒙古也有栽培。

8. 裂叶荆芥属 **Schizonepeta** Briq.

1a. 叶 1 回羽状分裂或指状 3 裂，或 5 裂.

2a. 植株单一或稍分枝；苞叶卵形，具骤尖；花萼长 4—5mm；花冠长 6—7mm。生于沙质平原、丘陵坡地、石质山坡、林缘及灌丛。产兴安北、呼伦、岭西、兴安南、科尔沁、燕北、锡林、乌兰、阴山、贺兰山……………………………………………………**1. 多裂叶荆芥 S. multifida** (L.) Briq.

2b. 植株多分枝；苞叶披针状条形，渐尖；花萼长 2—3mm；花冠长 3—4.5mm。赤峰市、呼和浩特市、包头市有栽培……………………………………………**2. 裂叶荆芥 S. tenuifolia** (Beth.) Briq.

1b. 叶 1—2 回羽状分裂，裂片狭细，条形或条状披针形。生于丘陵坡地及干谷。产东阿(狼山)、贺兰山……………………**3. 小裂叶荆芥 S. annua** (Pall.) Schischk.——细裂叶荆芥 *S. deserticola* H. C. Fu et Nibu

9. 青兰属 **Dracocephalum** L.

1a. 草本植物；叶较大，通常长 10mm 以上。

2a. 叶全缘，条形或披针状条形。

3a. 萼齿狭长，先端渐尖；花冠长 3—4cm；花药密被长柔毛。生于山地草甸、山地草原、林缘灌丛、沟谷及河滩沙地。产兴安北、岭东、岭西、兴安南、燕北……………**1. 光萼青兰 D. argunense** Fisch. ex Link

3b. 萼齿短宽，先端锐尖；花冠长 1.7—2.4cm；花药疏被长柔毛。生于山地草甸、林缘灌丛及石质山坡。产岭西、兴安南……………………………………………**2. 青兰 D. ruyschiana** L.

2b. 叶具锯齿或牙齿，卵形或披针形。

4a. 一年生草本；花蓝紫色，长 2—2.5cm；叶长圆状披针形。生于山坡、沟谷、河谷砾石质地。产内蒙古各地……………………………………………………………………**3. 香青兰 D. moldavica** L.

4b. 多年生草本。

5a. 萼明显呈二唇形；花冠淡黄色或白色。生于石质山坡、丘陵坡地。产锡林、阴山、乌兰、贺兰山、龙首山……………………………………………………**4. 白花枝子花 D. heterophyllum** Benth.

5b. 萼不明显二唇形；花冠蓝色或蓝紫色。

6a. 萼上唇中齿与二侧齿近相等；苞片边缘具长齿；叶较小，长 8—18mm；花较小，长 2—2.5cm。生于山地阴坡、沟谷及低湿地。产东阿(狼山)……………………………………………………**5. 微硬毛建草 D. rigidulum** Hand.-Mazz.

6b. 萼上唇中齿较侧齿宽 2 倍以上。

7a. 苞片全缘；叶较小，长 8—20mm；花较小，长 1.2—1.8cm。生于山地阴坡。产兴安北……………………………………………………**6. 垂花青兰 D. natans** L.

7b. 苞片边缘具长齿；叶较大，长 15—60mm；花较大，长 3—4cm。

8a. 中部茎生叶叶柄长 2—8cm；叶片三角状卵形；花萼具黄色腺点。生于山地草甸、疏林、山地草原。产燕北、阴山、东阿(桌子山)……………**7. 毛建草 D. rupestre** Hance

8b. 中部茎生叶叶柄长 4—7mm 或近无柄；叶片长圆形；花萼无黄色腺点。生于海拔 2200—2900m 的山坡草地。产贺兰山、龙首山…… **8. 大花毛建草 D. grandiflorum** L.

1b. 小半灌木；叶较小，长 5—10mm，全缘或每侧边缘具 1—3 齿，齿端具刺或无，叶片狭椭圆形、椭圆形、卵状椭圆形、卵形。生于干旱砾石质山坡、低山丘陵坡地。产东阿(桌子山)、贺兰山……………………………………………………**9. 灌木青兰 D. fruticulosum** Steph. ex Willd.

——*D. fruticulosum* Steph. ex Willd. subsp. *psammophilum* (C. Y. Wu et W. T. Wang) H. C. Fu et Sh. Chen ——沙地青兰 *D. psammophilum* C. Y. Wu et W. T. Wang——线叶青兰 *D. linearifolium* C. H. Hu

10. 荆芥属 Nepeta L.

1a. 下部叶具长柄，柄长 1.5—1.7cm；苞片钻形，长为花萼的 1/4—1/3。生于山地林缘、沟谷草甸。产阴山(乌拉山)、阴南(准格尔旗)、贺兰山……………………………………**1. 大花荆芥 N. sibirica** L.

1b. 下部叶具短柄，柄长 3—6mm；苞片条形或条状披针形，长与花萼近等长或稍短。生于山地林缘、沟谷草甸。产燕北……………………………………**2. 康藏荆芥 N. prattii** H. Levl.

11. 糙苏属 Phlomis L.

1a. 叶卵状三角形或三角形；先端钝或钝尖；后对雄蕊具矩状附属器。

2a. 花冠较大，长在 16mm 以上；小坚果顶端被柔毛；根呈块根状增粗。

3a. 植株被毛无星状毛，茎无毛或仅棱上疏被微柔毛；叶片上面被极短的刚毛或近无毛，下面无毛或仅脉上被极短的刚毛；花萼管状钟形，长 8—10mm。生于山地沟谷草甸、山地灌丛、林缘。产岭西、呼伦、兴安南、燕北，锡林、乌兰、阴山……………………**1. 块根糙苏 P. tuberosa** L.

3b. 植株被毛有星状毛，茎被刚毛及星状毛，棱上被毛尤密；叶片上面被星状毛及单毛，或疏被刚毛，稀近无毛，下面密被星状毛及刚毛；花萼管形，长 10—14mm。生于草甸、草甸草原、山地沟谷草甸、撂荒地、路边。产兴安南、锡林、乌兰、阴山、阴南、东阿……**2. 串铃草 P. mongolica** Turcz.

2b. 花冠较小，长 14—16mm；小坚果顶端无毛；植株被毛有星状毛。生于山地草甸、沟谷草甸、草甸化草原。产科尔沁、燕北、锡林、阴山、阴南、贺兰山、龙首山……………………**3. 尖齿糙苏 P. dentosa** Franch.

1b. 叶近圆形、宽卵形或卵形，先端渐尖、急尖或锐尖；小坚果顶端无毛。

4a. 苞裂片条状钻形或狭条形。

5a. 植株被毛有星状毛和短硬毛或短伏毛；叶近圆形或卵圆形，先端锐尖；后对雄蕊无矩状附属器。生于阔叶林下及山地草甸。产兴安南、赤峰、燕北、阴山……………………4. 糙苏 **P. umbrosa** Turcz.

5b. 植株被毛无星状毛，仅被平展长刚毛；叶宽卵形或卵形，先端渐尖或急尖；后对雄蕊具矩状附属器。生于山地林缘，沟边。产燕北(旺业甸林场)…………5. 口外糙苏 **P. jeholensis** Nakai et Kitag.

4b. 苞裂片披针形；后对雄蕊具矩状附属器；植株疏被短硬毛；叶背面疏被单毛及星状毛。生于山地林下、林缘。产燕北……………………………………………………6. 大叶糙苏 **P. maximowiczii** Regel

12. 鼬瓣花属 Galeopsis L.

鼬瓣花 Galeopsis bifida Boenn.

一年生草本，高 20—60cm。叶卵状披针形，先端锐尖，边缘具整齐的圆状锯齿。轮伞花序；萼齿 5；花冠紫红色，二唇形；雄蕊 4，二强。小坚果倒卵状三棱形。生于山地林缘、草甸、田边、路旁。产兴安北、岭东、岭西、燕北、阴山(灰腾梁)。

13. 野芝麻属 Lamium L.

短柄野芝麻 Lamium album L.

多年生草本，高 30—60cm。叶卵状披针形，先端长尾状渐尖，边缘具牙齿状锯齿。轮伞花序；萼齿 5；花冠二唇形，浅黄色或污白色；雄蕊 4，二强。小坚果三棱状长卵圆形。生于山地林缘草甸。产兴安北、岭东、岭西、兴安南、燕北。

14. 益母草属 Leonurus L.

1a. 叶卵圆形至卵状披针形，3 裂或羽状缺刻；花序叶披针形，具齿或全缘。

2a. 花大，长 25—30mm，淡紫色；萼齿长 5—8mm；叶表面平滑。生于山地林缘草甸、林下、灌丛。产燕北……………………………………………………1. 大花益母草 **L. macranthus** Maxim.

2b. 花小，长 15—20mm，白色或粉白色；萼齿长 3—5mm；叶表面皱褶。生于山地林下、林缘。产燕北……………………………………………………2. 錾菜 **L. pseudomacranthus** Kitag.

1b. 叶掌状分裂，花序叶条形或细裂；花较小，长 8—20mm。

3a. 茎下部无毛，上部和花序被开展长柔毛；叶无毛；花冠小，长 8—10mm。生于山地林下。产兴安北……………………………………………………3. 兴安益母草 **L. deminatus** V. Krecz. et Kuprian.

——*L. tataricus* auct. non L.: Fl. Intramongol. ed. 2, 4: 233. 1993.

3b. 植株全部被贴伏短柔毛或极短的毛，仅茎节或花萼有时被开展长柔毛。

4a. 花序上部叶全缘；花冠长 10—15mm；植株全部被贴伏短柔毛。生于田野、房舍附近。产岭西、兴安南、燕北、阴南……………………………………………………4. 益母草 **L. japonicus** Houtt.

4b. 花序叶上部叶分裂。

5a. 花冠长 18—20mm；茎、叶和花序被极短的毛，花萼被短柔毛或开展的长柔毛；叶 3 全裂，小裂片宽 1—3mm。生于山坡草地、沟谷、石质丘陵、沙质草原、沙地、沙丘、农田、村旁、路边。产岭西、呼伦、兴安南、科尔沁、辽河、赤峰、锡林、乌兰、阴山、阴南、鄂尔、东阿(狼山)、贺兰山、龙首山……………………………………………………5. 细叶益母草 **L. sibiricus** L.

5b. 花冠长 10—12mm；植株全部被贴伏短柔毛；叶掌状 5 全裂，小裂片宽 3mm 以上。生于山地沟谷、山坡石缝、路边。产岭东、兴安南、燕北……………6. 灰白益母草 **L. glaucescens** Bunge

15. 脓疮草属 **Panzerina** Soják

脓疮草(白龙昌菜) **Panzerina lanata** (L.) Soják——阿拉善脓疮草 *P. lanata* (L.) Bunge var. *alaschanica* (Kupr.) Tschern.

多年生草本，高 30—35cm，全株密被白色绒毛。叶片轮廓宽卵形，掌状(3)5 深裂，小裂片卵形或披针形。轮伞花序密集；萼齿 5；花冠二唇形，白色；雄蕊 4，二强。小坚果三棱形，顶端截平。生于沙地、沙砾质平原、丘陵坡地、山麓、沟谷、干河床。产乌兰、阴山(乌拉山)、阴南、鄂尔、东阿、贺兰山。

16. 兔唇花属 **Lagochilus** Bunge

冬青叶兔唇花 Lagochilus ilicifolius Bunge ex Beth.

多年生草本，高 5—13cm。叶楔状菱形，先端 5—8 齿裂，齿端具短芒状刺尖。轮伞花序；萼齿 5；花冠二唇形，淡黄色；雄蕊 4，二强。小坚果狭三角形，顶端截平。生于荒漠草原地带，也较少量出现在荒漠区。产锡林、乌兰、鄂尔、东阿。

17. 水苏属 **Stachys** L.

1a. 叶柄极短，长 1—3mm；叶片狭，矩圆状条形或披针状条形。生于低湿草甸、河谷草甸、沼泽草甸。产兴安北、岭西、岭东、呼伦、兴安南、科尔沁、燕北、锡林、阴山、阴南、鄂尔 ··········**1. 毛水苏 S. riederi** Chamisso ex Beth.

1b. 叶明显具柄，长 5—20mm；叶片宽，卵形至矩圆状披针形。

2a. 叶卵形或椭圆状卵形；根状茎顶端具螺蛳状的膨大肉质块茎。生于山地低湿草甸。产阴山(土默特右旗) ·· **2. 甘露子 S. sieboldii** Miq.

2b. 叶矩圆状披针形；根状茎细长，顶端无块茎。生于沟谷水边、河谷岸边。产呼伦、乌兰、阴山、阴南·· **3. 水苏 S. japonica** Miq.

18. 石荠苎属 **Mosla** (Benth.) Buch.-Hom. ex Maxim.

石荠苎 Mosla scabra (Thunb.) C. Y. Wu et H. W. Li

一年生草本，高 20—60cm。叶卵状披针形，先端锐尖，边缘具锯齿。总状花序生于茎和分枝顶端；萼齿 5；花冠小，白色、黄色、紫色或粉红色，二唇形；雄蕊 4，二强。小坚果球形，表面具雕纹。生于山坡、灌丛、路边。产燕北。

19. 百里香属 **Thymus** L.

百里香(地椒) **Thymus serpyllum** L.——亚洲百里香 *T. serpyllum* L. var. *asiaticus* Kitag.——蒙古百里香 *T. serpyllum* L. var. *mongolicus* Ronn.

小半灌木，高5—15cm。茎多分枝，匍匐，垫状；叶条状披针形至椭圆形，先端钝，全缘。轮伞花序紧密排列成头状；花萼狭钟形，具 10—11 纵脉，明显二唇形，上唇 3 浅裂，齿三角形，下唇 2 深裂，裂片钻形；花近辐射对称，紫红色、紫色、粉红色或白色；雄蕊 4，二强。小坚果卵球形。生于砂砾质平原、石质丘陵、山地阳坡。产岭东、兴安南、辽河(大青沟)、燕北、锡林、乌兰、阴山、阴南、鄂尔、贺兰山。

20. 风轮菜属 **Clinopodium** L.

麻叶风轮菜(风车草) **Clinopodium urticifolium** (Hance) C. Y. Wu et Hsuan ex H. W. Li——*C. chinense* (Benth.) O. Ktze. subsp. *grandiflorum* (Maxim.) Hara

多年生草本，高 30—80cm。叶卵形，先端钝尖，边缘具锯齿。轮伞花序；花萼管状，萼齿 5，二唇形；花冠二唇形，紫红色，上唇直伸，下唇平展；雄蕊 4，二强。小坚果倒卵球形。生于山地林下、林缘、灌丛、沟谷草甸及路旁。产兴安南、辽河(大青沟)、燕北、阴山(大青山)。

21. 紫苏属 **Perilla** L.

紫苏 **Perilla frutescens** (L.) Britt.

一年生草本，高达 2 余米。叶宽卵形或近圆形，先端骤尖，边缘有粗锯齿。轮伞花序 2 花，紧密排列成偏于一侧的总状花序；花萼二唇形。花冠二唇形，白色或紫红色，上唇微缺，下唇 3 裂；雄蕊 4，几不伸出。小坚果近球形。内蒙古有栽培。

22. 薄荷属 **Mentha** L.

1a. 轮伞花序多个，腋生，疏散；萼齿披针状钻形或狭三角形，先端长渐尖。生于水旁低湿地、湖滨草甸、河滩沼泽草甸。产兴安北、岭东、岭西、兴安南、赤峰、科尔沁、辽河(大青沟)、燕北、锡林、阴山、阴南、鄂尔、东阿……………………………………………………………………… **1. 薄荷 M. canadensis** L.——*M. haplocalyx* Briq.

1b. 轮伞花序 2 个，密集成头状；萼齿宽三角形，先端锐尖。生于山地河滩湿地及草甸。产兴安北、岭东、岭西………………………………………………………………… **2. 兴安薄荷 M. dahurica** Fisch. ex Benth.

23. 地笋属 **Lycopus** L.

1a. 叶椭圆状披针形至条状披针形，边缘具锐尖粗牙状锯齿。

2a. 叶两面无毛；茎无毛或节疏被微硬毛。生于沼泽草甸、低湿地。产岭西、兴安南、燕北、锡林、鄂尔…………………………………………………………………… **1a. 地笋 L. lucidus** Turcz. ex Beth. var. **lucidus**

2b. 叶上面密被细刚毛状硬毛，下面沿主脉被刚毛状硬毛。生于低湿草甸及灌丛。产燕北……………………………………………………………… **1b. 硬毛地笋 L. lucidus** Turcz. ex Beth. var. **hirtus** Regel

1b. 茎下部叶椭圆形或披针形，近羽状深裂，中部叶有疏锯齿，上部叶条状披针形，近于全缘。生于低湿草甸及沟谷。产岭东……………**1c. 异叶地笋 L. lucidus** Turcz. ex Beth. var. **maackianus** Maxim. ex Herd.

24. 鼠尾草属 **Salvia** L.

荫生鼠尾草 **Salvia umbratica** Hance

一、二年生草本，高达 1m 多。叶三角形，先端渐尖，边缘有重圆齿或牙齿。轮伞花序 2 花，疏离，组成顶生或腋生的总状花序；花萼二唇形，上唇先端有 3 个聚合的小尖头，下唇先端有 2 齿；花冠二唇形，向上弯曲呈喇叭状，蓝紫色；雄蕊 4，二强。小坚果椭圆形。生于山谷灌丛。兴安南、燕北、阴南。

25. 香薷属 **Elsholtzia** Willd.

1a. 半灌木；苞片披针形或条状披针形。生于山地灌丛、沟谷、石质山坡。产燕北、阴山(大青山)…………………………………………………………………………………… **1. 木香薷 E. stauntoni** Benth.

1b. 一年生草本；苞片倒卵形、圆形至卵圆形。

2a. 穗状花序圆柱形，多花密集，密被紫色串珠长柔毛。生于山地林缘、草甸、沟谷、撂荒地、沙地。产兴安北、岭东、岭西、兴安南、燕北、锡林、乌兰、阴山、贺兰山………………………… **2. 密花香薷 E. densa** Benth.
——细穗香薷 *E. densa* Benth. var. *ianthina* (Maxim. et Kanitz) C. Y. Wu et S. C. Huang

2b. 穗状花序偏于一侧。

3a. 花萼长约 1.5mm；萼齿不等长，前 2 齿较长；叶卵形或椭圆状披针形，边缘具锯齿。生于山地林下、林缘、灌丛、山地草甸、田野、路边。产兴安北、岭东、兴安南、赤峰、燕北、阴山……………………………………………………………………………………**3. 香薷 E. ciliata** (Thunb.) Hyland.

3b. 花萼长 2—2.5mm；萼齿近等长；叶矩圆状披针形至披针形，边缘具疏而钝的锯齿。呼和浩特市、包头市有栽培……………………………………**4. 海州香薷 E. splendens** Nakai ex F. Maekawa

26. 香茶菜属 Isodon (Schrad. ex Benth.) Spach.

蓝萼香茶菜 Isodon japonicus (Burm. f.) H. Hara var. **glaucocalyx** (Maxim.) H. W. Li——*Rabdosia japonica* (N. Burm.) H. Hara var. *glaucocalyx* (Maxim.) H. Hara

多年生草本，高 50—150m。叶卵形或宽卵形，先端尾状渐尖，边缘有粗大钝锯齿。圆锥花序顶生；由多数具 3—7 花的聚伞花序组成；萼齿 5；花冠二唇形，淡蓝色或紫蓝色；雄蕊 4，二强。小坚果宽倒卵形。生于山地林下、林缘、灌丛、沟谷、撂荒地。产兴安北、兴安南、赤峰、燕北、阴山。

27. 罗勒属 Ocimum L.

罗勒 Ocimum basilicum L.

一年生草本，高 20—70cm。叶卵形，先端钝尖，边近全缘。轮伞花序生于茎和分枝顶端；萼齿 5，二唇形；花冠二唇形，淡紫色，上唇 4 裂，下唇矩圆形，全缘；雄蕊 4，二强。小坚果卵球形。内蒙古有栽培。

109. 茄科 Solanaceae

1a. 多棘刺灌木；花冠漏斗状……………………………………………………**1. 枸杞属 Lycium**

1b. 草本或半灌木，常无棘刺；花冠钟状、辐状或漏斗状。

2a. 浆果；花冠辐状或具短筒。

3a. 花萼在花后显著膨大，完全包被果实。

4a. 花萼浅裂或中裂，裂片基部常凹陷；浆果多汁。栽培…………………**2. 酸浆属 Physalis**

4b. 花萼深裂至基部，裂片基部心状箭形，具 2 尖耳片；浆果干燥…**3. 假酸浆属 Nicandra**

3b. 花萼花后不增大或不明显增大。

5a. 花单生；果实为少汁浆果，内有空腔。栽培…………………………**4. 辣椒属 Capsicum**

5b. 花集生成聚伞花序，顶生或腋生，极少单生；果实多汁，内无空腔。

6a. 植株不具黏毛；花白色或淡紫色；花药顶孔开裂……………………**5. 茄属 Solanum**

6b. 植株全体被黏毛；花黄色；花药纵裂。栽培…………………**6. 番茄属 Lycopersicon**

2a. 蒴果；花冠通常具长筒。

7a. 花冠漏斗状；蒴果盖裂。

8a. 花集生成顶生无叶的聚伞花序；萼于果期膨大，几成球状的囊(顶端不闭合)，将蒴果包在里面，果萼的齿不具强壮的边缘脉，顶端无刚硬的针刺…**7. 泡囊草属 Physochlaina**

8b. 花腋生，在植株顶端密集于有叶的花序轴上成总状，且常偏向一侧；萼于果期不膨大呈囊状，在下部与蒴果贴近，果萼的齿有强壮的边缘脉，顶端有刚硬的针刺……………………………………………………………………………**8. 天仙子属 Hyoscyamus**

7b. 花冠长筒状漏斗形；蒴果 2—4 瓣裂。

9a. 子房不完全 4 室；宿萼上部截断状脱落而仅基部宿存；蒴果通常具刺，4 瓣裂……………………………………………………………………………**9. 曼陀罗属 Datura**

9b. 子房 2 室；宿萼与果实近等长，不与上部截断状脱落；蒴果无刺，2 瓣裂。栽培………

……………………………………………………………………………………10. 烟草属 Nicotiana

1. 枸杞属 Lycium L.

1a. 果实成熟后紫黑色；叶条形、条状披针形或条状倒披针形；花冠筒部长于其裂片 2—3 倍。生于盐化低地、沙地、路旁、村舍附近。产东阿、西阿、额济纳……………………………………1. 黑果枸杞 **L. ruthenicum** Murr.

1b. 果实成熟后红色或橙黄色；叶狭披针形、披针形、卵形或椭圆形；花冠筒长于其裂片 2 倍，或稍长或稍短于其裂片。

2a. 花冠筒长于其裂片 2 倍；花丝基部稍上处疏被绒毛。

3a. 叶倒披针形或椭圆状倒披针形，稀宽披针形；花萼裂片宿存，花冠裂片边缘疏被缘毛。生于沙滩或绿洲。产西阿(阿拉善右旗)、额济纳……………………………2. 新疆枸杞 **L. dasystemum** Pojark.

3b. 叶窄披针形或披针形；花萼裂片有时因裂片脱落呈平截，花冠裂片边缘无毛。生于山地、丘陵坡地、路旁、田边。产锡林、乌兰、阴山、阴南、东阿、西阿…………3. 截萼枸杞 **L. truncatum** Y. C. Wang

2b. 花冠筒长于其裂片但不及 2 倍，或稍长或稍短于裂片；花丝基部稍上处密生一圈绒毛(毛环)；花萼裂片不断裂。

4a. 花萼通常 2 中裂，或有时其中 1 裂片再微 2 齿裂；花冠裂片边缘无缘毛，筒部明显长于裂片。生于河岸、山地、灌溉农田的地埂、水渠边。内蒙古西部地区广为栽培，产乌兰、阴南、鄂尔、东阿、西阿、贺兰山、额济纳……………………………………………………………4. 宁夏枸杞 **L. barbarum** L.

4b. 花萼通常 3 中裂，或 4—5 齿裂；花冠裂片边缘具缘毛，筒部明显短于裂片。

5a. 叶卵形、卵状菱形、长椭圆形或卵状披针形；花冠裂片边缘具密缘毛；雄蕊稍短于花冠。生于路边、村舍附近、田埂、山地丘陵灌丛。产科尔沁………5a. 枸杞 **L. chinensis** Mill. var. **chinensis**

5b. 叶披针形或条状披针形；花冠裂片边缘具稀缘毛；雄蕊稍长于花冠。生于向阳山坡、沟旁。产燕北(苏木山)、阴南、东阿(桌子山)……………………………………………………………………
……………………………5b. 北方枸杞 **L. chinensis** Mill. var. **potaninii** (Pojark.) A. M. Lu

2. 酸浆属 Physalis L.

1a. 植株无毛；花梗近无毛或仅有稀疏柔毛；花白色或黄白色；花药黄色；宿萼于果期橘红色；浆果橙红色。内蒙古各地有栽培……………………………1. 酸浆 **P. alkekengi** L. var. **francheti** (Mast.) Makino

1b. 植株被柔毛；花梗密生短柔毛；花淡黄色，喉部具紫斑；花药淡紫色；宿萼于果期草绿色；浆果黄色或带紫色。呼伦贝尔市、赤峰市有栽培…………………………………2. 毛酸浆 **P. philadelphica** Lam.

3. 假酸浆属 Nicandra Adans.

假酸浆 Nicandra physaloides (L.) Gaertn.

一年生草本，高40—100cm。叶互生，卵形，先端锐尖，边缘具不规则的粗齿或浅裂。花单生于枝腋而与叶对生；花萼 5 深裂，裂片先端尖锐，基部心状箭形，有 2 尖耳；花冠钟形，浅蓝色，5 浅裂，裂片钝。浆果球形黄色。生于荒地、宅旁。赤峰、燕北、阴南(呼和浩特市)、兴安北(根河市阿龙山)有逸生。

4. 辣椒属 Capsicum L.

辣椒 Capsicum annuum L.

一年生草本，高 40—80cm。单叶互生，卵形，先端渐尖，全缘。花单生于叶腋，下垂；花萼杯状，有 5—7 浅裂；花冠白色，裂片 5—7；雄蕊 5，贴生于花冠筒基部。果为少汁的浆果。内蒙古各地均有栽培。

5. 茄属 **Solanum** L.

1a. 茎直立。

2a. 单叶；植株地下无肥大块茎。

3a. 叶全缘或具波状浅齿。

4a. 浆果小，球形，直径在 1cm 以内；花序伞形，腋外生。

5a. 浆果黑色；小枝无棱或不明显，无毛或微被毛。生于路旁、村边、水沟边。产科尔沁、赤峰、燕北、乌兰、阴山、阴南、鄂尔、东阿、西阿……………………………………**1. 龙葵 S. nigrum** L.

5b. 浆果红色、橘黄色或绿黄色；小枝具棱状窄翅，翅被瘤状突起，被糙伏短柔毛和腺毛。生于丘陵沟谷。产阴南(准格尔旗)、鄂尔……………………**2. 红果龙葵 S. villosum** Mill.

4b. 浆果大，紫色，直径在 10cm 以上；单花，腋生。内蒙古各地均有栽培……………………………………………………………………**3. 茄 S. melongena** L.

3b. 叶羽状分裂。

6a. 植株被短柔毛或近无毛；果实不为果萼包被；花冠紫色。生于路旁、林下、水边。产内蒙古各地……………………………………………………**4. 青杞 S. septemlobum** Bunge

6b. 植株具刺毛或星状毛；果实完全被果萼包被；花冠黄色。生于河边、路旁。科尔沁、阴南(呼和浩特市)有逸生……………………………………**5. 黄花刺茄 S. rostratum** Dunal.

2b. 羽状复叶；植株地下具肥大块茎。内蒙古各地均有栽培……………………**6. 马铃薯 S. tuberusum** L.

1b. 茎蔓生，基部木质化；叶卵形或广卵形，全缘；花蓝紫色。生于林下或水边阴湿地。产内蒙古东部……………………………………………………**7. 光白英 S. kitagawae** Schonbeck-Temesy

6. 番茄属 **Lycopersicon** Mill.

番茄 Lycopersicon esculentum Mill.

一年生草本，高 60—150cm。叶羽状复叶，小叶大小不等，常 5—9 枚，卵形或矩圆形。聚伞花序有花 3—7 朵，腋外生；萼裂片 5—7；花冠黄色，5—7 深裂；雄蕊 5—7，生于花冠喉部。浆果。内蒙古各地均有栽培。

7. 泡囊草属 **Physochlaina** G. Don

泡囊草 Physochlaina physaloides (L.) G. Don

多年生草本，高 10—20cm。根肉质，肥厚。叶互生，卵形，先端锐尖，全缘或微波状。伞房状聚伞花序，顶生；花萼 5 浅裂；花冠漏斗状，5 浅裂，裂片紫堇色，筒部细瘦，黄白色。雄蕊 5，生于花冠筒近中部。瘦果球形，包藏在增大的宿存花萼内。生于山地、沟谷。产呼伦、锡林、阴山、乌兰(四子王旗中部)。

8. 天仙子属 **Hyoscyamus** L.

天仙子 Hyoscyamus niger L.

一、二年生杂草，高 30—80cm。基生叶丛生莲座状；茎生叶互生，长卵形或三角状卵形，先端渐尖，边缘羽状深裂或浅裂。花单生于叶腋，在茎顶聚集成蝎尾状总状花序，偏于一侧；花萼 5 浅裂，果实增大成壶状；花冠钟状，土黄色；雄蕊 5。蒴果卵球形，盖裂。生于村舍附近、路边、田野。产内蒙古各地。

9. 曼陀罗属 **Datura** L.

1a. 花冠长 6—10cm；叶缘不规则波状浅裂；果实卵形，成熟时由顶端向下 4 瓣裂。生于路旁、宅旁、撂荒地。

产兴安南、赤峰、科尔沁、阴山、阴南、鄂尔、东阿、西阿 ……………………………… **1. 曼陀罗 D. stramonium** L.

1b. 花冠长 14—17cm；叶全缘或边缘有波状短齿；果实球形，成熟时在顶端不规则开裂。内蒙古少量栽培 ……………………………………………………………………………… **2. 洋金花 D. metel** L.

10. 烟草属 Nicotiana L.

1a. 花冠筒细长，为萼的 5—7 倍；萼齿条状披针形或条形；叶卵状披针形或披针形。呼伦贝尔市有栽培 ……………………………………………………………………… **1. 长花烟草 N. longiflora** Cav.

1b. 花冠筒较短，为萼的 1.5—3 倍；萼齿宽三角形或三角状披针形；叶卵形、矩圆形、心形或矩圆状披针形。

  2a. 叶柄明显；花冠筒状钟形，黄绿色。内蒙古有栽培 ……………………………… **2. 黄花烟草 N. rustica** L.

  2b. 叶柄不明显或成翅状柄；花冠漏斗状，粉红色。呼伦贝尔市有栽培 ………… **3. 烟草 N. tabacum** L.

110. 玄参科 Scrophulariaceae

1a. 雄蕊 4。

  2a. 花冠基部有长距 ……………………………………………………………… **1. 柳穿鱼属 Linaria**

  2b. 花冠无距。

    3a. 花冠裂片近相同，辐状；植株具匍匐茎；叶基生 ……………………… **2. 水茫草属 Limosella**

    3b. 花冠裂片不相同，常为二唇形，有明显的花冠筒。

      4a. 花冠筒膨大成壶状或几成球状，花黄绿色、褐色或紫褐色 …… **3. 玄参属 Scrophularia**

      4b. 花冠筒不膨大成壶状或球状。

        5a. 花冠上唇或上面 2 裂片不向前弓曲成盔状。

          6a. 花冠大而呈喇叭状，长超过 3cm，上、下唇近等长；植株被腺毛 ……………………………………………………………… **4. 地黄属 Rehmannia**

          6b. 花冠小而明显呈唇形，长不超过 2cm，上唇短；植株无腺毛。

            7a. 花萼具 5 棱或翅，口部平截形或斜截形，萼齿短小 ……………………………………………………………… **5. 沟酸浆属 Mimulus**

            7b. 花萼无棱或翅，口部不成截形，萼齿长。

              8a. 叶下面有腺点；蒴果 4 瓣裂；水生或沼生草本；叶有时轮生，沉水者细裂 ……………………………………… **6. 石龙尾属 Limnophilla**

              8b. 叶下面无腺点；蒴果 2 瓣裂。

                9a. 蒴果室间开裂；花冠小，长不超过 10mm，前方 1 对花丝自花喉部发出，其下部与花管结合 ………………………… **7. 母草属 Lindernia**

                9b. 蒴果室背开裂；花冠较大，长超过 10mm，前方 1 对花丝在花管深处即分离。

                  10a. 茎基部被鳞片，多回分枝，呈扫帚状；叶条形，叶量较少；花萼 5 浅裂，萼齿短，正三角形 ………… **8. 野胡麻属 Dodartia**

                  10b. 茎基部无鳞片，通常少分枝，不呈扫帚状；叶片较宽；花萼 5 中裂，萼齿较长，披针状三角形至卵状披针形 ……………………………………………………… **9. 通泉草属 Mazus**

        5b. 花冠上唇多少成盔状或倒舟状。

          11a. 药室不等，一长一短；花萼侧扁，前后裂达一半，两侧裂达 1/4；花冠上唇长而成倒舟状，顶端渐尖；叶互生 ……………………… **10. 火焰草属 Castilleja**

11b. 药室相等；花萼不侧扁；花冠上唇成盔状，顶端 2 裂或成喙；叶对生或轮生。

12a. 花萼在果期强烈膨大成囊状，仅后面开裂一半，其余浅裂；种子扁平，具翅 ……………………………………………………… **11. 鼻花属 Rhinanthus**

12b. 花萼在果期不膨大；种子不扁，具翅或否。

13a. 蒴果每室仅含 1—2 粒种子，种子大而平滑；苞片边缘通常具芒状长齿或在下面有尖齿，少全缘；花冠上唇边缘密被须毛……………………………………………………………**12. 山萝花属 Melampyrum**

13b. 蒴果每室含多粒种子，种子细小；花冠上唇边缘通常无须毛。

14a. 花萼下无小苞片。

15a. 花萼 4 裂。

16a. 花萼不等 4 裂，前后裂达一半，两侧裂达 1/3；总状花序常复出而集成圆锥花序，花梗细长 ……………………………………**13. 脐草属 Omphalothrix**

16b. 花萼等 4 裂。

17a. 苞片常比叶大，近圆形；花冠上唇边缘向外翻卷；穗状花序 ………**14. 小米草属 Euphrasia**

17b. 苞片比叶小，狭长形；花冠上唇边缘不向外翻卷；总状花序；花梗短粗 ……………………………………………**15. 疗齿草属 Odontites**

15b. 花萼 5 裂，或仅在前方深裂而具 2—5 齿。

18a. 花萼等 5 裂；花冠上唇边缘向外翻卷 ……………………………………**16. 松蒿属 Phtheirospermum**

18b. 花萼常在前方深裂而具 2—5 齿；花冠上唇常延长成喙，边缘不外卷 ………**17. 马先蒿属 Pedicularis**

14b. 花萼下有 1 对小苞片。

19a. 茎基部生正常叶；萼细长筒状，长为宽的 4—8 倍，明显具 10 条纵脉，萼裂片间无小齿；叶羽状分裂…………………………………………………**18. 阴行草属 Siphonostegia**

19b. 茎基部生鳞片状叶；萼短筒状，长与宽近相等，纵脉不甚明显，萼裂片间常有 1—3 小齿；叶全缘 ……………………………………………**19. 芯芭属 Cymbaria**

1b. 雄蕊 2。

20a. 花冠不为二唇形；果为开裂的蒴果；叶多茎生。

21a. 花萼 5 裂；花冠筒长；柱头小，为花柱的延伸，不为头状 … **20. 腹水草属 Veronicastrum**

21b. 花萼 4 裂；如为 5 裂则后方 1 枚小得多，仅为其他 4 枚之半或更短；花冠筒短；柱头扩大，头状。

22a. 总状花序顶生，长而密集呈长穗状；苞片小而狭细；蒴果稍侧扁；植株通常高大…………………………………………………………**21. 穗花属 Pseudolysimachion**

22b. 总状花序腋生或顶生，短而疏松不呈长穗状；苞片叶状，如为顶生总状花序则仅下面的苞片叶状；蒴果强烈侧扁；植株通常低矮 ………………**22. 婆婆纳属 Veronica**

20b. 花冠明显二唇形；果为核果状而不开裂；叶多基生 ………………………**23. 兔耳草属 Lagotis**

1. 柳穿鱼属 **Linaria** Mill.

1a. 植株高常不超过 20cm，基部极多分枝；花序轴、花梗及花萼密被长腺毛；花萼裂片条状披针形。生于草原及固定沙地。产呼伦、锡林 ······································ 1. **多枝柳穿鱼 L. buriatica** Turcz. ex Benth.

1b. 植株高常在 20cm 以上，中上部分枝；花序轴、花梗及花萼无毛或有少量短腺毛；花萼裂片披针形至卵状披针形。

2a. 叶条形至披针状条形，具 1 脉；花冠距狭细，常向外弯，弧曲状；萼裂片披针形。生于山地草甸、沙地、路边。产兴安北、岭西、兴安南、科尔沁、赤峰、燕北、锡林、阴山、阴南、鄂尔 ······································ ···························· 2. **柳穿鱼 L. vulgaris** Mill. subsp. **sinensis** (Bunge ex Debeaux) D. Y. Hong

2b. 叶条状披针形至披针形，具 3 脉；花冠距粗壮，常直伸，圆锥状；萼裂片卵形或卵状披针形。生于林缘、沟谷草甸。产兴安北 ···································· 3. **新疆柳穿鱼 L. acutiloba** Fisch. ex Reichb.

2. 水茫草属 **Limosella** L.

水茫草 Limosella aquatica L.

一年生草本，高 2—5cm。叶于基部簇生成莲座状，狭匙形或宽条形，先端钝，全缘。花单生于叶腋；萼齿 5；花冠白色或粉红色，5 裂；雄蕊 4。蒴果卵球形。生于河岸、湖边。产兴安北、岭西、呼伦、兴安南、燕北、科尔沁、赤峰、锡林。

3. 玄参属 **Scrophularia** L.

1a. 叶脉不网结；茎多条丛生，基部木质化呈半灌木状草本；蒴果近球形。生于砂砾石质地、山地岩石处。产呼伦、锡林、乌兰、鄂尔、东阿、龙首山 ·· 1. **砾玄参 S. incisa** Weinm.

1b. 叶脉明显网结；茎单一或少数，草本；蒴果尖卵形。

2a. 支根纺锤形或胡萝卜状；叶缘具规则的锐锯齿；花萼及花冠外面无毛。

3a. 花褐紫色；聚伞圆锥花序大而疏散；茎、叶被腺状柔毛。内蒙古有少量栽培 ·························· ··· 2. **玄参 S. ningpoensis** Hemsl.

3b. 花绿色或黄绿色；聚伞圆锥花序紧缩；茎、叶无毛。内蒙古有少量栽培 ······························ ··· 3. **北玄参 S. buergeriana** Miq.

2b. 支根不为纺锤形或胡萝卜状；叶缘具不规则的尖齿或粗齿。

4a. 花冠黄色；花萼宽矩圆形；花萼及花冠外面被长或短腺毛。生于山地沟谷溪水边。产阴山(乌拉山)、贺兰山 ··· 4. **贺兰玄参 S. alaschanica** Batal.

4b. 花冠绿色；花萼近圆形；花萼及花冠外面无毛。生于森林带的阴坡峭壁上。产岭东(扎赉特旗) ·········· ··· 5. **岩玄参 S. amgunensis** F. Schmidt.

4. 地黄属 **Rehmannia** Libosch. ex Fisch. et C. A. Mey.

地黄 Rehmannia glutinosa (Gaert.) Libosch. ex Fisch. et C. A. Mey.

多年生草本，高 10—30cm，全株密被长柔毛和腺毛。叶通常基生，莲座状，倒卵形或长椭圆形，先端钝，边缘具不整齐钝齿或牙齿。总状花序顶生；萼齿 5；花冠筒状而微弯，外面紫红色，里面黄色而有紫斑；顶部二唇形；雄蕊 4，二强，着生于花冠筒近基部。蒴果卵形，室背开裂。生于山地坡麓及路边。产燕北、赤峰、阴山、阴南、东阿(狼山、桌子山)、贺兰山、龙首山。

5. 沟酸浆属 **Mimulus** L.

沟酸浆 Mimulus tenellus Bunge

一年生铺散草本，高达 10cm。叶对生，卵形，先端锐尖，边缘具疏锯齿。花单生于叶腋；萼 5 裂，裂齿细小；花冠漏斗状，黄色，二唇形；雄蕊 4，二强。蒴果椭圆形。生于林下湿地、沟谷溪边。产辽河(大青沟)、燕北。

6. 石龙尾属 **Limnophilla** R. Br.

1a. 花冠长 6—10mm；茎及花萼无腺点；萼裂片卵形，长 2—4mm。生于沼泽、水田。产内蒙古东部……………………………………………………………………………… **1. 石龙尾 L. sessiliflora** (Vahl) Blume

1b. 花冠长约 4mm；茎及花萼被腺点；萼裂片三角状披针形，长约 1mm。生于水田等处。产嫩西(扎赉特旗)……………………………………………………………………………… **2. 北方石龙尾 L. borealis** Y. Z. Zhao et P. Ma

7. 母草属 **Lindernia** All.

陌上菜 Lindernia procumbens (Krock.) Borbas

一年生草本，高 4—10cm。叶对生，椭圆形，全缘。花单生于叶腋；萼片 5；花冠二唇形，粉红色或紫色；雄蕊 4。蒴果卵球形，室间 2 裂。生于浸湿地。产岭东。

8. 野胡麻属 **Dodartia** L.

野胡麻 Dodartia orientalis L.

多年生草本，高 15—40cm。叶疏生，茎下部的对生或近对生，上部的常互生，条形或宽条形，全缘。萼齿 5；花冠二唇形，暗紫色或暗紫红色；雄蕊 4，二强。蒴果圆球形，2 室裂。生于石质山坡、沙地、盐渍地、田野。产乌兰、鄂尔、东阿、额济纳。

9. 通泉草属 **Mazus** Lour.

1a. 多年生草本；子房和蒴果被长硬毛；茎叶密被长柔毛。生于林缘、湿润草甸。产兴安北、岭东、岭西、兴安南、赤峰、燕北……………………………………………………… **1. 弹刀子菜 M. stachydifolius** (Turcz.) Maxim.

1b. 一年生草本；子房和蒴果无毛；茎叶疏被短柔毛。生于路边、花坛。产赤峰……………………………………………………………………………… **2. 通泉草 M. pumilus** (N. L. Burm.) Steeenis

10. 火焰草属 **Castilleja** Mutis ex L. f.

火焰草 Castilleja pallida (L.) Kunth.

多年生草本，高 20—50cm。叶互生，最下边的对生，条形或条状披针形，全缘。穗状花序顶生，密集；花萼管状，侧扁，下部膨大，上部 4 裂；花冠管状，二唇形，上唇直立，伸长，倒舟状，下唇短而小，开展，3 裂；雄蕊 4，二强。蒴果卵形，2 瓣裂。生于草甸草原、碱土草甸、林缘、灌丛。产兴安北、岭东、岭西。

11. 鼻花属 **Rhinanthus** L.

鼻花 Rhinanthus glaber Lam.

一年生草本，高 30—65cm。叶对生，条状披针形，边缘具三角状锯齿。花萼侧扁，果期膨胀成囊状，4 裂，3 枚浅裂，后方 1 枚深裂达中部；花冠二唇形，黄色；雄蕊 4。蒴果扁圆形，室背开裂。生于林缘草甸。产兴安北、锡林。

12. 山萝花属 **Melampyrum** L.

山萝花 **Melampyrum roseum** Maxim.

一年生草本，高 30—50cm。叶对生，卵状披针形至狭披针形，先端长渐尖，全缘。萼不等 4 齿裂；花冠二唇形，红色或紫红色；雄蕊 4，二强。蒴果卵状长渐尖，室背 2 裂。生于疏林林下、林缘、林间草甸、灌丛。产岭东、燕北。

13. 脐草属 **Omphalothrix** Maxim.

脐草 **Omphalothrix longipes** Maxim.

一年生草本，高 20—50cm。叶对生，条状披针形，先端锐尖，边缘具疏齿。花萼不等 4 裂；花冠二唇形，白色；雄蕊 4，二强。蒴果矩圆形，侧扁，室背开裂。生于丘间潮湿草甸。产岭东、科尔沁、锡林、鄂尔。

14. 小米草属 **Euphrasia** L.

1a. 植株全体无腺毛。

2a. 叶及苞叶卵形，边缘具 2—5 对急尖或稍钝的牙齿。生于山地草甸、草甸草原、林缘、灌丛。产兴安北、岭东、岭西、兴安南、赤峰、燕北、锡林、乌兰、阴山、贺兰山、龙首山……**1a. 小米草 E. pectinata** Ten. subsp. **pectinata**

2b. 叶及苞叶宽卵形至近圆形，边缘锯齿急尖至渐尖，有时成芒尖。生于山地草甸、林缘、灌丛。产燕北、阴山……**1b. 芒小米草 E. pectinata** Ten. subsp. **simplex** (Freyn) D. Y. Hong

1b. 植株多少被腺毛。

3a. 腺毛的柄很短，仅有 1—2 个细胞。生于山地草甸、林缘、灌丛。产兴安南、锡林、燕北、阴山……**2. 短腺小米草 E. regelii** Wettst.

3b. 腺毛的柄较长，具(2)3 至多个细胞。

4a. 花冠小，背面长 5—8mm；茎常细弱，少见分枝。生于山地湿草甸、河谷沼泽。产兴安北、兴安南……**3. 长腺小米草 E. hirtella** Jord. ex Reuter

4b. 花冠大，背面长约 10mm；茎常粗壮，上部多分枝。生于山地林下、林缘草甸及山坡。产兴安北、岭西、兴安南……**4. 东北小米草 E. amurensis** Freyn

15. 疗齿草属 **Odontites** Ludwig

疗齿草 **Odontites vulgaris** Moench——*O. serotina* (Lam.) Dum.

一年生草本，高 10—40cm。叶对生，条状披针形，先端渐尖，边缘具锯齿。总状花序生于茎和分枝顶端；花萼 4 等裂；花冠二唇形，紫红色，雄蕊 4，二强。蒴果矩圆形，室背开裂。生于低湿草甸、水边。产兴安北、呼伦、岭西、兴安南、科尔沁、辽河、赤峰、燕北、锡林、阴山、阴南、鄂尔、贺兰山。

16. 松蒿属 **Phtheirospermum** Bunge ex Fisch et C. A. Mey.

松蒿 **Phtheirospermum japonicum** (Thunb.) Kenitz

一年生草本，高 20—50cm。叶对生，轮廓三角状卵形，羽状全裂，裂片边缘具牙齿。花萼 5 裂；花冠二唇形，粉红色或紫红色；雄蕊 4，二强。蒴果卵形，室背开裂。生于山地灌丛、沟谷草甸。产兴安南、科尔沁、辽河(大青沟)、燕北、阴山、阴南。

17. 马先蒿属 Pedicularis L.

1a. 叶互生，稀部分对生。

2a. 花冠上唇先端无喙或仅有极小的突尖，不成钩状弯曲。

3a. 花黄色，基生叶发达，羽状分裂，裂片矩圆形至三角状卵形，宽约 10mm；苞片宽卵形，不分裂。

4a. 茎、叶、苞片、花萼无毛。生于山地林下、林缘草甸、潮湿草甸、沼泽。产兴安北、岭东、岭西、兴安南…………………………… **1a. 旌节马先蒿 P. sceptrum-carolinum** L. subsp. **sceptrum-carolinum**

4b. 茎、叶、苞片、花萼被短毛。生于山地林缘草甸。产兴安北、岭东、岭西、兴安南 ……………………………**1b. 毛旌节马先蒿 P. sceptrum-carolinum** L. subsp. **pubescens** (Bunge) P. C. Tsong

3b. 花淡紫红色；茎生叶发达，2—3 回羽状全裂，小裂片条形，宽约 1mm；苞片多少三角形，羽裂。生于沼泽草甸。产兴安北、岭东 ……………………………**2. 大花马先蒿 P. grandiflora** Fisch.

2b. 花冠上唇先端钩状或镰状，常有喙或小齿。

5a. 花冠上唇先端具 1 对小齿。

6a. 下唇开展，至少不依附于上唇；花冠管向前膝屈，盔弓曲。

7a. 萼齿狭长，长过于宽，为狭三角形至披针形，密被长毛。

8a. 叶 2—3 回羽状全裂，小裂片细条形。

9a. 花紫红色，其下唇约与盔等长。生于山地草甸、草甸草原。产兴安北、兴安南、赤峰、燕北、锡林 ……………………………**3. 红色马先蒿 P. rubens** Steph. ex Willd.

9b. 花黄色，其下唇甚短于盔。生于山坡草地。产阴山……………………………**4. 蓍草叶马先蒿 P. achilleifolia** Steph. ex Willd.

8b. 叶 1 回羽状全裂，小裂片甚宽；花黄色。生于山坡、沟谷坡地。产呼伦、锡林……………………………**5. 黄花马先蒿 P. flava** Pall.

7b. 萼齿宽短，长不过于宽，为宽三角形，无毛或稀有被毛；叶的第 1 回羽状全裂，第 2 回羽状深裂；花黄色。生于河滩草甸、沟谷草甸、草甸草原。产兴安北、岭东、岭西、锡林 ……………………………**6. 秀丽马先蒿 P. venusta** Schangin ex Bunge

6b. 下唇常依附于上唇；花冠管不膝屈，盔亦不弓曲。

10a. 植株分枝繁多，无显著的基生叶而茎生叶多，叶小而细裂。

11a. 萼齿具波状齿；叶羽状全裂，裂片细，条形；花冠紫红色。生于湿草甸、沼泽草甸。产兴安北、岭西、兴安南、锡林 ……………………………**7. 卡氏沼生马先蒿 P. palustris** L. subsp. **karoi** (Freyn) P. C. Tsoog

11b. 萼齿全缘；叶羽状浅裂或深裂，裂片较宽，卵形或矩圆形；花冠黄色。生于湿润草甸、林缘、林下。产兴安北 ……………**8. 拉不拉多马先蒿 P. labradorica** Wirsing

10b. 植株决不分枝；叶羽状全裂，裂片长条形，整齐排列如篦齿状；花冠黄色，具显著的绛红色脉纹。

12a. 花序轴、苞片和花萼无毛或被短毛。生于山地草甸草原、林缘草甸、疏林。产兴安北、岭东、岭西、呼伦、兴安南、科尔沁、赤峰、燕北、锡林、阴山、阴南、贺兰山 ……………………………**9a. 红纹马先蒿 P. striata** Pall. subsp. **striata**

12b. 花序轴、苞片和花萼均被蛛丝状毛。生于山地草原。产阴山 ……………………………**9b. 蛛丝红纹马先蒿 P. striata** Pall. subsp. **arachnoidea** (Franch.) P. C. Tsoog

5b. 花冠上唇先端狭缩成喙，由短而直至伸长为象鼻状或呈 S 形。

13a. 盔端伸长为短喙；花冠管状，其长度不超过萼的 2 倍。

14a. 花管部向右扭曲而使盔与下唇反向，指向侧方；盔下缘无长须毛；花冠淡紫色，稀白色；花序无腺毛；叶不分裂，缘具缺刻状重齿。

15a. 花淡紫红色；叶缘齿上胼胝明显。

16a. 茎、叶、苞叶、花萼无毛或疏被毛。生于山地林下、林缘草甸、沟谷草甸。产兴安北、岭西、兴安南、燕北、阴山、阴南…………………………………………**10a. 返顾马先蒿 P. resupinata** L. var. **resupinata**

16b. 茎、叶、苞叶、花萼密被白色柔毛。生于山地林下、林缘草甸、河滩湖岸草甸。产兴安北、岭东、岭西、兴安南、辽河、锡林…………………………………………**10b. 毛返顾马先蒿 P. resupinata** L. var. **pubescens** Nakai

15b. 花白色；叶缘齿上胼胝不明显；叶、苞叶、花萼被较密的短毛。生于山地林缘草甸。产兴安南……**10c. 白花返顾马先蒿 P. resupinata** L. var. **albiflora** Y. Z. Zhao

14b. 花管部不扭曲；盔下缘有长须毛；花冠白色，盔上部紫红色；花序被腺毛；叶 1 回羽状深裂。生于山地林缘。产贺兰山……………………**11. 粗野马先蒿 P. rudis** Maxim.

13b. 盔端伸长为长喙，象鼻状或呈 S 形；花冠管细长，其长度超过萼的 2 倍以上。

17a. 萼齿 2 或 3；花黄色。

18a. 一年生草本；叶互生。萼齿 2；花冠下唇中裂片不向前凸出，喉部无条纹；花冠管在 5cm 以下。生于山地草甸。产燕北……**12. 中国马先蒿 P. chinensis** Maxim.

18b. 多年生草本；叶对生。萼齿 3；花冠下唇中裂片明显向前凸出，喉部具 2 条褐色纹带；花冠管多在 5cm 以上。生于海拔 2100m 的高寒沼泽化草甸。产阴山(灰腾梁草垛山)………**13. 阴山马先蒿 P. yinshanensis** (Zong Y. Chu et Y. Z. Zhao) Y. Z. Zhao
——*P. longiflora* Rudolph var. *yinshanensis* Zong Y. Chu et Y. Z. Zhao

17b. 萼齿 5；花玫瑰色；多年生草本；叶互生。生于海拔 2000—2800m 的林下苔藓层及灌丛阴湿处。产贺兰山……………………………………………**14. 藓生马先蒿 P. muscicola** Maxim.

1b. 叶轮生。

19a. 盔端不伸长为喙，仅微具凸尖；叶 1 回羽裂。

20a. 花管在中部以上向前膝屈；萼及花序密被绵毛；叶羽状全裂或深裂，裂片长而疏离，条形。生于海拔 3000m 的林下、林缘及灌丛。产贺兰山………………**15. 三叶马先蒿 P. ternata** Maxim.

20b. 花管在近基部向前膝屈；萼及花序被柔毛；叶羽状浅裂或深裂，少全裂，裂片短而靠近，矩圆形或卵形。

21a. 下唇约与盔等长或稍长；多年生草本；总状花序；花萼膨大，卵球形，长约 6mm；蒴果披针形，长 10—15mm。

22a. 全株毛较少；叶及花萼齿常稍有白色胼胝；5 萼齿后方 1 枚小，其余 4 枚两两结合；花较小；果端渐尖。生于沼泽草甸、低湿草甸。产兴安南、锡林、乌兰、阴山、鄂尔……………………………………**16a. 轮叶马先蒿 P. verticillata** L. var. **verticillata**

22b. 全株毛较多；叶及花萼齿常多坚硬的白色胼胝；5 萼齿多分离；花较大；果端稍钝。生于芨芨草湿地草甸、滩地草甸。产锡林、鄂尔…………………………………………… **16b. 唐古特轮叶马先蒿 P. verticillata** L. var. **tangutica** (Bonati) P. C. Tsoog

21b. 下唇长于盔 2 倍；一年生草本；穗状花序；花萼不膨大，钟状，长 3—4mm；蒴果狭卵形，长 6—7mm。生于山地林缘草甸、河滩草甸、灌丛。产兴安北、岭西、兴安南、燕北、赤峰、阴山……………………………………………………**17. 穗花马先蒿 P. spicata** Pall.

19b. 盔端伸长为喙，盔顶镰状弧形至半圆形弓曲；叶 2 回羽裂。

23a. 花黄色；盔顶弧形弓曲，喙几伸直或微下弯，指向前方或略偏下方。

24a. 苞片长于或近等于花；花丝 1 对有毛；多年生草本；茎上部决不分枝。生于海拔 2000—2400m 的林缘、沟谷草甸。产贺兰山、龙首山………………**18. 阿拉善马先蒿 P. alaschanica** Maxim.

24b. 苞片短于花；花丝 2 对均有毛；一年生草本；茎上部有轮生分枝。生于亚高山草甸。产燕北、阴山……………………………………………………**19. 弯管马先蒿 P. curvituba** Maxim.

23b. 花紫堇色；盔顶半圆形弓曲，喙强烈弯曲，指向下方或前下方。生于山地草甸、林缘草甸。产兴安南、燕北、阴山……………………………………………………**20. 华北马先蒿 P. tatarinowii** Maxim.

18. 阴行草属 Siphonostegia Benth.

阴行草 Siphonostegia chinensis Benth.

一年生草本，高 20—40cm。叶对生，2 回羽状全裂，末回裂片条形。花对生于茎顶叶腋，成总状花序；萼筒细筒形，有 10 纵脉，5 裂；花冠黄色或带紫色，二唇形；雄蕊 4，二强。蒴果长椭圆形，室背开裂。生于山坡草地。产岭东、岭西、兴安南、辽河(大青沟)、科尔沁、赤峰、燕北、阴山。

19. 芯芭属 Cymbaria L.

1a. 植株密被白色绵毛，呈银灰白色；花药长约 4mm，顶端具长柔毛。生于典型草原、荒漠草原、山地草原。产兴安北、岭西、呼伦、兴安南、科尔沁、赤峰、燕北、锡林、乌兰、阴山、阴南、鄂尔………**1. 达乌里芯芭 C. dahurica** L.

1b. 植株密被短柔毛或有时毛稍长，呈绿色；花药长约 3mm，顶端无毛或偶有少量长柔毛。生于沙质或沙砾质荒漠草原和干草原。产阴南、鄂尔、东阿(桌子山)、贺兰山……………………**2. 蒙古芯芭 C. mongolica** Maxim.

20. 腹水草属 Veronicastrum Heist. ex Farbic.

1a. 叶(3)4—6(9)枚轮生，矩圆状披针形至披针形，宽 1.5—3.5cm。生于山地阔叶林林下、林缘草甸及灌丛。产兴安北、岭东、岭西、兴安南、科尔沁、燕北、锡林、阴山…………………………**1. 草本威灵仙 V. sibiricum** (L.) Pennell

1b. 叶互生，条形至披针状条形，宽不超过 1cm。生于山地草甸及灌丛。产岭东……………………………………………………………………**2. 管花腹水草 V. tubiflorum** (Fisch. et C. A. Mey.) H. Hara

21. 穗花属 Pseudolysimachion (W. D. J. Koch) Opiz

1a. 叶互生，有时下部的对生，叶片条形至倒披针状条形。生于山坡草地、灌丛。产兴安北、岭东、岭西、呼伦、兴安南、科尔沁、锡林、燕北、赤峰、阴山、阴南……………………**1. 细叶穗花 P. linariifolium** (Pall. ex Link) Holub
——*Veronica linariifolia* Pall. ex Link

1b. 叶对生，有时上部的互生。

2a. 植株密被白色绵毛而呈灰白色或灰绿色；子房和蒴果被毛；叶全缘或具圆齿，少粗齿。

3a. 植株密被白色毡状绵毛而呈灰白色；上部叶有的互生，无柄或具短柄。下部叶常密集，具柄，叶片宽条形或椭圆状披针形，全缘或微具圆齿；成熟果略长与花萼。生于山地、固定沙地。产岭西、兴安南、锡林、阴山……………**2. 白毛穗花 P. incanum** (L.) Holub.——*Veronica incana* L.

3b. 植株密被白色绵毛，非毡状而呈灰绿色；叶全部对生，明显具柄。下部叶不密集，叶片矩圆形、椭圆状卵形或卵形，边缘锯齿或圆齿；成熟果略短与花萼。生于山坡草地、沙丘。产呼伦、兴安南、锡林……………………………………**3. 锡林穗花 P. xilinense** (Y. Z. Zhao) Y. Z. Zhao
——*Veronica xilinensis* Y. Z. Zhao

2b. 植株密被柔毛而呈绿色；子房和蒴果无毛；叶具尖齿或稍钝的齿。

4a. 叶基部楔状渐狭而成短柄，叶片椭圆状披针形、椭圆状卵形或卵形。生于湿草甸、山顶岩石处。产呼伦、兴安南、锡林、阴山………………………**4. 水蔓菁 P. dilatatum** (Nakai et Kitag.) Y. Z. Zhao
——*Veronica linariifolia* Pall. ex Link var. *dilatata* (Nakai et Kitag.) Nakai et Kitag.

4b. 叶基部心形、截形或宽楔形，叶柄或长或短。

5a. 叶三角状卵形至三角状披针形，有的下部羽裂，基部心形至截形，先端钝尖或锐尖；花白色。生于山坡、沟谷、岩隙、沙丘低地的草甸、路边。产兴安北、岭西、呼伦、兴安南、科尔沁、锡林、阴山…………………………5. **大穗花 P. dahuricum** (Stev.) Holub.——*Veronica dahurica* Stev.

5b. 叶披针形，基部浅心形、圆形或宽楔形，先端渐尖至长渐尖；花蓝色。生于山地林下、林缘草甸、沟谷及河滩草甸。产兴安北、岭西、呼伦、兴安南、燕北、锡林、阴山……………………………………6. **兔尾儿苗 P. longifolium** (L.) Opiz.——*Veronica longifolia* L.

22. 婆婆纳属 Veronica L.

1a. 总状花序顶生。

2a. 多年生草本，具根状茎；茎上升。

3a. 花萼5裂，后方1枚小得多，稀为4枚；花冠有明显的筒部，长1.5—2mm；蒴果稍侧扁；花序短，近于头状。生于海拔3500m的高山草甸。产贺兰山 …… **1. 密花婆婆纳 V. densiflora** Ledeb.

3b. 花萼4裂；花冠筒极短；蒴果明显侧扁；花序细长，疏生花。生于沼泽湿地。产东阿、西阿 ……………………**2. 小婆婆纳 V. serpyllifolia** L.

2b. 一年生草本，不具根状茎。

4a. 种子两面稍鼓，平滑；叶倒披针形至条状矩圆形，基部楔形，全缘或中上端有三角状齿；茎铺散分枝。生于山地水边。产东阿(狼山) …………………… **3. 蚊母草 V. peregrina** L.

4b. 种子舟状，一面鼓，另一面具深沟，多皱。

5a. 茎铺散分枝；苞片有齿，与茎叶同形且大小一致；叶心形至卵形，基部浅心形或截形，边缘具钝齿。生于庭院草丛中。产赤峰、东阿(巴音浩特市)………………… **4. 婆婆纳 V. polida** Fries ——*V. didyma* Tenore

5b. 茎直立；苞片全缘，比叶小；叶卵状披针形，基部楔形，全缘。生于荒地、山坡。产龙首山 ·……………………**5. 两裂婆婆纳 V. biloba** L.

1b. 总状花序腋生。

6a. 花序生于茎顶叶腋而呈假顶生；蒴果侧扁；陆生草本。

7a. 根状茎极短，密生一簇根，分不出节与节间；花冠有明显的筒部；蒴果长卵形。

8a. 子房和朔果明显被长柔毛；花柱长约2mm；蒴果长卵形或长卵状锥形，长6—7mm，宽约2mm。生于海拔3000m的高山草甸。产贺兰山 …………………… **6. 长果婆婆纳 V. ciliata** Fisch.

8b. 子房和朔果无毛或疏被柔毛；花柱长约1mm；蒴果长卵形，长约6mm，宽约3mm。生于山地林缘、灌丛、沟谷草甸。产燕北、阴山 ……………………… **7. 光果婆婆纳 V. rockii** H. L. Li

7b. 根状茎细长，有明显节间；花冠筒极短；蒴果倒心状卵形，无毛；花柱长 5—6mm。生于疏林、草甸。产兴安北 ……………………………**8. 卷毛婆婆纳 V. teucrium** L. subsp. **altaica** Watzl

6b. 花序明显腋生；蒴果圆形、卵圆形或椭圆形，略扁；水生或沼生草本。

9a. 叶无柄或有时下部叶有短柄；蒴果长大于或等于宽；植株或多或少被腺毛。

10a. 蒴果宽椭圆形；花萼裂片在果期直立而紧贴蒴果，比果略短；花梗伸直；花序轴、花萼密被腺毛；叶较狭，条状披针形。生于溪水边。产岭东、辽河、阴山、东阿……………………**9. 长果水苦荬 V. anagalloides** Guss.

10b. 蒴果近圆形或卵圆形；花萼裂片在果期多少伸展，不紧贴蒴果，比果略长或近相等；花梗直或弯曲上升；花序轴、花萼无毛或有疏腺毛；叶较宽，椭圆形、长卵形或条状披针形。

11a. 花梗弯曲上升；花序宽不足 1cm；花柱长 1.5—2mm；花序轴和花萼无毛或有几根腺毛；叶椭圆形或长卵形。生于溪水边、沼泽地。产岭东、岭西、呼伦、兴安南、科尔沁、辽河、赤峰、燕北、锡林、乌兰、阴山、阴南、鄂尔、西阿(雅布赖山)、贺兰山 ……………………**10. 北水苦荬 V. anagallis-aquatica** L.

11b. 花梗直而横叉开；花序宽 1—1.5cm；花柱长 1—1.5mm；花序轴和花萼多少被腺毛；叶条状披针形或稍宽。生于水边、沼泽地。产科尔沁、鄂尔、西阿(雅布赖山)……………………………………………………………**11. 水苦荬 V. undulata** Wall. ex Jack

9b. 叶均有短而明显的柄；蒴果心状圆形，宽大于长；植株全体无毛；叶卵形或卵状矩圆形。生于沟谷水边。产西阿(雅布赖山)……………………………………**12. 有柄水苦荬 V. beccabunga** L.

23. 兔耳草属 Lagotis Gaertn.

亚中兔耳草 Lagotis integrifolia (Willd.) Schischk. ex Vikulova

多年生草本，高 10—30cm。基生叶卵状披针形，肉质，稍肥厚，先端锐尖，边缘有疏而不明显的波状齿，叶柄有狭翅；茎生叶无柄，卵形。穗状花序顶生；花萼佛焰苞状，薄膜质，后方短 2 裂；花冠苍白色、浅蓝色或紫色，花冠筒较唇部长，中下部向前弓曲，上唇矩圆形，全缘或具 2—3 齿，下唇 2—3 裂；雄蕊 2。果卵状矩圆形。生于海拔 2400—3100m 的山地灌丛、岩缝。产贺兰山。

111. 紫葳科 Bignoniaceae

1a. 草本；叶互生；花冠红色或乳黄白色……………………………………**1. 角蒿属 Incarvillea**

1b. 乔木；叶对生或轮生；花冠黄白色。栽培……………………………………**2. 梓树属 Catalpa**

1. 角蒿属 Incarvillea Juss.

1a. 一年生草本，植株高 30—80cm；叶为 2—3 回羽状深裂或全裂，最终小裂片条形。

2a. 花红色或紫红色。生于山地、沙地、河滩、河谷、田野、撂荒地、路边、宅旁。产兴安北、岭西、兴安南、呼伦、科尔沁、辽河、赤峰、燕北、锡林、阴山、阴南、鄂尔、贺兰山……………………**1a. 角蒿 I. sinensis** Lam. var. **sinensis**

2b. 花乳黄白色。生于河岸石崖、撂荒地。产阴南……………………………………………………**1b. 黄花角蒿 I. sinensis** Lam. var. **przewalskii** (Batal.) C. Y. Wu et W. C. Yin

——*I. sinensis* Lam. f. *przewalskii* Grierson

1b. 多年生草本，植株高 5—20cm；叶第 1 回羽状全裂，第 2 回羽状浅裂或齿裂，最终小裂片矩圆形或三角状卵形。生于戈壁沙地、田野、路边。产东阿北部、西阿北部……………………**2. 矮角蒿 I. potaninii** Batal.

2. 梓树属 Catalpa Scop.

1a. 圆锥花序；花冠黄白色，具数条黄色线纹和紫色斑点；叶通常 3—5 浅裂。呼伦贝尔市、赤峰市、呼和浩特市、包头市、乌兰察布市南部等地有少数庭院栽培……………………………………**1. 梓树 C. ovata** G. Don

1b. 总状花序；花冠粉红色或淡紫色，喉部有紫褐色斑点；叶通常不裂，仅幼树叶为 3 浅裂。赤峰市、乌兰察布市(清水河县喇嘛湾镇)等地有少量栽培……………………………………**2. 灰楸 C. fargesii** Bur.

112. 胡麻科 Pedaliaceae

1a. 子房上位；蒴果开裂，无刺状附属物；陆生。栽培……………………………………**1. 胡麻属 Sesamum**

1b. 子房下位；蒴果不开裂，有刺状附属物；水生……………………………………**2. 茶菱属 Trapella**

1. 胡麻属 **Sesamum** L.

胡麻(芝麻) Sesamum indicum L.

一年生草本，高达 1m。叶对生或上部互生，卵形或披针形，先端渐尖，全缘。花单生于叶腋；萼 5 裂；花冠二唇形，白色，有紫色或黄色晕；雄蕊 4，着生于花冠筒近基部。蒴果长椭圆形。通辽市、赤峰市南部、鄂尔多斯市(准格尔旗)等地有栽培。

2. 茶菱属 **Trapella** Oliv.

茶菱 Trapella sinensis Oliv.

多年生浮叶水生草本。根状茎横走。茎细长，长 45—60cm。叶对生，沉水叶披针形，先端钝，边缘有锯齿；浮水叶肾状卵形或心形，边缘有波状齿。花单生叶腋；萼齿 5；花冠漏斗状，白色或淡红色，裂片 5；雄蕊 4。蒴果圆柱形，不开裂，在宿存花萼顶端具 5 个针刺，3 长 2 短，3 根细长者顶端卷曲或呈钩状，2 根短者钻刺状。生于池沼、河岸静水中。产嫩西(扎赉特旗)。

113. 列当科 Orobanchaceae

1a. 花冠二唇形，上唇 2 裂或全缘，下唇 3 裂。
  2a. 雄蕊内藏；花冠上唇 2 浅裂，下唇 3 浅裂，上、下唇近等长；花萼通常 2 深裂，每裂片全缘或再 2 齿裂或中裂……………………………………………………… **1. 列当属 Orobanche**
  2b. 雄蕊伸出花冠筒外；花冠上唇矩圆形，全缘或微凹，直立，明显长，下唇短，3 浅裂；花萼不规则 2—5 齿裂 ………………………………………………… **2. 草苁蓉属 Boschniakia**
1b. 花冠 5 裂，裂片近等形……………………………………………………… **3. 肉苁蓉属 Cistanche**

1. 列当属 **Orobanche** L.

1a. 花序被蛛丝状毛且混生绵毛。
  2a. 花药无毛。寄生于蒿属 *Artemisia* L.植物的根上，生于固定或半固定沙丘、向阳山坡、山沟草地。产内蒙古各地 …………………………………………………………………… **1. 列当 O. coerulescens** Steph.
  ——北亚列当 *O. coerulescens* Steph. f. *korshinskyi* (Novopokr.) Y. C. Ma
  2b. 花药被绵毛状柔毛。常寄生于蒿属 *Artemisia* L.植物的根上，生于沙质坡地。产呼伦、赤峰、辽河(大青沟)、锡林、贺兰山 …………………………………………………… **2. 毛药列当 O. ombrochares** Hance
1b. 花序被腺毛。
  3a. 花药被长柔毛；花后花冠管中部稍向下弯曲或不弯曲。
    4a. 植株近无毛或疏被腺毛；花冠蓝紫色。寄生于蒿属 *Artemisia* L.植物的根上，生于沙质山坡。产内蒙古南部 ……………………………………………… **3. 美丽列当 O. amoena** C. A. Mey.
    4b. 植株密被腺毛，有时兼有长柔毛。
      5a. 花冠亮黄色。寄生于蒿属 *Artemisia* L.植物的根上，生于固定或半固定沙丘、山坡、草原。产科尔沁、锡林、乌兰、阴山、阴南、鄂尔 ……………… **4a. 黄花列当 O. pycnostachya** Hance var. **pycnostachya**
      5b. 花冠蓝紫色或紫色。寄生于蒿属 *Artemisia* L.植物的根上，生于山坡、草地。产兴安北、呼伦、兴安南、燕北 ……………… **4b. 黑水列当 O. pycnostachya** Hance var. **amurensis** Beck
  3b. 花药无毛；花后花冠管中部稍向下强烈弯曲；花冠管淡黄色，裂片淡紫色或蓝紫色。寄生于蒿属 *Artemisia* L.植物的根上，生于针茅草原、山地阳坡、水边沙地。产科尔沁、锡林、乌兰、阴山、阴南、东阿、贺兰山、西阿、额济纳 ……………………………………………… **5. 弯管列当 O. cernua** Loefling

2. 草苁蓉属 **Boschniakia** C. A. Mey.

草苁蓉 **Boschniakia rossica** (Cham. et Schlecht.) B. Fedtsch.

多年生根寄生草本，高 15—35cm，全株近无毛。叶鳞片状，宽卵形或三角形。穗状花序顶生，密生多花；苞片宽卵形，与花萼近等长；花萼杯状，有不整齐 3—5 裂；花冠暗紫色，宽钟状，二唇形，上唇直立，全缘，下唇 3 裂；雄蕊 4，二强。蒴果近球形，2 瓣裂。寄生在桤木属 *Alnus* 植物的根上，生于低湿地与河边。产兴安北。

3. 肉苁蓉属 **Cistanche** Hoffmg. et Link

1a. 花萼浅裂，裂片 5。

2a. 叶、苞片及花萼光滑无毛；苞片与花冠近等长或稍长；花萼浅裂片近圆形，先端圆形。寄主梭梭，生于梭梭荒漠中。产东阿、西阿、额济纳……………………………… **1. 肉苁蓉 C. deserticola** Y. C. Ma

2b. 叶、苞片及花萼背部和边缘密被毛；苞片比花冠明显短，约为花冠长的 1/2；花萼浅裂片三角状卵形，先端钝尖。寄主有盐爪爪、红沙、珍珠猪毛菜、小果白刺等，生于湖盆低地、盐化低地。产锡林、乌兰、鄂尔、东阿、西阿、额济纳 ……………………………………… **2. 盐生肉苁蓉 C. salsa** (C. A. Mey.) Beck

1b. 花萼中裂或深裂，裂片 4—5；叶、苞片及花萼背部和边缘密被毛；苞片比花冠明显短，约为花冠长的 1/2。

3a. 花萼中裂，裂片 4，大小相等，先端钝。寄主主要有红沙、珍珠猪毛菜、沙冬青、卷叶锦鸡儿、霸王、四合木、绵刺等，生于沙质梁地、砾石质梁地、丘陵坡地。产锡林、乌兰、鄂尔、东阿、西阿、额济纳………… **3. 沙苁蓉 C. sinensis** Beck

3b. 花萼深裂，裂片 4—5，不等大，后方 1 枚小或缺失，先端长渐尖或锐尖。生于山坡。产内蒙古西部荒漠区 ………………………………………………… **4. 兰州肉苁蓉 C. lanzhouensis** Z. Y. Zhang

114. 狸藻科 Lentibulariaceae

1a. 叶全缘或细裂成线形至毛发状，无腺毛；捕虫囊存在；总状花序具 3 至多花，具苞片或兼有小苞片，花序梗具或不具鳞片……………………………………………………… **1. 狸藻属 Utricularia**

1b. 叶全缘，基生，呈莲座状，上面散生分泌黏液的腺毛，捕虫囊不存在；花单生，具长梗，无苞片、小苞片和鳞片………………………………………………………… **2. 捕虫堇属 Pinguicula**

1. 狸藻属 **Utricularia** L.

1a. 捕虫小囊体着生在叶裂片的基部。

2a. 叶较大，长 2—5cm，裂片边缘具刺状齿；花黄色，基部有长距。生于河岸沼泽、湖泊、浅水中。产兴安北、呼伦、兴安南、科尔沁、辽河、锡林、鄂尔、东阿(磴口县)………………………………… **1. 弯距狸藻 U. vulgaris** L. subsp. **macrorhiza** (Le Conte) R. T. Clausen

——*U. vulgaris* auct. non L.: Fl. Intramongol. ed. 2, 4: 357. 1993.

2b. 叶较小，长 4—8mm，裂片边缘无刺状齿；花淡黄色，距不发达。生于沼泽、浅水中。产兴安北、鄂尔……………………………………………………… **2. 细叶狸藻 U. minor** L.

1b. 捕虫小囊体着生在无叶的白色小枝上；叶片上没有捕虫小囊体。生于沼泽、湖泊、等不甚流动的水中。产兴安北、岭东、岭西、科尔沁……………………………………… **3. 小狸藻 U. intemedia** Hayne

2. 捕虫堇属 **Pinguicula** L.

北捕虫堇 **Pinguicula villosa** L.

多年生草本。根多数，纤细。叶 2—5，基生叶呈莲座状，叶片卵圆形至椭圆形，全缘，边缘内卷。

花单生，花梗密被腺状短柔毛；萼 5 裂，被腺质短柔毛；花冠淡紫色，具黄色条纹，二唇形，有长距；雄蕊 2；花柱短，柱头 2 裂。蒴果卵球形，室背开裂。生于泥炭沼泽地。产兴安北。

115. 透骨草科 Phrymataceae

1. 透骨草属 **Phryma** L.

透骨草 **Phryma leptostachya** L. var. **asiatica** H. Hara

多年生草本，高 50—100cm。叶对生，质薄，卵形或卵状披针形，先端渐尖，边缘有钝锯齿。穗状花序腋生；花萼二唇形；花冠二唇形；雄蕊 4，二强。瘦果狭椭圆形，包藏在下垂的具 3 钩刺的花萼内。生于溪边林下。产辽河(大青沟)。

116. 车前科 Plantaginaceae

1. 车前属 **Plantago** L.

1a. 直根。

2a. 花冠被毛；叶无柄或具短梗。

3a. 叶片狭，条形或狭条形；穗状花序圆柱形，上部花密生，下部花疏生；全株非密被长柔毛。生于盐化草甸、盐湖边缘、盐碱化湿地。产呼伦、科尔沁、锡林、阴南、鄂尔……………………………………

……**1. 盐生车前 P. maritima** L. subsp. **ciliata** Printz.——*P. maritima* L. var. *salsa* (Pall.) Pilger

3b. 叶片宽，卵形、倒卵形或椭圆形；穗状花序椭圆形、长卵形或短圆柱形，花密生，呈银白色；幼叶密被毛，呈灰白色。生于草甸、河滩、沟谷、湿地。产岭西、岭东…… **2. 北车前 P. media** L.

2a. 花冠无毛；

4a. 叶片狭，条形或条状披针形；穗状花序卵形、椭圆形或短圆柱形，长 3—20mm，花密生。

5a. 叶条形或狭条形，无柄；全株密被长柔毛。生于荒漠草原群落中，也见于草原带的山地、沟谷、丘陵坡地。产锡林、乌兰、阴南、鄂尔、东阿、西阿…………………………………**3. 条叶车前 P. minuta** Pall.

——*P. lessingii* Fisch. et C. A. Mey.

5b. 叶条状披针形或披针形，基部渐狭成柄，柄具狭翅。

6a. 叶条状披针形，宽 0.2—0.4cm；花萼离生。生于高山草甸。产贺兰山(南寺沟)………………

…………………………………………………………………**4. 翅柄车前 P. komarovii** Pavl.

6b. 叶披针形，宽 0.5—4.5cm；花萼下部合生。生于沟谷草地、路旁。产科尔沁………………

………………………………………………………………………**5. 长叶车前 P. lanceolata** L.

4b. 叶片宽，卵形、宽卵形、椭圆形、宽椭圆形、椭圆状披针形或披针形，具叶柄；穗状花序圆柱形，细长，长 5—18cm，上部花密生，下部花疏生。

7a. 苞片三角形或三角状卵形，与萼片等长或近等长。

8a. 叶缘具不规则疏牙齿；叶和花序梗疏被短柔毛。生于草甸、轻度盐化草甸、路边、田野、居民点附近。产内蒙古各地………………………… **6a. 平车前 P. depressa** Willd. subsp. **depressa**

8b. 叶全缘，少有疏齿；叶和花序梗密被柔毛。生于草甸、轻度盐化草甸、路边、田野、居民点附近。产赤峰(宁城县)……………………………………………………………………………………

……**6b. 毛平车前 P. depressa** Willd. subsp. **turczaninowii** (Ganjeschin) N. N. Tsvelev

——*P. depressa* Willd. var. *montana* Kitag.

7b. 苞片近圆形或宽卵形，比萼片短 1/2；叶全缘。生于湿地、碱性湿地、林缘、草甸。产兴安北、岭东、

呼伦……………………………………………………………………7. 湿车前 **P. cornuti** Gouan

1b. 须根；叶片宽卵形、椭圆形、宽椭圆形或卵状椭圆形。

9a. 花无梗；苞片卵形；种子 8—30 粒，浓褐色。生于山谷、路边、沟渠边、河边、田边潮湿处。产岭西、兴安南、锡林、鄂尔……………………………………………………………………8. 大车前 **P. major** L.

9b. 花具短梗；苞片宽三角形；种子 5—8 粒，黑褐色。生于草甸、沟谷、路边、耕地、田野。产内蒙古各地……………………………………………………………………9. 车前 **P. asiatica** L.

117. 茜草科 Rubiaceae

1a. 草本；花黄色或白色。

2a. 花(3)4 数；果实干燥，果瓣单生或双生，被毛或无毛，或具小瘤状凸起；叶较小，基部不为心形……………………………………………………………………1. 拉拉藤属 **Galium**

2b. 花 5 数；果实肉质，浆果，光滑；叶宽大，基部心形……………………2. 茜草属 **Rubia**

1b. 灌木；花淡紫色；蒴果……………………………………………3. 野丁香属 **Leptodermis**

1. 拉拉藤属 Galium L.

1a. 叶 4(5)枚轮生。

2a. 叶具 1 脉。

3a. 花冠裂片 3；叶狭倒披针形，长 3—11mm，宽 1—2mm。生于河谷草甸、沼泽化草甸、水泡边、沙地。产兴安北、岭东、岭西、兴安南、燕北、锡林……………………1. 小叶猪殃殃 **G. trifidum** L.

3b. 花冠裂片 4。

4a. 叶长圆状披针形，长 6—30mm，宽 2—10mm，花通常黄绿色；果通常具被钩刺毛。生于山沟。产东阿(桌子山)……………………………………………2. 四叶葎 **G. bungei** Steud.

4b. 叶线形，长 10—60mm，宽 1—4mm；花白色；果光滑无毛。生于山坡草地或林下。产燕北(宁城县)……………………………………………3. 线叶拉拉藤 **G. linearifolium** Turcz.

2b. 叶具 3 脉。

5a. 叶长卵圆形或椭圆形，宽 6—14mm；花疏散；花萼和果无毛。生于林下、山坡。产燕北……………………………………………4. 车叶草 **G. maximowiczii** (Kom.) Pobed.

5b. 叶披针形或狭披针状条形，宽 3—5(7)mm；花密集；花萼和果密被钩状毛。

6a. 叶两面无毛。生于山地林下、林缘、灌丛、草甸。产兴安北、岭东、岭西、兴安南、燕北、阴山、贺兰山……………………………………………5a. 北方拉拉藤 **G. boreale** L. var. **boreale**

6b. 叶两面及叶缘被钩状毛。生于山地草甸、林下、林缘、山坡、山谷。产兴安北、岭东、岭西、兴安南、燕北、锡林、阴山、贺兰山……………………5b. 硬毛拉拉藤 **G. boreale** L. var. **ciliatum** Nakai

1b. 叶 6—10 枚轮生。

7a. 茎直立；植株无刺毛。

8a. 叶上面无毛。

9a. 花萼和果无毛。生于山地林缘、灌丛、草甸草原、杂类草草甸。产兴安北、岭东、岭西、呼伦、兴安南、科尔沁、辽河(大青沟)、燕北、锡林、乌兰、阴山、阴南、贺兰山、龙首山……6a. 蓬子菜 **G. verum** L. var. **verum**

9b. 花萼和果被毛。生于山地林缘、灌丛、草甸草原。产岭西、呼伦、兴安南、锡林、阴山……………………………………………6b. 毛果蓬子菜 **G. verum** L. var. **trachycarpum** DC.

8b. 叶上面被毛。

10a. 花萼和果无毛。生于山地林缘、灌丛。产燕北、锡林、阴山……………………………………………6c. 粗糙蓬子菜 **G. verum** L. var. **trachyphyllum** Wall.

10b. 花萼和果被绒毛。生于山地林缘、灌丛。产兴安北、兴安南……………………………………6d. **绒毛蓬子菜 G. verum** L. var. **tomentosum** C. A. Mey.

7b. 茎常匍匐或攀援上升；植株通常具刺毛。

11a. 花萼和果密被钩状刺毛。

12a. 茎细弱；叶倒披针形，4—6 枚轮生；多年生草本。

13a. 叶上面被糙硬毛，两面沿脉被倒向皮刺及糙硬毛；花序多花；花淡绿色。生于山地阴坡、岩石下阴湿处、石缝、林下。产兴安南、贺兰山、龙首山……………………………………**7. 山猪殃殃 G. pseudoasprellum** Makino

——密花猪殃殃 *G. pseudoasprellum* Makino var. *densiflorum* Cufod.

13b. 叶上面无毛，仅背面沿中脉被硬毛；花序少花；花淡紫色。生于山地林下、沟边、石缝、山谷干河床。产贺兰山……………………**8. 细毛拉拉藤 G. pusillosetosum** H. Hara

12b. 茎较粗壮；叶条状倒披针形，6—8 枚轮生；花序少花；一、二年生草本。生于山地石缝、阴坡、山谷湿地、山坡灌丛、路旁。产兴安北、岭西、兴安南、辽河(大青沟)、燕北、锡林、阴山、龙首山………**9. 拉拉藤 G. spurium** L.——猪殃殃 *G. aparine* L. var. *tenerum* (Gren. et Godr.) Reich.

11b. 花萼和果无钩状刺毛；果平滑，具瘤状突起或微柔毛。

14a. 叶全部为 6 枚轮生；花梗纤细，长 5mm 以上。

15a. 叶先端锐尖；果具瘤状突起或短柔毛。生于河边、林下、林缘、草甸、沼泽地。产兴安北、岭东、岭西、燕北…… **10a. 大叶猪殃殃 G. dahuricum** Turcz. ex Ledeb. var. **dahuricum**

——东北猪殃殃 *G. dahuricum* Turcz. ex Ledeb. var. *lasiocarpum* (Makino) Nakai

15b. 叶先端钝圆或微凹；果光滑无毛。生于河边、林下、林缘、草甸、沼泽地。产兴安北、岭东、兴安南、辽河(大青沟)……………………………………**10b. 钝叶猪殃殃 G. dahuricum** Tucz. ex Ledeb. var. **tokyoense** (Makino) Cufod.

14b. 叶 6—8(10)枚轮生；花梗粗壮，长 1—2mm。生于山坡、林下、林缘。产燕北、阴山……………………………………**11. 中亚猪殃殃 G. rivale** (Sibth. et Smith) Criseb.

2. 茜草属 Rubia L.

1a. 茎直立，沿棱具向上的刺毛；叶宽卵形或椭圆状卵形，宽 15—45mm。

2a. 叶 2 枚轮生，叶片基部圆形或宽楔形，稀微心形；叶柄 0.5—2cm。生于山地林下、林缘、草甸。产辽河(大青沟)、燕北……………………………………**1. 中国茜草 R. chinensis** Regel. et Maack

2b. 叶 4—12 枚轮生，叶片基部深心形；叶柄 2—11cm。生于山地林下、林缘。产兴安北、兴安南、赤峰、燕北……………………………………**2. 林生茜草 R. sylvatica** (Maxim.) Nakai

1b. 茎蔓生，沿棱具倒向刺毛；叶披针形、卵状披针形或卵形，宽 3.5—25mm。

3a. 叶披针形或卵状披针形，草质或近草质，基出脉全为三，基部近圆形。生于山地林下、山沟、湖岸石壁、沙丘灌丛下、河滩草甸。产呼伦、锡林、鄂尔……………………**3. 披针叶茜草 R. lanceolata** Hayata

3b. 叶卵状披针形或卵形，纸质，基出脉三至五，基部心形。

4a. 果成熟后为橙红色。生于山地林下、林缘、路旁草丛。产兴安北、岭东、岭西、兴安南、科尔沁、辽河(大青沟)、赤峰、燕北、锡林、乌兰、阴山、阴南、鄂尔、东阿(桌子山)、贺兰山、龙首山……………………………………**4a. 茜草 R. cordifolia** L. var. **cordifolia**

4b. 果成熟后为黑色或黑紫色。生于山地林下、林缘、岩石缝。产兴安南、锡林、鄂尔、东阿(桌子山)、贺兰山、龙首山……………………………………**4b. 黑果茜草 R. cordifolia** L. var. **pratensis** Maxim.

——阿拉善茜草 *R. cordifolia* L. var. *alaschanica* G. H. Liu

3. 野丁香属 **Leptodermis** Wall.

内蒙野丁香 Leptodermis ordosica H. C. Fu et E. W. Ma

小灌木，高20—40cm。叶对生或假轮生，椭圆形，全缘。花1—3朵腋生于叶腋或枝端；花萼4—5裂；花冠长漏斗状，紫红色，4—5裂；雄蕊4—5；花柱异长。蒴果椭圆形。生于山坡岩石缝间。产东阿(桌子山)、贺兰山。

118. 忍冬科 Caprifoliaceae

1a. 单叶。
  2a. 常绿、匍匐小灌木；花具长梗，两花成对，生于小枝顶端……………………**1. 北极花属 Linnaea**
  2b. 落叶、直立灌木。
    3a. 一个总花梗并生2花，2花萼筒彼此多少合生；花冠明显二唇形。
      4a. 浆果，表面光滑；萼筒上部缢缩成细长颈……………………………**2. 忍冬属 Lonicera**
      4b. 瘦果状核果，表面密被刺刚毛；萼筒上部不缢缩成颈…………**3. 猬实属 Kalkwitzia**
    3b. 相邻2花萼筒彼此分离。花冠辐状或二唇形不明显。
      5a. 蒴果；雄蕊5……………………………………………………………**4. 锦带花属 Weigela**
      5b. 核果或瘦果。
        6a. 核果；老枝不具纵棱；雄蕊5……………………………………**5. 荚蒾属 Viburnum**
        6b. 瘦果；老枝具6条纵棱；雄蕊4…………………………………**6. 六道木属 Abelia**
1b. 单数羽状复叶；花冠辐射对称；枝具粗髓；浆果状核果……………………**7. 接骨木属 Sambucus**

1. 北极花属 **Linnaea** Gronov. ex L.

北极花 Linnaea borealis L.——*L. borealis* L. f. *arctica* Wittrock

常绿匍匐小灌木，高5—25cm。单叶对生，近圆形，先端钝圆，边缘上半部疏具圆齿，被睫毛。花萼5深裂；花冠钟状，粉白色，5裂；雄蕊4。果近球形，黄色。生于山地林下较湿润的地上。产兴安北、岭西、岭东、兴安南。

2. 忍冬属 **Lonicera** L.

1a. 小枝具白色密实的髓。
  2a. 叶小，长0.8—1.5cm，倒卵形、椭圆形或矩圆形，先端钝圆；花黄白色。生于山地、丘陵坡地、疏林下、灌丛中、石崖上。产锡林南部、阴山、阴南、鄂尔、东阿、贺兰山……**1. 小叶忍冬 L. microphylla** Willd. ex Schult.
  2b. 叶大，长1.5cm以上，菱状披针形、卵状披针形或椭圆状披针形，先端渐尖、锐尖或长渐尖。
    3a. 冬芽具数枚或多枚外鳞片；花暗紫色或紫红色。
      4a. 叶下面密被绒毛，边缘无睫毛；萼齿三角状披针形。生于山地林下或沟谷。产燕北……………………………………………………………………**2. 华北忍冬 L. tatarinowii** Maxim.
      4b. 叶下面散生长柔毛或混生短柔毛；边缘有睫毛；萼齿宽三角形。生于山地疏林下、山坡。产燕北……………………………………………………**3. 紫花忍冬 L. maximowiczii** (Rupr.) Regel
    3b. 冬芽具2枚外鳞片；花黄色或黄白色。
      5a. 果蓝紫色，肉质，有白粉，无毛；花冠筒状漏斗形。生于山地杂木林下或灌丛中。产兴安北、兴安南、燕北、贺兰山……………………………………………………**4. 蓝靛果忍冬 L. caerulea** L.
——*L. caerulea* L. var. *edulis* Turcz. ex Herd.
      5b. 果红色，非肉质，外面被长短不一的直糙毛；花冠二唇形。生于山地灌丛中。产阴南、贺兰山·

…………………………………………………………**5. 葱皮忍冬 L. ferdinandii** Franch.

1b. 小枝具黑色的髓，后髓消失而中空；冬芽多枚；花冠黄色或黄白色。

6a. 总花梗较叶柄短；小苞片分离，长为萼筒的1/4—1/2。生于山地阴坡杂木林下或沟谷灌丛中。产兴安北、兴安南、燕北、锡林、阴山、贺兰山…………………………………**6. 黄花忍冬 L. chrysantha** Turcz. ex Ledeb.

6b. 总花梗较叶柄长2—4倍；小苞片基部多少联合，长为萼筒的1/2至几等长。生于林下、林缘、沟谷溪边。产燕北、辽河(大青沟)…………………………………………**7. 金银忍冬 L. maackii** (Rupr.) Maxim.

3. 猬实属 Kalkwitzia Graebn.

猬实 Kalkwitzia amabilis Graebn.

灌木，高达3m。叶对生，卵状椭圆形，近全缘或具疏齿。伞房状的圆锥状聚伞花序，每一聚伞花序2花，2花的萼筒下部合生；萼裂片5；花冠钟状，粉红色或紫色，裂片5，其中2片稍短；雄蕊4，二强。果2个合生，外被刺毛状刚毛。生于黄土高原的丘陵灌丛。产阴南(准格尔旗马栅乡)。

4. 锦带花属 Weigela Thunb.

锦带花 Weigela florida (Bunge) A. DC.——早锦带花 *W. praecox* (Lomoine) Baily

灌木，高达3m。叶对生，卵状椭圆形或倒卵形，先端渐尖或锐尖，边缘具浅锯齿。聚伞花序腋生，有花1—4朵；萼裂片5；花冠狭钟形或漏斗形，粉红色或白色，裂片5；雄蕊5。蒴果矩圆形，2瓣裂。生于山地灌丛或杂木林下。产兴安南、燕北。

5. 荚蒾属 Viburnum L.

1a. 伞形花序。

2a. 叶卵圆形至宽卵形，顶端3裂，无星状毛；伞形花序多花，外围有大型不育花。生于山地林缘、杂木林中、山地灌丛。产兴安北、岭东、兴安南、辽河、燕北、阴山……………………………………………………**1. 鸡树条荚蒾 V. opulus** L. subsp. **calvescens** (Rehd.) Suginoto ——*V. opulus* L. var. *calvescens* (Rehd.) Hara

2b. 叶长椭圆形至宽卵形，顶端不裂，被星状毛；伞形花序有数花，外围无不育花。生于山地林缘、杂木林中及灌丛。产兴安北、岭东、岭西、兴安南、科尔沁、燕北、赤峰、锡林、阴山、贺兰山……………………………………………………**2. 蒙古荚蒾 V. mongolicum** (Pall.) Rehd.

1b. 聚伞花序；叶椭圆形、椭圆状倒卵形，不分裂，被星状毛。生于山地林间或溪岸。产赤峰(乌丹镇)、燕北……………………………………………………**3. 暖木条荚蒾 V. burejaeticum** Regel et Herd.

6. 六道木属 Abelia R. Br.

六道木 Abelia biflora Turcz.

灌木，高达2m。枝条对生，具6条纵沟。单叶对生，卵状披针形，先端锐尖或渐尖，边缘具不规则的大牙齿或全缘。花2朵生于枝顶的叶腋；萼片4；花冠管状，淡黄色，5裂；雄蕊4，二强。蒴果顶端具宿存萼片。生于山地林下、山顶岩石处。产燕北。

7. 接骨木属 Sambucus L.

1a. 小叶柄、小叶下面、叶轴、花序轴及花梗均无毛，或后变无毛。生于山地灌丛、林缘、山麓。产兴安北、岭西、兴安南、辽河(大青沟)、赤峰、燕北……………………………………………………………1. **接骨木 S. williamsii** Hance

——钩齿接骨木 *S. foetidissima* Nakai et Kitag.——东北接骨木 *S. mandshurica* Kitag.

——朝鲜接骨木 *S. coreana* auct. non (Nakai) Kom.: Fl. Intramongol. ed. 2, 4: 401. 1993.

——宽叶接骨木 *S. latipinna* auct. non Nakai: Fl. Intramongol. ed. 2, 4: 401. 1993.

1b. 小叶柄、小叶下面沿脉及叶轴均被长硬毛；花序轴和花梗被短柔毛和长硬毛。生于山地阴坡林缘、沙地灌丛。产兴安北、岭东、岭西、兴安南、科尔沁、辽河(大青沟)、阴山 ………………………… 2. **毛接骨木 S. sibirica** Nakai

——*S. sieboldiana* (Miq.) Blume ex Graebner var. *miquelii* (Nakai) H. Hara

119. 五福花科 Adoxaceae

1. 五福花属 Adoxa L.

五福花 Adoxa moschatellina L.

多年生草本，高 8—12cm。基生叶 1—2 回三出复叶，裂片宽卵形，再 3 裂；茎生叶对生，三出复叶，3 裂。头状聚伞花序顶生；顶生花萼片 2，花冠裂片 4，绿色或黄绿色，雄蕊 8，花柱 4；侧生花花萼裂片 3，花冠裂片 5，雄蕊 10，花柱 5。核果球形。生于山地林下、林间草甸。产兴安北(阿尔山市)、兴安南、辽河(大青沟)。

120. 败酱科 Valerianaceae

1a. 雄蕊 4；花萼不明显，截平或有细小 5 齿裂；花鲜黄色，稀白色；果无冠毛 …… 1. **败酱属 Patrinia**

1b. 雄蕊 3；花萼多裂，开花时内卷不明显，果期伸长外展成羽毛状；花粉红色或白色 ………………………………………………………………………………………… 2. **缬草属 Valeriana**

1. 败酱属 Patrinia Juss.

1a. 果无翅状苞片，仅由不发育 2 室扁展成窄边；茎和花序分枝一侧有白毛。生于山地草甸草原、杂类草草甸及林缘。产兴安北、岭东、岭西、兴安南、燕北、辽河(大青沟)、阴山 ………………………… 1. **败酱 P. scabiosaefolia** Link

1b. 果有翅状干膜质苞片贴生于背部成翅果状；茎和花序分枝有毛时多为 4 面或 2 面被毛。

  2a. 矮小草本，高 5—15(25)cm；叶基生，无茎生叶或有时中部具 1 对羽状分裂叶片；花序梗被长糙毛或糙毛。生于山地砾石质坡地、岩石露头的石缝中。产兴安北、兴安南、赤峰……………………………………………………………………………………… 2. **西伯利亚败酱 P. sibirica** (L.) Juss.

  2b. 植株高 30cm 以上；有茎生叶；花序梗微被糙毛或短糙毛。

    3a. 花序最下分枝处总苞叶羽状全裂，具 3—5 对较窄的条形裂片；果苞长 5mm 以下，网脉常具 3 条主脉。生于石质丘陵顶部及砾石质草原群落中。产兴安北、岭东、岭西、兴安南、燕北、锡林 ………………………………………………………………………………… 3. **岩败酱 P. rupestris** (Pall.) Dufresne

    3b. 花序最下分枝处总苞叶条形，不裂或仅具 1(2)对条形侧裂片；果苞长 5.5mm 以上，网脉常具 2 条主脉。

      4a. 叶羽状深裂或全裂，裂片条形或窄披针形，顶裂片与侧裂片近同形同大。生于石质丘陵顶部及砾石质草原群落中。产兴安南、燕北、阴南、鄂尔 ………………………… 4. **糙叶败酱 P. scabra** Bunge

——*P. rupestris* (Pall.) Juss. subsp. *scabra* (Bunge) H. J. Wang

      4b. 叶不裂或 3—7 羽状浅裂，裂片卵形或卵状披针形，顶裂片明显大于侧裂片。生于山地岩缝、草丛、路边。产赤峰、燕北、阴山、阴南 ……………………………………5. **墓头回 P. heterophylla** Bunge

2. 缬草属 Valeriana L.

1a. 植株粗壮高大，高 60—150cm；叶裂片质厚，5—15 枚，宽卵形、卵形至披针形或条形，先端尖，边缘具粗锯齿。生于山地林下、林缘、灌丛、山地草甸及草甸草原中。产兴安北、岭东、岭西、兴安南、辽河(大青沟)、燕北、锡林、阴山……………………………………………………1. 缬草 **V. officinalis** L.——*V. alternifolia* Bunge

1b. 植株矮小细弱，高 8—20cm；叶裂片质薄，3—5 枚，常为圆形、卵圆形，先端钝，全缘。生于山地砾石质坡地、石崖、沟谷中。产东阿(桌子山)、贺兰山、龙首山……………………………2. 西北缬草 **V. tangutica** Batal.

121. 川续断科 Dipsacaceae

1a. 头状花序；副萼及叶边缘不具针刺。

2a. 茎具钩刺；头状花序球形或长椭圆形；花萼 4 裂，具白色柔毛；萼状小总苞无明显冠檐………………………………………………………………………………………………1. 川续断属 **Dipsacus**

2b. 茎无刺；头状花序扁球形、卵形或卵状圆锥形；花萼 5 裂，裂片针刺状；萼状小总苞明显具杯状的膜质冠檐……………………………………………………………………2. 蓝盆花属 **Scabiosa**

1b. 轮伞花序；副萼口部和叶缘具针刺……………………………………………………3. 刺参属 **Morina**

1. 川续断属 Dipsacus L.

日本续断 Dipsacus japonicus Miq.

多年生草本，高 60—100cm。茎生叶对生，常 3—5 裂，顶裂片最大，长椭圆形，两侧裂片小，叶缘具疏齿。头状花序顶生，圆球形；花萼浅盘状，顶端 4 裂；花冠管状，顶端 4 裂；雄蕊 4。瘦果顶端具宿存花萼。生于山坡、路边、草坡。产燕北。

2. 蓝盆花属 Scabiosa L.

1a. 基生叶羽状全裂，裂片条形，稀齿裂。

2a. 多年生草本；茎疏被或密被贴伏白色短柔毛，花序下密生贴伏短柔毛；叶两面光滑或疏生白色短柔毛；茎生叶 1—2 回羽状全裂，裂片条形。生于沙地与沙质草原中。产兴安北、岭东、岭西、兴安南、科尔沁、辽河(大青沟)、赤峰、燕北、锡林、阴山…………………………………………………………………………1a. 窄叶蓝盆花 **S. comosa** Fisch. ex Roem. et Schult. var. **comosa**

2b. 植株半灌木状；茎下部具开展刚毛和短卷曲柔毛，上部被短卷曲柔毛，花序下被伸展刚毛；叶两面被短卷曲柔毛；茎生叶大头羽裂，裂片条状披针形。生于林缘、灌丛、河岸沙地、草坡。产赤峰(翁牛特旗)……1b. 毛叶蓝盆花 **S. comosa** Fisch. ex Roem. et Schult. var. **lachnophylla** (Kitag.) Kitag.

1b. 基生叶不裂且具缺刻状锐齿或大头羽状分裂。生于沙质草原、典型草原、草甸草原群落中。产兴安北、岭东、岭西、兴安南、赤峰、燕北、锡林、乌兰、阴山……………………………2. 华北蓝盆花 **S. tschiliensis** Grunning

3. 刺参属 Morina L.

刺参 Morina chinensis Y. Y. Pai

多年生草本，高 15—80cm。根肉质。茎直立，有棱，被数行纵列白色柔毛。基生叶丛生无柄或柄不明显，茎生叶轮生；全部叶线状披针形，羽状浅裂，边缘具短刺。轮伞花序 6—10 轮，每轮总苞片 4。花萼裂片 2 浅裂或微凹，小裂片先端钝圆，无刺；花冠近二唇形，淡绿色，短于萼。瘦果长圆形。生于高山灌从草甸。产贺兰山。

122. 葫芦科 Cucurbitaceae

1a. 雄蕊 5，离生或仅基部联合；药室卵形而通直。

2a. 花较小，花冠裂片长不及 1cm；果实成熟后由中部以上或顶端开裂。

3a. 雌雄同株；叶长三角形，基部戟状心形，无腺体；果实由近中部盖裂；种子无翅…………………………………………………………………………………………………… **1. 盒子草属 Actinostemma**

3b. 雌雄异株；叶轮廓近圆形或宽卵形，叶片基部的裂片顶端有 1—2 对突出的腺体；果实由顶端盖裂；种子顶端具膜质的长翅。栽培 ……………………………… **2. 假贝母属 Bolbostemma**

2b. 花较大，花冠裂片长约 2cm；果实不开裂，浆果状；叶多卵状心形，不分裂，边缘具齿……………………………………………………………………………………………………**3. 赤瓟属 Thladiatha**

1b. 雄蕊 3 或极稀 5，药室弯曲或折曲，极少直立。

4a. 药室直立或稍弯曲；果实成熟后由顶端 3 瓣开裂；种子 1—3 粒，下垂生 ………**4. 裂瓜属 Schizopepon**

4b. 药室 S 形折曲或多回折曲；果实成熟后不开裂；种子多，水平生。栽培。

5a. 花冠裂片边缘细裂成流苏状；具圆柱状块根…………………………**5. 栝楼属 Trichosanthes**

5b. 花冠裂片全缘或近全缘，绝不成流苏状；无块根。

6a. 花冠钟形，5 中裂；茎、叶被长硬毛或刺毛；果大型 ………………**6. 南瓜属 Cucurbita**

6b. 花冠辐状，若钟形时为 5 深裂或近分离。

7a. 雄花花托伸长，长约 2cm；花白色；叶片基部有 2 个腺体……**7. 葫芦属 Lagenaria**

7b. 雄花花托不伸长；花黄色；叶片基部无腺体。

8a. 花梗上有盾状苞片；果实表面常有明显的瘤状突起，成熟后由顶端 3 瓣裂 ……………………………………………………………………………………**8. 苦瓜属 Momordica**

8b. 花梗上无盾状苞片。

9a. 雄花形成总状花序或聚伞花序；果实细长圆柱状 …………**9. 丝瓜属 Luffa**

9b. 雄花单生叶腋或簇生于叶腋。

10a. 叶两面密被硬毛；花萼裂片叶状，有锯齿，反折……………………………………………………………………… **10. 冬瓜属 Benincasa**

10b. 叶两面被柔毛状硬毛；花萼裂片钻形，近全缘，不反折。

11a. 卷须 2—3 叉；叶羽状分裂……………………**11. 西瓜属 Citrullus**

11b. 卷须不分叉；叶 3—7 浅裂 ……………………**12. 香瓜属 Cucumis**

1. 盒子草属 Actinostemma Griff.

盒子草 **Actinostemma tenerum** Griff.

一年生草本。茎细长，攀援状，长 1.5—2m；卷须分 2 叉，与叶对生。叶片戟形、披针状三角形或卵状心形，不裂或下部 3—5 裂，边缘有疏锯齿。花单性，雌雄同株；雄花序总状或圆锥状，腋生；雌花序单生，萼裂片 5；花冠 5 裂，三角状披针形，先端尾尖，黄绿色；雄蕊 5，分生。蒴果，近中部盖裂。生于沼泽草甸、浅水中。产嫩西(扎赉特旗)、辽河(大青沟)、锡林(苏尼特左旗)。

2. 假贝母属 Bolbostemma Franquet

假贝母 **Bolbostemma paniculatum** (Maxim.) Franquet

多年生攀援草本。鳞茎肥厚肉质，扁球形，白色。茎细弱，长 1—3m；卷须单一或 2 分叉。叶片轮廓圆状心形，掌状 5 深裂，裂片再 3—5 浅裂。花单性，雌雄异株，形成腋生疏散的圆锥花序或有时单生；花萼与花冠相似，淡绿色，基部合生，上部5深裂，裂片顶端长尾状；雄蕊5，离生。蒴果矩圆形，由顶端盖裂。呼和浩特市、包头市、鄂尔多斯市(准格尔旗)有栽培。

3. 赤爮属 **Thladiatha** Bunge

赤爮 **Thladiatha dubia** Bunge

多年生攀援草本。块根草褐色。茎被硬毛状长柔毛；卷须不分枝，与叶对生；叶片宽卵状心形，先端锐尖，基部心形，边缘有大小不等的齿。花单性，单生叶腋，雌雄异株；花萼5裂；花冠5深裂，黄色；雄蕊5。果椭圆形，不开裂。生于山地草丛、沟谷、村舍附近。产岭东、兴安南、燕北、科尔沁、辽河(大青沟)、阴山(乌拉山)、贺兰山。

4. 裂瓜属 **Schizopepon** Maxim.

裂瓜 **Schizopepon bryoniaefolius** Maxim.

一年生攀援草本。茎纤细，长2—3m；卷须丝状，分2叉。叶片宽卵形或三角状卵形，通常有3—7角果浅裂，先端锐尖，基部心形，边缘有不整齐的疏锯齿或小裂片。花两性，单生叶腋或数朵花形成短总状花序；花萼5裂；花冠黄色或黄白色，5深裂；雄蕊3，离生。果卵形，3瓣裂。生于沟谷溪岸、山地林下、灌丛。产兴安南、燕北。

5. 栝楼属 **Trichosanthes** L.

栝楼 **Trichosanthes kirilowii** Maxim.

多年生攀援草本。根块状。茎达10余米；卷须2—5叉。叶近圆形，掌状3—7中裂，基部心形，边缘有不等大的粗齿或小裂片。花单性，雌雄异株；雄花序总状或单生；雌花单生；花萼 5 裂；花冠白色，5深裂，裂片顶端和边缘分裂成流苏状；雄蕊5，花药靠合，药室S形折曲；雌花单生。果卵圆形。呼和浩特市、包头市有少量栽培。

6. 南瓜属 **Cucurbita** L.

1a. 叶片浅裂或不裂，具软毛；果柄上有浅棱沟或无棱沟。
  2a. 叶浅裂；花萼裂片先端扩大成叶状；果柄有棱，与果实接触处扩大成蹼掌状；果实表面有纵沟和隆起，光滑或有瘤状突起。内蒙古各地普遍栽培……………………………**1. 南瓜 C. moschata** Duch.
  2b. 叶无裂，只有缺刻；花萼裂片细长；果柄无棱，圆形，与果实接触处不扩大；果实表面平滑。内蒙古各地普遍栽培…………………………………………………………………**2. 大瓜 C. maxima** Duch.
1b. 叶片3—7中裂或深裂，有小刺毛；果柄上棱沟深，与果实接触处渐粗并膨大呈五裂状。内蒙古各地普遍栽培………………………………………………………………………………**3. 西葫芦 C. pepo** L.

7. 葫芦属 **Lagenaria** Ser.

1a. 果实中间横缢，上下部膨大，顶部大于基部，成熟后果皮变木质，浅黄色，光滑。
  2a. 植株较粗壮；果大，长20—40cm。内蒙古各地普遍栽培…………………………………………………………**1a. 葫芦 L. siceraria** (Molina) Standl. var. **siceraria**
  2b. 植株较细弱；果小，长小于12cm。内蒙古地区有栽培……………………………………………**1b. 小葫芦 L. siceraria** (Molina) Standl. var. **microcarpa** (Naud.) H. Hara
1b. 果实中间不横缢。

3a. 果实长圆柱形，通直或稍弧形，长 60—80cm，白色，带绿色，果肉白色。内蒙古南部地区有栽培………………………………………… **1c. 瓠子 L. siceraria** (Molina) Standl. var. **hispida** (Thunb.) H. Hara

3b. 果实扁球形或宽卵形，直径约 30cm，果皮较厚，木质化强。内蒙古南部地区有栽培……………………………………………………… **1d. 瓠瓜 L. siceraria** (Molina) Standl. var. **depressa** (Ser.) H. Hara

8. 苦瓜属 Momordica L.

苦瓜 **Momordica charantia** L.

一年生攀援草本。茎被柔毛；卷须不分叉。叶片轮廓肾形，5—7 深裂，裂片具齿或再分裂。花单性，黄色，雌雄同株；花萼 5 裂；花冠黄色，5 深裂；雄蕊 3，离生，花药 S 形折曲。果纺锤形，密生瘤状突起。内蒙古南部有栽培。

9. 丝瓜属 Luffa Mill.

丝瓜 **Luffa aegyptiaca** Mill.——*L. cylindrica* (L.) Roem.

一年生攀援草本。茎柔弱；卷须 2—4 分叉。叶轮廓近圆形，掌状 5 裂，裂片三角形，先端锐尖，边缘疏生小锯齿。雄花成总状花序；雌花单生；花萼 5 深裂；花冠黄色，5 深裂；雄蕊 5，药室多回折曲。果圆柱形。呼和浩特市、包头市等地有栽培。

10. 冬瓜属 Benincasa Savi

冬瓜 **Benincasa hispida** (Thunb.) Cogn.

一年生蔓生草本。茎被黄褐色毛；卷须 2—3 分叉。叶轮廓肾圆形，5—7 浅裂至中裂，边缘有小锯齿。花单性，雌雄同株；花萼 5 裂；花冠黄色，5 深裂；雄蕊 3，药室多回折曲。果长圆形。内蒙古南部有栽培。

11. 西瓜属 Citrullus Schrad. ex Ecklon et Zeyher

西瓜 **Citrullus lanatus** (Thunb.) Matsum. et Nakai

一年生蔓生草本，全株被长柔毛。茎细长；卷须分 2 叉。叶片轮廓宽卵形，3—5 深裂，裂片又羽状或 2 回羽状浅裂或深裂。花萼 5 裂；花冠淡黄色，5 深裂；雄蕊 5，2 对合生，另 1 个分离。果圆球形。内蒙古各地普遍栽培。

12. 香瓜属 Cucumis L.

1a. 子房有刺状凸起；果实常有具刺尖的瘤状凸起。内蒙古各地普遍栽培………………… **1. 黄瓜 C. sativus** L.

1b. 子房有毛，无刺状凸起；果实平滑，无瘤状凸起。

2a. 果实通常椭圆形、矩圆形、卵形或近球形，有香味和甜味。内蒙古各地普遍栽培………………………………………………………………………… **2a. 香瓜 C. melo** L. var. **melo**

2b. 果实通常稍为弧形的矩圆状圆柱形或近棒状，无香味和甜味。内蒙古南部各地普遍栽培……………………………… **2b. 菜瓜 C. melo** L. var. **agrestis** Naudin——*C. melo* L. var. *conomon* (Thunb.) Makino

123. 桔梗科 Campanulaceae

1a. 花冠辐射对称；雄蕊离生。

2a. 蒴果于顶端整齐的裂瓣开裂。

3a. 直立草本；叶缘具锯齿；柱头裂片狭，常条形……………………………… **1. 桔梗属 Platycodon**

3b. 通常为缠绕性草本；叶全缘；柱头裂片宽，卵形或矩圆形 …………… **2. 党参属 Codonopsis**

2b. 蒴果于侧面开裂。

4a. 花柱基部无圆筒状花盘……………………………………………………… **3. 风铃草属 Campanula**

4b. 花柱基部有圆筒状花盘 ……………………………………………………… **4. 沙参属 Adenophora**

1b. 花冠两侧对称；雄蕊合生…………………………………………………………… **5. 半边莲属 Lobelia**

1. 桔梗属 Platycodon A. DC.

桔梗 Platycodon grandiflorus (Jacq.) A. DC.

多年生草本，高 40—50cm，含白色乳汁。根粗壮，长倒圆锥形。叶 3 叶轮生，卵形或卵状披针形，先端锐尖，边缘有尖锯齿。萼 5 裂；花冠宽钟形，蓝紫色，5 浅裂；雄蕊 5。蒴果倒卵形，顶端 5 瓣裂。生于山地林缘草甸、沟谷草甸。产兴安北、岭西、岭东、兴安南、辽河、燕北。

2. 党参属 Codonopsis Wall.

1a. 叶互生或对生；萼裂片矩圆状披针形或三角状披针形；种子无翅。生于山地林缘、灌丛。产辽河(大青沟)、赤峰、燕北、阴山 ……………………………………………………… **1. 党参 C. pilosula** (Franch.) Nannf.

1b. 叶 4 枚束生于侧枝的顶端呈假轮生状；萼裂片卵状三角形；种子具翅。生于沟谷林中。产辽河(大青沟)……………………………………………………………… **2. 羊乳 C. lanceolata** (Sieb. et Zucc.) Trautv.

3. 风铃草属 Campanula L.

1a. 花萼裂片间有 1 个卵形而反折的附属物，其缘有刺毛；花冠大，钟状，长约 4cm，直径约 2.5cm，下垂，白色而有紫色斑点。生于山地林间草甸、林缘、灌丛。产兴安北、岭西、岭东、兴安南、辽河(大青沟)、赤峰、燕北……………………………………………………… **1. 紫斑风铃草 C. punctata** Lam.

1b. 花萼裂片间无附属物；花冠小，长不超过 2.5cm。

2a. 花无梗或近无梗，多数簇生于茎顶或数个簇生于上部叶腋；花冠筒状钟形，直立，不下垂；茎生叶卵状三角形。生于山地草甸、林间草甸、林缘。产兴安北、岭西、岭东、兴安南、燕北、阴山……………………… **2. 聚花风铃草 C. glomerata** L.——*C. glomerata* L. subsp. *cephalotes* (Nakai) D. Y. Hong
——大青山风铃草 *C. glomerata* L. subsp. *daqingshanica* D. Y. Hong et Y. Z. Zhao

2b. 花具梗，单生或成疏散的总状花序，绝不簇生；花冠钟形，多少下垂或外倾；茎生叶条形或条状披针形。生于山地林缘草甸。产兴安北 ……………………………… **3. 兴安风铃草 C. rotundifolia** L.

4. 沙参属 Adenophora Fisch.

1a. 柱头 2 裂；植株具粗壮根状茎；萼片全缘；花盘筒形，长约 4mm。生于山坡。产阴山(察哈尔右翼中旗黄花沟)……………………………………………………… **1. 二裂沙参 A. biloba** Y. Z. Zhao

1b. 柱头 3 裂；植株具肥大肉质粗根。

2a. 花柱短于花冠或近等长或稍伸出；花冠口部不收缢，呈钟状或漏斗状；花盘短筒状或环状；雄蕊远短于花冠。

3a. 茎生叶轮生或有一部分对生和互生；植株如被毛，则为长柔毛或硬毛。

4a. 萼裂片披针形，全缘；花冠钟状，长约 15mm。

5a. 茎生叶完全轮生；花序分枝部分轮生；花盘短筒状，长约 2mm；花柱与花冠近等长。

生于山地草甸、林缘。产兴安北、岭西、岭东、兴安南、赤峰、燕北 …………………………………

…………………………………………………… **2. 展枝沙参 A. divaricate** Franch. et Savat.

5b. 茎生叶部分轮生，部分对生和互生；花序分枝全部互生(仅大青山沙参花序分枝全部轮生)。

6a. 花柱稍长于花冠或近等长；花盘环状或短筒状，长 0.5—1.5mm。

7a. 茎生叶大部分轮生，少部分对生或互生，菱状倒卵形或倒卵形。生于林间草甸、林缘。产兴安北、岭西、岭东、兴安南 ……………………………………………

…………… **3a. 长白沙参 A. pereskiifolia** (Fisch. ex Schult.) Fisch. ex G. Don var. **pereskiifolia**

7b. 茎生叶大部分互生，少部分对生或近轮生。

8a. 叶狭倒卵形，长 4—10cm，宽 2—3.5cm；花柱与花冠近等长或稍伸出。生于沟谷草甸、林下。产兴安北、岭西、岭东 ………………………………………

……… **3b. 兴安沙参 A. pereskiifolia** (Fisch. ex Schult.) Sisch. ex G. Don var. **alternifolia** P. Y. Fu ex Y. Z. Zhao

8b. 叶狭条形或披针状条形，长达 15cm，宽 3—16mm；花柱长于花冠。生于林下、林缘草甸。产兴安北、岭西、岭东 ……………………………………………

…· **3c. 狭叶长白沙参 A. pereskiifolia** (Fisch. ex Schult.) Sisch. ex G. Don var. **angustifolia** Y. Z Zhao

6b. 花柱稍短于花冠；花盘短筒状，长 1.5—2mm。

9a. 花序分枝全部互生。

10a. 茎生叶大部分轮生或近轮生，少部分对生或互生。

11a. 叶狭披针形或披针形，宽 5—13mm，具锯齿。生于林缘、沟谷草甸。产兴安南、燕北、锡林、阴山 ……………………………………………

…· **4a. 北方沙参 A. borealis** D. Y. Hong et Y. Z. Zhao var. **borealis**

11b. 叶条形或狭条形，宽 2—5mm，全缘或疏具锯齿。生于山顶草甸。产阴山(蛮汗山) …· **4b. 狭叶北方沙参 A. borealis** D. Y. Hong et Y. Z. Zhao var. **linearifolia** Y. Z. Zhao

10b. 茎生叶大部分互生，少部分对生或近轮生，倒卵形或倒卵状披针形或披针形。生于林缘、山顶草甸。产兴安南、燕北、阴山 ……………………………

……………………………… **4c. 山沙参 A. borealis** D. Y. Hong et Y. Z. Zhao var. **oreophila** Y. Z. Zhao

9b. 花序分枝全部轮生；叶多数轮生，近下部少对生或互生，具短柄。生于山地沟谷草甸。产阴山(大青山) …· **5. 大青山沙参 A. daqingshanica** Y. Z. Zhao et L. Q. Zhao

4b. 萼裂片条状钻形，有齿或个别裂片全缘；花冠管状钟形，长 18—25mm；花柱稍短于花冠；叶具短柄或无柄；花盘短筒状，长 1—1.5mm。

12a. 茎生叶大部分轮生，少部分对生或互生。

13a. 叶卵形至披针形。生于沟谷灌丛、林缘草甸及林下。产燕北 ………………………

…………………… **6a. 雾灵沙参 A. wulingshanica** D. Y. Hong var. **wulingshanica**

13b. 叶条形或条状披针形。生于林下。产燕北(喀喇沁旗) ………………………………

… **6b. 狭叶雾灵沙参 A. wulingshanica** D. Y. Hong var. **angustifolia** Y. Z. Zhao

12b. 茎生叶大部分互生，少部分对生或近轮生。生于林缘草甸及林下。产兴安南、燕北(喀喇沁旗) ……………**6c. 互叶雾灵沙参 A. wulingshanica** D. Y. Hong var. **alterna** Y. Z. Zhao

3b. 茎生叶完全互生；植株如被毛，则为短糙毛。

14a. 萼裂片全缘。

15a. 叶全部具柄。

16a. 叶片基部全部心形；萼筒倒三角状圆锥形。生于林缘、林间草甸。产兴安北、兴安南、辽河(大青沟)、赤峰、燕北……………………………**7. 荠苨 A. trachelioides** Maxim.

16b. 叶片基部截形、圆形或宽楔形，或仅茎下部的叶基部浅心形；萼筒倒卵形或倒卵状圆锥形。生于林缘、林下、林间草甸。产辽河(大青沟)、燕北(敖汉旗大黑山)…………………………………………**8. 薄叶荠苨 A. remotiflora** (Sieb. et Zucc.) Miq.

15b. 叶完全无柄。

17a. 花萼裂片较大，长 3mm 以上；花冠长 14—28mm；花柱内藏或稍伸出。

18a. 花柱多数稍伸出花冠，少近等长。

19a. 花萼直立；花盘筒状；花冠钟状；总状花序，通常不分枝。

20a. 茎生叶一型，狭披针形至卵状披针形，边缘具锯齿。生于山坡草地、石质山坡。产兴安南、燕北、乌兰、阴山 ……………………………………………**9a. 石沙参 A. polyantha** Nakai var. **polyantha**

20b. 茎生叶二型，下部叶菱形，边缘锐裂，上部叶狭披针形，边缘具锐尖齿。生于石质山坡。产岭东(扎兰屯市) ……………………………**9b. 菱叶石沙参 A. polyantha** Nakai var. **rhombica** Y. Z. Zhao

19b. 花萼反折；花盘坛状；花冠筒状钟形；圆锥花序，多分枝。生于山坡。产科尔沁(库伦旗)…………**10. 库伦沙参 A. kulunensis** Y. Z. Zhao

18b. 花柱稍短于花冠。

21a. 叶针形或条形，全缘或极少有疏齿。生于山地林缘、山地草原及草甸草原。产兴安北、岭西、岭东、呼伦、兴安南、科尔沁、赤峰、燕北、锡林、阴山、阴南…………………**11a. 狭叶沙参 A. gmelinii** (Beihler) Fisch. var. **gmelinii**

21b. 叶缘明显具锐尖齿或不规则锯齿。

22a. 叶多为条形至披针形，边缘具长而向内弯曲的锐尖齿。生于山地林缘、沟谷草甸。产兴安北、岭西、岭东、兴安南、科尔沁、赤峰、锡林、阴山 ……………………**11b. 柳叶沙参 A. gmelinii** (Beihler) Fisch. var. **coronopifolia** (Fisch.) Y. Z. Zhao

22b. 叶多为倒披针形至倒卵状披针形，质厚，中上部边缘具不规则锯齿，下部全缘。生于山地林缘、沟谷草甸。产兴安南、燕北、阴山 ·……………………**11c. 厚叶沙参 A. gmelinii** (Beihler) Fisch. var. **pachyphylla** (Kitag.) Y. Z. Zhao

17b. 花萼裂片短小，长 2—2.5mm；花冠小，长 13—14mm；花柱明显伸出花冠外。生于石质山坡。产兴安南 ………………**12. 小花沙参 A. micrantha** D. Y. Hong
——*A. suolunensis* P. F. Tu et X. F. Zhao

14b. 萼裂片具齿或多少有齿。

23a. 花柱稍伸出花冠或近等长。

24a. 萼裂片条状钻形，长 4—7mm，边缘具 1—2 对短齿，少为瘤状齿。

25a. 茎生叶至少在下部的明显有柄，向上逐渐无柄；叶片一型。

26a. 叶卵形、菱状卵形或狭卵形，先端锐尖，基部截形至宽楔形。生于山地林缘、沟谷草甸、山坡草地。产兴安北、岭西、岭东、兴安南、科尔沁、辽河、赤峰、燕北、阴山、阴南、鄂尔……………………………………………**13a. 多歧沙参 A. wawreana** A. Zahlbr. var. **wawreana**

26b. 叶披针形或长椭圆状披针形，先端尾状渐尖或渐尖，基部楔形。生于林下。产兴安南、辽河(大青沟)、阴山 …………………………**13b. 阴山沙参 A. wawreana** A. Zahlbr. var. **lonceifolia** Y. Z. Zhao

25b. 茎生叶全部无柄或在上部的有柄；叶片二型，下部叶条形，全缘，上部叶狭披针形、披针形至椭圆形，边缘具不规则锯齿或稀疏锯齿。生于山地灌丛、沟谷草甸、林下水沟边。产兴安南、科尔沁、辽河(大青沟)、赤峰、燕北、阴山、阴南……………………………… **14. 二型叶沙参 A. biformifolia** Y. Z. Zhao

24b. 萼裂片钻形或条状披针形，长 2—4mm，多有 1 对瘤状小齿，个别裂片全缘。生于山地阴坡岩石缝处。产东阿(桌子山)、贺兰山……………………………………………………………… **15. 宁夏沙参 A. ningxianica** D. Y. Hong ex S. Ge et D. Y. Hong

23b. 花柱稍短于花冠。

27a. 花萼裂片窄，条状披针形或狭钻形，彼此决不重叠。

28a. 茎丛生，多分枝，扫帚状；萼裂片条状披针形，边缘具 1 对小齿；花盘短筒状，长 1—1.5mm；叶狭条形或针形，通常全缘，或有疏齿；花冠小，长约 1cm。生于山坡草地。产兴安北、呼伦、兴安南、科尔沁……………………………………………………… **16. 扫帚沙参 A. stenophylla** Hemsl.

28b. 茎单一，不分枝，非扫帚状；萼裂片狭三角状钻形或狭钻形，边缘多有 1—2 对小齿，个别裂片全缘；花盘筒状，长 1.6—2.8mm；叶卵形、狭卵形至条状披针形，边缘具疏锯齿；花冠大，长 20—34mm。生于山坡草地。产阴山(大青山) ……………………… **17. 狭长花沙参 A. elata** Nannf.

27b. 花萼裂片宽，卵状三角形，边缘多具 1—3 对锐尖齿，个别裂片全缘，下部彼此常重叠；花盘环状，长约 1mm；叶卵状披针形至条状披针形，边缘具疏锯齿；花冠长 15—18mm。生于山地草甸、湿草地、林缘草甸。产兴安北、岭西、岭东、兴安南、赤峰、燕北……… **18. 锯齿沙参 A. tricuspidata** (Fisch. et Schult.) A. DC.

2b. 花柱强烈伸出花冠，通常为花冠的 2 倍；花冠口部收缢呈坛状或坛状钟形；花盘长筒状、筒状或短筒状；雄蕊与花冠近等长或稍伸出。

29a. 叶完全轮生；花序分枝轮生；萼裂片丝状钻形，长 1.2—2mm；花盘短筒状，长约 2mm。

30a. 叶倒卵形、倒披针形至条状披针形或条形，叶缘中上部具锯齿。生于山地林缘、河滩草甸、固定沙丘间草甸。产兴安北、岭西、岭东、兴安南、辽河、赤峰、燕北…………………………………………………………… **19a. 轮叶沙参 A. tetraphylla** (Thunb.) Fisch. var. **tetraphylla**

30b. 叶狭条形，全缘。生于山地林缘。产兴安北(鄂伦春自治旗)……………………………………………………… **19b. 全缘轮叶沙参 A. tetraphylla** (Thunb.) Fisch. var. **integrifolia** Y. Z. Zhao

29b. 叶完全互生；花序分枝互生。

31a. 花盘筒状，长约 3mm；萼裂片丝状，3—5mm。

32a. 茎生叶全部无柄。

33a. 叶披针状条形至条形，边缘全缘或极少具疏齿。生于山地林缘、灌丛、沟谷草甸。产兴安南、燕北、阴山、龙首山 ····· **20a. 紫沙参 A. paniculata** Nannf. var. **paniculata**

33b. 叶菱状狭卵形或菱状披针形，边缘具不规则锯齿。生于山地林缘、沟谷草甸。产兴安南、燕北、阴山……· **20b. 齿叶紫沙参 A. paniculata** Nannf. var. **dentata** Y. Z. Zhao

32b. 下部茎生叶明显有柄；叶片菱状狭卵形，边缘具不规则锯齿。生于山地林缘、沟谷草甸。产兴安南、燕北、阴山 ···· **20c. 有柄紫沙参 A. paniculata** Nannf. var. **petiolata** Y. Z. Zhao

31b. 花盘长筒形，长 5mm 以上；萼裂片钻形或钻状三角形。

34a. 花柱强烈伸出花冠，超出花冠 0.5—1 倍；花冠小，筒状坛形，长 10—13mm，宽 5—8mm；萼裂片钻形，长 1.5—2.5mm。

35a. 叶全缘，条形。生于山地草甸草原、沟谷草甸、灌丛、石质丘陵、典型草原及沙丘。产岭西、呼伦、兴安南、科尔沁、燕北、锡林、乌兰、阴山、阴南、龙首山……………………………………………… **21a. 长柱沙参 A. stenanthina** (Ledeb.) Kitag. var. **stenanthina**

35b. 叶边缘具齿。

36a. 叶边缘具深刻而尖锐的皱状齿，叶片卵形至披针形。生于山坡草地、沟谷、撂荒地。产呼伦、兴安南、锡林、乌兰、阴山、阴南、龙首山 ……………………………………………………… **21b. 皱叶沙参 A. stenanthina** (Ledeb.) Kitag. var. **crispata** (Korsh.) Y. Z. Zhao

36b. 叶边缘无皱状齿。

37a. 叶边缘具尖锯齿，叶片条形至披针形。生于山坡。产兴安南、赤峰、锡林、阴山 …………………… **21c. 丘沙参 A. stenanthina** (Ledeb.) Kitag. var. **collina** (Kitag.) Y. Z. Zhao

37b. 叶边缘具疏浅齿，叶片狭披针形至条状披针形。生于山地草原、沙丘间草地。产兴安南、锡林 …· **21d. 锡林沙参 A. stenanthina** (Ledeb.) Kitag. var. **angustilanceifolia** Y. Z. Zhao

34b. 花柱明显伸出花冠，超出花冠 1/4—1/3 倍；花冠较大，钟状坛形，长 15—17mm，宽 8—10mm；萼裂片钻状三角形，长 3—4mm；花盘被毛；叶狭披针形或披针形，全缘或具疏齿。生于潮湿草甸、河滩草甸。产锡林 …· **22. 草原沙参 A. pratensis** Y. Z. Zhao

5. 半边莲属 Lobelia L.

山梗菜 Lobelia sessilifolia Lamb.

多年生草本，高 40—100cm。叶互生，集中于茎的中部，披针形或条状披针形，先端渐尖，边缘具小齿。总状花序顶生；萼裂片 5；花冠蓝紫色，近二唇形，上唇 2 裂近基部，下唇 3 浅裂；雄蕊 5，花药和花药上部合生，花丝基部分离。蒴果 2 瓣裂。生于山坡湿草地。产兴安北、岭东、辽河(大青沟)。

124. 菊科 Compositae

分亚科、分族检索表

1a. 头状花序全部为同形的管状花，或具异形的小花，中央的花非舌状；植株无乳汁(**1. 管状花亚科 Carduoideae**)。

2a. 花药的基部钝或微尖。

3a. 头状花序盘状，有同形的管状花；花柱分枝圆柱形，上端有棒槌状或扁而钝的附片 ……………………………………………………………………………… **1. 泽兰族 Eupatorieae**

3b. 头状花序辐射状，边缘通常有舌状花，或盘状而无舌状花；花柱分枝上端非棒槌状，或稍扁而钝。

4a. 花柱分枝通常一面平一面凸形。上端有尖或三角形附片，有时上端钝 ……………………………………………………………………………… **2. 紫菀族 Astereae**

4b. 花柱分枝通常截形，无或有尖或三角形附片，有时分枝钻形。

5a. 冠毛不存在，或鳞片状、芒状或冠状。

6a. 头状花序辐射状；总苞片叶质；叶通常对生 ………… **4. 向日葵族 Heliantheae**

6b. 头状花序盘状或辐射状；总苞片全部或边缘干膜质；叶互生 ……………………………………………………………………………… **5. 春黄菊族 Anthemideae**

5b. 冠毛通常毛状 ……………………………………………… **6. 千里光族 Senecioneae**

2b. 花药基部锐尖、箭形或尾状。

7a. 花柱上端无被毛的节。

8a. 头状花序盘状或辐射状而边缘有舌状花；管状花浅裂，不呈二唇形 ……………………

……………………………………………………………………………… **3. 旋覆花族 Inuleae**

8b. 头状花序盘状或辐射状；花冠不规则深裂，或呈二唇形 ………… **9. 帚菊木族 Mutisieae**

7b. 花柱上端有稍被毛的节。

9a. 每头状花序仅含 1 小花，再密集成球状复头状花序 ………… **7. 蓝刺头族 Echinopsideae**

9b. 头状花序含多数花，不密集成复头状花序 ……………………………… **8. 菜蓟族 Cynareae**

1b. 头状花序全部为同形的舌状花，极少为同形的管状花；植株有乳汁(**2. 舌状花亚科 Cichorioideae**)
……………………………………………………………………………… **10. 菊苣族 Lactuceae**

分属检索表

1a. 头状花序仅具管状花或兼有舌状花；植物体无乳汁(**1. 管状花亚科 Carduoideae**)。

2a. 头状花序仅具管状花，管状花有时二唇形。

3a. 叶对生。

4a. 冠毛毛状 ……………………………………………………………… **1. 泽兰属 Eupatorium**

4b. 冠毛 2—4，刺芒状……………………………………………………**27. 鬼针草属 Bidens**

3b. 叶互生或基生。

5a. 总苞片通常 1 层或 2 层，等长。

6a. 灌木；雌雄异株；管状花二唇形；冠毛毛状；叶全缘，具三出脉 ……………………
……………………………………………………………… **73. 蚂蚱腿子属 Myripnois**

6b. 草本。

7a. 花带红色；茎生叶叶片幼时伞状，下垂；子叶 1 枚 ……**50. 兔儿伞属 Syneilesis**

7b. 花白色或黄色；茎生叶不为伞状；子叶 2 枚。

8a. 花白色；圆锥花序 ……………………………………**51. 蟹甲草属 Parasenecio**

8b. 花黄色；伞房花序 ……………………………………………**54. 千里光属 Senecio**

5b. 总苞片多层，通常外层较短，向内渐长。

9a. 头状花序含 1 小花，再聚集成球形复头状花序 ……………… **56. 蓝刺头属 Echinops**

9b. 不为复头状花序。

10a. 总苞片具刺；叶缘无刺或有刺。

11a. 叶缘无刺；总苞片具直刺或倒钩刺。

12a. 总苞片具倒钩刺。

13a. 雌头状花序含 1—2 花；总苞片完全愈合，具倒钩刺；瘦果无冠毛。

14a. 雄头状花序总苞片分离，1—2 层；雌头状花序含 2 花；总苞片外面具钩状刺；叶互生…… **23. 苍耳属 Xanthium**

14b. 雄头状花序总苞片合生；雌头状花序总苞片具 1 列钩状刺或疣，内含 1 花；叶对生或互生…**24. 豚草属 Ambrosia**

13b. 头状花序含多花；总苞片不愈合，条形或披针形，先端具倒钩刺；瘦果具冠毛 …………………………… **61. 牛蒡属 Arctium**

12b. 总苞片具直刺；头状花序下垂；叶卵形或三角形，下面密被灰白色毡毛
……………………………………………………………**69. 山牛蒡属 Synurus**

11b. 叶缘和总苞片均具刺。

15a. 叶片沿茎下延成宽或窄翅。

16a. 植株高大；叶草质，下面浅绿色，被皱缩长柔毛；头状花序小；花丝有毛 ……………………………………… **66. 飞廉属 Carduus**

16b. 植株较低矮；叶革质，下面灰白色，密被毡毛；头状花序大；花丝无毛 …………………………………………… **64. 蝟菊属 Olgaea**

15b. 叶片不沿茎下延成翅。

17a. 植株无茎或近无茎，或具短的花茎；头状花序数个集生于莲座状叶丛中。

18a. 花红紫色；冠毛羽毛状……………………**65. 蓟属 Cirsium**

18b. 花黄色或白色；冠毛糙毛状。

19a. 外层总苞片全缘；花黄色；瘦果无毛………………………………………………… **63. 黄缨菊属 Xanthopappus**

19b. 外层总苞片边缘具刺齿；花白色；瘦果密被绢质长柔毛……………………… **58. 革苞菊属 Tugarinovia**

17b. 植株具发达的茎。

20a. 头状花序为具刺的苞叶所包围。

21a. 花白色；瘦果具冠毛………**57. 苍术属 Atractylodes**

21b. 花红色；瘦果无冠毛。栽培 ··**71. 红花属 Carthamus**

20b. 头状花序不为具刺的苞叶所包围………**65. 蓟属 Cirsium**

10b. 总苞片无刺；叶缘无刺。

22a. 总苞片草质或革质，不为干膜质。

23a. 瘦果无冠毛；花序梗和瘦果有具柄的腺毛；花白色………… **22. 和尚菜属 Adenocaulon**

23b. 瘦果具冠毛。

24a. 叶基生；头状花序单生，具同形花和异形花，春型的雌花与管状两性花为二唇形………………………………………………………………… **74. 大丁草属 Leibnitzia**

24b. 具茎生叶和基生叶。

25a. 头状花序异型，缘花雌性或无性。

26a. 雌花丝状…………………………………………… **16. 花花柴属 Karelinia**

26b. 雌花不为丝状。

27a. 总苞片紫褐色，密被褐色卷毛，先端渐尖或锐尖，不具附属物…………………………………………………… **68. 伪泥胡菜属 Serratula**

27b. 总苞片具附属物；附属物边缘具缘毛或具刺尖或膜质……………………………………………………………**72. 矢车菊属 Centaurea**

25b. 头状花序同型，全部小花两性。

28a. 冠毛多层。

29a. 冠毛糙毛状；根颈部无白色团状绵毛 ………**67. 麻花头属 Klasea**

29b. 冠毛羽状、短羽状或锯齿状；根颈部有肥厚的白色团状绵毛………………………………………………………… **59. 苓菊属 Jurinea**

28b. 冠毛 1—2 层，外层的糙毛状，内层的羽状…… **60. 风毛菊属 Saussurea**

22b. 总苞片干膜质或边缘膜质。

30a. 瘦果具冠毛，毛状或羽毛状。

31a. 总苞片具大型干膜质全缘或撕裂的附片。

32a. 头状花序大，直径 3—6cm；冠毛宿存………………**70. 漏芦属 Rhaponticum**

32b. 头状花序小，直径 1—1.5cm；冠毛脱落 …………… **62. 顶羽菊属 Acroptilon**

31b. 总苞片全部或边缘干膜质，无明显的附片。

33a. 头状花序呈伞房状密集排列，外围通常有开展的星状苞叶群………………………………………………………………… **18. 火绒草属 Leontopodium**

33b. 头状花序呈伞房状疏松排列，外围无开展的苞叶群。

34a. 两性花不结实，其花柱不分枝或 2 浅裂。

35a. 冠毛基部结合；雌雄异株，有同形小花 ····**17. 蝶须属 Antennaria**

35b. 冠毛基部分离；雌雄异株或同株，各有多数同形或异形小花 ······ ··**19. 香青属 Anaphalis**

34b. 两性花全部或大部结实，其花柱分枝 ·········**20. 鼠麴草属 Gnaphalium**

30b. 瘦果无冠毛或有冠状冠毛。

36a. 头状花序全部小花两性，管状。

37a. 瘦果顶端无冠状冠毛。

38a. 头状花序在茎枝顶端单生或排列成伞房状。

39a. 小半灌木 ··**39. 女蒿属 Hippolytia**

39b. 一年生草本。

40a. 头状花序大，单生，通常下垂，总苞直径 8—20mm·········· ··**40. 百花蒿属 Stilpnolepis**

40b. 头状花序小，单生或 2—5 朵排列成伞房状，总苞直径(3)5—6(10)mm ·····························**41. 紊蒿属 Elachanthemum**

38b. 头状花序在茎上排列成总状或圆锥状，稀单生。

41a. 灌木；头状花序单生 ·················**34. 短舌菊属 Brachanthemum**

41b. 多年生草本或半灌木状；头状花序在茎上排列成总状或圆锥状 ··· ···**46. 绢蒿属 Seriphidium**

37b. 瘦果顶端有冠状冠毛。

42a. 一年生草本；瘦果压扁，背面突起，无肋，腹面有 2—3 条细肋········ ··**36. 母菊属 Matricaria**

42b. 多年生草本；瘦果三棱状圆柱形，有 5—6 条纵肋························ ··**42. 小甘菊属 Cancrinia**

36b. 头状花序边花雌性，或部分雌性，部分两性；花冠管状或细管状。

43a. 头状花序在茎上排列成伞房状。

44a. 瘦果有 5—7 条椭圆形突起的纵棱，顶端有冠状冠毛························ ··**38. 菊蒿属 Tanacetum**

44b. 瘦果有 2—6 条脉纹或钝棱，顶端无冠状冠毛。

45a. 全部花结实；瘦果矩圆形或楔形，有 4—6 条脉肋，顶端平 ········ ··**43. 亚菊属 Ajania**

45b. 中央两性花不结实；瘦果压扁，倒卵形，腹面有 2 条纹，顶端不平整 ··**44. 线叶菊属 Filifolium**

43b. 头状花序在茎上排列成穗状、总状或圆锥状。

46a. 边花雌性，结实，中央花两性，结实或不结实；瘦果满布于花序托之上 ··**45. 蒿属 Artemisia**

46b. 边花部分雌性，部分两性，结实，中央花两性，不结实；瘦果 1 圈，排列在花序托下部或基部 ··························· **47. 栉叶蒿属 Neopallasia**

2b. 头状花序有管状花和舌状花。

47a. 冠毛毛状或膜片状。

48a. 舌状花舌片通常较管部为长，显著。

49a. 舌状花和管状花全为黄色。

50a. 总苞片 1 层，等长。

51a. 叶具叶鞘；头状花序排列成总状或伞房状······· **55. 橐吾属 Ligularia**

51b. 叶无叶鞘。

52a. 花药基部具明显的尾；叶不分裂，具细锯齿…………**53. 合耳菊属 Synotis**

52b. 花药基部无明显的尾。

53a. 基生叶花期宿存；叶不分裂，全缘或具疏齿；总苞无外层小苞片……………………………………………………………**52. 狗舌草属 Tephroseris**

53b. 基生叶花期枯萎；叶羽状分裂，从浅裂至深裂；总苞有外层小苞片·……………………………………………………………**54. 千里光属 Senecio**

50b. 总苞片 2 至多层。

54a. 总苞片 2—3 层；花序托半球形…………………………**49. 多榔菊属 Doronicum**

54b. 总苞片多层；花序托平或凸起。

55a. 头状花序排列成总状或圆锥状；花药无尾；花柱分枝顶端有披针状附片………………………………………………………………**2. 一枝黄花属 Solidago**

55b. 头状花序排列成伞房状；花药具尾；花柱分枝顶端钝圆或截平 …………………………………………………………………………**21. 旋覆花属 Inula**

49b. 舌状花与管状花不同色，或同色，橙黄色或橙红色。

56a. 总苞片外层叶状；一年生草本 ……………………………………**4. 翠菊属 Callistephus**

56b. 总苞片外层不为叶状。

57a. 舌状花 2 轮或较多；总苞片狭条形 …………………………**14. 飞蓬属 Erigeron**

57b. 舌状花通常 1 轮；总苞片较宽。

58a. 总苞片 1 层……………………………………………**52. 狗舌草属 Tephroseris**

58b. 总苞片数层。

59a. 管状花左右对称，1 裂片较长；舌状花冠毛毛状，膜片状……………………………………………………………**5. 狗娃花属 Heteropappus**

59b. 管状花辐射对称，5 裂片等长；冠毛糙毛状。

60a. 舌状花白色。

61a. 叶卵状心形；瘦果无毛或近无毛……………………………………………………………**6. 东风菜属 Doellingeria**

61b. 叶条状披针形；瘦果密被短毛·· **7. 女菀属 Turczaninowia**

60b. 舌状花蓝色、紫色或红色，稀白色。

62a. 垫状小草本；叶禾叶状 ……………**11. 莎菀属 Arctogeron**

62b. 直立草本；叶非禾叶状。

63a. 一年生草本；叶和总苞片肉质或稍肉质 …………………………………………………**12. 碱菀属 Tripolium**

63b. 多年生草本或半灌木；叶和总苞片不为肉质。

64a. 半灌木，多分枝，呈丛状；叶较小………………………………………**9. 紫菀木属 Asterothamnus**

64b. 多年生草本；茎单一或上部有分枝；叶通常较大。

65a. 冠毛 1—2 层，近等长或外层冠毛短毛状或膜片状；边缘小花结实····**8. 紫菀属 Aster**

65b. 冠毛 2—3 层，不等长；边缘小花不结实…………………………**10. 乳菀属 Galatella**

48b. 舌状花舌片甚短小。

66a. 总苞片 1—2 层；叶基生，茎生叶鳞片状；头状花序单生枝端 ………**48. 款冬属 Tussilago**

66b. 总苞片 2—3 层；茎生叶非鳞片状；头状花序少数或多数在茎上排列成圆锥状或伞房状。

67a. 冠毛通常 2 层；雌花舌状或细管状。

68a. 一年生草本；舌状花花冠较冠毛短……………………………**13. 短星菊属 Brachyactis**

68b. 二年生或多年生草本；舌状花花冠较冠毛长 ……………………**14. 飞蓬属 Erigeron**

67b. 冠毛 1 层；雌花细管状或丝状，有时具直立的小舌片 ………………**15. 白酒草属 Conyza**

47b. 冠毛不为毛状，常为冠状、鳞片状、刺芒状或缺。

69a. 叶对生。

70a. 冠毛 2—4，刺芒状……………………………………………………**27. 鬼针草属 Bidens**

70b. 冠毛不为刺芒状或缺。

71a. 冠毛不存在。

72a. 瘦果不压扁；外层总苞片具腺毛；雌花花冠舌状 ………………………… ……………………………………………………**25. 豨莶属 Siegesbeckia**

72b. 瘦果背腹压扁；外层总苞片无腺毛；雌花花冠退化成短筒状或无花冠… ……………………………………………………………**26. 假苍耳属 Iva**

71b. 冠毛膜片状，雌花无冠毛或冠毛呈短毛状；总苞片不被腺毛………………… ……………………………………………………………**28. 牛膝菊属 Galinsoga**

69b. 叶互生或基生。

73a. 总苞片全部或边缘干膜质。

74a. 花序托具托片。

75a. 头状花序较大，单生枝端 …………………………**30. 春黄菊属 Anthemis**

75b. 头状花序较小，在枝端排列成伞房状 ……………………**31. 蓍属 Achillea**

74b. 花序托无托片，有托片或无。

76a. 瘦果有翅肋。栽培……………………………………**32. 茼蒿属 Glebionis**

76b. 全部瘦果无翅肋。

77a. 瘦果无冠状冠毛，或在瘦果顶端延伸成钝形冠齿。

78a. 果肋在瘦果顶端延伸成钝形冠齿 ………………………………… ……………………………………**33. 小滨菊属 Leucanthemella**

78b. 果肋在瘦果顶端不延伸成冠齿。

79a. 半灌木；总苞半球形或矩圆形；舌状花黄色，舌片短……… ……………………………………**34. 短舌菊属 Brachanthemum**

79b. 多年生草本；总苞浅碟状；舌状花白色、红色、紫色或黄色，舌片长……………………………**35. 菊属 Chrysanthemum**

77b. 瘦果有冠状冠毛，具 3 条粗肋，顶端背面有 2 个大腺体 ………… ……………………………………**37. 三肋果属 Tripleurospermum**

73b. 总苞片不为干膜质。

80a. 较低草本；舌状花淡蓝色、淡紫色或白色；冠毛极短，长不足 1mm………… ………………………………………………………………**3. 马兰属 Kalimeris**

80b. 高大草本；舌状花黄色；冠毛膜片状，早落。栽培 … **29. 向日葵属 Helianthus**

1b. 头状花序全为舌状花，极少为管状；植物体含乳汁(**2. 舌状花亚科 Cichorioideae**)。

81a. 头状花序全为舌状花。

82a. 冠毛羽毛状。

83a. 总苞片 1 层…………………………………………………**76. 婆罗门参属 Tragopogon**

83b. 总苞片多层。

84a. 植株被钩齿状硬毛；一、二年生草本 ……………………………**78. 毛连菜属 Picris**

84b. 植株无钩齿状硬毛；多年生草本。

85a. 花序托具膜质托片；叶非禾叶状 ………………**75. 猫儿菊属 Hypochaeris**

85b. 花序托无托片；叶常为禾叶状或较宽……………**77. 鸦葱属 Scorzonera**

82b. 冠毛单毛状。

86a. 叶基生；头状花序单生于花葶上；瘦果具长喙，至少在上部有小瘤状或小刺状突起……………………………………………………………**79. 蒲公英属 Taraxacum**

86b. 叶茎生；头状花序不为单生；瘦果无喙或有喙，不具小瘤状或小刺状突起。

87a. 瘦果二型：在外者的棕色或灰色，有多数纵肋，基部截形，顶端三角形变窄，有不明显而易脱落的喙；在内者的黄色，有少数纵肋，三角状圆柱形………………………………………………………………**80. 假小喙菊属 Paramicrorhynchus**

87b. 瘦果同型。

88a. 冠毛由极细的柔毛并杂以较粗的直毛所组成；头状花序具极多(一般超过80朵)的小花……………………………………**81. 苦苣菜属 Sonchus**

88b. 冠毛由较粗的直毛或粗毛所组成；头状花序具较少的小花。

89a. 瘦果极扁或较扁。

90a. 瘦果顶端无喙；总苞 2—3 层；舌状花淡蓝紫色或粉红色。

91a. 冠毛异形，外层 1 圈极短……………**82. 岩参属 Cicerbita**

91b. 冠毛同形，内、外层一样长………**83. 福王草属 Prenanthes**

90b. 瘦果顶端有喙；总苞 3—5 层；冠毛同形 …**84. 莴苣属 Lactuca**

89b. 瘦果极扁或近圆柱形。

92a. 总苞片 2—3 层，外层极短，内层近等长。

93a. 瘦果有不等形的纵肋，上端狭窄通常无明显的喙。

94a. 茎不分枝，直立；基生叶全缘或具微齿；头状花序在茎顶排成总状或狭圆锥状……………………………………………………**85. 小苦苣菜属 Sonchella**

94b. 茎有分枝，开展；基生叶羽状分裂；头状花序在茎顶排成聚伞圆锥状…………**86. 黄鹌菜属 Youngia**

93b. 瘦果有等形的纵肋，上端狭窄有或长或短的喙。

95a. 瘦果圆柱形或纺锤形，有 10—20 条纵肋……………………………………………**87. 还阳参属 Crepis**

95b. 瘦果纺锤形或披针形，扁或稍扁，有 8—12 条纵肋……………………………………**88. 苦荬菜属 Ixeris**

92b. 总苞片 3—4 层，覆瓦状排列，由外向内逐渐增长…………………………………………………**89. 山柳菊属 Hieracium**

81b. 头状花序全部为细管状的管状花；叶基生……………………**90. 管花蒲公英属 Neotaraxacum**

1. 管状花亚科 Carduoideae

(1) 泽兰族 **Eupatorieae** Cass.

1. 泽兰属 **Eupatorium** L.

林泽兰 Eupatorium lindleyanum DC.

多年生草本，高 30—60cm。叶对生，披针形或卵状披针形，边缘具不规则疏锯齿。头状花序总苞钟形，总苞片 2—3 层；花淡紫色。瘦果圆柱形，有 5 棱。生于河滩草甸、沟谷。产兴安北、兴安南、科尔沁、辽河、燕北。

(2) 紫菀族 Astereae Cass.

1a. 头状花序外围的舌状花与中央的管状花均为黄色……………………………**2. 一枝黄花属 Solidago**

1b. 头状花序外围的舌状花白色、蓝紫色或红色，中央的管状花黄色，或头状花序无舌状花。

2a. 半灌木；叶条形或矩圆形，全缘；头状花序单生枝顶或 3—5 排列成疏伞房花序………………………………………………………………………………**9. 紫菀木属 Asterothamnus**

2b. 草本。

3a. 头状花序有显著开展的舌状雌花。

4a. 舌状花白色。

5a. 叶心形；瘦果无毛或近无毛………………………………**6. 东风菜属 Doellingeria**

5b. 叶条状披针形，瘦果有毛………………………………**7. 女菀属 Turczaninowia**

4b. 舌状花蓝色或红色。

6a. 垫状小草本；叶禾叶状………………………………**11. 莎菀属 Arctogeron**

6b. 直立草本；叶非禾叶状。

7a. 舌状花的舌片通常较长而宽。

8a. 一年生草本。

9a. 叶卵形或菱状卵形，草质，边缘有锯齿；头状花序大；总苞片草质，绿色……………………………………………**4. 翠菊属 Callistephus**

9b. 叶条形或矩圆状披针形，稍肉质，全缘；头状花序小；总苞片肉质，常红色……………………………………………**12. 碱菀属 Tripolium**

8b. 多年生或二年生草本。

10a. 冠毛甚短，长不超过 1mm…………………………**3. 马兰属 Kalimeris**

10b. 冠毛较长，长达 1mm 以上。

11a. 总苞片 2—3 层；小花全部结实。

12a. 管状花有 5 裂片，其中 1 裂片较长………………………………………………………**5. 狗娃花属 Heteropappus**

12b. 管状花 5 裂片等长…………………………**8. 紫菀属 Aster**

11b. 总苞片多层；舌状花不结实…………………**10. 乳菀属 Galatella**

7b. 舌状花的舌片短小。

13a. 茎多分枝；头状花序极多数；舌状花的花冠较冠毛短；边缘雌花一型……………………………………………………**13. 短星菊属 Brachyactis**

13b. 茎单生或少分枝；头状花序单生或较少数；舌状花的花冠较冠毛长；边缘雌花两型…………………………………………**14. 飞蓬属 Erigeron**

3b. 头状花序无显著开展的舌状雌花；雌花细管状，有直立的小舌片；一年生草本……………………………………………………………………**15. 白酒草属 Conyza**

2. 一枝黄花属 Solidago L.

兴安一枝黄花 Solidago dahurica (Kitag.) Kitag. ex Juzepczuk——*S. virgaurea* L. var. *dahurica* Kitag.

多年生草本，高30—100cm。叶互生，椭圆状披针形，先端渐尖，边缘有锯齿或全缘。头状花序排列成总状或圆锥状；总苞钟形，总苞片 4—6 层；管状花及舌状花均为黄色。瘦果圆柱形，冠毛白色。

生于山地林缘、草甸、灌丛、路旁。产兴安北、兴安南、燕北、阴山。

3. 马兰属 Kalimeris Cass.

1a. 头状花序直径 1—2cm；叶条状披针形、条状倒披针形或披针形，全缘，密被细短硬毛。生于山地林缘、草甸草原、河岸、沙质草地、固定沙丘、路边。产兴安北、岭东、岭西、兴安南、科尔沁、辽河、燕北、赤峰、阴山…………………………………………………………………………………… **1. 全叶马兰 K. integrifolia** Turcz. ex DC.

1b. 头状花序直径 2—4cm；叶非上述情况，叶缘有疏锯齿、缺刻状牙齿或羽状深裂，常有短硬毛。

  2a. 总苞片 2 层；叶质厚，全缘或有疏锯齿。生于杂木林、灌丛、山坡。产兴安北、辽河(大青沟)、燕北…………………………………………………………………………… **2. 山马兰 K. lautureana** (Debx.) Kitam.

  2b. 总苞片 3 层；叶质薄。

    3a. 总苞片草质，外层者披针形，内层者长椭圆形，被微毛；叶有缺刻状牙齿或尖裂片。生于河岸、林内、灌丛、山地草甸。产兴安北、岭西、辽河(大青沟)、燕北……… **3. 裂叶马兰 K. incisa** (Fisch.) DC.

    3b. 总苞片革质，外层者椭圆形，内层者宽椭圆形或倒卵状椭圆形，被短柔毛或无毛；叶羽状深裂或有缺刻状锯齿。生于河岸、路旁。产兴安北、岭西、兴安南、科尔沁、燕北…………………………………………………………………… **4. 北方马兰 K. mongolica** (Franch.) Kitam.

4. 翠菊属 Callistephus Cass.

翠菊 Callistephus chinensis (L.) Nees.

一、二年生草本，高 30—60cm。叶卵形或菱状卵形，先端锐尖，边缘有不规则的粗大牙齿。头状花序单生于茎顶及枝端；总苞半球形，总苞片 3 层；舌状花紫色、蓝色、红色或白色；管状花黄色。瘦果倒卵形，冠毛 2 层。生于山坡、林缘、灌丛。产兴安南、燕北、锡林(多伦县)、阴山。

5. 狗娃花属 Heteropappus Less.

1a. 多年生草本，全株被弯曲短硬毛；头状花序较小，直径 1—2cm；总苞片草质，边缘膜质。生于干草原与草甸草原，也生于山地、丘陵坡地、沙质地、路旁、村舍附近。产内蒙古各地……………………………………………………………………………… **1. 阿尔泰狗娃花 H. altaicus** (Willd.) Novopokr.

——多叶阿尔泰狗娃花 *H. altaicus* (Willd.) Novopokr. var. *millefolius* (Vaniot) Grierson et Lauener

1b. 一、二年生草本，全株被直或弯曲与或长或短的硬毛；头状花序较大，直径 3—5cm；外层总苞片全部草质，内层的边缘膜质。

  2a. 舌状花冠毛为白色膜片状冠环。生于山地草甸、河岸草甸、林下。产呼伦、兴安南、科尔沁、燕北、锡林…………………………………………………………………………… **2. 狗娃花 H. hispidus** (Thunb.) Less

  2b. 舌状花冠毛为红褐色糙毛状。生于林缘、河岸、沙质草地、沙丘、山坡草地。产岭西、呼伦、兴安南、科尔沁、锡林、阴山、鄂尔……………………………… **3. 砂狗娃花 H. meyendorffii** (Reg. et Maack) Kom. et Klob-Alis.

6. 东风菜属 Doellingeria Nees

东风菜 Doellingeria scaber (Thunb.) Nees

多年生草本，高50—100cm。基生叶和茎下部叶心形，先端锐尖，边缘有具小尖头的牙齿或重锯齿，具长柄。头状花序多数，在茎顶排成圆锥伞房状；总苞半球形，总苞片 2—3 层；舌状花白色；管状花黄色。瘦果椭圆形，冠毛 2 层，糙毛状，污黄白色。生于阔叶林中、林缘、灌丛。产兴安北、岭西、岭东、辽河、兴安南、科尔沁、燕北、阴山。

7. 女菀属 **Turczaninowia** DC.

女菀 **Turczaninowia fastigiata** (Fisch.) DC.

多年生草本，高 30—60cm。叶条状披针形或披针形，全缘。头状花序多数，在茎顶排列成复伞房花序；总苞钟形，总苞片 3—4 层；舌状花白色；管状花黄色。瘦果卵形，冠毛 1 层，糙毛状，污白色或带淡红色。生于山坡、荒地。产兴安北、岭东、兴安南、科尔沁、辽河、赤峰。

8. 紫菀属 **Aster** L.

1a. 茎不分枝；头状花序单生茎顶。生于山地草原、林下。产兴安北、岭西、岭东、兴安南、科尔沁、赤峰、燕北、阴山……………………**1. 高山紫菀 A. alpinus** L.——伪高山紫菀 *A. alpinus* L. var. *fallax* (Tamamsch.) Y. Ling

1b. 茎分枝或单一；头状花序多数或少数，在茎顶排列成伞房状。

2a. 头状花序较大，直径 2.5—4cm。

3a. 植株高达 1m；基生叶大型，椭圆形或矩圆状匙形，基部下延成长柄。生于山地林下、灌丛、沟边。产兴安北、岭西、岭东、兴安南、辽河、燕北、阴山、阴南、鄂尔……………………**2. 紫菀 A. tataricus** L. f.

3b. 植株高 25—80cm；基生叶小型，无明显长柄或无柄。

4a. 中部叶矩圆状披针形或披针形，基部抱茎，具羽状叶脉；总苞片条状披针形，先端渐尖。生于河岸沙质地、山坡砾石地。产兴安北、岭东……………………**3. 西伯利亚紫菀 A. sibiricus** L.

4b. 中部叶长椭圆状披针形，基部不抱茎，具离基三出叶脉；总苞片矩圆形，先端圆形或钝头。生于湿润草甸、沼泽草甸。产兴安北、辽河(大青沟)、燕北(宁城县)……**4. 圆苞紫菀 A. maackii** Regel

2b. 头状花序较小，直径 1.5—2cm；中部叶长椭圆状披针形、矩圆状披针形至狭披针形，基部不抱茎，具离基三出叶脉；总苞片条状矩圆形，先端锐尖。生于山地林缘、山地草原、丘陵。产兴安南、辽河、燕北、阴山、阴南(准格尔旗)、贺兰山……………………**5. 三脉紫菀 A. ageratoides** Turcz.

9. 紫菀木属 **Asterothamnus** Novopokr.

1a. 叶片较宽，宽 2—4mm，矩圆形、矩圆状披针形或倒披针形。

2a. 叶较短小，矩圆状倒披针形，长 6—8mm；植株低矮，高 8—15cm。生于砂质坡地。产乌兰(苏尼特左旗北部)……………………**1. 紫菀木 A. alyssoides** (Turcz.) Novopokr.

2b. 叶较长，矩圆形或矩圆状披针形，长 10—25mm；植株较高，高 20—40cm。生于砾石质地。产乌兰……………………**2. 软叶紫菀木 A. molliusculus** Novopokr.

1b. 叶片较窄，宽 1—1.5mm，长 10—15mm，条形或矩圆状条形。生于砾石质地、戈壁覆沙地、石质残丘浅洼沙地、沟谷沙地。产乌兰、鄂尔、东阿、西阿、额济纳……………………**3. 中亚紫菀木 A. centrali-asiaticus** Novopokr.

10. 乳菀属 **Galatella** Cass.

兴安乳菀 **Galatella dahurica** DC.

多年生草本，高 30—60cm。叶条状披针形或条形，全缘。头状花序在茎顶排成伞房状；总苞半球形，总苞片 3—4 层；舌状花淡紫红色；管状花黄色。瘦果矩圆形，冠毛糙毛状，淡黄褐色。生于山坡、沙质草地、灌丛、林下、林缘。产兴安北、岭西、岭东、兴安南、科尔沁、赤峰、燕北。

11. 莎菀属 **Arctogeron** DC.

莎菀 **Arctogeron gramineum** (L.) DC.

多年生垫状草本，高 5—10cm。叶全部基生，狭条形，全缘。头状花序单生于花葶顶端；总苞半球形，总苞片3层；舌状花淡紫色，管状花黄色。瘦果矩圆形，冠毛糙毛状，多层，白色。生于石质山坡、丘陵坡地。产岭东、岭西、呼伦、兴安南、科尔沁、锡林。

12. 碱菀属 Tripolium Nees

碱菀 Tripolium pannonicum (Jacq.) Dobr.——*T. vulgare* Nees

一年生草本，高10—60cm。中部叶条形或条状披针形，全缘。总苞倒卵形，总苞片2—3层，椭圆形；舌状花蓝紫色，管状花黄色。瘦果狭矩圆形，冠毛多层，白色或浅红色。生于湖边、沼泽、盐碱地。产呼伦、兴安南、科尔沁、辽河、赤峰、锡林、鄂尔、东阿。

13. 短星菊属 Brachyactis Ledeb.

短星菊 Brachyactis ciliata Ledeb.

一年生草本，高10—50cm。叶条状披针形或条形，全缘。头状花序多数，排列成具叶的圆锥状；总苞倒卵形，总苞片2—3层，条状倒披针形；舌状花淡红紫色，管状花黄色。瘦果矩圆形，冠毛2层，白色或淡红色。生于盐碱湿地、水泡子边、砂质地、山坡石缝阴湿处。产内蒙古各地。

14. 飞蓬属 Erigeron L.

1a. 头状花序单生茎顶，直径约3cm；小花二型，雌花舌状，两性花管状。生于高山灌丛或草甸。产贺兰山 ……………… **1. 绵苞飞蓬 E. eriocalyx** (Ledeb.) Vierh.

1b. 头状花序少数或多数在茎顶排列成伞房状或圆锥状，直径8—20mm；小花三型，雌花舌状或细管状，两性花管状。

  2a. 总苞片背部被短腺毛；茎中部及上部叶两面无毛，但边缘有毛。

    3a. 基生叶和茎下部叶全缘；茎和总苞均为紫色，稀绿色。生于林缘、草甸。产兴安北、贺兰山 ……………… **2. 长茎飞蓬 E. elongatus** Ledeb.

    3b. 基生叶和茎下部叶具小锯齿；茎和总苞均为绿色。生于山地林缘草甸。产岭西、呼伦、兴安南 ……………… **3. 堪察加飞蓬 E. kamtschaticus** DC.

  2b. 总苞片背部密被硬毛；全部叶两面被硬毛。生于山地林缘、低地草甸、河岸沙质地、田边。产兴安北、岭西、呼伦、兴安南、燕北、阴山、贺兰山 ……………… **4. 飞蓬 E. acer** L.

15. 白酒草属 Conyza Less.

小蓬草 Conyza canadensis (L.) Cronq.

一年生草本，高50—100cm。叶条形或条状披针形，全缘。头状花序在茎顶排列成伞房状或圆锥状；总苞钟形，总苞片2—3层，条状披针形；舌状花淡紫色，管状花黄色。瘦果矩圆形，冠毛1层，糙毛状，污白色。生于田野、路边、村舍附近。产内蒙古各地。

(3) 旋覆花族 Inuleae Cass.

1a. 头状花序盘状；雌花花冠细管状或丝状。

  2a. 总苞矩圆形或短圆柱形，总苞片厚纸质 ……………… **16. 花花柴属 Karelinia**

  2b. 总苞半球形、倒卵形或钟形，总苞片干膜质。

    3a. 头状花序伞房状紧密排列，外围通常有开展的星状苞叶群 …… **18. 火绒草属 Leontopodium**

3b. 头状花序伞房状疏松排列，外围无开展的苞叶群。

4a. 两性花不结实，其花柱不分枝或 2 浅裂。

5a. 冠毛基部结合；雌雄异株，有同形小花 ……………………**17. 蝶须属 Antennaria**

5b. 冠毛基部分离；近雌雄异株或同株，各有多数同形或异形小花 ……………………………………………………………………………………**19. 香青属 Anaphalis**

4b. 两性花全部或大部结实，其花柱分枝 ……………………………**20. 鼠麴草属 Gnaphalium**

1b. 头状花序辐射状或盘状；雌花花冠舌状或筒状。

6a. 头状花序辐射状；雌花花冠舌状；小花有冠毛…………………………**21. 旋覆花属 Inula**

6b. 头状花序盘状；雌花花冠筒状；小花无冠毛…………………………**22. 和尚菜属 Adenocaulon**

16. 花花柴属 Karelinia Less.

花花柴 Karelinia caspia (Pall.) Less.

多年生肉质草本，高50—100cm。叶质厚，肉质，卵状矩圆形，先端钝圆，基部有戟形小耳，抱茎，全缘。头状花序 3—7 个在茎顶排列成伞房聚伞状；总苞钟状，总苞片 5—6 层；有异形小花，紫红色或黄色，雌花花冠丝状，两性花冠细管状。瘦果圆柱形，冠毛 1 或多层。生于盐生荒漠、盐化低地、农田。产东阿、西阿、额济纳。

17. 蝶须属 Antennaria Gaertn.

蝶须 Antennaria dioica (L.) Gaertn.

多年生草本，高5—25cm，全株被白色绵毛。基生叶匙形，全缘；茎生叶矩圆状条形，全缘。头状花序在茎顶排列成伞房状；雌雄异株，雌株头状花序总苞片 5 层，雄头状花序总苞片 3 层；雌花花冠白色或红色，雄花花冠白色。瘦果矩圆形，冠毛 1 层，白色。生于林间草甸、林下。产兴安北。

18. 火绒草属 Leontopodium R. Br.

1a. 植株低矮，高 2—10cm；头状花序单生或 3 个密集；苞叶少数，直立，不开展成星状苞叶群。生于高山灌丛或草甸。产贺兰山、龙首山 ………………………………………………………………**1. 矮火绒草 L. nanum** (J. D. Hook. et Thorns. ex C. B. Clarke) Hand.-Mazz.

1b. 植株较高，高 10—45cm；头状花序 3 至多数密集；苞叶少数或多数，形成开展的星状苞叶群，或雌株的多少直立而不形成明显的苞叶群。

2a. 茎生叶条形或舌状条形，两面被白色长柔毛或绵毛，上面的不久脱落。生于山地灌丛、山地草甸。产兴安北、兴安南、燕北、锡林、阴山、阴南、鄂尔 ……………………………**2. 长叶火绒草 L. junpeianum** Kitamura
——*L. longifolium* Y. Ling

2b. 茎生叶披针形、条状披针形或条形，两面被宿存的灰白色蛛丝状绵毛、长柔毛或绢毛。

3a. 苞叶卵形或卵状披针形，近基部较宽，下面稍绿色。生于沙地灌丛、山地灌丛、石质丘陵阳坡。产兴安北、岭东、岭西、兴安南、燕北、阴山 ………………**3. 团球火绒草 L. conglobatum** (Turcz.) Hand.-Mazz.

3b. 苞叶矩圆形、长椭圆形、披针形或条形，近基部不加宽，下面非绿色。

4a. 植株被白色绵毛或黏结的绢毛；苞叶组成稀疏的不整齐的苞叶群；总苞片上端褐色。生于山地草原、山地灌丛。产兴安北、岭东、岭西、兴安南、燕北、锡林、阴山、贺兰山 ………………………………………………………………**4. 绢茸火绒草 L. smithianum** Hand.-Mazz.

4b. 植株被灰白色长柔毛或白色近绢状毛；雄株有明显的苞叶群，雌株常有散生的苞叶；总苞片上端无色或浅褐色。生于典型草原、山地草原、草原沙质地。产兴安北、岭东、呼伦、兴安南、辽河、赤峰、燕北、锡林、乌兰、阴山、阴南、贺兰山、龙首山 ……………………………………

……………………………………………………5. 火绒草 **L. leontopodioides** (Willd.) Beauv.

19. 香青属 Anaphalis DC.

1a. 总苞钟状，较小，长约 6mm，宽 5—7mm；叶两面密被白色或灰白色绵毛，无头状具柄腺毛。生于山坡草地、砾石质地、山沟、路边。产龙首山 ……………………………………………… **1. 乳白香青 A. lactea** Maxim.

1b. 总苞宽钟状，较大，长 8—9(11)mm，宽 8—10mm；叶两面疏被蛛丝状毛和头状具柄腺毛。生于山地草甸。产兴安南(黄岗梁)、燕北(苏木山) ……………………………………………… **2. 铃铃香青 A. hancockii** Maxim.

20. 鼠麹草属 Gnaphalium L.

贝加尔鼠麹草 Gnaphalium uliginosum L.——*G. baicalense* Kirp.——湿生鼠麹草 *G. tranzschelii* Kirp.

一年生草本，高 10—25cm。叶条形或条状披针形，全缘，两面密被白色从卷毛。头状花序在茎和枝的顶端密集成团散状或球状；总苞杯状，总苞片 2—3 层，背部被蛛丝状绵毛；雌花花冠丝状，两性花花冠细管状，均为黄褐色。瘦果纺锤形，冠毛 1 层，白色或污白色。生于山地草甸、河滩草甸、沟谷草甸。产兴安北、岭西、呼伦、兴安南、赤峰、燕北。

21. 旋覆花属 Inula L.

1a. 茎稍分枝或不分枝；叶较宽而长，草质；头状花序直径 1.5—5cm；总苞半球形。

2a. 叶稍革质，硬；叶脉明显而稍凸起，通常无毛；总苞常为密集的苞叶包围；瘦果无毛。生于山地草甸、低湿地草甸。产兴安北、岭西、呼伦、兴安南、科尔沁、辽河 …………………… **1. 柳叶旋覆花 I. salicina** L.

2b. 叶非革质，软；叶脉不凸起或下面中脉凸起，通常被毛；总苞不为密集的苞叶包围；瘦果有毛。

3a. 叶条状披针形，基部无耳，边缘常反卷；头状花序直径 1.5—2.5cm。生于林缘草甸、沟谷草甸。产岭东、兴安南、辽河、赤峰 ……………………………………………… **2. 线叶旋覆花 I. linariifolia** Turcz.

3b. 叶长椭圆形、披针形、卵形或矩圆状卵形，基部有耳，半抱茎，边缘不反卷；头状花序直径 2.5—5cm。

4a. 叶基部较宽，心形或有耳；总苞直径 1.5—2.2cm；叶长椭圆形或披针形。生于草甸、农田、地埂、路边。产兴安北、岭西、呼伦、兴安南、科尔沁、辽河、赤峰、燕北、锡林、阴山、阴南、鄂尔、东阿、西阿 ·
…… **3. 欧亚旋覆花 I. britannica** L.——绵毛旋覆花 *I. britannica* L. var. *sublanata* Kom.

4b. 叶基部狭窄，有圆形小耳；总苞直径 1.3—1.7cm。

5a. 叶长椭圆形或披针形。生于草甸、农田、地埂、路边。产兴安北、呼伦、兴安南、科尔沁、赤峰、燕北 ……………………………………………… **4a. 旋覆花 I. japonica** Thunb. var. **japonica**
——*I. britannica* L. var. *japonica* (Thunb.) Franch. et Sav.
——少花旋覆花 *I. britannica* L. var. *chinensis* (Rupr.) Regel.

5b. 叶卵形或矩圆状卵形。生于山坡、河岸。产科尔沁 ……………………………………………… **4b. 卵叶旋覆花 I. japonica** Thunb. var. **ovata** C. Y. Li

1b. 茎多分枝；叶极小，稍肉质，披针形或矩圆状条形，长 5—10mm，宽 1—3mm；头状花序直径 1—1.5cm；总苞倒卵形。生于沙地、砂砾质冲积土上。除大兴安岭外，产内蒙古各地 ……………………………………………… **5. 蓼子朴 I. salsoloides** (Turcz.) Ostenf.

22. 和尚菜属 Adenocaulon Hook

和尚菜 Adenocaulon himalaicum Edgew.

多年生草本，高 30—80cm。叶圆肾形，先端钝或尖，基部浅心形，边缘波状浅裂或牙齿。头状花序排列成圆锥状；总苞半球形，总苞片 1 层；雌花白色，两性花淡白色。瘦果棍棒状，无冠毛。生于山谷、河岸、水沟边、林下阴湿地。产燕北。

(4) 向日葵族 **Heliantheae** Cass.

1a. 较低草本。
  2a. 头状花序同型，单性；雌雄同株，雌头状花序总苞片合生成坚果状，外面具钩状刺或刺尖，内含 1—2 花，无花冠。
    3a. 雄头状花序总苞片分离，1—2 层；雌头状花序含 2 花；总苞片外面具钩状刺；叶互生…………………………………………………………………………………………… **23. 苍耳属 Xanthium**
    3b. 雄头状花序总苞片合生；雌头状花序总苞片具 1 列钩状刺或疣，内含 1 花；叶对生或互生…………………………………………………………………………………………**24. 豚草属 Ambrosia**
  2b. 头状花序非单性；总苞片不愈合，果熟时不变硬，外面不具钩状刺；具花冠。
    4a. 冠毛不存在或具倒刺毛的芒刺。
      5a. 瘦果顶端无芒刺。
        6a. 瘦果不压扁；外层总苞片具腺毛；雌花花冠舌状 ………… **25. 豨莶属 Siegesbeckia**
        6b. 瘦果背腹压扁；外层总苞片无腺毛；雌花花冠退化成短筒状或无花冠 ………………………………………………………………………………………………… **26. 假苍耳属 Iva**
      5b. 瘦果顶端具 2—4 个有倒刺毛的芒刺；外层总苞片无腺毛…………**27. 鬼针草属 Bidens**
    4b. 冠毛膜片状，矩圆形，流苏状，全部或一部有短芒；雌花无冠毛或冠毛短毛状 ………………………………………………………………………………………………… **28. 牛膝菊属 Galinsoga**
1b. 高大草本；冠毛膜片状，早落。栽培 ………………………………………………… **29. 向日葵属 Helianthus**

23. 苍耳属 Xanthium L.

1a. 叶三角状卵形或心形，不分裂或 3—5 不明显浅裂；叶腋无刺。
  2a. 成熟的具瘦果的总苞连同喙部长 12—15mm，外面总苞刺长 1—2mm，基部微增粗或不增粗。
    3a. 茎较高，不分枝或少分枝；成熟的具瘦果的总苞较大，基部不缩小，总苞外面疏生具钩状的刺。生于田野、路边。产内蒙古各地 …………………… **1a. 苍耳 X. strumarium** L. var. **strumarium**
——*X. sibiricum* Patrin ex Widder
    3b. 茎较矮小，通常由基部分枝；成熟的具瘦果的总苞较小，基部缩小，上端常具 1 个较长的喙，还有 1 个较短的侧生的喙，总苞外面有极疏的刺或无刺。生于山坡、田野、路边。产鄂尔……………………………………………… **1b. 近无刺苍耳 X. strumarium** L. var. **subinerme** Winkl.
——*X. sibiricum* Patrin ex Widder var. *subinerme* (Winkl.) Widder
  2b. 成熟的具瘦果的总苞连同喙部长 18—20mm，外面总苞刺长 2—5.5mm，基部增粗。生于山地及丘陵的砾石质坡地、沙地、田野。产呼伦、兴安南、科尔沁、辽河 ……………… **2. 蒙古苍耳 X. mongolicum** Kitag.
1b. 叶披针形或椭圆状披针形，全缘或羽状分裂；叶腋具 3 枚黄刺。生于田野、路边。内蒙古各地均有逸生……………………………………………………………………………………**3. 刺苍耳 X. spinosum** L.

24. 豚草属 Ambrosia L.

三裂叶豚草 Ambrosia trifida L.

一年生草本，高 50—150cm。叶对生。茎下部叶 3—5 深裂或不裂，边缘具锐锯齿，基出 3 脉。雄头状花序在枝端排列成总状，总苞片 1 层，合生；花冠淡黄色；雌头状花序聚生于叶腋；总苞片合生，无花冠。瘦果倒卵形，藏于坚硬的总苞内。生于田野、路旁、河边湿地。外来种，恶性杂草。产赤峰(红山区)。

25. 豨莶属 Siegesbeckia L.

腺梗豨莶 Siegesbeckia pubescens Makino

一年生草本，高 60—80cm。叶对生，宽卵形或卵形，先端锐尖，边缘有不规则的粗齿。总苞宽钟形，总苞片 2 层，背部被腺毛；舌状花和管状花均为黄色。瘦果倒卵形，具 4 棱，稍弯曲。生于林间、灌丛、田间、路边。产辽河(大青沟)、燕北。

26. 假苍耳属 Iva L.

假苍耳 Iva xanthiifolia Nutt.

一年生草本，高达 2m。叶对生，茎上部叶互生，叶片广卵形或近圆形，基部楔形，先端渐尖或长尾状渐尖，边缘具缺刻状牙齿，基出 3 脉。头状花序排列成穗状圆锥花序。总苞片 2 层，雌花花冠退化成短筒状。瘦果倒卵形，背腹压扁，花冠宿存，无冠毛。生于田野、路边。外来种，恶性杂草。产赤峰(红山区)。

27. 鬼针草属 Bidens L.

1a. 瘦果楔形或倒卵状楔形，顶端截形(**1. 宽果组** Sect. **Bidens**)。

2a. 瘦果具 4 棱，顶端芒刺 4 枚；盘花花冠 5 裂；叶不分裂，无柄；头状花序宽大于高，外层总苞片 5—8 枚；具舌状花。生于山地草甸、沼泽边、浅水中。产辽河(大青沟)、兴安南、锡林、乌兰、阴山、阴南、鄂尔··························· **1. 柳叶鬼针草 B. cernua** L.

2b. 瘦果扁平，顶端芒刺 2 枚；盘花花冠 4 裂；叶明显具柄；无舌状花。

3a. 叶不分裂。

4a. 头状花序宽与高近相等，外层总苞片 5—8 枚；瘦果长 5—8mm。生于河滩草甸。产锡林·····················**2. 矮狼杷草 B. repens** D. Don——*B. tripartita* L. var. *repens* (D. Don) Sherff

4b. 头状花序宽大于高；瘦果长 3—4mm。

5a. 外层总苞片 9—14 枚，与头状花序高近等长或长不超过 2 倍；叶披针形，边缘具锯齿。生于沼泽地、林缘、林下、河岸湿地。产岭西、呼伦 ·········**3. 兴安鬼针草 B. radiata** Thuill.

5b. 外层总苞片 5—8 枚，长为头状花序高的 2—4 倍；叶条状矩圆形，近全缘或具疏齿。生于河边草甸。产锡林·····················**4. 锡林鬼针草 B. xilinensis** Y. Z. Zhao et L. Q. Zhao

3b. 叶至少茎中部叶羽状分裂。

6a. 头状花序宽与高近相等，外层总苞片 5—8 枚；瘦果长 6—11mm。生于路边、低湿滩地。产内蒙古各地························**5. 狼杷草 B. tripartita** L.

6b. 头状花序宽大于高，外层总苞片 8—10 枚；瘦果长 3—4mm。生于河滩湿地、路边。产兴安北、呼伦、兴安南、锡林·····················**6. 羽叶鬼针草 B. maximoviczana** Oett.

1b. 瘦果狭条形，先端渐狭(**2. 裸果组** Sect. **Psilocarpaea** DC.)。

7a. 瘦果顶端芒刺 2 枚；盘花花冠 4 裂；无舌状花；羽状分裂叶的小裂片狭条形。生于田野、路边、沟渠边。产内蒙古各地 ·····················**7. 小花鬼针草 B. parviflora** Willd.

7b. 瘦果顶端芒刺 3—4 枚；盘花花冠 5 裂；舌状花 1—3 朵；羽状分裂叶的小裂片三角形或菱状披针形。生于田野、路边。产辽河(大青沟)、赤峰、阴南·····················**8. 鬼针草 B. bipinnata** L.

28. 牛膝菊属 **Galinsoga** Ruiz et Pav.

牛膝菊 **Galinsoga parviflora** Cav.

一年生杂草，高约 30cm。叶卵形至披针形，边缘有波状浅锯齿或近全缘。头状花序茎枝顶端排列成伞房状；总苞半球形，总苞片 1—2 层；舌状花白色，管状花黄色。瘦果倒卵状三角形，舌状花的冠毛毛状，管状花的冠毛膜片状，白色。岭东(扎兰屯市)、赤峰、阴南(呼和浩特市)等地已野化。

29. 向日葵属 **Helianthus** L.

1a. 一年生草本，无块状地下茎；头状花序较大，直径 10—30cm；管状花棕色或紫色。内蒙古各地多有栽培……………………………………………………………… **1. 向日葵 H. annuus** L.

1b. 多年生草本，有块状地下茎；头状花序较小，直径 2—5cm；管状花黄色。内蒙古各地多有栽培………………………………………………………………………… **2. 菊芋 H. tuberosus** L.

(5) 春黄菊族 **Anthemideae** Cass.

1a. 花序托有托片；边缘雌花花冠舌状，中央两性花花冠管状。
  2a. 头状花序大，单生于枝端……………………………… **30. 春黄菊属 Anthemis**
  2b. 头状花序小，在枝端排列成伞房状………………………… **31. 蓍属 Achillea**
1b. 花序托无托片，有托毛或无。
  3a. 头状花序较大，边花舌状，盘花管状。
    4a. 瘦果具翅肋。栽培……………………………………… **32. 茼蒿属 Glebionis**
    4b. 瘦果无翅肋。
      5a. 瘦果无冠状冠毛，或在瘦果顶端延伸成钝形冠齿。
        6a. 果肋在瘦果顶端延伸成钝形冠齿 ……………… **33. 小滨菊属 Leucanthemella**
        6b. 果肋在瘦果顶端不延伸成冠齿。
          7a. 小半灌木；总苞半球形或矩圆形；舌状花黄色，舌片短或缺 ……………………………………………………… **34. 短舌菊属 Brachanthemum**
          7b. 多年生草本；总苞浅碟状；舌状花白色、红色或黄色，舌片长 ……………………………………………………… **35. 菊属 Chrysanthemum**
      5b. 瘦果有冠状冠毛，具 3 条粗肋，顶端背面有 2 个大腺体 ……………………………………………………… **37. 三肋果属 Tripleurospermum**
  3b. 头状花序小，全部为管状花。
    8a. 头状花序全部小花两性，管状。
      9a. 瘦果顶端无冠状冠毛。
        10a. 头状花序在茎枝顶端单生或排列成伞房状。
          11a. 小半灌木 ……………………………………… **39. 女蒿属 Hippolytia**
          11b. 一年生草本。
            12a. 头状花序大，通常下垂；总苞直径 8—20mm·· **40. 百花蒿属 Stilpnolepis**
            12b. 头状花序小，总苞直径(3)5—6(10)mm …… **41. 紊蒿属 Elachanthemum**
        10b. 头状花序在茎上排列成总状或圆锥状……………… **46. 绢蒿属 Seriphidium**
      9b. 瘦果顶端有冠状冠毛。
        13a. 一年生草本；瘦果压扁，背面凸起，无肋，腹面具 3—5 条细肋 ……………………………………………………… **36. 母菊属 Matricaria**

13b. 二年生草本或小半灌木；瘦果三棱状圆柱形，具5—6条纵肋 ………………………………………………………………………………………… **42. 小甘菊属 Cancrinia**

8b. 头状花序边花雌性，或部分雌性，部分两性，管状或细管状。

14a. 头状花序在茎枝顶端排列成伞房状。

15a. 瘦果有5—7条纵肋，顶端有冠状冠毛……………………**38. 菊蒿属 Tanacetum**

15b. 瘦果有2—6条脉纹或钝棱，顶端无冠状冠毛。

16a. 全部小花结实；瘦果矩圆形或楔形，有4—6条脉纹，顶端平整…………………………………………………………………………**43. 亚菊属 Ajania**

16b. 中央两性花不结实；瘦果压扁，倒卵形，腹面有2条脉纹，顶端不平整………………………………………………………………………**44. 线叶菊属 Filifolium**

14b. 头状花序在茎上排列成穗状、总状或圆锥状。

17a. 边花雌性，结实；中央花两性，结实或不结实；瘦果满布在花序托之上…………………………………………………………………………**45. 蒿属 Artemisia**

17b. 边花部分雌性，部分两性，结实；中央花两性，不结实；瘦果1圈，排列在花序托下部或基部…………………………………………… **47. 栉叶蒿属 Neopallasia**

30. 春黄菊属 Anthemis L.

臭春黄菊 Anthemis cotula L.

一年生杂草，高10—30cm。叶不规则2回羽状分裂，小裂片狭条形。头状花序单生于枝端；总苞半球形，总苞片3层；舌状花白色，管状花黄色。瘦果倒圆柱形，无冠毛。生于田边、路边。岭东、岭西、阴南有逸生。

31. 蓍属 Achillea L.

1a. 叶不分裂，披针形或条状披针形，边缘有上弯重细锯齿；舌状花白色。生于低湿草甸。产兴安北、岭西、兴安南、锡林、阴山 ………………………………………………**1. 齿叶蓍 A. acuminate** (Ledeb.) Sch.-Bip.

1b. 叶羽状分裂。

2a. 叶2—3回羽状分裂。

3a. 叶主轴宽1.5—2mm，小裂片披针形，宽0.3—0.5mm；舌片白色、粉红色至淡紫红色。生于铁路沿线。产兴安北……………………………………………………………… **2. 蓍 A. millefolium** L.

3b. 叶主轴宽0.5—1mm，小裂片丝状条形至条形，宽0.1—0.3mm；舌片粉红色，稀白色。生于河滩、沟谷草甸、山地草甸。产兴安北、岭东、岭西、兴安南、燕北、锡林、阴山 ···· **3. 亚洲蓍 A. asiatica** Serg.

2b. 叶1回羽状浅裂至全裂。

4a. 舌状花舌片短小，长0.7—1.5mm，稍超出总苞；叶羽状深裂至全裂。生于山地草甸、灌丛。产兴安北、岭西、兴安南、科尔沁、辽河、燕北、锡林、阴山 ………………… **4. 短瓣蓍 A. ptarmicoides** Maxim.

4b. 舌状花舌片较大，长1.2—2mm，明显超出总苞；叶羽状浅裂至深裂。生于山地林缘、灌丛、沟谷草甸。产兴安北、岭西、兴安南、燕北、辽河(大青沟) ……………………………………**5. 高山蓍 A. alpina** L.

32. 茼蒿属 Glebionis Cass.

蒿子杆 Glebionis carinatum (Schousb.) Tzvel.——*Chrysanthemum carinatum* Schousb.

一年生草本，高30—70cm。叶倒卵形，2回羽状分裂，小裂片披针形或条形。头状花序生于茎枝顶端；总苞宽杯形，总苞片4层；舌状花的瘦果有3条宽翅肋，管状花的瘦果两侧压扁，两条凸起的肋。内蒙古各地广为栽培。

33. 小滨菊属 **Leucanthemella** Tzvel.

小滨菊 **Leucanthemella linearis** (Matsum.) Tzvel.

多年生草本，高 10—40cm。叶羽状分裂，裂片条形或狭条形。头状花序单生于茎枝顶端，排列成疏松的伞房状；总苞半球形，总苞片 2—3 层；舌状花白色，管状花黄色。瘦果圆柱形，具 8—10 条纵肋。生于河滩草甸。产兴安北、兴安南、赤峰。

34. 短舌菊属 **Brachanthemum** DC.

1a. 叶 1 回羽状全裂；植株高 10—40(80)cm。

2a. 枝与叶常对生；叶被星状毛；总苞直径 6—8mm；具舌状花。生于山前砾石质坡地、洪积扇、干河滩、戈壁覆沙地。产贺兰山、东阿、西阿 ························ **1. 星毛短舌菊 B. pulvinatum** (Hand.-Mazz.) C. Shih

2b. 枝与叶互生；叶被短柔毛；总苞直径 4—6mm；无舌状花。生于砾石质戈壁、覆沙岗地。产东阿 ································· **2. 戈壁短舌菊 B. gobicum** Krasch.

1b. 叶 2 回羽状全裂；植株高 5—20cm；叶被短柔毛；具舌状花。生于砾石质戈壁。产额济纳西部 ································· **3. 蒙古短舌菊 B. mongolicum** Krasch.

35. 菊属 **Chrysanthemum** L.——*Dendranthema* (DC.) Des Moul.

1a. 总苞片不裂，边缘膜质。

2a. 舌状花黄色；头状花序多数，在茎枝顶端排列成伞房状。

3a. 叶羽状浅裂至半裂。生于山坡草地、灌丛。产阴山(大青山) ························ **1. 野菊 C. indicum** L.
——*Dendranthema indicum* (L.) Des Moul.

3b. 叶第 1 回羽状深裂，第 2 回羽状浅裂至半裂。生于石质山坡、山地草甸。产辽河、赤峰、燕北、阴山、阴南 ································· **2. 甘菊 C. lavandulifolium** (Fisch. ex Trautv.) Makino
——*Dendranthema lavandulifolium* (Fisch. ex Trautv.) Kitam.

2b. 舌状花白色、粉红色或紫红色。

4a. 叶 3—7 掌状或掌式羽状浅裂、半裂或深裂。

5a. 叶肾形、半圆形、圆形或宽卵形，基部心形或平截。生于山坡、林缘、沟谷。产岭东、兴安南、赤峰、燕北、阴山、贺兰山 ································· **3. 小红菊 C. chanetii** Levl.
——*Dendranthema chanetii* (Levl.) C. Shih

5b. 叶椭圆形、长椭圆形或卵形，基部楔形或宽楔形。生于山坡、林缘、沟谷。产岭西、兴安南、锡林、燕北、阴山 ································· **4. 楔叶菊 C. naktongense** Nakai
——*Dendranthema naktongense* (Nakai) Tzvel.

4b. 叶第 1 回羽状深裂至全裂，第 2 回羽状浅裂至半裂。

6a. 头状花序大，直径 2—5cm，总苞直径 8—20mm；叶大型，长 2—5cm。

7a. 头状花序 2—5 个，在茎枝顶端排列成疏伞房状；茎疏被短柔毛。

8a. 叶第 1 回半裂或深裂，第 2 回浅裂片三角形斜三角形，宽达 3mm；舌片先端全缘或微凹。生于山地林缘、林下、山顶。产兴安北、岭东、岭西、呼伦、兴安南、赤峰、燕北、锡林·········**5. 紫花野菊 C. zawadskii** Herb.——*Dendranthema zawadskii* (Herb.) Tzevl.

8b. 叶第 1 回羽状全裂，第 2 回半裂片条形或狭条形，宽 1—2mm；舌片先端有 3 个微钝齿。生于山地灌丛。产岭西、呼伦、兴安南 ······ **6. 细叶菊 C. maximowiczii** Kom.
——*Dendranthema maximowiczii* (Kom.) Tzvel.

7b. 头状花序单生(稀 2—3 个)茎顶；叶第 1 回和第 2 回均为羽状全裂；茎密被柔毛。生于山地草甸。产锡林 ································· **7. 小山菊 C. oreastrum** Hance

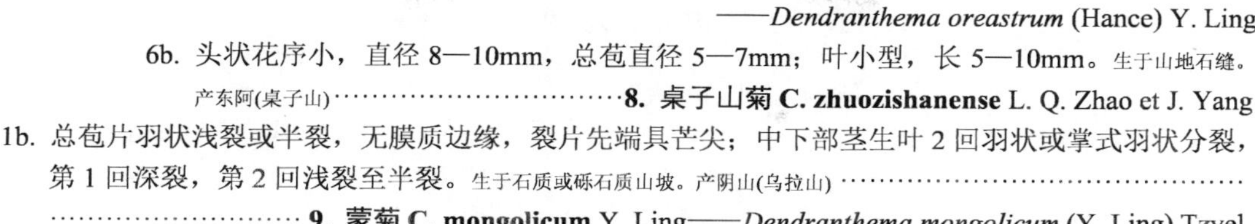

——*Dendranthema oreastrum* (Hance) Y. Ling

6b. 头状花序小，直径 8—10mm，总苞直径 5—7mm；叶小型，长 5—10mm。生于山地石缝。产东阿(桌子山)……………………………**8. 桌子山菊 C. zhuozishanense** L. Q. Zhao et J. Yang

1b. 总苞片羽状浅裂或半裂，无膜质边缘，裂片先端具芒尖；中下部茎生叶 2 回羽状或掌式羽状分裂，第 1 回深裂，第 2 回浅裂至半裂。生于石质或砾石质山坡。产阴山(乌拉山)…………………………………………………………………**9. 蒙菊 C. mongolicum** Y. Ling——*Dendranthema mongolicum* (Y. Ling) Tzvel.

36. 母菊属 Matricaria L.

同花母菊 Matricaria matricarioides (Less.) Porter ex Britton

一年生草本，高 5—10cm。叶 2 回羽状全裂，小裂片条形，头状花序单生于枝端；总苞半球形，总苞片 3 层；舌状花缺，管状花黄绿色。瘦果矩圆形，冠毛呈短冠状。生于山坡路边。产兴安北、兴安南(巴林左旗)。

37. 三肋果属 Tripleurospermum Sch.-Bip.

三肋果 Tripleurospermum limosum (Maxim.) Pobed.

一、二年生草本，高 10—30cm。叶 3 回羽状全裂，小裂片狭条形；头状花序在茎枝顶端排列成伞房状；总苞半球形，总苞片 2—3 层；舌状花白色，管状花黄色。瘦果圆筒状三角形，冠毛冠状，膜质。生于路边、河岸沙地。产嫩西(扎赉特旗)。

38. 菊蒿属 Tanacetum L.

菊蒿 Tanacetum vulgare L.

多年生草本，高 30—60cm。叶 2 回羽状深裂或全裂，小裂片三角形；头状花序在茎枝顶端排列成复伞房状；总苞钟状，总苞片 3—5 层；舌状花黄色，管状花黄色。瘦果三棱状圆柱形，冠毛冠状，边缘齿裂或分裂。生于山地草甸、河滩草甸、路边。产兴安北。

39. 女蒿属 Hippolytia Poljak.

1a. 叶楔形或匙形，3 深裂或 3 浅裂；总苞片边缘白色膜质。生于砂壤质棕钙土上。产锡林、乌兰、鄂尔……………………………………………………………………………………**1. 女蒿 H. trifida** (Turcz.) Poljak.

1b. 叶矩圆状倒卵形，羽状分裂；中外层总苞片边缘浅褐色膜质。生于山地向阳石质山坡的石缝间。产贺兰山……………………………………………………………………**2. 贺兰山女蒿 H. alashanensis** (Y. Ling) C. Shih——*H. kaschgaria* (Krasch.) Poljak. subsp. *alashanensis* (Y. Ling) Z. Y. Chu et C. Z. Liang

40. 百花蒿属 Stilpnolepis Krasch.

百花蒿 Stilpnolepis centiflora (Maxim.) Krasch.

一年生草本，高50—80cm。叶狭条形，基部边缘有 2—3 对稀疏的、托叶状的羽状小裂片。头状花序单生于分枝的顶端；总苞半球形，总苞片 4—5 层；全部为管状花，花冠高脚杯状，淡黄色。瘦果长棒状，密被棕褐色腺体。生于流动沙丘的丘间低地。产东阿、西阿。

41. 紊蒿属 Elachanthemum Y. Ling et Y. R. Ling

1a. 头状花序单生分枝顶端；小花 60—100 朵。生于荒漠草原，也进入草原化荒漠。产乌兰、鄂尔、东阿……………………………………………………………………… **1. 紊蒿 E. intricatum** (Franch.) Y. Ling et Y. R. Ling
——大头紊蒿 *E. intricatum* (Franch.) Y. Ling et Y. R. Ling var. *macrocephalum* H. C. Fu

1b. 头状花序 2—5 个簇生于分枝顶端；小花 40—60 朵。生于戈壁荒漠。产额济纳(公婆泉)……………………………………………………………………… **2. 多头紊蒿 E. polycephalum** Zong Y. Zhu et C. Z. Liang

42. 小甘菊属 Cancrinia Kar. et Kir.

1a. 二年生或多年生草本，被白色绵毛；头状花序单生茎顶。
  2a. 瘦果无毛；花托明显凸起，锥状球形；叶 1—2 回羽状深裂，裂片 2—5 深裂或浅裂；二年生草本。生于石质残丘坡地、丘前冲积覆沙地。产东阿、西阿…… **1. 小甘菊 C. discoidea** (Ledeb.) Poljak. ex Tzvel.
  2b. 瘦果疏生长柔毛；花托平或稍凸起；叶羽状全裂，裂片全缘或浅裂；多年生草本。生于干山坡。产东阿、西阿…………………………………… **2. 毛果小甘菊 C. lasiocarpa** C. Winkl.

1b. 小半灌木，被灰白色短柔毛和褐色腺点；头状花序 2—5 个在枝端排列成伞房状；叶羽状深裂，裂片全缘或有 1—2 个小齿。生于砾石质山坡。产龙首山…………**3. 灌木小甘菊 C. maximowiczii** C. Winkl.

43. 亚菊属 Ajania Poljak.

1a. 头状花序单生茎顶；叶 3 深裂或 3 全裂。生于山地石质山坡。产东阿(桌子山)……………………………… **1. 内蒙亚菊 A. alabasica** H. C. Fu——*Chrysanthemum alabasicum* (H. C. Fu) H. Ohashi et Yonekura

1b. 头状花序少数或多数在枝端排列成伞房状。
  2a. 总苞片麦秆黄色，有光泽，边缘白色膜质，小半灌木。
    3a. 叶的小裂片狭条形或条状矩圆形，两面密被灰白色短柔毛。
      4a. 茎下部叶和中部叶长 10—15mm，2 回羽状全裂，无叶柄或近无柄；外层总苞片椭圆状倒卵形。生于低山碎石或石质坡地、石质残丘。产乌兰、东阿、贺兰山、龙首山……………………………… **2. 蓍状亚菊 A. achilloides** (Turcz.) Poljak. ex Grub.
      ——*A. parviflora* auct. non (Grun.) Y. Ling: Fl. Intramongol. ed. 2, 4: 589. 1993.
      4b. 茎下部叶和中部叶长 10—30mm，2 回掌状或掌式羽状 3—5 全裂，明显具叶柄；外层总苞片卵状披针形。生于低山及丘陵石质坡地。产乌兰、鄂尔、东阿、贺兰山、龙首山、额济纳……………………………… **3. 灌木亚菊 A. fruticulosa** (Ledeb.) Poljak.
    3b. 叶的小裂片丝状条形，两面绿色或淡绿色，无毛或近无毛。生于砾石质坡地。产额济纳……………………………… **4. 丝裂亚菊 A. nematoloba** (Hand.-Mazz.) Y. Ling et C. Shih
  2b. 总苞片非麦秆黄色，无光泽，边缘褐色膜质；多年生草本。
    5a. 叶 2 回羽状全裂，狭条形，上面无毛或近无毛，下面密被贴伏的长柔毛；头状花序直径 2.5—3mm；植株高 30—45cm，茎单一。生于石质山坡。产贺兰山、额济纳(马鬃山)……………………………… **5. 细裂亚菊 A. przewalskii** Poljak.
    5b. 叶 2 回掌状或近掌状 3—5 全裂，小裂片椭圆形，两面密被灰白色短柔毛；头状花序直径 6—10mm；植株高 10—30cm，茎丛生。生于砾石质山坡或山麓。产东阿、贺兰山……………………………… **6. 铺散亚菊 A. khartensis** (Dunn) C. Shih

44. 线叶菊属 Filifolium Kitam.

线叶菊 Filifolium sibiricum (L.) Kitam.

多年生草本，高 15—60cm。叶 2—3 回羽状全裂，小裂片条形或丝状。头状花序在茎枝顶端排列成复伞房状；总苞球形，总苞片 3 层；管状花黄色。瘦果倒卵形，无冠毛。生于低山丘陵坡地的上部和顶部。产兴安北、岭西、岭东、呼伦、兴安南、科尔沁、辽河、赤峰、燕北、锡林、乌兰、阴山、阴南。

45. 蒿属 **Artemisia** L.

1a. 中央小花为两性花，结实，开花时花柱与花冠近等长，先端 2 叉开；子房明显(**1. 蒿亚属** Subgen. **Artemisia**)。

2a. 花序托具托毛(**1. 莳萝蒿组** Sect. **Absinthium** DC.)。

3a. 一、二年生草本。

4a. 头状花序半球形或近球形，直径 4—6mm。生于农田、路旁、畜群点、水分较好的撂荒地上。产内蒙古各地……………………………………………… **1. 大籽蒿 A. sieversiana** Ehrhart ex Willd.

4b. 头状花序椭圆状倒圆锥形、半球形、宽卵形或近球形，直径 1.5—3(4)mm。

5a. 中部叶 1—2 回羽状全裂，小裂片狭条形，长 4—15mm；头状花序直径 2—4mm；总苞片背部疏被毛或近无毛。

6a. 头状花序椭圆状倒圆锥形，直径(2)3(4)mm；总苞片背部疏被蛛丝状绵毛或近无毛。生于草甸、低湿地。产锡林(化德县)…………………………**2. 矮滨蒿 A. nakai** Pamp.

6b. 头状花序半球形或宽卵形，直径 2—3(4)mm；总苞片背部疏被白色短柔毛或近无毛。生于盐渍化土壤上。产内蒙古各地………… **3. 碱蒿 A. anethifolia** Web. ex Stechm.

5b. 中部叶 2—3 回羽状全裂，小裂片丝状条形或毛发状，长 2—4mm；头状花序近球形，直径 1.5—2mm；总苞片背部疏被蛛丝状绵毛或近无毛。生于盐土、盐碱化的土壤上。产内蒙古各地…………………………………………………… **4. 莳萝蒿 A. anethoides** Mattf.

3b. 多年生草本或半灌木状。

7a. 叶匙形、长椭圆状倒披针形或披针形，全缘或先端具 3—5 浅圆裂齿；头状花序在茎上排列成总状或狭窄的圆锥状。生于石质山丘和岩石缝处。产兴安北、兴安南…………………………………………………………………**5. 白山蒿 A. lagocephala** (Fisch. ex Bess.) DC.

7b. 叶非上述情况；头状花序在茎上排列成各种类型的圆锥状。

8a. 头状花序大，直径 4—7(9)mm。

9a. 中部叶长 3—5cm，2 回羽状全裂，两面密被淡黄色或灰白色绢毛。生于石质山坡。产兴安北、呼伦…………………………**6. 绢毛蒿 A. sericea** (Bess.) Web. ex Stechm.

9b. 中部叶长 0.5—0.8cm，1—2 回羽状全裂，两面密被银白色绢质短柔毛。生于干草原。产锡林 ………………………………………… **7. 银叶蒿 A. argyrophylla** Ledeb.

8b. 头状花序小，直径 2—4mm。

10a. 多年生草本或半灌木状草本。

11a. 中部叶近圆形，长 0.5—1cm，宽 0.8—1.5cm，2 回羽状全裂或 2 回三出全裂，小裂片长 6—12mm，宽 1—1.5mm，先端钝或锐尖。生于石质山坡。产西阿、额济纳……………………………………………………………………
·**8. 阿尔泰香叶蒿 A. rutifolia** Steph. ex Spreng. var. **altaica** (Kryl.) Krasch.

11b. 中部叶矩圆形或倒卵状矩圆形，长与宽 0.5—0.7cm，1—2 回羽状全裂，小裂片长 2—3mm，宽 0.5—1.5mm，先端锐尖。

12a. 植株较高；头状花序在茎上排列成总状或总状圆锥花序，花冠檐部黄色。广布于典型草原带、荒漠草原带、森林草原、荒漠，多生于沙质、砂砾质、砾石质土壤上。产内蒙古各地 ………………**9a. 冷蒿 A. frigida** Willd. var. **frigida**

12b. 植株矮小；头状花序在茎上排列成穗状，花冠檐部紫色。生境同原变种。产呼伦、辽河、锡林、乌兰、贺兰山 ……………………………………………

………………9b. **紫花冷蒿 A. frigida** Willd. var. **atropurpurea** Pamp.

10b. 半灌木；中部叶卵圆形或近圆形，长 1—1.5cm，2 回羽状全裂，侧裂片 2—3 对，小裂片长 1—3mm，宽 0.5—1.5mm，先端钝尖。生于沙质、砂砾质或表土覆沙的土壤上。产乌兰、鄂尔、东阿、西阿、贺兰山、额济纳………… **10. 内蒙古旱蒿 A. xerophytica** Krasch.

2b. 花序托无托毛。

13a. 头状花序通常球形或半球形，稀为其他形状；叶的小裂片狭条形，宽在 1.5mm 以下，或为栉齿状(**2. 艾蒿组** Sect. **Abrotanum** Bess.)。

14a. 叶羽状深裂或全裂，小裂片栉齿状、锯齿状或为短小的裂齿。

15a. 多年生草本或半灌木状；茎少数或多数，稀单一。

16a. 茎通常高 15cm 以上；头状花序在茎上排列成圆锥状、总状或穗状。

17a. 茎中部叶 1—2 回羽状分裂。

18a. 多年生草本；植株低矮，高 15—70cm；叶的小裂片为尖齿状的栉齿；头状花序直径 3—4mm。生于山地林缘、林下、灌丛。产兴安北、岭东、岭西、兴安南、燕北、鄂尔……………**11. 宽叶蒿 A. latifolia** Ledeb.

18b. 半灌木状草本；植株高大，高 60—120cm；头状花序直径 4—6mm。

19a. 中部茎生叶叶柄长 6—16cm，小裂片不规则，披针形或长三角形。生于采伐迹地。产兴安北……………………………………………………………………………**12. 东亚栉齿蒿 A. maximowicziana** (F. Schum.) Krasch. ex Poljak.

19b. 中部茎生叶叶柄长 1.5—3cm，小裂片椭圆形或矩圆形。生于山地林缘、草甸。产内蒙古东部………………………………………………………………**13. 栉齿蒿 A. medioxima** Krasch. ex Poljak.

17b. 茎中部叶 2—3 回羽状分裂。

20a. 头状花序大，半球形或近球形，直径 4—8mm。

21a. 半灌木状草本；头状花序在茎上排列成狭窄或开展的圆锥状。

22a. 中部叶近无柄，2—3 回羽状分裂，小裂片细小，短条形或短披针状条形，或稍成镰刀状弯曲；头状花序近无梗。生于山地沟谷、灌丛、路旁。产内蒙古东北部………………………………**14. 亚洲大花蒿 A. macrantha** Ledeb.

22b. 中部叶近有柄，2—3 回栉齿状羽状分裂，小裂片椭圆形或长卵形；头状花序有长梗，梗长 6—15mm。生于山坡。产龙首山…… **15. 阿克塞蒿 A. aksaiensis** Y. R. Ling

21b. 多年生草本；头状花序在茎上排列成总状或穗状，稀为极狭窄的圆锥状。生于山地林缘、灌丛、山地草甸、山地草原。产兴安北、岭西、兴安南、岭东、锡林、阴山、贺兰山…………………………………………………………………**16. 褐苞蒿 A. phaeolepis** Krasch.

20b. 头状花序小，近球形，直径 2—4mm。

23a. 茎分枝多而长；茎中部叶 2—3 回栉齿状羽状分裂；总苞片背部被短柔毛，或初时被短柔毛后脱落无毛。

24a. 茎中部叶有侧裂片 3—5 对，下面被毛或否。

25a. 茎下部叶和中部叶长卵形、三角状卵形或长椭圆状卵形，长 2—10cm，宽 3—8cm，下面被短柔毛或脱落无毛。

26a. 叶两面密被灰白色或灰黄色短柔毛。生于山坡、丘陵、路边。产兴安南、科尔沁、锡林、阴山、阴南 ·· **17b. 密毛白莲蒿 A. gmelinii** Web. ex Stechm. var. **messerschmidtiana** (Bess.) Pojak. ——*A. sacrorum* Ledeb. var. *messerschmidtiana* (Bess.) Y. R. Ling

26b. 叶两面无毛或下面密被灰白色短柔毛。

27a. 叶上面绿色，初时疏被短柔毛，后渐脱落，下面初时被灰白色短柔毛，后毛脱落。生于山坡、灌丛。产兴安北、呼伦、赤峰、燕北、锡林、乌兰、阴山、阴南、鄂尔、贺兰山、龙首山 ································ ··············**17a. 白莲蒿(铁杆蒿) A. gmelinii** Web. ex Stechm. var. **gmelinii**——*A. sacrorum* Ledeb.

27b. 叶上面初时密被灰白色短柔毛，后无毛，下面密被灰白色短柔毛。生于山坡、丘陵坡地。产呼伦、兴安南、科尔沁、辽河、赤峰、燕北、锡林、鄂尔·················**17c. 灰莲蒿 A. gmelinii** Web. ex Stechm. var. **incana** (Bess.) H. C. Fu ——*A. sacrorum* Ledeb. var. *incana* (Bess.) Y. R. Ling

25b. 茎下部叶和中部叶卵形、三角状卵形，长 2—4cm，宽 1—2cm，下面密被蛛丝状柔毛。生于山地。产兴安北、岭西、岭东、呼伦、辽河(大青沟)、兴安南、赤峰、燕北、锡林、乌兰、阴山、阴南、鄂尔、贺兰山······································· ··**18. 细裂叶蒿 A. stechmaniana** Bess.

24b. 茎中部叶有侧裂片 6—8 对，下面被白色短柔毛。生于山地草甸、草甸草原、山地草原、林缘、灌丛。产兴安北、岭西、岭东、呼伦、兴安南、科尔沁、燕北、锡林、阴山、贺兰山 ·········· ··**19. 裂叶蒿 A. tanacetifolia** L.

23b. 茎不分枝或有短分枝；茎中部叶 2 回栉齿状羽状全裂；总苞片背部无毛或近无毛。生于石质山坡、山沟。产岭西、兴安南、锡林、阴山、龙首山 ··· ··**20. 绿栉齿叶蒿 A. freyniana** (Pamp.) Krasch.

16b. 茎高 5—15cm；头状花序在茎上排列成穗状花序式的狭圆锥头。生于石质或砾石质坡地。产乌兰 ················· **21. 矮丛蒿 A. caespitosa** Ledeb.——*A. frigidioides* H. C. Fu et Zong Y. Zhu

15b. 一、二年生草本；茎通常单一。

28a. 头状花序直径 3—5mm，在茎上排列成密集而狭窄的圆锥状，花紫红色。生于山谷、河边、路旁。产贺兰山、龙首山···**22. 臭蒿 A. hadnii** Ostenf.

28b. 头状花序直径 1.5—2.5mm，在茎上排列成开展而呈金字塔形的圆锥状，花黄色。生于河边、沟谷、居民点附近。产内蒙古各地··· **23. 黄花蒿 A. annua** L.

14b. 叶羽状全裂，小裂片狭条形、丝状条形、狭条状棒形、狭披针形或条状披针形。

29a. 多年生草本或为半灌木或小灌木状。

30a. 中部叶 1—2 回羽状全裂，小裂片丝状条形、狭条形、狭条状棒形、狭条状披针形，两面疏被短柔毛或蛛丝状柔毛，或下面密被灰白色绒毛。

31a. 茎多分枝；中部叶长 2—4cm，2 回羽状全裂，上面绿色，疏被短柔毛或无毛，下面密被灰白色短柔毛，总苞片背部密被灰白色短绒毛。生于石质山坡、岩石露头或碎石质的土壤上。产兴安北、岭东、兴安南、赤峰、燕北、锡林、乌兰、阴山、鄂尔、东阿························· ··**24. 山蒿 A. brachyloba** Franch.

31b. 茎不分枝或仅花序分枝；中部叶长 0.8—2.5cm，1—2 回羽状全裂，两面疏被短柔毛或初时疏被蛛丝状毛，后脱落；总苞片背部疏被短柔毛。

32a. 中部叶的小裂片丝状条形，先端尖或稍钝。生于轻度盐碱化的土壤上。产呼伦、锡林·· ·· **25. 丝裂蒿 A. adamsii** Bess.

32b. 中部叶的小裂片狭条状棒形或狭条形，先端钝或稍膨大。生于山地。产龙首山 ……………………………………………………………**26. 米蒿 A. dalailamae** Krasch.

30b. 中部叶 2—3 回羽状全裂，小裂片狭条形，两面密被银白色或浅灰黄色绢质绒毛。生于干旱沙质草滩。产锡林(集宁区)……………………………**27. 银蒿 A. austriaca** Jacq.

29b. 一年生草本。

33a. 茎不分枝或分枝，但不开展；中部叶 1—2 回羽状全裂，侧裂片(2)3—4 对；头状花序在分枝或茎上每 2—10 个密集成簇，并排列成短穗状，而在茎上再排列成稍开展或狭窄的圆锥状。生于河岸、低湿沙地。产呼伦、兴安南、科尔沁、辽河、锡林、乌兰、阴山、鄂尔……………………………………………………………**28. 黑蒿 A. palustris** L.

33b. 茎分枝，开展；中部叶 2—3 回羽状全裂，侧裂片 4—5 对；头状花序在分枝上每 2—5 个密集成簇，并排列成短穗状，而在茎上再排列成稍开展、疏松的圆锥状。生于阳坡、岩石裂缝、固定沙丘。产呼伦、辽河、赤峰…………………**29. 黄金蒿 A. aurata** Kom.

13b. 头状花序椭圆形、矩圆形、卵形、宽卵形、长卵形或近球形等；叶的小裂片为宽裂片型，宽通常在 2mm 以上，或叶不分裂(**3. 艾组** Sect. **Artemisia**)。

34a. 叶上面密布白色腺点及小凹点。

35a. 茎中部叶全缘或中部以上边缘具 2—3 枚裂齿，基部楔形，渐狭成柄；头状花序直径 3—4mm，在茎上排列成狭窄的圆锥状；总苞片背部被蛛丝状毛，外、中层总苞片深褐色。生于山地林下、林缘、灌丛、低湿草甸、农田、路边、村舍附近。产兴安北、岭西、呼伦、兴安南、科尔沁、燕北 ……………………………**30. 宽裂山蒿 A. stolonifera** (Maxim.) Kom.

35b. 茎中部叶 1—2 回羽状分裂；头状花序直径 1.5—3mm，在茎上排列成狭窄或开展的圆锥状；总苞片背部被毛或否，外、中层总苞片非深褐色。

36a. 茎中部叶 1—2 回羽状深裂或半裂。

37a. 茎中部叶 1—2 回羽状半裂。生于森林草原、耕地、路边、村舍附近、林缘、林下、灌丛。产兴安南、科尔沁、赤峰、燕北 …**31a. 艾 A. argyi** H. Levl. et Van. var. **argyi**

37b. 茎中部叶 1—2 回羽状深裂。生于砂质坡地、路边。产科尔沁、赤峰、锡林、阴山、阴南、鄂尔 ……………**31b. 野艾 A. argyi** H. Levl. et Van. var. **gracilis** Pamp.

36b. 茎中部叶 1—2 回羽状全裂或至少第 1 回全裂。

38a. 中部叶长 5—10cm，宽 3—8cm，小裂片披针形或条状披针形，宽 3mm 以上。

39a. 茎、枝被灰白色蛛丝状短柔毛；中部叶 1—2 回羽状全裂，上面初时疏被蛛丝状柔毛，后稀疏或近无毛；总苞片背部密被蛛丝状毛。生于山地林缘、灌丛、河湖滨草甸、农田、路旁、村庄附近。产兴安北、岭东、岭西、呼伦、辽河(大青沟)、兴安南、科尔沁、赤峰、燕北、锡林、乌兰、阴山、阴南、鄂尔、贺兰山 ……………………………………**32. 野艾蒿 A. lavandulaefolia** DC.

39b. 茎、枝初时被灰白色蛛丝状短柔毛，后无毛；中部叶 1(2)回羽状全裂，上面近无毛；总苞片背部初时密被蛛丝状毛，后无毛。生于山坡、路旁、田边。产兴安北、锡林 …………**33. 南艾蒿 A. verlotorum** Lamotte

38b. 中部叶稍小，长和宽 4cm 以下，小裂片狭条形或条状，宽 3mm 以下。

40a. 叶上面疏被短柔毛，下面密布厚绒毛，小裂片腺端钝尖；总苞片背部密被蛛丝状绒毛。生于田边、路旁、山坡。产锡林、阴南 ……………………………………………………**34. 狭裂白蒿 A. kanashiroi** Kitam.

40b. 叶上面初时被短柔毛，后近无毛，下面密被蛛丝状毛，小裂片腺端锐尖；总苞片背部初时被短柔毛，后无毛。生于山地林缘、路边、荒坡、疏林下。产内蒙古南部 ……………………………**35. 矮蒿 A. lancea** Van.

34b. 叶上面无白色腺点，或少有稀疏的腺点，但无明显的小凹点。

41a. 叶两面光滑无毛，上部叶 3 全裂，中部叶和下部叶不规则 1—2 回羽状深裂，小裂片狭条形，宽 0.5—2mm；头状花序具长梗，长 5—10mm。生于蒙古栎林林下。产兴安南(阿鲁科尔沁旗)……………………………………**36. 罕乌拉蒿 A. hanwulaensis** Y. Z. Zhao

41b. 叶下面密被灰白色蛛丝状绒毛，小裂片宽 2mm 以上；头状花序无梗近无梗。

42a. 中部叶不分裂，全缘或边缘有深或浅裂齿或锯齿；头状花序在茎上排列成狭窄的圆锥状。

43a. 中部叶长椭圆形、椭圆状披针形或条状披针形，宽 1.5—2cm，边缘具 1—3 枚深或浅裂齿或锯齿。生于山地林缘、林下、山地草甸、河谷草甸、农田、路边、村庄附近。产兴安北、岭西、岭东、兴安南、辽河、燕北、锡林 ……**37. 柳叶蒿 A. integrifolia** L.

43b. 中部叶条形或条状披针形，宽 5—10mm，全缘，稀边缘具 1—2 枚小锯齿。生于山地林缘、林下、山地草甸、河谷草甸、农田、路边、村庄附近。产兴安北、岭西、岭东、兴安南、燕北、锡林、阴山……………………**38. 线叶蒿 A. subulata** Nakai

42b. 中部叶羽状深裂或全裂；头状花序在茎上排列成狭窄、稍开展或开展的圆锥状。

44a. 总苞片背部密被蛛丝状毛。

45a. 茎中部叶 2 回，稀 1—2 回羽状全裂，小裂片条形、条状披针形或披针形。生于林下、林缘、沙地、河谷、撂荒地、耕地、路边、草甸。产内蒙古各地 ……………………**39. 蒙古蒿 A. mongolica** (Fisch. ex Bess.) Nakai

45b. 茎中部叶 2 回羽状深裂，或 1 回羽状全裂，小裂片椭圆形、椭圆状披针形，稀条状披针形。

46a. 叶上面被宿存的蛛丝状绒毛，中部叶通常为 1 回羽状全裂，侧裂片 2—3 对。生于山坡、沟谷、丘陵坡地。产兴安北、岭西、呼伦、兴安南、辽河、赤峰、锡林、阴山、贺兰山 …………………………………………**40. 白叶蒿 A. leucophylla** (Turcz. ex Bess.) C. B. Clarke

46b. 叶上面初时被蛛丝状短绒毛及稀疏的白色腺点，后均脱落，中部叶 2 回羽状深裂或第 1 回全裂，侧裂片 3(4)对。生于河边湿草甸。产赤峰、燕北、锡林、乌兰、阴山、鄂尔、东阿、贺兰山………………………………………**41. 辽东蒿 A. verbenacea** (Kom.) Kitag.

44b. 总苞片背部无毛、近无毛或疏被蛛丝状毛，或薄绒毛。

47a. 头状花序在茎上排列成狭长的圆锥状；茎中部叶近成掌状 5 深裂或指状 3 深裂，裂片边缘具规则的锐锯齿或无锯齿。

48a. 叶裂片边缘具规则的锐锯齿。生于山地林下、林缘、山沟、河谷两岸、村舍、路边。产兴安北、岭西、岭东、兴安南、辽河、燕北、阴山 ……………**42a. 蒌蒿 A. selengensis** Turcz. ex Bess. var. **selengensis**

48b. 叶裂片边缘全缘，稀有少数小锯齿。生于河谷两岸。产锡林…………………………**42b. 无齿蒌蒿 A. selengensis** Turcz. ex Bess. var. **shansiensis** Y. R. Ling

47b. 头状花序在茎上排列成稍开展或开展的圆锥状；叶非上述分裂方式，边缘常有裂齿。

49a. 头状花序椭圆形或长卵形，直径 2.5—3mm。生于林缘、灌丛、山坡、路边、田野。产岭东、兴安南、科尔沁、燕北、锡林、阴山………………………………………………**43. 歧茎蒿 A. igniaria** Maxim.

49b. 头状花序近球形、宽卵形、长卵形、椭圆状卵形、矩圆形，直径 1.5—2.5mm。

50a. 中部叶(1)2 回羽状全裂，小裂片披针形、条状披针形或条形，宽 2—6mm。生于山地林缘、灌丛、草坡、沙地、农田、路边。产兴安北、岭东、岭西、呼伦、兴安南、赤峰、燕北、锡林、阴山……………………………………………………………………**44. 红足蒿 A. rubripes** Nakai

50b. 中部叶 1 回羽状深裂、半裂或 1—2 回羽状深裂或全裂，小裂片非上述特征。

51a. 叶下面被灰白色蛛丝状薄绒毛或近无毛；头状花序极多数，在茎上排列成开展的、具多分枝的圆锥状。生于山地林下、林缘、灌丛。产岭东、兴安南、燕北………………………………………………………………**45. 阴地蒿 A. sylvatica** Maxim.

51b. 叶下面密被蛛丝状毛。

52a. 中部叶 1 回羽状深裂或半裂，侧裂片通常 2 对，椭圆状披针形或椭圆形，中央裂片较侧裂片大而长，侧裂片中基部裂片较大。生于山地林缘、林下、路边。产岭西、兴安南、辽河(大青沟)、赤峰、锡林……………**46. 魁蒿 A. princeps** Pamp.

52b. 中部叶 1—2 回羽状全裂，或近大头羽状深裂，侧裂片 3(4)对，椭圆状披针形、条状披针形或条形，侧裂片中通常基部裂片小。生于丘陵坡地、路边、林缘、灌丛。产岭东、燕北、阴南、鄂尔………………**47. 五月艾 A. indica** Willd.

1b. 中央小花两性，但不结实；开花时花柱长仅达花冠中部或中上部，先端常成棒状或漏斗状，2 裂，通常不叉开；子房细小或不存在(**2. 龙蒿亚属** Subgen. **Dracunculus** (Bess.) Peterm)。

53a. 叶的小裂片狭条形、丝状条形、狭条状披针形或毛发状，或小裂片为栉齿状，或叶不分裂，为条形或条状披针形(**4. 龙蒿组** Sect. **Dracunculus** Bess.)。

54a. 茎中部叶不分裂或分裂，小裂片非栉齿状。

55a. 叶不分裂，条状披针形或条形，全缘。生于砂质和疏松的砂壤质土壤上、撂荒地、村舍、路边。产兴安北、岭西、呼伦、兴安南、燕北、锡林、乌兰、阴山、鄂尔、东阿、贺兰山、额济纳……………………………………………………………**48. 龙蒿**(狭叶青蒿) **A. dracunculus** L.

55b. 中部叶羽状全裂，小裂片狭条形、丝状条形或毛发状。

56a. 头状花序直径 3—5mm，中部叶小裂片宽(0.5)1—2.5mm。

57a. 头状花序卵球形，顶端钝尖，直立，在茎上排列成大型、开展的圆锥状；茎下部灰褐色或暗灰色，上部红褐色。生于固定或半固定沙丘和沙地。产岭西、呼伦、兴安南、科尔沁、辽河…………**49. 差不嘎蒿 A. halodendron** Turcz. ex Bess.

57b. 头状花序球形或近球形，顶端圆形，下垂或斜展，在茎上排列成狭长或开展的圆锥状；茎上下部灰白色、黄褐色、灰褐色或灰黄色。

58a. 中部叶长 5—8cm，宽 3—4cm；头状花序在茎上排列成狭窄或稍开展的圆锥状；茎灰白色。生于流动或半固定沙丘。产呼伦(新巴尔虎左旗北部)、科尔沁(翁牛特旗、库伦旗、克什克腾旗东部)、锡林(西乌珠穆沁旗)…………………………………………**50. 乌丹蒿 A. wudanica** Liou et W. Wan

58b. 中部叶长 2—5cm，宽 1.5—4cm；头状花序在茎上排列成开展的圆锥状；茎灰白色，后呈黄褐色、灰褐色或灰黄色。生于流动或半固定沙丘。产库布齐沙漠、毛乌素沙地、乌兰布和沙漠、腾格里沙漠、巴丹吉林沙漠…………………………………………**51. 白沙蒿 A. sphaerocephala** Krasch.

56b. 头状花序直径 1—2.5mm，中部叶小裂片宽 0.5—1.5(2)mm。

59a. 半灌木或半灌木状草本；茎多数或少数，丛生。

60a. 半灌木；茎分枝通常多而长，下部枝长超过 12cm，上部枝长 5cm 以上。

61a. 头状花序近球形，直径 2—2.5mm，下垂；中部叶的叶柄长 2—3(4.5)cm，1—2 回羽状全裂。生于固定及半固定沙丘边缘和覆沙高平原上。产科尔沁、锡林……………**52. 蒙古沙地蒿 A. klementzae** Krasch.

61b. 头状花序卵形或长卵形。

62a. 中部叶的叶柄长1—3cm，1—3回羽状全裂；头状花序直径1.5—2mm；通常直立。生于固定或半固定沙地、覆沙高平原。产科尔沁、锡林……**53. 褐沙蒿 A. intramongolica** H. C. Fu

62b. 中部叶无柄或具短柄，1—2回羽状全裂。

63a. 中部叶1—2回羽状全裂。

64a. 分枝多，近平展；叶的小裂片先端钝，有小尖头；头状花序卵球形，直径1.5—2mm，偏向外侧，下垂。生于沙丘、沙地、覆沙戈壁、干河床。产东阿、西阿、额济纳……**54. 准噶尔蒿 A. songarica** Schrenk. ex Fisch. et C. A. Mey.

64b. 分枝斜向上伸展；叶的小裂片先端锐尖；头状花序长卵形，直径1.5—2.5mm，直立。生于沙丘、沙地、覆沙高平原上。产兴安北、岭西、兴安南、科尔沁、赤峰……**55. 光沙蒿 A. oxycephala** Kitag.

63b. 中部叶通常1回羽状全裂；头状花序卵形，直径1.5—2.5mm，斜生或下垂。生于固定沙丘、沙地和覆沙土壤上。产阴南、鄂尔、东阿……**56. 黑沙蒿(油蒿) A. ordosica** Krasch.

60b. 半灌木状草本；茎分枝较短，下部枝长4—10cm，上部枝长3—5cm；头状花序卵球形。

65a. 下部叶与中部叶均为1回羽状全裂；头状花序直径1.5—2(2.5)mm，直立。生于沙质地。产乌兰、东阿、额济纳……**57. 黄沙蒿 A. xanthochroa** Krasch.

65b. 下部叶与中部叶均为2回羽状全裂；头状花序直径1—1.5mm，下垂。生于沙质地、沙丘边缘。产锡林西部、乌兰……**58. 假球蒿 A. globosoides** Y. Ling et Y. R. Ling

59b. 多年生或一、二年生草本，或半灌木状草本；茎少数或单一。

66a. 多年生或半灌木状草本。

67a. 茎分枝多，开展；头状花序在茎上排列成开展、稍开展或狭窄的圆锥状。

68a. 中部叶长(2.5)3—9cm，宽1.5—3cm，2回羽状全裂，侧裂片2—4对。

69a. 头状花序圆球形，直径1.5—2mm，顶端圆形，下垂或俯垂，在茎上排列成稍开展的圆锥状。生于山坡、林缘灌丛、草地、沙质地。产兴安北、岭东、岭西、呼伦、兴安南、科尔沁、辽河、赤峰、燕北、锡林……**59. 柔毛蒿 A. pubescens** Ledeb.

69b. 头状花序卵形，直径2—3mm，顶端锐尖，直立或斜展，在茎上排列成狭窄的总状花序式或狭窄的圆锥状。生于山坡草地、沙质草地。产兴安北、岭东、呼伦、兴安南、辽河、燕北、锡林、乌兰、阴山、阴南、鄂尔……**60. 变蒿 A. commutate** Bess.
——*A. pubescens* Ledeb. var. *gebleriana* (Bess.) Y. R. Ling

68b. 中部叶长、宽1.5—2.5cm，1—2回羽状全裂，侧裂片2—3对；头状花序在茎上排列成稍开展的圆锥状。

70a. 头状花序直径1.5—2mm，具短梗或近无梗；雌花2—6朵，两性花4—8朵。生于山坡、草地、路边。产赤峰、锡林、乌兰、阴南、贺兰山……**61a. 甘肃蒿 A. gansuensis** Y. Ling et Y. R. Ling var. **gansuensis**

70b. 头状花序直径1—1.5mm，梗长3—5mm；雌花1—2朵，两性花2—5朵。生于沙质地。产鄂尔……**61b. 小甘肃蒿 A. gansuensis** var. **oligantha** Y. Ling et Y. R. Ling

67b. 茎分枝少而短；头状花序在茎上排列成狭窄的圆锥状。生于沙地、沙质土壤上、砾石质坡地。产兴安北、科尔沁、阴山……**62. 细杆沙蒿 A. macilenta** (Maxim.) Krasch.

66b. 一、二年生或多年生草本。

71a. 植株高达1m，常自茎的下部或中部开始分枝；中部叶1—2回羽状全裂，小裂片丝状条形或毛发状；头状花序在茎上排列成大型、开展的圆锥状。生于沙质土壤上。产内蒙古各地……**63. 猪毛蒿(黄蒿) A. scoparia** Waldst. et Kit.

71b. 植株高5—25cm，常自茎的基部开始分枝；中部叶1回羽状全裂，裂片狭条形或条状披针形；头状花序在茎上排列成穗状花序式的圆锥状。生于砂质地。产东阿、西阿、额济纳……**64. 纤杆蒿 A. demissa** Krasch.

54b. 茎中部叶 2 回羽状分裂，第 1 回全裂，侧裂片 5—8 对，裂片两侧各具 5—8 枚深裂的栉齿；一年生草本。生于沙地和覆沙土壤上。产锡林、乌兰、阴南、鄂尔、东阿……………………………………………………………………65. 糜蒿 **A. blepharolepis** Bunge

53b. 叶的小裂片较宽，宽条形、条状披针形、披针形、椭圆形或为齿裂、缺刻等，或为匙形、楔形或倒卵形，先端具锯齿或浅裂齿，边全缘(**5. 牡蒿组** Sect. **Latilobus** Y. R. Ling)。

72a. 茎中部叶 1—2 回羽状全裂或深裂，或自上端向基部斜向深裂或全裂。

73a. 头状花序直径 3—4mm。

74a. 植株高 20cm 以上；茎、枝、叶及总苞片近无毛；头状花序在茎上排列成狭长的圆锥状。生于石质山坡。产兴安北、岭西…………**66. 巴尔古津蒿 A. bargusinensis** Spreng.

74b. 植株高 20—60cm；茎、枝、叶及总苞片被绢质毛或初时被毛，后渐脱落；头状花序在茎上排列成总状花序式的圆锥状。生于山地草原。产龙首山……………………………………………………**67. 中亚草原蒿 A. depauperata** Krasch.

73b. 头状花序直径 1—3mm。

75a. 根状茎稍膨大，通常不肥厚；营养枝上叶匙形或楔形，上端有细锯齿，不分裂或有 3—5 个浅裂齿，茎中部叶自上端向基部斜向的 3 深裂或羽状全裂或深裂。

76a. 茎中部叶自上端向基部斜向或近掌状 3 深裂；头状花序直径 2—3mm，在茎上排列成开展或稍开展尖塔形的圆锥状。生于河岸、盐碱化草甸、沼泽化草甸。产兴安北……………………………………………………**68. 滨海牡蒿 A. littoricola** Kitam.

76b. 茎中部叶自上向斜向基部 1—2 回羽状全裂或深裂；头状花序直径 1.5—2mm，在茎上排列成狭长的圆锥状。生于山地林缘、林下、灌丛。产兴安北、岭西、兴安南、辽河、燕北、锡林……………………………**69. 东北牡蒿 A. manshurica** (Kom.) Kom.

75b. 根状茎肥厚，粗短；营养枝上叶及茎中部叶非匙形或楔形，中部叶 1—2 回羽状深裂至全裂。

77a. 茎多分枝，开展；基生叶近圆形、宽卵形或倒卵形，1—2 回大头羽状深裂或全裂或不分裂；头状花序直径 1.5—2mm，在茎上排列成开展、稍大型的圆锥状。

78a. 植株高 30—70cm；叶较大，头状花序在茎上排列成开展或稍大型的圆锥状；中部叶 1—2 回羽状深裂或全裂。

79a. 基生叶与茎下部叶近圆形、宽卵形或倒卵状，1—2 回大头羽状深裂或全裂或不分裂。多生于山地草原。产兴安南、赤峰、燕北、锡林、阴山、阴南、贺兰山…………………**70a. 南牡蒿 A. eriopoda** Bunge var. **eriopoda**

79b. 基生叶与茎下部叶近圆形或倒卵状宽匙形，不分裂或仅先端有疏而浅的裂齿或锯齿。生于山坡。产兴安南、赤峰、阴山、阴南……………………………………………………**70b. 圆叶南牡蒿 A. eriopoda** Bunge var. **rotundifolia** (Debeaux) Y. R. Ling

78b. 植株高 10—20cm；叶小，中部叶羽状全裂，每裂片具 2—3 个浅裂齿；头状花序在茎上排列成稍开展或狭窄的圆锥状。生于山坡。产贺兰山………**70c. 甘肃南牡蒿 A. eriopoda** Bunge var. **gansuensis** Y. Ling et Y. R. Ling

77b. 茎不分枝或上部有分枝，贴向茎生长；基生叶二型：一型为矩圆状匙形或矩圆状倒楔形，不分裂，先端及边缘具缺刻状锯齿或全缘，二型为椭圆形、卵形或近圆形，2 回羽状全裂或深裂；头状花序直径 2—3(4)mm，在茎上排列成狭窄的圆锥状。生于砂质和砂砾质土壤上。产兴安北、岭西、岭东、呼伦、兴安南、科尔沁、锡林、乌兰、阴山、贺兰山…………………………**71. 漠蒿 A. desertorum** Spreng.

72b. 茎中部叶指状 3 深裂或规则的羽状 5 深裂。

80a. 中部叶大，长 5—11cm，宽 3—6cm，羽状 5 深裂，裂片椭圆状披针形、矩圆状披针形或披针形，长 2—6cm，宽 5—10mm。

81a. 茎、枝、叶下面被白色短柔毛。生于山坡林缘、沟谷草地。产阴山、鄂尔、龙首山、额济纳 ……………………………………………… **72a. 牛尾蒿 A. dubia** Wall. ex Bess. var. **dubia**

81b. 茎、枝、叶下面初时被白色短柔毛，后脱落无毛。生于山坡、河边、路旁、沟谷、林缘。产锡林、阴山、鄂尔、东阿、龙首山 ……………………………………………… **72b. 无毛牛尾蒿 A. dubia** Wall. ex Bess. var. **subdigitata** (Mattf.) Y. R. Ling

80b. 中部叶小，长 2—3(5)cm，宽 1—1.5cm，指状 3 深裂，裂片条形或条状披针形，长 1—2cm，宽 1—2(5)mm。

82a. 茎中部叶与上部叶指状 3 深裂；头状花序具短梗。生于山地。产燕北、阴山、阴南、贺兰山、额济纳 ……………………………… **73a. 华北米蒿(茭蒿) A. giraldii** Pamp. var. **giraldii**

82b. 茎中部叶与上部叶通常不分裂，稀为 3 深裂；头状花序具长梗，梗长 5—10mm。生于低山丘陵。产阴南… **73b. 长梗米蒿 A. giraldii** Pamp. var. **longipedunculata** Y. R. Ling

46. 绢蒿属 Seriphidium (Bess.) Poljak.

1a. 头状花序在茎的分枝上不排列成密集穗状花序或复头状花序；茎下部叶长卵形或矩圆形。

2a. 茎下部叶 2—3 回羽状全裂；头状花序直径 2—3mm。

3a. 茎自中部以上分枝；头状花序矩圆形；茎、叶及总苞片背部密被灰白色蛛丝状毛，不脱落。生于砂砾质或砾石质土壤上、盐碱化湖边草甸。产呼伦、锡林 ……………………………………………… **1. 东北绢蒿 S. finitum** (Kitag.) Y. Ling et Y. R. Ling

3b. 茎自中下部开始分枝；头状花序卵圆形；茎、叶及总苞片背部初时密被灰白色柔毛，后渐脱落。生于低山砾石质坡地。产额济纳 …**2. 蒙青绢蒿 S. mongolorum** (Krasch.) Y. Ling et Y. R. Ling

2b. 茎下部叶 2 回或 1—2 回羽状全裂；头状花序直径 1.5—2mm。

4a. 植株较高，高 40—50cm，分枝较长；茎下部叶 2 回羽状全裂。生于砾质坡地、干山谷、山麓。产乌兰 ………………………… **3a. 西北绢蒿 S. nitorosum** (Web. ex Stechm.) Poljak. var. **nitorosum**

4b. 植株矮小，高 10—15cm，分枝短或不分枝；茎下部叶 1—2 回羽状全裂。生于湖边盐碱化土壤上。产额济纳 ……………………………………………… **3b. 戈壁绢蒿 S. nitorosum** (Web. ex Stechm.) Poljak. var. **gobicum** (Krasch.) Y. R. Ling

1b. 头状花序在茎的分枝上排列成密集穗状花序或复头状花序，在茎上组成短总状窄圆锥花序；茎下部叶卵形，2—3 回羽状全裂；头状花序卵圆形，直径 2—3mm。生于盐渍土上。产额济纳 ……………………………………………… **4. 聚头绢蒿 S. compactum** (Fisch. ex DC.) Poljak.

47. 栉叶蒿属 Neopallasia Pojak.

栉叶蒿 Neopallasia pectinata (Pall.) Poljak.

一、二年生草本，高 15—50cm。叶 1—2 回栉齿状的羽状全裂，小裂片刺芒状。头状花序在茎枝顶端排列成稀疏的穗状；头状花序卵形，总苞片 3—4 层，苞叶羽状全裂；管状花黄色。瘦果椭圆形。分布极广，多生长在壤质或黏壤质的土壤上。产内蒙古各地。

(6) 千里光族 Senecioneae Cass.

1a. 基生叶宽心形或卵形；花后生出；茎生叶鳞片状；舌状花的舌片丝状条形，短小 ……………………………………………… **48. 款冬属 Tussilago**

1b. 叶和小花非上述情况。

2a. 总苞片 2—3 层；花序托半球形 ··**49. 多榔菊属 Doronicum**

2b. 总苞片 1—2 层；花序托平或稍凸。

3a. 头状花序盘状，无舌状花，均为同形的两性花，管状。

4a. 基生叶 1，幼时反卷折叠呈破伞状，下垂；子叶 1 ······························**50. 兔儿伞属 Syneilesis**

4b. 基生叶多数，幼时非伞状下垂；子叶 2 ···**51. 蟹甲草属 Parasenecio**

3b. 头状花序辐射状，有异形小花，雌花舌状，两性花管状，或为盘状而仅有同形的两性管状花。

5a. 基生叶及下部茎生叶叶柄基部鞘状抱茎 ··**55. 橐吾属 Ligularia**

5b. 基生叶及下部茎生叶叶柄基部不为鞘状抱茎。

6a. 花药基部具较明显的尾 ··**53. 合耳菊属 Synotis**

6b. 花药基部无明显的尾。

7a. 总苞片外层无小苞片；花丝颈部不膨大；基生叶花期宿存；叶不分裂，全缘或具微齿，稀浅裂 ··**52. 狗舌草属 Tephroseris**

7b. 总苞片外层具小苞片；花丝颈部膨大；基生叶花期枯萎；叶羽状分裂或具浅齿 ···**54. 千里光属 Senecio**

48. 款冬属 Tussilago L.

款冬 Tussilago farfara L.

多年生草本，高 10—25cm。基生叶宽卵形，基部心形。边缘浅波状且有疏齿，具掌状叶脉。头状花序顶生；总苞筒状钟形，总苞片 1—2 层；舌状花和管状花均为黄色。瘦果长椭圆形，冠毛淡黄色。生于河边、沙质地。产锡林(兴和县)、阴南、鄂尔。

49. 多榔菊属 Doronicum L.

1a. 子房和瘦果一样，无毛或疏被毛，全部瘦果具冠毛。生于亚高山草甸、林缘、林下。产阴山(乌拉山) ···**1. 阿尔泰多榔菊 D. altaicum** Pall.

1b. 子房和瘦果异形，辐射花的瘦果无毛且无冠毛，盘花的瘦果具冠毛且被毛。生于山地云杉林下。产贺兰山 ···**2. 中亚多榔菊 D. turkestancum** Cavill.

50. 兔儿伞属 Syneilesis Maxim.

兔儿伞 Syneilesis aconitifolia (Bunge) Maxim.

多年生草本，高 70—100cm。茎生叶圆盾形，掌状深裂，裂片 7—9，再 2—3 回叉状分裂，小裂片条形，边缘有不规则的小齿。头状花序密集成复伞房状；总苞狭筒形，总苞片 1 层；管状花带红色。瘦果圆柱形，冠毛淡红褐色。生于山地林下、林缘草甸。产兴安北、兴安南、岭西、岭东、燕北。

51. 蟹甲草属 Parasenecio W. W. Smith. et J. Small——*Cacalia* L.

1a. 中部叶三角状戟形，叶柄基部不为耳状抱茎。

2a. 叶下面密被柔毛；总苞片外面密被腺状短柔毛。生于山地林缘、林下、河滩草甸。产兴安北、岭西、兴安南、燕北、阴山 ····················**1a. 山尖子 P. hastatus** (L.) H. Koyama var. **hastatus**——*Cacalia hastata* L.

2b. 叶下面无毛或仅沿脉疏被短柔毛；总苞片外面无毛或仅基部微被毛。生境同原变种。产兴安北、岭西、兴安南、燕北、阴山(乌拉山) ···**1b. 无毛山尖子 P. hastatus** (L.) H. Koyama var. **glaber** (Ledeb.) Y. L. Chen ——*Cacalia hastata* L. var. *glabra* Ledeb.

1b. 中部叶五角状肾形或三尖状肾形，叶柄基部为耳状抱茎。生于山地林下、林缘草甸。产兴安北……………………………………………… 2. 耳叶蟹甲草 **P. auriculatus** (DC.) J. K. Grant.——*Cacalia auriculata* DC.

52. 狗舌草属 Tephroseris (Reichenb.) Reichenb.

1a. 多年生草本；冠毛果期不明显伸长，短于管状花花冠；舌状花舌片黄色、橙黄色或橙红色。

2a. 舌片黄色，较短，长 6—11mm。

3a. 瘦果被毛。生于典型草原、草甸草原、山地林缘。产兴安北、岭东、岭西、辽河、兴安南、赤峰、燕北、锡林、阴山、阴南 ……………………………………………………… 1. 狗舌草 **T. kirilowii** (Turcz. ex DC.) Holub

3b. 瘦果无毛。生于河边沙地、路边、河滩草甸。产兴安北、兴安南………………………………………………………………………………………………… 2. 尖齿狗舌草 **T. subdentata** (Bunge) Holub

2b. 舌片橙红色或橙黄色，较长，长 13—25mm；瘦果被毛。生于草甸及林缘灌丛。产兴安北、岭西、岭东、兴安南、燕北、锡林 …………………………………… 3. 红轮狗舌草 **T. flammea** (Turcz. ex DC.) Holub

1b. 一、二年生草本；冠毛果期明显伸长，长于管状花花冠；舌状花舌片浅黄色，长约 5.5mm；瘦果无毛。生于湖边沙地、沼泽。产兴安北、岭东、岭西、呼伦、兴安南、锡林……… 4. 湿生狗舌草 **T. palustris** (L.) Reich.
——*Senecio arcticus* Rupr.

53. 合耳菊属(尾药菊属) Synotis (C. B. Clarke) C. Jeffrey et Y. L. Chen

术叶合耳菊 Synotis atractylidifolia (Y. Ling) C. Jeffrey et Y. L. Chen

多年生草本，高 30—60cm。叶披针形或狭披针形，先端渐尖，边缘具细锯齿。头状花序在茎顶排列成密集的复伞房状；总苞圆筒形，总苞片 2 层；舌状花黄色，管状花黄色。瘦果圆柱形，冠毛白色、黄色或带红色。生于山地沟谷、林缘灌丛。产阴山、东阿(狼山)、贺兰山。

54. 千里光属 Senecio L.

1a. 头状花序无舌状花，管状花花冠细长；一年生草本。

2a. 总苞片约 15；外层小苞片 4—5；花序疏散；花梗长 1.5—4cm。生于河边沙地、盐化草甸、林缘。产呼伦、燕北、阴山、东阿 ………………………………… 1. 北千里光 **S. dubitabilis** C. Jeffrey et Y. L. Chen

2b. 总苞片 18—22；外层小苞片 7—11；花序密集；花梗长 0.5—2cm。生于山坡、路边。产兴安北、赤峰、燕北 ……………………………………………………………… 2. 欧洲千里光 **S. vulgaris** L.

1b. 头状花序具舌状花，管状花花冠较宽；多年生草本，稀一、二年生草本。

3a. 叶不分裂。

4a. 中部叶卵状披针形或矩圆状披针形，长 5—15cm，宽 1—3cm，先端渐尖，基部楔形，近无柄，边缘具细锯齿。生于山地林缘、河边草甸。产兴安北、岭西、岭东、兴安南、赤峰、燕北 ……………………………………………………………………………… 3. 林荫千里光 **S. nemorensis** L.

4b. 中部叶长倒卵形、倒披针形或条状椭圆形，长 2.5—4cm，宽 1—1.5cm，先端钝或尖，基部渐狭，下延成柄，边缘具浅齿、羽状浅裂。生于山坡草地、溪边、沟谷。产龙首山……………………………………………………………… 4. 天山千里光 **S. tianshanicus** Regel. et Schmalh.

3b. 叶羽状分裂。

5a. 叶羽状深裂，侧裂片 2—3 对，叶基部具 2 小叶耳。生于山地林缘、河边草甸。产兴安北、岭西、岭东 ·……………………………………………………………… 5. 麻叶千里光 **S. cannabifolius** Less.

5b. 叶羽状分裂，侧裂片多对，叶基部无叶耳。

6a. 头状花序总苞大，直径 10—15mm；瘦果被毛；舌状花花冠长 12—35mm。生于山地林缘、草甸、河边湿地。产兴安北、岭东、燕北、阴南(和林格尔县) … 6. 琥珀千里光 **S. ambraceus** Turcz. ex DC.

——东北千里光 *S. ambraceus* Turcz. ex DC. var. *glaber* Kitam.

6b. 头状花序总苞小，直径 4—8mm；瘦果无毛；舌状花花冠长 10—15mm。生于山地林缘、河边草甸、河边柳灌丛。产兴安北、岭东、兴安南、辽河(大青沟)、赤峰、燕北、阴山、鄂尔 ………………………………………………………………… **7. 额河千里光 S. argunensis** Turcz.

55. 橐吾属 Ligularia Cass.

1a. 头状花序单生茎顶；叶三角状戟形或肾状戟形，先端渐尖或锐尖，基部箭形。生于山地林缘、林下、沟谷草甸。产兴安北 ………………………………… **1. 长白山橐吾 L. jamesii** (Hemsl.) Kom.

1b. 头状花序多数，通常在茎顶排列成总状。

2a. 叶掌状深裂。生于山地林缘灌丛、草甸、沟谷、溪边。产阴山、贺兰山 ………………………………………………………………… **2. 掌叶橐吾 L. przewalskii** (Maxim.) Diels

2b. 叶不分裂。

3a. 叶矩圆形或椭圆形，基部圆形或浅心形；全缘或下部有波状浅齿。生于山地灌丛、石质坡地、草甸草原、草甸。产岭东、兴安南、科尔沁、燕北、锡林、阴山 ………… **3. 全缘橐吾 L. mongolica** (Turcz.) DC.

3b. 叶三角状卵形、箭状心形、卵状心形、肾形、肾状心形，边缘具齿，基部心形或深心形。

4a. 叶三角状卵形、卵状心形或箭状心形，先端钝尖或锐尖；冠毛白色，与管状花近等长。

5a. 总苞较小，长 6—7mm，宽 3—4mm；舌状花较短，长 6—10mm。生于河滩草甸、河边沼泽。产兴安北、岭西、兴安南、燕北、锡林、鄂尔 ……………………………… **4. 箭叶橐吾 L. sagitta** (Maxim.) Mattf. ex Rehder et Kobuski

5b. 总苞较大，长 9—10mm，宽 5—8mm；舌状花较长，长 10—20mm。生于林缘草甸、河滩柳灌丛、沼泽。产兴安北、岭西、兴安南、科尔沁、锡林 …………… **5. 橐吾 L. sibirica** (L.) Cass.

4b. 叶肾形、肾状心形，先端钝圆或稍尖；冠毛褐色，明显短于管状花。

6a. 总苞钟形；舌状花 5—9。

7a. 苞叶卵形或卵状披针形；叶及总苞片无毛或疏被褐色有节短毛。生于林缘、河滩草甸、河边灌丛。产兴安北、岭西、兴安南、燕北、赤峰 ….. **6. 蹄叶橐吾 L. fischeri** (Ledeb.) Turcz.

7b. 苞叶卵状披针形或披针形；叶及总苞片密被褐色有节短柔毛。生于草甸、山坡草地。产兴安北、岭西、兴安南 ………………………… **7. 黑龙江橐吾 L. sachalinansis** Nakai

6b. 总苞圆筒形；舌状花 4—6。生于山地林缘、沟谷草甸。产燕北、阴山 ……………………………………………………………… **8. 狭苞橐吾 L. intermedia** Nakai

(7) 蓝刺头族 Echinopsideae Cass.

56. 蓝刺头属 Echinops L.

1a. 一年生草本；总苞片外面被蛛丝状长毛。

2a. 叶不分裂，条形或条状披针形，绿色，疏被蛛丝状毛及腺毛；茎枝淡黄绿色，被腺毛。生于固定沙地、沙质撂荒地、居民点及畜群点周围。产呼伦、辽河、科尔沁、赤峰、燕北、锡林、乌兰、阴南、鄂尔、东阿、西阿、额济纳 ……………………………………………………………… **1. 砂蓝刺头 E. gmelinii** Turcz.

2b. 叶羽状半裂或浅裂，两面灰白色，密被蛛丝状毛；茎枝灰白色，密被蛛丝状毛。生于石质山坡径流线上。产西阿(阿拉善左旗苏红图) ……………………………… **2. 丝毛蓝刺头 E. nanus** Bunge

1b. 多年生草本；叶羽状分裂；总苞片外面无蛛丝状长毛。

3a. 叶质地坚硬，革质，裂片扭曲，刺较粗长。生于石质山地、砂砾质戈壁、砂质戈壁、石质山地阳坡。产阴南、鄂尔、东阿(桌子山)、贺兰山 ……………………………… **3. 火烙草 E. przewalskii** Iljin

3b. 叶质地较薄，纸质或厚纸质，裂片平展或稍扭曲，刺较细短。

4a. 中下部叶 2 回羽状分裂。

5a. 茎灰白色，上部密被白色蛛丝状绵毛，下部疏被蛛丝状毛；叶边缘具不规则刺齿或三角形刺齿。生于富含杂类草的草原群落中，也见于山地草原及林缘草甸。产岭东、岭西、呼伦、兴安南、科尔沁、赤峰、燕北、锡林、乌兰、阴山、阴南、鄂尔、东阿(桌子山)…………………………………………………………………………4. **驴欺口(蓝刺头) E. davuricus** Fisch. ex Horn.——*E. latifolius* Tausch.

5b. 茎上部密被褐色蛛丝状绵毛，下部被褐色长节毛；叶边缘具不规则刺齿和针刺状缘毛。生于山地草原，也见于富含杂类草的禾草草原。产兴安北、岭西、岭东、呼伦、兴安南、锡林、阴山……………………………………………………………………………5. **褐毛蓝刺头 E. dissectus** Kitag.

4b. 茎叶 1 回羽状分裂，边缘具不规则刺齿和针刺状缘毛。生于山地林缘、山坡草地、河漫滩草甸。产兴安南…………………………………………………………6. **羽裂蓝刺头 E. pseudosetifer** Kitag.

(8) 菜蓟族 Cynareae Less.

1a. 叶缘具刺。

2a. 头状花序基部为羽状分裂的苞叶所包围；根状茎肥大，横走，结节状……………………………………………………………………………………**57. 苍术属 Atractylodes**

2b. 头状花序基部不为苞叶所包围；如具根状茎亦不肥大呈结节状。

3a. 花黄色或白色。

4a. 花白色，外层总苞片具刺齿；雌雄异株 ……………………**58. 革苞菊属 Tugarinovia**

4b. 花黄色，外层总苞片不具刺齿；花两性 ……………………**63. 黄缨菊属 Xanthopappus**

3b. 花紫红色、粉红色、蓝紫色，极少白色。

5a. 冠毛羽状；叶不沿茎下延成具刺齿的翅 ……………………………**65. 蓟属 Cirsium**

5b. 冠毛糙毛状；叶沿茎下延成具刺齿的翅。

6a. 植株高大；叶草质，下面淡绿色，被皱缩长柔毛；头状花序小，直径 1.5—2.5cm…………………………………………………………………………………**66. 飞廉属 Carduus**

6b. 植株较低矮；叶革质，下面密被灰白色毡毛；头状花序大，直径 2—5cm……………………………………………………………………………………**64. 蝟菊属 Olgaea**

1b. 叶缘通常无刺。

7a. 二年生或多年生草本；小花红紫色、紫色或白色，具冠毛；冠毛羽毛状或糙毛状。

8a. 总苞片顶端具钩刺；基生叶大型，宽卵形或心形……………………………**61. 牛蒡属 Arctium**

8b. 总苞片顶端不为钩刺；基生叶非上述情况。

9a. 总苞片具大型干膜质全缘或撕裂的附片。

10a. 头状花序大，直径 3—6cm；冠毛宿存 ……………………**70. 漏芦属 Rhaponticum**

10b. 头状花序小，直径 1—1.5cm；冠毛脱落 …………………**62. 顶羽菊属 Acroptilon**

9b. 总苞片无明显或有小型的附片。

11a. 总苞片有长刺……………………………………………………**69. 山牛蒡属 Synurus**

11b. 总苞片有短刺尖或无刺。

12a. 头状花序异型，缘花雌性或无性。

13a. 总苞片紫褐色，密被褐色卷毛，先端渐尖或锐尖，不具附属物………………………………………………………………………………**68. 伪泥胡菜属 Serratula**

13b. 总苞片具附属物；附属物边缘具缘毛或具刺尖或膜质……………………………………………………………………………**72. 矢车菊属 Centaurea**

12b. 头状花序同型，全部小花两性。

14a. 冠毛多层。

15a. 冠毛糙毛状；根颈部无白色团状绵毛；总苞片绿色或黄绿色，不被褐色短毛……………………………………………**67. 麻花头属 Klasea**

15b. 冠毛羽状、短羽状或有锯齿毛，少数特长；根颈部有极厚的白色团状绵毛……………………………………………**59. 苓菊属 Jurinea**

14b. 冠毛 1—2 层，外层糙毛状，内层羽状…………**60. 风毛菊属 Saussurea**

7b. 一年生草本；小花红色；冠毛缺或呈鳞片状。栽培……………………………**71. 红花属 Carthamus**

57. 苍术属 Atractylodes DC.

1a. 叶有较长的柄，3—5 羽状全裂，边缘的刺平伏或内弯。生于山坡草地、灌丛、及林间草丛。产岭东、兴安南、燕北……………………………………………**1. 关苍术 A. japonica** Koidz. ex Kitam.

1b. 叶无柄或具短柄，不分裂或 3—5(7—9)羽状浅裂或深裂，边缘的刺开展。生于山地阳坡、半阴坡草灌丛。产兴安北、岭东、兴安南、赤峰、燕北、阴山……………………………**2. 苍术 A. lancea** (Thunb.) DC.

58. 革苞菊属 Tugarinovia Iljin

1a. 叶片轮廓长椭圆形、矩圆形或矩圆状披针形，羽状深裂或全裂，稀羽状浅裂，裂片边缘具不规则浅齿；羽状叶脉。生于砾质或石质残丘坡地。产乌兰(达尔罕茂明安联合旗、乌拉特中旗)、东阿(狼山、乌拉特后旗、阿拉善左旗北部)……………………………………………**1. 革苞菊 T. mongolica** Iljin

1b. 叶片轮廓卵圆形或卵形，边缘不分裂，仅具不规则浅齿；离基 3—5 出掌状叶脉。生于低山丘陵砾石质坡地。产东阿(桌子山)、贺兰山……………………**2. 卵叶革苞菊 T. ovatifolia** (Y. Ling et Y. C. Ma) Y. Z. Zhao

——*T. mongolica* Iljin var. *ovatifolia* Y. Ling et Y. C. Ma

59. 苓菊属 Jurinea Cass.

蒙新苓菊 Jurinea mongolica Maxim.

多年生草本，高 6—20cm。叶羽状深裂或浅裂，侧裂片披针形或条形。头状花序单生于枝端；总苞钟形，总苞片多层；管状花红紫色。瘦果倒圆锥形，具 4 棱，冠毛多层，污黄色，糙毛状。为荒漠草原带和荒漠带的小针茅草原和草原化荒漠群落的恒有伴生种，也见于路边、畜群点。产鄂尔、东阿、西阿、龙首山。

60. 风毛菊属 Saussurea DC.

1a. 头状花序少数，在茎顶密集，为扩大的膜质叶状苞所包围(**1. 雪莲亚属** Subgen. **Amphilaena** (Stschegl.) Lipsch.)；叶条状披针形至宽披针形，边缘有细锯齿。生于山地草甸、山地草甸草原。产兴安南、燕北……………………………………………**1. 紫苞风毛菊 S. iodostegia** Hance

1b. 头状花序多数或少数，不为扩大的膜质叶状苞所包围。

2a. 总苞片顶端有扩大的膜质或草质附片(**2. 扩苞亚属** Subgen. **Theodorea** (Cass.) Lipsch.)。

3a. 总苞片顶端的附片全缘或有齿。

4a. 叶裂片、锯齿和总苞片的先端具骨质小尖头。

5a. 茎无翼或有不明显的窄翼；外层总苞片伸长，常与内层总苞片等长或超出；叶大头羽状全裂或深裂或不分裂且全缘。生于盐渍低地。产呼伦、辽河、科尔沁、锡林、乌兰、阴南、鄂尔、东阿、西阿……………………………………………**2. 碱地风毛菊 S. runcinata** DC.

——全叶碱地风毛菊 *S. runcinata* DC. var. *integrifolia* H. C. Fu et D. S. Wen

5b. 茎有具齿的翼；外层总苞片明显较内层总苞片为短。

6a. 植株高 15—40cm；基生叶和下部叶长 3—10cm，2 回羽状深裂；内层总苞片先端有淡紫色而反折的附片。生于盐碱低地。乌兰、鄂尔、东阿、西阿……………………………………………………………………**3. 裂叶风毛菊 S. laciniata** Ledeb.

6b. 植株高 50—70cm；基生叶和下部叶长 10—20cm，叶 1 回羽状分裂；内层总苞片先端膜质，紫色或淡紫色，附片不反折。生于盐渍低地。产额济纳……………………………………………………………………**4. 翅茎风毛菊 S. alata** DC.

4b. 叶裂片、锯齿和总苞片的先端无骨质小尖头。

7a. 总苞球形或球状钟形，直径 10—15mm；全部总苞片先端具扩大的膜质附片。生于山地林缘、灌丛、沟谷草甸。产兴安北、岭西、兴安南、辽河、燕北、锡林……………………………………………………………………**5. 美花风毛菊 S. pulchella** (Fisch.) Fisch.

7b. 总苞钟形或狭钟形，直径 8—13mm；中层和内层总苞片先端具扩大的膜质附片。

8a. 外层总苞片先端无附片；叶全缘或有波状齿以至浅裂。生于村旁、路边。产内蒙古各地……………………………………………………**6. 草地风毛菊 S. amara** (L.) DC.

——小花草地风毛菊 *S. amara* (L.) DC. var. *microcephala* (Franch.) Lipsch.

——尖苞草地风毛菊 *S. amara* (L.) DC. var. *exappendiculata* H. C. Fu

8b. 外层总苞片先端具膜质附片；叶羽状半裂或深裂。

9a. 叶基部不沿茎下延成翅。生于山地、草甸草原、河岸草甸、路边、撂荒地。产兴安北、岭西、辽河、兴安南、科尔沁、赤峰、燕北、锡林、阴山、阴南………………………………………………**7a. 风毛菊 S. japonica** (Thunb.) DC. var. **japonica**

——全叶风毛菊 *Saussurea japonica* (Thunb.) DC. var. *subintegra* (Regel) Kom.

——齿叶风毛菊 *S. japonica* (Thunb.) DC. var. *dentata* Kom.

——细叶风毛菊 *S. japonica* (Thunb.) DC. var. *leariloba* Nakai

9b. 叶基部沿茎下延成翅，具牙齿或全缘。生境、产地同原变种………………………………………………**7b. 翼茎风毛菊 S. japonica** (Thunb.) DC. var. **pteroclada** (Nakai et Kitag.) Raab-Straube

——*S. japonica* (Thunb.) DC. var. *alata* (Regel) Kom.

3b. 总苞片顶端的附片通常有胼胝质齿。

10a. 叶条状披针形或条形，全缘；头状花序单生枝端，于茎上部排列成疏伞房状。生于草甸、沼泽地。产辽河、科尔沁、乌兰………………**8. 京风毛菊 S. chinnampoensis** H. Levl. et Vant.

——细弱京风毛菊 *S. chinnampoensis* Levl. et Vant. var. *gracilis* H. C. Fu et D. S. Wen

10b. 叶披针形、倒披针形或矩圆状披针形，羽状深裂、半裂或齿裂；头状花序多数，在茎枝端排列成伞房状或圆锥状。生于沙质坡地。产东阿…**9. 羽裂风毛菊 S. pinnatidentata** Lipsch.

2b. 总苞片顶端无扩大的膜质附片(**3. 风毛菊亚属** Subgen. **Saussoria**)。

11a. 总苞片边缘具栉齿状附片。

12a. 头状花序大；总苞直径 8—10mm；茎下部叶具 5—8 对裂片，较宽。生于山地林缘、沟谷、路旁。产兴安北、兴安南、赤峰、燕北………………**10. 篦苞风毛菊 S. pectinata** Bunge ex DC.

12b. 头状花序小；总苞直径 5—8mm；茎下部叶具 10 对裂片，较窄。生于山地林缘、灌丛。产兴安北、岭西、兴安南、辽河(大青沟)、燕北……**11. 齿苞风毛菊 S. odontolepis** Sch. Bip. ex Maxim.

11b. 总苞片全缘或近全缘。

13a. 叶肉质；茎叶具咸苦味。

14a. 植株灰绿色；叶全缘或多少具波状齿；瘦果顶端具短的小冠。

15a. 植株高 10—80cm；基生叶三角形、卵形、倒卵形、卵状矩圆形或菱形，宽 1—4cm，基部宽楔形、近截形或戟形；头状花序常 1—3 个着生于茎枝顶端。生于盐渍化低地。产额济纳(野马泉)··**12. 假盐地风毛菊 S. pseudosalsa** Lipsch.

15b. 植株高 4—15cm；基生叶披针形或长椭圆形，宽 0.5—2cm，基部楔形或宽楔形；头状花序少数或多数，在茎顶密集排列成半球状或球状伞房状。生于芨芨草草滩及盐化草甸。产呼伦、锡林、乌兰、东阿、西阿……………………………………………………………………………… **13. 达乌里风毛菊 S. davurica** Adam.

14b. 植株绿色；叶大头羽状深裂或全裂；瘦果顶端无小冠。生于盐渍化低地。产呼伦、锡林、鄂尔、东阿、贺兰山、西阿、额济纳 ……………… **14. 盐地风毛菊 S. salsa** (Pall.) Spreng.

13b. 叶草质；茎叶不具咸苦味。

16a. 叶狭窄，宽 1—5mm。

17a. 叶无柄，全缘，边缘反卷；头状花序单生茎顶；总苞片先端长渐尖或渐尖。

18a. 外层总苞片狭三角状条形，被绢状长柔毛，先端长渐尖；叶长 5—10cm。生于海拔 3000m 以上的高山草甸。产贺兰山 ………………………………………

· **15. 直苞风毛菊 S. ortholepis** (Hand.-Mazz.) Y. Z. Zhao et L. Q. Zhao comb. nov.

——直鳞禾叶风毛菊 *S. graminea* Dunn var. *ortholepis* Hand.-Mazz.

——禾叶风毛菊 *S. graminea* acut. non Dunn: Fl. Intramogol. 4: 721. 1993.

18b. 外层总苞片披针形，疏被白色绵毛，先端渐尖；叶长 1—2.5cm。生于河谷地带。产呼伦、岭西 ………………… **16. 美丽风毛菊 S. pulchra** Lipsch.

17b. 叶具柄，羽状浅裂、全缘或有疏齿；头状花序少数；总苞片先端锐尖或稍圆钝。

19a. 植株为密丛型；叶狭长椭圆形至条形，羽状浅裂、全缘或有疏齿，下面密被白色绵毛。生于干燥山坡、石质丘顶。产锡林、乌兰……………………………………………………………………… **17. 灰白风毛菊 S. cana** Ledeb.

19b. 植株非密丛型；叶条形或条状披针形，全缘或有疏齿，下面密被白色毡毛。

20a. 植株高 15—25cm；叶条形，宽 2—4mm，边缘有疏齿。生于山地荒漠草原。产东阿(狼山、桌子山)、贺兰山 ……………………………………………………………… **18. 西北风毛菊 S. petrovii** Lipsch.

20b. 植株高 15—40cm；叶条形或条状披针形，宽 3—5mm，全缘，稀基部边缘有疏齿。生于典型草原及山地草原。兴安北、岭东、岭西、呼伦、兴安南、锡林、贺兰山 ………… **19. 柳叶风毛菊 S. salicifolia** (L.) DC.

16b. 叶宽阔，宽 1.5—8cm。

21a. 叶不分裂。

22a. 基生叶和茎下部叶基部心形、戟形、截形、圆形乃至楔形。

23a. 叶下面被白色毡毛。

24a. 植株高 50—70cm；基生叶和茎下部叶披针状三角形或卵状三角形，基部戟形或心形；总苞密被白色绵毛。生于林下、灌丛。产兴安南、燕北 …………**20. 银背风毛菊 S. nivea** Turcz.

24b. 植株高 20—30cm；基生叶和茎下部叶椭圆形或卵状椭圆形，基部浅心形、近圆形或宽楔形；总苞密被白色长柔毛。生于海拔 2500—2800m 的山地灌丛或岩石缝中。产贺兰山、龙首山 ……………………………… **21. 阿拉善风毛菊 S. alaschanica** Maxim.

——缩茎阿拉善风毛菊 *S. alaschanica* Maxim. var. *acaulis* Z. Y. Chu et C. Z. Liang

——多头阿拉善风毛菊 *S. alaschanica* Maxim. var. *polycephala* Z. Y. Chu et C. Z. Liang

23b. 叶下面被蛛丝状毛，以至无毛。

25a. 总苞片先端反折。

26a. 总苞直径 10—15mm；叶片被毛。

27a. 总苞片上部暗紫色，外层的先端锐尖；叶卵状三角形或三角状卵形，上面疏被糙硬毛，下面疏被皱曲柔毛或无毛。生于山地林缘、灌丛、草甸。产兴安北、岭东、岭西、兴安南、燕北、阴山 ……………… **22. 折苞风毛菊 S. recurvata** (Maxim.) Lipsch.

27b. 总苞片上部绿色，外层的先端长尾状渐尖；叶矩圆状披针形，上面被褐色皱曲柔毛，下面被蛛丝状毛。生于山地林下、林间草甸。产兴安北 …………… **23. 山风毛菊 S. umbrosa** Kom.

26b. 总苞直径 20—25mm；叶片椭圆状披针形或卵状披针形，先端渐尖，无毛。生于山地林缘、草甸、河岸。产燕北 ……………………………… ……………………… **24. 卷苞风毛菊 S. sclerolepis** Nakai et Kitag.

25b. 总苞片先端不反折。

28a. 叶质厚硬，卵形、矩圆状卵形或宽卵形，边缘有短刺尖的细齿，下面灰白色，疏或密被蛛丝状毛或无毛。生于山地草地、沟谷。产兴安北、岭东、呼伦、兴安南、燕北 …… **25. 硬叶风毛菊 S. firma** (Kitag.) Kitam.

28b. 叶质薄软，三角形、矩圆状三角形或三角状卵形，边缘有不规则的浅齿，下面绿色或淡绿色，疏被毛。

29a. 总苞圆筒形，直径 3—4mm；叶矩圆状三角形，下面疏被短硬毛和腺点，边缘具不规则波状齿。生于山地林缘。产燕北、阴山(蛮汗山) ………………… **26. 狭头风毛菊 S. dielsiana** Koidz.

29b. 总苞筒状钟形，直径 5—8mm；叶卵状三角形或三角状卵形，下面疏被柔毛边缘具不规则锯齿。生于山坡草地、林下、河边。产兴安北、岭东、岭西、兴安南、科尔沁、燕北 ……………………… ……………………… **27. 乌苏里风毛菊 S. ussuriensis** Maxim.

22b. 基生叶和茎下部叶基部渐狭而成柄。

30a. 茎生叶披针形或条状披针形。

31a. 叶全缘，下面无毛。生于河谷草地。产呼伦、兴安南、锡林 ……………………………………… ………………………… **28. 密花风毛菊 S. acuminata** Turcz. ex Fisch. et C. A. Mey.

31b. 叶有细齿，下面密被蛛丝状毛。生于沼泽化草甸。产兴安北、兴安南、燕北 …………………… ……………………………………………… **29. 龙江风毛菊 S. amurensis** Turcz. ex DC.

30b. 茎生叶椭圆形、长椭圆形或椭圆状披针形。

32a. 叶两面无毛；总苞片背面疏被蛛丝状毛。生于山地林下。产阴山(大青山) …………………… ……………………………………………… **30. 狭翼风毛菊 S. frondosa** Hand.-Mazz.

32b. 叶上面近无毛或被微毛，下面被微毛；总苞片背面无毛或被微毛。

33a. 总苞片先端或全部暗黑色；冠毛明显露出于总苞之外。生于山地林下、灌丛、林缘草甸。产兴安北、岭西、兴安南、燕北、阴山 …… **31. 小花风毛菊 S. parviflora** (Poir.) DC.

33b. 总苞片绿色或先端稍带黑紫色；冠毛藏于总苞之内。生于林缘、林间草甸。产兴安北、燕北 ……………………………………………… **32. 齿叶风毛菊 S. neoserrata** Nakai

21b. 叶分裂。

34a. 叶 1 回羽状分裂。

35a. 总苞片直立。

36a. 叶大头羽状深裂，侧裂片 4—8 对，向下，披针形或倒披针形，边缘不规则齿裂；总苞筒状钟形。生于山地草甸、林缘、林下。产兴安北、岭东、岭西、兴安南、燕北……………… ……………………………………………… **33. 羽叶风毛菊 S. maximowiczii** Herd.

36b. 叶不整齐羽状全裂，侧裂片2—5对，向上或伸展，条形或条状披针形，边缘全缘。

37a. 总苞倒卵状或倒圆锥状，总苞片黄绿色；叶的侧裂片2—3对，细长，全缘，两面无毛；茎几无毛。生于石质山坡、山地沟谷。产西阿(雅布赖山)…………………………………………………………**34. 雅布赖风毛菊 S. yabulaiensis** Y. Y. Yao

37b. 总苞钟形，总苞片红紫色；叶的侧裂片3—5对，短小，全缘或具1—3个小齿，两面被蛛丝状毛；茎疏被蛛丝状毛。生于石质山坡。产龙首山……………………………………………………**35. 毓泉风毛菊 S. mae** H. C. Fu

35b. 总苞片先端反折。

38a. 头状花序单生于茎顶；叶轮廓椭圆形或披针形，侧裂片条形或条状披针形。生于石质山坡。产贺兰山、龙首山……………………………**36. 阿右风毛菊 S. jurineioides** H. C. Fu

——贺兰山风毛菊 *S. halanshanensis* Z. Y. Chu et C. Z. Liang

38b. 头状花序少数在茎顶排列成伞房状；叶轮廓卵状三角形或三角状卵形，侧裂片矩圆形或矩圆状披针形，边缘不规则齿裂。

39a. 总苞片上部暗紫色，先端锐尖；总苞钟状，直径10—15mm；叶上面疏被糙硬毛，下面疏被皱曲柔毛或无毛。生境、产地同27a项……………………………………………………………………**22. 折苞风毛菊 S. recurvata**

39b. 总苞片上部绿色，先端长渐尖或渐尖。

40a. 总苞钟状筒形，直径5—7mm；叶质较厚，两面有短糙伏毛。生于山地林下、林缘。产兴安南、燕北、阴山…… **37. 华北风毛菊 S. mongolica** (Franch.) Franch.

40b. 总苞倒圆锥状，直径10—12mm；叶质较薄，上面疏被乳头状毛或短硬毛，下面近无毛。生于沟谷草甸。产兴安北…… **38. 林风毛菊 S. sinuata** Kom.

34b. 叶2回羽状全裂，裂片11—13对，小裂片条形、披针状条形；头状花序多数在茎上部排列成疏松的圆锥花序。生于石质山坡。产东阿(桌子山)…………… **39. 荒漠风毛菊 S. deserticola** H. C. Fu

61. 牛蒡属 Arctium L.

牛蒡 Arctium lappa L.

二年生杂草，高达1m。叶宽卵形，先端钝，基部心形，全缘或波状。头状花序单生于茎顶或多数排列成伞房状；总苞球形，总苞片多层；管状花红紫色。瘦果椭圆形，冠毛白色，糙毛状。生于村落路边、山沟、杂草地。产兴安北、兴安南、辽河(大青沟)、科尔沁、赤峰、燕北、阴山、鄂尔、贺兰山、龙首山。

62. 顶羽菊属 Acroptilon Cass.

顶羽菊 Acroptilon repens (L.) DC.

多年生草本，高40—60cm。叶披针形或条形，全缘或疏具锯齿以致羽状分裂。头状花序单生于茎顶；总苞卵形；总苞片4—5层；花冠紫红色。瘦果矩圆形，冠毛白色。生于荒漠草原、芨芨草盐化草甸，也见于灌溉的农田。产乌兰、阴山、阴南、鄂尔、东阿、西阿、贺兰山、龙首山。

63. 黄缨菊属 Xanthopappus Winkl.

黄缨菊 Xanthopappus subacaulis C. Winkl.

多年生无茎草本。叶莲座状，平展，革质，轮廓矩圆状披针形，羽状深裂，边缘有不规则的裂片或牙齿，顶端具黄色硬刺，上面绿色，无毛，下面密被蛛丝状毡毛。头状花序倒卵状球形，无梗或近无梗，数个密集于莲座状的叶丛中，总苞片多层；花黄色。瘦果倒卵形，扁平，冠毛多层，淡黄色。生于山坡。产龙首山。

64. 蝟菊属 **Olgaea** Iljin

1a. 茎翅极窄，宽 1—2mm，边缘具针刺；总苞稍灰白色，被蛛丝状毛。生于草原沙壤质、砾质栗钙土及山地阳坡石质土上。产呼伦、兴安南、科尔沁、赤峰、锡林、乌兰、阴山、东阿(桌子山、狼山)、贺兰山 ………………………………………………………………………………… 1. **蝟菊 O. lomonosowii** (Trautv.) Iljin

1b. 茎翅较宽，宽 1—2cm，边缘具刺齿；总苞绿色，无蛛丝状毛或疏被蛛丝状毛。

2a. 茎粗壮；叶长椭圆形或椭圆状披针形，长 5—25cm，宽 2—4cm。生于沙质、沙壤质栗钙土、棕钙土、固定沙地。产呼伦、辽河、兴安南、科尔沁、赤峰、锡林、乌兰、阴山、阴南、鄂尔、东阿、西阿、贺兰山 ……………………………………………………………………… 2. **鳍蓟 O. leucophylla** (Turcz.) Iljin

2b. 茎较细；叶长条状披针形，长 5—7cm，宽 1—2cm。生于撂荒地、砾石质坡地。产阴南、鄂尔 ……………………………………………………………………… 3. **青海鳍蓟 O. tangutica** Iljin

65. 蓟属 **Cirsium** Mill.

1a. 雌雄同株，全部小花两性，有发育的雌蕊和雄蕊；果期冠毛与小花花冠等长或较短。

2a. 全部总苞片顶端锐尖或渐尖，不呈红色膜质扩大。

3a. 无茎草本；头状花序集生于莲座状叶丛中。生于河漫滩阶地、湖滨阶地、山间谷地草甸。产兴安北、岭西、呼伦、兴安南、科尔沁、锡林、阴山 ……………………… 1. **莲座蓟 C. esculentum** (Sievers) C. A. Mey.

3b. 直立有茎草本。

4a. 头状花序下垂；叶 2 回羽状深裂；小花狭管部细丝状，2—3 倍长于檐部。生于河漫滩草甸、湖滨草甸、沟谷及林缘草甸。产兴安北、岭西、呼伦、辽河、兴安南、科尔沁、燕北、锡林、阴山、阴南、鄂尔 ……………………………………………………… 2. **烟管蓟 C. pendulum** Fisch. ex DC.

4b. 头状花序直立；叶不分裂或羽状分裂；小花狭管部不为细丝状，与檐部等长或较短。

5a. 叶不分裂。

6a. 叶两面同色，绿色，无毛或被多细胞长节毛。生于山地林缘、低湿草甸。产兴安南、辽河、燕北、锡林(正蓝旗) ……………………… 3. **块蓟 C. viridifolium** (Hand.-Mazz.) C. Shih
——*C. salicifolium* (Kitag.) C. Shih

6b. 叶两面异色，上面绿色，被多细胞长节毛，下面灰白色，密被蛛丝状丛卷毛。生于山地林缘、林缘草甸、沟谷、河岸及湖滨草甸。产兴安北、岭东、岭西、呼伦、辽河、兴安南、科尔沁、燕北 ……………………………………… 4. **绒背蓟 C. vlassovianum** Fisch. ex DC.

5b. 叶羽状分裂，浅裂、半裂或深裂。

7a. 叶两面同色，干后仍保持绿色，沿脉疏被多细胞长或短节毛；头状花序单生于茎枝顶端；总苞直径 2—3cm。生于山坡草地、路边。产锡林(正蓝旗) ……………………………………………………………… 5. **蓟 C. japonicum** DC.

7b. 叶两面异色，上面绿色，干后变黑色，沿脉疏被多细胞长或短节毛，下面灰色，疏被蛛丝状绵毛；头状花序在茎枝顶端排列成明显的伞房状；总苞直径 2cm。生于退耕撂荒地上、丘陵坡地、河谷阶地。产辽河(大青沟)、科尔沁、燕北、锡林 ……………………………………………………………… 6. **野蓟 C. maackii** Maxim.

2b. 内层总苞片顶端呈膜质扩大，红色。

8a. 叶两面同色，绿色，无毛或沿脉被多细胞长节毛；头状花序单生于枝端，呈不明显的伞房状。生于山坡草地、灌丛。产兴安南、赤峰、燕北、阴山 …………… 7. **绿蓟 C. chinense** Gardn. et Champ.

8b. 叶两面异色，上面绿色，被多细胞长或短节毛，下面灰白色，密被蛛丝状绵毛；头状花序多数在茎枝顶端排列成伞房状。生于山沟溪边、水边。产阴山、鄂尔、贺兰山 ……………………………………………………………… 8. **牛口刺 C. shansiense** Petrak

1b. 雌雄异株，雌株全部小花雌性，雌蕊发育，雄蕊发育不完全或退化，两性植株全部小花为两性，但自花不育；果期冠毛通常长于小花花冠。

9a. 叶不分裂，边缘齿裂或羽状浅裂，裂片边缘有细刺。

10a. 叶全缘或具波状齿裂；头状花序单生或数个生于茎顶端。生于田间、荒地、路边。产内蒙古各地 ····················· **9. 刺儿菜 C. integrifolium** (Wimm. et Grab.) L. Q. Zhao et Y. Z. Zhao comb. nov. ——*C. arvense* (L.) Scop. var. *integrifolium* Wimm. et Grab., Fl. Siles. 2(2): 92 ["82"]. 1829. ——*C. segetum* Bunge in Mem. Sav. Etrng. Acad. Sci. St.-Petersb. 2: 110. 1833.

10b. 叶具缺刻状粗锯齿或羽状浅裂；头状花序多数在茎枝顶端排列成伞房状。生于退耕撂荒地、放牧场、农田。产内蒙古各地 ···**10. 大刺儿菜 C. setosum** (Willd.) M. Bieb.

9b. 叶羽状半裂或浅裂，侧裂片具刺齿。

11a. 叶两面同色，绿色，下面有极稀疏的蛛丝状毛。生于山沟河边湿地、砂砾质坡地。产东阿(磴口县)、西阿、贺兰山、额济纳 ···**11a. 丝络蓟 C. arvense** (L.) Scop. var. **arvense**

11b. 叶两面异色，上面绿色，无毛，下面灰白色，密被绒毛。生于潮湿地、路旁、村边。产东阿(磴口县) ·· **11b. 藏蓟 C. arvense** (L.) Scop. var. **alpestre** Nägeli

66. 飞廉属 Carduus L.

节毛飞廉 Carduus acanthoides L.——*C. crispus* auct. non L.: Fl. Intramongol. ed. 2, 4: 773. 1993.

二年生草本，高 70—90cm。茎直立，具绿色纵翅，翅有齿刺。叶披针形，羽状半裂或深裂，边缘具齿刺。头状花序 2—3 个聚生于枝端；总苞钟形，总苞片 7—8 层；花紫红色。瘦果长椭圆形，冠毛白色或灰白色。生于路旁、田边。产内蒙古各地。

67. 麻花头属 Klasea Cassini

1a. 叶片表面光滑或仅边缘有时被柔毛，基生叶全缘或具缺刻；总苞片上部有黑色或黑褐色着色区。

2a. 植株不分枝；头状花序单生于茎顶；叶灰绿色。生于山坡或丘陵坡地。产岭西、呼伦、兴安南、乌兰(四子王旗中部) ···················**1. 球苞麻花头 K. marginata** (Tausch.) Kitag.——*Serratula marginata* Tascuh.

2b. 植株有分枝；头状花序 2—7 个在茎顶排列成疏伞房状；叶上面绿色，下面灰绿色。生于山地沟谷草甸。产兴安南 ···**2. 分枝麻花头 K. cardunculus** (Pall.) Holub. ——*Serratula cardunculus* (Pall.) Schischk.

1b. 叶片表面粗糙，基生叶通常羽状深裂；总苞片上部无黑色或黑褐色着色区。

3a. 总苞碗状，上部无收缢，直径 2—3cm；内层总苞片直立，中间总苞片黄绿色，具苍白色的边缘。生于山坡草地。产兴安南、乌兰、阴山 ·····························**3. 碗苞麻花头 K. chanetii** (Levl.) Y. Z. Zhao ——*Serratula chanetii* Levl.

3b. 总苞卵形、长卵形、半球形或扁球形；内层总苞片通常膝曲，中间总苞片先端黑色或具紫色膜质边缘。

4a. 头状花序多数，在茎枝顶端排列成明显的伞房状；总苞长卵形，直径 1—1.5cm。生于山坡、干燥草地。产岭西、呼伦、兴安南、赤峰、燕北、锡林、阴山 ······**4. 多头麻花头 K. polycephala** (Iljin) Kitag. ——*Serratula polycephala* Iljin

4b. 头状花序少数，在茎枝顶端不排列成明显的伞房状；总苞直径 1.5—3.5cm。

5a. 总苞卵形或长卵形，上部稍收缢，直径 1.5—2cm。生于典型草原、山地森林草原。产兴安北、岭西、岭东、呼伦、辽河、兴安南、赤峰、燕北、锡林、乌兰、阴山、阴南、鄂尔、贺兰山 ··································· **5. 麻花头 K. centauroides** (L.) Cassini ex Kitag.——*Serratula centauroides* L.

5b. 总苞半球形或扁球形，上部明显收缢，直径 2.5—3.5cm。生于海拔 2400—2600m 的石质山坡或岩石缝中。产贺兰山 ········**6. 缢苞麻花头 K. strangulata** (Iljin) Kitag.——*Serratula strangulata* Iljin

68. 伪泥胡菜属 **Serratula** L.

伪泥胡菜 Serratula coronata L.

多年生草本，高50—100cm。叶卵形或椭圆形，羽状深裂或全裂，裂片披针形，边缘有不规则缺刻状疏齿及糙硬毛。头状花序单生于枝端；总苞钟形，总苞片6—7层；花紫红色。瘦果矩圆形，冠毛淡褐色。生于山地草甸、林缘草甸。产兴安北、岭西、呼伦、辽河、兴安南、科尔沁、燕北、锡林、阴山、阴南、鄂尔。

69. 山牛蒡属 **Synurus** Iljin

山牛蒡 Synurus deltoides (Ait.) Nakai

多年生草本，高50—100cm。叶三角状卵形，边缘具不规则缺刻状牙齿或几羽状浅裂，齿端和叶缘均有短刺，下面密被灰白色毡毛。头状花序单生于茎枝顶端；总苞钟形，总苞片多层；花深紫色。瘦果长椭圆形，冠毛淡黄色。生于山地林缘、灌丛、山坡草地。产兴安北、岭西、兴安南、科尔沁、燕北。

70. 漏芦属 **Rhaponticum** Ludw.

漏芦 Rhaponticum uniflorum (L.) DC.——*Stemmacantha uniflora* (L.) Dittrich

多年生草本，高20—60cm。叶羽状深裂或全裂，裂片矩圆状披针形，边缘具不规则牙齿，裂片和齿端具短尖头。头状花序大，单生于茎枝顶端；总苞半钟形，总苞片多层，具干膜质、先端全缘而后撕裂状的附片；花淡紫红色或白色。瘦果长椭圆形，压扁，具4棱，冠毛淡褐色，具羽状短毛。生于山地草原、山地森林草原、石质干草原、草甸草原。产兴安北、岭西、辽河、兴安南、科尔沁、赤峰、燕北、锡林、乌兰、阴山、阴南、鄂尔、东阿(桌子山)、贺兰山。

71. 红花属 **Carthamus** L.

红花 Carthamus tinctorius L.

一年生草本，高达1m。叶长圆形或卵状披针形，先端尖，基部抱茎，边缘具不规则刺齿。头状花序单生于枝端或于茎顶排列成伞房状；总苞近球形，总苞片多层；花橘红色。瘦果椭圆形，冠毛缺。内蒙古一些庭院或苗圃有栽培。

72. 矢车菊属 **Centaurea** L.

糙叶矢车菊 Centaurea adpressa Ledeb.——*C. scabiosa* L. subsp. *adpressa* (Ledeb.) Gugler

多年生草本，高50—100cm。基生叶倒披针形或长椭圆形，羽状全裂，叶片两面密被短糙毛及黄色小腺点和极稀疏的蛛丝毛。头状花序在茎顶排列成伞房状或伞房圆锥状；总苞卵形或碗状，外面疏被蛛丝毛，全部总苞片顶端有暗褐色或褐色膜质附属物，其顶端有长约0.5mm的刺尖，附属物沿两侧下延成缘毛状锯齿。小花淡紫色，边花不增大。瘦果椭圆形，压扁，疏被短柔毛；冠毛外层糙毛状与瘦果等长，内层膜片状，极短。生于荒漠区的盐碱地。产内蒙古西部荒漠区。

(9) 帚菊木族 **Mutisieae** Cass.

1a. 灌木；头状花序腋生；两性花花冠为不明显的二唇形或舌状……………**73. 蚂蚱腿子属 Myripnois**
1b. 草本；头状花序顶生；两性花花冠为明显的二唇形……………………………**74. 大丁草属 Leibnitzia**

73. 蚂蚱腿子属 **Myripnois** Bunge

蚂蚱腿子 Myripnois dioica Bunge

灌木，高 60—80cm。叶宽披针形、椭圆形或卵形，全缘。头状花序生于侧生短枝顶端；总苞钟形，总苞片 1 层；雌花花冠淡紫色，两性花花冠白色。瘦果近圆柱形，冠毛糙毛状，白色。生于山地林缘、灌丛。产燕北。

74. 大丁草属 **Leibnitzia** Cass.

大丁草 Leibnitzia anandria (L.) Turcz.

多年生春秋两型草本，被白色蛛丝状绵毛，春型者较矮小，高 5—15cm；秋型者较大，高达 30cm。基生叶莲座状，提琴状羽状分裂，顶端裂片大，侧裂片小，边缘有不规则圆齿。总苞钟形，总苞片 2—3 层；舌状花紫红色，管状花花冠二唇状。瘦果纺锤形，冠毛淡棕色。生于山地林缘草甸、林下。产兴安北、岭西、岭东、辽河、兴安南、科尔沁、赤峰、燕北、阴山、阴南、贺兰山。

2. 舌状花亚科 Cichorioideae

(10) 菊苣族 **Lactuceae** Cass.

1a. 头状花序全部为两性舌状花。

2a. 冠毛由羽状毛所组成。

3a. 总苞片 1 层……………………………………………………**76. 婆罗门参属 Tragopogon**

3b. 总苞片多层。

4a. 植株被钩状硬毛；一、二年生草本 ……………………………**78. 毛连菜属 Picris**

4b. 植株无钩状硬毛；多年生草本。

5a. 花托具膜质托片；叶非禾叶状 ……………………………**75. 猫儿菊属 Hypochaeris**

5b. 花托无托片；叶通常为禾叶状 ……………………………**77. 鸦葱属 Scorzonera**

2b. 冠毛由糙毛或柔毛所组成。

6a. 叶基生；头状花序单生于花葶上；瘦果具长喙，至少在上部有小瘤状或小刺状突起………………………………………………………………………**79. 蒲公英属 Taraxacum**

6b. 叶茎生，有或无基生叶；头状花序不为单生；瘦果无喙或有喙，无小瘤状或小刺状突起。

7a. 瘦果二型：在外者的棕色或灰色，有多数纵肋，基部截形，顶端三角形变窄，有不明显而易脱落的喙；在内者的黄色，有少数纵肋，三角状圆柱形 ……………………………………………………………**80. 假小喙菊属 Paramicrorhynchus**

7b. 瘦果同型。

8a. 冠毛由极细的柔毛、并杂以较粗的直毛所组成；头状花序具极多(一般超过 80 朵)的小花 ……………………………………………**81. 苦苣菜属 Sonchus**

8b. 冠毛由较粗的直毛或粗毛所组成；头状花序具较少的小花。

9a. 瘦果极扁或较扁。

10a. 瘦果顶端无喙；总苞 2—3 层；舌状花淡蓝紫色或粉红色。

11a. 冠毛异形，外层 1 圈极短 ……………………**82. 岩参属 Cicerbita**

11b. 冠毛同形，内、外层一样长 …………………**83. 福王草属 Prenanthes**

10b. 瘦果顶端有喙；总苞 3—5 层；冠毛同形 ………………**84. 莴苣属 Lactuca**

9b. 瘦果微扁或近圆柱形。

12a. 总苞片 2—3 层，外层极短，内层近等长。

13a. 瘦果有不等形的纵肋，上端狭窄通常无明显的喙。

14a. 茎不分枝，直立；基生叶全缘或具微齿；头状花序在茎顶排成总状或狭圆锥状 ……………………… **85. 小苦苣菜属 Sonchella**

14b. 茎有分枝，开展；基生叶羽状分裂；头状花序在茎顶排成聚伞圆锥状 …………………………………… **86. 黄鹌菜属 Youngia**

13b. 瘦果有等形的纵肋，上端狭窄有或长或短的喙。

15a. 瘦果圆柱形或纺锤形，有 10—20 条纵肋 …**87. 还阳参属 Crepis**

15b. 瘦果纺锤形或披针形，扁或稍扁，有 8—12 条纵肋 …………… ………………………………………………… **88. 苦荬菜属 Ixeris**

12b. 总苞片 3—4 层，覆瓦状排列，由外向内逐渐增长 ……………………… ……………………………………………………**89. 山柳菊属 Hieracium**

1b. 头状花序全部为细管状的两性花；叶基生………………………… **90. 管花蒲公英属 Neotaraxacum**

75. 猫儿菊属 Hypochaeris L.——*Achyrophorus* Scop.

猫儿菊 Hypochaeris ciliata (Thunb.) Makino——*Achyrophorus ciliatus* (Thunb.) Sch.-Bip.

多年生草本，高 15—60cm。基生叶匙状矩圆形，基部渐狭成柄状，边缘具不规则的小尖齿；中上部叶宽椭圆形或卵形，边缘耳状抱茎，边缘具尖齿。头状花序单生茎顶；总苞半球形，总苞片 3—4 层；舌状花橘黄色。瘦果圆柱形，冠毛 1 层，羽毛状。生于山地林缘、草甸。产兴安北、岭西、兴安南、科尔沁、辽河、赤峰、燕北。

76. 婆罗门参属 Tragopogon L.

东方婆罗门参(黄花婆罗门参) **Tragopogon orientalis** L.

二年生草本，高达 30cm。叶条形或条状披针形，先端长渐尖，基部扩大而抱茎。头状花序单生于茎枝顶端；总苞矩圆状圆柱形，总苞片 1 层；舌状花黄色。瘦果纺锤形，具长喙，冠毛多层，羽毛状，污黄色。生于林下、山地草甸。产兴安北。

77. 鸦葱属 Scorzonera L.

1a. 植株多分枝，形成半球形、球形或帚状株丛。

2a. 植株多分枝，形成半球形或球形株丛，基部无鞘状或纤维状残叶；头状花序具 4—5 花；总苞片 3—4 层。

3a. 花黄色；瘦果顶端无毛。生于干燥山坡、干河沟谷、砂质及砂砾质土或平原、沙滩。产乌兰、阴山、阴南、鄂尔、东阿、西阿、额济纳 ………………………………**1a. 拐轴鸦葱 S. divaricata** Turcz. var. **divaricata**

3b. 花淡紫色；瘦果顶生柔毛。生于山坡。产阴山(大青山) ……………………………………………… ………………………………**1b. 紫花拐轴鸦葱 S. divaricata** Turcz. var. **sublilaciana** Maxim.

2b. 通常由根部发出多数直立或铺散茎，茎从中部分枝形成帚状株丛，基部有鞘状或纤维状残叶；头状花序具 7—12 花；总苞片 5 层。生于石质残丘、沙滩、田埂。产乌兰、阴山、鄂尔、东阿、西阿、贺兰山、龙首山 ………………………………………………………………**2. 帚状鸦葱 S. pseudodivaricata** Lipsch.

1b. 植株不分枝或少分枝，也不形成半球形、球形或帚状株丛。

4a. 茎少分枝；头状花序数个生于分枝顶端。

5a. 茎高 50—100cm，常单一，直立，绿色，被白色绵毛；基生叶条形，长达 30cm，扁平；茎生叶全部互生；冠毛污黄色。生于山地林缘、林下、灌丛、草甸、路边。产兴安北、岭东、岭西、辽河、兴安南、赤峰、燕北、锡林、阴山、阴南、鄂尔……………………………………………3. 笔管草 **S. albicaulis** Bunge

5b. 茎高 6—20cm，丛生，自基部铺散，灰绿色，无毛；基生叶披针形或条状披针形，长不超过 10cm，稍肉质；茎生叶下部一对常对生；冠毛白色。生于盐化低地、湖盆边缘、沙滩。产锡林、乌兰、阴南、鄂尔、东阿、贺兰山、西阿、额济纳……………………………4. 蒙古鸦葱 **S. mongolica** Maxim.

4b. 茎不分枝；头状花序单生于茎顶。

6a. 茎基部被鳞片状残叶；植株或多或少被蛛丝状短毛。生于山地林下、林缘、草甸、河滩砾石地。产兴安北、岭东、岭西、兴安南、燕北……………………………………5. 毛梗鸦葱 **S. radiata** Fisch. ex Ledeb.

6b. 茎基部被纤维状或鞘状残叶。

7a. 茎基部被鞘状残叶，里面有白色绵毛；叶卵形、长椭圆形或披针形，两面被蛛丝状毛，边缘皱波状。生于砾石质丘陵坡地、沙质地、山前草地、渠边、路旁。产乌兰、鄂尔、东阿、贺兰山………………………………………………………………6. 头序鸦葱 **S. capito** Maxim.

7b. 茎基部被纤维状残叶，里面无绵毛。

8a. 植株低矮，高 3—9cm；叶狭条形或丝形，常超出头状花序。生于丘陵坡地、沙质与卵石质盐化湖岸。产呼伦、兴安南、锡林、乌兰……………………7. 丝叶鸦葱 **S. curvata** (Popl.) Lipsch.

8b. 植株通常较高，高 5—50cm；叶条形、披针形或长椭圆形，常短于头状花序。

9a. 叶缘显著呈波状皱曲。生于石质山坡、丘陵坡地、沟谷、沙丘。产岭西、兴安南、赤峰、燕北、锡林、乌兰、阴山、阴南、东阿(狼山)…………8. 桃叶鸦葱 **S. sinensis** (Lipsch. et Krasch.) Nakai

9b. 叶缘平展或稍皱波状。生于草原、丘陵坡地、石质山坡、平原、河岸。产岭西、呼伦、兴安南、辽河、赤峰、燕北、锡林、乌兰、阴山、阴南、鄂尔、东阿、贺兰山、龙首山………………………………………………9. 鸦葱 **S. austriaca** Willd.——东北鸦葱 *S. manshurica* Nakai

78. 毛连菜属 Picris L.

毛连菜 Picris japonica Thunb.——*P. davurica* Fisch. ex Hornem.

二年生草本，高 30—80cm。叶矩圆状披针形，基部渐狭成具窄翅的柄，边缘有微牙齿。头状花序在茎顶排列成伞房圆锥状；总苞筒状钟形，总苞片 3 层；舌状花淡黄色。瘦果近圆柱形，冠毛 2 层，污白色。生于山野路边、林缘、林下、沟谷。产兴安北、岭西、辽河、兴安南、科尔沁、赤峰、燕北、阴山、阴南、鄂尔。

79. 蒲公英属 Taraxacum Weber

1a. 总苞片先端具角状突起。

2a. 叶裂片间不夹生小裂片或齿。

3a. 叶倒向羽状半裂至深裂，上面有紫红色斑点或斑纹，叶柄及花葶鲜红紫色。生于山地草甸、轻盐渍化草甸。产兴安北、呼伦、兴安南、科尔沁、辽河、燕北、锡林、阴山………………………………………………………………1. 红梗蒲公英 **T. erythropodium** Kitag.

3b. 叶缘具不规则缺刻或倒向羽状浅裂，上面、叶柄及花葶均为绿色。生于山坡草地、路边、田野、河岸沙质地。遍及内蒙古各地……………………………………2. 蒲公英 **T. mongolicum** Hand.-Mazz.
——小瘤蒲公英 *T. huhhoticum* Z. Xu et H. C. Fu

2b. 叶裂片间夹生小裂片或齿。

4a. 花白色或淡黄色。

5a. 瘦果喙短，长约 4mm；叶小头倒向羽状深裂或浅裂。生于田野、路边。产科尔沁………………………………………………………3. 朝鲜蒲公英 **T. coreanum** Nakai

5b. 瘦果喙长，长 10—15mm；叶大头倒向羽状深裂。生于原野、路边。产呼伦……………………………………………………4. 白花蒲公英 **T. pseudoalbidum** Kitag.

4b. 花黄色。

6a. 外层总苞片反卷；叶羽状深裂至全裂，顶端裂片条形，侧裂片水平开展或稍下倾。生于河滩、草甸、村舍附近。产内蒙古各地……………………………**5. 亚洲蒲公英 T. asiaticum** Dahlst.

——阴山蒲公英 *T. yinshanicum* Z. Xu et H. C. Fu

6b. 外层总苞片直立。

7a. 叶不规则小头倒向羽状深裂；瘦果中部以下具小瘤状突起。

8a. 内层总苞片先端具 1 枚角状突起。生于山地草甸。产兴安北、燕北、阴南(呼和浩特市)……………………………………………………………**6. 光苞蒲公英 T. lamprolepis** Kitag.

8b. 内层总苞片先端具 2 枚角状突起。生于河岸边、沼泽湿地。产东阿、额济纳……………………………………………………………………**7. 双角蒲公英 T. bicorne** Dahlst.

7b. 叶不规则大头羽状深裂；瘦果中部以下无小瘤状突起或近光滑。

9a. 叶不规则大头羽状深裂，侧裂片上倾或水平开展；瘦果的喙长 10—15mm。生于山地草地、林缘、河岸沙质湿地。产兴安北、岭西、兴安南、燕北、阴山……………………………………………………………**8. 芥叶蒲公英 T. brassicaefolium** Kitag.

9b. 叶不规则大头倒向羽状深裂；瘦果的喙长 8—10mm。生于山野。产呼伦、锡林……………………………………………………………**9. 异苞蒲公英 T. multisectum** Kitag.

——*T. heterolepis* auct. non Nakai et Koidz. ex Kitag.: Fl. Intramongol. ed. 2, 4: 810. 1993.

1b. 总苞片先端无角状突起。

10a. 叶裂片间不夹生小裂片或齿。

11a. 花白色或淡黄色；叶倒向羽状深裂，灰绿色。生于盐渍化草地、河边。产鄂尔、东阿……………………………………………………………**10. 粉绿蒲公英 T. dealbatum** Hand.-Mazz.

11b. 花黄色；叶绿色。

12a. 外层总苞片具宽膜质边缘；植株外面的叶边缘具稀疏浅齿，里面的叶大头倒向羽状深裂。生于山地阔叶林下、沟谷草甸。产兴安北、阴山、贺兰山……………………………………………………………**11. 白缘蒲公英 T. platypectidum** Diels

12b. 外层总苞片无宽膜质边缘。

13a. 叶为规则的羽状深裂，裂片上倾或稍水平开展；瘦果中部以下具小瘤状突起。生于砾石质草地、河滩、路边。产岭西、兴安南、燕北、阴南、东阿……………**12. 凸尖蒲公英 T. sinomongolicum** Kitag.——*T. cuspidatum* Dahlst.

13b. 叶倒向羽状分裂。

14a. 植株外面的叶边缘具稀疏浅齿，里面的叶倒向羽状浅裂；瘦果中部以下具小瘤状突起。生于盐化草地。产内蒙古各地·····**13. 华蒲公英 T. sinicum** Kitag.

14b. 外面的叶和里面的叶较整齐一致，均为倒向羽状深裂或全裂。

15a. 叶倒向羽状深裂，顶裂片小，三角形，先端渐尖；瘦果中部以下具小瘤状突起。生于沙质地。产兴安北、岭西、呼伦、兴安南……………………………………………………………**14. 兴安蒲公英 T. falcilobum** Kitag.

15b. 叶倒向羽状全裂，顶裂片大，三角状戟形，先端长渐尖；瘦果中部以下近光滑。生于盐渍化草甸、水井边、砾质沙地。产科尔沁、锡林、阴南、鄂尔、东阿、贺兰山…………………**15. 多裂蒲公英 T. dissectum** (Ledeb.) Ledeb.

10b. 叶裂片间夹生小裂片或齿；叶不规则倒向或平向羽状深裂；外层总苞片宽卵形。

16a. 植株小型；叶长 5—10cm，顶裂片小，三角形；瘦果红色。长约 3mm。生于阴坡草甸。产兴安北……………………………………………………………**16. 长春蒲公英 T. junpeianum** Kitam.

16b. 植株大型；叶长 10—30cm，顶裂片大，菱状三角形；瘦果麦秆黄色，长 3—3.5mm。生于山坡、路旁、河边。产兴安北、兴安南、燕北、阴山、贺兰山········**17. 东北蒲公英 T. ohwianum** Kitam.

80. 假小喙菊属 **Paramicrorhynchus** Kirp.

假小喙菊 Paramicrorhynchus procumbens (Roxb.) Kirp.——阿拉善黄鹌菜 *Youngia alashanica* H. C. Fu

一年生草本，高7—30cm。基生叶莲座状，匙形或倒披针形，羽状浅裂，有时不裂而成波状，边缘有白色胼胝体的弯曲刺尖；基生叶变小，鳞片状。头状花序单一或数个生于枝端；总苞圆柱形，总苞片4—5层；花黄色。瘦果二型：在外者具多数纵肋，基部截形，顶端三角形渐窄，有不明显而易脱落的喙；在内者三角状圆柱形，具少数纵肋；冠毛多数，白色，基部联合成环。生于河岸草地、水边。产额济纳。

81. 苦苣菜属 **Sonchus** L.

1a. 多年生草本；叶长圆形或倒披针形，边缘疏具波状牙齿或羽状浅裂，稀全缘，疏具小齿，基部渐狭，不抱茎；花序梗无腺毛；瘦果稍压扁。生于村舍附近、农田、路边、水边湿地。产内蒙古各地……………………………1. **苣荬菜 S. brachyotus** DC.——甜苣 *S. arvensis* auct. non. L.: Fl. Intramongol. ed. 2, 4: 817. 1993.——全叶苣荬菜 *S. transcaspicus* Nevski

1b. 一、二年生草本，叶基部扩大，抱茎；瘦果压扁，每面各具3条细纵肋。

2a. 叶大头羽裂或不分裂，边缘具不整齐刺尖牙齿，中部和上部叶基部扩大成戟形抱茎；花序梗被腺毛；瘦果，边缘具微齿，纵肋间具横纹。生于田野、路边、村舍附近。产兴安南、阴山、阴南、东阿、西阿……………………………2. **苦苣菜 S. oleraceus** L.

2b. 叶不分裂，基部扩大成圆耳状抱茎；瘦果，边缘无微齿，纵肋间无横纹。生于荒地、路边。产赤峰(红山区)……………………………3. **花叶滇苦菜 S. asper** (L.) Hill.

82. 岩参属 **Cicerbita** Wallr.——毛鳞菊属 *Chaetoseris* C. Shih

1a. 头状花序通常具10—12小花；总苞长9—12mm，内总苞片8。生于山地沟谷草甸、寺院附近。产贺兰山……………………………1. **川甘岩参 C. roborowskii** (Maxim.) Beauv.

1b. 头状花序具5小花；总苞长7—9mm，内总苞片5。生于山地林缘、山坡。产贺兰山……………………………2. **抱茎岩参 C. auriculiformis** (C. Shih) N. Kilian

83. 福王草属(盘果菊属) **Prenanthes** L.

1a. 叶不分裂，心形、卵形或菱状卵形，边缘有不规则浅齿。生于山地针叶林林下。产兴安北、燕北……………………………1. **福王草 P. tatarinowii** Maxim.

1b. 叶掌式羽状分裂，顶裂片大，3深裂，下部1对侧裂片小。生于山坡、沟谷、路边。产燕北……………………………2. **大叶福王草 P. macrophylla** Franch.

84. 莴苣属 **Lactuca** L.

1a. 舌状花黄色。

2a. 瘦果黑色，边缘加宽变薄成薄翅，顶端通常锐尖成粗而短的喙。

3a. 瘦果每面有1条脉纹；叶背面沿脉无长粗毛。

4a. 叶不分裂。

5a. 叶三角状戟形或三角状卵形。生于山地林下。产燕北……………………………1. **翼柄翅果菊 L. triangulata** Maxim.——*Pterocypsela triangulata* (Maxim.) C. Shih

5b. 叶条形、条状披针形或长椭圆形。生于山地林下、沟谷。产兴安南、辽河(大青沟)、燕北……………………………2. **翅果菊 L. indica** L.——*Pterocypsela indica* (L.) C. Shih

4b. 叶2回羽状或倒向羽状分裂。生于山地沟谷、草甸。产呼伦、辽河(大青沟)、锡林、阴山……………………………

……………………………………………………3. 多裂翅果菊 **L. laciniata** (Houtt.) Makino ——*Pterocypsela indica* (L.) Shih var. *laciniata* (Hout.) H. C. Fu

3b. 瘦果每面有 3 脉纹；叶大头羽状深裂或浅裂；背面沿脉被长粗毛。生于林下、湿草地。产燕北 ……………… **4. 毛脉翅果菊 L. raddeana** Maxim.——*Pterocypsela raddeana* (Maxim.) C. Shih.

2b. 瘦果浅褐色，边缘不加宽成翅；顶端急尖成细丝状的喙。

6a. 果喙与瘦果几等长；瘦果每面有 6—7 条细脉肋；叶不分裂。

7a. 茎粗壮；茎生叶倒披针形或椭圆形。内蒙古少数城市有少量栽培………………………………………………………………………………………… **5a. 莴苣 L. sativa** L. var. **sativa**

7b. 茎发达，极粗壮，肉质；茎生叶狭披针形或矩圆形。内蒙古少数城市有少量栽培 …………………………………………………… **5b. 莴笋 L. sativa** L. var. **angustata** Irisch ex Bremek

6b. 果喙长于瘦果 1.5 倍；瘦果每面有 8—10 条细脉肋；叶倒向羽状浅裂、半裂至深裂。生于绿洲撂荒地。产额济纳(达来呼布镇)………………………………………………………… **6. 野莴苣 L. serriola** L.

1b. 舌状花蓝紫色或淡紫色。

8a. 瘦果椭圆形，灰色，顶端无喙。生于山地林下、林缘、草甸、河边、湖边。产兴安北、岭东、岭西、兴安南、辽河、赤峰、锡林、阴山 ………**7. 山莴苣 L. sibirica** (L.) Beth. ex Maxim.——*Lagedium sibiricum* (L.) Sojak

8b. 瘦果纺锤形，灰色至黑色，顶端渐尖成喙。生于河滩、湖边、盐化草甸、田边、固定沙丘。产内蒙古各地 ……………………………**8. 乳苣(苦菜) L. tatarica** (L.) C. A. Mey.——*Mulgedium tataricum* (L.) DC.

85. 小苦苣菜属 Sonchella Sennikov

碱小苦苣菜 Sonchella stenoma (Turcz. ex DC.) Sennikov——碱黄鹌菜 *Youngia stenoma* (Turcz. ex DC.) Ledeb.

多年生草本，高 10—40cm。基生叶条形或条状倒披针形，全缘或有微牙齿；中上部叶条形或狭条形，全缘。头状花序多数在茎顶排列成总状或狭圆锥状；总苞圆筒形，总苞片 2 层；舌状花顶端的齿紫色。瘦果纺锤形，冠毛白色。生于盐渍地、草原沙地。产兴安北、呼伦、兴安南、科尔沁、锡林、鄂尔、东阿、额济纳。

86. 黄鹌菜属 Youngia Cass.

1a. 茎多数簇生，由基部多分枝，二叉状；基生叶柄基部扩大，两面无毛。

2a. 总苞片近顶端有明显的角状附属物；基生叶倒向羽状深裂或全裂，顶端裂片小。生于山坡或山顶的基岩石缝中。产兴安南、锡林、乌兰、阴山、东阿、贺兰山、龙首山……… **1. 细茎黄鹌菜 Y. akagii** (Kitag.) Kitag. ——*Y. tenuicaulis* (Babc. et Stebb.) Czerep.

2b. 总苞片近顶端无角状附属物，个别总苞片有角状附属物；基生叶大头倒向羽状浅裂或全裂，顶端裂片大。生于干燥石质山坡。产东阿(桌子山、狼山)、贺兰山 ………………………………………………………………………………………… **2. 鄂尔多斯黄鹌菜 Y. ordosica** Y. Z. Zhao et L. Ma

1b. 茎少数簇生或单一，不分枝或中上部分枝，不呈二叉状。

3a. 总苞片外面被毛；基生叶顺向羽状全裂，基生叶柄基部里面密被褐色绵毛。生于山地草甸、灌丛。产兴安北、岭东、岭西、呼伦、兴安南、科尔沁、锡林、乌兰、阴山、阴南、贺兰山、龙首山 ………………………………………………………………………… **3. 细叶黄鹌菜 Y. tenuifolia** (Willd.) Babc. et Stebb.

3b. 总苞片外面无毛；基生叶不规则倒向羽状中裂或深裂，基生叶基部里面无毛。生于山地沟谷草甸。产贺兰山(南寺沟) ………………………………………… **4. 南寺黄鹌菜 Y. nansiensis** Y. Z. Zhao et L. Ma

87. 还阳参属 Crepis L.

1a. 植株具粗壮根状茎；叶宽大，矩圆状卵形、卵形或矩圆形，长 20—30cm，宽 5—10cm。生于山地林缘、疏林、河谷。产兴安北、兴安南 …………………………………………………… **1. 西伯利亚还阳参 C. sibirica** L.

1b. 植株具直根，无根状茎；叶狭窄，长达 15cm，宽达 2cm。

2a. 一年生草本；叶条形、披针状条形或条状倒披针形，茎生叶无柄，抱茎，基部有 1 对小尖耳。生于山地草原或农田。产兴安北、岭西、呼伦、兴安南 ………………………………… **2. 屋根草 C. tectorum** L.

2b. 多年生草本；叶倒披针形、匙形或倒卵形，茎生叶无柄或具短柄，不抱茎，基部亦无小尖耳。

3a. 茎直立，疏被腺毛；基生叶不规则倒向羽状分裂，侧裂片向下倾；头状花序大，单生于茎枝顶端或少数在茎顶排列成疏伞房状。生于丘陵砂砾质坡地、田边、路旁。产呼伦、兴安南、锡林、乌兰、阴山、阴南、鄂尔、东阿、贺兰山、西阿 ……………………………… **3. 还阳参 C. crocea** (Lam.) Babc.

3b. 茎常弯曲，无毛；基生叶羽状分裂，侧裂片稍上倾；头状花序小，多数在茎顶排列成圆锥状。生于河滩砾石地。产乌兰、阴山、龙首山 ………… **4. 弯茎还阳参 C. flexuosa** (Ledeb.) C. B. Clarke

88. 苦荬菜属 Ixeris Cass.

1a. 瘦果顶端骤尖成细丝状喙，有 8—10 条纵肋。

2a. 叶不分裂，丝状条形。生于沙质草原、石质山坡、沙质地、田野、路边。产内蒙古各地 ……………………………… **1b. 丝叶苦荬菜 I. chinensis** (Thunb.) Kitag. subsp. **graminifolia** (Ledeb.) Kitam.

——*Ixeris chinensis* (Thunb.) Nakai var. *graminifolia* (Ledeb.) H. C. Fu

2b. 叶羽状分裂或植株至少含有羽状分裂的叶。

3a. 头状花序较大，总苞长 7—10mm；瘦果喙长 2—2.5mm。

4a. 茎生叶 2—4 枚，基部扩大耳状抱茎；花冠黄色。生于山野、田间、撂荒地、路边。产内蒙古各地 ………………………………… **1a. 中华苦荬菜 I. chinensis** (Thunb.) Nakai subsp. **chinensis**

4b. 茎生叶 1—2 枚，基部稍抱茎；花冠白色、黄色或淡紫色。生于草原、山坡。产岭西、呼伦、科尔沁、辽河 …………………………………… **1c. 多色苦荬菜 I. chinensis** (Thunb.) Nakai subsp. **versicolor** (Fisch. ex Link) Kitam.

——狭叶山苦菜 *I. chinensis* (Thunb.) Nakai var. *intermedia* (Kitag.) Kitag.

3b. 头状花序较小，总苞长 5—6mm；瘦果喙长不足 1mm；叶基部明显扩大成耳状抱茎。生于草甸、山野、裂片、撂荒地。产兴安北、岭西、兴安南、科尔沁、辽河、赤峰、燕北、锡林、阴山、阴南、鄂尔、东阿、贺兰山 ……… **2. 抱茎苦荬菜 I. sonchifolia** (Maxim.) Hance——*I. sonchifolia* (Maxim.) Z. Y. Chu

1b. 瘦果顶端骤尖成粗喙，有 10—12 条纵肋。

5a. 叶不分裂，边缘疏具波状浅齿，稀全缘；总苞长 7—9mm；瘦果喙长 0.4mm。生于林缘、草甸、沟谷。产燕北、辽河(大青沟) ……………………………………… **3. 苦荬菜 I. denticulata** (Houtt.) Stebb.

5b. 叶羽状浅裂、半裂或深裂；总苞长 4.5—5.5mm；瘦果喙长 0.7mm。生于林下、草甸。产辽河、锡林、燕北 ……………………………………… **4. 晚抱茎苦荬菜 I. serotina** (Maxim.) Kitag.

——*I. sonchifolia* (Bunge) var. *serotina* (Maxim.) Kitag.

89. 山柳菊属 Hieracium L.

1a. 花期具基生叶；植株无毛；茎生叶条形或条状披针形，全缘。生于草甸、沼泽草甸、溪流附近的低湿地。产呼伦、辽河、兴安南、科尔沁 ………………………………… **1. 全缘山柳菊 H. hololeion** Maxim.

1b. 花期基生叶枯萎；植株被糙硬毛、短硬毛或长刚毛；叶缘疏生锯齿，稀全缘。

2a. 叶披针形、条状披针形或条形，宽 0.5—1.5cm，基部楔形，不抱茎。生于山地草甸、林缘、林下、河边草甸。产兴安北、岭西、岭东、呼伦、辽河、兴安南、科尔沁、赤峰、燕北、锡林、阴山、鄂尔 ……………………………………… **2. 山柳菊 H. umbellatum** L.

2b. 叶矩圆形、矩圆状披针形或卵形，宽 1.5—5cm，基部浅心形或圆形，抱茎。生于山地林缘、草甸。产兴安北、岭西、辽河、兴安南、阴山 ………………………………… **3. 粗毛山柳菊 H. virosum** Pall.

90. 管花蒲公英属 **Neotaraxacum** Y. R. Ling et X. D. Sun

管花蒲公英 Neotaraxacum siphonathum (X. D. Sun, Xue-Jun Ge Kirschner et Stepanek) Y. R. Ling et X. D. Sun——*Taraxacum siphonathum* X. D. Sun, Xue-Jun Ge Kirschner et Stepanek

多年生草本。叶基生。头状花序同为两性管状花，小花 30—50 朵，先端 5 浅裂；雄蕊 5，聚药；花柱分枝线形，先端平截。瘦果倒卵形，上部具小疣，喙长渐尖。生于沟谷。产岭东(扎兰屯市)。

B．单子叶植物纲 Monocotyledoneae

125. 香蒲科 Typhaceae

1. 香蒲属 **Typha** L.

1a. 雄花序与雌花序相连接。

2a. 雌花基部的毛与柱头近等长；雌花序长 6—10cm；雄花序长 3—5cm。生于湖边浅水中及沼泽草甸。产兴安北、辽河…………………………………………………………**1. 东方香蒲 T. orientalis** C. Presl

2b. 雌花基部的毛比柱头短；雌花序长 10—20cm；雄花序长 7—15cm。生于渠边、湖泊或浅水中。产兴安北、兴安南…………………………………………………………**2. 宽叶香蒲 T. latifolia** L.

1b. 雄花序与雌花序不相连接而分离。

3a. 雌花无小苞片；植株高 0.8—1m；柱头披针形；叶宽 1—3.5mm。生于水沟、水塘、河边等浅水中。产兴安北、岭东、岭西、兴安南、辽河、赤峰、燕北、锡林、阴山、阴南、鄂尔、东阿…**3. 无苞香蒲 T. laxmannii** Lepech.

3b. 雌花具小苞片。

4a. 植株较矮小，低于 0.8m；花茎下部的叶无叶片，只有叶鞘。

5a. 雄花序轴具毛；叶片宽 2—4mm。生于水渠、浅水中。产内蒙古南部…………………………………………………………**4. 短序香蒲 T. lugdunensis** P. Chabert.

5b. 雄花序轴无毛；叶片宽 1—2mm。

6a. 雌花基部的毛的先端膨大，且短于花柱。生于河湖边浅水中、河滩、低湿地。产兴安北、呼伦、兴安南、科尔沁、辽河、赤峰、阴南、鄂尔…………………**5. 小香蒲 T. minima** Funck ex Hoppe

6b. 雌花基部的毛的先端不膨大，且与花柱近等长。生于池塘、溪流中。产内蒙古南部…………………………………………………………**6. 球序香蒲 T. pallida** Pobedinova

4b. 植株较高大，高于 1m；花茎下部的叶具叶片，没有叶鞘。

7a. 苞片匙形或近三角形；柱头披针形。生于湖边、河岸。产兴安北、呼伦、科尔沁…………………………………………………………**7. 达香蒲 T. davidiana** (Kronfeld) Hand.-Mazz.

7b. 苞片非匙形或近三角形；柱头条形至披针形。

8a. 花药长约 2mm；柱头与花柱一样宽。生于湖边、池塘、河岸浅水中。产兴安北、兴安南、科尔沁、辽河、赤峰、锡林、乌兰、阴南、鄂尔、龙首山、额济纳…………………**8. 水烛 T. angustifolia** L.

8b. 花药长约 1.4mm；柱头比花柱宽。生于湖边、池塘、河岸浅水中。产呼伦…………………………………………………………**9. 长苞香蒲 T. domingensis** Person

126. 黑三棱科 Sparganiaceae

1. 黑三棱属 **Sparganium** L.

1a. 叶背面中下部三棱形，具龙骨状突起；植株直立。

2a. 侧枝上具有雄性和雌性头状花序；子房基部无柄。

3a. 叶宽 6—16mm，横切面扁，背面龙骨突起明显。生于河边或池塘浅水中。产岭西、呼伦、兴安南、科尔沁、辽河(大青沟)、锡林、乌兰、阴山、阴南、鄂尔…………………………………………………………**1. 黑三棱 S. stoloniferum** (Buch.-Ham. ex Graebn.) Buch.-Ham. ex Juz.

3b. 叶宽 2—3mm，横切面三角形。生于水边或沼泽。产岭西(新巴尔虎左旗罕达盖苏木)、燕北(旺业甸林场)…………………**2. 狭叶黑三棱 S. subglobosum** Morong——*S. stenophyllum* Maxim. ex Meinsh.

2b. 侧枝上无雄性头状花序，只具有 1 个雌性头状花序；子房基部具柄。

4a. 花序轴长 10—20cm，雄性头状花序 5—7 个，与雌性头状花序远离。生于河边或池塘浅水中。产岭西、岭东、呼伦、兴安南、科尔沁、锡林 ………… **3. 小黑三棱 S. emersum** Rehm.——*S. simplex* Huds.

4b. 花序轴长 6—15cm，雄性头状花序 1—2 个，与雌性头状花序互相连接。生于浅水中。产兴安北、岭东 …………………………………………………… **4. 短序黑三棱 S. glomeratum** Laest. ex Beurl.

1b. 叶扁平或中下部背面呈半月形隆起，不呈三棱形；植株浮水，少近于直立。

5a. 雄性头状花序与雌性头状花序远离；叶宽约 2mm；花被片倒三角形或矩圆形；植株浮水。生于山地水塘中。产兴安北、岭东 …………………………………… **5. 线叶黑三棱 S. angustifolium** Michaux

5b. 雄性头状花序与雌性头状花序互相连接；叶宽约 4mm；花被片匙形或条形；植株近于直立。生于水中。产兴安北 ………………………………………… **6. 矮黑三棱 S. natans** L.——*S. minimum* Wallr.

127. 眼子菜科 Potamogetonaceae

1a. 托叶与叶片分离，鞘状，其顶端分离，呈叶舌状，膜质 …………………… **1. 眼子菜属 Potamogeton**

1b. 托叶与叶片合生，叶片状 ……………………………………………………… **2. 篦齿眼子菜属 Stuckenia**

1. 眼子菜属 Potamogeton L.

1a. 叶狭条形，宽度在 4mm 以下。

2a. 茎明显扁，宽 1.5—2.5mm；叶宽 2—3mm，具脉多条。生于池塘、湖泊、沟渠。产兴安北、科尔沁、锡林 ………………………………………… **1. 东北眼子菜 P. mandshuriensis** (A. Bennett.) A. Bennett.
——*P. acutifolius* auct. non Link: Fl. Intramongol. ed. 2, 5: 14. 1994.

2b. 茎丝状，直径 0.3—0.8mm；叶宽 0.8—1.5mm，具脉 3—5 条。

3a. 托叶分裂，仅基部联合；叶脉(3)5 条。生于池塘、湖泊、溪流。产内蒙古各地 ………………………………………………………………… **2. 弗里斯眼子菜 P. friesii** Rupr.

3b. 托叶不分裂；叶脉(1)3 条。生于静水池沼及沟渠。产内蒙古各地 ………… **3. 小眼子菜 P. pusillus** L.
——*P. panormitanus* Biv.

1b. 叶较宽，非条形(在二型叶时指浮水叶)，宽度在 5mm 以上。

4a. 叶明显具长叶柄。

5a. 叶条状矩圆形或条形，先端骤尖，有长 2—5mm 的针尖或芒，边缘皱波状。生于静水池沼、河沟。产科尔沁、阴南 ………………………………………………… **4. 竹叶眼子菜 P. wrightii** Morong
——*P. malaianus* auct. non Miq.: Fl. Intramongol. ed. 2, 5: 16. 1994.

5b. 叶椭圆形、宽披针形或卵状椭圆形，先端锐尖或钝，无针尖或芒，全缘。

6a. 浮水叶较小，长 1—2cm；果实较小，长约 1.5mm。生于池沼、水沟。产呼伦 ………………………………………………………………… **5. 南方眼子菜 P. octandrus** Poiret.
——钝脊眼子菜 *P. octandrus* Poiret. var. *miduhikimo* (Makino) H. Hara

6b. 浮水叶较大，长 3—10cm；果实较大，长约 3.5mm。生于静水池沼、湖泊浅水处。产兴安南、阴山、阴南、鄂尔 ……………………………………………… **6. 眼子菜 P. distinctus** A. Benn.

4b. 叶无柄或具短柄。

7a. 叶宽卵形或披针状卵形，基部心形且抱茎。生于湖泊、水沟、池沼。产内蒙古各地 ………………………………………………………………… **7. 穿叶眼子菜 P. perfoliatus** L.

7b. 叶基部不抱茎。

8a. 果先端具镰状外弯的长喙；叶缘明显皱波状。生于静水池沼、沟渠。产兴安南、科尔沁、锡林、阴山、阴南、鄂尔、东阿、西阿 …………………………………… **8. 菹草 P. crispus** L.

8b. 果先端具短喙；叶缘无明显皱波状。

9a. 叶具短柄，椭圆状披针形或披针形，先端具长 1—5mm 的芒尖头。生于池沼、泉水中。产兴安北、岭东、岭西、兴安南、辽河(大青沟)…………………………… **9. 光叶眼子菜 P. lucens** L.

9b. 叶无柄，条形或披针状条形，先端无尖头或具小尖头。

10a. 叶全缘或微波状，宽达 20mm，先端钝或锐尖，无小尖头。生于池塘中。产兴安北(阿尔山市)……………………………………… **10. 兴安眼子菜 P. xinganensis** Y. C. Ma

10b. 叶缘具微齿，宽达 12mm，先端具小尖头。生于池塘、浅水。产呼伦…………………………………………………………………………… **11. 禾叶眼子菜 P. gramineus** L.

2. 篦齿眼子菜属 Stuckenia Borner

1a. 叶鞘合生成管状。生于池塘、溪流、浅水。产内蒙古南部……… **1. 丝叶眼子菜 S. filiformis** (Persoon) Borner
——*Potamogeton filiformis* Persoon

1b. 叶鞘席卷。生于浅水、池沼中。产内蒙古各地…………………………… **2. 龙须眼子菜 S. pectinata** (L.) Borner
——*Potamogeton pectinatus* L.——内蒙眼子菜 *P. intramongolicus* Y. C. Ma

128. 角果藻科 Zannichelliaceae

1. 角果藻属 Zannichellia L.

角果藻 Zannichellia palustris L.

多年生沉水草本。茎纤细。叶对生，扁平，细条形。总苞膜质，包藏雄花和雌花；雄花具 1 雄蕊；雌花花被膜质，杯状；子房扁球形。小坚果近肾形，顶端具长喙，背部具有齿的脊。生于淡水池沼、内陆盐碱湖。产呼伦、科尔沁、阴南、东阿。

129. 水鳖科 Hydrocharitaceae

1. 茨藻属 Najas L.

1a. 雌雄异株；叶条形，宽 1.5mm 或更宽。

2a. 茎、叶缘、叶的背面中脉具锐尖的粗刺。生于湖泊、池沼、水沟中。产科尔沁、辽河(大青沟)、鄂尔、东阿……………………………………………………………………… **1a. 茨藻 N. marina** L. var. **marina**

2b. 茎、叶缘、叶的背面中脉无粗刺而具粗齿。生于湖泊、池沼、水沟中。产鄂尔、东阿………………………………………………………………………… **1b. 短果茨藻 N. marina** L. var. **brachycarpa** Trautv.
——内蒙古大茨藻 *N. intramongolica* Y. C. Ma——*N. marina* L. subsp. *intramongolica* (Y. C. Ma) J. You

1b. 雌雄同株；叶丝状，宽 1mm 或以下。

3a. 茎下部叶 3 叶假轮生。生于小池沼或小水沟浅水中。产嫩西(扎赉特旗)、鄂尔、东阿…… **2. 小茨藻 N. minor** All.

3b. 茎下部叶 5 叶假轮生。生于池沼或稻田中。产嫩西(扎赉特旗)…………………………………………………………………… **3. 纤细茨藻 N. gracillima** (A. Br. ex Engel.) Magnus

130. 水麦冬科 Juncaginaceae

1. 水麦冬属 Triglochin L.

1a. 总状花序较紧密；果实椭圆形或卵形，成熟后呈 6 瓣裂开。生于河湖边盐渍化草甸。产内蒙古各地……………………………………………………………………………………………………1. 海韭菜 **T. maritima** L.

1b. 总状花序较疏松；果实棒状条形，成熟后右下方呈 3 瓣裂开。生于河湖边盐渍化草甸、林缘草甸。产内蒙古各地……………………………………………………………………………………………………2. 水麦冬 **T. palustris** L.

131. 泽泻科 Alismataceae

1a. 花两性；叶片椭圆形、卵形或披针形。

  2a. 雄蕊 6；心皮环状排列 ……………………………………………………1. 泽泻属 **Alisma**

  2b. 雄蕊 6 至多数；心皮螺旋状排列…………………………………………2. 泽薹草属 **Caldesia**

1b. 花单性，雄蕊多数；叶箭形…………………………………………………3. 慈姑属 **Sagittaria**

1. 泽泻属 Alisma L.

1a. 叶通常椭圆形或卵形，基部近心形或平截。

  2a. 花瓣边缘有小齿；心皮有规则的排列；花柱长 0.5—1.5mm。生于沼泽。产兴安北……………………………………………………………………………………1. 泽泻 **A. plantago-aquatica** L.

  2b. 花瓣边缘波状；心皮不规则的排列；花柱长约 0.5mm。生于沼泽。产内蒙古各地……………………………………………………………………………………2. 东方泽泻 **A. orientale** (Sam.) Juz.

1b. 叶披针形至宽披针形，基部楔形。

  3a. 侧面的果皮薄，半透明；花柱近直立；花药长 1—1.2mm。生于湖岸、池塘、河边沼泽。产内蒙古东部……………………………………………………………………………………3. 膜果泽泻 **A. lanceolatum** With.

  3b. 侧面的果皮厚，不透明；花柱卷曲；花药长约 0.8mm。生于沼泽。产呼伦、科尔沁、锡林、阴南、鄂尔、东阿、额济纳……………………………………………………4. 草泽泻 **A. gramineum** Lejeune

2. 泽薹草属 Caldesia Parl.

泽薹草 Caldesia parnassifolia (Bassi ex L.) Parl.

多年生草本。须根。叶基生，有长柄，伸出水面，叶片圆形或卵圆形，先端圆钝，基部深心形。叶脉 5—11 条；花茎长达 50cm，轮伞圆锥花序，通常每轮有 3 个花梗；萼片 3；花瓣 3，白色；雄蕊 6；心皮 6—9。小坚果 6—9，倒卵形，背面弓形。生于湖泊、池塘、沼泽。产科尔沁。

3. 慈姑属 Sagittaria L.

1a. 浮水叶的裂片长于叶片；一般无沉水叶。生于浅水及水边沼泽。产内蒙古各地………1. 野慈姑 **S. trifolia** L.

——长瓣慈姑 *S. trifolia* L. f. *longiloba* (Turcz.) Makino

1b. 浮水叶的裂片明显短于叶片；一般具沉水叶。生于浅水中。产兴安北…………2. 浮叶慈姑 **S. natans** Pall.

132. 花蔺科 Butomaceae

1. 花蔺属 Butomus L.

花蔺 Butomus umbellatus L.

多年生水生草本。根状茎匍匐，粗壮。叶基生，基部三棱形，长 40—100cm，基部具叶鞘，叶鞘边缘膜质。花葶直立，伞形花序；苞片 3；外轮花被片 3，淡红色；内轮花被片 3，颜色较淡；雄蕊 9，花丝粉红色；心皮 6，粉红色。蓇葖果具喙。生于水边沼泽。产呼伦、岭西、科尔沁、辽河、锡林、阴南、鄂尔。

133. 禾本科 Gramineae

1a. 小穗含多数至 1 小花，大都两侧压扁，通常脱节于颖之上，小穗轴大都延伸至最上方小花的内稃之后而成细柄状或刚毛状。

2a. 小穗的 2 颖退化或仅在小穗的顶端留有痕迹；成熟小花的稃体常以其边缘互相紧扣；内稃 3 脉，中脉成脊或无脊(Ⅰ. **稻亚科 Oryzoideae**)。

3a. 小穗两性，两侧压扁而具脊(**(1) 稻族 Oryzeae**)。

4a. 不孕小花之 2 枚外稃虽小但甚显著。栽培 ··········· **1. 稻属 Oryza**

4b. 不孕小花之 2 枚外稃缺 ··········· **2. 假稻属 Leersia**

3b. 小穗单性，雌雄小穗略不相同，多少呈圆筒形而不具脊(**(2) 菰族 Zizanieae**) ·· **3. 菰属 Zizania**

2b. 小穗的 2 颖或 1 片通常明显；成熟小花的稃体的边缘不互相紧扣，或外稃紧包全部内稃；内稃 2 脉，偶可无脊或内稃缺。

5a. 成熟小花的外稃具多脉至 5 脉(稀为 3 脉)，或其脉不明显；叶舌通常无纤毛(芦苇属例外)(Ⅲ. **早熟禾亚科 Pooideae**)。

6a. 小穗以背腹面对向穗轴；侧生小穗无第一颖(**(8) 黑麦草族 Lolieae**) ·· **16. 黑麦草属 Lolium**

6b. 小穗以侧面对向穗轴；第一颖存在。

7a. 小穗无柄或几无柄，排成穗状花序(**(10) 小麦族 Triticeae**)。

8a. 小穗单生于穗轴的各节。

9b. 外稃有显著基盘；颖果通常与内外稃相贴着。野生禾草或为栽培牧草。

10a. 颖及外稃的背部扁平或呈圆形；顶生小穗大都正常发育。

11a. 植株通常无地下茎，或仅具短根头；小穗脱节于颖之上；小穗轴于诸小花间断落 ··········· **19. 鹅观草属 Roegneria**

11b. 植株具地下茎或匍匐茎；小穗脱节于颖之下；小穗轴不于诸小花间断落 ··········· **20. 偃麦草属 Elytrigia**

10b. 颖及外稃两侧压扁，背部显著具脊；顶生小穗不孕或退化。

12a. 多年生草本；穗轴延续而不折断；颖两侧边缘膜质 ··········· **21. 冰草属 Agropyron**

12b. 一年生草本；穗轴具关节而逐节断落；颖两侧边缘在成熟时变厚或呈角质 ··········· **22. 旱麦草属 Eremopyrum**

9a. 外稃无基盘；颖果与内外稃相分离。栽培的谷类作物。

13a. 颖卵形，具 3 至数脉 ··········· **23. 小麦属 Triticum**

13b. 颖锥形，仅具 1 脉 ··········· **24. 黑麦属 Secale**

8b. 小穗常以 2 至数枚生于穗轴之各节，或在花序之上、下两端可为单生。

14a. 小穗含 2 至数小花，以 2 至数枚(有时上、下两端为 1 枚)生于穗轴之各节。

15a. 植株不具根状茎，基部从不为碎裂成纤维状的叶鞘所包围，颖矩圆状披针形，具 3—5 脉；小穗轴不扭转，颖包于外稃的外面 ……………………………………………………………………………**25. 披碱草属 Elymus**

15b. 植株具下伸或横走的根状茎，基部常为枯老碎裂成纤维状的叶鞘所包围，颖细长呈锥形，具 1—3 脉；外稃常因小穗轴扭转而与颖交叉排列，使外稃背部露出 ……………………………………**26. 赖草属 Leymus**

14b. 小穗含 1 或 2(3)小花，以 2 或 3 枚生于穗轴之各节。

16b. 小穗含 1 小花，以 3 枚生于穗轴各节，居中者无柄而为孕性，两侧小穗常不孕而呈芒状且大多具柄 ………………**27. 大麦草属 Hordeum**

16a. 小穗含 2 或 3 小花，以 2 或 3 枚同生于一节，均为孕性或其一顶生小花退化为棒状 ……………………………**28. 新麦草属 Psathyrostachys**

7b. 小穗具柄，稀可无柄，排列为开展或紧缩的圆锥花序，或近于无柄，形成穗形总状花序；若无柄时，则小穗覆瓦状排列于穗轴一侧，再形成圆锥花序。

17a. 小穗含 2 至多数小花，如为 1 小花时，则外稃有 5 条以上的脉。

18a. 小穗的两性小花 1 或多数，但位于不孕花的下方，稀可位于小穗中部(即两性小花的上下方均有不孕小花)。

19a. 第二颖通常较短于第一小花；芒如存在时劲直(或稀可反曲)而不扭转，通常自外稃顶端伸出，有时可在外稃顶端 2 裂齿间或裂缝的下方伸出。

20a. 外稃基盘延伸如细柄状，其上方有长丝状柔毛；叶舌具纤毛；高大禾草(**Ⅱ. 芦竹亚科 Arundinoideae，(3) 芦竹族 Arundineae**)………**4. 芦苇属 Phragmites**

20b. 外稃基盘通常无毛，如有毛时，从不为长丝状柔毛，且其毛大都短于外稃；叶舌通常膜质，无纤毛；一般为中小型禾草(**Ⅲ. 早熟禾亚科 Pooideae**)。

21a. 颖果顶端具锥状的喙；叶舌厚膜质；基盘无毛(**(4) 龙常草族 Diarrheneae**) ……………………………………………………**5. 龙常草属 Diarrhena**

21b. 颖果顶端不具锥状的喙；叶舌薄膜质；基盘无毛或具毛。

22a. 外稃通常有 7 至更多的脉，亦可具 5 或 3 脉；叶鞘全部闭合，或下部闭合，亦可不闭合(但其外稃具多数脉)。

23a. 子房顶端无毛或偶可有短柔毛；内稃脊上无毛或具短纤毛或柔纤毛；颖果顶端无附属物或喙；有时有无毛的短喙(**(6) 臭草族 Meliceae**)。

24a. 小穗柄具关节而使小穗整个脱落；第一颖具 3 脉，第二颖具 5 脉。

25a. 外稃无芒；基盘无毛；小穗顶端有不孕外稃形成的小球…………………………………**7. 臭草属 Melica**

25b. 外稃有芒；基盘具毛；小穗顶端不具上述小球…… ……………………………………**8. 裂稃茅属 Schizachne**

24b. 小穗柄无关节，脱节于颖之上；颖的脉不明显或仅具 1 脉，或第二颖具 3 脉。

26a. 外稃具 5—9 脉；小穗含数朵至多数小花。

27a. 外稃顶端通常钝圆，基盘无毛 ……………… ………………………………**9. 甜茅属 Glyceria**

27b. 外稃顶端呈不整齐齿状，基盘有髭毛………… ………………………………**10. 水茅属 Scolochloa**

26b. 外稃具 3 脉；小穗含 1—4 小花 …………………… ………………………………**11. 沿沟草属 Catabrosa**

23b. 子房顶端有糙毛；内稃脊上有硬纤毛或短纤毛；颖果顶端有生毛的附属物或短喙((9) **雀麦族 Bromeae**)。

28a. 叶鞘闭合；花序为开展或收缩的圆锥花序；花柱生于子房前下方……………………………………………**17. 雀麦属 Bromus**

28b. 叶鞘边缘不闭合；花序为穗形总状花序；花柱生于子房顶端……………………………………**18. 短柄草属 Brachypodium**

22b. 外稃具(3)5 脉；叶鞘通常不闭合，或边缘互相覆盖((7) **早熟禾族 Poeae**)。

29a. 外稃背部圆形。

30a. 外稃顶端钝，具细齿，诸脉平行不于顶端汇合……………………………………………………………**15. 碱茅属 Puccinelia**

30b. 外稃顶端尖，诸脉在顶端汇合…………**12. 羊茅属 Festuca**

29b. 外稃背部具脊。

31a. 小花单性，雌雄异株；外稃具贴生微毛；子房顶端有短毛……………………………………………………**13. 银穗草属 Leucopoa**

31b. 小花两性；外稃脊和边缘有柔毛，基盘常有绵毛或可全部无毛；子房通常无毛……………………………**14. 早熟禾属 Poa**

19b. 第二颖大都等长或长于第一小花；芒若存在时膝曲而有扭转的芒柱，通常位于外稃的背部或由其先端的 2 裂片间伸出((11) **燕麦族 Aveneae**)。

32a. 外稃无芒或顶端具小尖头或具短芒，具 3—5 脉；小穗轴无毛或具细毛，圆锥花序紧密呈穗状，常为圆柱形……………………………………**29. 落草属 Koeleria**

32b. 外稃显著具芒，如无芒时则圆锥花序不呈穗状。

33a. 小穗长不及 1cm；子房无毛；颖果不具腹沟，与内稃互相分离。

34a. 外稃背部有脊，顶端 2 齿裂，芒自其背部的中部以上伸出……………………………………………………………**30. 三毛草属 Trisetum**

34b. 外稃背部圆形，顶端截形或有不规则细齿，芒自其背部的中部以下伸出……………………………………………**33. 发草属 Deschampsia**

33b. 小穗长大于 1cm；子房上部或全部有毛；颖果具腹沟，通常与内稃互相附着。

35a. 多年生；小穗直立或开展；2 颖不等大，具 1—7 脉……………………………………………………………**31. 异燕麦属 Helictotrichon**

35b. 一年生；小穗下垂；2 颖近于相等，具 7—11 脉‥**32. 燕麦属 Avena**

18b. 小穗含 3 小花，其中两性小花仅 1 朵，位于 2 不孕小花的上方，或因不孕小花退化而使小穗仅含 1 小花；成熟外稃质硬，无芒((12) **虉草族 Phalardeae**)。

36a. 小穗下部 2 不孕小花的外稃内含 3 雄蕊，与顶生成熟小花等长或较之长；小穗棕色而有光泽；两性小花含 2 雄蕊；植株干后仍有香味……**34. 茅香属 Anthoxanthum**

36b. 小穗下部 2 不孕小花的外稃空虚，退化为小鳞片状而无芒，远较其顶生成熟小花为短；小穗灰绿色而无光泽；两性小花含 3 雄蕊；植株干后无香味……**35. 虉草属 Phalaris**

17b. 小穗通常仅含 1 小花；外稃具 5 脉或稀可更少。

37a. 外稃大部为膜质，通常短于颖，也可略与颖等长，如长于颖时，则质地稍坚硬，成熟时疏松包裹着颖果或几不包裹((13) **翦股颖族 Agrostideae**)。

38a. 圆锥花序极紧密呈穗状，圆柱形或矩圆形。

39a. 小穗脱节于颖之上；颖及外稃的边缘均不联合；外稃无芒，稍长于内稃……………………………………………………………………**36. 梯牧草属 Phleum**

39b. 小穗脱节于颖之下；颖及外稃在下部的边缘彼此联合；外稃背部的中部或中部以下有芒；内稃缺……………………………………**37. 看麦娘属 Alopecurus**

38b. 圆锥花序开展或紧密，但不呈穗状柱形。

40a. 小穗多少具柄，长形，排列为开展或紧密的圆锥花序。

41a. 小穗脱节于颖之上；小穗柄不具关节；颖先端尖或渐尖，不具芒。

42a. 外稃基盘有柔毛。

43a. 小穗轴不延伸于内稃之后，或稀有极短的延伸，常无毛或具疏柔毛……………………………………**38. 拂子茅属 Calamagrostis**

43b. 小穗轴延伸于内稃之后，常具丝状柔毛‥ **39. 野青茅属 Deyeuxia**

42b. 外稃基盘无毛或仅有微毛……………………………**40. 翦股颖属 Agrostis**

41b. 小穗脱节于颖之下。

44a. 颖先端具长芒；圆锥花序紧密呈棒状……**41. 棒头草属 Polypogon**

44b. 颖先端无芒；圆锥花序疏散…………………………**42. 单蕊草属 Cinna**

40b. 小穗无柄，几呈圆形，覆瓦状排列于穗轴之一侧，而后再排列成的圆锥花序·……………………………………………………………………**43. 茵草属 Beckmannia**

37b. 外稃质地厚于颖，至少在背部较颖坚硬成熟后与内稃一起紧包颖果(**(14) 针茅族 Stipeae**)。

45a. 外稃有芒；基盘尖锐或钝圆。

46a. 外稃芒宿存，大都粗壮而下部常扭转。

47a. 外稃不裂或顶端多少 2 裂；通常无延伸的小穗轴。

48a. 芒下部扭转，且与外稃顶端成关节，外稃细瘦呈圆筒形，常具排列成纵行的短柔毛，基盘大都长而尖锐；内稃背部在结实时不外露，通常无毛………………………………………………**45. 针茅属 Stipa**

48b. 芒下部扭转或几不扭转，不与外稃顶端成关节，外稃背部有散生柔毛；内稃背部在结实时裸露，脊间无毛。

49a. 芒下部无毛或具微毛；小穗柄较粗，大都短于小穗…………………………………………………………**46. 芨芨草属 Achnatherum**

49b. 芒全部被柔毛；小穗柄呈毛细管状，较长于小穗……………………………………………………………**47. 细柄茅属 Ptilagrostis**

47b. 外稃 2 裂至中部，在裂片基部有一圈冠毛状毛茸；小穗轴多少延伸于内稃之后……………………………………………**50. 冠毛草属 Stephanachne**

46b. 外稃芒易落，大都简短，细弱，下部不扭转。

50a. 外稃无毛或有毛，具光泽，其芒自顶端伸出‥‥**44. 落芒草属 Piptatherum**

50b. 外稃遍生柔毛，其芒自裂片间伸出。

51a. 外稃 7—9 脉，基盘无毛；花药顶端具毫毛；植株高 1—1.5m，具长而粗壮的根状茎…………………………**48. 沙鞭属 Psammochloa**

51b. 外稃 3 脉，基盘有毛；花药顶端无毫毛；植株高 30—50cm，丛生，具短根状茎…………………………………**49. 钝基草属 Timouria**

45b. 外稃无芒；基盘短钝不显著；稃于成熟时变硬，平滑无毛，有光泽………………………………………………………………………………**51. 粟草属 Milium**

5b. 成熟小花外稃具 3 或 1 脉，亦有具 5—9 脉者；叶舌通常具纤毛，或为一圈毛所代替(外稃虽具多脉，但叶舌具毛而可与 5a 项区别)(**Ⅳ. 画眉草亚科 Eragrostidoideae**).

52a. 外稃具 7—9 脉。

53a. 外稃具 9 条或更多，通常呈羽状的芒(**(15) 冠芒草族 Pappophoreae**)……………………………………………………………………**52. 冠芒草属 Enneapogon**

53b. 外稃无芒；小穗近于无柄而排列于花序分枝的一侧(**(16) 獐毛族 Aeluropodeae**)…………………………………………………………………………**53. 獐毛属 Aeluropus**

52b. 外稃(1)3(5)脉。

54a. 小穗具(2)3 至多数结实小花；圆锥花序，如为总状花序或穗状花序时其小穗不排列于穗轴的一侧((17) **画眉草族 Eragrostideae**)。

55a. 小穗紧密覆瓦状排列于较宽的一侧而形成穗状花序，此时穗状花序再以数枚呈指状排列于秆顶；囊果 ……………………………………………………… **54. 䅟属 Eleusine**

55b. 小穗排列为开展或紧缩的圆锥花序，稀可为总状花序，亦可几无柄成 2 行排列于纤细穗轴的一侧，形成 1 枚穗状花序单生秆顶；颖果。

56a. 小穗两侧压扁，背部明显具脊；小穗轴大都不逐节断落；外稃顶端大都完整无芒，平滑无毛，基盘无毛……………………………… **55. 画眉草属 Eragrostis**

56b. 小穗背部呈圆形；小穗轴于成熟时与小花一起逐节断落；外稃多少生有柔毛，顶端大都具或与其 2 裂齿间生 1 小尖头，稀无芒，基盘多少生有短柔毛。

57a. 圆锥花序狭窄，由数枚单纯的或具有分枝的总状花序所组成；叶鞘内有隐藏的小穗…………………………………………… **56. 隐子草属 Cleistogenes**

57b. 穗状花序 1 枚，单生茎顶；叶鞘内不具隐藏的小穗… **57. 草沙蚕属 Tripogon**

54b. 小穗含 1 结实小花。

58a. 小穗无柄或近于无柄，排列于穗轴一侧形成穗状花序，数枚穗状花序再形成指状或近于指状排列于穗轴先端，组成复合花序((18) **虎尾草族 Chlorideae**)…**58. 虎尾草属 Chloris**

58b. 小穗通常具柄，如无柄或近于无柄时，也不排列于穗轴一侧，不呈指状排列的花序。

59a. 花序穗状或穗形总状，若为圆锥花序，则紧缩成头状或穗状；外稃成熟时质薄，不呈圆筒形，顶端无芒或仅具 1 芒。

60a. 圆锥花序紧缩成头状或穗状，位于宽广苞片之腋中；第一颖存在；小穗不为下一项所列情况((19) **鼠尾草族 Sporoboleae**)。

61a. 小穗脱节于颖之下；外稃顶端无芒 …………… **59. 扎股草属 Crypsis**

61b. 小穗脱节于颖之上；外稃顶端具长芒 … **60. 乱子草属 Muhlenbergia**

60b. 穗状花序或穗形总状花序；第一颖微小或缺；小穗 2—5 枚簇生，最下方的 2 枚成熟小穗合并为一刺球体((20) **结缕草族 Zoysieae**) ………………………………………………………………………… **61. 锋芒草属 Tragus**

59b. 圆锥花序疏展；外稃成熟时质地变硬，圆筒形，顶端有 3 裂的芒或具 3 芒(Ⅱ. **芦竹亚科 Arundinoideae**，(5) **三芒草族 Aristideae**)……… **6. 三芒草属 Aristida**

1b. 小穗含 2 小花，下部小花常不发育而为雄性，甚至退化仅余外稃，则此时小穗仅含 1 小花，背腹扁或为圆筒形，稀可两侧扁，脱节于颖之下，稀可脱节于颖之上；小穗轴从不延伸于顶端成熟小穗内稃之后(Ⅴ. **黍亚科 Panicoideae**)。

62a. 第二小花的外稃及内稃通常质地坚韧，比颖质厚。

63a. 小穗成对或稀可单生，脱节于颖之上，成熟小花的外稃大都具芒，其基盘亦常有毛((21) **野古草族 Arundinelleae**) ……………………………………… **62. 野古草属 Arundinella**

63b. 小穗单生或成对，脱节于颖之下，成熟小花的外稃通常无芒，其基盘无毛((22) **黍族 Paniceae**)。

64a. 花序中无不育的小枝，不具刚毛；其穗轴不延伸至上端小穗的后方。

65a. 小穗排列为开展的圆锥花序；小穗柄长，不排列在穗轴的一侧 ……………………………………………………………………………… **63. 黍属 Panicum**

65b. 小穗无柄或几无柄，排列于穗轴的一侧而为穗状花序或穗形总状花序，此花序再排列呈指状或圆锥花序。

66a. 穗形总状花序或总状花序再组成圆锥花序；第二外稃在成熟时为骨质或革质，多少有些坚硬，通常有狭窄而内卷的边缘，故其内稃露出较多。

67a. 小穗基部具 1 环状或珠状的基盘(系由微小的第一颖及第二颖下的小穗轴愈合膨大而成)；第一颖常缺；第一外稃无芒；叶舌存在 ……………………………………………………………… **64. 野黍属 Eriochloa**

67b. 小穗基部无上述基盘；第一颖虽小但存在；第一外稃具芒或芒状小尖头；叶舌缺 …………………………………… **65. 稗属 Echinochloa**

66b. 穗形总状花序再作指状排列或近于指状；第二外稃在成熟时为软骨质，不具芒或芒状小尖头，边缘膜质透明，不内卷……**66. 马唐属 Digitaria**

64b. 花序中有不育的小枝(或由穗轴延伸)所组成的刚毛。

68a. 刚毛互相联合形成刺苞，内含小穗 1—4 枚 …………… **67. 蒺藜草属 Cenchrus**

68b. 刚毛互相分离，不形成刺苞。

69a. 小穗脱落时附于其下的刚毛仍缩存花序上 ………… **68. 狗尾草属 Setaria**

69b. 小穗脱落时连同附于其下的刚毛一起脱落 …… **69. 狼尾草属 Pennisetum**

62b. 第二小花的外稃及内稃为膜质或透明膜质，质比颖薄。

70a. 小穗两性，或成熟小穗与不孕小穗同时混生穗轴上(**(23) 蜀黍族 Andropogoneae**)

71a. 穗轴具凹穴，无柄小穗嵌生于凹穴中，有柄小穗的柄与穗轴节间结合；外稃无芒…………………………………………………………………………… **73. 牛鞭草属 Hemarthria**

71b. 穗轴不具凹穴，无柄小穗及有柄小穗亦不为上述情况。

72a. 小穗孪生，两性，能孕且均可成熟，各具长短不一的柄或 1 无柄。

73a. 圆锥花序紧缩成穗状；小穗无芒 …………………… **71. 白茅属 Imperata**

73b. 圆锥花序开展或为总状花序排列呈指状；小穗常有芒或有极短的芒。

74a. 圆锥花序开展；穗轴延伸而无关节；小穗自柄上脱落。

75a. 圆锥花序扇形宽展，成对小穗均有柄；穗轴节间及小穗柄的先端不膨大 ………………………………… **70. 芒属 Miscanthus**

75b. 圆锥花序矩圆形，成对小穗，1 无柄，1 有柄，或均有柄；穗轴节间及小穗柄的先端膨大而成棒状；基盘无毛 ……………………………………………………**72. 大油芒属 Spodiopogon**

74b. 花序总状，呈指状排列；穗轴具关节，各节连同着生其上的无柄小穗一起脱落 ……………………………… **74. 莠竹属 Microstegium**

72b. 孪生小穗的异性对中无柄小穗两性，能结实，有柄小穗雄性或中性，不育以至退化成 1 短柄；或在同性对中无柄小穗与有柄小穗均不育，为雄性或中性。

76a. 叶宽披针形至卵状披针形，基部心形抱茎；无柄小穗第二外稃的芒从近基部着生……………………………………………**75. 荩草属 Arthraxon**

76b. 叶条形至条状披针形，基部不为心形抱茎；无柄小穗第二外稃的芒从不自基部伸出。

77a. 总状花序呈圆锥状或指状排列，花序下不具佛焰苞，孪生小穗中也不具上述情况的同性对。

78a. 无柄小穗第二外稃发育正常，先端 2 裂，芒自裂齿间伸出或全缘而无芒 ……………………………… **76. 高粱属 Sorghum**

78b. 无柄小穗第二外稃退化呈条形柄状，顶端延伸成芒 …………………………………………………**77. 孔颖草属 Bothriochloa**

77b. 总状花序位于舟状的佛焰苞内或微伸出于苞外，基部 2 对为同性对，互相接近似轮生总苞，其余 1—3 对为异性对 … **78. 菅属 Themeda**

70b. 小穗单性，雌小穗下雄小穗分别生于不同花序上，或在同一花序的不同部位上(**(24) 玉蜀黍族 Maydeae**)。

79a. 单性小穗位于同一花序上，雄性在上，雌性在下，包于球形坚硬的总苞内…………………………………………………………………………… **79. 薏苡属 Coix**

79b. 单性小穗分别生于不同花序上，雄花序为顶生的圆锥花序，雌花序为腋生具多数鞘

包的穗状花序……………………………………………………………………… **80. 玉蜀黍属 Zea**

Ⅰ. 稻亚科 Oryzoideae

(1) 稻族 Oryzeae

1. 稻属 Oryza L.

稻 Oryza sativa L.

一年生栽培草本，高约 1m。叶披针形，先端 2 深裂；叶片扁平。圆锥花序顶生，开展；小穗两侧压扁，含 1 小花；颖 2 枚，极退化，锥刺状；外稃坚硬，具脊，有 5 脉；内稃与外稃同质，具 3 脉；雄蕊 6。产科尔沁、辽河、鄂尔(乌审旗南部)、东阿(河套地区)有栽培。

2. 假稻属 Leersia Solander ex Sw.

粃壳草(蓉草) Leersia oryzoides (L.) Sw.

一年生草本，高 30—90cm。叶片扁平；圆锥花序顶生；小穗两侧压扁，含 1 小花，无芒；颖退化；外稃具 5 脉；脊和边缘具刺毛；内稃具 3 脉，脊上被刺毛。生于稻田及水边沼泽。产辽河(大青沟)、科尔沁(敖汉旗)。

(2) 菰族 Zizanieae

3. 菰属 Zizania L.

菰 Zizania latifolia (Griseb.) Turcz. ex Stapf

多年生水生草本，高 70—120cm。叶舌膜质，顶端钝圆；叶扁平。头状花序顶生，雌雄同株；小穗单生，含 1 小花；雌小穗位于花序上部，雄小穗位于花序下部；外稃膜质，具 5 脉；雄蕊 6。生于水中、水泡子边缘。产兴安北、呼伦、兴安南、辽河(大青沟)、阴南。

Ⅱ. 芦竹亚科 Arundinoideae

(3) 芦竹族 Arundineae

4. 芦苇属 Phragmites Adans.

芦苇 Phragmites australis (Cav.) Trin. ex Steudel.——热河芦苇 *P. jeholensis* Honda

多年生草本，高 50—250cm。圆锥花序稠密，开展；小穗含 3—5 花；两颖均具 3 脉；外稃具 3 脉，基盘细长，具丝状柔毛；雄蕊 3。生于池塘、河边、湖泊水中，在盐碱地、干旱沙丘及多石的坡地上也能生长。产内蒙古各地。

(4) 龙常草族 Diarrheneae

5. 龙常草属 **Diarrhena** Beauv.

1a. 花序分枝单一，各具 2—7 枚小穗；第一外稃长 4—4.5mm；颖果长约 4mm。生于林下、林缘、丘陵沟谷。产兴安南、辽河(大青沟)……………………………………………………… **1. 龙常草 D. mandshurica** Maxim.

1b. 花序分枝常再分枝，各具 4—15 枚小穗；第一外稃长约 3.5mm；颖果长约 2.5mm。生于林下、林缘、沟谷。产辽河(大青沟)……………………………………………… **2. 小果龙常草 D. fauriei** (Hack.) Ohwi

(5) 三芒草族 Aristideae

6. 三芒草属 **Aristida** L.

三芒草 **Aristida adscenionis** L.

一年生草本，高 12—40cm。叶舌膜质，具纤毛；叶片纵卷如针状，圆锥花序较紧密；小穗含 1 小花，脱节于颖之上；颖狭窄，具 1—5 脉；外稃狭圆柱形，内卷，顶端具 3 芒；内稃质薄而短小，为外稃所包卷。生于干燥山坡、丘陵坡地、浅沟、干河床及沙土上。产内蒙古各地。

III. 早熟禾亚科 Pooideae

(6) 臭草族 Meliceae

7. 臭草属 **Melica** L.

1a. 小穗长 8—13mm；第一颖长 9—11mm。生于山地林缘、林下、山地灌丛、草甸。产兴安北、岭西、兴安南、燕北、阴山 ……………………………………………… **1. 大臭草 M. turczaninowiana** Ohwi

1b. 小穗长 4—7mm；第一颖长 2—7mm。

2a. 外稃先端具 2 浅裂片。生于山地阴坡。产龙首山 ……………………… **2. 藏臭草 M. tibetica** Roshev.

2b. 外稃先端不裂。

3a. 2 颖不等长，第一颖长 2—3mm，第二颖长 3—4mm。生于石质山坡、草原。产兴安南、赤峰、燕北、锡林、乌兰、阴山、阴南、贺兰山 ………………………………**3. 抱草 M. virgata** Turcz. ex Trin.

3b. 2 颖几等长。

4a. 花序较大；小穗多而密集；第一颖具 3—5 脉；叶片宽 2—7mm。生于山地阳坡、田野、砂地。产呼伦、兴安南、燕北、乌兰、阴山、阴南、东阿(桌子山)、贺兰山 ……………**4. 臭草 M. scabrosa** Trin.

4b. 花序较小；小穗稀疏；第一颖具 1 脉，侧脉不明显；叶片宽 1—2mm。生于低山丘陵、山坡下部、沟边、田野。产乌兰、阴山、阴南、东阿(桌子山)、贺兰山 ……… **5. 细叶臭草 M. radula** Franch.

8. 裂稃茅属 **Schizachne** Hack.

裂稃茅 **Schizachne purpurascens** (Torrey) Swallen subsp. **callosa** (Turcz. ex Griseb.) T. Koyama et Kawano ——*S. callosa* (Turcz. ex Griseb.) Ohwi

多年生草本，高 30—60cm。叶舌薄膜质；圆锥花序多成总状；通常 4—6 小穗；小穗含 4—5 花；

颖卵状披针形，具宽膜质边缘，第一颖具 3 脉，第二颖具 5 脉；外稃披针形，具狭膜质边缘，顶端有 2 个尖锐的齿，具 7 脉，背部具长于稃体的直立芒；基盘密被柔毛；内稃短于外稃，具 2 脊；雄蕊 3。生于林下。产兴安北、兴安南。

9. 甜茅属 **Glyceria** R. Br.

1a. 叶片宽 3—5mm；颖大，第一颖长 3—4mm。生于草甸、湖泊及溪边沼泽地。产兴安北、岭西、兴安南、辽河(大青沟)、锡林 ······ **1. 狭叶甜茅 G. spiculosa** (Fr. Schmidt.) Roshev.

1b. 叶片宽 5—10mm；颖小，第一颖长 1.2—2mm。

2a. 雄蕊 3，花药长 1—1.5mm；秆具 5—7 节；叶舌膜质，长 2—4mm，顶端具突尖。生于河流、小溪、湖泊沿岸、泥潭及低湿地。产兴安北、兴安南、科尔沁、燕北、锡林、阴山 ······ **2. 水甜茅 G. triflora** (Korsh.) Kom.

2b. 雄蕊 2，花药长 0.6—0.8mm。

3a. 秆具 10 余节；叶舌质厚，硬，极短，长 0.3—1mm。生于沼泽地、溪流和湖边。产兴安北、兴安南、辽河(大青沟)、锡林 ······ **3. 假鼠妇草 G. leptolepis** Ohwi

3b. 秆具 5—6 节；叶舌膜质，长 2—4mm。生于溪流边沿。产岭西 ······ **4. 二蕊甜茅 G. lithuanica** (Gorski) Gorski

10. 水茅属 **Scolochloa** Link

水茅 Scolochloa festucacea (Willd.) Link

多年生草本，高 70—200cm。圆锥花序多少开展；小穗两侧压扁，含 3—5 花，顶生者通常不发育；颖宽披针形，第一颖具 1—3 脉，第二颖具 3—5 脉；外稃宽披针形，具 5—7 脉，先端具 3 齿，顶端具短芒；基盘两侧各具 1 簇髭毛；内稃披针形，具 2 脊，先端具 1 尖齿。生于水边、沼泽地。产呼伦、锡林。

11. 沿沟草属 **Catabrosa** Beauv.

1a. 颖片近圆形或卵形，第一颖长 0.5—1.2mm，第二颖长 1—2mm。

2a. 植株高 30—60cm；圆锥花序开展，长 10—20cm，宽 4—12cm，分枝细长，斜升或几与主轴垂直；外稃长约 3mm。生于河边、湖旁和积水洼地的草甸上。产兴安北、呼伦、兴安南、科尔沁、锡林、贺兰山 ······ **1a. 沿沟草 C. aquatica** (L.) P. Beauv. var. **aquatica**

2b. 植株高达 20cm；圆锥花序紧缩，长 2—5cm，宽 0.8—2.5cm，分枝较短，直立或斜升；外稃长约 2mm。生于沼泽、草甸、河沟。产锡林 ······ **1b. 紧穗沿沟草 C. aquatica** (L.) Beauv. var. **angusta** Stapf

1b. 颖片长圆形，第一颖长 1.5—2mm，第二颖长 2—2.3mm；圆锥花序紧缩狭窄。生于沼泽。产内蒙古西部 ······ **2. 长颖沿沟草 C. capusii** Franch.

(7) 早熟禾族 **Poeae**

12. 羊茅属 **Festuca** L.

1a. 叶无镰状弯曲的叶耳；外稃顶端不裂，芒从顶端伸出。

2a. 疏丛禾草，具根状茎；叶平展，宽 1.5—5mm；圆锥花序较平展。

3a. 叶宽 2—5mm；外稃芒长约等于稃体。生于山地林缘及灌丛。产兴安北、兴安南、燕北、阴南、贺兰山 ······ **1. 远东羊茅 F. extermiorintalis** Ohwi

3b. 叶宽 1.5—2mm；外稃芒短于稃体之半。

4a. 外稃背部具细短柔毛或粗糙。生于河滩草甸、山地草甸、林缘及灌丛。产兴安北、兴安南、燕北、锡林、阴山、贺兰山……………………………………………………**2a. 紫羊茅 F. rubra** L. subsp. **rubra**

4b. 外稃背部具长柔毛。生于山地林缘、低湿地草甸。产锡林、阴山………………………………………………………………………………**2b. 毛稃紫羊茅 F. rubra** L. subsp. **arctica** (Hack.) Govor.

2b. 密丛禾草，无根状茎；叶内卷，宽 1mm 以下；圆锥花序紧缩或较松散。

5a. 叶坚韧，平滑无毛。

6a. 叶呈须发状，柔软而弯曲；外稃无芒；圆锥花序较松散。生于山地林下及林缘草甸。产兴安北、燕北(敖汉旗)…………………………………………………………**3. 雅库羊茅 F. jacutica** Drob.

6b. 叶不呈须发状，质硬而直立；外稃无芒或具芒；圆锥花序较紧缩或紧缩呈穗状。

7a. 外稃无芒或仅具长 0.5mm 的小尖头。

8a. 叶宽(0.6)0.8—1mm；圆锥花序较紧缩，长 6—8cm；外稃长 5—5.5mm，背部具细短柔毛或粗糙；花药长 2.5—3mm。生于沙地及沙丘上。产岭西、岭东、呼伦、科尔沁、辽河、锡林……………………**4. 达乌里羊茅 F. dahurica** (St.-Yves) V. I. Krecz. et Bobr.

8b. 叶宽 0.6mm 以下；圆锥花序紧缩呈穗状，长 3—5cm；外稃长 4—5mm，背部光滑或粗糙；花药长约 2mm。生于砾石质山地丘陵坡地及丘顶。产呼伦、兴安南、锡林、阴山……………………………**5. 蒙古羊茅 F. mongolica** (S. R. Liu et Y. C. Ma) Y. Z. Zhao

——*F. dahurica* (St.-Yves) V. I. Krecz. et Bobr. subsp. *mongolica* S. R. Liu et Y. C. Ma

7b. 外稃具芒，芒长 1.5—2mm。

9a. 花药长 1.5—2.5mm；圆锥花序长 3—8cm。

10a. 颖片长 2.5—4mm；小穗淡绿色。生于山地草原、草甸草原。产兴安北、岭东、兴安南·……………………………………**6. 东亚羊茅 F. litvinovii** (Tzvel.) E. B. Alexeev

10b. 颖片长 4.5—6mm；小穗绿紫色。生于山地草甸、山坡草地。产岭西、兴安南、阴山…………………………………………**7. 沟叶羊茅 F. valesiaca** Schleicher ex Gaudin subsp. **sulcata** (Hackel) Schinz et Keller

9b. 花药长 1—1.4mm；圆锥花序长 2—3cm；颖片长 2—3mm；小穗紫色或紫褐色。生于山地林缘、灌丛、草甸。产贺兰山…………………………………………………………………………**8. 矮羊茅 F. coelestis** (St.-Yves) V. I. Krecz. et Bobrow

5b. 叶脆涩，丝状，宽约 0.3mm，具稀而短的刺毛；外稃芒长 1.5—2mm。生于山地林缘草甸。产兴安北、兴安南、燕北、阴山、贺兰山……………………………………………………**9. 羊茅 F. ovina** L.

1b. 叶具镰状弯曲的叶耳；外稃顶端微二裂，芒从裂齿背部伸出。生于城市草坪。产阴南(呼和浩特市)……………………………………………………………………**10. 苇状羊茅 F. arundinacea** Schreb.

13. 银穗草属 Leucopoa Griseb.

银穗草 Leucopoa albida (Turcz. ex Trin.) Krecz. et Bobr.

多年生禾草，高 25—60cm。叶舌几不存在；叶片质地较硬，内卷。圆锥花序紧缩；小穗含 3—6 花，银灰绿色；第一颖具 1 脉，第二颖具 3 脉；外稃卵状矩圆形，先端具钝而不规则的裂齿，边缘宽膜质，具 5 脉；内稃膜质，具细刺状纤毛。生于山地顶部和阳坡。产兴安北、岭西、岭东、呼伦、兴安南、燕北、科尔沁、阴山。

14. 早熟禾属 Poa L.

1a. 一年生草本；内稃脊上具长柔毛；基盘无毛。生于草甸。产岭西、兴安南…………**1. 早熟禾 P. annua** L.

1b. 多年生草本；内稃脊上具短纤毛或粗糙。

2a. 基盘无毛。

3a. 外稃无毛；圆锥花序大型疏展，长与宽均达 10—20cm。

4a. 圆锥花序长为其秆的 1/3；花药长 3—3.5mm。生于河谷滩地草甸。产兴安北、岭西、呼伦、兴安南、锡林……………………………………………………… **2. 散穗早熟禾 P. subfastigiata** Trin.

4b. 圆锥花序长远不及秆的 1/3；花药长 1.5—2mm。生于草甸、沼泽草甸、林缘、林下、灌丛。产兴安北、兴安南…………………………………………………… **3. 西伯利亚早熟禾 P. sibirica** Roshev.

3b. 外稃脊下部与边缘具柔毛。

5a. 圆锥花序大型疏展，长与宽均达 10—20cm；植株具长根状茎。生于高山草甸或灌丛。产贺兰山 ……………………………………………………………**4. 希斯肯早熟禾 P. × schischkinii** Tzvel.

5b. 圆锥花序紧缩成穗状，长 2—10cm，宽 0.5—2cm。

6a. 植株具地下长根状茎。

7a. 外稃长 4—4.5mm；圆锥花序长 5—10cm，宽 1—2cm；叶宽 3—4mm；花药长 2—3mm。生于高山草甸。产贺兰山 ……… **5. 西藏早熟禾 P. tibetica** Munro ex Stapf

7b. 外稃长约 2.5mm；圆锥花序长 2—5cm，宽 0.5—1.5cm；叶宽约 1.5mm；花药长 1.2—1.5mm。生于高山草甸。产贺兰山 ……………… **6. 阿拉套早熟禾 P. alberti** Regel

6b. 植株丛生，地下不具根状茎。

8a. 外稃长 4—5mm，脊下部 1/4—1/3 与边脉 1/5 疏生柔毛；叶舌长 2—3mm；花药长 2—2.5mm。生于山坡林缘。产贺兰山………………… **7. 光盘早熟禾 P. hylobates** Bor
——*P. elanata* Keng ex Yzvel.

8b. 外稃长 2.5—4mm，脊与边脉中部以下具柔毛；叶舌长 1—2mm。

9a. 叶片直立，质地较硬，内卷，宽约 1.5mm；外稃长 2.5—3.2mm。生于海拔 2300m 的石质山坡。产贺兰山………………………………**8. 硬叶早熟禾 P. orinosa** Keng
——*P. stereophylla* Keng ex L. Liu

9b. 叶片开展，质地较软，扁平，宽约 1mm。

10a. 小穗长 5—6mm，含 6—7 小花；外稃长 3—3.5mm；花药长 1.2—1.5mm。生于山坡草地。产岭西、呼伦…………………**9. 乌库早熟禾 P. ochotensis** Trin.

10b. 小穗长 4—5mm，含 2—4 小花；外稃长 3.5—4mm；花药长约 2mm。生于石质山坡草地。产内蒙古东部 …… **10. 瑞沃达早熟禾 P. reverdattoi** Roshev.

2b. 基盘具绵毛。

11a. 植株具地下长根状茎。

12a. 外稃先端宽膜质，脉间被微毛；花药长 2.5—3mm。

13a. 小穗光亮；颖及外稃宽膜质边缘透明；外稃脊下部 1/3 及边脉基部 1/4 具柔毛。生于山地阴坡林下。产阴山、贺兰山 …………………… **11. 唐氏早熟禾 P. tangii** Hitchc.

13b. 小穗不光亮；颖及外稃宽膜质边缘不透明；外稃脊下部 1/2 及边脉基部 1/3 具柔毛。生于海拔约 2000m 的山地。产阴山、贺兰山 ………… **12. 极地早熟禾 P. arctica** R. Br.

12b. 外稃先端窄膜质，脉间无毛；花药长 1.2—2mm。

14a. 小穗长 6—7mm，含 5—7 花；叶舌先端稍尖。生于山坡林缘草地、沟谷湿地。产兴安南、燕北、锡林、贺兰山……………………………… **13. 粉绿早熟禾 P. pruinosa** Korotky
——密花早熟禾 *P. pachyantha* Keng ex Shan Chen

14b. 小穗长 3.5—6mm，含 2—5 花；叶舌先端截平。

15a. 圆锥花序紧缩；花药长约 1.2mm；叶舌长 0.5—1mm。

16a. 植株高 30—60cm；叶鞘短于节间；圆锥花序长 5—10cm；小穗长 4—5mm，含 2—5 花。生于山地林缘草甸、沟谷河滩草甸。产兴安北、岭西、岭东、兴安南、燕北、阴山、贺兰山……………………**14. 细叶早熟禾 P. angustifolia** L.

16b. 植株高 10—20cm；叶鞘长于节间；圆锥花序长 3—5cm；小穗长 3—4mm，含 2—3 花。生于山地草甸。产贺兰山 ……**15. 高原早熟禾 P. alpigena** Lindm.

15b. 圆锥花序开展；花药长 1.5—2mm；叶舌长 1.5—3mm。生于草甸、草甸化草原、山地林缘及林下。产兴安北、岭东、岭西、呼伦、兴安南、燕北、科尔沁、阴山、贺兰山……………………………………………………………**16. 草地早熟禾 P. pratensis** L.

11b. 植株丛生，不具根状茎或稀具下延之短根状茎。

17a. 圆锥花序分枝弯曲而下垂；叶舌长 2—4mm，先端截平，具不规则微齿；花药长约 0.5mm。生于海拔 2900m 的石质山坡或岩石缝中。产贺兰山 …… **17. 垂枝早熟禾 P. debilior** Hitchc.
——*P. declinata* Keng ex L. Liu

17b. 圆锥花序分枝不弯曲下垂。

18a. 外稃基部脉间有毛。

19a. 圆锥花序暗紫色；外稃脊下部 1/2 及边脉与间脉基部 1/3 具柔毛，脉间基部有时疏生微毛。生于山地阳坡灌丛。产兴安北、兴安南、贺兰山……………………………………………………**18. 堇色早熟禾 P. ianthina** Keng ex Shan Chen

19b. 圆锥花序淡绿色或有时带紫色；外稃脊下部 2/3 及边脉基部 1/2 具柔毛，脉间基部 1/3 贴生柔毛。生于石质山坡草地、沙地。产兴安北、呼伦、兴安南、锡林……………………………………………**19. 额尔古纳早熟禾 P. argunensis** Roshev.

18b. 外稃基部脉间无毛。

20a. 圆锥花序开展。

21a. 叶舌长 4—7mm；外稃脊下部 1/2 及边脉基部 1/3 具柔毛。生于高山草甸。产贺兰山……………………………**20. 多变早熟禾 P. varia** Keng et L. Liu

21b. 叶舌长 0.3—5mm。

22a. 叶舌长 0.3—1mm。

23a. 外稃脊下部 1/2 及边脉基部 1/3 具柔毛。

24a. 圆锥花序开展，宽达 10cm；叶片宽 3—5mm。生于山地林缘、林下。产内蒙古东部…………………………………………………………**21. 乌苏里早熟禾 P. ussulensis** Trin.

24b. 圆锥花序稍开展，宽达 1—3cm；叶片宽 1—2mm。

25a. 植株绿色，高 40—90cm；花序长 10—30cm；叶舌长 0.5—1mm；间脉不明显。生于山地林缘、林下及灌丛。产兴安北、岭东、岭西、兴安南、燕北、阴山、贺兰山……………………………**22. 林地早熟禾 P. nemoralis** L.

25b. 植株灰色，高 10—20cm；花序长 4—7cm；叶舌长 1—1.5mm；间脉明显。生于干燥砾石质山坡。产贺兰山…………………**23. 灰早熟禾 P. glauca** Vahl

23b. 外稃脊下部 2/3 及边脉基部 1/2 具柔毛。

26a. 小穗轴密被茸毛；叶舌长 0.5—1mm。生于山地林下草甸。产兴安南、燕北……**24. 毛轴早熟禾 P. pilipes** Keng ex Shan Chen

26b. 小穗轴无毛；叶舌长 0.3—0.5mm。生于山地林缘、草甸。产兴安北、岭西、兴安南、科尔沁…………………………………………………**25. 蒙古早熟禾 P. mongolica** (Rendle) Keng

22b. 叶舌长 1.5—5mm。

27a. 叶舌长 1.5—3mm。

28a. 植株较坚硬；基盘具少量柔毛；第一外稃长约 3mm。生于沼泽、河谷沼泽草甸、林缘、路边。产兴安北、岭西、燕北、锡林

.... **26. 泽地早熟禾 P. palustris** L.

28b. 植株较柔软；基盘具大量柔毛；第一外稃长 3.5—4mm。生于山地草甸、林缘。产兴安北、兴安南 .... **27. 假泽早熟禾 P. pseudo-palustris** Keng ex L. Liu

27b. 叶舌长 3.5—10mm；第一外稃长约 2.5mm。生于山坡湿草地。产内蒙古南部 .... **28. 普通早熟禾 P. trivialis** L.

20b. 圆锥花序紧缩。

29a. 外稃脊下部 2/3 及边脉基部 1/2 具柔毛；叶舌长 3—5mm，先端锐尖。生于山地、沙地、草原、草甸、盐化草甸。产兴安北、呼伦、兴安南、科尔沁、赤峰、燕北、锡林、乌兰、阴山、阴南、鄂尔、东阿、贺兰山 .... **29. 硬质早熟禾 P. sphondylodes** Trin.

29b. 外稃脊下部 1/3 及边脉基部 1/4 具柔毛或外稃脊下部 1/2 及边脉基部 1/3 具柔毛。

30a. 外稃脊下部 1/3 及边脉基部 1/4 具柔毛；叶舌长 2—3mm，先端圆形。生于海拔 2500—2800m 的山地林缘或灌丛及石质山坡。产贺兰山 .... **30. 柔软早熟禾 P. lepta** Keng ex L. Liu

30b. 外稃脊下部 1/2 及边脉基部 1/3 具柔毛。

31a. 小穗轴疏生微毛；叶舌长 0.5—1mm，先端截平。生于山地林缘、沟谷。产兴安北、贺兰山 .... **31. 贫叶早熟禾 P. oligophylla** Keng

31b. 小穗轴无毛。

32a. 植株高大，高 60—110cm；圆锥花序长 10—23cm，宽 2—4cm；叶宽 2—4mm。生于山地草甸。产内蒙古东部 .... **32. 高株早熟禾 P. alta** Hitchc.

32b. 植株较低，高 20—50cm；圆锥花序长 3—10cm，宽 0.5—2cm；叶宽 1—1.5mm。

33a. 外稃长 2—2.5mm；小穗长 2.5—3.5mm，含 2—3 小花。生于山地草甸、林下石缝。产兴安南、贺兰山 .... **33. 细长早熟禾 P. prolixior** Rendle

33b. 外稃长 3—3.5mm；小穗长 4—6mm，含 3—5 小花。

34a. 花药长 1—1.5mm；秆具 4—6 节。生于典型草原、森林草原及山地砾石质山坡。产兴安北、岭东、岭西、呼伦、兴安南、科尔沁、赤峰、燕北、锡林、阴山、阴南、鄂尔、贺兰山 .... **34. 渐狭早熟禾 P. attenuata** Trin.

34b. 花药长 1.5—2mm。

35a. 秆具 6—8 节；叶舌长 1.5—2mm；叶片多扁平。生于砾石质山坡、林缘草甸、沟谷草甸。产兴安北、兴安南、燕北、锡林、阴山(大青山)、贺兰山 .... **35. 多叶早熟禾 P. erikssonii** (Melderis) Y. Z. Zhao

——*P. sphondylodes* Trin. var. *erikssonii* Melderis

——*P. plurifolia* Keng nom. subnud.

35b. 秆具 2 节；叶舌长 2—4mm；叶片多对折。生于干山坡及干沟中。产兴安北、岭东、岭西、兴安南、燕北、锡林、阴山、贺兰山 .... **36. 少叶早熟禾 P. paucifolia** Keng ex Shan Chen

15. 碱茅属 Puccinelia Parl.

1a. 外稃无毛，稃体基部与下部与脉间均不具毛被或略被微毛。

2a. 叶宽 1—3mm；圆锥花序长 8—15cm，每节分枝 2—5；植株高 30—70cm。生于盐化草甸、盐渍低地。产岭西、呼伦、兴安南、科尔沁、辽河、赤峰、锡林、阴山、阴南、鄂尔、东阿、西阿 .... **1. 星星草 P. tenuiflora** (Griseb.) Scribn. et Merr.

2b. 叶宽 0.3—1mm；圆锥花序长 3—8cm，每节分枝 2—3；植株高 20—30cm。生于盐化沙地。产呼伦 .... **2. 线叶碱茅 P. filifolia** (Trin.) Tzvel.

1b. 外稃被毛，稃体下部脉与脉间或基部两侧具短柔毛。

3a. 花药长 0.8—2mm。

4a. 小花较大，外稃长 2.5—3.5mm。

5a. 叶扁平，宽 2—4mm；圆锥花序疏展，分枝长 4—8cm；植株高 30—70cm，疏丛型；花药长 1.2—2mm。

6a. 外稃长 3—3.5mm，先端锐尖。生于湖边、盐渍低地。产呼伦、科尔沁……………………………………………………………………**3. 热河碱茅 P. jeholensis** Kitag.

6b. 外稃长 2.5—3mm，先端钝。生于盐化草甸、湖边盐湿低地。产科尔沁、锡林、鄂尔……………………………………**4. 大药碱茅 P. macranthera** (V. I. Krecz.) Norlindh

5b. 叶内卷或扁平，宽 1—2mm；圆锥花序狭窄，分枝长 1—3cm；植株高 20—40cm，密丛型；花药长 0.8—1.2mm。生于盐化草甸、湖边盐湿草地。产东阿……………………………………………………………………**5. 狭序碱茅 P. schischkinii** Tzvel.

4b. 小花较小，外稃长 1.5—2.5mm；第一颖长 0.5—1mm。

7a. 小穗长 5—7mm，含 5—7 小花；花药长约 1.2mm。生于盐化湿地。产呼伦、兴安南……………………………………………………………………**6. 朝鲜碱茅 P. chinampoensis** Ohwi

7b. 小穗长 3.5—4.5mm，含 3—5 小花；花药长约 1.5mm。生于盐化草甸、河边湿地。产呼伦……………………………………………………………………**7. 柔枝碱茅 P. manchuriensis** Ohwi

3b. 花药长 0.3—0.8mm。

8a. 小花较大，外稃长 3.2—3.5mm；小穗含 3—4 花。生于盐化草甸。产呼伦……………………………………………………………………**8. 日本碱茅 P. nipponica** Ohwi

8b. 小花较小，外稃长 1.5—2.2mm。

9a. 第一颖长 0.5—0.8mm；第二颖长 1.2—1.5mm。

10a. 圆锥花序稀疏，分枝下部常裸露；小穗含 5—8 花，长 4—5mm；外稃长 1.8—2mm。生于河边、湖畔低湿地、盐化草甸、田边、路旁。产兴安北、兴安南、科尔沁、锡林、阴山、阴南、东阿、西阿、贺兰山…………………………**9. 鹤甫碱茅 P. hauptiana** (Trin. ex V. I. Krecz.) Kitag.

10b. 圆锥花序密集，分枝下部少裸露；小穗含 2—4 花，长约 3mm；外稃长约 1.5mm。生于水边湿地。产兴安北、岭西、兴安南……………………………………**10. 微药碱茅 P. micrandra** (Keng) Keng et S. L. Chen

9b. 第一颖长 1—1.5mm；第二颖长 1.5—2mm；外稃长 2—2.2mm。生于盐湿低地。产呼伦、科尔沁、锡林、阴山、阴南、鄂尔、东阿……………………………………**11. 碱茅 P. distans** (Jacq.) Parl.

(8) 黑麦草族 Lolieae

16. 黑麦草属 Lolium L.

1a. 多年生草本；外稃无芒；小穗含 5—10 小花。锡林郭勒盟有栽培…………………**1. 黑麦草 L. perenne** L.

1b. 一年生草本；外稃具芒；小穗含 8—22 小花。锡林郭勒盟有栽培……**2. 多花黑麦草 L. multiflorum** Lam.

(9) 雀麦族 Bromeae

17. 雀麦属 Bromus L.

1a. 多年生草本，具地下根状茎。

2a. 外稃无芒或仅具 1—2mm 的短芒。

3a. 外稃长 8—11mm，无毛或基部疏被短柔毛；花药长 3—4mm。生于草甸、林缘、山间谷地、河边、路旁、沙丘间草地。产岭东、岭西、呼伦、兴安南、科尔沁、燕北、锡林、乌兰、阴山、阴南、鄂尔、贺兰山、龙首山……………………1. 无芒雀麦 **B. inermis** Leyss.——短枝雀麦 *B. inermis* Leyss. var. *malzevii* Drob.

3b. 外稃长 10—15mm，基部两侧边缘密被长柔毛；花药长 5—6mm。生于固定或半固定沙丘、沙丘边缘、流动沙丘。产科尔沁沙地、浑善达克沙地……2. 沙地雀麦 **B. korotkiji** Drobow——*B. ircutensis* Kom.

2b. 外稃显著具芒，芒长 2—5mm。

4a. 外稃无毛或粗糙。生于山坡草地。产贺兰山……………3. 波申雀麦 **B. paulsenii** Hack. ex Paulsen

4b. 外稃边缘中部以下被长柔毛。

5a. 小穗长 25—40mm，含 9—13 小花；花药长 4—6mm。生于林缘草甸、山地草甸。产兴安北、岭西、兴安南、赤峰……………………………………………4. 紧穗雀麦 **B. pumpellianus** Scribn.

5b. 小穗长 15—25mm，含 4—8 小花；花药长 4mm 以下。

6a. 圆锥花序开展；外稃背部无毛；花药长 1—1.2mm。生于林缘草甸、路边、沟边。产兴安北、兴安南、科尔沁……………………………………………5. 缘毛雀麦 **B. ciliatus** L.

6b. 圆锥花序紧缩，狭窄；外稃背部沿脉被短柔毛；花药长 2—4mm。生于山地草甸。产内蒙古东部……………………………………………6. 西伯利亚雀麦 **B. sibiricus** Drob.

1b. 一年生草本，无地下根状茎。

7a. 小穗多少呈圆形或两侧压扁；外稃具 5—9 脉，顶端具长芒，背部圆形或中脉成脊。

8a. 圆锥花序紧密；外稃宽披针形，先端急尖，芒长 8—12mm。内蒙古有少量栽培……………………………………………………7. 密穗雀麦 **B. sewerzowii** Regel

8b. 圆锥花序开展。

9a. 外稃狭披针形，先端渐尖，长 10—14mm。内蒙古有少量栽培……8. 旱雀麦 **B. tectorum** L.

9b. 外稃披针形，先端钝圆或急尖。

10a. 外稃长 7—10mm，芒长 3—6(10)mm。内蒙古有栽培……9. 雀麦 **B. japonicus** Thunb.

10b. 外稃长 12—15mm，芒长 10—17mm。生于山坡草地。产内蒙古南部……………………………………………10. 篦齿雀麦 **B. pectinatus** Thunb.

7b. 小穗两侧极压扁；外稃具 7—11 脉，顶端具芒尖，中脉显著成脊。内蒙古有少量栽培……………………………………………11. 扁穗雀麦 **B. catharticus** Vahl.

18. 短柄草属 **Brachypodium** Beauv.

兴安短柄草(羽状短柄草) **Brachypodium pinnatum** (L.) P. Beauv.

多年生草本，高 70—120cm。穗形总状花序顶生；小穗含 6—15 小花；第一颖具 3—5 脉，第二颖具 7—9 脉；外稃宽披针形，具 7 脉，先端具长约 2mm 的短芒；内稃矩圆形，先端微凹。生于山地林缘草甸。产兴安南、燕北、阴山。

(10) 小麦族 Triticeae

19. 鹅观草属 **Roegneria** C. Koch

1a. 外稃具远较稃体为长的芒。

2a. 小穗结实期其外稃先端的芒劲直或稍屈曲。

3a. 颖显著短于第一外稃，具宽膜质边缘；外稃边缘透明膜质；内稃脊上具翼，翼缘密生细纤毛。生于山坡、山沟林缘湿润草甸。产兴安北、兴安南、科尔沁、燕北、阴山……1. 鹅观草 **R. kamoji** Ohwi

3b. 颖与外稃近等长，或至少第一颖长为第一外稃的 2/3—3/4；内稃脊上不具密生细纤毛的翼。

4a. 外稃边缘或接近边缘处显著，有较长的纤毛。

5a. 秆与叶鞘密生柔毛，上部叶鞘毛较少。生于山坡、丘陵、沙地、草地。产兴安南、赤峰、锡林 ………………………………………………………………**2. 毛秆鹅观草 R. pubicaulis** Keng

——毛节缘毛草 *R. pendulina* Nevski var. *pubinodis* Keng

5b. 秆与叶鞘平滑无毛，或仅于节上贴生微毛，或在基部叶鞘被微毛。

6a. 外稃平滑无毛，或仅于近顶端处疏生短小硬毛。生于山地灌丛、林下、沙地灌丛。产兴安北、兴安南、燕北、辽河、锡林、阴山、阴南 …………**3. 缘毛鹅观草 R. pendulina** Nevski

6b. 外稃上半部显著疏生柔毛，或全部被短小硬毛。生于石质山坡、丘陵地。产赤峰、燕北、锡林、乌兰、阴山 ……………………………………**4. 多秆鹅观草 R. multiculmis** Kitag.

4b. 外稃边缘粗糙，或具有与稃体相同的短毛，从不具有较长的纤毛。

7a. 花序疏松；小穗排列于穗轴两侧；外稃背部较平滑。

8a. 基部叶鞘常密生倒毛。

9a. 秆平滑，节上无毛或有时被微毛；颖及外稃先端两侧或一侧具微齿。生于山地林缘、沟谷草甸。产兴安南、燕北、锡林、阴山 ……… **5. 河北鹅观草 R. hondai** Kitag.

9b. 秆节上密生白色柔毛，紧接节下亦多被柔毛；颖及外稃先端尖，不具微齿。生于山坡、林缘、灌丛。产兴安南、赤峰、阴山 ………………………………………………… **6b. 毛节毛盘草 R. barbicalla** (Ohwi) Keng et S. L. Chen var. **pubinodis** Keng

8b. 秆节、叶鞘均平滑无毛。

10a. 叶两面无毛。生于山地。产贺兰山 …………………………………………… **6a. 毛盘鹅观草 R. barbicalla** (Ohwi) Keng et S. L. Chen var. **barbicalla**

10b. 叶上面被柔毛。生于山地阴坡、山沟草丛。产兴安北、阴山 ……………………………… **6c. 毛叶毛盘草 R. barbicalla** (Ohwi) Keng et S. L. Chen var. **pubifolia** Keng

7b. 花序较紧密；小穗排列多少偏于穗轴一侧；外稃背部贴生微毛或呈点状粗糙，或平滑无毛而在接近边缘处具微毛。

11a. 秆具 3—6 节；叶片质较软而扁平；外稃背部平滑无毛或接近边缘处具微毛。生于山地林缘、石质坡地。产兴安北、乌兰 …………………… **7. 涞源鹅观草 R. aliena** Keng

——多叶鹅观草 *R. foliosa* Keng

11b. 秆具 2—3 节；叶片大都质硬而常内卷；外稃背部贴生稀疏微毛或呈点状粗糙。

12a. 秆基部与分蘖叶鞘具倒向细毛，节微具柔毛。生于山地林缘。产阴山(大青山)…………………………………………………… **8. 粗糙鹅观草 R. scabridula** Ohwi

12b. 秆基部与分蘖叶鞘无倒向细毛，节平滑。

13a. 叶片宽 3—7mm；外稃基盘具长约 0.4mm 的毛。

14a. 穗状花序长 8—10cm；颖先端锐尖；叶片宽 3—4mm。生于山地沟谷草甸。产阴山、贺兰山 ····**9a. 中华鹅观草 R. sinica** Keng var. **sinica**

14b. 穗状花序长 10—15cm；颖先端具长 1—3mm 的短芒；叶片宽达 7mm。生于山坡、丘陵地。产兴安南 …………………………………………………**9b. 中间鹅观草 R. sinica** Keng var. **media** Keng

13b. 叶片宽 1—2mm；外稃基盘具长 0.1—0.3mm 的毛。生于山坡草地、路边。产阴山、贺兰山 ………………………………**9c. 狭叶鹅观草 R. sinica** Keng var. **angustifolia** C. P. Wang et H. L. Yang

2b. 小穗结实期其外稃先端的芒常显著向外反曲。

15a. 颖与外稃近等长，或至少第一颖长为第一外稃的 2/3—3/4。

16a. 内稃矩圆状倒卵形，显著短于外稃(一般仅及外稃的 1/2—2/3)。

17a. 叶片两面及边缘被柔毛，或被短毛而于脉上及边缘有白色长毛；颖先端渐尖，不具齿；外稃边缘被短硬毛或糙毛。

18a. 秆基部直径(3)4—5mm；叶片宽 3—8mm；外稃背部粗糙或被短硬毛，边缘具短硬毛，基部两侧毛可较多但从不夹杂黑色短毛及黑褐色斑点；颖的脉上及上部边缘粗糙，不被长硬毛。生于干燥山坡、沟谷灌丛。产岭东、岭西、燕北、阴山……………………………**10. 毛叶鹅观草 R. amurensis** (Drob.) Navski

18b. 秆基部直径 1—2mm；叶片宽 1—2mm；外稃背部及边缘密被粗硬毛且点状粗糙，边缘还夹杂黑色短毛及黑褐色斑点；颖的脉上及边缘具白色长硬毛，基部两侧被褐色糙毛。生于山坡草地。产阴山(大青山)………………………………………………**11. 毛花鹅观草 R. hirtiflora** C. P. Wang et H. L. Yang

17b. 叶片两面及边缘无毛，或亦可具柔毛，但其颖先端具小尖头，两侧或一侧具齿；外稃边缘具长硬纤毛。

19a. 叶片两面及边缘无毛。生于山坡、潮湿草地、路边。产兴安南、锡林、乌兰……………………………**12a. 纤毛鹅观草 R. ciliaris** (Trin. ex Bunge) Tzvel. var. **ciliaris**

19b. 叶片两面及边缘密生柔毛。生于山坡路边、山地、草甸。产兴安北、岭东、燕北、赤峰‥ **12b. 毛叶纤毛草 R. ciliaris** (Trin. ex Bunge) Tzvel. var. **lasiophylla** (Kitag.) Kitag.

16b. 内稃矩圆状，与外稃等长或稍短。

20a. 外稃背部平滑无毛或仅上部及边缘部分被微小硬毛。

21a. 秆节上被微毛；下部叶鞘具倒生柔毛；叶片质软而扁平；小穗在穗轴上排列多少偏于一侧。生于山地林缘草甸、沟谷草甸。产兴安北、岭东、赤峰、燕北、阴山、阴南……………………………………………………**13. 吉林鹅观草 R. nakaii** Kitag.

21b. 秆节上通常无毛；叶鞘光滑无毛；叶片质较硬而通常内卷；小穗在穗轴上两侧排列。生于向阳山坡、丘陵坡地、山沟、林缘、路旁。产兴安南、燕北、阴山、阴南、贺兰山……………………**14. 肃草 R. stricta** Keng——多变鹅观草 *R. varia* Keng

20b. 外稃遍生微小硬毛，或背部具稀疏微小硬毛。

22a. 植株低矮，高 25—30cm；叶两面均具柔毛且以上面较密；花序长 8—9cm；外稃芒长约 12mm。生于山坡。产阴山(大青山)‥‥**15. 小株鹅观草 R. minor** Keng

22b. 植株高 50cm 以上；叶下面光滑无毛；上面粗涩或被细短微毛；花序长(8)10—18cm；外稃芒长 20—45mm。

23a. 秆较细度，直径 1.5—2mm；两颖不等长，均短于第一外稃。生于山地林缘、林下、沟谷草甸。产兴安北、岭西、呼伦、岭东、兴安南、燕北、锡林、阴山、阴南、东阿(桌子山)、贺兰山…………………………………………………………**16a. 直穗鹅观草 R. gmelinii** (Ledeb.) Kitag. var. **gmelinii**
——*R. turczaninovii* (Drob.) Nevski var. *turczaninovii*
——细穗鹅观草 *R. turczaninovii* (Drob.) Nevski var. *tennuiseta* Ohwi
——百花山鹅观草 *R. turczaninovii* (Drob.) Nevski var. *pohuashanensis* Keng

23b. 秆较粗壮，直径约 3mm；两颖几等长，且等于第一外稃或有时超过之。生于山地林缘、沙丘下沿低地、山坡草地。产兴安北、兴安南、赤峰、燕北、阴山……………**16b. 大芒鹅观草 R. gmelinii** var. **macrathera** (Ohwi) Kitag.
——*R. turczaninovii* (Drob.) Nevski var. *macrathera* Ohwi

15b. 颖显著短于第一外稃，其长不超过外稃的 1/2。

24a. 植株细弱矮小，高 20—40cm；穗状花序下垂，穗轴细弱常弯曲作蜿蜒状；小穗草黄色。生于山地草甸、水边湿地。产兴安南、燕北、阴山、东阿……………………………‥‥ **17. 垂穗鹅观草 R. burchan-buddae** (Nevski) B. S. Sun——*R. nutans* (Keng) Keng

24b. 植株高大粗壮，高 60—75cm；穗状花序微下垂，穗轴不弯曲作蜿蜒状；小穗微带紫色。

25a. 基部叶鞘被微毛或边缘具纤毛；叶舌极短或几缺如；穗状花序一般长 6—8cm；

颖沿脉具短刺毛。生于山地林缘、山坡草地。产兴安南 ···**18. 秋鹅观草 R. serotina** Keng

25b. 叶鞘光滑无毛；叶舌长约 0.5mm；穗状花序长 11—14cm；颖粗糙，脉上不具刺毛。生于山地林缘、丘陵地。产兴安南、阴山 ·······**19. 紫穗鹅观草 R. purpurascens** Keng

1b. 外稃无芒或具远较稃体为短的芒。

26a. 颖及外稃背部均平滑无毛，或外稃先端可具微毛。

27a. 颖显著短于第一外稃；小穗轴平滑无毛。生于山地石质山坡、岩崖、山顶岩石缝间。产阴山、东阿、贺兰山、龙首山 ·····························**20. 阿拉善鹅观草 R. alashanica** Keng

27b. 颖长于第一外稃或与之近等长；小穗轴密被微毛。

28a. 颖内侧贴生较密的短柔毛；外稃内侧上端被柔毛，顶端具长 2—5mm 的短芒。生于海拔 2200m 的山地。产阴山(大青山) ·····································

············**21. 九峰山鹅观草 R. jiufengshanica** (C. P. Wang et H. L. Yang) Y. Z. Zhao

——*R. alashanica* Keng var. *jufengshanica* C. P. Wang et H. L. Yang

28b. 颖与外稃均不被毛；外稃顶端无芒或具长 1.5—2mm 的芒尖。呼伦贝尔市、锡林郭勒盟有栽培 ·····································**22. 贫花鹅观草 R. pauciflora** (Schwein) Hylander

26b. 外稃背部密被微柔毛；颖背部密生微硬毛，腹面下半部被疏柔毛。生于林缘草甸。产兴安北、兴安南 ·····································**23. 内蒙鹅观草 R. intramongolica** S. Chen et Gaowua

20. 偃麦草属 Elytrigia Desv.

偃麦草 Elytrigia repens (L.) Desv. ex B. D. Jackson

多年生根状茎禾草，高 40—60cm。穗状花序；小穗含(3)4—6(10)小花，单生于穗轴之每节，无芒或具短芒；颖无脊，边缘宽膜质，具 5(7)脉，先端具短尖头；外稃具 5 脉，先端具芒尖。生于河谷草甸、河岸、滩地、湖边湿草甸。产岭西、呼伦、科尔沁、锡林。

除上种外，在锡林、乌兰、呼伦等地还可见有另外 4 种栽培的偃麦草属植物，其检索特征见如下介绍。

1a. 颖及外稃均密被柔毛·····························**1. 毛偃麦草 E. trichophora** (Link.) Nevski

1b. 颖及外稃均无毛。

2a. 颖及外稃先端钝圆或截平。

3a. 颖先端截平，不偏斜；小穗长 20—28mm，含 11—14 小花·····························

·····································**2. 长穗偃麦草 E. elongata** (Host) Nevski

3b. 颖先端斜截，偏斜，两侧不对称；小穗长(12)16—19mm，含 5—9 小花 ·····················

·····································**3. 中间偃麦草 E. intermedia** (Host) Nevski

2b. 颖及外稃先端渐尖至具短芒尖。

4a. 颖先端芒尖长 1—3mm；外稃先端具长 3—6mm 的短芒 ·····························

·····································**4. 硬叶偃麦草 E. smiyhii** (Rydb.) Nevski

4b. 颖先端渐尖成小尖头；外稃先端渐尖或具芒尖，长不及 1.2mm ·····················

·····································**5. 偃麦草 E. repens** (L.) Desv. ex B. D. Jackson

21. 冰草属 Agropyron Gaertn.

1a. 小穗排列紧密，穗轴节间一般长不超过 2mm，颖通常长不超过第一外稃的一半，先端显著有短芒，其长为 2—4mm，与颖体近等长或较长或至少长为颖体的 2/3—3/4。

2a. 花序粗壮，宽扁，矩圆形或卵状披针形；小穗整齐排列成篦齿状的 2 行，或近于篦齿状而为覆瓦状。

3a. 外稃被有稠密的长柔毛或硬毛，或显著的被稀疏柔毛。

4a. 小穗含(3)5—7小花，长6—9(12)mm；花序矩圆形或两端微窄，或为宽短扁卵形，最宽处不超过1.5cm。生于干燥草原、山坡、丘陵、沙地。产内蒙古各地 ………………………………………… **1a. 冰草 A. cristatum** (L.) Gaertn. var. **cristatum**——根茎冰草 *A. michnoi* Roshev.

4b. 小穗含9—11(12)小花，长8—18mm；花序卵状披针形，明显的粗壮而宽大，最宽处为2—2.5cm。生于草地、撂荒地。产兴安南 …………………………………………………………… **1b. 多花冰草 A. cristatum** (L.) Gaertn. var. **pluriflorum** H. L. Yang

3b. 外稃全部平滑无毛或疏被极微细(长0.1—0.2mm)的短刺毛。生于干旱山坡。产呼伦、赤峰、锡林 …… **1c. 光穗冰草 A. cristatum** (L.) Gaertn. var. **pectinatum** (M. Bieb.) Roshev. ex B. Fedtschenko ——*A. cristatum* (L.) Gaertn. var. *pectiniforme* (Roem. et Schult.) H. L. Yang

2b. 花序狭窄而长，条形或矩圆状条形；小穗向上斜升，虽排列整齐但不呈篦齿状。

5a. 外稃通常无毛或有时背部及边脉上多少具短刺毛。生于干燥草原、沙地、山坡、丘陵。产内蒙古各地 …………………………… **2a. 沙生冰草 A. desertorum** (Fisch. ex Link.) Schult. var. **desertorum**

5b. 外稃密被长柔毛。生于沙地。产锡林 …………………………………… **2b. 毛稃沙生冰草 A. desertorum** (Fisch. ex Link.) Schult. var. **pilosiusculum** (Melderis) H. L. Yang

1b. 小穗排列疏松，穗轴节间长3—5mm；颖通常长于第一外稃之半，先端无芒或具长为1—2mm的芒状尖头，明显的短于颖体的长度(长不超过颖体的1/2)。

6a. 穗状花序宽4—6mm；小穗长5.5—9mm，基部从不具苞片，含(2)3—8小花；颖具3脉；外稃具5脉。

7a. 颖及外稃平滑无毛或极少在外稃背部或两侧基部散生微小短刺毛；颖先端具芒尖，其长一般不超过1.5mm。生于干燥草原、沙地、石质坡地。产内蒙古各地 …………………………………………………… **3a. 沙芦草 A. mongolicum** Keng var. **mongolicum**

7b. 颖及外稃显著被长柔毛或颖无毛而外稃显著被长柔毛；颖先端具短芒，其长可达2—2.5mm。

8a. 颖及外稃显著被长柔毛。生于沙地。产辽河、科尔沁、锡林 …………………………………… **3b. 毛沙芦草 A. mongolicum** Keng var. **villosum** H. L. Yang

8b. 颖无毛而外稃显著被长柔毛。生于丘陵。产阴山(蛮汗山) ………………………………… **3c. 毛稃沙芦草 A. mongolicum** Keng var. **helinicum** L. Q. Zhao et J. Yang

6b. 穗状花序宽10—15mm；小穗长15—20mm，基部有时可具苞片，含9—11(13)小花；颖具5—7脉；外稃具7—9脉。

9a. 外稃背部无毛或有时微糙涩或具稀疏微毛。生于沙地。产锡林(正蓝旗) …………………………………… **4a. 西伯利亚冰草 A. sibiricum** (Willd.) P. Beauv. f. **sibiricum**

9b. 外稃背部显著被长柔毛。生于草地。产锡林 …………………………………… **4b. 毛西伯利亚冰草 A. sibiricum** (Willd.) P. Beauv. f. **pubiflorum** Roshev.

22. 旱麦草属 Eremopyrum (Ledeb.) Jaub. et Spach

1a. 穗状花序长2—3cm；小穗被长柔毛。生于湿地。产额济纳 ··**1. 东方旱麦草 E. orientale** (L.) Jaub. et Spach

1b. 穗状花序长1—1.7cm；小穗无毛或被短糙毛。生于湿地。产额济纳 ………………………………………………………… **2. 旱麦草 E. triticeum** (Gaertner) Nevski

23. 小麦属 Triticum L.

小麦 Triticum aestivum L.

一年生草本，高30—120cm。穗状花序顶生，穗轴每节1小穗；小穗单生，含3—5花；颖卵形，具5—9脉，顶端具短尖或短芒；外稃扁圆形，具5—9脉，顶端无芒或有芒；内稃边缘内折。颖果矩圆形。内蒙古各地普遍栽培。

24. 黑麦属 Secale L.

黑麦 Secale cereale L.

一年生草本，高 60—120cm。穗状花序顶生，紧密；小穗在穗轴上每节 2—3 枚，含 2—3 花，顶生小花不育；颖锥形，无芒；外稃披针形，先端芒长 1—3cm；内稃等长于外稃，边缘宽膜质。赤峰市、锡林郭勒盟、乌兰察布市有栽培。

25. 披碱草属 Elymus L.

1a. 颖(芒除外)显著短于第一小花；花序下垂。

2a. 植株较粗大；叶长 9.5—23cm，宽可达 9mm；穗状花序长 12—18cm；小穗排列疏松，不偏于一侧，含(3)4—5 小花，全部发育。生于路边、山坡、丘陵、山地林缘、草甸草原。产内蒙古各地……………………………………………………………………………………………………**1. 老芒麦 E. sibiricus** L.

2b. 植株较细弱；叶长(3)7—11.5cm，宽不超过 5mm；穗状花序长 5—9(12)cm；小穗排列较紧密，多少偏于一侧，含(2)3—4 小花，通常仅(1)2—3 小花发育。

3a. 颖长 4—5mm，先端具长 1—4mm 的芒尖；叶扁平，宽 3—5mm。生于山地林下、林缘、草甸、路边。产兴安南、锡林、阴山、贺兰山……………………………………………**2. 垂穗披碱草 E. nutans** Griseb.

3b. 颖长 2—4mm，先端无芒尖；叶多内卷，宽约 2mm。生于海拔 2900—3000m 的高山草甸或灌丛。产贺兰山……………………………………………………**3. 黑紫披碱草 E. atratus** (Nevski) Hand.-Mazz.

1b. 颖(芒除外)约等长于第一小花；花序直立或微弯。

4a. 穗轴关节处不膨大，亦不被长硬毛，棱边具小纤毛而无翼。

5a. 植株绿色而不被白粉；小穗绿色或带紫色，但颖及外稃不具紫红色小点；外稃的芒粗糙无毛，绿色。

6a. 基部叶鞘密被长柔毛；颖脉上粗糙，疏被短硬毛。生于沟谷草甸、山坡草甸。产阴山……………**4b. 青紫披碱草 E. dahuricus** Turcz. ex Griseb. var. **violeus** C. P. Wang et H. L. Yang

6b. 叶鞘无毛，或有时下面的叶鞘具短柔毛；颖具粗糙的脉而不被毛(稀可被短纤毛)。

7a. 外稃全部密生短毛或短小糙毛。

8a. 植株高 70—85cm；穗状花序长 10—18.5cm，宽 6—10mm；小穗长 12—15mm，含 3—5 小花，全部发育；颖先端具 3—6mm 长的短芒；外稃先端芒向外展开。生于河谷草甸、沼泽草甸、轻度盐化草甸、芨芨草盐化草甸、田野、山坡、路边。产内蒙古各地……………………………………**4a. 披碱草 E. dahuricus** Turcz. ex Griseb. var. **dahuricus**

8b. 植株高 35—45cm；穗状花序长 6—8cm，宽 4—5mm；小穗长 7—10mm，含 2—3 小花，仅 1—2 小花发育；颖先端具 2—3(4)mm 长的短芒；外稃先端芒直立或稍向外展。生于山坡、林缘草甸、路旁草地、田野。产兴安北、岭东、岭西、呼伦、兴安南、赤峰、锡林、阴南、鄂尔、贺兰山……………………………………………**4c. 圆柱披碱草 E. dahuricus** Turcz. ex Griseb. var. **cylindricus** Franch.
——*E. cylindricus* (Franch.) Honda

7b. 外稃全体无毛或粗糙，或仅上半部被微小短毛。

9a. 叶宽 7—11mm；穗状花序宽 11—14(16)mm；小穗不偏向一侧，含 4—5(7)小花；颖先端芒长 4—8mm；外稃先端芒反曲，长 11—30(40)mm。生于山坡草甸、草甸草原、路边。产岭西、岭东、兴安南、科尔沁、燕北、锡林、阴山……………………………………………**5. 肥披碱草 E. excelsus** Turcz. ex Griseb.

9b. 叶宽 3—6mm；穗状花序宽 6—9mm；小穗稍偏向一侧，含 3—4 小花；颖先端芒长 1—4mm；外稃先端芒直立，长 5—10mm。生于山坡、草地。产兴安南、科尔沁、燕北、锡林、阴南、贺兰山 ……………… **6. 麦宾草 E. tangutorum** (Nevski) Hand.-Mazz.

5b. 植株全体被白粉；小穗粉绿色而带紫色，颖及外稃的先端、边缘及基部具紫红色小点；外稃的芒被毛，紫色。生于山坡草地。产阴山 ……………………………………………… **7. 紫芒披碱草 E. purpuraristatus** C. P. Wang et H. L. Yang

4b. 穗轴关节处膨大，密被长硬毛，棱边具狭翼，亦被长硬毛。生于山地沟谷草甸。产阴山 ……………………………………………… **8. 毛披碱草 E. villifer** C. P. Wang et H. L. Yang

26. 赖草属 Leymus Hochst.

1a. 颖锥状披针形，先端急尖狭窄如芒状，下部多少扩展，具不显著 3 脉，常具膜质边缘。

2a. 颖短于小穗。

3a. 穗轴边缘疏生纤毛；小穗轴节间光滑；外稃及基盘均光滑无毛。广泛生长于开阔平原、起伏的低山丘陵，以及河滩和盐渍低地。产内蒙古各地 …………………… **1. 羊草 L. chinensis** (Trin. ex Bunge) Tzvel.

3b. 穗轴被短柔毛，节与边缘被长柔毛；小穗轴节间贴生短毛；外稃及基盘均明显被毛。生于盐化草甸、沙地、丘陵地、山坡、田间、路边。产内蒙古各地 …………… **2. 赖草 L. secalinus** (Georgi) Tzvel.

2b. 颖等于或长于小穗。

4a. 穗状花序短而宽，密集成长卵形或长椭圆形，长 5—9cm，宽 1.5—2.5cm；小穗通常 4 枚生于每节。生于路边。产阴南 …………………………………… **3. 宽穗赖草 L. ovatus** (Trin.) Tzvel.

4b. 穗状花序长而狭，长 8—35cm，宽 0.4—1cm；小穗通常 2—3 枚生于每节。

5a. 小穗含 2—3 花；颖基部膜质边缘宽，紧包第一外稃基部，不外露。生于盐渍化草甸。产乌兰 ……………………………………………… **4. 窄颖赖草 L. angustus** (Trin.) Pilger

5b. 小穗含 3—5 花；颖基部膜质边缘窄，不紧包第一外稃，基部外露。

6a. 植株高 70—120cm；穗状花序长 20—35cm；小穗长 15—19mm。生于山地草原。产东阿拉善(磴口县)、额济纳 …………………………… **5. 天山赖草 L. tianschanicus** (Drob.) Tzvel.

6b. 植株高 50—70cm；穗状花序长 8—15cm；小穗长 10—15mm。生于沙地、山地、田边、盐渍化草甸。产兴安南、东阿、贺兰山 ……………………………………………… **6. 华北赖草 L. humilis** (S. L. Chen et H. L. Yang) Y. Z. Zhao

——矮天山赖草 *L. tianschanicus* (Drob.) Tzvel. var. *humilis* S. L. Chen et H. L. Yang

1b. 颖近锥形，下部稍扩展，不具膜质边缘。生于盐渍化草甸、平原、河边。产东阿(乌拉特后旗) ……………………………………………… **7. 毛穗赖草 L. paboanus** (Claus) Pilger

27. 大麦草属 Hordeum L.

1a. 一年生草本；三联小穗均无柄，皆可育。内蒙古各地普遍栽培 …………………… **1. 大麦草 H. vulgare** L.

1b. 多年生草本；三联小穗中间的无柄，可育，两侧的具柄，常不育。

2a. 中间小穗不含第二不育小花；花序成熟时粉绿色或紫色。

3a. 颖呈针状或基部稍宽，长不超过 1.5cm。

4a. 颖常短于中间小花的外稃；外稃芒长 1—2mm。生于盐碱滩、河岸低湿地。产内蒙古各地 ……………………………… **2. 短芒大麦草 H. brevisubulatum** (Trin.) Link

4b. 颖常稍长于中间小花的外稃；外稃芒长 3—7mm。

5a. 花序常呈紫色；中间小穗外稃长约 5mm，背部光滑无毛；芒长 3—5mm。生于河边盐生草甸、河边沙地。产岭西、兴安南、科尔沁、辽河、燕北、锡林、乌兰、阴山、鄂尔、东阿 ……………………………… **3. 小药大麦草 H. roshevitzii** Bowden

5b. 花序常呈粉绿色或黄绿色；中间小穗外稃长 6—7mm，背部密生细刺毛；芒长 7—8mm。生于低地、河谷草地、盐化及碱化草甸。产龙首山、额济纳……………………………………………………………………………………………4. 布顿大麦草 **H. bogdanii** Wilensky

3b. 颖退化为细软长芒，长 5—6cm。生于草地、庭院草坪。产岭西、阴南(呼和浩特市)……………………………………………………………………………………………5. 芒颖大麦草 **H. jubatum** L.

2b. 中间小穗含第二不育小花；花序成熟时红褐色；外稃芒长 6—8mm。生于山地草甸。产兴安北(宝格达山)……………………………………………6. 内蒙古大麦草 **H. innermongolicum** P. C. Kuo et L. B. Cai

28. 新麦草属 **Psathyrostachys** Nevski

1a. 小穗含 1 小花及 1 不孕小花；花药紫色，长 5—6mm。生于干燥山坡。产龙首山……………………………………………………………………1. 单花新麦草 **P. kronenburgii** (Hack.) Nevski

1b. 小穗含 2—3 小花；花药黄色，长 3—5mm。生于干燥山坡草地。产龙首山……………………………………………………………………2. 新麦草 **P. juncea** (Fisch.) Nevski

(11) 燕麦族 Aveneae

29. 落草属 **Koeleria** Pers.

1a. 小穗长 4—5mm；外稃背部微粗糙；叶上面无毛，下面被短柔毛。生于典型草原、森林草原、草原化草甸。产内蒙古各地……………………………1. 落草 **K. macrantha** (Ledeb.) Schult.——*K. cristata* (L.) Pers.

1b. 小穗长 3.5—4mm；外稃背部被长柔毛；叶上面短柔毛，下面被长柔毛。生于山地草原。产兴安北、兴安南……………………………………………………………2. 阿尔泰落草 **K. altaica** (Dom.) Kryl.

30. 三毛草属 **Trisetum** Pers.

1a. 圆锥花序紧密呈穗状；花序下的秆被柔毛；植株低矮，密从生，高 8—30cm；外稃芒长 3—6mm。生于山坡草地、高山草甸。产贺兰山……………………………1. 穗三毛草 **T. spicatum** (L.) K. Richt.

[《内蒙古植物志》(第二版)中记载分布于贺兰山的芒落草 *Koeleria litvinowii* Domin 标本外稃芒长 3—6mm，应是穗三毛草的特征，未见外稃芒长 0.5—2.5mm 的芒落草标本，故内蒙古没有芒落草分布。]

1b. 圆锥花序较疏松开展；花序下的秆无毛；植株较高大，疏从生或单生，高 50—120cm。

2a. 小穗长 5—10mm，含 2—4 小花；外稃芒反曲，长 7—9mm。生于山地林缘、林下。产兴安北、兴安南、燕北、阴山……………………………………2. 西伯利亚三毛草 **T. sibiricum** Rupr.

2b. 小穗长 4—4.5mm，含 1—2 小花；外稃芒近直立，长达 6.5mm。生于山地沼泽化草甸。产兴安北……………………………………………3. 绿穗三毛草 **T. umbratile** (Kitag.) Kitag.

31. 异燕麦属 **Helictotrichon** Bess. ex Schult. et J. H. Schult.

1a. 叶片扁平或稍内卷，宽 2—7(12)mm；秆生叶舌长 3—8mm。

2a. 秆从生，具较短或不明显的匍匐地下茎；叶片宽 2—4mm；小穗长 11—15mm。生于山地草原、林间、林缘草甸。产岭西、兴安南、燕北、锡林、阴山…………………1. 异燕麦 **H. schellianum** (Hack.) Kitag.

2b. 秆常单生，具长的匍匐地下茎；叶片宽 6—7(12)mm；小穗长 18—22mm。生于草甸化草原、山地林缘草甸。产兴安北、岭西、岭东、燕北…………………2. 大穗异燕麦 **H. dahuricum** (Kom.) Kitag.

1b. 叶片内卷呈针状，宽 1—2mm；秆生叶舌长约 0.5mm。

3a. 圆锥花序分枝较短，排列紧密，紧缩呈穗状，卵形或长圆形，长 2—6cm；小穗通常含 2 小花。生于山地草原、林缘草地。产贺兰山……………………………**3. 藏异燕麦 H. tibeticum** (Roshev.) J. Holub

3b. 圆锥花序分枝较长，排列疏松，常偏向一侧，不紧缩呈穗状，长 5—9cm；小穗通常含 3 小花。生于高山草甸、山地林下。产贺兰山…………………………**4. 蒙古异燕麦 H. mongolicum** (Roshev.) Henr.

32. 燕麦属 Avena L.

1a. 外稃草质；小穗轴无毛，多弯曲，第一节间长达 1cm。内蒙古西部地区普遍栽培……………………………………………………………………**1. 莜麦 A. chinensis** (Fisch. ex Roem. et Schult.) Metzg.

1b. 外稃质坚硬；小穗轴有毛或无毛，不多弯曲，第一节间长不超过 5mm。

2a. 小穗含 1—2 小花；小穗轴不易脱节；外稃无毛，第二外稃无芒。内蒙古常见栽培……………………………………………………………………………………**2. 燕麦 A. sativa** L.

2b. 小穗含 2—3 小花；小穗轴易脱节；外稃被疏密不等的硬毛，第二外稃有芒。生于山地林缘、田间、路边。产岭西、科尔沁、赤峰、燕北、乌兰、阴山、贺兰山…………………………………**3. 野燕麦 A. fatua** L.

33. 发草属 Deschampsia P. Beauv.

1a. 花序疏松开展，不呈穗状，长 8—25cm。

2a. 小穗较大，长 4—4.5mm；芒自稃体基部伸出，短于或稍长于稃体。生于沼泽化草甸、草本沼泽、泉溪旁边。产兴安北、兴安南、燕北……………………**1a. 发草 D. caespitosa** (L.) P. Beauv. subsp. **caespitosa**

2b. 小穗较小，长 3—4mm；芒自稃体中部或稍下处伸出，显著长于稃体。生于沼泽化草甸、水边湿草地。产兴安北……………………………**1b. 小穗发草 D. caespitosa** (L.) P. Beauv. subsp. **orientalis** Hulten ——*D. caespitosa* (L.) P. Beauv. var. *microstachys* Roshev.

1b. 花序紧密，呈穗状圆柱形，长 2—7cm。生于高山草甸、潮湿处。产贺兰山…**2. 穗发草 D. koelerioides** Regel

(12) 虉草族 Phalardeae

34. 茅香属 Anthoxanthum L.——*Hierochloe* R. Br.

1a. 植株较高大，高可达 50cm；小穗长 3.5—5mm；雄花外稃顶端具显著的小尖头，长约 0.5mm。生于河谷草甸、荫蔽山坡、沙地。产岭西、岭东、科尔沁、锡林、阴山、阴南、鄂尔……………………………………………**1. 茅香 A. nitens** (Weber) Y. Schouten et Veldkamp——*Hierochloe odorata* (L.) Beauv.

1b. 植株较低矮，高 12—25cm；小穗长 2.5—4mm；雄花外稃顶端钝，不具小尖头。生于河谷草甸、湿润草地、田野。产岭西、呼伦、嫩西、辽河、兴安南、科尔沁、锡林、乌兰、阴山、阴南、鄂尔…………………………………………………**2. 光稃茅香 A. glabrum** (Trin.) Veldkamp——*Hierochloe glabra* Trin.

35. 虉草属 Phalaris L.

虉草 Phalaris arundinacea L.

多年生草本，高 70—150cm。圆锥花序紧密狭窄；小穗具 1 顶生的两性小花及位于其下的 2 枚不育的外稃；颖等长，具 3 脉；两性小花外稃革质，短于颖，具不明显的 5 脉，包住具 2 脉的内稃；不孕小花的外稃退化为 2 枚小型鳞片。生于河滩草甸、沼泽草甸、水湿地。产岭西、兴安南、科尔沁、阴山、鄂尔。

(13) 翦股颖族 Agrostideae

36. 梯牧草属 **Phleum** L.

假梯牧草 Phleum phleoides (L.) H. Karst.

多年生草本，高达 80cm。圆锥花序紧密呈穗状；小穗两侧扁，几无柄，脱节于颖之上，含 1 小花；颖等长，顶端具短芒；外稃膜质，短于颖，先端延伸成小芒尖；内稃稍短于外稃。生于山地草甸化草原、林缘。产兴安北。

37. 看麦娘属 **Alopecurus** L.

1a. 多年生草本；秆较粗壮；圆锥花序矩圆状卵形或圆柱形，宽 6—10mm。

2a. 颖之两侧密生柔毛；芒自稃体近基部 1/4 处伸出，膝曲。生于河滩草甸、潮湿草原、山沟湿地。产兴安北、岭西、兴安南、科尔沁、锡林、阴山……………………………… **1. 短穗看麦娘 A. brachystachyus** M. Bieb.

2b. 颖之两侧被短毛或微毛；有时亦可疏生长纤毛；芒自稃体近中部或中部以下伸出，直或膝曲。

3a. 芒膝曲，自稃体中部以下伸出，显著伸出于颖之外。生于河滩草甸、潮湿草地。产兴安北、岭东、岭西、呼伦、兴安南、科尔沁、锡林、阴山……………………………………………… **2. 大看麦娘 A. pratensis** L.

3b. 芒直，自稃体中部伸出，隐藏于颖内或稍外露。生于河滩草甸、潮湿草甸、山坡草地。产兴安北、岭东、岭西、呼伦、兴安南、锡林、阴山、东阿 ………………………… **3. 苇状看麦娘 A. arundinaceus** Poir.

1b. 一年生草本；秆较细瘦；圆锥花序条状圆柱形，宽 2—5mm。

4a. 芒长 2—2.5mm，隐藏或少外露。生于河滩草甸、潮湿低地草甸、田边。产兴安北、岭东、岭西、兴安南、赤峰、燕北、锡林、阴山……………………………………………………………………… **4. 看麦娘 A. aequalis** Sobol.

4b. 芒长 4.5—6.5mm，远超出颖之外。生于湿地。产科尔沁 ····· **5. 长芒看麦娘 A. longiaristatus** Maxim.

38. 拂子茅属 **Calamagrostis** Adans.

1a. 圆锥花序紧密；外稃的芒自其背部中间或稍上处伸出。

2a. 颖明显不等长，第二颖较第一颖短 1—1.5mm；外稃顶端 2 裂，芒自其中部以上或近裂齿间伸出；基盘之柔毛短于颖片。生于山地沟谷草甸、沙丘间草甸、路边。产兴安北、岭东、岭西、呼伦、兴安南、科尔沁、锡林 ……………………………………………………………… **1. 大拂子茅 C. macrolepis** Litv.

2b. 颖几不等长，或第二颖较第一颖稍短；外稃顶端齿裂，芒自其中部附近伸出；基盘之柔毛与颖片几等长或略短。生于河滩草甸、山地草甸、沟谷、低地、沙地。产内蒙古各地 ····· **2. 拂子茅 C. epigeios** (L.) Roth

1b. 圆锥花序开展；外稃的芒自其背部近顶端伸出。生于河滩、沟谷、低地、沙地、山坡草地或阴湿之处。产内蒙古各地 ……………………………………………………… **3. 假苇拂子茅 C. pseudophragmites** (A. Hall.) Koeler

39. 野青茅属 **Deyeuxia** Clarion ex P. Beauvois

1a. 基盘两侧之柔毛甚短，远短于稃体，长为其 1/3 以下；外稃背部的芒膝曲。

2a. 植株下部叶密集，不具被鳞片的芽，叶鞘在基部互相跨覆；圆锥花序紧密呈穗状。生于山地林缘草甸或山地草甸。产兴安北、岭东、岭西、燕北…………………………………………… **1. 兴安野青茅 D. korotkyi** (Litv.) S. M. Phillips et Wen L. Chen

——*D. turczaninowii* (Litv.) Y. L. Chang

2b. 叶不密集在植株下部，基部具被鳞片的芽，叶鞘不互相跨覆；圆锥花序紧缩而略开展。生于山地林缘草甸、山地草甸、山坡草地或隐蔽处。产兴安北、岭东、岭西、兴安南、辽河(大青沟)、赤峰、阴山……………………

…………………………2. 野青茅 **D. pyramidalis** (Host) Veldkamp.——*D. arundinacea* (L.) Beauv.

1b. 基盘两侧之柔毛与稃体等长或略短，至少长为稃体的 1/2 以上；外稃背部的芒细直或下部少扭转但不膝曲。

3a. 圆锥花序紧缩似成穗状。

4a. 叶舌长 1—3.5mm；基盘两侧柔毛明显短于稃体，长为稃体的 1/2—2/3，芒长 1.5—3mm。

5a. 小穗长 2.5—3mm；基盘两侧柔毛长为稃体的 2/3，芒直伸，下部不扭转，长 1.5—2mm；延伸小穗轴长不及 1mm，与其柔毛共长 2—2.5mm。生于沼泽草甸、草甸。产兴安北、兴安南、燕北、锡林、鄂尔、西阿……………………………………3. 忽略野青茅 **D. neglecta** (Ehrh.) Kunth

5b. 小穗长约 2mm；基盘两侧柔毛约长为稃体的 1/2，芒细直，下部稍扭转，长 2.5—3mm；延伸小穗轴长约 2mm，与其柔毛共长可达 4mm。生于草甸。产岭西、科尔沁、锡林…………………………………………………4. 瘦野青茅 **D. macilenta** (Griseb.) Keng ex S. L. Lu

4b. 叶舌长 5—7.5mm；基盘两侧柔毛约与稃体等长，芒长 3.5—4mm。

6a. 芒细直，自外稃基部 1/5—1/4 处伸出，长 2.3—3mm；叶舌长 4—6mm。生于林缘草甸、沟谷草甸。产兴安北、岭东、岭西、呼伦、锡林…………………………5. 密穗野青茅 **D. conferta** Keng

6b. 芒微弯，自外稃下部 1/3 处伸出，长约 3mm；叶舌长 3—4mm。生于山坡草地、林下。产兴安北………………………………………………6. 欧野青茅 **D. lapponica** (Wahlenberg) Kunth

3b. 圆锥花序开展，疏松；基盘柔毛与稃体等长。生于山地林缘草甸、沼泽草甸、河谷及潮湿草甸。产兴安北、岭东、岭西、兴安南、科尔沁、辽河、燕北、锡林、阴山…………………………7. 大叶章 **D. purpurea** (Trin.) Kunth
——*D. langsdorffii* (Link) Kunth

40. 剪股颖属 Agrostis L.

1a. 内稃显著，具 2 脉，长为稃体的 1/2—2/3。

2a. 内稃显著超过外稃之半，长为稃体的 3/5—2/3。

3a. 叶舌长 1.5—6mm。

4a. 叶舌长 5—6mm；花序分枝基部可着生小穗；外稃无芒。生于林缘、沟谷、山沟溪边、路旁。产内蒙古各地(除荒漠区外)……………………………………………1. 巨序剪股颖 **A. gigantea** Roth

4b. 叶舌长 1.5—2.5mm；花序分枝基部不着生小穗，分枝下部明显裸露；外稃的裂齿下方有时具 1 微细直芒。生于河滩、谷地、低地草甸。产岭东、岭西、呼伦、兴安南、科尔沁、燕北、锡林……………………………………………………………2. 岐序剪股颖 **A. divaricatissima** Mez

3b. 叶舌长 0.5—1mm。生于山地丘陵坡地、潮湿地。产兴安南、锡林、贺兰山…………………………………………………3. 细弱剪股颖 **A. capillaris** L.——*A. tenuis* Sibth.

2b. 内稃长不及外稃的 1/2。生于山地林间草甸、路旁湿地。产兴安北、呼伦、兴安南、燕北、锡林、阴山…………………………………………4. 西伯利亚剪股颖 **A. stolonifera** L.——*A. sibirica* V. A. Petr.

1b. 内稃微小，无脉，长不及稃体的 1/4 或缺。

5a. 叶舌先端常撕裂，2—4mm；外稃无芒；内稃长不及外稃的 1/4。生于山地林缘、沟边及路旁潮湿地。产兴安北、岭东、岭西、呼伦、兴安南、科尔沁、锡林…………………………5. 华北剪股颖 **A. clavata** Trin.

5b. 叶舌先端钝或渐尖，全缘或具微齿，长 1—2mm；外稃背部中部以下近基部具膝曲的芒，芒柱扭转；内稃缺。生于山地林缘、山地草甸、草甸化草原、沟谷、河滩草地。产兴安北、岭东、岭西、呼伦、兴安南、科尔沁、燕北、阴山……………………………6. 芒剪股颖 **A. vinealis** Schreber——*A. trini* Turcz.

41. 棒头草属 Polypogon Desf.

长芒棒头草 Polypogon monspeliensis (L.) Desf.

一年生草本，高 15—40cm。圆锥花序紧密呈穗状；小穗含 1 小花，小穗柄在颖下具关节，自关节处脱落，颖先端 2 浅裂，裂口处伸出细长的芒；外稃膜质透明，先端具不规则微齿，中脉延伸出细弱而易脱落的芒，芒与稃体等长；内稃透明膜质，稍短于外稃。生于沟边湿地、丘陵多石处。产内蒙古各地。

42. 单蕊草属 **Cinna** L.

单蕊草 **Cinna latifolia** (Trev. ex Goppert) Griseb.

多年生草本，高 60—160cm。圆锥花序下垂，每节着生 3—6 分枝，开展；小穗含 1 小花，脱节于颖之下，小穗轴延伸于内稃之后如一短刺；颖边缘膜质，具 1 脉；外稃等长或稍短于颖，具 3 脉，顶端之下着生短芒；内稃具 2 脉；雄蕊 1。生于山地林下、林缘草甸。产兴安北、兴安南。

43. 茵草属 **Beckmannia** Host

茵草 **Beckmannia syzigachne** (Steud.) Fernald

一年生草本，高 45—65cm。圆锥花序狭窄；小穗含 1 小花，近于无柄，成 2 行覆瓦状排列于穗轴之一侧，脱节于颖之下；颖等长，具 3 脉；外稃先端具芒尖；内稃与外稃近等长，具 2 脉。生于水边、潮湿之处。产内蒙古各地。

(14) 针茅族 **Stipeae**

44. 落芒草属 **Piptatherum** P. Beauvois——*Oryzopsis* Michaux

1a. 叶舌甚短或缺如；外稃全部(包括基盘)被贴生柔毛；圆锥花序每节 2 分枝。生于山地草原、石质坡地、沙质地。产贺兰山················**1. 中华落芒草 P. chinense** (Hitchc.) Y. Z. Zhao——*Oryzopsis chinensis* Hitchc.

1b. 叶舌披针形，长约 3mm；外稃背部被贴生柔毛，基盘光滑无毛；圆锥花序每节 3—5 分枝。生于山坡草地。产贺兰山(峡子沟)··**2. 藏落芒草 P. tibeticum** Roshev.

45. 针茅属 **Stipa** L.

1a. 芒 2 回膝曲。

2a. 芒不具柔毛。

3a. 外稃长 9mm 以下；芒长 4—6.5cm；颖长 9—15mm。

4a. 外稃 5—6mm；芒针明显长于第一芒柱，细软，毛发状。生于暖温型草原。产科尔沁、赤峰、燕北、乌兰、阴山、阴南、鄂尔、东阿、贺兰山·······················**1. 长芒草(本氏针茅) S. bungeana** Trin.

4b. 外稃长 8—9mm；芒针短于或等长于第一芒柱，劲直，针刺状。生于山地草原。产贺兰山···**2. 甘青针茅 S. przewalskyi** Roshev.

3b. 外稃长超过 9mm；芒长超过 10cm；颖长 17—40mm。

5a. 外稃长 15—17mm；芒长 18—27cm；颖长 30—40mm。生于典型草原。产兴安北、岭西、呼伦、兴安南、科尔沁、辽河、燕北、锡林、乌兰、阴山、阴南、鄂尔、贺兰山···**3. 大针茅 S. grandis** P. A. Smirn.

5b. 外稃长 9—14mm；芒长 10—18cm；颖长 17—33mm。

6a. 外稃长 12—14mm；芒长 12—18cm；颖长 23—33mm。生于草甸草原。产岭东、岭西、兴安南、科尔沁、辽河、赤峰、锡林、阴山、阴南、贺兰山·······**4. 贝加尔针茅 S. baicalensis** Roshev.

6b. 外稃长 9—11.5mm；芒长 10—15cm；颖长 17—25mm。生于典型草原。产岭西、呼伦、兴安南、科尔沁、赤峰、燕北、锡林、乌兰、阴山、阴南、鄂尔、贺兰山、龙首山···························

………………………………………………………………5. 克氏针茅 **S. krylovii** Roshev.

2b. 芒具柔毛。

7a. 芒全部具柔毛。

8a. 外稃长约 10mm；芒具长 2—3mm 的柔毛；颖宽披针形，紫色。生于山地。产龙首山 ………………………………………………………………………6. 紫花针茅 **S. purpurea** Griseb.

8b. 外稃长约 5.5mm；芒具长约 1mm 的短柔毛；颖狭披针形，常绿色。生于山地丘陵坡地。产科尔沁、赤峰、锡林、乌兰、阴山、阴南、鄂尔、东阿、贺兰山、龙首山、额济纳(马鬃山) ………………………………………………………………………7. 短花针茅 **S. breviflora** Griseb.

7b. 芒仅芒柱具柔毛；外稃长 6.5—7.5mm。生于山坡。产贺兰山、龙首山 ……8. 异针茅 **S. aliena** Keng

1b. 芒 1 回膝曲。

9a. 芒柱光滑，芒针具白色柔毛。

10a. 外稃长 7.5—10mm；芒长 6.5—13.5cm；芒柱长 15—25mm；圆锥花序明显超出基生叶丛。

11a. 外稃长约 10mm；芒长 10—13.5cm；芒柱长 20—25mm。生于荒漠化草原。产锡林、乌兰、阴南、鄂尔、东阿 ………………………………………………9. 小针茅 **S. klemenzii** Roshev.

11b. 外稃长 7.5—8.5mm；芒长 6.5—8cm；芒柱长约 15mm。生于山地砾石质地、石质丘陵顶部。产赤峰、燕北、锡林、乌兰、阴山、阴南、鄂尔、东阿、西阿、额济纳 … 10. 戈壁针茅 **S. gobica** Roshev.

10b. 外稃长 4.5—6mm；芒长 3—4cm；芒柱长 5—10mm；圆锥花序不超出基生叶丛或与之近等长。生于山坡。产东阿(狼山) ……………… 11. 乌拉特针茅 **S. wulateica** (Y. Z. Zhao) Y. Z. Zhao

9b. 芒柱与芒针均具白色柔毛。

12a. 外稃长 7.5—10mm，背部密被白色柔毛。

13a. 圆锥花序不被顶生叶鞘包裹。

14a. 芒柱长 4—7mm；全芒具长 1—2mm 的白色柔毛。生于荒漠草原，也见于山地及荒漠群落中。产乌兰 ……………………………………… 12. 蒙古针茅 **S. mongolorum** Tzvel.

14b. 芒柱长 14—18mm；芒柱的被毛向下渐短，下半部的毛长 0.5mm，上半部的毛长 1—2mm，芒针的毛长 2—3mm。生于石质山顶。产东阿(桌子山)、贺兰山 ……………………………………… 13. 阿尔巴斯针茅 **S. albasiensis** L. Q. Zhao et K. Guo

13b. 圆锥花序被顶生叶鞘包裹；芒柱长 15—22mm；全芒具长 2—4mm 的白色柔毛。生于沙壤质荒漠草原、草原化荒漠。产乌兰、阴南、鄂尔、东阿、贺兰山、西阿、额济纳 ………………………………………………………………14. 沙生针茅 **S. glareosa** P. A. Smirn.

12b. 外稃长 5—7mm，背部无毛或稍被柔毛；芒柱长 3—5mm；全芒具长 2—3mm 的白色柔毛。生于山坡。产东阿(狼山) …………………… 15. 狼山针茅 **S. langshanica** (Y. Z. Zhao) Y. Z. Zhao

46. 芨芨草属 Achnatherum Beauv.

1a. 叶舌先端尖或钝圆，披针形或矩圆状披针形，长 3—15mm。

2a. 芒直或微弯，但不膝曲扭转，无毛或微粗糙；第一颖显著短于第二颖；小穗长 4.5—6.5mm；秆高 80—200cm。生于盐化低地、湖盆边缘、丘间低地、干河床、阶地、侵蚀洼地、低山丘坡等地。产内蒙古各地 ………………………………………………………………………1. 芨芨草 **A. splendens** (Trin.) Nevski

2b. 芒膝曲，芒柱扭转，具短柔毛；两颖几等长或第一颖稍长；小穗长 11—14mm；秆高 25—75cm。生于山坡草地及干旱丘陵。产阴山、贺兰山 ………………………2. 紫花芨芨草 **A. regeliana** (Hack.) Y. Z. Zhao
——狭穗针茅 *Stipa regeliana* Hack.——*S. purpurascens* Hitchc.——*A. purpurascens* (Hitchc.) Keng.

1b. 叶舌先端截平，顶端具裂齿，长 2mm 以下。

3a. 圆锥花序紧缩呈穗状，每节具 6—7 个分枝，分枝基部着生小穗；外稃长约 4mm。生于沟谷底部、坡麓等受径流补充的生境中或沿径流线生长。产东阿、西阿、贺兰山 ………………………………………………………………3. 醉马草 **A. inebrians** (Hance) Keng ex Tzvel.

3b. 圆锥花序疏松开展或稍紧密，但不呈穗状，每节具 2—5 个分枝，分枝基部常裸露，中部以上着生小穗，稀自分枝基部着生小穗；外稃长 4.5mm 以上。

4a. 小穗长 5—6.5mm；外稃长 4.5—5mm；花药顶端无毛或仅具 1—3 毫毛。生于山坡草地及山地灌丛。产岭西、岭东、兴安南、辽河、赤峰、燕北、阴山、乌兰……………………………………………………………………………………………… **4. 朝阳芨芨草 A. nakaii** (Honda) Tateoka ex Imzab

4b. 小穗长 7mm 以上；外稃长 5.5mm 以上；花药顶端明显具毫毛。

5a. 小穗长 11—13mm；第一颖稍长于第二颖；叶片宽达 10mm。生于山地、丘陵灌丛、林缘。产岭东、兴安南、燕北……………………………………………**5. 京芒草 A. pekinense** (Hance) Ohwi

5b. 小穗长 7—10mm；两颖近等长或第一颖稍短；叶片宽 3—8mm。

6a. 颖贴生细短毛，顶端较钝；秆和叶鞘均粗糙。生于山地林缘、灌丛、山地草甸。产兴安北、兴安南、阴山……………………………………………**6. 毛颖芨芨草 A. pubicalyx** (Ohwi) Keng

6b. 颖无毛或在脉上疏生小刺毛，顶端尖；秆和叶鞘均平滑。

7a. 花序分枝成熟后斜向上；外稃长约 7mm；基盘尖锐，长约 1mm。生于典型草原、草甸草原、山地草原、草原化草甸、山地林缘、灌丛群落中。产内蒙古各地………………………………………………………………………… **7. 羽茅 A. sibiricum** (L.) Keng ex Tzvel.

7b. 花序分枝成熟后水平开展；外稃长 5—6.5mm；基盘较钝，长约 0.5mm。生于山地林缘、灌丛、山地草甸。产兴安北、岭东、岭西、兴安南、科尔沁、辽河、燕北、阴山、阴南…………………………………………………… **8. 远东芨芨草 A. extremioroentale** (Hara) Keng

47. 细柄茅属 **Ptilagrostis** Griseb.

1a. 叶舌矩圆形或尖披针形，长 1—3mm，无毛；颖披针形或矩圆状披针形，先端较钝；外稃长 4mm 以上，仅下部被柔毛。

2a. 外稃长 5—6mm；芒长 1.5—3cm，全部被长短均一的短柔毛；颖基部紫黑色，先端点状粗糙；花药顶端常无毛。生于高山或亚高山、山地沼泽化草甸、沟谷矮林中、林缘草甸。产东阿(桌子山)、贺兰山、额济纳……………………………………………………… **1. 细柄茅 P. mongholica** (Turcz. ex Trin.) Griseb.

2b. 外稃长 4—5mm；芒长 1.2—1.5cm，芒柱具长 1.8—3mm 的柔毛，向上渐短，芒针被长 1mm 之短柔毛；颖基部灰褐色或草黄色；花药顶端具毫毛。生于高山或亚高山草甸、林缘草甸。产东阿(桌子山)、贺兰山……………………………………………**2. 双叉细柄茅 P. dichotoma** Keng ex Tzvel.

1b. 叶舌平截，长 0.2—1mm，顶端被纤毛；颖狭披针形，先端锐尖；外稃长 3—4mm，遍体被柔毛。生于砾石质坡地、基岩缝隙中。产乌兰、东阿、西阿、额济纳………………**3. 中亚细柄茅 P. pelliotii** (Danguy) Grub.

48. 沙鞭属 **Psammochloa** Hitchc.

沙鞭 Psammochloa villosa (Trin.) Bor

多年生根状茎草本，高 1—1.5m。圆锥花序较紧密；小穗含 1 小花；颖近相等，具 3—5 脉；外稃具 5—7 脉，背部密生长柔毛，顶端微 2 裂，芒自裂齿间伸出；内稃与外稃近等长，具 5 脉，背部密生柔毛。生于流动、半流动沙地上。产锡林、乌兰、阴南、鄂尔、东阿、西阿。

49. 钝基草属 **Timouria** Roshev.

钝基草 Timouria saposhnikowii Roshev.

多年生草本，高 20—60cm。圆锥花序顶生，分枝贴向主轴，紧密狭窄呈穗形；小穗含 1 小花；颖膜质，具 3 脉；外稃质地厚于颖，背部遍生短毛，具 3 脉，顶端具 2 短裂齿，芒自顶端裂齿间伸出，具细小刺毛，易脱落；基盘短而钝。生于山地干燥砾石质坡地。产乌兰、东阿、西阿、贺兰山、龙首山、额济纳。

50. 冠毛草属 Stephanachne Keng

冠毛草 Stephanachne pappophorea (Hack.) Keng

多年生草本，高 10—40cm。圆锥花序紧密呈穗状；小穗含 1 花，脱节于颖之上；颖近等长，具 3—5 脉；外稃短于颖而其质地厚于颖，顶端 2 裂，裂片基部有 1 圈冠毛状柔毛，其下密被短柔毛；内稃具 2 脉，疏生短柔毛。生于山地草原，广泛适应于黏土质、砂砾质、石质坡地等生境。产东阿、西阿、贺兰山、龙首山。

51. 粟草属 Milium L.

粟草 Milium effusum L.

多年生草本。圆锥花序疏松开展；小穗椭圆形，含 1 小花，两性，背腹压扁，脱节于颖之上；颖纸质，具 3 脉；外稃软骨质，乳白色，光亮，略短于颖，脉不明显，顶端无芒，基盘短而钝，边缘内卷折扣内稃，形如谷粒；内稃与外稃同质同长。生于沟谷潮湿的林下。产兴安南(巴林左旗)。

Ⅳ. 画眉草亚科 Eragrostidoideae

(15) 冠芒草族 Pappophoreae

52. 冠芒草属 Enneapogon Desv. ex P. Beauv.

冠芒草(九顶草) **Enneapogon desvauxii** P. Beauv.——*E. borealis* (Griseb.) Honda

一年生小型禾草，高 5—25cm。圆锥花序短穗状，紧密呈圆柱形；小穗含 2—3 花，顶端小穗明显退化，小穗轴脱节于颖之上；颖膜质，近等长，具 3—5 脉；外稃短于颖，质厚，顶端具 9 条直立羽毛状芒，芒几不等长。生于砂砾质荒漠草原、小型洼地、河滩地、径流线等低湿生境中。产内蒙古各地。

(16) 獐毛族 Aeluropodeae

53. 獐毛属 Aeluropus Trin.

獐毛 Aeluropus sinensis (Debeaux) Tzvel.

多年生草本，高 20—35cm。圆锥花序紧密呈穗状或头状；小穗无柄，在穗轴一侧排列成 2 行，含 4—7 小花；颖不相等；外稃具 9 脉，先端具小芒尖，边缘膜质。生于盐湖外围、盐渍低地、盐化草甸。产锡林、乌兰、阴南、鄂尔、东阿、西阿、额济纳。

(17) 画眉草族 Eragrostideae

54. 䅟属 Eleusine Gaertn.

牛筋草 Eleusine indica (L.) Gaertn.

一年生草本，高 10—40cm。穗状花序数枚呈指状簇生于秆顶；小穗含 3—6 花，小穗轴脱节于颖之上及诸小花之间；颖及外稃白色，具绿色纵纹。生于居民点、路边。产科尔沁、辽河、赤峰、阴南、鄂尔、西阿。

55. 画眉草属 **Eragrostis** Beauv.

1a. 叶鞘脉上、叶片边缘、小穗柄上及颖与外稃的脊上均无腺点。

2a. 花序紧缩；颖片顶端尖，长 1—1.8mm；外稃侧脉明显。生于路边草地。产科尔沁……………………………………………………………………**1. 秋画眉草 E. autumnalis** Keng

2b. 花序开展；颖片顶端钝，长 0.5—1.2mm；外稃侧脉不明显。

3a. 花序分枝腋间具柔毛。生于田野、撂荒地、路边。产内蒙古各地……**2a. 画眉草 E. pilosa** (L.) P. Beauv.

3b. 花序分枝腋间无毛。生于田野、撂荒地、路边。产内蒙古各地……………………………………………………………………**2b. 多秆画眉草 E. multicaulis** Steudel

——无毛画眉草 *E. pilosa* (L.) P. Beauv. var. *imberbis* Franch.

1b. 叶鞘脉上、叶片边缘及小穗柄上均具腺点，颖与外稃的脊上有时也有腺点。

4a. 小穗宽 2mm 以上，外稃长 2.5—2.7mm。生于田野、撂荒地、路边。产内蒙古各地……………………………………………………………………**3. 大画眉草 E. cilianensis** (All.) Vign.-Lut. ex Janchen

4b. 小穗宽 1.2—2mm(通常不及 2mm)，外稃长 1.4—2.2mm。生于田野、撂荒地、路边。产内蒙古各地……………………………………………………………………**4. 小画眉草 E. minor** Host

56. 隐子草属 **Cleistogenes** Keng

1a. 外稃无芒或具长 0.5mm 以下的小尖头。

2a. 外稃卵形，长 3—4mm，先端无芒；圆锥花序分枝水平开展。生于荒漠草原及荒漠群落中。产锡林、乌兰、阴南、鄂尔、东阿、额济纳……………………**1. 无芒隐子草 C. songorica** (Roshev.) Ohwi

2b. 外稃披针形，长 4—7mm，先端具长 0.5mm 以下的小尖头；圆锥花序较狭窄，分枝斜上升。生于山地草原。产阴山(大青山)……………………**2. 小尖隐子草 C. mucronada** Keng et P. C. Keng et L. Liu

——*C. ramiflora* Keng et C. P. Wang

1b. 外稃具长 0.5—9mm 的芒。

3a. 秆密集丛生，具分枝，秋后常呈红褐色，干后成蜿蜒状卷曲。生于森林草原、典型草原、荒漠草原、草原化荒漠群落中。产内蒙古各地……………………**3. 糙隐子草 C. squarrosa** (Trin.) Keng

3b. 秆单生或簇生，不分枝或具单一分枝，秋后草黄色或灰褐色，干后不成蜿蜒状卷曲或稍左右弯曲。

4a. 秆纤细，直径 0.5mm，叶鞘除鞘口外均平滑无毛；叶条形，宽 1—2mm，稀 2—4mm。

5a. 叶片宽 2—4mm；颖片先端钝至尖，第一颖长 1—2mm，具 1 脉或无脉；外稃先端芒长 0.5—1mm。生于山坡草地、灌丛。产兴安南、阴山(大青山)……**4. 丛生隐子草 C. caespitosa** Keng

5b. 叶片宽 1—2mm；颖片先端渐尖，第一颖长 1.5—4.5mm，具 1—3 脉；外稃先端芒长 1—3mm。

6a. 圆锥花序紧缩，基部为叶鞘包裹。生于山坡草地。产兴安北、岭西、兴安南、阴山、乌兰……………………………………………………………………**5. 凌源隐子草 C. kitagawai** Honda

——苞鞘隐子草 *C. kitagawai* Honda var. *foliosa* (Keng) S. L. Chen et C. P. Wang

6b. 圆锥花序开展，伸出鞘外。生于山地草原、林缘、灌丛。产兴安北、兴安南、辽河(大青沟)、乌兰、阴山、阴南、贺兰山……………………**6. 薄鞘隐子草 C. festucacea** Honda

——中华隐子草 *C. chinensis* (Maxim.) Keng

——长花隐子草 *C. longiflora* Keng ex Keng f. et L. Liu

4b. 秆较粗壮，直径 1—2.5mm；叶条形至披针形，宽 2—9mm。

7a. 圆锥花序紧缩，基部包闭最上部的叶鞘；叶鞘常多少具疣毛；颖 3—7 脉。生于山地阳坡、丘陵、砾石质草原。产兴安北、兴安南、科尔沁、辽河、赤峰、燕北、锡林、阴山、阴南…………………………………………………………**7. 多叶隐子草 C. polyphylla** Keng ex P. C. Keng et L. Liu

7b. 圆锥花序开展，伸出叶鞘外；叶鞘无毛；颖(0)1—3 脉。

8a. 外颖 0—1 脉，先端通常钝；外稃先端芒长 2—9mm；圆锥花序最下面的分枝长约 4cm，单一。生于沟谷林缘。产辽河(大青沟)、赤峰、燕北…………………………………………**8. 朝阳隐子草 C. hachelii** (Honda) Honda

——宽叶隐子草 *C. hachelii* (Honda) Honda var. *nakai* (Keng) Ohwi

8b. 外颖 1—3 脉，先端尖；外稃先端芒长 1—2mm；圆锥花序最下面的分枝长约 8cm，常具小分枝。生于山地林缘、灌丛、草地。产兴安北、兴安南、辽河(大青沟)、赤峰、阴山、鄂尔………………………………………………**9. 北京隐子草 C. hancei** Keng

57. 草沙蚕属 **Tripogon** Roem. et Schult.

中华草沙蚕 Tripogon chinensis (Franch.) Hack.

多年生密丛禾草，高 10—30cm。穗状花序细弱，顶生，穗轴三棱形；小穗含 3—5 小花，几无柄，成 2 行排列于纤细穗轴之一侧，脱节于颖之上；颖不等长，具 1 脉，边缘宽膜质；外稃质薄似膜质，先端 2 裂，具 3 脉，主脉延伸成短而直立芒，侧脉可延伸成芒状小尖头。内稃膜质，等长或稍短于外稃。生于山地石质及砾石质山坡和陡壁。产内蒙古各山地。

(18) 虎尾草族 **Chlorideae**

58. 虎尾草属 **Chloris** Swartz

虎尾草 Chloris virgata Swartz

一年生农田杂草，高 10—35cm。穗状花序数枚簇生于秆顶呈指状排列；小穗含 1 小花，以 2 行排列于穗轴之一侧，脱节于颖之上；颖不相等，膜质，先端具短芒；外稃具 3 脉，边缘近顶处具长柔毛，芒自顶端稍下处伸出；内稃短于外稃。广泛见于农田、撂荒地、路边、干湖盆、干河床、浅洼地中。产内蒙古各地。

(19) 鼠尾草族 **Sporoboleae**

59. 扎股草属 **Crypsis** Ait.——隐花草属 *Heleochloa* Host

1a. 花序紧缩成宽扁的头状，其下托以 2 枚苞叶状叶鞘。生于河滩、沟谷、盐化低地。产呼伦、辽河、科尔沁、乌兰、阴南、鄂尔、东阿……………………………………**1. 隐花草 C. aculeata** (L.) Ait.

1b. 花序紧缩成穗状，狭长，其下托以 1 枚苞叶状叶鞘。生于盐化和碱化低地、沙质滩地。产乌兰、阴南、鄂尔、东阿…………………**2. 蔺状隐花草 C. schoenoides** (L.) Lam.——*Heleochloa schoenoides* (L.) Host

60. 乱子草属 **Muhlenbergia** Schreb.

1a. 秆基部伏卧；常无匍匐根状茎或稀具短根状茎；外颖卵状披针形，先端尖，长 1.5—2.2mm。生于沟谷河岸。产辽河(大青沟)……………………………………**1. 日本乱子草 M. japonica** Steud.

1b. 秆基部直立；具长匍匐根状茎，其上被质地较厚的鳞片；外颖卵状，先端钝，长 0.5—1.2mm。生于山谷、河边湿地、林下、灌丛。产内蒙古东部……………………**2. 乱子草 M. huegelii** Trin.

(20) 结缕草族 Zoysieae

61. 锋芒草属 **Tragus** Hall.

1a. 小穗长 4—4.5mm，通常 3 个簇生，其中 1 个退化；第二颖的顶端具明显伸出刺外的小尖头。生于农田、撂荒地、路边。产辽河、科尔沁、锡林、乌兰、阴山、阴南、鄂尔、东阿、西阿、贺兰山……………………………………… **1. 锋芒草 T. mongolorum** Ohwi——*T. racemosus* auct. non (L.) All: Fl. Intramongol. ed. 2, 5: 244. 1994.

1b. 小穗长 2—3mm，通常 2 个簇生，均能发育，稀仅 1 个发育；第二颖的顶端无明显伸出刺外的小尖头。生于农田、荒地、路边。产燕北(敖汉旗大黑山)……………………………… **2. 虱子草 T. berteronianus** Schult.

Ⅴ. 黍亚科 Panicoideae

(21) 野古草族 Arundinelleae

62. 野古草属 **Arundinella** Raddi

毛杆野古草 Arundinella hirta (Thunb.) Tanaka

多年生草本，高 50—75cm。圆锥花序紧缩；小穗含 2 小花，第一小花雄性，第二小花两性，小穗轴脱节于 2 小花之间；颖具 3—5 脉，第二颖较长；第一外稃具 3—5 脉，第二外稃具不明显 5 脉，无芒。生于河滩、山地草甸、草甸草原。产岭西、岭东、兴安南、科尔沁、辽河、燕北、阴山。

(22) 黍族 Paniceae

63. 黍属 **Panicum** L.

1a. 圆锥花序开展或稍紧密，成熟后下垂；外稃宽。

2a. 杆密生长毛；谷粒黏。内蒙古有栽培………………… **1a. 黍 P. miliaceum** L. var. **glutinosum** Bretsch.

2b. 杆无毛或疏生毛；谷粒不黏，或有黏性而不及上变种。内蒙古有栽培…………………………………………………………………………………………………… **1b. 稷(糜子) P. miliaceum** L. var. **effusum** Alaf.

1b. 圆锥花序直立而不下垂，分枝硬挺而开展；外稃较狭。生于农田、地边。产内蒙古农区 ……………………………………………………………………………… **1c. 野稷(豪糜) P. miliaceum** L. var. **ruderale** Kitag.

64. 野黍属 **Eriochloa** Kunth

野黍 Eriochloa villosa (Thunb.) Kunth

一年生草本，高 50—100cm。圆锥花序狭窄，顶生，由数枚总状花序组成；小穗含 1 两性小花，背腹压扁，成 2 行覆瓦状排列于穗轴一侧，脱节于颖之下；第一颖缺，第二颖和第一外稃均为膜质，先端无芒。生于路边、田野、山坡、耕地、潮湿地。产岭西、岭东、兴安南、科尔沁、辽河。

65. 稗属 **Echinochloa** P. Beauv.

1a. 第二颖等长或稍长于小穗；小穗卵形至卵状披针形；谷粒易脱落；花序分枝不弯曲。

2a. 圆锥花序直立或稍下垂，较疏展；小穗卵形，具短芒或无芒。

3a. 外稃芒长 0.5—1.5cm；花序分枝所形成的总状花序分枝柔软。生于田野、耕地、宅旁、路边、渠沟边水湿地、沼泽地、水稻田中。产内蒙古各地 ……………… **1a. 稗 E. crusgalli** (L.) P. Beauv. var. **crusgalli**

——旱稗 *E. hispdula* (Retz.) Nees

3b. 小穗无芒或外稃芒长不超过 0.5mm；花序分枝所形成的总状花序分枝挺直。生于田野、耕地、宅旁、路边、渠沟边水湿地、沼泽地、水稻田中。产内蒙古各地 ……………………………………………………………… **1b. 无芒稗 E. crusgalli** (L.) P. Beauv. var. **mitis** (Pursh) Peterm.

2b. 圆锥花序柔软，下垂或弓形弯曲；花序稍紧密或狭窄；小穗卵状椭圆形，长 2.5—4mm；外稃芒较粗壮，长 1.5—5cm。生于田野、耕地、宅旁、路边、渠沟边水湿地、沼泽地、水稻田中。产岭西、岭东、兴安南、科尔沁、辽河、赤峰、燕北、锡林、乌兰、阴南 ……………………………………… **2. 长芒稗 E. caudata** Roshev.

1b. 第二颖稍短于小穗；小穗宽卵形；谷粒不易脱落；花序分枝弓形弯曲。栽培于兴安北、岭东、科尔沁、赤峰、阴南 …………………………………………………………………………………… **3. 家稗 E. frumentacea** Link

66. 马唐属 **Digitaria** Hill.

1a. 小穗较小，长 2—2.8mm，第二颖稍短于或等长于小穗；第一外稃全部被柔毛；叶鞘通常无毛或疏生细柔毛。生于田野、路边、沙地。产兴安北、岭东、岭西、兴安南、科尔沁、辽河、赤峰、燕北、锡林、乌兰、阴山、阴南、鄂尔、东阿、西阿 ……………………………………………………… **1. 止血马唐 D. ischaemum** (Schreb.) Muhl.

1b. 小穗较大，长 3—4mm，第二颖为小穗的 1/2—3/4；第一外稃仅边缘被柔毛，背部无毛；叶鞘疏生疣毛。

2a. 第二颖及第一外稃通常无长纤毛或仅边缘具短纤毛。生于田野、路边。产赤峰、阴南(呼和浩特市、鄂尔多斯市准格尔旗) ……………………………………………………………………… **2. 马唐 D. sanguinalis** (L.) Scop.

2b. 第二颖及第一外稃两侧被丝状长柔毛。生于田野、路边。产科尔沁、辽河、赤峰、锡林 ………………………………………………………………………………………… **3. 毛马唐 D. ciliaris** (Retz.) Koel.

67. 蒺藜草属 **Cenchrus** L.

光梗蒺藜草 Cenchrus incertus M. A. Curtis

一年生杂草，高 15—50cm。总状花序呈穗状，顶生；小穗外面具不孕小枝愈合而成的具刺总苞，近球形，具短梗，与小穗一起脱落，种子在总苞内萌发；小穗无柄，含 2 小花，第一小花雄性，第二小花两性；二颖不等长，短于小穗；第一小花的外稃膜质，第二小花的外稃成熟时变硬。生于居民点、田边。辽河(甘旗卡镇、大青沟)有逸生。

68. 狗尾草属 **Setaria** P. Beauv.

1a. 谷粒自颖与第一外稃之上而脱落。内蒙古各地有栽培 ………………………… **1. 粟 S. italica** (L.) P. Beauv.

1b. 谷粒连同第二颖片与第一外稃一起脱落。

2a. 花序主轴上每簇含小穗 1 个，稀可见另一不育的小穗；第二颖长约为谷粒之半；小穗和刚毛金黄色。生于田野、路边、荒地、山坡。产内蒙古各地 ……… **2. 金色狗尾草 S. pumila** (Poirt) Roem. et Schult.

——*S. glauca* auct. non. (L.) P. Beauv.: Fl. Intramongol. ed. 2, 5: 261. 1994.

2b. 花序主轴上每簇含小穗 3 个以上；第二颖等长或稍短于谷粒；小穗和刚毛绿色或紫色。

3a. 花序主轴粗糙，但无毛；刚毛具倒向的小刺。生于路边。产内蒙古东部 ……………………………………………………………………… **3. 轮生狗尾草 S. verticillata** (L.) P. Beauv.

3b. 花柱主轴密生粗毛。

4a. 花序狭细，条状圆柱形，明显有间断。生于沙地、沙丘、阳坡、下湿滩地。产兴安北、岭东、岭西、呼伦、兴安南、科尔沁、辽河、锡林、鄂尔……………………………… **4. 断穗狗尾草 S. arenaria** Kitag.

4b. 花序较宽，卵形、矩圆形、椭圆状圆柱形，不间断或仅下部偶有间断。

5a. 秆高达 1m 左右；花序长(14)16—30cm。生于山坡、路边。产科尔沁、赤峰、阴山、阴南……………………………………………………………… **5b. 巨大狗尾草 S. viridis** (L.) P. Beauv. var. **gigantean** (Franch. et Sav.) Franch. et Sav. ex Matsum.

5b. 秆高(4.5)5—80cm；花序长(1)2—6(8)cm。

6a. 圆锥花序卵形或矩圆形，长 1—3cm，其长宽比小于 2:1(刚毛在内)。生于路边、田野。产阴山、鄂尔、东阿、贺兰山……………………**5c. 厚穗狗尾草 S. viridis** (L.) Beauv. var. **pachystachys** (Franch. et Sav.) Makino et Nemoto

6b. 圆锥花序圆柱状，长(1)4—6(8)cm，其长宽比大于 2:1(刚毛在内)。

7a. 花序多数生于植株基部叶鞘内作丛生状，刚毛显然少而短，长不及小穗的 1 倍或常与之等长；植株低矮，高仅 4.5—9(13)cm。生于高平原上。产东阿……………… **5d. 短毛狗尾草 S. viridis** (L.) Beauv. var. **breviseta** (Doell) Hichc.

7b. 花序远伸出叶鞘外，刚毛较多且长，为小穗长的 2—4 倍；植株高(15)20cm 以上。

8a. 小穗和刚毛紫色。生于沙丘、田野、河边、水边。产内蒙古各地……………………………… **5e. 紫穗狗尾草 S. viridis** (L.) Beauv. var. **purpurascens** Maxim.

8b. 小穗和刚毛绿色、黄色，或刚毛偶带淡紫色。

9a. 秆成密丛生，基部膝曲且铺散伏地。生于平原、路边。产锡林……………… **5f. 偃狗尾草 S. viridis** (L.) Beauv. var. **depressa** (Honda) Kitag.

9b. 秆单生或疏丛生，直立或基部稍膝曲。生于荒地、田野、河边、坡地。产内蒙古各地………………… **5a. 狗尾草 S. viridis** (L.) Beauv. var. **viridis**

69. 狼尾草属 Pennisetum Rich.

白草 **Pennisetum flaccidum** Griseb.——*P. centrasiaticum* Tzvel.

多年生禾草，高 35—55cm。穗状圆锥花序密集成圆柱形；小穗含 1—2 花，多数单生，有时 2—3 枚聚生成簇，围以由刚毛(不孕小枝)形成的总苞；第一颖微小，第二颖较短于第一外稃，具 3—5 脉；第一外稃先端渐尖或芒状尖头，具 7—9 脉；第二外稃与小穗等长，先端亦具芒状尖头，具 3 脉。生于干燥的丘陵坡地、沙地、沙丘间洼地、田野。产岭西、兴安南、科尔沁、辽河、赤峰、燕北、锡林、乌兰、阴山、阴南、鄂尔、东阿、贺兰山、龙首山。

(23) 蜀黍族 Andropogoneae

70. 芒属 Miscanthus Anderss.

荻 **Miscanthus sacchariflorus** (Maxim.) Hack.

多年生高大禾草，高可达160cm。圆锥花序疏展呈扇形，顶生，有细弱的总状花序聚集而成；小穗含 1 小花，孪生于细弱连续的穗轴上，具不等长的小穗柄，基部具白色丝状长柔毛，其长约为小穗的 2 倍；颖约相等，膜质；第一外稃稍短于颖，透明，空虚；第二外稃透明，较小于第一外稃，先端 2 裂或急尖，常具弯曲的芒。生于河岸湿地、沼泽草甸、山坡草地。产科尔沁、鄂尔(毛乌素沙地南部)。

71. 白茅属 **Imperata** Cirillo

白茅 **Imperata cylindrica** (L.) Raeusch. var. **major** (Ness) C. E. Hubb.

多年生禾草，高 20—70cm。圆锥花序狭窄呈穗状圆柱形；小穗含 1 两性小花及 1 不孕小花，基部围绕细长的丝状柔毛，通常孪生；两颖及等长，膜质，下部及边缘被细长柔毛；外稃均膜质透明，无脉，无芒；第一小花内稃缺，第二内稃亦膜质透明。生于路旁、撂荒地、山坡、草甸、沙地。产兴安南、科尔沁、辽河、乌兰、阴山(乌拉山)。

72. 大油芒属 **Spodiopogon** Trin.

大油芒 **Spodiopogon sibiricus** Trin.

多年生禾草，高 60—100cm。圆锥花序狭窄，总状分枝近于轮生，小枝具 2—4 节，每节小穗孪生，1 有柄，1 无柄，含 1—2 小花；穗轴节间及小穗柄的先端膨大成棒状；两颖近等长；外稃透明膜质，第一小花雄性，无芒，先端尖；第二小花两性，外稃先端深 2 裂，裂齿间伸出 1 膝曲而下部扭转的芒；内稃稍短于外稃。生于山地阳坡、砾石质草原、山地灌丛、草甸草原。产兴安北、岭西、兴安南、科尔沁、辽河、燕北、锡林、阴山、阴南。

73. 牛鞭草属 **Hemarthria** R. Br.

大牛鞭草 **Hemarthria altissima** (Poiret) Stapf et C. E. Hubbard——*H. compressa* (L. f.) R. Br. var. *fasciculata* (Lam.) Keng

多年生草本，高 55—90cm。总状花序单独顶生；小穗含 1 小花，1 无柄，1 有柄，无柄小穗嵌生于由穗轴节间愈合而成的凹穴中；两颖近于相等；外稃膜质透明，无芒。生于沼泽草甸、草甸。产岭东、兴安南、科尔沁、辽河、阴山、鄂尔。

74. 莠竹属 **Microstegium** Nees

柔枝莠竹 **Microstegium vimineum** (Trin.) A. Gamus——莠竹 *M. vimineum* (Trin.) A. Gamus var. *imberbe* (Ness ex Steudel) Honda

一年生草本，高可达 50cm 以上。总状花序 2—6 枝呈指状排列；小穗成对着生于穗轴的各节，1 有柄，1 无柄，含 1—2 小花；第一小花退化，第二小花两性；2 颖近等长，第一颖具 2 脊，第二颖舟状；外稃狭小，白色膜质，顶端具芒，芒的中部膝曲，下部扭转；内稃膜质。生于阴湿沟谷。产辽河(大青沟)、燕北(敖汉旗大黑山)。

75. 荩草属 **Arthraxon** Beauv.

荩草 **Arthraxon hispidus** (Thunb.) Makino

一年生杂草，高 20—55cm。叶心形，基部抱茎。总状花序 2—5 枝呈指状排列于秆顶；小穗孪生于具关节之穗轴的个节上，1 有柄，1 无柄；有柄小穗退化为短柄，无柄小穗含 1 两性小花，具芒；两颖近等长，近于膜质；外稃透明膜质，第一外稃成为第一颖的 2/3，无芒，第二外稃与第一外稃等长，具膝曲的芒，下部扭转。内稃缺。生于田野、水边湿地、河滩、沟谷草甸、山坡草地、山地灌丛、沙地。产岭东、岭西、兴安南、科尔沁、辽河、燕北、锡林、阴山、阴南、鄂尔、东阿、贺兰山。

76. 高粱属(蜀黍属) **Sorghum** Moench.

1a. 圆锥花序紧缩似穗状或略开展，分枝上升；无柄小穗宽卵形至卵圆形，宿存；颖被微毛或于成熟时光滑无毛。内蒙古各地均有栽培 ………………………1. 高粱 **S. bicolor** (L.) Moench——蜀黍 *S. vulgare* Pers.

1b. 圆锥花序疏松开展，分枝斜升；无柄小穗披针状椭圆形至披针形，成熟时连同穗轴节间与有柄小穗一起脱落；颖全部密被白色长柔毛。呼伦、赤峰、锡林、乌兰、东阿(巴彦淖尔市)、阴南(呼和浩特市)有栽培……………………………………………………………………………2. 苏丹草 **S. sudanense** (Piper) Stapf

77. 孔颖草属 **Bothriochloa** Kuntze

白羊草 **Bothriochloa ischaemum** (L.) Keng

多年生草本，高 30—60cm。总状花序 3—6 枚于秆顶排列成指状；小穗孪生，无柄者两性，有柄者雄性；无柄小穗基盘钝，具短髭毛；第一颖具 2 脊，第二颖舟状，具 3 脉；第一外稃膜质透明，第二外服退化，膜质，条形，顶端延伸成 1 膝曲的芒。生于山地草原、灌丛。产燕北、阴山、阴南、东阿(桌子山)、贺兰山。

78. 菅属 **Themeda** Farssk.

黄背草 **Themeda triandra** Forssk.——*T. triandra* Forssk. var. *japonica* (Willd.) Makino

多年生禾草，高约 80cm。每一总状花序下托 1 佛焰苞，单生或聚集成束，生于秆顶或上部叶腋，组成复合或单纯之假圆锥花序；小穗孪生或在顶生者为 3 枚，最下 2 对均为雄性，近于轮生，其余 1—3 对为异性，无柄者两性，有柄者雄性或中性；两性小穗通常 1 枚；基盘尖锐，具棕色毛，两颖等长，第二外稃具 2 回膝曲的芒，芒柱扭转，芒针被毛。生于林缘草甸。产燕北。

(24) 玉蜀黍族 **Maydeae**

79. 薏苡属 **Coix** L.

薏苡 **Coix lacryma-jobi** L.

一年生草本，高可达 1m 以上。具多数腋生成束至总状花序；小穗单性，雄小穗含 2 小花，2—3 枚生于 1 节，1 无柄，其余 1—2 枚均有柄，排列于 1 细弱而连续的总状花序之上部，由念珠状总苞中抽出；雌小穗 2—3 枚生于 1 节，仅 1 枚发育，其余皆退化，生于花序的基部而被包于 1 骨质念珠状总苞内。赤峰市、呼和浩特市有栽培。

80. 玉蜀黍属 **Zea** L.

玉蜀黍(玉米) **Zea mays** L.

一年生高大禾草，高1—4m。叶片宽大。小穗单性，雌雄同株；雄花序顶生，由穗形总状花序构成开展的圆锥花序；雄小穗含 2 小花，孪生，1 无柄，1 具短柄；颖及内外稃膜质透明；雌花序生于叶腋，花序轴粗棒状，肥厚，花序外为数层鞘状苞片所包，雌小穗含 1 孕小花，无柄，成对排列于肥厚的穗轴上，颖宽广，外稃膜质透明，雌蕊具纤细长花柱。内蒙古各地广泛栽培。

134. 莎草科 **Cyperaceae**

1a. 花两性或单性；无先出叶所形成的果囊(**1. 藨草亚科 Scirpoideae**).

2a. 鳞片螺旋状排列；有下位刚毛，极少因退化而几无下位刚毛(**1. 藨草族 Scirpeae**)。

3a. 花柱基部不膨大，与小坚果连接处无明显界限。

4a. 小穗不成 2 列；花序为头状，或为简单的或复出的长侧枝聚伞花序，很少只有 1 小穗。

5a. 下位刚毛 6 条，有时稍多或少，粗短，呈刚毛状，极少无下位刚毛。

6a. 花序下具禾叶状苞叶或秆状苞片。

7a. 秆三棱形。

8a. 小穗大，长 1—2cm；小坚果大，长 2—4mm……………………………………………………………………**1. 三棱草属 Bolboschoenus**

8b. 小穗小，长 0.5—1.2cm；小坚果小，长 1—2mm……**2. 藨草属 Scirpus**

7b. 秆圆筒形……………………………………………**3. 水葱属 Schoenoplectus**

6b. 花序下具鳞片状苞片；小穗单生于秆顶；植株低矮纤细……………………………………………………………………………………**4. 针蔺属 Trichophorum**

5b. 下位刚毛极多数，细长，丝状……………………………**5. 羊胡子草属 Eriophorum**

4b. 小穗排成 2 列……………………………………………………**6. 扁穗草属 Blysmus**

3b. 花柱基部膨大，与小坚果连接处通常界限明显。

9a. 小穗单一；花柱基部膨大呈帽状，宿存于小坚果之上；下位刚毛 3—8 条；叶片退化仅具叶鞘……………………………………………………………**7. 荸荠属 Eleocharis**

9b. 小穗多数；花柱基部膨大，但不呈帽状；无下位刚毛；叶片存在。

10a. 花柱基宿存……………………………………………**8. 球柱草属 Bulbostylis**

10b. 花柱基脱落……………………………………………**9. 飘拂草属 Fimbristylis**

2b. 鳞片 2 列；无下位刚毛(**2. 莎草族 Cypereae**)。

11a. 柱头 3；小坚果三棱形……………………………………………**10. 莎草属 Cyperus**

11b. 柱头 2，稀 3；小坚果双凸状、平凸状或凹凸状。

12a. 小坚果背腹压扁，面向小穗轴…………………………**11. 水莎草属 Juncellus**

12b. 小坚果两侧压扁，棱向小穗轴…………………………**12. 扁莎属 Pycreus**

1b. 花单性；雌花有先出叶，绝大多数先出叶的边缘完全愈合成果囊，较少仅部分愈合或完全分离(**2. 薹草亚科 Caricoideae**，**3. 薹草族 Cariceae**)。

13a. 雌花先出叶的边缘仅部分愈合或完全分离……………………**13. 嵩草属 Kobresia**

13b. 雌花先出叶全部愈合成果囊……………………………………**14. 薹草属 Carex**

1. 三棱草属 **Bolboschoenus** (Ascherson) Palla

1a. 小坚果三棱形，黑褐色；柱头 3；长侧枝聚伞花序疏松，伞房状，常具 6—8 个辐射枝；植株高大，秆高 70—100cm。生于稻田、浅水沼泽。产嫩西(扎赉特旗)、科尔沁……………………………………………………**1. 荆三棱 B. yagara** (Ohwi) Y. C. Yang et M. Zhan——*Scirpus yagara* Ohwi

1b. 小坚果两面微凹或微凸，淡褐色；柱头 2；长侧枝聚伞花序短缩成头状，稀具 1—2 个辐射枝；植株较小，秆高 10—80cm。

2a. 鳞片黄褐色，先端具较长的芒；小坚果两面微凹，长 3—3.5mm。生于河边盐化草甸及沼泽。产内蒙古各地……………………………**2. 扁秆荆三棱 B. planiculmis** (F. Schmidt) T. V. Egorova——扁杆藨草 *Scirpus planiculmis* F. Schmidt

2b. 鳞片淡黄色，先端具较短的芒；小坚果两面微凸，长 2—2.5mm。生于丘间湿地、盐渍化湿地。产西阿(巴丹吉林沙漠)、额济纳……**3. 球穗荆三棱 B. affinis** (Roth) Drobow——球穗藨草 *Scirpus strobilinus* Roxb.

2. 藨草属 **Scirpus** L.

1a. 苞片禾叶状；花序顶生或侧生。

2a. 下位刚毛比小坚果长 2—3 倍，显著弯曲，平滑；每小穗柄着生 1 小穗。生于河湖低地及浅水沼泽。产兴安北、兴安南、科尔沁、辽河…………………………………………1. 单穗藨草 **S. radicans** Schkuhr

2b. 下位刚毛与小坚果近等长，直伸；每小穗柄着生 1—3 小穗。生于浅水沼泽、沼泽草甸。产岭西、呼伦、兴安南、赤峰、燕北、锡林…………………………………………2. 东方藨草 **S. orientalis** Ohwi

1b. 苞片为秆之延长；花序假侧生。

3a. 根状茎的匍匐枝顶端具小块茎；鳞片顶端全缘。生于稻田、沼泽、湿地。产嫩西(扎赉特旗)…………………………………………3. 三江藨草 **S. nipponicus** Makino

3b. 根状茎匍匐，但顶端具无块茎；鳞片顶端凹缺。

4a. 苞片剑形，长 15—25cm。生于稻田、沼泽、湿地。产嫩西(扎赉特旗)…………………………………………4. 剑苞藨草 **S. ehrenbergii** Boeckeler

4b. 苞片不为剑形，长不足 15cm。生于水边沼泽、沼泽草甸。产岭西、兴安南、科尔沁、阴山、阴南、鄂尔、东阿…………………………………………5. 藨草 **S. triqueter** L.

3. 水葱属 **Schoenoplectus** (Reichenback) Palla

1a. 花序常 1—2 次分枝，具 3—8 辐射枝；根状茎粗壮而长。生于浅水沼泽、沼泽草甸。产内蒙古各地…………………………1. 水葱 **S. tabernaemontani** (C. C. Gmel.) Palla——*Scirpus tabernaemontani* C. C. Gmel.

1b. 花序常呈头状，无辐射枝；根状茎极短。生于稻田、沼泽、湿地。产嫩西(扎赉特旗)…………………………2. 吉林水葱 **S. komarovii** (Roshov.) Sojak.——吉林藨草 *Scirpus komarovii* Roshev.

4. 针蔺属 **Trichophorum** Persoon

矮针蔺 Trichophorum pumilum (Vahl) Schinz. et Thellung——矮藨草 *Scirpus pumilus* Vahl

多年生草本，高 10—25cm。秆纤细，三棱形，具纵条纹。苞片鳞片状；小穗单生于茎顶；鳞片卵形，棕色，背部绿色，具 1 脉，边缘膜质；雄蕊 3；无下位刚毛。小坚果倒卵状三棱形；柱头 3。生于河边沼泽、盐化草甸。产呼伦、嫩西(扎赉特旗)、锡林。

5. 羊胡子草属 **Eriophorum** L.

1a. 小穗单一，顶生；苞叶鳞片状。

2a. 秆散生，具匍匐根状茎；下位刚毛红褐色；小坚果上部边缘具细刺。生于沼泽、沼泽草甸。产兴安北、岭西、科尔沁、锡林…………………………………………1. 红毛羊胡子草 **E. russeolum** Fries

2b. 秆丛生，根状茎短，不匍匐，下位刚毛白色；小坚果上部边缘平滑。生于河边沼泽草甸、沼泽。产兴安北、兴安南…………………………………………2. 白毛羊胡子草 **E. vaginatum** L.

1b. 小穗多数，排列为简单长侧枝聚伞花序；苞片佛爷苞状。

3a. 鳞片长具 1 脉；秆较粗壮；叶片扁平或对折，宽 2—2.6mm。生于河湖边沼泽。产兴安北、岭西、兴安南、燕北、阴山…………………………………………3. 东方羊胡子草 **E. angustifolium** Honekeny
——*E. polystachion* auct. non L.: Fl. Intramongol. ed. 2, 5: 291. 1994.

3b. 鳞片长具多数脉；秆较细弱；叶片扁三棱形，宽约 1mm。生于山地苔藓沼泽、薹草沼泽。产兴安北…………………………………………4. 细秆羊胡子草 **E. gracile** W. D. J. Koch ex Roth

6. 扁穗草属 **Blysmus** Panz. ex Schultes

1a. 下位刚毛无或仅留有少许残迹。生于水边沼泽、盐化草甸。产兴安北、岭西、兴安南、锡林…………………………………………1. 内蒙古扁穗草 **B. rufus** (Huds.) Link

1b. 下位刚毛 3—6 条，细弱，卷曲，高出小坚果约 2 倍。

2a. 秆较细弱，高达 30cm，中部以下生叶。生于河边沼泽、盐化草甸。产兴安南、燕北、锡林、乌兰、阴山、阴南、鄂尔、贺兰山、龙首山 ………… **2a. 华扁穗草 B. sinocompressus** Tang et F. T. Wang var. **sinocompressus**

2b. 秆较粗壮，高达 60cm，中部以上生叶。生于盐化草甸沼泽。产兴安南、锡林、阴山 ………………………………………… **2b. 节杆扁穗草 B. sinocompressus** Tang et F. T. Wang var. **nodosus** Tang et F. T. Wang

7. 荸荠属 Eleocharis R. Br.

1a. 花柱基稍发育，三棱圆锥形，与果实顶端无明显界限。生于水边沼泽。产锡林、阴南、鄂尔 ……………………………………………………………… **1. 少花荸荠 E. quinqueflora** (Hartm.) O. Schwarz

1b. 花柱基发育，非三棱圆锥形，与果实顶端有明显界限。

2a. 花柱基高与宽与小坚果近相等；下位刚毛羽毛状。生于水边沼泽。产岭东、嫩西(扎赉特旗)、燕北 ……………………………………………………………………… **2. 羽毛荸荠 E. wichurae** Boeck.

2b. 花柱基明显小于小坚果；下位刚毛非羽毛状。

3a. 秆较细，丝状，高 3—12cm；小穗长 2—3mm，宽约 1.5mm；小坚果较细，矩圆形，表面具明显的细横纹。生于水边沼泽。产兴安北、兴安南 ……………………………………………… **3. 牛毛毡 E. yokoscensis** (Franch. et Sav.) Tang et F. T. Wang

——*E. acicularis* (L.) Roem. et Schult. subsp. *yokoscensis* (Franch. et Sav.) Egor.

3b. 秆较粗，圆柱形，高 30—70cm；小坚果较宽，一般为倒卵形，表面不具明显的细横纹。

4a. 一年生草本；小穗卵形；花柱基为扁三角形，顶端渐尖，非海棉质。生于水边沼泽。产兴安北、锡林 ……………………………………………… **4. 卵穗荸荠 E. ovata** (Roth) Roem. et Schult.

4b. 多年生草本；小穗圆柱形、矩圆状卵形或矩圆形；花柱基非扁三角形，海棉质。

5a. 无花鳞片近圆形或卵形，通常完全包围小穗基部。

6a. 花柱基盘状，宽大于高 1 倍以上。生于水边沼泽。产呼伦、兴安南 ……………………………… **5. 扁基荸荠 E. fennica** Pall. ex Kneuck. et G. Zinserling

6b. 花柱基圆锥状球形，宽与高相近相等。生于湖岸、浅水边。产东阿 ……………………………………………… **6. 单鳞苞荸荠 E. uniglumis** (Link) Schult.

5b. 无花鳞片 2 或 3，最下部的鳞片包围小穗 1/2 或更少。

7a. 鳞片先端钝或近圆形；花柱基宽球形或卵形。生于浅水中。产科尔沁、鄂尔 ………………………………………… **7. 具刚毛荸荠 E. valleculosa** Ohwi var. **setosa** Ohwi

7b. 鳞片先端尖或近尖；花柱基短圆锥形或球形。

8a. 植株较高，高 30—60mm，粗壮，秆直径 2.5—3.5mm；花柱基较大，高 0.5—0.6mm。生于沼泽、沼泽化草甸。产岭西、呼伦、兴安南、燕北 ……………………………………… **8. 乌苏里荸荠 E. ussuriensis** G. Zinserling

——乳头荸荠 *E. mamillata* auct. non (H. Lindb.) H. Lindb.: Fl. Intramongol. ed. 2, 5: 300. 1994.

8b. 植株较矮，高 10—40mm，秆较细，直径 1—2mm；花柱基较小，高 0.3mm。

9a. 秆灰绿色，具明显突出的纵肋。生于河湖边沼泽。产兴安北、兴安南、科尔沁、辽河、锡林、阴南、鄂尔 ……………………………… **9. 槽杆荸荠 E. mitracarpa** Steud.

9b. 秆绿色，无明显突出的纵肋，具纵沟纹。生于河边及泉边沼泽、盐化草甸。产兴安北、呼伦、兴安南、科尔沁、辽河、燕北、锡林、乌兰、阴山、阴南、鄂尔、东阿 ……………………………… **10. 沼泽荸荠 E. palustris** (L.) Roem. et Schult.

——中间型荸荠 *E. intersita* G. Zinserl.

——内蒙古荸荠 *E. intersita* G. Zinserl. f. *acetosa* Tang et F. T. Wang

8. 球柱草属 **Bulbostylis** Kunth

球柱草 Bulbostylis barbata (Rottb.) C. B. Clarke

一年生草本，高 10—20cm。叶基生，丝状，短于秆。苞片 2—3，其中 1 枚长于花序，细条形；长侧枝聚伞花序，有无柄小穗 3 至数个聚生成头状；小穗披针形，含 5 花以上，鳞片膜质，卵形，具隆起的脊，先端延伸成短尖；雄蕊 1。小坚果三棱状倒卵形，白色，光滑，表面有细网孔。柱头 3。生于较潮湿的沙地及沙丘林下。产辽河。

9. 飘拂草属 **Fimbristylis** Vahl

飘拂草(两歧飘拂草) Fimbristylis dichotoma (L.) Vahl

一年生草本，高 5—35cm。叶基生，略短于秆，狭条形。苞片 3—4，叶状，不等长，其中有 1 枚超出花序；聚伞花序复出或单一；小穗 1—8 生于辐射枝顶端，卵形，具多数花；鳞片宽卵形，中脉延伸为短尖，边缘宽膜质；雄蕊 2。小坚果倒卵形，双凸状，白色，表面具横矩形网纹；花柱扁平，上部具缘毛；柱头 2。生于沼泽、沙质沼泽化草甸。产辽河、燕北。

10. 莎草属 **Cyperus** L.

1a. 小穗排列于辐射枝所延长的花序轴上，呈穗状花序。

 2a. 鳞片矩圆状披针形，具 1 脉；小坚果狭矩圆形；秆较粗壮；小穗极多，密集成穗状或稀为头状。生于河滩沼泽、沼泽草甸。产岭东、兴安南、科尔沁、辽河(大青沟)、燕北 ············ **1. 头穗莎草 C. glomeratus** L.

 2b. 鳞片宽倒卵形或宽椭圆形，具多数脉；小坚果倒卵形；秆较纤细；小穗少至多数，不密集成头状。

  3a. 穗状花序轴具缘毛；小穗暗棕色或紫红色；鳞片先端钝，无尖头。生于水边沼泽、沼泽化草甸。产兴安北、岭东、兴安南、燕北 ······························ **2. 毛笠莎草 C. orthostachyus** Franch. et Sav.

  3b. 穗状花序轴平滑无毛，鳞片先端具明显尖头。

   4a. 长侧枝聚伞花序复出；小穗直立或近斜上开展，淡黄色；小穗轴具白色狭翼；鳞片短尖直立。生于稻田、水边沼泽。产岭东、燕北 ·························· **3. 黄颖莎草 C. microiria** Steud.

   4b. 长侧枝聚伞花序简单；小穗通常水平开展，褐色；小穗轴无白色狭翼；鳞片短尖反曲。生于湿地及河岸沙地。产燕北 ································· **4. 阿穆尔莎草 C. amuricus** Maxim.

1b. 小穗指状排列或簇生于极短的花序轴上，呈头状排列。

 5a. 小穗 5—15 个，组成疏散的头状花序；鳞片先端具小尖头。生于沼泽、水边、低湿沙地。产兴安北、呼伦、科尔沁、辽河(大青沟)、燕北、阴山、阴南、鄂尔、东阿 ································· **5. 褐穗莎草 C. fuscus** L.

 5b. 小穗多数，组成密集的头状花序；鳞片先端无小尖头。生于草甸、水边沼泽。产兴安北、兴安南、赤峰、锡林、鄂尔、东阿 ·· **6. 球穗莎草 C. difformis** L.

11. 水莎草属 **Juncellus** (Kunth) C. B. Clarke

1a. 秆高 22—90cm；长侧枝聚伞花序复出；小穗排列成穗状；苞片开展。生于沼泽草甸、浅水沼泽、水边沙土。产兴安北、呼伦、兴安南、科尔沁、辽河(大青沟)、燕北、阴山、阴南、鄂尔、东阿 ·· **1. 水莎草 J. serotinus** (Rottb.) C. B. Clarke

1b. 秆高 7—20cm；长侧枝聚伞花序缩短成头状，假侧生，无辐射枝；苞片直立。生于盐化沼泽。产兴安南、科尔沁、赤峰、锡林、阴南、鄂尔、东阿 ························ **2. 花穗水莎草 J. pannonicus** (Jacq.) C. B. Clarke

12. 扁莎属 **Pycreus** P. Beauv.

1a. 小穗宽 1.5—3mm；小坚果表面具突起细点。

  2a. 小穗卵形或矩圆形，长 5—10mm，宽约 3mm，具 5—15 花；鳞片两侧具宽槽。生于滩地、沟谷的沼泽草甸、河岸沙地。产兴安北、呼伦、兴安南、科尔沁、辽河(大青沟)、燕北、锡林、阴山、阴南、鄂尔、东阿……………………**1. 槽鳞扁莎 P. sanguinolentus** (Vahl) Nees ex C. B. Clarke——*P. korshinskyi* (Meinsh.) V. Krecz.

  2b. 小穗条形或狭披针形，长 10—20mm，宽 1.5—2mm，具 20—30 花；鳞片两侧无宽槽。生于沼泽化草甸、浅水。产呼伦、科尔沁、辽河(大青沟)、赤峰、燕北、鄂尔、东阿、西阿、额济纳……………………**2. 球穗扁莎 P. flavidus** (Retzius) T. Koyama——*P. globosus* (All.) Reichb.

1b. 小穗宽(3)3.5—4mm；小坚果表面具细网纹。生于草甸、低湿沙地。产辽河、燕北……………………**3. 东北扁莎 P. setiformis** (Korsh.) Nakai

13. 嵩草属 **Kobresia** Willd.

1a. 小穗单一，顶生。

  2a. 侧生枝小穗通常雄雌顺序，在基部雌花的上部具 1—4(5)朵雌花。

    3a. 花序卵形或卵圆形，宽 4—6mm；叶扁平，基部老叶鞘具叶片。生于海拔 2400—3000m 的谷底草甸、林缘草甸、灌丛。产贺兰山……………………**1. 矮生蔗草 K. humilis** (C. A. Mey. ex Trautv.) Serg.

    3b. 花序条状圆柱形或矩圆状圆柱形，宽 2—4mm；叶丝状，基部老叶鞘无叶片。

      4a. 侧生枝小穗具 1 朵雌花及 1 朵雄花(稀 2 朵雄花)；花序直径 2—3mm。

        5a. 雄蕊 3；柱头 3。生于石质山坡、高山草甸、河边草甸、踏头沼泽。产兴安北、兴安南、阴山、贺兰山……………………**2. 嵩草 K. myosuroides** (Villars) Fiori——*K. bellardii* (All.) Degl.

        5b. 雄蕊 2；柱头 2，稀 3。生于海拔 3200m 的高山草甸。产贺兰山……………………**3. 二蕊嵩草 K. bistaminata** W. Z. Di et M. J. Zhong

      4b. 侧生枝小穗具 1 朵雌花及(1)2—4 朵雄花；花序直径 3—4mm。生于河滩草甸。产兴安南、锡林……………………**4. 线叶嵩草 K. capillifolia** (Decne) C. B. Clarke

  2b. 侧生枝小穗雌性，仅具 1 朵雌花；植株矮小，高 1—2cm。生于海拔 3000m 的高山草甸。产贺兰山……………………**5. 高山嵩草 K. pygmaea** (C. B. Clarke) C. B. Clarke

1b. 小穗多数，组成复穗状序。

  6a. 小坚果无喙或具短喙，倒卵形；柱头 2；花序下部 2 个小穗有分枝。生于海拔 2900m 的高山草甸。产贺兰山……**6. 高原嵩草 K. pusilla** N. A. Ivanova——贺兰山嵩草 *K. helanshanica* W. Z. Di et M. J. Zhong

  6b. 小坚果明显具喙，非倒卵形；柱头 2—3；花序下部 3—7 个小穗有分枝。

    7a. 植株纤细，秆直径约 0.5mm，叶宽 0.25—0.5(0.8)mm；小坚果矩圆状椭圆形，长 2—2.5mm，宽约 1mm。生于亚高山草甸、沼泽化草甸。产兴安南、赤峰、阴山……………………**7. 细叶嵩草 K. filifolia** (Turcz.) C. B. Clarke

    7b. 植株粗壮，秆直径 1.1—1.8(2.1)mm，叶宽 2—3mm；小坚果矩圆形或倒卵状矩圆形，长 3.2—4.2mm，宽 1.2—1.5mm。生于海拔 1910m 的亚高山草甸。产阴山(大青山)……………………**8. 大青山嵩草 K. daqingshanica** X. Y. Mao

14. 薹草属 **Carex** L.

1a. 小穗单一，顶生，雄雌顺序(**1. 单穗薹草亚属** Subgen. **Primocarex**)。

  2a. 雌花鳞片宿存；小坚果基部通常附有退化小穗轴。

    3a. 果囊近膜质，倒卵状椭圆形，无光泽，成熟时水平开展；雌花鳞片先端钝圆；根状茎短。生于石质山地草原、沙地樟子松林林下、林间。产岭西、兴安南……………………

··1. 额尔古纳薹草 **C. argunensis** Turcz. ex Trev.

3b. 果囊革质，倒卵状披针形，具光泽，成熟时斜开展；雌花鳞片先端渐尖至急尖；根状茎长而匍匐。生于林下、林缘、山地草甸或草原。产兴安北、锡林、阴山、乌兰·····2. 北薹草 **C. obtusata** Liljebl.

2b. 雌花鳞片脱落；小坚果基部无退化小穗轴。

4a. 果囊具少数不明显细脉，卵形或卵状椭圆形，长 2—2.5mm，顶端稍收缩为不明显的喙。生于踏头沼泽及沼泽化草甸。产兴安北、兴安南、锡林··························3. 针薹草 **C. dahurica** Kukenth.

4b. 果囊具明显的脉。

5a. 秆平滑；小穗通常具 11—19(21)个果囊；果囊喙口微凹。生于林中湿地。产辽河(大青沟) ·······
···4. 大针薹草 **C. uda** Maxim.

5b. 秆粗糙；小穗通常具 5—7 个果囊；果囊喙口 2 齿裂。生于林中湿地。产辽河(大青沟) ··········
··5. 阴地针薹草 **C. onoei** Franch. et Sav.

1b. 小穗 2 枚以上。

6a. 小穗两性(雄雌顺序或雌雄顺序)，稀单性；枝先出叶通常不发育；柱头 2，稀 3(**2. 二柱薹草亚属** Subgen. **Vignea**)。

7a. 小穗为雄雌顺序，有时部分小穗为单性或雌性。

8a. 根状茎短；秆丛生。

9a. 果囊革质，边缘钝，无翅；花序疏松，狭窄。生于沼泽及沼泽化草甸。产兴安北、兴安南 ·····
··6. 圆锥薹草 **C. diandra** Schrank

9b. 果囊膜质，边缘锐，具增厚的边或有翅。

10a. 果囊边缘具宽翅；穗状花序呈尖塔状圆柱形；苞片叶状，长于花序若干倍。生于沼泽化草甸。产兴安北、岭东、兴安南················7. 翼果薹草 **C. neurocarpa** Maxim.

10b. 果囊边缘增厚，无翅；穗状花序圆柱状。

11a. 苞片刚毛状，最下部的 1—2 枚叶状，长于小穗；果囊上部具紫色小点。生于山地林缘草甸、溪边沼泽化草甸。产兴安北、岭东、岭西、兴安南、燕北 ····················
··8. 尖嘴薹草 **C. leiorhycha** C. A. Mey.

11b. 苞片全部为鳞片状，短于小穗；果囊无紫色小点。生于山地林缘草甸、沼泽化草甸。产兴安北、岭西、岭东、燕北 ················9. 假尖嘴薹草 **C. laevissima** Nakai

8b. 根状茎长而匍匐；秆散生。

12a. 果囊边缘具翅或仅上部具狭翅，翅缘具齿；通常喙口深裂。

13a. 根状茎长达 1—2m，三棱形；沼生。生于河边和湖边沼泽。产岭东、兴安南 ············
···10. 漂筏薹草 **C. pseudocuraica** F. Schmidt

13b. 根状茎较短，近圆柱形；陆生。

14a. 果囊两面疏生短毛并常具小疣，边缘具宽翅。

15a. 叶较宽，宽 2.5—5mm；花序较长，长 3—5cm。生于林间草甸。产兴安北、岭东、岭西、兴安南···· **11a. 疣囊薹草 C. pallida** C. A. Mey. var. **pallida**

15b. 叶较狭，宽 1—2mm；花序较短，长 1.3—2cm。生于山地针叶林林下、林缘草甸。产兴安北、岭东、岭西···
·· **11b. 狭叶疣囊薹草 C. pallida** C. A. Mey. var. **angustifolia** Y. L. Chang

14b. 果囊平滑，边缘具狭翅。

16a. 果囊卵形，具 4—6 脉，顶端急狭为喙；穗状花序长 1—2cm。生于山地针叶林林下。产兴安北、兴安南 ····12. 山林薹草 **C. yamatsutana** Ohwi

16b. 果囊卵状披针形，背面具 9—11 脉，顶端急缩为中等长的喙；穗状花序长 2.5—5cm。生于河岸沼泽、沼泽化草甸。产兴安北、岭西、岭东、兴安南、科尔沁、辽河、锡林·······················13. 二柱薹草 **C. lithophila** Turcz.

12b. 果囊边缘无翅；喙口斜裂或浅裂。

17a. 果囊通常平凸状，边缘成锐角。

18a. 果囊革质；匍匐根状茎细，直径 0.8—1.5(2)mm；秆成束状丛生。

19a. 果囊宽卵形或近圆形，长 2.5—3.2mm，无脉，顶端急缩为短喙。

20a. 雌花鳞片具窄的白色膜质边缘；叶片内卷。生于轻度盐渍低地。产兴安北、岭西、岭东、呼伦、兴安南、科尔沁、辽河(大青沟)、燕北、锡林、乌兰、阴山、阴南、鄂尔、东阿、贺兰山……………………………………………………14a. 寸草薹 **C. duriuscula** C. A. Mey. subsp. **duriuscula**

20b. 雌花鳞片具宽的白色膜质边缘；叶片平展。生于草地。产内蒙古各地…………………… 14b. 白颖薹草 **C. duriuscula** C. A. Mey. subsp. **rigescens** (Franch.) S. Yun Liang et Y. C. Tang

19b. 果囊卵形或卵状椭圆形，长 3.5—4.5mm，具脉，顶端渐狭为较长的喙。生于沙质及砾石质草原、盐化草甸。产兴安北、呼伦、兴安南、科尔沁、燕北、锡林、乌兰、阴山、阴南、鄂尔、东阿、西阿、贺兰山、龙首山……………………………………………… 15. 砾薹草 **C. stenophylloides** V. I. Krecz.

18b. 果囊近膜质；匍匐根状茎粗壮，直径 2.5—5mm；秆常 1—3 株散生。

21a. 喙平滑；果囊具细脉至不明显脉，近双凸状；叶细，内卷成针状。生于湖边沼泽化草甸、盐化草甸。产兴安北、呼伦、兴安南、辽河、锡林、阴山、阴南……………………… 16. 走茎薹草 **C. reptabunda** (Trautv.) V. I. Kercz.

21b. 喙粗糙；果囊具不明显脉至无脉，平凸状；叶片通常扁平。生于河边沼泽化草甸、盐化草甸。产兴安北、呼伦、兴安南、辽河、燕北、锡林、阴山、鄂尔、东阿、贺兰山……………………………… 17. 无脉薹草 **C. enervis** C. A. Mey.

17b. 果囊双凸状，边缘钝圆；小穗仅具 1—2 朵雄花及 2—3 朵雌花，或顶生小穗全为雄花。生于山地落叶松林林下。产兴安北……… 18. 二籽薹草 **C. disperma** Dew.

7b. 小穗为雌雄顺序。

22a. 花序下部苞片叶状，通常 3 枚，超出花序数倍；小穗密集成球形或卵形头状花序。生于河边沙地、沼泽。产兴安北、岭东、岭西、辽河(大青沟)、燕北……… 19. 莎薹草 **C. bohemica** Schreb.

22b. 花序下部苞片鳞片状，稀呈刚毛状。

23a. 果囊无细点，具长喙，喙口 2 齿深裂，边缘中部以上具细齿状狭翅。生于林下、草甸。产兴安北、岭东、岭西、兴安南………………… 20. 狭囊薹草 **C. diplasiocarpa** V. I. Krecz.

23b. 果囊密被细点，具短喙或近无喙，喙口近全缘或微缺。

24a. 果囊具明显短喙，喙缘粗糙；花序长 3.5—5.5cm，小穗 5—8 个。生于沼泽、沼泽化草甸。产兴安北、岭西、兴安南……………………… 21. 白山薹草 **C. canescens** L.

24b. 果囊近无喙，喙缘平滑。

25a. 小穗聚集成头状或稍疏松的穗状花序；叶灰绿色；果囊具细脉；鳞片与果囊近等长或稍短。生于泥炭藓沼泽。产兴安北、岭西……………………………………………………… 22. 细花薹草 **C. tenuiflora** Wahlenb.

25b. 小穗彼此远离或顶端 2 个接近生；叶绿色；果囊具凸起脉；鳞片约为果囊之半。生于山地针叶林林下。产兴安北、岭西…… 23. 间穗薹草 **C. loliacea** L.

6b. 小穗单性(上部为雄小穗，下部为雌小穗)，稀两性(上部小穗雄雌顺序或雌雄顺序，下部为雌小穗)；枝先出叶呈鞘状；柱头 3，稀 2(**3. 薹草亚属** Subgen. **Eucarex**)。

26a. 柱头 3；小坚果三棱状(但 *C. humida* 的柱头 2，小坚果双凸状)。

27a. 果囊三棱状，非背腹压扁。

28a. 叶具横隔；果囊喙口质硬，2 齿裂或深裂。

29a. 植株或果囊无毛，仅喙缘有时稍粗糙。

30a. 果囊膜质，具长喙。

31a. 果囊膨大，喙齿不外弯。

32a. 喙口明显 2 齿裂。

33a. 果囊通常开展，顶端多少急缩为喙。

34a. 雄小穗单一，稀 2；果囊具弯生长柄。生于沼泽。产兴安北、岭西、岭东……………………………**24. 柄薹草 C. molissima** Christ ex Scheutz

34b. 雄小穗 2—7；果囊具短柄或近无柄。

35a. 秆钝三棱形；叶宽 3—5mm，灰绿色；雌小穗宽 6—9mm。

36a. 雌花鳞片矩圆状披针形，与果囊近等长或稍短；果囊长约 4mm。生于沼泽、沼泽化草甸。产兴安北、岭西、岭东、兴安南、锡林…………………**25. 灰株薹草 C. rostrata** Stokes

36b. 雌花鳞片卵形，较果囊短；果囊长约 5mm。生于河岸。产兴安北………………**26. 褐黄鳞薹草 C. vesicata** Meinsh.

35b. 秆锐三棱形；叶宽 6—15mm，鲜绿色；雌小穗宽 10—13mm。生于沼泽。产兴安北、岭东、岭西、兴安南、燕北……………………………………………**27. 大穗薹草 C. rhynchophysa** C. A. Mey.

33b. 果囊斜开展，顶端渐狭为喙。生于河边草甸、沼泽化草甸、沼泽。产兴安北、岭东、岭西、兴安南、辽河、锡林……………………………**28. 膜囊薹草 C. vesicaria** L.

32b. 喙口微缺，无明显裂齿；雌花鳞片卵形；果囊长 4—4.5mm；小穗长 1.5—2.5cm；植株高 15—50cm。生于河谷、沼泽、水边。产科尔沁、锡林…………………………………………………………………………**29. 二色薹草 C. dichroa** Freyn

31b. 果囊不膨大，喙齿长，外弯呈双钩状或近直立。

37a. 雌小穗矩圆状卵形，长 1.5—3cm，宽 1.5cm，水平或斜开展；果囊不倒生，喙齿长，外弯呈双钩状。生于溪边沼泽、湖边湿地。产岭西、辽河………………………………………………**30. 羊角薹草 C. capricornis** Meinsh. ex Maxim.

37b. 雌小穗圆柱形，长 3—6cm，宽 0.8—1cm，下垂；果囊在穗轴上倒生，喙狭长，直立。生于溪边沼泽。产辽河(大青沟)…… **31. 假莎草薹草 C. pseudocyperus** L.

30b. 果囊革质或近革质，具明显或不明显的短喙。

38a. 果囊革质，具明显隆起的脉至无脉；喙明显。

39a. 基部叶鞘褐色；叶背面密被乳头状突起；雌小穗矩圆形或矩圆状卵形，长 1—2cm，通常靠近上部的雄小穗；果囊近无脉。生于湿地。产辽河……………………………………………………**32. 异穗薹草 C. heterostachya** Bunge

39b. 基部叶鞘紫红色；叶背面无乳头状突起；雌小穗圆柱形或矩圆状圆柱形，长 1.5—5cm，通常远离雄小穗。

40a. 果囊明显具脉，喙口无毛。

41a. 果囊暗血红色，有明显隆起的脉；喙口 2 齿叉开。生于河谷草甸。产兴安北、岭东、岭西、兴安南、科尔沁、辽河、燕北、阴山…………………………………………………………………**33. 叉齿薹草 C. gotoi** Ohwi

41b. 果囊黄褐色，有稍隆起的脉；喙口 2 齿近直立。生于草甸、河滩、湿地。产辽河…………………………**34. 准噶尔薹草 C. songorica** Kar. et Kir.

40b. 果囊脉不明显，绿黄色；喙口具糙毛，2 齿直立。生于山地沟谷草甸。产阴山(大青山)……………………………**35. 阴山薹草 C. yinshanica** Y. Z. Zhao

38b. 果囊近革质，海棉质状或木栓质状，具细凸脉；喙短，不明显。

42a. 雌小穗接近生；秆节间短；叶成束状；果囊干后绿黄色，仅基部具明显脉。

生于沙滩、河沟边。产辽河 ························· **36. 栓皮薹草 C. pumila** Thunb.

42b. 雌小穗远离生；秆节间长；叶不成束状；果囊干后灰褐色或黄褐色，全部具明显脉。

43a. 果囊矩圆状卵形；喙口微凹；小坚果较大，长约 3.2mm。生于河边湿地。产嫩西(扎赉特旗)、辽河、锡林 ················**37. 粗脉薹草 C. rugulosa** Kukenth.

43b. 果囊披针形或矩圆形；喙口稍深裂；小坚果较小，长约 2mm。生于河漫滩草甸、沼泽。产兴安北、岭西、兴安南、辽河(大青沟)、锡林 ·· **38. 长杆薹草 C. kirganica** Kom.

29b. 植株或果囊具毛。

44a. 果囊密被黄褐色绒毛，具短喙，喙口半月状；叶片钩状内卷呈刚毛状。生于水边沼泽化草甸、沼泽。产兴安北、兴安南、辽河·········· **39. 毛薹草 C. lasiocarpa** Ehrh.

44b. 果囊无毛或仅边缘稍有毛，具长喙，喙口 2 齿状深裂；叶片扁平。

45a. 果囊草质，卵形；叶片下面无细小颗粒状突起。

46a. 叶鞘无毛；叶宽 3—6mm，两面无毛；果囊长 5—6mm。生于河岸草甸。产兴安北、兴安南 ·· ····**40a. 野笠薹草 C. drymophila** Turcz. ex Steud. var. **drymophila**

46b. 叶鞘密被短柔毛；叶宽 5—10mm，下面无毛；果囊长 6—7mm。生于沼泽、草甸。产兴安北、岭东、岭西、兴安南 ································ ·······················**40b. 黑水薹草 C. drymophila** Turcz. ex Steud. var. **abbreviata** (Kukenth.) Ohwi

45b. 果囊薄草质，矩圆状圆锥形或圆锥状卵形；叶片下面密被细小颗粒状突起。

47a. 果囊矩圆状圆锥形，长(7)8—10mm；喙口背侧裂口较深，并非半圆形。生于河边沼泽化草甸。产岭西、兴安南、辽河(大青沟)、燕北、锡林 ········ ·· **41. 锥囊薹草 C. raddei** Kukenth.

47b. 果囊圆锥状卵形，长 6—7(8)mm；喙口两侧裂口相等。生于河边沼泽化草甸、沟谷草甸。产兴安北、岭西、兴安南、科尔沁、辽河(大青沟)、燕北、锡林 ··· ·· **42. 直穗薹草 C. atherodes** Spreng.

28b. 叶通常无横隔；果囊喙口膜质状，全缘或微 2 齿裂。

48a. 苞片具苞鞘。

49a. 叶狭长披针形，宽达 3cm。生于林下。产燕北································ ··· **43. 宽叶薹草 C. siderosticta** Hance

49b. 叶条形或丝状。

50a. 果囊平滑无毛。

51a. 雌花鳞片密生锈色斑点；果囊密生乳头状突起。生于山地水边、路旁。产阴山(乌拉山) ··························· **44. 斑点薹草 C. maculata** Boott

51b. 雌花鳞片无锈色斑点；果囊无乳头状突起。

52a. 根状茎短，喙直。

53a. 植株大型；根状茎密被深褐色细裂成纤维状的老叶鞘；果囊长 5—6mm，具长喙。生于林缘沼泽草甸、阴湿山沟、林间草甸、山坡石壁下、固定沙丘阴坡林下。产兴安北、岭西、岭东、兴安南、科尔沁、锡林、阴山、贺兰山 ································· ················**45. 麻根薹草 C. arnellii** Christ ex Scheutz

53b. 植株较小；根状茎无纤维状的老叶鞘；果囊较小，长不超过 4mm，具长喙或短喙。

54a. 顶生小穗为雄雌顺序；果囊具少数不明显脉，喙平滑；植株纤弱细小。生于山地林下苔藓沼泽、河边灌丛沼泽。产兴安北、岭西……………………………………………………………………**46. 细毛薹草 C. sedakowii** C. A. Mey. ex Meinsh.

54b. 顶生小穗为雄小穗或雌雄顺序；果囊无脉，喙稍粗糙。

55a. 雌小穗具 30 余花；花密生；顶生小穗为雄小穗或雌雄顺序；果囊具短喙。生于沙丘旁湿地、山沟溪旁、沼泽草甸、草甸。产岭西、兴安南、辽河、锡林、阴山、鄂尔……………………………………**47. 小粒薹草 C. karoi** Freyn

55b. 雌小穗具 4—15 花；花稀疏；顶生小穗为雄小穗。

56a. 顶生小穗不超出相邻次一雌小穗；果囊具光泽；叶为秆长的 1/3—1/2。

57a. 果囊卵形或狭卵形，长 3.5—4mm，先端渐尖成细长喙。生于山地阴坡、水沟边、河漫滩草甸、灌丛下。产呼伦、兴安南、锡林、阴山………………………………………………**48. 纤弱薹草 C. capillaris** L.

57b. 果囊卵形或卵状纺锤形，长约 3mm，先端具短喙或极短。

58a. 顶端雄小穗矩圆状披针形；果囊相当膨胀，褐色，先端具短喙。生于山坡草地、河湖边。产内蒙古中部……………………………**49. 绿穗薹草 C. chlorostachys** Steven

58b. 顶端雄小穗倒披针形或棍棒状；果囊不膨胀，黄褐色，先端喙极短。生于山坡草地。产内蒙古南部……………**50. 斑穗薹草 C. ledebouriana** C. A. Mey. et Trev.

56b. 顶生小穗明显超出相邻次一雌小穗；果囊无光泽；叶稍短于秆。生于山地林下、林缘沼泽、草甸。产兴安北、岭西……………………………………………………**51. 细形薹草 C. tenuiformis** H. Levl. et Vant.

52b. 根状茎细长。

59a. 喙向背侧扭转；叶片扁平，宽 3—5mm。生于山地林下、林缘、草甸、灌丛。产兴安北、岭西、兴安南……………………………………………… **52. 大少花薹草 C. vaginata** Tausch. var. **petersii** (C. A. Mey. ex F. Schmidt) Akiyama——镰薹草 *C. falcata* Turcz.

59b. 喙直立；叶片对折或内卷，宽 1—1.5mm。

60a. 雌小穗具小花 5 朵以上，排列较紧密。生于黄土丘陵。产阴南(和林格尔县、准格尔旗)………………………**53. 和林薹草 C. helingeeriensis** L. Q. Zhao et J. Yang

60b. 雌小穗具 2—4 花；稀疏排列。生于山地林缘。产兴安北、岭东、阴山(蛮汗山)……………………………………………………**54. 乌苏里薹草 C. ussuriensis** Kom.

50b. 果囊被短柔毛或糙毛。

61a. 小坚果顶端不缢缩为盘状；果囊梨状倒卵形，近无喙；苞片通常佛焰苞状。

62a. 下方 1 枚雌小穗极远离生，小穗柄细丝状，极长，长可达 9cm。生于海拔 2700m 的山坡草地。产龙首山……………………………**55. 阿右薹草 C. ayouensis** X. Y. Mao et Y. C. Yang

62b. 下方 1 枚雌小穗非极远离生，小穗柄较短。

63a. 苞鞘边缘狭膜质，大部分绿色，顶端具明显的短叶片，稀为刚毛状；雌小穗轴通常直。

64a. 根状茎短缩、斜升；果囊背面无脉或具不明显脉，腹面仅基部具 3—5 脉。生于山地、丘陵坡地、湿润沙地、草原、林下、林缘。产兴安北、岭东、岭西、呼伦、兴安南、科尔沁、锡林、阴山、阴南、贺兰山、龙首山…………………………………………………………**56. 脚薹草(日阴菅) C. pediformis** C. A. Mey.

64b. 根状茎匍匐；果囊具明显凸脉或无脉。

65a. 叶扁平。

66a. 果囊中部以上密被短毛，具凸脉；苞片细小，刚毛状。生于山地落叶松林采伐迹地。产兴安北、兴安南……**57. 楔囊薹草 C. reventa** V. I. Krecz.

66b. 果囊全体密被短毛，无脉；苞片叶状，长达 4cm。生于海拔 3000m 的高山灌丛及海拔 2600m 的云杉林缘草甸。产贺兰山……………………………**58. 祁连薹草 C. allivenscens** V. I. Krecz.

65b. 叶内卷成刚毛状；苞叶顶端叶状；果囊仅顶端疏生短柔毛，下部无毛。生于石质山坡、山顶石缝、河漫滩草甸。产兴安北、兴安南、科尔沁、锡林……………………………………**59. 肋脉薹草 C. pachyneura** Kitag.

63b. 苞鞘腹侧非绿色，顶端通常无叶片；雌小穗轴常"之"字形弯曲或不明显膝曲.

67a. 秆高 10—36cm，不隐藏于叶丛基部，与叶近等长或稍短。

68a. 果囊具多数明显突出脉。

69a. 雌花鳞片披针形或卵状披针形，比果囊长 1/3—1/2，先端渐尖；果喙极短。

70a. 植株较高；雌小穗具花 6—7 朵；小穗轴通常"之"字形膝曲，稀近直。生于山地林下、林缘草甸、山地草甸草原。产兴安北、岭东、岭西、兴安南、科尔沁、锡林、阴山、贺兰山……………………**60a. 凸脉薹草 C. lanceolata** Boott var. **lanceolata**

70b. 植株较矮小；雌小穗具花 2—3 朵；小穗轴明显膝曲。生于山地森林附近的火山岩上。产兴安北……………**60b. 少花凸脉薹草 C. lanceolata** Boott var. **laxa** Ohwi

69b. 雌花鳞片卵形，与果囊近等长，先端具细尖；果喙较长。生于低山和中山带山坡肥沃的草甸土上。产东阿(桌子山)、贺兰山、龙首山……………·**60c. 阿拉善凸脉薹草 C. lanceolata** Boott var. **alaschanica** T. V. Egor.

68b. 果囊无脉或具极不明显脉；雌花鳞片宽椭圆形，先端近圆形，具粗糙短芒尖。生于山坡、疏林草地。产兴安北、兴安南、阴山……………………**61. 早春薹草 C. subpediformis** (Kukenth.) Suto et Suzuki

67b. 秆极短，隐藏于叶丛基部。

71a. 根状茎细长，匍匐或斜升；秆疏丛生；雌花鳞片披针形。生于山地落叶松林下、山坡草甸。产兴安北………………**62. 低矮薹草 C. humilis** Leysser
——兴安羊胡子薹草 *C. callitrichos* V. I. Krecz. var. *austrohinganica* Y. L. Chang et Y. L. Yang

71b. 根状茎短，秆密丛生；雌花鳞片卵形。生于山地林下、山地草甸、山地草原。产兴安北、岭东……………………**63. 矮丛薹草 C. callitrichos** V. I. Krecz var. **nana** (H. Lév. et Vaniot) Ohwi
——*C. humilis* Leyss. var. *nana* (H. Lév. et Vaniot) Ohwi

61b. 小坚果顶端通常缢缩为盘状，稀为喙状；果囊卵形或倒卵状椭圆形，具短喙；苞片叶状。

72a. 小坚果顶端呈盘状。

73a. 根状茎短，植株密丛生；果囊喙口微凹或深 2 齿裂。

74a. 雄花鳞片绿白色；雄小穗苍白色；喙口微凹。生于山地河谷草甸、石质山坡。产岭东、燕北…**64. 等穗薹草 C. breviculmis** R. Brown——*C. leucochlora* Bunge

74b. 雄花鳞片淡褐色；雄小穗锈褐色；喙口 2 齿裂。生于山地疏林、林间草甸、山地草甸。产兴安南、辽河(大青沟)………………**65. 绿囊薹草 C. hypochlora** Freyn

73b. 根状茎细长匍匐，植株疏丛生；果囊喙口背侧微缺，腹侧近截形。

75a. 果囊倒卵形，具 2—4 条不明显脉，顶端急缩为稍弯曲的喙。生于落叶松林下及采伐迹地。产兴安北 ······· **66. 小苞叶薹草 C. subebracteata** (Kukenth.) Ohwi

75b. 果囊卵状椭圆形，具多数明显脉，顶端渐狭为圆锥状直喙。生于山地草甸、林下及灌丛。产兴安北 ······················ **67. 截嘴薹草 C. nervata** Franch. et Sav.

72b. 小坚果顶端呈喙状；基部常具退化小穗轴。生于落叶松林下。产兴安北 ·· **68. 轴薹草 C. rostellifera** Y. L. Chang et Y. L. Yang

48b. 苞片无苞鞘，叶状或鳞片状。

76a. 顶生小穗为雄小穗，其余为雌小穗。

77a. 雌小穗圆柱形，下方小穗具短柄；小坚果疏松包于果囊中；苞片叶状。

78a. 秆具狭翼；果囊无乳头状突起，具中等长的喙或长喙。

79a. 叶带粉白色；果囊干后淡绿色，具光泽；喙中等长，圆锥状。生于沟谷林下阴湿处。产辽河(大青沟) ·· **69. 日本薹草 C. japonica** Thunb.

79b. 叶灰绿色；果囊干后暗绿褐色，无光泽；喙口斜截形。生于沟谷林缘、河边沼泽。产辽河(大青沟)、燕北(敖汉旗大黑山)········ **70. 弯囊薹草 C. disparata** Boott ex A. Gray.

78b. 秆无翼；果囊密被乳头状突起，具短喙。生于山地及河边草甸。产兴安北、岭西、兴安南、辽河(大青沟) ··· **71. 米柱薹草 C. glaucaeformis** Meinsh.

77b. 雌小穗球形、卵形或椭圆形，近无柄；小坚果紧包于果囊中；苞片通常鳞片状，稀为刚毛状或叶状。

80a. 果囊具短毛或糙硬毛，无光泽，膜质或草质，喙口微缺或稍 2 齿裂。

81a. 果囊具明显脉。

82a. 苞片叶状；叶无毛；根状茎匍匐或斜升，疏丛生；果囊倒卵形至椭圆形。生于山地林下沼泽、泥炭藓沼泽、沼泽草甸。产兴安北、岭东、岭西、兴安南 ·· **72. 球穗薹草 C. globularis** L.

82b. 苞片鳞片状；叶上面疏生短糙毛；根状茎短，密丛生；果囊矩圆状椭圆形。生于山坡、灌丛。产兴安北、岭东 ···· **73. 卷叶薹草 C. ulobasis** V. I. Krecz.

81b. 果囊具少数不明显脉，密被极短糙硬毛。

83a. 最下面的苞片叶状，有时较狭，上面的苞片鳞片状；雌鳞顶端无短尖。生于草甸。产兴安北、兴安南、燕北、锡林 ······ **74. 兴安薹草 C. chinganensis** Litv.

83b. 苞片鳞片状；雌鳞卵形，顶端具短尖。生于林下、山坡草地。产兴安北 ··································· **75. 鳞苞薹草 C. vanheurckii** Müell. Arg.

80b. 果囊平滑无毛，有光泽，革质或纸质，喙口斜截形。

84a. 果囊的喙长约 1.5mm；苞片通常刚毛状，具短苞鞘，稀鳞片状，无鞘。生于高山、山前沙质地。产龙首山 ······················· **76. 青海薹草 C. ivanoviae** T. V. Egor.

84b. 果囊的喙长约 0.5mm；苞片通常鳞片状，无鞘。

85a. 雄花鳞片狭长卵形或披针形，先端急尖；果囊金黄色，具脉。生于石质山坡、草原、沙丘。产兴安北、岭西、呼伦、兴安南、科尔沁、辽河(大青沟)、燕北、锡林、阴山、阴南、贺兰山、西阿 ························· **77. 黄囊薹草 C. korshinskyi** Kom.

85b. 雄花鳞片宽倒卵形，先端近圆形；果囊棕绿色或棕黄色，无脉。生于山前沟口滩地、高山草甸及山脊石缝。产贺兰山、龙首山 ·· **78. 干生薹草 C. aridula** V. I. Krecz.

76b. 顶生小穗为雌雄顺序或雄雌顺序，稀为雄小穗，其余为雌小穗。

86a. 顶生小穗通常为雄小穗，稀杂性。

87a. 雌小穗狭圆柱形，长 2—3cm，宽 3—5mm，远离生；果囊淡灰绿色，具明显细脉。生于山地林下、草甸、河边湿地。产燕北··· **79. 短鳞薹草 C. augustinowiczii** Meinsh. ex Korsh.

87b. 雌小穗矩圆形，长 0.7—1.8cm，宽 8mm，密集生；果囊黄绿色，上部带紫色，近无脉。生于沙地、沙质草甸、砾石山坡、湖边。产科尔沁······ **80. 青藏薹草 C. moorcroftii** Falc. ex Boott

86b. 顶生小穗为雌雄顺序或雄雌顺序，稀为雄性。

88a. 小穗具长柄；花序常下倾。生于山地林间湿地、水边草甸、灌丛。产兴安南、燕北、阴山、贺兰山…………………………………………………… **81. 华北薹草 C. hancockiana** Maxim.

88b. 小穗无柄，聚集生或最下1枚稍远离生；花序直立。

89a. 花序较小；顶生小穗为雌雄顺序，长0.5—1cm；叶片下面及果囊无细小乳头状突起。

90a. 果囊稍膨大，三棱形；雌花鳞片长约2mm，明显短于果囊。生于山地林下、水边、林间沼泽草甸、河边草甸。产兴安北、兴安南、燕北、阴山、贺兰山…………………………………………………… **82. 紫鳞薹草 C. angarae** Steud.

90b. 果囊不膨大；雌花鳞片长2.3—2.6mm，稍短于果囊。生于山地草甸及海拔3400m的高山草甸。产阴山(大青山)、贺兰山…… **83. 紫喙薹草 C. serreana** Hand.-Mazz.

89b. 花序较大；顶生小穗为雌雄顺序或雌雄顺序，有时为雄小穗，长1—2.5cm；叶片下面及果囊有细小乳头状突起。生于沙地、路边、沟谷。产科尔沁、赤峰、锡林、乌兰、阴山…………………………………… **84. 沙地薹草 C. sabulosa** Turcz. ex Kunth

27b. 果囊背腹压扁，不呈三棱状，或由于小坚果而使果囊中部稍隆起。

91a. 果囊边缘具齿状翼；小穗远离生，几达秆之基部。生于湖边沙地草甸、轻度盐化草甸、林间低湿地。产呼伦、辽河、科尔沁、阴山………………………… **85. 离穗薹草 C. eremopyroides** V. I. Krecz.

91b. 果囊边缘无翼；小穗皆生于秆之上部。

92a. 苞片具苞鞘。

93a. 果囊不具小刺状粗糙及毛。

94a. 果囊密被乳头状突起，革质。

95a. 雌小穗狭窄，宽约5mm；苞片具长鞘；秆及下面无乳头状突起。生于湖边水中及沼泽。产兴安北………………… **86. 疏薹草 C. laxa** Wahlenb.

95b. 雌小穗宽，宽8—10mm；苞片具短鞘或近无鞘；秆及下面具细小乳头状突起。生于山地湖边草甸及泥炭沼泽。产兴安北…… **87. 沼薹草 C. limosa** L.

94b. 果囊无乳头状突起，平滑，膜质，宽椭圆形，极压扁三棱形。生于山地踏头沼泽、沼泽草甸、草甸、林下、灌丛。产兴安北、岭西、兴安南、燕北、锡林、阴山……………………………… **88. 扁囊薹草 C. coriophora** Fisch. et C. A. Mey. ex Kunth

93b. 果囊不具小刺状粗糙而密生小突起。生于海拔3100m的高山草甸。产贺兰山…………………………………………………… **89. 鹤果薹草 C. cranaocarpa** Nelmes

92b. 苞片无苞鞘；果囊密被乳头状突起，喙口全缘；植株密丛生，形成踏头。生于踏头沼泽。产兴安北…………………………………………………… **90. 乌拉草 C. meyeriana** Kunth

26b. 柱头2；小坚果平凸状或双凸状。

96a. 顶生1—3个小穗为雄小穗。

97a. 果囊有时具紫红色线点状斑纹，喙长约0.5mm，喙口2齿裂；根状茎长，匍匐。生于河边砾石地、山间沟谷低湿地。产兴安北、岭东……………………… **91. 异鳞薹草 C. heterolepis** Bunge

97b. 果囊无紫红色线点状斑纹。

98a. 果囊的喙短或无喙，喙口全缘或微凹。

99a. 根状茎缩短，不匍匐；秆密丛生，形成踏头。

100a. 果囊明显具脉。

101a. 果囊较大，长2.2—3.5mm；鳞片大，长2—3mm。生于河岸湿地踏头沼泽。产兴安北、岭东、岭西、呼伦、兴安南、燕北、锡林、鄂尔、西阿…………·**92a. 灰脉薹草 C. appendiculata** (Trautv.) Kukenth. var. **appendiculata**

101b. 果囊较小，长1.8—2.2mm；鳞片小，长1.5—2mm。生于沼泽。产兴安北、岭西·· **92b. 小囊灰脉薹草 C. appendiculata** (Trautv.) Kukenth.

var. **sacculiformis** Y. L. Chang et Y. L. Yang

100b. 果囊无脉。

102a. 基部叶鞘深紫褐色或红褐色；雌小穗接近生；果囊不膨大，边缘平滑。生于山地沟谷湿地、踏头沼泽。产兴安北、岭东、岭西、呼伦、兴安南、锡林……………………………………………… **93. 丛薹草 C. caespitosa** L.

102b. 基部叶鞘浅褐色至黑褐色；雌小穗远离生；果囊膨大，上部边缘常粗糙。生于沼泽、沼泽化草甸。产兴安北、岭东、岭西、兴安南、科尔沁、燕北……………………………………… **94. 膨囊薹草 C. schmidtii** Meinsh.

99b. 根状茎细长而匍匐；秆疏丛生，不形成踏头。

103a. 果囊具脉。

104a. 果囊椭圆形，长3—3.5mm；雌花鳞片较大，长2.5—2.8mm；下部雌小穗具短柄。生于山地草甸。产兴安北…… **95. 陌上菅 C. thunbergii** Steud.

104b. 果囊宽倒卵形，长2—2.5mm；雌花鳞片较小，长1.5—1.9mm；下部雌小穗无柄。生于湿地。产辽河……………………………………………… **96. 双辽薹草 C. platysperma** Y. L. Chang et Y. L. Yang

103b. 果囊无脉。

105a. 果囊卵形或卵状椭圆形，灰绿色，无突起。生于沼泽、水边草甸。产兴安北、岭西、岭东、兴安南…… **97. 匍枝薹草 C. cinerascens** Kukenth.

105b. 果囊近圆形或倒卵状圆形，褐紫色，密生疣状小突起。生于山麓水渠边、山谷溪水边湿地。产贺兰山…… **98. 圆囊薹草 C. orbicularis** Boott

98b. 果囊的喙粗长，喙口2齿状深裂；根状茎粗长而匍匐；秆疏丛生。生于沼泽化草甸、水边湿地、沟谷草甸。产兴安北、岭西、岭东、兴安南、科尔沁、锡林……………………………………………………………………………… **99. 湿薹草 C. humida** Y. L. Chang et Y. L. Yang

96b. 顶生小穗为雌雄顺序。生于山地林下、林缘水边。产兴安北、岭东……………………………………………………………………… **100. 蟋蟀薹草 C. eleusinoides** Turcz. ex Kunth

135. 菖蒲科 Acoraceae

1. 菖蒲属 Acorus L.

菖蒲 Acorus calamus L.

多年生草本，高30—50cm。根状茎粗壮，横走，外皮黄褐色，芳香。叶基生，剑形，两行排列，具明显突出的中脉。花序柄三棱形，佛焰苞叶状剑形；肉穗花序近圆柱形；两性花黄绿色；雄蕊6；浆果矩圆形，红色。生于沼泽、河流边、湖泊边。产内蒙古各地。

136. 天南星科 Araceae

1a. 花两性；叶片宽卵形或近圆形，基部心形…………………………………… **1. 水芋属 Calla**

1b. 花单性，雌雄同株或异株。

2a. 佛爷苞喉部闭合；雌花序背面与佛爷苞合生；叶全缘或掌状3—7全裂，或多裂。栽培………………………………………………………………… **2. 半夏属 Pinellia**

2b. 佛爷苞喉部张开。

3a. 花雌雄同株；叶全缘或3—5裂……………………………… **3. 犁头尖属 Typhonium**

3b. 花雌雄异株；叶掌状 3—5 全裂，或多裂……………………………… **4. 天南星属 Arisaema**

1. 水芋属 Calla L.

水芋 Calla palustris L.

多年生水生草本。根状茎粗壮，横走，白色或锈黄色。叶近圆形，先端骤尖，基部心形。花序具长柄，佛焰苞外面绿色，里面白色，宽卵形或椭圆形，先端凸尖；肉穗花序短圆柱形，顶端有不育雄花；花两性，无花被；雄蕊 6。浆果橙红色，近球形。生于沼泽、浅水。产兴安北、岭西、辽河。

2. 半夏属 Pinellia Tenore

1a. 叶片 3 全裂，裂片 3。内蒙古有栽培 ……………………………**1. 半夏 P. ternata** (Thunb.) Tenere ex Breit.
1b. 叶片鸟足状分裂，裂片 6—11。内蒙古有栽培 ……………………………………**2. 虎掌 P. pedatisecta** Schott

3. 犁头尖属 Typhonium Schott

三叶犁头尖 Typhonium trifoliatum Wang et Lo ex H. Li et al.

多年生草本。块茎扁圆球形。叶多数，基生，叶片 3 全裂，裂片狭条形；佛焰苞管状卵圆形，上部收缩，檐部三角状披针形，深紫色，先端渐尖呈尾状；肉穗花序下部为雌花序，上部为雄花序，中部间隔裸露，其基部为中性花；雌蕊紫色。浆果卵状球形。生于荒地、田边、农田。产阴南(准格尔旗)。

4. 天南星属 Arisaema Mart.

东北南星 Arisaema amurense Maxim.

多年生草本，高 20—50cm。块茎扁圆球形。叶 1，呈鸟足状全裂，裂片 5，倒卵形，先端锐尖，基部楔形，中央裂片较大。肉穗花序从叶鞘中抽出，佛焰苞管状漏斗形，淡绿色，檐部宽卵形或卵形，绿色或紫色；肉穗花序单性，异株。浆果椭圆形，橘红色。生于林下。产辽河、燕北。

137. 浮萍科 Lemnaceae

1a. 每片叶状体着生 1 条假根……………………………………………………………… **1. 浮萍属 Lemna**
1b. 每片叶状体着生数条假根…………………………………………………………… **2. 紫萍属 Spirodela**

1. 浮萍属 Lemna L.

1a. 叶状体狭卵形或椭圆状披针形，半透明，具柄；幼叶状体附着于母体两侧呈品字形；植物体常聚成团状，常沉于水中。生于静水中、河湖与池塘边缘。产内蒙古各地 ……………………… **1. 品藻 L. trisulca** L.
1b. 叶状体近圆形或倒卵形，不透明，无柄或幼时具短柄；幼叶状体脱离母体；植物体漂浮水面。
  2a. 叶状体上表面中线明显具乳头状小突起。生于湖泊、池塘。产内蒙古各地 ……………………………………………………………………… **2. 乳突浮萍 L. turionifera** Landolt
  2b. 叶状体仅节和顶端明显具乳头状小突起。
    3a. 叶状体下表面通常粉红色或红色，扁平或稍突起。生于湖泊、池塘。产内蒙古各地 ……………………………………………………………… **3. 日本浮萍 L. japonica** Landolt
    3b. 叶状体下面总是绿色，有时上表面粉红色，扁平。生于静水、小水池、河湖边缘，常遮盖水面。产内蒙古各地 ……………………………………………… **4. 浮萍 L. minor** L.

2. 紫萍属 **Spirodela** Schleid.

紫萍 Spirodela polyrhiza (L.) Schleid.

一年生浮水草本。叶状体卵圆形，全缘，上面绿色，下面紫色，下面具 1 束细假根；假根一侧产生新芽，成熟后脱离母体。花着生于叶状体边缘的缺刻内；膜质苞鞘袋状，内有 1 雌花和 2 雄花。果实圆形，具翅。生于静水、水池、河湖边缘。产岭西、辽河。

138. 谷精草科 Eriocaulaceae

1. 谷精草属 **Eriocaulon** L.

宽叶谷精草 Eriocaulon robustius (Maxim.) Makino

多年生草本，高 7—20cm。叶从生，条形，中部宽，先端钝而增厚，具 5—12 脉，并具横向的脉，半透明。花葶具 4 棱，扭转；头状花序半球形；总苞硬膜质；雄花外轮苞片 3，合生，离轴而深裂成佛焰苞状，顶端 3 浅裂；内轮花被肉质，合成 1 柱状体，顶端 3 浅裂，裂片顶端个有 1 黑色腺体；雄蕊 6；雌花外轮花被佛焰苞状，端具钝 3 裂，内轮花被有爪，钝头，端有黑色腺体；柱头 3。蒴果。生于沼泽、湿地。产岭东、嫩西(扎赉特旗)。

139. 鸭跖草科 Commelinaceae

1a. 发育雄蕊 6；叶卵状心形 ························ **1. 竹叶子属 Streptolirion**
1b. 发育雄蕊 3，其余 1—3 枚退化或不完全；叶卵状披针形或条状披针形。
  2a. 花蓝色，包于佛焰苞状的苞片内 ························ **2. 鸭跖草属 Commelina**
  2b. 花黄色或紫色，无佛焰苞 ························ **3. 水竹叶属 Murdannia**

1. 竹叶子属 **Streptolirion** Edgew.

竹叶子 Streptolirion volubile Edgew.

一年生缠绕草本。叶心形，先端渐尖呈尾状，基部心形，叶脉 9—15 条。蝎尾状聚伞花序，有花 2—5 朵，具叶状苞叶；萼片 3；花瓣 3，白色。雄蕊 6。蒴果三棱状卵形。生于溪边阔叶林下。产兴安南、辽河(大青沟)。

2. 鸭跖草属 **Commelina** L.

鸭跖草 Commelina communis L.

一年生草本，高 25—40cm。叶卵状披针形或披针形，先端渐尖。聚伞花序有花 3—4 朵；总苞片佛焰苞状，心形；萼片 3，膜质；花瓣 3，深蓝色；发育雄蕊 3，不育雄蕊 3，花药呈蝴蝶状。蒴果椭圆形。生于山谷溪边林下、山坡阴湿处、田边。产岭东、兴安南、辽河(大青沟)、燕北。

3. 水竹叶属 **Murdannia** Royle

疣草 Murdannia keisak (Hassk.) Hand.-Mazz.

一年生草本，高 30—60cm。叶长披针形，先端渐尖，基部呈鞘状抱茎。花单生于分枝先端的叶腋，或 2—3 朵呈聚伞花序。苞片 1，条状披针形；萼片顶部呈盔状，外面具 1 簇刚毛；花瓣蓝紫色；雄蕊 3，退化雄蕊 3。蒴果卵状椭圆形。生于沟渠、池沼浅水中，或为稻田中的杂草。产嫩西(扎赉特旗)。

140. 雨久花科 Pontederiaceae

1. 雨久花属 **Monochoria** Presl

1a. 叶宽卵状心形或心形，长 5—8cm，宽 3.5—5cm；花序超过叶的长度，具多花；花较大，直径约 2cm。生于池塘浅水、湖边、水田。产岭东、嫩西(扎赉特旗)、呼伦(达赉湖)、兴安南、科尔沁、辽河(大青沟)……………………………………………………………………**1. 雨久花 M. korsakowii** Regel et Maack

1b. 叶卵状披针形，长 5—12cm，宽 1.5—3cm；花序不超过叶的长度，具 3—6 花；花较小，直径约 1.5cm。生于池塘浅水、水田。产嫩西(扎赉特旗)……………………**2. 鸭舌草 M. vaginalis** (N. L. Burm.) Presl. ex Kunth

141. 灯心草科 Juncaceae

1a. 叶鞘闭合，叶缘常具长柔毛；蒴果 1 室，含种子 3……………………**1. 地杨梅属 Luzula**

1b. 叶鞘开裂，叶缘无毛；蒴果 1 或 3 室，含种子多数……………………**2. 灯心草属 Juncus**

1. 地杨梅属 **Luzula** DC.

1a. 花单生，排成伞形花序。生于林缘湿草甸。产兴安北…………**1. 火红地杨梅 L. rufescens** Fisch. ex E. Mey.

1b. 花 2 至数朵聚生为小头状花序，若干小头状花序排列成复聚伞花序。

  2a. 花被片近等长，紫褐色。生于山地林缘水沟边。产兴安北、阴山…**2. 多花地杨梅 L. multiflora** (Ehrh.) Lej.

  2b. 外花被片长于内花被片，淡黄褐色。生于湿草甸、疏林下。产兴安北、岭西、兴安南……………………………………………………**3. 淡花地杨梅 L. pallescens** Swartz

2. 灯心草属 **Juncus** L.

1a. 花单生或 2—3 朵束生，不成小头状，有多花排列成聚伞或圆锥状花序。

  2a. 一年生草本；花被片披针形；雄蕊 6。

    3a. 花序稀疏；内轮花被片先端锐尖或长渐尖，较蒴果长；通常种子两端细尖。生于沼泽草甸、盐化沼泽草甸。产内蒙古各地……………………………………**1. 小灯心草 J. bufonius** L.

    3b. 花序成簇；内轮花被片先端钝或稀尖，较蒴果短；通常种子两端钝。生于沼泽草甸、河边。产内蒙古西部……………………………**2. 簇花灯心草 J. ranarius** Songeon et E. P. Perrier

  2b. 多年生草本。

    4a. 蒴果明显超出花被；花被片卵状披针形，长约 2mm，先端钝圆；雄蕊 6。生于河边、湖边、沼泽化草甸、沼泽。产内蒙古各地……………**3. 细灯心草 J. gracillimus** (Buch.) V. I. Krecz. et Gontsch.

    4b. 蒴果短于花被；花被片先端稍钝或锐尖或渐尖。

      5a. 花单生；花被片披针状矩圆形，长 3.5—4mm，具宽膜质边缘，先端稍钝或锐尖；雄蕊 3；果长约 3mm。生于河边沼泽化草甸。产科尔沁(突泉县)、燕北……………………………………**4. 洮南灯心草 J. taonanensis** Satake et Kitag.

      5b. 花通常 2—3 朵束生；花被片矩圆状披针形，长 2—3mm，具窄膜质边缘，先端渐尖；雄蕊 6；果长 2—2.8mm。生于河滩湿地。产额济纳(达来呼布镇)……………………………**5. 玛纳斯灯心草 J. libanoticus** Thiébaut——*J. manasiensis* K. F. Wu

1b. 花2至多数聚生成小头状，由多数小头状花序排列成聚伞或圆锥状花序。

6a. 叶片无横隔；花被片长4—5mm；果实长6—7mm。生于山地湿草甸、山地沼泽地。产兴安北、岭西、兴安南、阴山、贺兰山……………………………………………………………**6. 栗花灯心草 J. casteneus** Smith

6b. 叶片有明显的横隔；花被片长2—3mm；果实长3—4mm。

7a. 雄蕊6。

8a. 花药短于花丝；头状花序含2—7花。

9a. 花被片披针形或卵状披针形，先端锐尖。生于湿草甸、沼泽地。产兴安北、岭东、岭西、兴安南、科尔沁、阴南、鄂尔……………………………………………………………………………………**7a. 尖被灯心草 J. turzaninowii** (Buch.) V. I. Krecz. var. **turzaninowii**

9b. 花被片矩圆状披针形，先端常钝。生于踏头沼泽。产兴安北、兴安南、科尔沁……………………………………………………**7b. 热河灯心草 J. turzaninowii** (Buch.) V. I. Krecz. var. **jeholensis** (Satake) K. F. Wu et Y. C. Ma

8b. 花药与花丝近等长；头状花序含5—10花。生于沟谷溪边、水库边。产东阿……………………………………………………………………**8. 小花灯心草 J. articulatus** L.

7b. 雄蕊3。

10a. 蒴果三棱状矩圆形，先端骤尖；花序较开展；小头状花序含花(2)4—6(10)朵。生于沼泽草甸、河边。产兴安北、兴安南、辽河、燕北、锡林、鄂尔、东阿……………………………………………………………………**9. 针灯心草 J. wallichianus** J. Gay ex Laharpe

10b. 蒴果披针状三角锥形，先端长渐尖；花序较密集；小头状花序含花2—4朵。生于水边湿地、草甸、沼泽草甸。产兴安北、岭东、岭西、兴安南、辽河、燕北、锡林……………………………………………………………………**10. 乳头灯心草 J. papilosus** Franch. et Sav.

142. 百合科 Liliaceae

1a. 植株具鳞茎。

2a. 伞形花序……………………………………………………………………**1. 葱属 Allium**

2b. 单花、总状花序或总状圆锥花序。

3a. 花被片内面基部具蜜腺、囊状蜜腺或肉质腺体。

4a. 圆锥花序；花被片内面基部上方具1在顶端2裂的肉质腺体 … **2. 棋盘花属 Zigadenus**

4b. 花单生或排列成总状花序。

5a. 叶轮生；花被片内面基部具1凹陷的囊状蜜腺；蒴果具棱，棱上具翅……………………………………………………………………**3. 贝母属 Fritillaria**

5b. 叶互生或仅在茎顶端轮生；花被片内面基部具蜜腺；蒴果矩圆形，无翅……………………………………………………………………**4. 百合属 Lilium**

3b. 花被片内面基部无蜜腺。

6a. 花多数，排成总状花序 ……………………………………**5. 绵枣儿属 Barnardia**

6b. 花单生或2—3朵排列成近似总状花序。

7a. 花被片宿存；花单生或具2—3朵；具基生叶，茎生叶有或无，互生。

8a. 花被片在果期增大，通常比蒴果长1倍；花被片先端通常锐尖……………………………………………………………………**6. 顶冰花属 Gagea**

8b. 花被片在果期不增大而枯萎，比蒴果短或稍长；花被片先端通常钝……………………………………………………………………**7. 洼瓣花属 Lloydia**

7b. 花被片在果期脱落；单花顶生；叶2枚，近对生，生于茎中部……………………………………………………………………**8. 郁金香属 Tulipa**

1b. 植株具根状茎。

9a. 蒴果。

10a. 叶轮生；花 4 基数或更多 ··························· **9. 重楼属 Paris**

10b. 叶不轮生；花 3 基数。

11a. 雄蕊 3 ··························· **10. 知母属 Anemarrhena**

11b. 雄蕊 6。

12a. 花被片离生 ··························· **11. 藜芦属 Veratrum**

12b. 花被片下部联合成管状 ··························· **12. 萱草属 Hemerocallis**

9b. 浆果。

13a. 叶退化成鳞片状；植株具叶状枝 ··························· **13. 天门冬属 Asparagus**

13b. 叶正常发育；植株不具叶状枝。

14a. 花被片 4；雄蕊 4 ··························· **14. 舞鹤草属 Maianthemum**

14b. 花被片 6；雄蕊 6。

15a. 花单性，雌雄异株；叶具网状支脉；伞形花序 ··························· **15. 菝葜属 Smilax**

15b. 花两性；叶具平行支脉。

16a. 花被片合生成钟状或管状。

17a. 叶 2 或 3；花被钟状，浅裂片顶端无毛 ··························· **16. 铃兰属 Convallaria**

17b. 叶多数；花被管状，浅裂片顶端外面通常具乳头状毛 ··························· **17. 黄精属 Polygonatum**

16b. 花被片离生或仅基部稍联合。

18a. 花被片基部囊状 ··························· **18. 万寿竹属 Disporum**

18b. 花被片基部不为囊状。

19a. 花被片分离；浆果顶端作蒴果状开裂；叶基生；花葶从叶丛中生出 ··························· **19. 七筋姑属 Clintonia**

19b. 花被片基部稍合生；浆果不为上述情况；叶茎生；花序顶生 ··························· **20. 鹿药属 Smilacina**

1. 葱属 **Allium** L.

1a. 叶常为 2 枚，少 1 或 3 枚，椭圆形至倒披针形，基部渐狭成柄(**1. 宽叶组** Sect. **Anguinum** G. Don)。生于山地林下、林缘、林间草甸。产兴安南、燕北、锡林、阴山 ··························· **1. 茖葱 A. victorialis** L.

1b. 叶数枚，条形、半圆柱形、圆柱形、管形或圆筒形，基部无柄。

2a. 叶条形、半圆柱形或圆柱形，中空或实心；花葶圆柱形，常实心。

3a. 鳞茎圆柱形、圆锥形或卵状圆柱形，稀卵形(**2. 根茎组** Sect. **Rhiziridium** G. Don)。

4a. 鳞茎外皮纤维成网状或松散纤维状。

5a. 鳞茎外皮纤维明显成网状。

6a. 花丝短于花被片。

7a. 花白色；内轮花被片全缘；内轮花丝不具裂齿；子房基部无蜜穴；植株具倾斜横生根状茎。

8a. 叶三棱状条形，中空；花被片常具红色中脉。生于草原砾石质坡地、草甸草原、草原化草甸群落中。产兴安北、岭东、岭西、呼伦、兴安南、科尔沁、赤峰、燕北、锡林、乌兰、阴山、阴南、鄂尔、贺兰山 ··························· **2. 野韭 A. ramosum** L.

8b. 叶条形，扁平，实心；花被片常具绿色或黄绿色中脉。内蒙古各地广泛栽培 ··························· **3. 韭 A. tuberosum** Rottl. ex Spreng.

7b. 花天蓝色；叶条形，扁平，实心；内轮花被片边缘具不规则的小齿；内轮花丝有时每侧具 1 裂齿；子房基部具有窄帘的凹陷蜜穴；植株不具倾斜横生根状茎。

生于海拔 2800—3000m 的高山草甸或沟谷林下。产贺兰山…… **4. 高山韭 A. sikkimensis** Baker

6b. 花丝长于花被片；内轮花丝具裂齿。

9a. 花淡紫红色至深紫红色或淡紫色。

10a. 叶条形或狭条形；总苞 2 裂，不具喙；花葶中下部 1/3—1/2 被叶鞘；鳞茎单生或 2 枚聚生；子房基部具凹陷的蜜穴；花丝稍长于花被片；叶条形，宽 2—5mm。生于山地林下、林缘、沟边、低湿地。产兴安北、岭东、岭西、兴安南、锡林、阴山、龙首山…… **5. 辉韭 A. strictum** Schrad.

10b. 叶半圆柱形，宽 0.5—2mm；总苞单侧开裂，具喙；花葶下部 1/4 被叶鞘；鳞茎数枚紧密聚生；子房基部无凹陷的蜜穴。

11a. 花丝等长于或稍长于花被片，内轮的基部 1/5—1/4 扩大，具长尖齿；小花梗基部具小苞片；叶纤细，宽 0.5—1mm；伞形花序花较疏松；鳞茎外皮黄褐色。生于山地石缝。产阴山、贺兰山…… **6. 贺兰葱 A. eduardii** Stearn

11b. 花丝比花被片长 1.5—2 倍，内轮的基部 1/3—1/2 扩大成矩圆形，具长齿；叶较粗，宽 1—2mm；伞形花序花密集。

12a. 小花梗基部无小苞片；花被片紫红色，长 4—6mm；鳞茎外皮红色、红褐色，稀灰褐色至淡褐色。生于山地灌丛或干旱山坡。产贺兰山、龙首山…… **7. 青甘葱 A. przewalskianum** Regel

12b. 小花梗基部具小苞片；花被片淡粉色，长 3—3.5mm；鳞茎外皮棕褐色。生于沙质荒漠化草原。产东阿(乌拉特后旗)…… **8. 乌拉特葱 A. wulateicum** Y. Z. Zhao et Geming

9b. 花白色或稍带黄色；叶半圆柱形，中空，上面具沟槽；花葶中下部 1/3—1/2 被叶鞘；总苞 2 裂；小花梗基部具小苞片；内轮花丝具狭长尖齿。生于沙地、砾石质坡地。产呼伦、锡林…… **9. 白头葱 A. leucocephalum** Turcz.

5b. 鳞茎外皮非网状，成疏松纤维状。

13a. 内轮花丝不具裂齿；总苞单侧开裂；小花梗基部无小苞片。

14a. 叶比花葶短，较粗壮，粗 0.5—1.5mm；伞形花序密集多花；花被片长 6—9mm；花丝长为花被片的 1/2—2/3；内轮花丝基部约 1/2 扩大成卵形；子房基部无蜜穴。生于沙地、干旱山坡。产呼伦、兴安南、锡林、乌兰、阴南、鄂尔、东阿、西阿、贺兰山、龙首山…… **10. 蒙古葱(沙葱) A. mongolicum** Regel

14b. 叶比花葶明显长，纤细，粗约 0.3mm；伞形花序疏松少花；花被片长 3—3.5mm；花丝与花被片近等长或稍短；内轮花丝基部约 1/4 扩大成三角状卵形；子房基部具有帘的凹陷蜜穴。生于干旱山坡。产东阿(鄂托克旗阿尔巴斯苏木)…… **11. 鄂尔多斯葱 A. alabasicum** Y. Z. Zhao

13b. 内轮花丝具裂齿；总苞 2—3 裂；小花梗基部具膜质小苞片；花丝近等长或稍长于花被片。生于荒漠带、荒漠草原带、半荒漠带及草原带的壤质、沙壤质棕钙土、淡栗钙土、石质残丘坡地上。产呼伦、科尔沁、锡林、乌兰、鄂尔、东阿、西阿、额济纳…… **12. 碱葱(多根葱) A. polyrhizum** Turcz. ex Regel

4b. 鳞茎外皮膜质、纸质或薄革质，不破裂或破裂成片状或条状，有时仅顶端破裂成纤维状。

15a. 花丝短于花被片。

16a. 鳞茎外皮膜质，不破裂或不规则破裂；内轮花丝基部不具裂齿。

17a. 植株较粗壮；叶短于或近等长于花葶，宽 1—2mm；小花梗不等长，长 1—3cm；花被片长 4—6mm。

18a. 花葶、小花梗和叶的纵棱光滑。生于山坡、草地、固定沙地。产兴安北、岭东、岭西、呼伦、兴安南、科尔沁、赤峰、燕北、锡林、乌兰、阴山、阴南、鄂尔、贺兰山…………………………**13a. 矮葱 A. anisopodium** Ledeb. var. **anisopodium**

18b. 花葶、小花梗和叶的纵棱具明显的细糙齿。生于山坡、草地、固定沙地。产兴安北、兴安南、阴山、阴南、鄂尔、贺兰山……………………………………………………………………………… **13b. 糙葶葱 A. anisopodium** Ledeb. var. **zimmermannianum** (Gilg) F. T. Wang et Tang

17b. 植株纤细；叶长于或近等长于花葶，宽 0.3—1mm；小花梗近等长，长 0.5—1.5cm；花被片长 3—4mm。生于森林草原、典型草原、荒漠草原、山地草原。产岭西、呼伦、兴安南、科尔沁、赤峰、燕北、锡林、乌兰、阴山、阴南、鄂尔、东阿、贺兰山……………………………………………… **14. 细叶葱 A. tenuissimum** L.

——纳林葱 *A. tenuissimum* L. var. *nalinicum* Sh. Chen

16b. 鳞茎外皮薄革质，条状破裂，污黑色；叶明显短于花葶，宽 1—1.5mm；花被片长 4—6mm。

19a. 内轮花丝基部具裂齿；花梗明显长于花被片；花多数而密集。生于草原、山地阳坡。产岭西、呼伦、兴安南、科尔沁、赤峰、锡林、乌兰、阴山、阴南、贺兰山…………**15. 砂葱(双齿葱) A. bidentatum** Fisch. ex Prokh. et Ikonikov-Galitzky

19b. 内轮花丝基部不具裂齿；花梗明显短于花被片；花较少数。生于低山砾石质山坡。产东阿(狼山、桌子山)、贺兰山………………**16. 甘肃葱 A. kansuensis** Regel

15b. 花丝长于花被片(蜜囊葱 *A. subtilissimum* 有时花丝比花被片稍短)。

20a. 内轮花丝基部具裂齿。

21a. 花白色或淡黄色；须根淡褐色。

22a. 叶宽条形或条状披针形，扁平，宽 8—12mm，短于花葶；花葶中部以下被叶鞘；总苞具长喙，远超出伞形花序。生于阴湿山坡林下。产阴山…………………………… **17. 天蒜 A. paepalanthoides** Airy Shaw

22b. 叶半圆柱形，粗 2—3mm，上面具沟槽，长于花葶或近等长；花葶基部被叶鞘；总苞喙与伞形花序近等长或稍超出。生于山坡石缝。产贺兰山……………………… **18. 阿拉善葱 A. alaschanicum** Y. Z. Zhao

21b. 花蓝色或紫色；须根紫色；叶狭条形，宽 2—3mm，短于花葶；花葶中部以下被叶鞘；总苞具短喙。生于山地林缘、草甸。产兴安南、燕北、阴山、贺兰山、龙首山………………………………… **19. 雾灵葱 A. stenodon** Nakai et Kitag.

20b. 内轮花丝基部不具裂齿。

23a. 叶半圆柱形或圆柱形。

24a. 花白色或淡黄色；鳞茎外皮红褐色，有光泽。生于山地草原、典型草原、草甸草原及草甸。产岭西、呼伦、兴安南、科尔沁、锡林、乌兰、阴山、东阿(桌子山)…………………………………………… **20. 黄花葱 A. condensatum** Turcz.

24b. 花淡红色、紫红色或淡紫色。

25a. 鳞茎具横生的粗壮根状茎，外皮淡褐色至带黑色，近革质，不破裂或有时顶端破裂；总苞单侧开裂。生于石质坡地。产呼伦(满洲里市)………………………**21. 蒙古野葱 A. prostratum** Trev.

25b. 鳞茎不具横生根状茎；总苞 2 裂。

26a. 鳞茎卵状圆柱形，外皮灰褐色，略带紫红色，膜质，不破裂或片状剥裂；伞形花序具少数花，松散；花被片先端具短尖；花丝略长于花被片，稀略短于花被片。生于山坡。产龙首山…………**22. 蜜囊葱 A. subtilissimum** Ledeb.

26b. 鳞茎圆柱形，外皮红褐色或褐色，近革质，条状剥裂；

伞形花序通常具多而密集的花；花被片先端无尖头；花丝长为花被片的 1.5—2 倍。生于山地林缘。产燕北、阴山……………………………………**23. 长柱葱 A. longistylum** Baker

23b. 叶条形、狭条形或宽条形。

27a. 鳞茎具横生的粗壮根状茎；叶伸直，条形或狭条形，宽 2—10mm；小花梗基部具小苞片。生于草原、草甸、砾石质山坡。产兴安北、岭东、岭西、呼伦、兴安南、赤峰、燕北、锡林、阴山、阴南、鄂尔 … **24. 山葱 A. senescens** L.

27b. 鳞茎不具横生根状茎；叶镰状弯曲，宽条形，宽 5—15mm；小花梗基部无小苞片。生于高山林下及林缘草甸。产龙首山 ……………………………………………………**25. 镰叶葱 A. carolinianum** Redoute

3b. 鳞茎球形、卵球形或卵形，外皮膜质或纸质，不破裂或顶端破裂成纤维状。

28a. 花被片基部靠合成管状；小花梗不等长，长 4—11cm(**3. 合被组** Sect. **Caloscordum** Baker)。生于丘陵山地的砾石质坡地、沙质地。产兴安南、科尔沁、燕北、锡林、阴山 ……………………………………………………………………**26. 长梗葱 A. neriniflorum** (Herb.) G. Don

28b. 花被片分离。

29a. 内轮花丝具裂齿，裂齿长丝状，超过中间的着药花丝(**4. 长齿组** Sect. **Porrum** G. Don)，伞形花序密具珠芽，间有数花；花丝比花被片短；鳞茎由 2 至数枚肉质瓣状小鳞茎紧密排列而成。内蒙古普遍栽培 ………………………… **27. 蒜 A. sativum** L.

29b. 内轮花丝无裂齿或具短钝齿且比中间的着药花丝短(**5. 单生组** Sect. **Haplostemon** Boiss.)。

30a. 花紫红色、淡红色或淡紫色。

31a. 鳞茎球形，外皮不破裂；花序有时具珠芽；花丝比花被片稍长；叶半圆柱形。生于山地林缘、沟谷、草甸。产兴安南、辽河、燕北、阴山、阴南、东阿(桌子山)、贺兰山 ……………………………………**28. 薤白 A. macrostemon** Bunge

31b. 鳞茎卵球形或卵形，顶端外皮常破裂成纤维状；花序无珠芽；花丝长为花被片的 1.5 倍。

32a. 鳞茎基部无小鳞茎；花淡紫色；花被片椭圆形至卵状椭圆形，先端钝圆；花丝紫色；叶三棱状条形，背面具 1 纵棱。生于山间沟谷。产兴安南、燕北 ………………………**29. 球序薤 A. thunbergii** G. Don

32b. 鳞茎基部具小鳞茎；花紫红色；花被片矩圆状披针形，先端钝尖；花丝白色；叶半圆柱形，上面具沟槽。生于山地阳坡、沙地。产辽河、锡林、阴山、阴南、贺兰山 ……………………………………………………………………**30. 毓泉薤 A. yuchuanii** Y. Z. Zhao et J. Y. Chao

30b. 花白色；花丝比花被片长；叶圆柱形，宽 1—2mm；鳞茎卵形，顶端外皮破裂成纤维状。生于阴湿沟底及山坡。产东阿(桌子山)、贺兰山 ……………………………………………………………………… **31. 白花薤 A. yanchiense** J. M. Xu

2b. 叶与花葶圆筒形或管形，通常粗壮，均中空；鳞茎外皮膜质或薄革质，不破裂。

33a. 鳞茎圆柱形至卵状圆柱形；小花梗基部无小苞片；花丝全缘(**6. 葱组** Sect. **Schoenoprasum** G. Don)。

34a. 花粉红色或淡紫色；叶管形，较细；鳞茎狭卵状圆柱形，外皮灰色至灰褐色或黄褐色。

35a. 花梗不等长，短于或近等长于花被片；花丝长为花被片的 1/3—1/2(2/3)。生于山坡草地。产燕北 ………………………………………………… **32. 北葱 A. schoenoprasum** L.

35b. 花梗近等长，长于花被片 1.5—3 倍；花丝近等长于或长于花被片。

36a. 花粉红色或暗粉色；花丝等长于或略短于花被片；植株通常较矮小，高

15—25cm。生于山坡草地。产兴安北…………**33. 姜葱 A. maximowiczii** Regel

36b. 花淡紫色；花丝长于花被片；植株通常较高大，高 25—70cm。生于山地草甸、河谷草甸。产兴安北、岭东、岭西、兴安南、燕北………………………………………………………………………………………**34. 硬皮葱 A. ledebourianum** Schult. et J. H. Schult.

34b. 花白色或淡黄色；花丝长于花被片；叶圆筒形，较粗壮。

37a. 鳞茎圆柱形，外皮常为白色，稀红褐色，膜质；花白色；小花梗比花被片长 2—3 倍。内蒙古农村、城镇广泛栽培，牧区有少量栽培……………**35. 葱 A. fistulosum** L.

37b. 鳞茎卵状圆柱形，外皮红褐色，薄革质；花白色带黄；小花梗比花被片长 1.5—2 倍。生于山地砾石质山坡或草地。产兴安北、兴安南………**36. 阿尔泰葱 A. altaicum** Pall.

33b. 鳞茎扁球形、球形、卵球形至矩圆状卵形；小花梗基部具小苞片；内轮花丝基部每侧各具 1 齿(**7. 洋葱组** Sect. **Cepa** Porkh.)；花被片粉白色，具绿色中脉。内蒙古各地广泛栽培……………………………………………………………………………………………**37. 洋葱 A. cepa** L.

2. 棋盘花属 Zigadenus Rich.

棋盘花 Zigadenus sibiricus (L.) A. Gray

多年生草本，高 30—70cm。鳞茎小葱头状，外层鳞茎皮黑褐色。叶基生，条形，在花葶下常有 1—3 枚短叶。总状圆锥花序具疏松的花；花黄绿色或淡黄色；花被片离生，内面近基部具 1 顶端 2 裂的肉质腺体；雄蕊 6，短于花被片；蒴果圆锥形。生于山地林下、林缘草甸。产兴安北、岭东、燕北。

3. 贝母属 Fritillaria L.

轮叶贝母(一轮贝母) **Fritillaria maximowiczii** Freyn

多年生草本，高 35—50cm。鳞茎由 4—5 枚或更多的鳞片组成，周围又有许多米粒状的小鳞片。叶条形或条状披针形，通常每 3—6 叶排成一轮，极少 2 轮，向上有时还有 1—2 枚散生叶。花单生，紫色，稍有黄色小方块；叶状苞片 1；花被片 6，分离；雄蕊 6，短于花被片；蒴果具 6 棱，棱上具翅。生于山地林缘、河谷灌丛及草甸。产兴安北、岭东、燕北。

4. 百合属 Lilium L.

1a. 花直立，花被片不反卷。

2a. 叶基部无白绵毛；花柱稍短于子房；花被长 3—4cm。生于山地草甸、林缘、草甸草原。产兴安北、岭东、岭西、兴安南、燕北、锡林、阴山…………**1. 有斑百合 L. concolor** Salisb. var. **pulchellum** (Fisch.) Regel

2b. 叶基部有 1 簇白绵毛；花柱长于子房 2 倍以上；花被长 5—7.5cm。生于山地灌丛、疏林下、沟谷草甸。产兴安北、岭东、岭西、兴安南……………………………………………**2. 毛百合 L. dauricum** Ker.-Gawl.

1b. 花下垂，花被片反卷。

3a. 苞片顶端不增厚；叶密集。

4a. 茎密被乳头状突起；果实矩圆状卵形。生于山地灌丛、草甸、林缘、草甸草原。产兴安北、岭东、岭西、呼伦、兴安南、赤峰、燕北、锡林、阴山、阴南、东阿(桌子山)、龙首山……………………………………………………………………………………**3a. 山丹 L. pumilum** Redoute var. **pumilum**

4b. 茎密被乳头状毛；果实近球形。生于山地灌丛、草甸。产贺兰山(哈拉乌北沟)……………………………………**3b. 球果山丹 L. pumilum** Redoute var. **potaninii** (Vrishcz) Y. Z. Zhao

3b. 苞片顶端增厚；叶稀疏。生于河滩草甸。产科尔沁、辽河………**4. 条叶百合 L. callosum** Seib. et Zucc.

5. 绵枣儿属 **Barnardia** Lindley

绵枣儿 **Barnardia japonica** (Thunb.) Schult. et J. H. Schult.——*Scilla scilloides* (Lindl.) Druce

多年生草本，高 25—30cm。鳞茎卵球形，外包黑褐色的鳞茎皮。叶基生，通常 2—5 枚，狭条形。总状花序；花紫红色或粉红色；花被片 6，基部稍合生；雄蕊 6，着生于花被片基部；花丝紫色。蒴果近球形。生于山地草甸、灌丛、草甸草原。产岭东、兴安南、科尔沁。

6. 顶冰花属 **Gagea** Salisb.

1a. 植株仅具基生叶，无茎生叶；花序伞形，基部明显具总苞片；柱头头状。生于山地沟谷草甸。产岭东、岭西、兴安南、阴山……………………………………………………………1. 小顶冰花 **G. terraccianoana** Pascher

1b. 植株除具基生叶外，亦具 1—5 枚茎生叶；花单生或总状，基部无明显总苞片。

2a. 柱头 3 深裂(裂片长为花柱的 1/3—1/2)；基生叶 1 枚。

3a. 基生叶细条形，实心；鳞茎外皮上端向上延伸成筒状而抱茎。生于山地草甸或灌丛。产岭西、兴安南、锡林、阴山、贺兰山、龙首山…………………2. 少花顶冰花 **G. pauciflora** (Turcz. ex Trautv.) Ledeb.

3b. 基生叶半圆筒形，具 4 棱，空心；鳞茎外皮上端不向上延伸。生于山地。产乌兰(四子王旗中部)、阴山、阴南、鄂尔………………………………………3. 顶冰花 **G. chinensis** Y. Z. Zhao et L. Q. Zhao

2b. 柱头头状或微 3 裂。

4a. 基生叶 2 枚，半圆筒形，空心；鳞茎外侧基部无附属小鳞茎。生于海拔 3500m 的高山草甸。产贺兰山…………………………………………4. 阿拉善顶冰花 **G. alashannica** Y. Z. Zhao et L. Q. Zhao

4b. 基生叶 1 枚，细条形，实心；鳞茎外侧基部具数枚附属小鳞茎。生于山地。产锡林、阴山(大青山)………………………………………5. 大青山顶冰花 **G. daqingshanensis** L. Q. Zhao et J. Yang

7. 洼瓣花属 **Lloydia** Reich.

1a. 基生叶 1—2 枚；花被片白色，具紫色斑；内外花被片近相似；花丝无毛，基部具 1 凹穴。生于亚高山或高山山顶灌丛或岩石处。产阴山、贺兰山………………………………………1. 洼瓣花 **L. serotina** (L.) Reich.

1b. 基生叶 3—5 枚；花被片淡黄色，具紫色脉纹；内花被片较宽，外花被片较窄；花丝中下部具柔毛，基部具 1 褶片。生于海拔 3000m 的石质山脊、石缝及高山灌丛。产贺兰山…2. 西藏洼瓣花 **L. tibetica** Baker ex Oliver

8. 郁金香属 **Tulipa** L.

蒙古郁金香 **Tulipa mongolica** Y. Z. Zhao——*T. uniflora* auct. non (L.) Bess. ex Baker: Fl. Intramongol. ed. 2, 5: 469. 1994.

多年生早春类短命草本，高 10—25cm。鳞茎卵形，鳞茎皮暗褐色，内面上部被毛。茎光滑无毛。叶 2 枚，狭条状披针形，近对生，生于茎中部。花单朵顶生；花被片 6，离生，黄色，内轮花被片矩圆形或倒卵形，先端锐尖；雄蕊 6，3 长 3 短，花丝 2.5—3 倍的长于花药，花丝中下部稍扩大，向两端渐狭；雌蕊比雄蕊长。蒴果。生于石质坡地，火山堆碎石缝中。产锡林(锡林浩特市白音锡勒牧场)。

9. 重楼属 **Paris** L.

北重楼 **Paris verticillata** Marschall von Beib.

多年生草本，高 25—45cm。叶 6—8 枚轮生，倒卵状披针形。花单生于叶轮之上；花被片离生，排成 2 轮，外轮花被片倒披针形，绿色，叶状，先端渐尖，通常 4—5 枚；内轮花被片条形，黄绿色；子房近球形，紫褐色；花柱分枝 4—5，向外反卷。蒴果浆果状。生于山地阴坡。产兴安北、岭东、岭西、兴安南、燕北、阴山。

10. 知母属 Anemarrhena Bunge

知母 Anemarrhena asphodeloides Bunge

多年生草本，高 20—50cm。根状茎粗壮，横走，为残存的叶鞘所覆盖。叶基生，条形，向先端渐尖成近丝状。总状花序；花 2—3 朵簇生，紫红色、淡紫色至白色；花被片 6，条形；雄蕊 3，生于花被片近中部，花丝短。蒴果狭椭圆形，顶端有短喙，室背开裂。生于典型草原、草甸草原、山地砾石质草原。产岭东、兴安南、科尔沁、辽河(大青沟)、燕北、锡林、阴山、阴南、鄂尔、东阿(桌子山)。

11. 藜芦属 Veratrum L.

1a. 叶片无毛；包茎的基部叶鞘具横脉，枯死后残留为带网眼的纤维网；花被片全缘；子房无毛。

2a. 叶无柄或仅上部叶具短柄；叶片椭圆形至卵状披针形，长 20—25cm，宽 5—10cm；小花密生于主轴和分枝轴上。生于山坡林下、林缘、草甸。产兴安北、岭东、岭西、呼伦、兴安南、燕北、锡林……………………………………………………………………………………………… **1. 藜芦 V. nigrum** L.

2b. 叶具柄，长达 10cm；叶片矩圆状披针形至矩圆状条形，长 20—30cm，宽 1.5—4cm；小花疏生于主轴和分枝轴上。生于林下、灌丛、山地草甸。产岭东……………………… **2. 毛穗藜芦 V. maackii** Regel

1b. 叶片背面密生银白色的短柔毛；包茎的基部叶鞘无横脉，枯死后残留为带无网眼的纤维束；花被片边缘啮蚀状；子房被短柔毛。生于山地草甸、草甸草原。产兴安北、岭东、岭西……………………………………………………………………………………… **3. 兴安藜芦 V. dahuricum** (Turcz.) Loesener

12. 萱草属 Hemerocallis L.

1a. 根不膨大或稍肉质，呈绳索状；花被管长 1—2.5(3)cm。生于山地草原、林缘、灌丛。产兴安北、岭东、岭西、兴安南、科尔沁、辽河、燕北、锡林、阴山……………………………………………… **1. 小黄花菜 H. minor** Mill.

1b. 根中下部常膨大呈纺锤状；花被管长 3—5cm。生于林缘、谷地。产燕北、鄂尔；赤峰市、呼和浩特市、包头市、乌兰察布市南部等地有少量栽培……………………………………………………… **2. 黄花菜 H. citrina** Baroni

13. 天门冬属 Asparagus L.

1a. 叶状枝扁平，镰状弯曲，明显具中脉，有时由于中脉龙骨状而使叶状枝多少呈锐三棱状；茎直立；花梗极短，长约 1mm，关节在顶部；雄花花丝不贴生于花被片上；根细长，不膨大。生于阴坡林下、林缘、灌丛、草甸、山地草原。产兴安北、岭东、兴安南、辽河、燕北、阴山……… **1. 龙须菜 A. schoberioides** Kunth

1b. 叶状枝近圆柱形或稍压扁，常有几条槽或棱，但绝不具中脉，也无腹背之分；花梗较长，均在 2mm 以上；雄花花丝贴生于花被片上。

2a. 根状茎粗壮；茎具多数分枝。

3a. 花梗较短，长 2—6mm。

4a. 根肉质，狭纺锤形，粗 7—15mm；茎攀援，分枝与叶状枝具软骨质齿；花梗关节在中部。生于山地草原及灌丛。产燕北、阴山、阴南、贺兰山…… **2. 攀援天门冬 A. brachyphyllus** Turcz.

4b. 根非肉质，绳状，粗 1.5—3mm(仅折枝天门冬粗 4—5mm)；茎直立。

5a. 分枝与主茎、叶状枝与分枝通常成锐角斜展；花较小，雄花长 3—4mm。生于林缘、草甸草原、典型草原、干燥的石质山坡。产兴安北、岭东、岭西、呼伦、兴安南、科尔沁、赤峰、燕北、锡林、乌兰、阴山、阴南、鄂尔……………………………………………… **3. 兴安天门冬 A. dauricus** Link

5b. 分枝与主茎、叶状枝与分枝通常成钝角或直角下倾或平展；花较大，雄花长 4—7mm。

6a. 根细长，粗 1.5—2mm；茎上部通常迴折状，分枝常强烈迴折状，疏生软骨质齿。生于沙地及砂砾质干河床。产乌兰、鄂尔、东阿、西阿 …………………………………………………… **4. 戈壁天门冬 A. gobicus** N. A. Ivan. ex Grub.

6b. 根较粗，粗 4—5mm；主茎与分枝通常稍迴折状，不具软骨质齿。生于沙质盐碱地、绿洲边缘、田埂。产鄂尔、西阿 ……………………… **5. 折枝天门冬 A. angulofractus** Iljin

3b. 花梗较长，长 6—25mm。

7a. 分枝和叶状枝不具软骨质齿。

8a. 雄花花被片长 5—7mm，花丝中部以下贴生于花被片上。

9a. 主茎上一般无叶状枝，如有则只见于茎上部，且每节上总数不超过 10 枚。

10a. 茎攀援；分枝与主茎通常成直角或钝角平展或下倾。生于戈壁和盐碱地。产东阿、西阿、贺兰山、额济纳 …… **6. 西北天门冬 A. breslerianus** Schult. et J. H. Schult.
——*A. persicus* auct. non. Baker: Fl. Intramongol. ed. 2, 5: 526. 1994.

10b. 茎直立；分枝与主茎通常成锐角伸展。内蒙古地区有栽培 …………………………………………………………………………………… **7. 石刁柏 A. officinalis** L.

9b. 茎除下部外，节上有多数叶状枝，且每节上总数达 20—30 枚；茎近直立。生于河滩、草坡。产鄂尔、西阿(雅布赖山) …………… **8. 新疆天门冬 A. neglectus** Kar. et Kir.

8b. 雄花花被片一般长 7—9mm，花丝全长的 3/4 贴生于花被片上；茎直立。生于山地草原、灌丛、疏林下。产兴安南、科尔沁、辽河、燕北、锡林 ………… **9. 南玉带 A. oligoclonos** Maxim.

7b. 分枝和叶状枝疏生或密生软骨质齿；茎近直立。

11a. 分枝平展或斜伸，基部不呈弧曲状；花梗长 6—12mm，关节在中上部。生于山坡、林下、灌丛。产锡林、贺兰山 ………………………… **10. 长花天门冬 A. longiflorus** Franch.

11b. 分枝先强烈下弯而后上升，基部呈弧曲状，上部迴折状；花梗长 12—16mm，关节在近中部。生于山坡草地、荒地、灌丛。产兴安南、赤峰、燕北、锡林、阴山、阴南、鄂尔 …………………………………………………………… **11. 曲枝天门冬 A. trichophyllus** Bunge

2b. 根状茎细长；茎直立，不具分枝；叶状枝常呈镰状，每节 5—7 枚。生于山地林下、灌丛。产贺兰山(南寺沟) …………………… **12. 青海天门冬 A. przewalskyi** N. A. Ivanova ex Grub. et T. V. Egorova
——北天门冬 *A. borealis* S. C. Chen

14. 舞鹤草属 Maianthemum Web.

舞鹤草 Maianthemum bifolium (L.) F. W. Schmidt

多年生草本，高 13—20cm。根状茎细长。茎生叶互生，2 枚，三角状卵形，先端锐尖或渐尖，基部心形。总状花序顶生；花白色，单生或成对；花被片 4，离生，排成 2 轮；雄蕊 4，着生于花被片基部。浆果球形，熟时红黑色。生于落叶松和白桦林下。产兴安北、岭东、岭西、兴安南、燕北、阴山、贺兰山。

15. 菝葜属 Smilax L.

牛尾菜 Smilax riparia A. DC.

多年生草质藤本。根状茎横走，坚硬。叶互生，宽披针形至矩圆形，全缘，具 3—7 脉和网脉，叶柄在中部以下有卷须。花小，单性异株；伞形花序腋生；花被片 6，离生；雄蕊 6；雌花不具或具钻形退化雄蕊。浆果球形。生于林下。产兴安南、辽河(大青沟)。

16. 铃兰属 Convallaria L.

铃兰 **Convallaria majalis** L.

多年生草本，高 20—40cm。根状茎粗壮，横走，肉质，白色。叶基生，通常 2 枚，椭圆形或卵状披针形。总状花序偏侧生；花乳白色，芳香，广钟形，下垂；花被先端 6 裂。浆果熟后红色，下垂。生于林下、林间草甸、灌丛。产兴安北、岭东、岭西、兴安南、辽河、燕北、阴山。

17. 黄精属 Polygonatum Mill.

1a. 叶互生；花被长 14—20mm。

2a. 苞片叶状，卵形，大，2 枚，对生，包着花。生于林下、阴湿山坡草地。产燕北、阴山 ……………………………………………… **1. 二苞黄精 P. involucratum** (Franch. et Sav.) Maxim.

2b. 苞片膜质或草质，钻形或条状披针形，微小或无。

3a. 叶下面被短糙毛，淡绿色；腋生花序常具 1 花，花梗明显下弯；植株低矮。生于山地林下、林缘、灌丛、山地草甸、草甸草原。产兴安北、岭东、岭西、兴安南、科尔沁、燕北、锡林、阴山 ……………………………………………… **2. 小玉竹 P. humile** Fisch. ex Maxim.

3b. 叶下面无毛。

4a. 腋生花序具 1—2 花，总花梗较短，长约 1cm。生于山地林下、林缘、灌丛、山地草甸。产兴安北、岭东、岭西、兴安南、科尔沁、辽河、赤峰、燕北、锡林、阴山、贺兰山 ……………………………………………… **3. 玉竹 P. odoratum** (Mill.) Druce

4b. 腋生花序具 8—10 花，总花梗较长，长约 5cm。生于林下、山地阴坡。产赤峰、燕北、贺兰山 ……………………………………………… **4. 热河黄精 P. macropodum** Turcz.

1b. 叶轮生，间有互生或对生；花被长 6—13mm。

5a. 叶先端直伸。

6a. 总花梗和花梗均较短，前者长 3—4mm，后者长 1—2mm。生于林下、灌丛。产岭东、兴安南、辽河(大青沟) ……………………………………………… **5. 狭叶黄精 P. stenophyllum** Maxim.

6b. 总花梗和花梗均较长，前者长 4—5mm，后者长 8—10mm。生于山地林缘草甸。产兴安南、阴山 ……………………………………………… **6. 轮叶黄精 P. verticillatum** (L.) All.

5b. 叶先端拳卷或弯曲成钩状。生于山地林下、林缘、灌丛、山地草甸。产兴安北、岭西、兴安南、科尔沁、赤峰、辽河(大青沟)、燕北、锡林、阴山、阴南、贺兰山、龙首山 ……………………………… **7. 黄精 P. sibiricum** Redoute

18. 万寿竹属 Disporum Salisb.

宝珠草 **Disporum viridescens** (Maxim.) Nakai

多年生草本，高 40—60cm。叶椭圆形，无柄。花淡绿色，1—2 朵生于茎枝顶端；花被片 6，离生，基部囊状；雄蕊 6，着生于花被片基部；花丝扁平，下部加宽。浆果球形黑色。生于海拔 300m 的阔叶林下溪边。产辽河(大青沟)。

19. 七筋姑属 Clintonia Raf.

七筋姑 **Clintonia udensis** Trautv. et C. A. Mey.

多年生草本，高 10—20cm，果期可达 70cm。叶基生，3—5，倒卵状矩圆形，顶端短骤尖，基部楔形下延成鞘状抱茎。疏总状花序顶生，有花 4—6 朵；花钟形，白色；花被片 6，离生；雄蕊 6，贴生于花被片基部。果实初为浆果状，后自顶端开裂，蓝色或蓝黑色。生于山地林下。产兴安南、燕北。

20. 鹿药属 **Smilacina** Desf.

1a. 叶 6—12；花 2—4 朵簇生。生于山地林下。产兴安北、岭东、岭西、兴安南、燕北…………………………………………………………………………………… **1. 兴安鹿药 S. dahurica** Turcz. ex Fisch. et C. A. Mey.

1b. 叶 2—3；花单生。生于山地林下。产兴安北、岭西 ………………………… **2. 三叶鹿药 S. trifolia** (L.) Desf.

143. 薯蓣科 Dioscoreaceae

1. 薯蓣属 **Dioscorea** L.

1a. 根状茎横走；叶腋内无珠芽。生于山地林下、灌丛。产兴安南、辽河(大青沟)、燕北、锡林、阴山 ………………………………………………………………………………………… **1. 穿龙薯蓣 D. nipponica** Makino

1b. 根状茎垂直；叶腋内有珠芽。赤峰市、呼和浩特市土默特左旗有栽培 …………… **2. 薯蓣 D. polystachya** Turcz.
——*D. opposita* Thunb.

144. 鸢尾科 Iridaceae

1a. 花柱上部 3 分枝，分枝扁平，花瓣状；内、外花被片通常明显异形；根状茎圆柱形，很少为块根 ……………………………………………………………………………………………… **1. 鸢尾属 Iris**

1b. 花柱圆柱形，顶端 3 浅裂，不为花瓣状；内、外花被片近同形；根状茎为不规则的块根 ………………………………………………………………………………………… **2. 射干属 Belamcanda**

1. 鸢尾属 **Iris** L.

1a. 茎上部叉状分枝；聚伞花序；叶剑形，弯曲，排列于同一平面上；种子具翼。生于山地林缘、灌丛、草原。产兴安北、岭西、呼伦、兴安南、科尔沁、辽河、赤峰、燕北、锡林、阴山、阴南、东阿(桌子山)、贺兰山 ………………………………………………………………………… **1. 射干鸢尾 I. dichotoma** Pall.

1b. 茎上部非叉状分枝；不形成聚伞花序；叶条形或剑形，不排列于同一平面上；种子无翼。

  2a. 花蓝色、蓝紫色或紫色，稀白色。

    3a. 叶弯曲而狭长，宽 1—3mm。

      4a. 叶纵卷，宽 1—1.5mm，横断面近圆形。生于草原、沙地、石质坡地。产呼伦、科尔沁、赤峰、锡林、乌兰、阴山、阴南、鄂尔、贺兰山 …………………………………… **2. 细叶鸢尾 I. tenuifolia** Pall.

      4b. 叶平展，宽 1.5—3mm，横断面弧形。生于石质山坡、山地草原。产东阿(桌子山)、贺兰山、龙首山 ……………………………………………………………………… **3. 天山鸢尾 I. loczyi** Kanitz

    3b. 叶直立而较宽，宽(1.5)3mm 以上。

      5a. 叶状总苞强烈膨胀，呈纺锤形。

        6a. 总苞具纵脉和横脉，形成网状。生于典型草原、草甸草原、草原化草甸、山地林缘草甸。产兴安北、岭东、岭西、呼伦、兴安南、科尔沁、燕北、锡林 ………………… **4. 囊花鸢尾 I. ventricosa** Pall.

        6b. 总苞具纵脉，无横脉，不形成网状。生于沙质平原、干燥坡地。产锡林西部、乌兰、鄂尔西部、东阿、西阿、贺兰山 ……………………………………………… **5. 大苞鸢尾 I. bungei** Maxim.

      5b. 叶状总苞不膨胀，不呈纺锤形。

        7a. 外轮花被片具鸡冠状突起；须根粗壮，稍肉质。生于丘陵坡地、山地草原、林缘。产兴安北、岭西、岭东、呼伦、兴安南、科尔沁、赤峰、燕北、锡林、阴山、阴南、龙首山 ………………………………………………………… **6. 粗根鸢尾 I. tigridia** Bunge ex Ledeb.

7b. 外轮花被片无鸡冠状突起。

8a. 植株较矮小，一般 30cm 以下；蒴果球形；根状茎细长，匍匐。

9a. 叶状总苞椭圆状披针形，长 3—4cm，先端渐尖，膜质；叶宽 1.5—3.5mm。生于坡地、山地草原。产兴安南、燕北 …………**7. 紫苞鸢尾 I. ruthenica** Ker-Gawler

9b. 叶状总苞椭圆形，长 1.5—2.5cm，先端较钝，非膜质；叶宽 4—8mm。生于山地林下、林缘。产兴安北、岭西、岭东、兴安南、科尔沁、燕北……………………………………**8. 单花鸢尾 I. uniflora** Pall. ex Link

8b. 植株较高大，一般 50cm 以上；蒴果圆柱形；根状茎短粗。

10a. 花葶较短，常短于基生叶；叶剑形；植株形成大而稠密的草丛。生于盐渍地。

11a. 花乳白色。生于河滩、盐碱滩地。产呼伦、锡林 ……………………………**9a. 白花马蔺 I. lactea** Pall. var. **lactea**

11b. 花蓝色。生于河滩、盐碱滩地。产内蒙古各地 ……………………………**9b. 马蔺 I. lactea** Pall. var. **chinensis** (Fisch.) Koidz.

10b. 花葶较长，常长于或稍短于基生叶；叶条形；植株不形成稠密的草丛。生于沼泽草甸。

12a. 花红紫色；叶状总苞披针形，非膜质。生于河边草甸、沼泽化草甸。产兴安北、岭东、岭西 ……………………………**10. 玉蝉花 I. ensata** Thunb.

12b. 花蓝色，蓝紫色，稀白色；叶状总苞矩圆形或椭圆形，近膜质。

13a. 叶狭条形，宽 2—4mm，主脉明显；花期花葶超出基生叶。生于河滩草甸。产兴安北、岭东、岭西、兴安南 ……………………………**11. 北陵鸢尾 I. typhifolia** Kitag.

13b. 叶条形、宽条形或剑形，宽 8—15mm，主脉不明显；花期花葶与基生叶等长或稍短。

14a. 花直径 9—10cm；花柱分枝顶端裂片长 1.5—2cm。生于河、湖边沼泽。产兴安北、兴安南、辽河(大青沟)……………………………**12. 燕子花 I. laevigata** Fisch.

14b. 花直径 9cm 以下；花柱分枝顶端裂片长 1.5cm 以下。生于山地水边草甸、沼泽化草甸。产兴安北、岭西、呼伦、兴安南、辽河、锡林 ……………………………**13. 溪荪 I. sanguinea** Donn ex Hornem.

2b. 花黄色或淡黄绿色，外轮花被片具须毛状附属物。

15a. 植株高 20—30cm；叶镰刀状弯曲或中部以上略弯曲，花期宽 6—10mm，果期宽约 15mm；蒴果先端具长喙，喙长近 1cm。生于草甸。产呼伦、辽河(大青沟) ……………………………**14. 长白鸢尾 I. mandshurica** Maxim.

15b. 植株高 5—15cm；叶条形，直，不呈镰形弯曲，花期宽 1.5—4mm，果期宽达 6mm；蒴果先端具不明显的喙。生于砾石质丘陵坡地。产呼伦、锡林、乌兰………**15. 黄花鸢尾 I. flavissima** Pall.
——石生鸢尾 *I. potaninii* auct. non Maxim.: Fl. Intramongol. ed. 2, 5: 549. t. 230. f. 3. 1994.

2. 射干属 Belamcanda Adans.

射干 Belamcanda chinensis (L.) DC.

多年生草本，高 50—90cm。根状茎为不规则的块状。叶剑形，扁平，互生，互相套叠，排成 2 行，具平行脉；二歧伞房花序顶生；花橙红色，带黄色；花被片 6，2 轮，基部合生成很短的筒；雄蕊 3，着生于外轮花被片的基部。蒴果倒卵形。生于山地草原。产兴安南(扎鲁特旗)。

145. 兰科 Orchidaceae

1a. 腐生兰；叶退化成鳞片或鞘，非绿色。

2a. 植株具块茎；块茎肥大，肉质，横生，具环纹；萼片与花瓣合生成筒状……**1. 天麻属 Gastrodia**

2b. 植株无块茎；萼片与花瓣不合生成筒。

3a. 根极多，盘结成鸟巢状；唇瓣不裂或 2 裂，内面无褶片和胼胝体……**2. 鸟巢兰属 Neottia**

3b. 根少数，非鸟巢状；唇瓣 2 裂或 3 裂，内面有褶片和胼胝体。

4a. 根状茎肉质，珊瑚状分枝；唇瓣位于下方，中部 3 裂，上表面具 2 条褶片；蕊柱两侧具翅，花粉块 4 枚……**3. 珊瑚兰属 Corallorhiza**

4b. 根状茎稍膨大，具肉质粗分枝，非珊瑚状；唇瓣位于上方，近基部 3 裂，内面常具 4 条紫红色的波状褶片；蕊柱短粗，具翅，花粉块 2 枚……**4. 虎舌兰属 Epipogium**

1b. 非腐生植物；具绿叶。

5a. 能育雄蕊 2，退化雄蕊 1，存在，大；唇瓣呈杓状或囊状……**5. 杓兰属 Cypripedium**

5b. 能育雄蕊 1，退化雄蕊 2，存在或否，小；唇瓣非上述情况。

6a. 植株具直立茎，无假鳞茎。

7a. 花序明显呈螺旋状扭转；茎基部簇生数条指状肉质块根……**6. 绶草属 Spiranthes**

7b. 花序不呈螺旋状扭转；茎基部无指状肉质块根。

8a. 茎基部具圆形、卵形、椭圆形肉质块茎，或具指状条形、肉质的根状茎。

9a. 块茎前部分裂成掌状。

10a. 唇瓣前部几不分裂或 3 裂，基部的距直筒状，较粗，较子房短或稍长；柱头 1；黏盘藏于黏囊中……**7. 掌裂兰属 Dactylorhiza**

10b. 唇瓣前部 3 裂，基部的距弯曲，细长，为子房长的 1.5—2 倍；柱头 2；黏盘裸露……**8. 手掌参属 Gymnadenia**

9b. 块茎不裂。

11a. 花紫红色或粉红色；花序的花常偏向一侧。

12a. 萼片与花瓣中部以下贴生；花瓣条形；黏盘裸露……**9. 兜被兰属 Neottianthe**

12b. 萼片与花瓣不贴生；花瓣斜卵状披针形；黏盘藏于黏囊中……**10. 小红门兰属 Ponerorchis**

11b. 花黄绿色、绿白色或带白色；花序的花不偏向一侧。

13a. 花垂头呈钩手状；黏盘常卷成角状……**11. 角盘兰属 Herminium**

13b. 花不垂头呈钩手状；黏盘不卷成角状。

14a. 唇瓣 3 裂，侧裂片中部以上撕裂状，基部与中裂片以 90° 角相交，呈十字形……**12. 玉凤花属 Habenaria**

14b. 唇瓣不裂或 3 裂，侧裂片非撕裂状，基部与中裂片不呈十字形……**13. 舌唇兰属 Platanthera**

8b. 茎基部无块茎，只具多少稍肉质的纤维根。

15a. 茎基部匍匐，节间较长，根疏生于茎基部的几个节上；叶的上表面具黄白色的规则斑纹；花常偏向同一侧；蕊喙直立，2 叉状……**14. 斑叶兰属 Goodyera**

15b. 茎直立，根集生于茎基部；叶的上表面无斑纹；花不偏向同一侧；蕊喙不为 2 叉状。

16a. 叶 1 枚，生于茎中部；花 1 朵，顶生，较大，淡紫色；萼片长 15—22mm……**15. 朱兰属 Pogonia**

16b. 叶 2 至多枚；花多朵，绿色或黄绿色；萼片长不超过 13mm。

17a. 叶 2 枚，对生，生于茎的近中部；唇瓣基部收窄，平伸，中部不缢缩成前、后两部，先端 2 裂 ……………………… **16. 对叶兰属 Listera**

17b. 叶 3 至多枚，互生；唇瓣基部凹陷呈杯状，中部缢缩成前、后两部分，在两部分之间有关节 ……………………… **17. 火烧兰属 Epipactis**

6b. 植株具假鳞茎。

18a. 叶 1 枚，卵形；总花梗和花序轴均无翅；花常 1 朵，大而艳丽；唇瓣呈拖鞋状 ……………………………………………………………………… **18. 布袋兰属 Calypso**

18b. 叶 2 枚；总花梗通常有翅，至少在花序轴上有翅；花常多朵，小得多，黄绿色或淡黄色。

19a. 花较小，萼片长 2—3mm；蕊柱很短，花药和蕊柱的连接点比蕊喙低；子房不扭转，唇瓣位于上方，基部两侧具耳 ………………………… **19. 原沼兰属 Malaxis**

19b. 花较大，萼片长 5—8mm；蕊柱长，通常向前弯，花药和蕊柱的连接点比蕊喙高；子房扭转，唇瓣位于下方，基部两侧无耳 ……………………… **20. 羊耳蒜属 Liparis**

1. 天麻属 **Gastrodia** R. Br.

天麻 **Gastrodia elata** Bl.

多年生寄生草本。块根肉质，肥厚，外面具多条环纹。茎直立，无绿叶。叶退化成鞘状鳞片。总状花序顶生，具多数花；花小，淡黄绿色或肉黄色；萼片与花瓣合生成筒状；唇瓣被花被筒所包围，基部贴生于筒的内壁或蕊柱基部，无距；花粉块 2，粒状；柱头稍突起，位于蕊柱基部。蒴果椭圆形。生于湿润的阔叶林下及腐殖质较厚的土壤上，依靠真菌植物蜜环菌 *Armillariella mellea* (Fr.) Karst.寄生于栎或桦等木本或草本植物的根部或枯死的躯体上为其提供养料。产辽河(大青沟)。

2. 鸟巢兰属 **Neottia** Guett.

1a. 花序轴无乳突状短柔毛；花小；唇瓣在上方，短于或近等长于萼片，卵状披针形，先端不裂。生于山地白桦林下腐殖质较厚的土壤上。产兴安北 ………………………………… **1. 尖唇鸟巢兰 N. acuminata** Schltr.

1b. 花序轴被乳突状短柔毛；花较大；唇瓣在下方，明显长于萼片，倒楔形，先端 2 深裂。生于山地林下腐殖质较厚的生境中。产兴安北、兴安南、燕北、阴山、贺兰山 …… **2. 北方鸟巢兰 N. camtschatea** (L.) H. G. Reich.

3. 珊瑚兰属 **Corallorhiza** Gagnebin

珊瑚兰 **Corallorhiza trifida** Chat.

多年生腐生草本，高 10—20cm。根状茎肉质，呈珊瑚状。茎下部具 2—4 枚膜质鞘。总状花序具 4—8 花，疏松；花小；萼片离生；唇瓣中部以下 3 裂，侧裂片很小，无距；蕊柱较长；花粉块 4，蜡质，无花粉块柄和黏盘。蒴果椭圆形，下垂。生于山地林下及灌丛中。产兴安北、兴安南、贺兰山。

4. 虎舌兰属 **Epipogium** Gmelin ex Borkh.

裂唇虎舌兰 **Epipogium aphyllum** (F. W. Schmidt) Sw.

多年生腐生草本，高 10—35cm。根状茎具多数粗的肉质分枝，呈珊瑚状。叶退化成鳞片，鞘状抱茎。总状花序顶生，具花 3—6 朵；花较大，黄色或带淡红色；唇瓣凹陷，舟状，近基部 3 裂；中萼片内面具 4—6 条紫红色波状的纵褶片；侧萼片半卵形；距粗大，末端钝；花粉块 2，粒状，具花粉块柄和黏盘；子房不扭转。生于山地林下朽木上。产兴安北、岭西、兴安南。

5. 杓兰属 **Cypripedium** L.

1a. 叶 2 枚，干后变黑色；唇瓣白色，具紫色斑点。生于山地林下。产兴安北、岭东、岭西、兴安南、阴山…………………………………………………………………………………………………… **1. 斑花杓兰 C. guttatum** Sw.

1b. 叶 3—5 枚，干后不变黑色；唇瓣非白色。

  2a. 花较大，唇瓣长 4—6cm，紫色。生于林间草甸、林缘草甸。产兴安北、岭东、岭西、兴安南、辽河(大青沟)、燕北、阴山 ………………………………………………………………**2. 大花杓兰 C. macranthos** Sw.

  2b. 花较小，唇瓣长 1.8—3cm，黄色或褐色。

    3a. 唇瓣黄色，无斑点，长约 3cm；花瓣扭曲；退化雄蕊平展。生于山地林下、林缘、林间草甸。产兴安北、岭东、兴安南 ……………………………………………………………………… **3. 杓兰 C. calceolus** L.

    3b. 唇瓣棕褐色，具紫褐色斑点，长约 1.8cm；花瓣平展；退化雄蕊舟状。生于山地白桦、山杨林下、溪边草甸。产阴山(大青山旧窝铺、九峰山) ………… **4. 棕花杓兰 C. yinshanicum** Y. C. Ma et Y. Z. Zhao ——山西杓兰 *C. shanxiense* auct. non S. C. Chen: Fl. Intramongol. ed. 2, 5: 555. 1994.

6. 绶草属 **Spiranthes** Richard

绶草 Spiranthes sinensis (Pers.) Ames.

多年生草本，高 15—40cm。根数条簇生，指状，肉质。叶条形，近基生 3—5 片。总状花序具多数密生的花，似穗状，螺旋状扭曲；花小，淡红色、紫红色或粉色；中萼片与花瓣靠合成兜状；唇瓣位于下方，上部边缘皱波状基部凹陷并抱蕊柱，无距；花粉块 2，粒状，具花粉块柄，有黏盘。生于沼泽化草甸、林缘草甸。产兴安北、岭东、岭西、兴安南、科尔沁、燕北、锡林、阴山、阴南、鄂尔。

7. 掌裂兰属 **Dactylorhiza** Neck. ex Nevski——凹舌兰属 *Coeloglossum* Hartm.

1a. 花紫红色、粉红色，稀白色；唇瓣前部几不裂或 3 裂，中裂片与侧裂片近等大，唇瓣基部的距长于子房或与子房近等长。生于湿草甸或沼泽化草甸。产岭西、兴安南、科尔沁、辽河、锡林…………………………………………………………………………………… **1. 掌裂兰 D. hatagirea** (D. Don) Soo ——宽叶红门兰 *Orchis latifolia* auct. non L.: Fl. Intramongol. ed. 2, 5: 559. 1994.

1b. 花绿色或黄绿色；唇瓣前部凹缺，2—3 浅裂，中裂片较侧裂片小得多，唇瓣基部的距囊状，较子房短得多。生于山坡灌丛、林下、林缘、草甸。产兴安北、岭西、兴安南、燕北、阴山、贺兰山 ………………………………**2. 凹舌掌裂兰 D. viridis** (L.) R. M. Bateman——凹舌兰 *Coeloglossum viride* (L.) Hartm.

8. 手掌参属 **Gymnadenia** R. Br.

手掌参 Gymnadenia conopsea (L.) R. Br.

多年生草本，高 20—75cm。块茎 1—2，肉质肥厚，两侧压扁，掌状分裂。叶舌状披针形，先端钝尖，基部收狭成鞘；总状花序密集，具多数花；花紫色、粉红色或白色；唇瓣 3 裂，中裂片较大；距细长，下垂，前弯；花粉块 2，粒状，具花粉块柄和黏盘。生于沼泽化灌丛草甸、湿草甸、林缘草甸、山坡灌丛、林下。产兴安北、岭东、岭西、兴安南、燕北、阴山。

9. 兜被兰属 **Neottianthe** Schltr.

二叶兜被兰 Neottianthe cucullata (L.) Schlechter

多年生草本，高 10—26cm。块茎近球形。基生叶近对生，卵形，具网状弧曲脉序。总状花序顶生，具多数花；花紫红色或粉红色，偏向一侧；唇瓣位于下方，前部3裂，基部具距；退化雄蕊2；花粉块2，粒状，具短的花粉块柄和黏盘；子房扭转。生于林下、林缘、灌丛。产兴安北、岭东、岭西、兴安南、燕北、阴山。

10. 小红门兰属 **Ponerorchis** Reich.

广布小红门兰 Ponerorchis chusua (D. Don) Soo——广布红门兰 *Orchis chusua* D. Don

多年生草本，高15—35cm。块根近球形。叶2—3片，披针形或矩圆状披针形。总状花序疏松，偏向一侧；花红紫色；唇瓣先端3浅裂；距直伸，圆筒形；具花粉块柄和黏盘。蒴果椭圆形。生于山地林缘、林下。产兴安北、岭东、岭西。

11. 角盘兰属 **Herminium** L.

1a. 唇瓣中裂片较侧裂片长得多，基部凹陷，略呈浅囊状，无距。生于林缘草甸、林下。产兴安北、岭东、岭西、兴安南、燕北、锡林、阴山、阴南、鄂尔……………………………………………… **1. 角盘兰 H. monorchis** (L.) R. Br.

1b. 唇瓣中裂片较侧裂片短得多，基部有长1—1.5mm的短距。生于山地林缘草甸。产兴安南、阴山、阴南、贺兰山……………………………………………………………… **2. 裂瓣角盘兰 H. alaschanicum** Maxim.

12. 玉凤花属 **Habenaria** Willd.

线叶十字兰 Habenaria linealifolia Maxim.——*H. sagittifera* auct. non Rcheib. f.: Fl. Intramongol. ed. 2, 5: 574. 1994.

多年生草本，高35—75cm。块茎卵球形，肉质。叶披针状条形或条形。花白色或绿白色；唇瓣下垂，近基部处3裂，近十字形，中裂片条形，侧裂片作90°镰刀状弯曲且与中裂片平行，上部撕裂状；距细圆筒形，长于子房或近等长，外弯，顶端膨大增厚；花粉块2，粒状，基部具花粉块长柄和黏盘；子房扭转。生于沼泽化草甸、草甸。产兴安北、岭东、兴安南、辽河、燕北(敖汉旗大黑山)。

13. 舌唇兰属 **Platanthera** Rich.——蜻蜓兰属 *Tulotis* Rafin.

1a. 唇瓣不裂，舌状条形；黏盘裸露。

  2a. 叶3—6片，互生，条状披针形；花瓣斜卵形，略小于中裂片；黏盘条形；根部无块茎，具指状根状茎。生于沼泽化草甸、沼泽地。产兴安北、岭东、兴安南、辽河、燕北… **1. 密花舌唇兰 P. hologlottis** Maxim.

  2b. 叶2片，近对生，椭圆形、椭圆状倒卵形或狭椭圆形；花瓣条状披针形，较萼片小得多；黏盘圆形；根部具块茎。生于山坡林下、林缘草甸。产兴安北、岭东、兴安南、燕北、阴山……………………………………………………………… **2. 二叶舌唇兰 P. chlorantha** (Cust.) Reichenb.

1b. 唇瓣3裂，侧裂片小，三角形，位于唇瓣基部两侧；黏盘藏于蚌壳状黏囊中。生于山地林下、林缘。产兴安北、兴安南(扎赉特旗)、阴山 …………… **3. 蜻蜓舌唇兰 P. souliei** Kraenzl.——蜻蜓兰 *Tulotis asiatica* Hara

14. 斑叶兰属 **Goodyera** R. Br.

小斑叶兰 Goodyera repens (L.) R. Br.

多年生草本，高13—25cm。根状茎细长，匍匐。叶3—7片，卵形，上面具数条狐曲主脉，并分生细脉，脉皆显著形成黄白色网状斑纹，先端钝尖，基部渐狭成鞘状叶柄。总状花序顶生，大多偏向一侧；花白色、绿色或粉红色；唇瓣舟状，不分裂，基部凹陷呈囊状；花粉块2，粒状，无花粉块柄，具黏盘。生于山地林下。产兴安北、岭东、兴安南。

15. 朱兰属 **Pogonia** Juss.

朱兰 **Pogonia japonica** H. G. Reichenb.

多年生草本，高 12—25cm。叶矩圆状披针形，生于茎中部。花 1 朵，顶生，淡紫色；唇瓣位于下方，边缘有流苏状锯齿，无距；花粉块 2，粒状，无花粉块柄和黏盘。生于山地林下、山坡草丛、踏头草甸。产兴安北。

16. 对叶兰属 **Listera** R. Br.

对叶兰 **Listera puberula** Maxim.

多年生草本，高 10—20cm。叶对生，生于茎的中部，宽卵形，先端钝尖，基部宽楔形或截形。总状花序顶生，稀疏；花小，绿色；唇瓣倒楔形，顶端 2 裂，两裂片之间游移不明显的小齿；花粉块 2，粒状，无花粉块柄，具黏盘。生于林下。产兴安北、兴安南、燕北。

17. 火烧兰属 **Epipactis** Zinn.

1a. 下唇两侧不具耳状侧裂片；上唇三角形至心形，基部有 2 枚平滑的胼胝体。生于海拔 3300m 的山坡林下、林缘草甸。产贺兰山 ·· 1. **火烧兰 E. helleborine** (L.) Crantz.

1b. 下唇两侧具耳状侧裂片；上唇三角状卵形，中下部具 2—3 列鸡冠状突起的褶片。生于林下及山坡草甸。产辽河(大青沟)、燕北(敖汉旗大黑山) ·· 2. **北火烧兰 E. xanthophaea** Schlechter

18. 布袋兰属 **Calypso** Salisb.

布袋兰 **Calypso bulbosa** (L.) Oakes var. **speciosa** (Schlechter) Makino——*C. bulbosa* auct. non (L.) Oakes: Fl. Intramongol. ed. 2, 5: 592. 1994.

多年生草本，高 10—15cm。假鳞茎长卵球形。叶卵形，先端急尖，基部圆形，具网状狐曲脉序。花葶生于假鳞茎顶端，顶生 1 花；花较大，艳丽，俯垂；萼片离生；唇瓣凹陷呈深囊，似拖鞋状，无距；蕊柱花瓣状，两侧具宽翅；花粉块 2，蜡质，无柄，固着于方形黏盘上；黏盘 2，蕊喙小，具 3 齿。生于山地林下、灌丛。产兴安北。

19. 原沼兰属 **Malaxis** Soland. ex Sw.

原沼兰 **Malaxis monophyllos** (L.) Sw.

多年生草本，高 8—35cm。假鳞茎卵形，似蒜头状。叶基生，1—2 片，膜质，卵状椭圆形，先端钝尖，基部渐狭成鞘状叶柄，具网状弧形脉序。总状花序多花；花很小，黄绿色；花瓣狭，条形；唇瓣位于上方，凹陷，先端骤尖呈尾状，上部边缘外卷并具疣状突起，两侧具耳状侧裂片，多少抱蕊柱；花粉块 4，无花粉块柄和黏盘；花梗扭转。蒴果椭圆形。生于山坡林下、阴坡草甸。产兴安北、岭东、岭西、兴安南、燕北、阴山。

20. 羊耳蒜属 **Liparis** Rich.

羊耳蒜 **Liparis campylostalix** H. G. Reich.

多年生草本，高 15—30cm。茎膨大成假鳞茎。叶 2 片，基生，宽卵形，先端钝，基部下延，具网状狐曲脉序。总状花序；萼片离生；花瓣丝状；唇瓣位于下方，宽椭圆形，不裂，边缘具细锯齿；子房和花梗扭转。蒴果倒披针形。生于林下。产辽河(大青沟)。

中文名索引

C

D

E

F

G

H

J

K

L

M

Q

R

S

T

W

X

Y

Z

拉丁名索引

B

C

D

E

F

G

H

I

M

N

O

P

Q

R

S

T

W

X

Y